高职高专公共基础课规划教材

全国教育科学"十一五"规划高职院校项目化课程体系研究与实践课题成果

计算机应用基础项目教程

（Windows XP + Office 2003 平台）

第 2 版

主　编　杨飞宇　孙海波

参　编　孙　铁　高　锐　朱子男

张　颖　赵子明　于福权

郭志良　朱志强　周春贵

机 械 工 业 出 版 社

本书选材于当前主流系统软件（Windows XP）及应用软件（Office 2003），内容丰富、知识前沿、理念先进、注重实用，反映了计算机软件和硬件发展的最新成果与技术。本书采用项目化教学模式，用项目引领教学内容，强调了理论与实践相结合，突出了对学生基本技能、实际操作能力及职业能力的培养。全书由五个模块构成，这五个模块分别为计算机组装与维护、计算机网络技术、电子文档制作、电子报表制作和演示文稿制作。

本书可作为高职高专及中等职业教育公共基础课“计算机应用基础”的教材，也可以作为各类计算机应用基础培训教材，或作为计算机初学者的自学用书。

本书中提供了学习资料，选用本书的教师可登录机械工业出版社教材服务网 www.cmpedu.com 下载，或发电子邮件至 cmpgaozhi@sina.com 索取。咨询电话：010-88379375.

图书在版编目（CIP）数据

计算机应用基础项目教程：Windows XP + Office 2003 平台/杨飞宇，孙海波主编．—2 版．—北京：机械工业出版社，2009.8（2017.1 重印）

高职高专公共基础课规划教材

全国教育科学“十一五”规划高职院校项目化课程体系研究与实践课题成果

ISBN 978-7-111-27456-8

Ⅰ．计…　Ⅱ．①杨…　②孙…　Ⅲ．①窗口软件，Windows XP—高等学校：技术学校—教材　②办公室—自动化—应用软件，Office 2003—高等学校：技术学校—教材　Ⅳ．TP316.7　TP317.1

中国版本图书馆 CIP 数据核字（2009）第 141366 号

机械工业出版社（北京市百万庄大街 22 号　邮政编码 100037）

策划编辑：王玉鑫　于奇慧　　责任编辑：李大国

封面设计：王伟光　　责任印制：杨　曦

北京天时彩色印刷有限公司印刷

2017 年 1 月第 2 版第 8 次印刷

184mm×260mm・20.75 印张・536 千字

23 001－24 900 册

标准书号：ISBN 978-7-111-27456-8

定价：43.00 元

目 录

（续）

<table>
<tr><th rowspan="2">章</th><th rowspan="2">教学内容</th><th colspan="2">讲　授</th><th colspan="2">实　训</th><th colspan="2">小　计</th><th rowspan="2">说　明</th></tr>
<tr><th>高</th><th>中</th><th>高</th><th>中</th><th>高</th><th>中</th></tr>
<tr><td>2</td><td>键盘操作与汉字输入技术</td><td colspan="2">2</td><td colspan="2"></td><td rowspan="2">4</td><td rowspan="2">10</td><td></td></tr>
<tr><td>实训 2</td><td>英文指法及汉字输入法训练</td><td colspan="2"></td><td>2</td><td>8</td><td></td></tr>
<tr><td>3</td><td>Windows XP 操作基础</td><td colspan="2">4</td><td colspan="2"></td><td colspan="2" rowspan="2">8</td><td rowspan="3"></td></tr>
<tr><td>实训 3</td><td>Windows XP 的使用操作</td><td colspan="2"></td><td colspan="2">4</td></tr>
<tr><td>4</td><td>Word 2003 文字处理</td><td colspan="2">8</td><td colspan="2"></td><td rowspan="2">24</td><td rowspan="2">30</td></tr>
<tr><td>实训 4</td><td>Word 2003 的使用操作</td><td colspan="2"></td><td>16</td><td>22</td><td></td></tr>
<tr><td>5</td><td>Excel 2003 电子表格</td><td colspan="2">8</td><td colspan="2"></td><td colspan="2" rowspan="2">22</td><td rowspan="8">五年制高职及三年制中职第二学期开设</td></tr>
<tr><td>实训 5</td><td>Excel 2003 的使用操作</td><td colspan="2"></td><td colspan="2">14</td></tr>
<tr><td>6</td><td>PowerPoint 2003 演示文稿制作</td><td colspan="2">2</td><td colspan="2"></td><td colspan="2" rowspan="2">8</td></tr>
<tr><td>实训 6</td><td>PowerPoint 2003 的使用操作</td><td colspan="2"></td><td colspan="2">6</td></tr>
<tr><td>7</td><td>FrontPage 2003 网页制作</td><td colspan="2">4</td><td colspan="2"></td><td colspan="2" rowspan="2">18</td></tr>
<tr><td>实训 7</td><td>FrontPage 2003 的使用操作</td><td colspan="2"></td><td colspan="2">14</td></tr>
<tr><td>8</td><td>计算机网络基础</td><td colspan="2">2</td><td colspan="2"></td><td colspan="2" rowspan="2">12</td></tr>
<tr><td>实训 8</td><td>计算机网络基础操作</td><td colspan="2"></td><td colspan="2">10</td></tr>
<tr><td>9</td><td>计算机系统维护</td><td colspan="2">2</td><td colspan="2"></td><td colspan="2" rowspan="2">6</td><td rowspan="2">五年制高职及三年制中职第一学期开设</td></tr>
<tr><td>实训 9</td><td>计算机系统维护操作</td><td colspan="2"></td><td colspan="2">4</td></tr>
<tr><td colspan="2">合　计</td><td colspan="2">36</td><td>72</td><td>84</td><td>108</td><td>120</td><td>二、三年制高职高专第一学期开设，9 章全部为必选</td></tr>
</table>

注：表中的“高”指二、三年制高职高专，“中”指五年制高职及三年制中职。

由于计算机科学技术发展迅速及编者自身水平的限制，书中难免有不足之处，望广大读者、特别是同行批评指正，以便于进一步完善本教材。我们愿与全国各地有志教育改革的企事业单位和广大教师共同努力，为中国职业教育的长足发展做出贡献。

编　者

第 1 版前言

随着计算机技术和网络技术的飞速发展，针对学生计算机知识和起点不断提高等特点，改革计算机基础教学内容，使之更新、更高、更符合人才培养目标的需要，具有重要的现实意义。本教材是为高职高专院校及中等职业学校各专业“计算机应用基础”课程专门编写的教材，该课程是大中专院校的公共基础课，是学习其他计算机相关技术的必修课程。

教材共分九章，内容包括计算机基础知识、键盘操作与汉字输入技术、Windows XP 操作基础、Word 2003 文字处理、Excel 2003 电子表格、PowerPoint 2003 演示文稿制作、FrontPage 2003 网页制作、计算机网络基础、计算机系统维护及对应的九个实训。这九个实训是编者精心编排的，在其中使用了大量的图像素材的文字素材，并明确阐述了解决每个具体问题的操作要求，对培养学习者的实际操作能力很有益处。

本教材面向高等职业教育及中等职业教育，本着以学习者就业为导向，以培养各类技术应用型人才的计算机应用能力为目标的原则，根据就业的实际需求来进行教材大纲的编制与教材内容的选取。本教材以实用为基础，以“必需”为尺度，为教材选取理论知识，注重和提高实训教学的比重，突出培养人才的应用能力和实际问题解决能力，满足高等职业教育及中等职业教育各项评估的需要。

本教材的内容由“授课”和“实训”两个互动的部分组成，“授课”部分介绍在本课程中学习者必须掌握或了解的基础知识；“实训”部分设置了一些源于实际应用的上机实例，用于强化学习者的计算机操作使用能力和解决实际问题的能力。“实训”部分的特点是采用技能训练的方式，不讲“为什么”，只讲“做什么”，学习者只要认真按着本实训的要求上机操作，就会快速掌握有关计算机的使用知识和技能，学习应用计算机进行工作。

本教材最大特点是具有很好的操作性。因此，学习者完全可以边学习本教材的内容，边上机实践，从而以最快的速度、最高的效率来快速掌握应用计算机的方法。同时实训部分很多内容都与劳动与社会保障部全国计算机职业技能鉴定考试相结合，这样，使学生们遵照本教材学完本课程之后，能很轻松地通过计算机职业技能鉴定考试，为学生就业增添了一份砝码。本教材编写了大量实训项目，使学生上机时能够有的放矢地进行训练，既便于学生学习又便于教师指导。

本教材由长春职业技术学院工程技术分院杨飞宇老师担任主编，孙海波老师担任副主编。参加本书编写的有：长春职业技术学院工程技术分院孙海波（第 1 章、第 2 章），杨飞宇（第 3 章、第 4 章），赵子明（第 5 章授课部分、第 5 章前 5 个实训），高锐（第 5 章后 3 个实训、第 6 章），周春贵（第 7 章实训部分、第 9 章及全书习题），长春职业技术学院汽车学院孙铁（第 7 章授课部分、第 8 章）。本书由杨飞宇统稿。

编者对教材的使用及课时安排提出下列建议：

<table>
<tr><th rowspan="2">章</th><th rowspan="2">教学内容</th><th colspan="2">讲授</th><th colspan="2">实训</th><th colspan="2">小计</th><th rowspan="2">说明</th></tr>
<tr><th>高</th><th>中</th><th>高</th><th>中</th><th>高</th><th>中</th></tr>
<tr><td>1</td><td>计算机基础知识</td><td colspan="2">4</td><td colspan="2"></td><td colspan="2" rowspan="2">6</td><td rowspan="2">五年制高职及三年制中职第一学期开设（第 2 章利用课余时间每天练习 30 分钟）</td></tr>
<tr><td>实训 1</td><td>微型计算机基本操作</td><td colspan="2"></td><td colspan="2">2</td></tr>
</table>

第 2 版前言

随着计算机技术和网络技术的飞速发展，计算机的应用已成为现代社会生产发展的重要标志，近年来高职学生生源质量在不断提高，学生的计算机知识和起点也在不断提高，改革计算机基础教学内容，使之更新、更高、更符合实际工作需求，这对提高人才培养质量具有重要的现实意义。本书是为高职高专院校及中等职业学校各专业“计算机应用基础”课程专门编写的教材，该课程是大中专院校的公共基础课，是学习其他计算机相关技术的先修、必修课程，是学生毕业后从事某职业的工具和基础，它在培养学生技术应用方面起着重要作用。

本书由五个模块构成，分别为计算机组装与维护、计算机网络技术、电子文档制作、电子报表制作和演示文稿制作。通过对本书的学习，学生可以掌握计算机应用的基本技能。能处理常见的计算机软、硬件故障及安装、使用和维护计算机的能力；能熟练地进行文件的存储、管理，软件安装和卸载，能完成计算机病毒的查杀和基本的系统安全防护任务；能在网络应用环境下，完成 Internet 的接入和安装，使用浏览器完成网上信息检索和文件下载等任务，并能对检索到的信息进行加工、处理；能以电子邮件系统为工具，借助计算机网络与他人交流；能以 Office 办公软件为工具，熟练地将有关内容以电子文档、电子报表、演示文稿等形式清晰表达出来，并能设计出丰富多彩的电子作品。

本书是多名长期从事计算机基础教学与实践的一线教师经验的归纳、整理与总结。书中的很多项目都是从企事业单位的经典案例中提取出来并经过作者精心设计，同时融入了计算机应用领域最新发展技术而形成的，是对从学科教育到职业教育、学科体系到能力体系两个转变进行的有益尝试。

本书中的各个项目由项目描述、项目分析、项目实现方法与步骤、相关知识与技能、技巧与提高、创新作业等部分组成。本书的创新之处在于用完成实际工作项目引领教学，将要完成的项目结果呈现在学生面前，用项目引领知识、技能和态度，让学生在完成项目的过程中学习相关知识、培养相关技能，发展学生的综合职业能力；教学内容紧凑适用，紧紧围绕完成项目的需要来选择课程内容；注重知识的系统化设计，注重内容的实用性和针对性，使之符合学生学习的认知规律；打破长期以来理论、实践分离的教学模式，构建以项目为核心、理论实践一体化的新的教学模式。

本书由杨飞宇、孙海波担任主编。参加本书编写的有：孙铁、孙海波、郭志良（模块一、模块二），朱子男、赵子明、杨飞宇（模块三），张颖、于福权、朱志强（模块四），高锐、周春贵（模块五）。本书由杨飞宇规划、统稿。参加本书电子课件制作的有：杨飞宇、毛镓、王洪东、郭志良、梁杰、朱子男、张颖、于福权、袁野、张玲、赵子明。在编写和出版本书的过程中，得到机械工业出版社的大力支持，在此表示衷心的感谢。

由于计算机科学技术和网络技术发展迅速，再者受编者自身水平和编写时间所限，书中如有错误或不足之处，望广大读者、同行提出意见或建议，以便于进一步完善本书我们愿与全国各地有志于职业教育改革的企事业单位和广大教师共同努力，为中国职业教育的长足发展做出贡献。

模块一　计算机组装与维护

本模块通过四个项目实例介绍了计算机硬件的相关知识、安装 Windows XP 操作系统及相关软件、加固计算机操作系统、安装防病毒软件、安装防火墙软件及 Windows XP 资源管理器的文件管理等相关知识技巧。

通过本模块的学习，读者能具备处理计算机软、硬件故障的能力；能具备购买、安装、使用计算机的能力；能具备全方位打造一个稳定安全的办公系统的能力。

能 力 目 标

- 能组装计算机硬件
- 能熟练安装 Windows XP 操作系统
- 能熟练安装 Office 2003 及相关应用软件
- 能使用输入设备进行信息输入
- 能安装并设置瑞星 2009 防毒软件
- 能安装并使用天网防火墙软件
- 能熟练使用 Windows XP 资源管理器的文件管理

组装一台当前主流配置的计算机——计算机硬件安装

一、项目描述

新学期开学，准备装一台当前主流配置的计算机。既要考虑价格，又要考虑实用性。配置一台适合自己需求的计算机。

二、项目分析

该项目可分三步来完成。

（1）询价。可以通过网络或实地考察当前主流计算机配置，了解各种计算机硬件的价格。

（2）购买。通过实地考察，了解主流计算机的行情，与商家达成购买协议，交款、验货。

（3）组装。可以让商家帮你组装计算机或者自己组装计算机。

三、项目实现方法与步骤

第一步，到当地的计算机科技城询价，填写计算机配置清单。

计算机配置清单

配　置	品 牌 型 号	参 考 价 格
CPU		
主　板		
内　存		
硬　盘		
显卡		
显示器		
光　驱		
机　箱		
电　源		
键　鼠		
音　箱		
摄像头		
耳　机		
合　计		
配置说明：		

第二步，通过走访，了解了当前主流计算机配置的散件行情，找一家你自己比较满意的商家，交钱，购件。

第三步，装机。可以让商家帮你组装计算机或者自己组装计算机。本项目是自己组装计算机。

（一）CPU 的安装

在将主板装进机箱前最好先将 CPU 和内存安装好，以免将主板安装好后机箱内狭窄的空间影响 CPU 等的顺利安装。

（1）稍向外/向上用力拉开 CPU 插座上的锁杆与插座呈 90° 角，以便让 CPU 能够插入处理器插座。

（2）然后将 CPU 上针脚有缺针的部位对准插座上的缺口。

（3）CPU 只能在方向正确时才能够被插入插座中，然后按下锁杆，如图 1-1-1 所示。

（4）在 CPU 的核心上均匀涂上足够的散热膏（硅脂）。但应注意，不要涂得太多，只要均匀的涂上薄薄一层即可。提示：一定要在 CPU 上涂散热膏或加散热垫，这有助于将热由处理器传导至散热装置上。

（二）CPU 风扇的安装

（1）将散热片妥善定位在支撑机构上。

（2）将散热风扇安装在散热片的顶部—— 向下压风扇直到它的四个卡子插入支撑机构对应的孔中。

（3）将两个压杆压下以固定风扇，需要注意的是每个压杆都只能沿一个方向压下，如图 1-1-2 所示。

图 1-1-1　安装 CPU

图 1-1-2　安装风扇

（4）最后将 CPU 风扇的电源线接到主板上 3 针的 CPU 风扇电源接头上即可，如图 1-1-3 所示。

（三）安装内存

现在常用的内存有 168 线的 SDRAM 内存和 184 线的 DDR SDRAM 内存两种，其主要外观区别在于 SDRAM 内存金手指上有两个缺口，而 DDR SDRAM 内存只有一个。

下面我们就以 184 线的 DDR SDRAM 内存安装为例进行讲解。

（1）安装内存前先要将内存插槽两端的白色卡子向两边扳动，将其打开，这样才能将内存插入，然后插入内存条，内存条的 1 个凹槽必须直线对准内存插槽上的 1 个凸点（隔断）。

（2）向下按入内存，在按的时候需要稍稍用力。

（3）确认紧压内存的两个白色的固定杆将内存条固定住，即完成内存的安装，如图 1-1-4 所示。

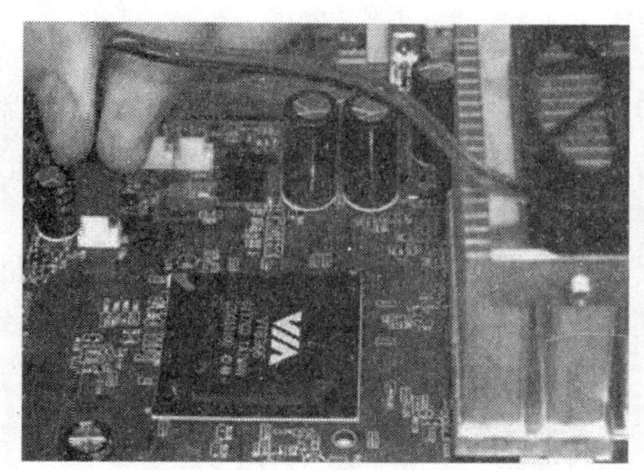
图 1-1-3　风扇电源

图 1-1-4　安装内存

（四）安装电源

一般情况下，可购买自带电源的机箱。不过，若机箱自带的电源品质太差，或者不能满足特定要求，则需要更换电源。由于计算机中的各个配件基本上都已模块化，因此更换起来很容易，电源也不例外。下面，就来看看如何安装电源。

安装电源很简单，先将电源放进机箱上的电源固定架，并将电源上的螺钉固定孔与机箱上的固定孔对正。先拧上一颗螺钉（固定住电源即可），然后将余下 3 颗螺钉孔对正位置，再拧上剩下的螺钉即可。

需要注意的是，在安装电源时，首先要做的就是将电源放入机箱内，这个过程中要注意电源放入的方向，有些电源有两个风扇，或者有一个排风口，则其中一个风扇或排风口应对着主板。放入后稍稍调整，让电源上的 4 个螺钉和机箱上的固定孔分别对齐，如图 1-1-5 所示。

ATX 电源提供多组插头，主要有 20 芯的主板插头、4 芯的驱动器插头和 4 芯的小驱动器专用插头。20 芯的主板插头只有一个且具有方向性，可以有效地防止误插，插头上还带有固定装置可以钩住主板上的插座，不至于让接头松动导致主板在工作状态下突然断电。4 芯的驱动器电源插头用处最广泛，CD-ROM、DVD-ROM、CD-RW、硬盘甚至部分风扇都要用到它。4 芯插头提供了+12V 和+5V 两组电压，一般黄色电线代表+12V 电源，红色电线代表+5V 电源，黑色电线代表 0V（地线）。这种 4 芯插头电源提供的数量是最多的，如果用户觉得还不够用，可以使用一转二的转接线。4 芯小驱动器专用插头原理和普通四芯插头是一样的，只是接口形式不同罢了，是专为传统的小驱供电设计的，如图 1-1-6 所示。

图 1-1-5　固定电源

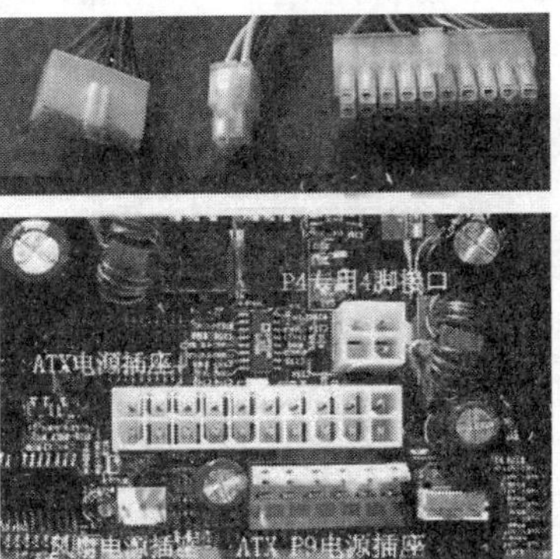

图 1-1-6　电源插口

（五）主板的安装

在主板上装好 CPU 和内存后，即可将主板装入机箱中。

在安装主板前先来认识一下机箱。如图 1-1-7 所示，机箱的整个机架由金属组成，其中 5 寸（注：本书中的“寸”均指英寸，后同）固定架可以用来安装光驱等设备；3 寸固定架用来固定小软驱、3 寸硬盘等；电源固定架用来固定电源。机箱下部那块大的铁板用来固定主板，在此称为底板，底板上面的很多固定孔是用来上铜柱或塑料钉以固定主板的，现在的机箱在出厂时一般就已经将固定柱安装好。机箱背部的槽口是用来固定板卡及打印口和鼠标口的。在机箱的四面还有四个塑料脚垫。不同的机箱固定主板的方法不一样，像正在安装的这种，它全部采用螺钉固定，稳固程度很高，但要求各个螺钉的位置必须精确。主板上一般有 5～7 个固定孔，要选择合适的孔与主板匹配。选好以后，把固定螺钉旋紧在底板上（若机箱已经安装了固定柱，而且位置都是正确的，就不用再单独安装了）。然后，把主板小心地放在上面，注意将主板上的键盘口、鼠标口、串并口等和机箱背面挡片的孔对齐，使所有螺钉对准主板的固定孔，依次把每个螺钉安装好。总之，要求主板与底板平行，决不能碰在一起，否则容易造成短路，如图 1-1-8 所示。

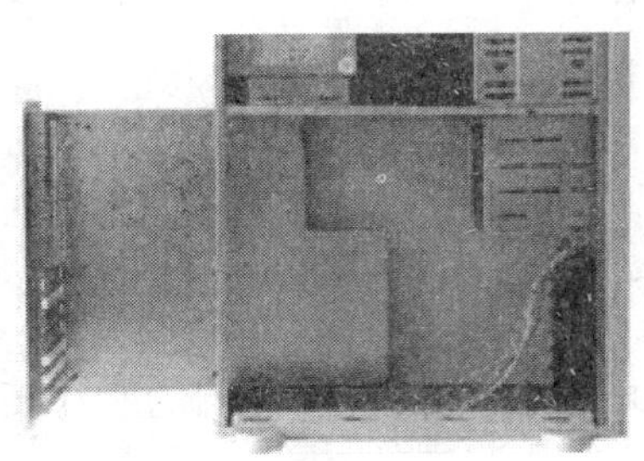

图 1-1-7　主板托架

图 1-1-8　主板

（六）连接机箱接线

在安装主板时，难点不是将主板放入机箱中并固定好，而是机箱连接线该怎么用！下面就先来了解一下机箱连接线。

（1）PC 扬声器的 4 芯插头（实际上只有 1、4 两根线），插头 1 线通常为红色，接在主板 Speaker 插针上，这在主板上有标记。在连接时，注意红线对应 1 的位置（注：红线对应 1 的位置——有的主板将正极标为“1”，有的标为“+”，视情况而定）。

（2）RESET 接头连着机箱的 RESET 键，要接到主板上 RESET 插针上。主板上 RESET 针的作用是这样的：当它们短路时，计算机就重新启动。RESET 键是一个开关，按下它时产生短路，手松开时又恢复开路，瞬间的短路就能使计算机重新启动。偶尔会有这样的情况，当按一下 RESET 键并松开，但它并没有弹起，一直保持着短路状态，计算机就不停地重新启动。

（3）ATX 结构的机箱上有一个总电源的开关接线，是个两芯的插头，它和 RESET 的接头一样，按下时短路，松开时开路。按一下，计算机的总电源就被接通了，再按一下就关闭，但是可以在 BIOS 里设置为开机时必须按电源开关 4 秒钟以上才会关机，或者根本就不能按开关来关机而只能靠软件关机。

（4）电源指示灯插头，插头为 3 芯，使用 1、3 位，1 线通常为绿色，如图 1-1-9 所示。在主板上，插针通常标记为 POWER LED，连接时注意绿色线对应于第一针（+）。连接好后，计算机启动后，电源灯就一直亮着，指示电源已经打开。

（5）硬盘指示灯的两芯接头，1 线为红色。在主板上，这样的插针通常标着“IDE LED”或“HD LED”的字样，连接时要红线对 1 线。这条线接好后，当计算机在读写硬盘时，机箱上的硬盘指示灯就会闪烁。有一点要说明，这个指示灯只能指示 IDE 硬盘，对 SCSI 硬盘是不行的。

接下来我们还需将机箱上的电源线插入主板上的相应插针上。连接这些指示灯线和开关线是比较繁琐的，因为不同的主板在插针的定义上是不同的，究竟哪几根是用来插接指示灯的，哪几根是用来插接开关的都需要查阅主板说明书才能清楚，所以最好在将主板放入机箱前就将这些线连接好。另外，主板的电源开关、RESET（复位开关）这几种设备是不分方向的，只要弄清插针就可以插好；而 HDD LED（硬盘灯）、POWER LED（电源指示灯）等，由于使用的是发光二极管，插反时不能闪亮，所以一定要仔细核对说明书上对该插针正负极的定义，如图 1-1-10 所示。

图 1-1-9 电源指示灯插头

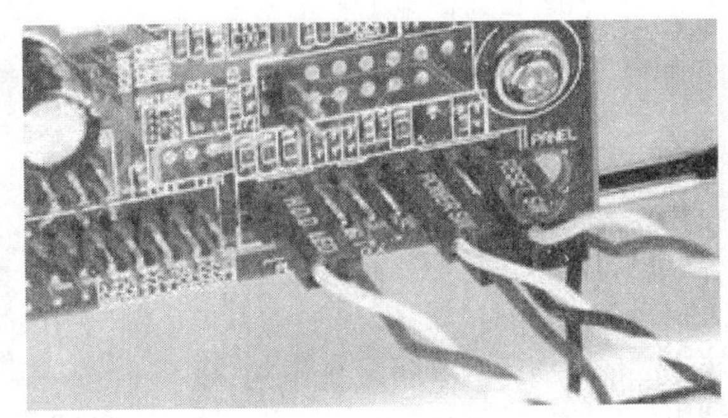

图 1-1-10 主板接线端子

（七）安装外部存储设备

外部存储设备包含硬盘、光驱（CD-ROM、DVD-ROM、CD-RW）等等。

1．安装硬盘

（1）IDE 口硬盘的外观，如图 1-1-11 所示。在安装硬盘的过程中应注意以下事项：

①每个 IDE 口都可以有（而且最多只能有）一个“Master”盘（主盘，用于引导系统）。

②当两个 IDE 口上都连接有设置为“Master”的硬盘时，旧主板通常总是尝试从第一个 IDE 口上的硬盘启动。现在的主板，一般都可以通过 CMOS 的设置，指定哪一个 IDE 口上的硬盘是启动盘。

③ATX 电源在关机状态时仍保持 5V 电压输出，所以在进行零配件安装、拆卸及外部电缆线插、拔时必须关闭电源接线板开关或拔下机箱电源线。

④有些机箱的驱动器托架安排得过于紧凑，而且与机箱电源的位置非常靠近，安装多个驱动器时比较费劲。所以建议先在机箱中安装好所有驱动器，然后再进行线路连接工作，以免先安装的驱动器连线妨碍下一个驱动器的安装。

⑤为了避免因驱动器的震动造成的存取失败或驱动器损坏，建议在安装驱动器时在托架上安装并固定所有的螺钉。

⑥为了方便安装及避免机箱内的连接线过于杂乱无章，在机箱上安装硬盘、光驱时，连接于同一 IDE 口的设备应该相邻。

⑦电源线的安装是有方向的，反了插不上。

⑧考虑到以后可能需要安装多个硬盘或光驱，攒机前最好准备两条 IDE 设备数据线（俗称“排线”），每条线带 3 个接口（一个连接主板 IDE 端口，另外两个用来连接硬盘或光驱）。为了避免机箱内的连接线过于杂乱无章，排线上用于连接硬盘/光驱的接口应尽量靠近，一般 3 个接口之间的“排线”长度应为 2:1，如图 1-1-12 所示。

图 1-1-11　硬盘

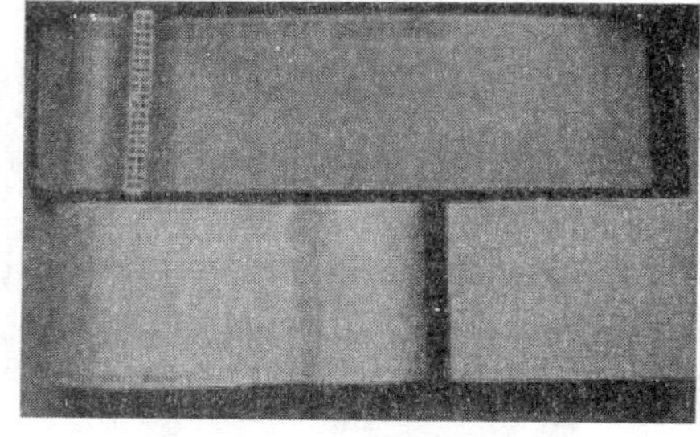

图 1-1-12　数据线

⑨在同一个排线 IDE 口上连接两个设备时，一般的原则是传输速度相近的安装在一起，硬盘和光驱应尽量避免安装在同一个 IDE 口上。主板上的 IDE 接口如图 1-1-13 所示。

（2）单硬盘的安装。如果只用一根 IDE 线来连接硬盘，那么就可以把硬盘放到插槽中去了。单手捏住硬盘（注意手指不要接触硬盘底部的电路板，以防身上的静电损坏硬盘），对准安装插槽后，轻轻地将硬盘往里推，直到硬盘的四个螺钉孔与机箱上的螺钉孔对齐为止。硬盘到位后，就可以上螺钉了。注意，硬盘在工作时其内部的磁头会高速旋转，因此必须保证硬盘安装到位，确保固定。硬盘的两边各有两个螺钉孔，因此最好能上四个螺钉，并且在上螺钉时，四个螺钉的进度要均衡，切勿一次性拧好一边的两个螺钉，然后再去拧另一边的两个。如果一次就将某个螺钉或某一边的螺钉拧得过紧的话，硬盘受力可能就会不对称，从而影响数据的安全，如图 1-1-14 所示。先将 IDE 线在硬盘上的 IDE 口上插好，再将其插紧在主板 IDE 接口中，最后将 ATX 电源上的扁平电源线接头在硬盘的电源插头上插好即可。需要注意的是，如果 IDE 线无防插反凸块，在安装 IDE 线时需本着以 IDE 线上有“红线一端对电源接口”的原则来进行安装，如图 1-1-15 所示。

图 1-1-13　主板上的 IDE 接口

图 1-1-14　硬盘插槽

2．光驱安装

（1）光驱的跳线。光驱的跳线非常重要，特别是当光驱与硬盘共用一条数据线的时候，如果设置不正确就会无法识别光驱。安装一个光驱的时候一般只需要将它设置为主盘就行了。

（2）将光驱装入机箱。先拆掉机箱前方的一个 5 寸固定架面板，然后把光驱滑入。把光驱从机箱前方滑入机箱时要注意光驱的方向，现在的机箱大多数只需要将光驱平推入机箱就行了。但是有些机箱内有轨道，那么在安装光驱的时候就需要安装滑轨。安装滑轨时应注意开孔的位置，并且螺钉要拧紧，滑轨上有前后两组共 8 个孔位，大多数情况下，靠近弹簧片的一对与光驱的前两个孔对齐。当滑轨的弹簧片卡到机箱里，听到“咔”的一声响，光驱就安装完毕了。

（3）固定光驱。在固定光驱时，要用细纹螺钉固定，每个螺钉不要一次拧紧，要留一定的活动空间。如果在上第一颗螺钉的时候就固定死，那么当上其他 3 颗螺钉的时候，有可能因为光驱有微小位移而导致光驱上的固定孔和框架上的开孔之间错位，导致螺钉拧不进去。正确的方法是把 4 颗螺钉都旋入固定位置后，调整一下，最后再拧紧螺钉，如图 1-1-16 所示。

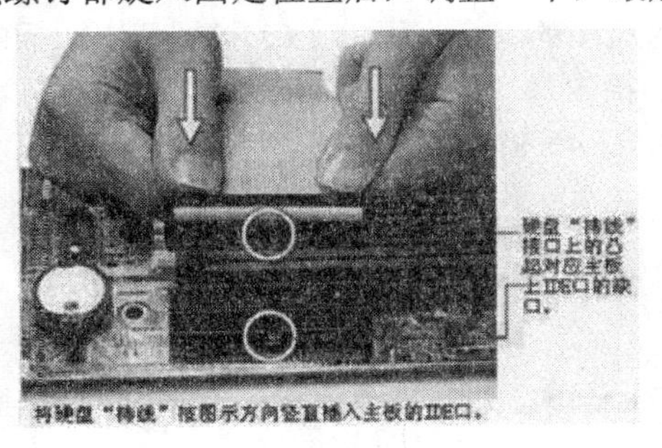

图 1-1-15　硬盘数据线连接

图 1-1-16　光驱插槽

（4）安装连接线。依次安装好 IDE 排线和电源线。

（八）安装显卡、声卡、网卡

显卡、声卡、网卡等插卡式设备的安装大同小异。

1．安装显卡

安装显卡主要可分为硬件安装和驱动安装两部分。硬件安装就是将显卡正确地安装到主板上的显卡插槽中。需要掌握的要点是，首先要注意 AGP 插槽的类型；其次，在安装显卡时一定要关掉电源，并注意要将显卡安装到位。

（1）从机箱后壳上移除对应 AGP 插槽上的扩充挡板及螺钉。

（2）将显卡小心地对准 AGP 插槽并且很确实地插入 AGP 插槽中。注意：务必确认将卡上的金手指的金属触点与 AGP 插槽很牢靠地接触在一起。

（3）将螺钉拧紧，使显卡牢固地固定在机箱壳上。

（4）将显示器上的 15-pin VGA 线插头插在显卡的 VGA 输出插头上。

（5）确认无误后，重新开启电源，即完成显卡的硬件安装，如图 1-1-17 所示。

2．安装声卡

（1）找到一空余的 PCI 插槽，并从机箱后壳上移除对应 PCI 插槽上的扩充挡板及螺钉，如图 1-1-18 所示。

图 1-1-17　安装显卡

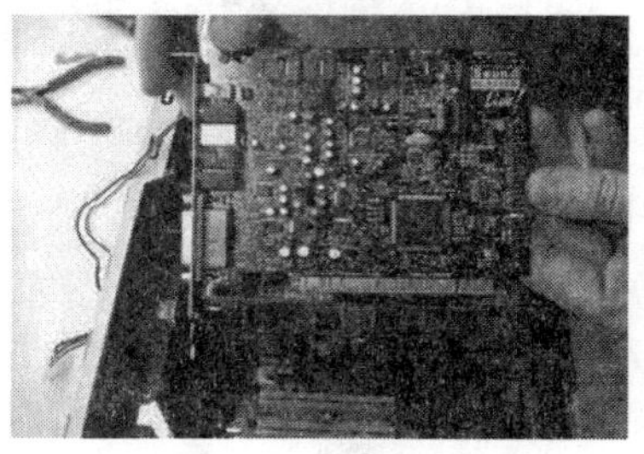

图 1-1-18　安装声卡

（2）将声卡小心地对准 PCI 插槽并且很确实地插入 PCI 插槽中。注意：务必确认将卡上的金手指的金属触点与 PCI 插槽很牢靠地接触在一起。

（3）将螺钉拧紧，使声卡牢固地固定在机箱壳上。

（4）确认无误后，重新开启电源，即完成声卡的硬件安装。

3．安装网卡

网卡的安装也很简单，如图 1-1-19 所示。

先确认机箱电源在关闭的状态下。将网卡插入机箱的某个空闲的 PCI 扩展槽中，插的时候注意要对准插槽；用两只手的大拇指把网卡插入插槽内，一定要把网卡插紧；上好螺钉，并拧紧；最后，将做好的网线上的水晶头连接到网卡的 RJ-45 接口上。

（九）连接外部设备

1．安装显示器（略）

2．连接鼠标、键盘

键盘和鼠标的安装非常简单，只需将其插头对准缺口方向插入主板上的键盘/鼠标插座即可。

现在最常见的是 PS/2 接口的键盘和鼠标。这两种接口的插头是一样的，很容易弄混淆，所以在连接的时候要看清楚，并注意它们在颜色上的差别，如图 1-1-20、图 1-1-21 所示。

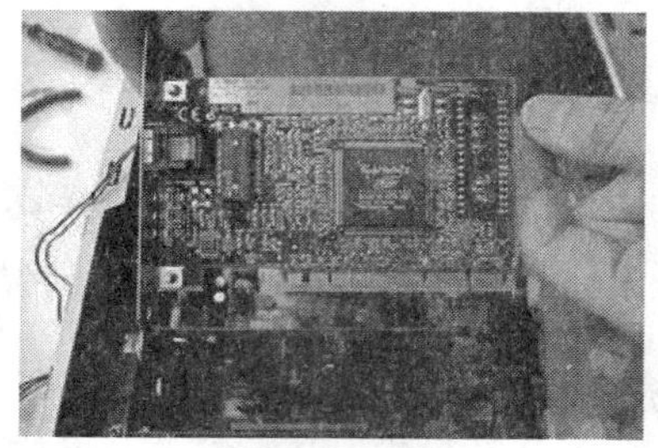

图 1-1-19　安装网卡

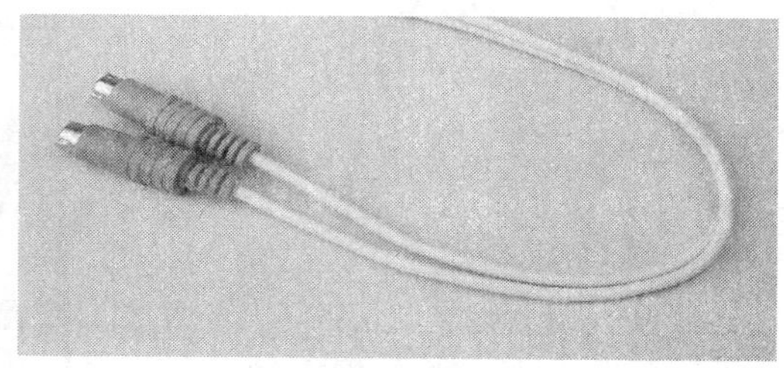

图 1-1-20　鼠标和键盘连接线

图 1-1-21 主板上的鼠标和键盘插孔

3．安装和连接音箱（略）

（十）开机测试

在连接主机电源之前，一定要仔细检查各种设备的连接是否正确、接触是否良好，尤其要注意各种电源线是否有接错或接反的情况。检查确认无误后，连接机箱的电源线。

如果所有设备连接都正确的话，在打开计算机开关后，计算机中的设备将开始加电运转，其中 CPU 风扇、机箱风扇、电源风扇会开始旋转，可以听到硬盘电机加电旋转的声音，光驱在此时也开始进行预检。

在开机测试后，若没有发现计算机有什么故障，就可以闭合机箱的挡板了。此时，计算机也就组装完毕了。后续的工作当然还有很多，例如 BIOS 设定、系统软件的安装等等，这些内容请参阅相关模块。

四、相关知识与技能

计算机的主机主要由机箱、电源、中央处理器、主板、内存、硬盘、软盘驱动器、光驱、显卡和声卡等构成。在未拆开主机机箱时，只能看到机箱的外部结构。

（一）计算机主机外部结构

图 1-1-22 所示是一台计算机主机的正面和背面的外部结构图。由于不同厂家生产的不同型号的机箱在外形的设计和颜色上都有所区别，所以计算机主机机箱不是统一的。但是不管如何变化，在机箱的正面，都有电源开关、电源指示灯、硬盘指示灯和 RESET（重启动）按钮，如图 1-1-22a 所示。

其主要功能如下：

（1）电源开关。用于开启和关闭计算机。在很多机箱上都会标有“POWER”字样。

（2）电源指示灯。当按下电源开关后，电源指示灯就会亮起，表示计算机已经接通电源。

（3）硬盘指示灯。当硬盘在读写数据时，硬盘指示灯就会亮起来，表示硬盘正在工作。

（4）RESET 按钮。按下这个按钮，计算机就会重新启动。

图 1-1-22b 是计算机主机箱的背面图，有电源、显示器、鼠标、键盘、音箱和话筒和打印机等各类设备的端口，其主要功能如下：

（1）键盘端口。用于连接键盘，通常在此端口附近有一个键盘图标。

（2）鼠标端口。用于连接鼠标，通常在此端口附近有一个鼠标图标。

（3）打印机端口（LP1）。这是一种并行端口，主要用于连接打印机设备或其他硬件设备。

（4）USB 端口。这是一种可以热插拔的端口，主要用于连接各种带 USB 接口的外接设备，如 U 盘、MP3、MP4 及扫描仪等。这种端口只有在新式的计算机主机上才有，旧式的主机一般没有此端口。

（5）通信端口（COM1 和 COM2）。这是一种串行端口，用于连接调制解调器（即 Modem）等设备。

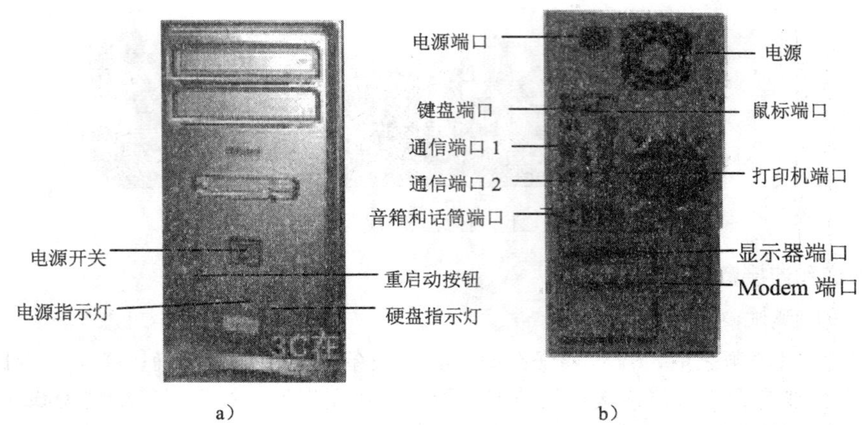

图 1-1-22　主机正面和背面的外部结构

（6）音箱和话筒端口。用于连接音箱和话筒。

（7）显示器端口。用于连接显示器。

（8）网卡端口。用于连接局域网络。

（二）计算机主机内部结构

拆开主机机箱，可以看到机箱的内部结构，它由主板、中央处理器（CPU）、内存条和硬盘等核心部件组成。

1．主板

机箱内最大的一块电路板就是主板，中央处理器（CPU）、内存条、显卡、声卡以及其他许多小板卡和接口线路等都需要插在主板上。主板的性能很大程度决定 CPU 及其他部件性能的发挥，主板上有 I/O 接口、IDE 接口、FDC 接口、电源接口、AGP 插槽、CPU 插槽和 PCI 插槽、CMOS 芯片等，主板的外形如图 1-1-23 所示。

图 1-1-23　主板

2．中央处理器 CPU

中央处理器（CPU，Central Processing Unit）是计算机的核心部件，包括能够完成各种数据处理的控制器和运算器，是评价计算机的一个主要性能指标。

现在主要的 CPU 厂商是 Intel 公司和 AMD 公司。Intel 公司目前在市面上主要有针对低端市场的 Celeron4 系列处理器和面向中高端的 Pentium4 A/B/C/E 系列处理器；AMD 公司主要有面向高端的 AMD Athlon 64、主流的 AMD Athlon XP 以及面向低端的 Duron 处理器。CPU 的外形如图 1-1-24 所示。

图 1-1-24　CPU 外形

3．内存储器

内存是由超大规模集成电路组成的，直接通过主板和 CPU 相连，与 CPU 直接交换信息。按工作方式不同，内存分为随机存储器（RAM）和只读存储器（ROM）。随机存储器可以随机地向指定的单元存储信息，断电后信息将会丢失；而只读存储器一般用来存储一些系统固化的程序，断电后信息不消失。SDRAM、DDR SDRAM（简称 DDR）和 RDRAM 是目前计算机中常用的随机存储器。通常所说的内存是指随机存储器。现在的内存的容量一般有 1GB、2GB 等。SDRAM 内存如图 1-1-25 所示，DDR 内存如图 1-1-26 所示。

图 1-1-25　SDRAM 内存

图 1-1-26　DDR 内存

4．硬盘

硬盘全称为硬盘驱动器，如图 1-1-27 所示。硬盘具有存储容量大、读写速度快、可靠性高和使用方便等特点，因此绝大多数的数据都存储在硬盘中。目前，硬盘正在向大容量、高速度方向发展。

图 1-1-27　硬盘

目前市场上比较流行的硬盘有 IBM、希捷、西部数据和迈拓等品牌，容量发展到 160GB～1.5TB，转速发展到 7200 r/s，10000 r/s。

现在，还有一种重要的也是常用的外存储器即 U 盘，也称为闪存或闪盘，是以闪存芯片为信息载体记录保存数据的，外观如图 1-1-28 所示。其优点是快速读写，断电后仍可以保留信息。现在市场上的 U 盘容量一般为 4～16GB。

图 1-1-28　U 盘

5．光盘与光盘驱动器

（1）光盘。光盘是一种大容量的、可携带式的数据存储媒体。光盘是利用光学方式进行读写信息的存储器，它最早用于激光唱机和影碟机。光盘具有容量大、可靠性高、稳定性好和使用寿命长等特点，一般的光盘有 10 年以上的使用寿命。

光盘可以分成为 CD-ROM（只读性光盘）、CD-R（一次写入性光盘）、CD-RW（可擦写光盘）和 DVD（数字视频光盘）等，目前在微机系统中使用最广泛的是只读性光盘。一张 5.25 英寸的 CD-ROM 的存储容量约为 650MB。可擦写光盘又称为可改写型光盘，使用这种光盘的时候，可以自己写入信息，还可以对已经写入的信息进行删除和修改。DVD 的英文全名是"Digital Video Disk"，是一种能存储高质量视频、音频信号和超大容量数据的光盘媒体产品。从外观上看，DVD 光盘与 CD/VCD 盘相似，但实质上两者之间有本质的差别。

（2）光盘驱动器。光盘驱动器（简称为光驱），可分为只读光盘（CD-ROM）驱动器、数字视频光盘（DVD-ROM）驱动器、可记录光盘（CD-R）驱动器和读写光盘（CD-RW）驱动器，后两种驱动器习惯上被称为刻录机。

CD-ROM 光驱最重要的性能指标之一是"倍速"，该指标指的是光驱传输数据的速度大小。"单倍速"是指每秒从光驱读取 150KB，"2 倍速"即表示每秒可从光驱读取 2×150KB（1KB=1024B）。目前，最快的光驱已经达到 52 倍速，百倍速光驱也即将上市。

在多媒体技术蓬勃发展的今天，DVD-ROM 光驱正开始取代 CD-ROM 光驱而成为市场的新宠，相比 CD 光驱，它有数据存储容量大、纠错能力强和画质解析度清晰等优点，它们的外形分别如图 1-1-29、图 1-1-30 所示。

图 1-1-29　CD-ROM 光驱

图 1-1-30　DVD-ROM 光驱

6．显卡

显卡是一个控制计算机信号发送到显示器的扩充插件板。显示器的质量和显卡的能力决定计算机显示的清晰程度。常见的显卡按照接口可分为 PCI 显卡（图 1-1-31）和 AGP 显卡（图 1-1-32）两种。目前有些计算机已经把显卡集成到主板上了。

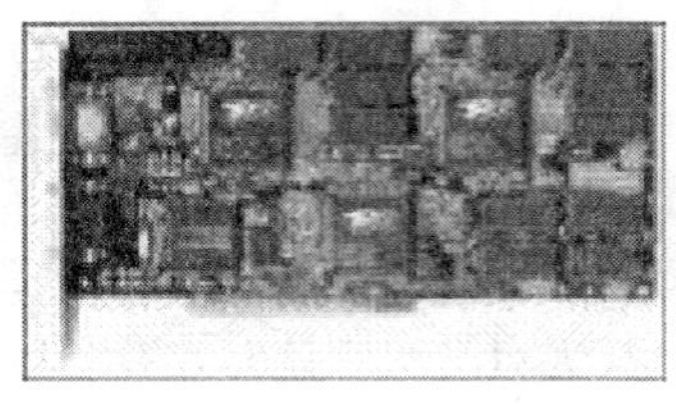

图 1-1-31　PCI 显卡

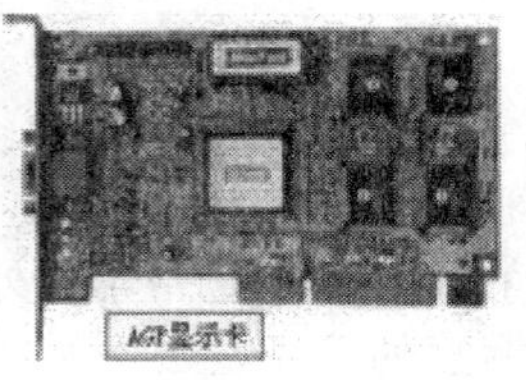

图 1-1-32　AGP 显卡

7．声卡

声卡也是一种常见的计算机功能扩展卡，其作用是将 CPU 的处理结果输出给扬声器。常见的声卡有 ISA 接口的（如图 1-1-33），也有 PCI 接口的（如图 1-1-34），目前大多数的声卡已经集成到主板上了。

8．调制解调器

调制解调器是个人计算机与网络互联的主要设备，目前，大多数用户都是通过调制解调器和电话线上网的，其传输速率最高只能达到 56kbit/s。近年来随着技术的发展，出现了多种新型上网方式，人们有了更多的选择。调制解调器的种类增加了 ADSL 调制解调器、ISDN 调制解调

器和用于有线电视网的线缆调制解调器等。

图 1-1-33　ISA 声卡

图 1-1-34　PCI 声卡

调制解调器有内置式和外置式两种，分别如图 1-1-35 和图 1-1-36 所示。

图 1-1-35　内置式调制解调器

图 1-1-36　外置式调制解调器

（1）内置式调制解调器。内置式调制解调器是一块外形与声卡、显卡相似的安装于计算机主板扩展槽上的板卡。安装时需要打开机箱，不仅要占用主板上一个扩展槽（早期调制解调器采用 ISA 接口，现在几乎都采用 PCI 接口），而且也将占用一定的 CPU 资源。同时，容易受到其他设备的干扰而降低连接质量。

（2）外置式调制解调器。外置式调制解调器就是放在计算机外面的设备，它的背面有与计算机、电话线等连接的插座，通过 RS-232 串行端口线与计算机的串行接口连接。这种调制解调器由于在主机外面，所以抗干扰能力较强。缺点是需要占用一个串行端口，而且价格相对较贵。另外，还有一种外置式 USB 接口的调制解调器，优点在于小巧玲珑，便于携带。

（三）计算机外部设备

计算机外部设备不但包括键盘、鼠标、扫描仪和手写笔等输入设备，还包括显示器与打印机等输出设备。下面将这些设备分别进行介绍。

1．键盘

键盘和鼠标是计算机最常见的输入设备。常见的键盘有 104 键键盘、108 键盘键、带有多个附加功能按钮的多媒体键盘和人体工程学键盘等。按传输信息的方式还可以分为有线键盘和无线键盘。各种款式键盘的外观如图 1-1-37 所示。

图 1-1-37　各种款式的键盘

现在最常见的是 104 键键盘，与原来盛行的 101 键键盘的区别是多了 3 个 Windows 95 的功能键。随着 Windows 98 及更高版本的 Windows XP 系统的流行，市场上又出现了一种 108 键的键盘，比 104 键键盘又多了几个 Windows 的功能键。

2．鼠标

鼠标是计算机必备的输入工具，可以实现更快捷的定位。从内部结构和原理来分，鼠标可

以分为机械式、光机式和光电式三大类。

以接口类型来分，鼠标可以分为串行口、PS/2 接口、USB 接口和无线鼠标。PS/2 鼠标与主板的 PS/2 接口连接，USB 接口鼠标与 USB 接口连接，而光电无线鼠标需要电池供电才能使用。它们的外观分别如图 1-1-38 所示。

a）ps/2 接口鼠标

b）USB 接口的鼠标

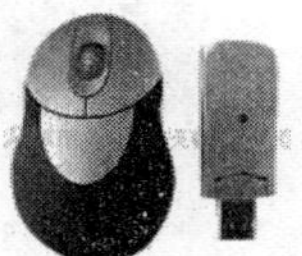
c）光电无线鼠标

图 1-1-38　各种接口的鼠标外观

3．扫描仪

扫描仪是一种光机电一体化的产品，用于捕获图片（照片、文字、图形）并传送到计算机中，如图 1-1-39 所示。目前常见的扫描仪主要有平板式扫描仪和胶片式扫描仪两种。

图 1-1-39　各式扫描仪

常见扫描仪接口通常分为 SCSI 接口、EPP 并行端口接口和 USB 接口 3 种，后两种是近几年才开始使用的接口。

4．数码相机

随着计算机逐步走进家庭，数码相机也越来越多地被人们所接受。与传统相机相比，数码相机有以下几个优点：

数码相机无需胶卷、暗室，拍摄的图像可直接输入到计算机中进行后期处理，大大提高了工作效率；数字图像可无限次复制，不会衰减和失真，不存在普通底片和照片霉变和褪色的缺点，可以永久保存；“即拍即行”的特点使刚刚拍摄的照片可以立即显示在相机的显示屏上，如果不满意可立即删除；数码相机的存储介质可重复使用，非常经济。几种不同款式的数码相机如图 1-1-40 所示。

图 1-1-40　不同款式的数码相机

5．显示器

显示器是计算机重要的信息输出设备。常用的有 CRT（阴极射线管）显示器和 LCD（液晶显示器），如图 1-1-41 所示。在尺寸上有 15 英寸、17 英寸和 19 英寸等。近年来，液晶显示器凭借节能和辐射少等优势逐渐配备于台式机上。显示器的分辨率和刷新频率是决定显示器性能

的两个重要数据，一般的分辨率有 640×480、800×600、1024×768、1280×1024 等，一般的刷新频率有 80Hz、85Hz、105Hz。

a）CRT 显示器

b）LCD 显示器

图 1-1-41　各种款式的显示器

6. 多媒体音箱

计算机配备的音箱是多媒体音箱，如图 1-1-42 所示。与普通音箱最主要的区别在于为了不影响计算机其他部件的正常工作，多媒体音箱都是经过防磁处理的。

图 1-1-42　多媒体音箱

7. 打印机

打印机是将显示器显示的字符或图像打印输出的设备。常用的打印机有 3 种：针式打印机、喷墨打印机和激光打印机，如图 1-1-43 所示。常见的打印机品牌有 EPSON、Cannon、HP 和联想等

针式打印机

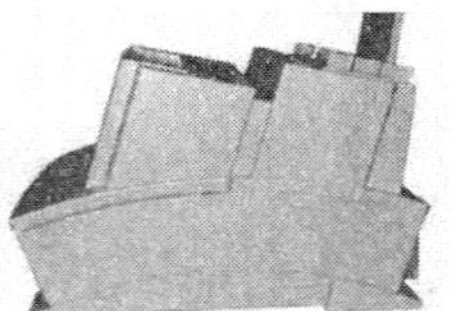

激光打印机

喷墨打印机

图 1-1-43　常见的打印机

五、技巧与提高

装机时注意事项。

1. 主板安装

在装机过程中，有时为了省时、省力，往往在安装主板的过程中只在机箱的固定板上安装 4～5 个固定柱，然后直接装上主板，而且在拧螺钉的时候没有上垫圈。这样好像看起来没有什么关系，其实存在十分严重的问题，这是因为：

（1）现在很多人为了超频或者静音的需要，而更换高质量的 CPU、南北桥以及显卡散热器，通常这些散热器自身的重量是很重的，如果主板底座只上了四周几个固定柱，对于卧式机箱可能还好点，但现在多数都是立式机箱，长期这样使用主板很容易变形，严重的甚至会拉裂主板。同时，如果只安装了四周的固定底座，在安装显卡、内存的时候都会向下用力挤压，这时也很容易损坏主板。

（2）主板固定螺钉的垫圈作用可不小，它可以防止螺钉直接接触主板而导致主板和机箱接触短路的问题。同时，还可以屏蔽一些主板和机箱底板的静电以及电磁干扰。

2．各类数据线、电源线、信号线的排序与安装

（1）数据线连接。目前很多主板的 SATA 接口并非全部原生，往往只有 1、2 号是原生接口，在安装 SATA 设备的时候，数据线要尽量插在 1 号和 2 号口上，这样能最大限度发挥 SATA 的性能。

（2）前置面板的 USB 口、信号指示灯、1394 等，也是十分容易忽略的部分。一些人装机后一般只看计算机能否点亮，系统是否运行正常，而忽略了这些细节。建议在装机后用 U 盘试试前置的 USB 接口是否每个都能正常使用，硬盘指示灯、电源指示灯是否都显示正常。

（3）机箱布线。如果机箱内的各种电源线、数据线、信号线错综复杂，甚至直接与散热器接触，这样潜在风险是很大的。现在的硬件特别是显卡、CPU 功耗都是很大的，有的正常使用温度为 60～80℃，那么一根塑料的连接线与其长时间接触的后果可想而知。同时，布线凌乱对机箱整体散热也是一个重要的隐患。

3．机箱散热及 CPU 散热的问题

首先建议大家在购买机箱的时候尽量选择尺寸大一点的，这样利于整个系统的散热。其次，机箱散热主要讲究的是一个风道，一般是前进后出。关于机箱的散热应注意以下几个问题。

（1）有些人装机购买的机箱没有自带风扇，有时商家为了节省装机时间一般也不会主动推荐你安装风扇。其实做机箱风道是很有必要的。首先，能起到很好的散热效果，其次，还能有效地避免灰尘沉积造成一些接口接触不良。

（2）CPU 的散热问题。一定要避免 CPU 的表面与散热器底部没有完全接触，也就是俗话说的“假安装”。在安装完之后，要留心看一下散热器底部与 CPU 插槽是否平行，核心是否完全与散热器底部完全贴紧。同时注意硅胶的涂抹问题，适量即可，否则导热将变成阻热。

4．静音问题

（1）电源的选择。电源一定要选择静音电源，也就是 12 寸或者 14 寸大扇的电源，这是静音一个比较关键的问题。

（2）机箱风扇及 CPU 散热器的选择。机箱风扇选用 12 寸风扇（建议在进风口装上滤网），CPU 散热器也要选择好一些的。

（3）机箱的选择。机箱其实也是计算机整机中十分重要的部件。在机箱的选择上，首先，尺寸最好能大一点，能前后装上 12 寸风扇。其次，尽量选择品牌机箱，如永阳、酷冷、TT 等，好机箱不仅提供了一个良好的散热环境，同时也能有效避免共振问题。

（4）大家在装机的过程中根据自己的需要加装风扇，能不装的尽量不装。

六、创新作业

到中关村在线网站（www.zol.com.cn）的 DIY 硬件版去了解一下计算机硬件。

配置软件——计算机软件安装

一、项目描述

刚刚装完的计算机，人们称之为“裸机”。只有装上操作系统和相应的软件，它才能按照人们的意愿去完成各种不同的任务。

二、项目分析

要完成这个项目，首先要给计算机安装系统软件（Windows XP），其次再安装相应的应用软件（Office 2003 及相关应用软件）。

三、项目实现方法与步骤

（一）安装 Windows XP 操作系统

准备好 windows XP Professional 简体中文版安装光盘，并检查光驱是否支持自动启动。光盘自启动后，如无意外即可见到安装界面，如图 1-2-1 所示。

选择“要现在安装 Windows XP，请按 ENTER 键”，按回车键后，出现许可协议界面，如图 1-2-2 所示。如果接受该协议，按“F8”键，出现磁盘分区界面，如图 1-2-3 所示。

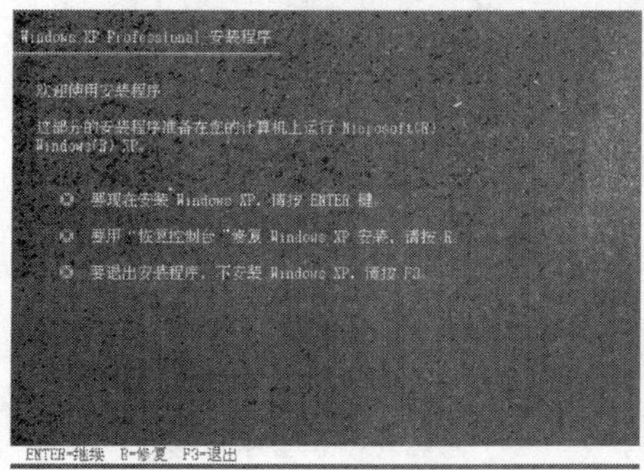

图 1-2-1　安装向导

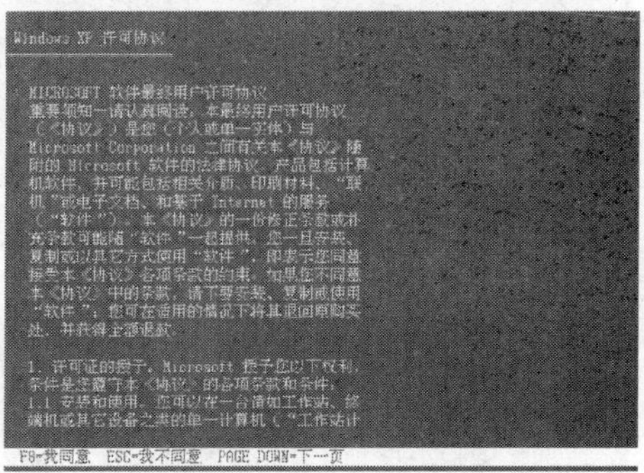

图 1-2-2　许可协议

用向下或向上方向键选择安装系统所用的分区，通常选用 C 分区，选择好分区后按“Enter”键，出现分区格式化界面，如图 1-2-4 所示。

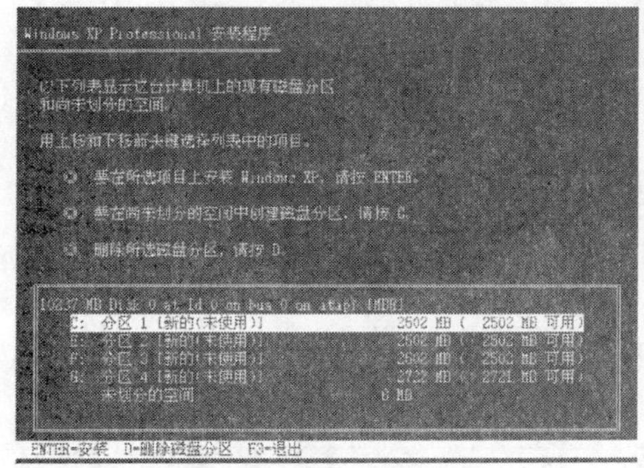

图 1-2-3　磁盘分区

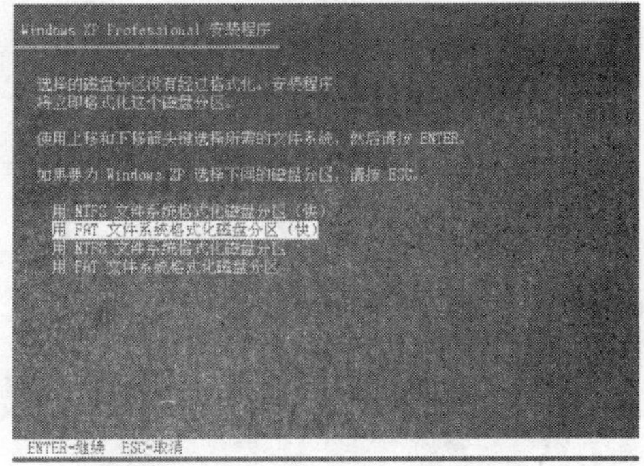

图 1-2-4　分区格式化

这里有多种方式供选择，可以对所选分区进行格式化，从而转换文件系统格式，也可保存现有文件系统。但要注意的是，NTFS 格式可节约磁盘空间，提高安全性和减小磁盘碎片，但同时存在很多问题：DOS 和 Windows 98/Me 下将看不到 NTFS 格式的分区。在这里选“用 FAT 文件系统格式化磁盘分区（快）”，按“Enter”键后，系统提示是否进行格式化，如图 1-2-5 所示。

按“F”键将准备格式化 C 盘，出现图 1-2-6 所示格式化警告界面。

由于所选分区 C 的空间大于 2048M（即 2G），FAT 文件系统不支持大于 2048M 的磁盘分区，所以安装程序会用 FAT32 文件系统格式对 C 盘进行格式化，按“Enter”键，出现格式化分区界面，如图 1-2-7 所示。

只有用光盘启动或安装启动软盘启动 Windows XP 安装程序，才能在安装过程中提供格式化分区选项；如果用 MS-DOS 启动盘启动进入 DOS 模式下，通过运行 i386\winnt 进行安装 Windows XP，则安装时将没有格式化分区选项。格式化 C 分区完成后，出现复制文件界面，如图 1-2-8 所示。

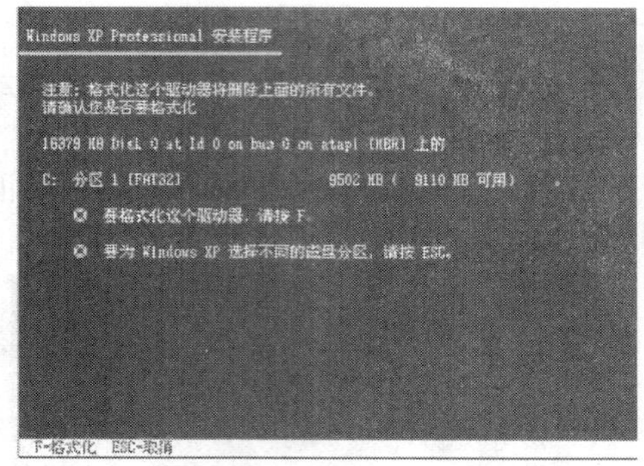

图 1-2-5 是否进行格式化

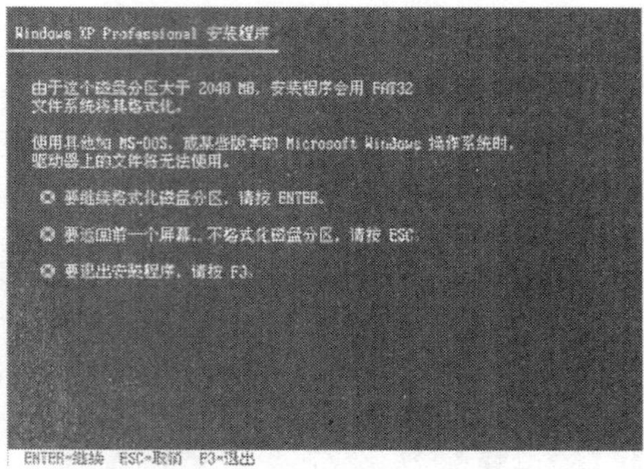

图 1-2-6 格式化警告

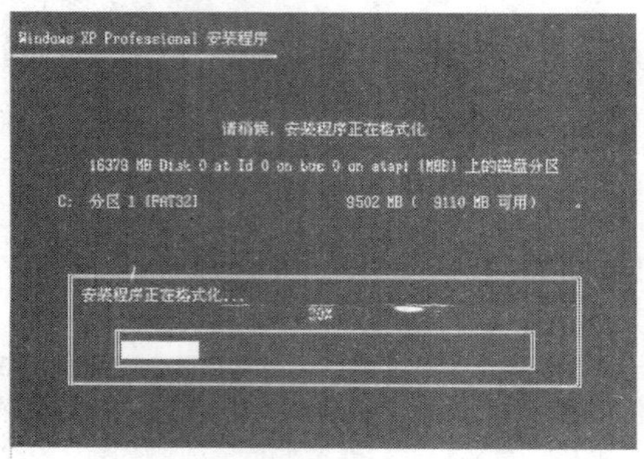

图 1-2-7 格式化分区

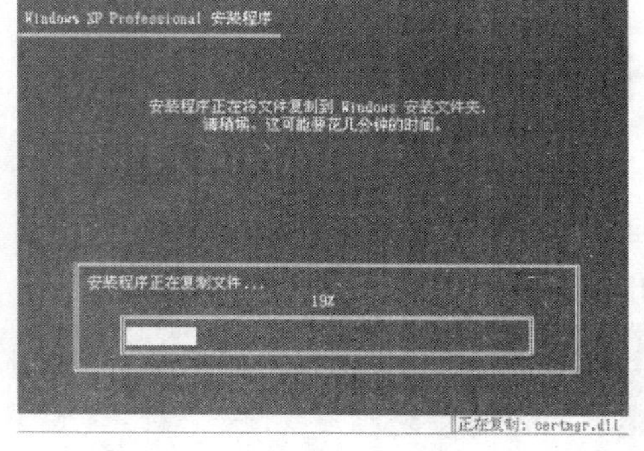

图 1-2-8 复制文件

文件复制完后，安装程序开始初始化 Windows 配置。然后系统将会自动在 15s 后重新启动。重新启动后，出现图 1-2-9 所示界面。

安装进行中将出现区域和语言选择界面，如图 1-2-10 所示。区域和语言设置选用默认值就可以了，单击“下一步”按钮，出现“自定义软件”对话框，如图 1-2-11 所示。

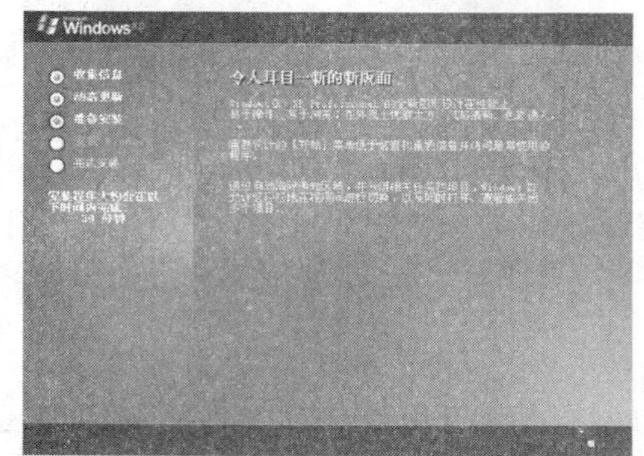

图 1-2-9 安装 Windows

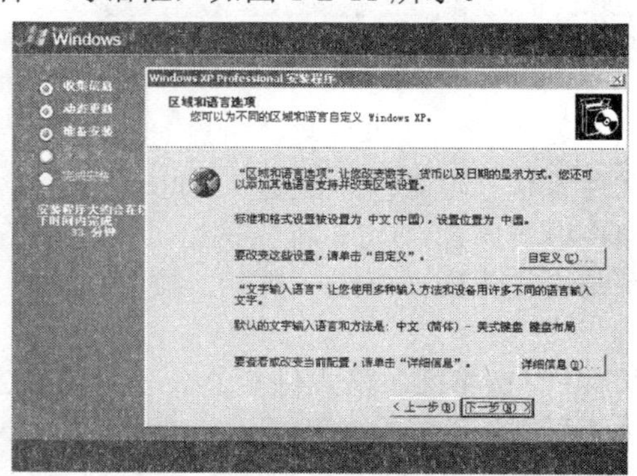

图 1-2-10 “区域和语言选择”对话框

输入姓名和单位，这里的姓名是以后注册的用户名。单击“下一步”按钮，出现如图 1-2-12 所示界面，在这里输入安装序列号，并单击“下一步”按钮，出现如图 1-2-13 所示界面。

安装程序自动为用户创建了又长又难记忆的计算机名称，用户可根据需要进行更改。输入两次系统管理员密码（请记住这个密码），Administrator 系统管理员在系统中具有最高权限，平时登录系统时不需要这个账号。接着单击“下一步”按钮，出现日期和时间设置界面，如图 1-2-14 所示。

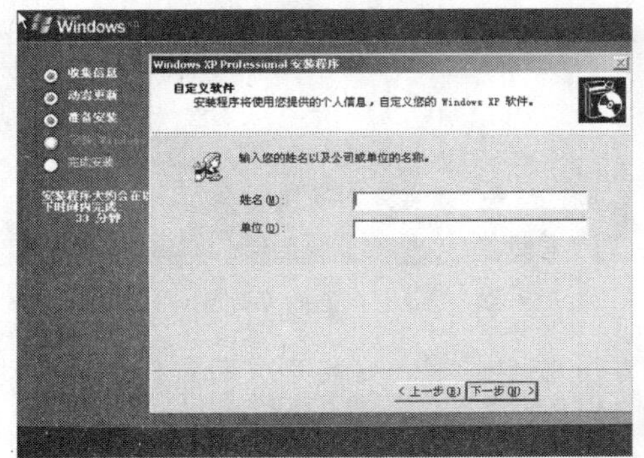

图 1-2-11 “自定义软件”对话框

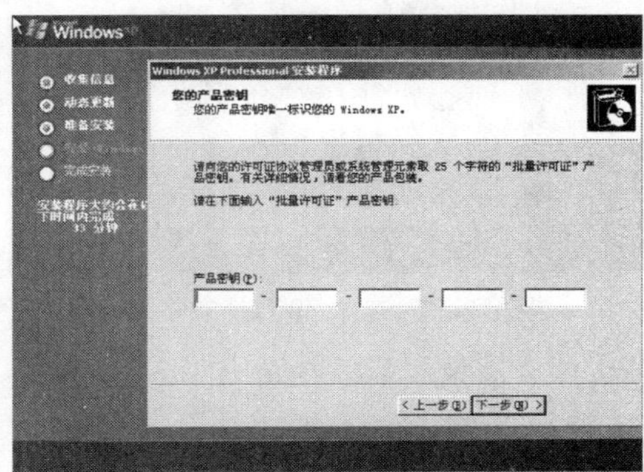

图 1-2-12 产品密钥

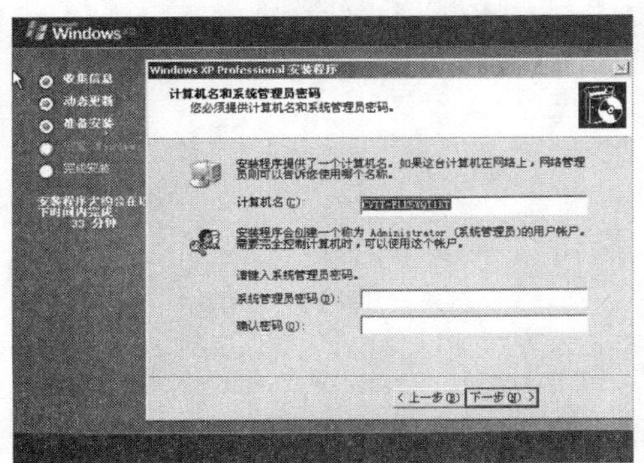

图 1-2-13 管理员密码设置

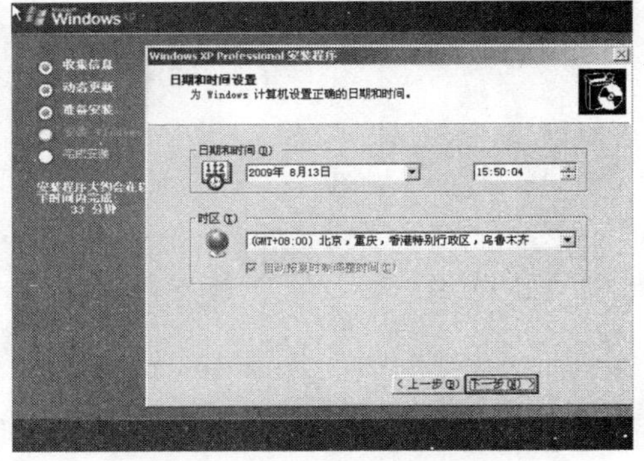

图 1-2-14 日期和时间设置

选择“北京时间”，单击“下一步”按钮，出现如图 1-2-15 所示界面。安装程序将复制系统文件、安装网络系统，并很快出现网络设置界面，如图 1-2-16 所示。

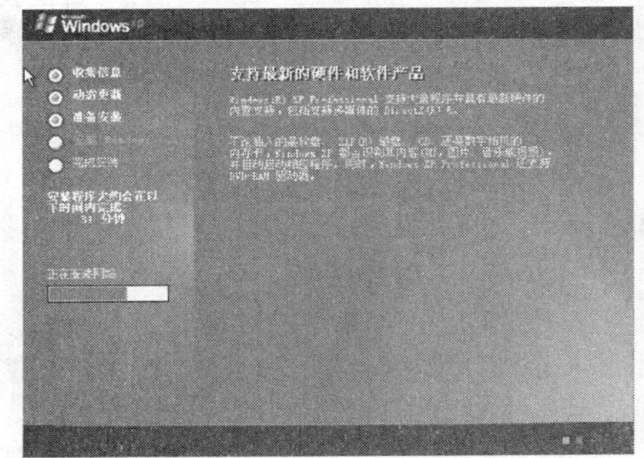

图 1-2-15 复制文件

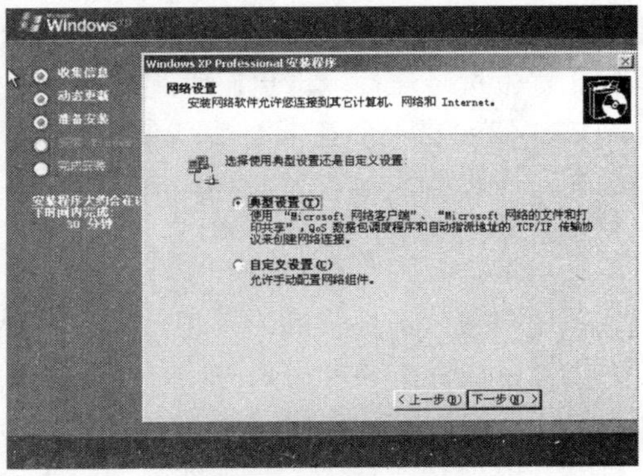

图 1-2-16 网络设置

选择典型设置，并单击“下一步”按钮后，出现如图 1-2-17 所示界面。选择工作组和计算机域后，单击“下一步”按钮，出现如图 1-2-18 所示界面。

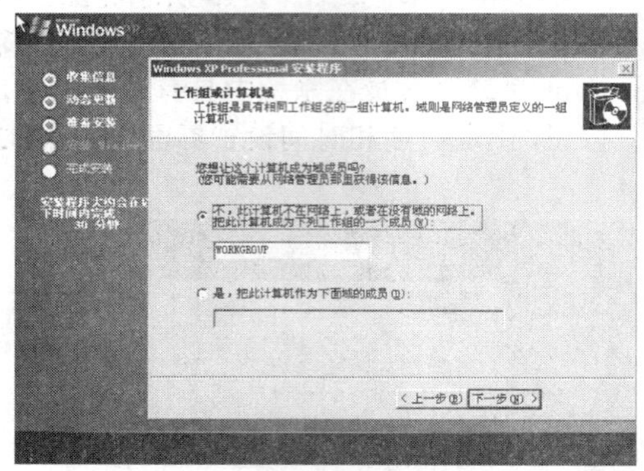

图 1-2-17　工作组和计算机域

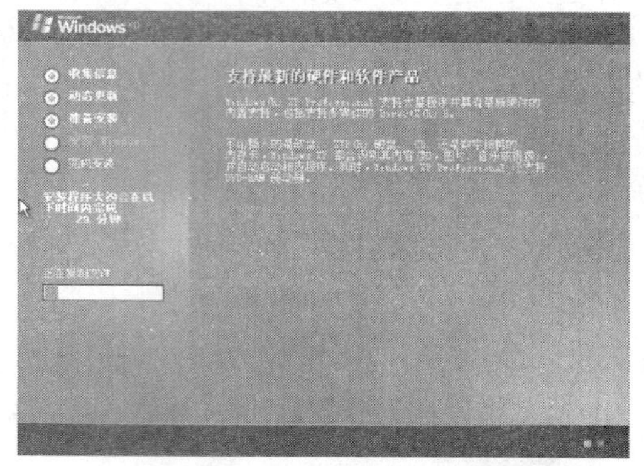

图 1-2-18　安装 Windows XP

到这里后就不用用户参与了，安装程序会自动完成全过程。安装完成后自动重新启动，出现启动画面，如图 1-2-19 所示。

图 1-2-19　启动画面

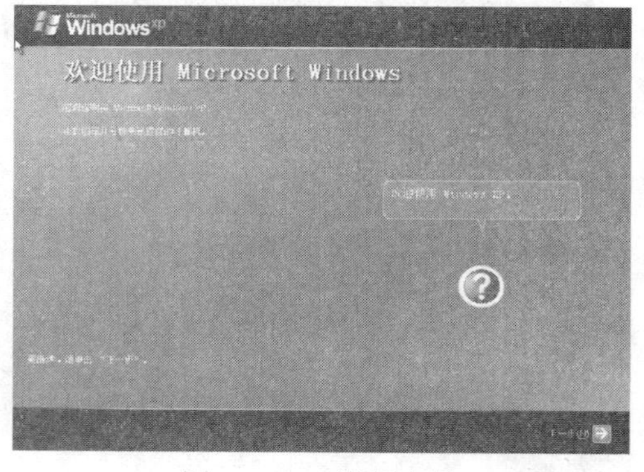

图 1-2-20　设置向导一

第一次启动需要较长时间，请耐心等候，接下来是欢迎使用画面，提示设置系统，如图 1-2-20 所示。单击右下角的“下一步”按钮，出现设置上网连接画面，如图 1-2-21 所示。

在这里建立的宽带拨号连接，不会在桌面上建立拨号连接快捷方式，且默认的拨号连接名称为“我的 ISP”（自定义除外）；进入桌面后通过连接向导建立的宽带拨号连接，在桌面上会建立拨号连接快捷方式，且默认的拨号连接名称为“宽带连接”（自定义除外）。如果用户不想在这里建立宽带拨号连接，请单击“跳过”按钮。

在这里先创建一个宽带连接。选第一项“数字用户线（ADSL）或电缆调制解调器”，单击“下一步”按钮，出现如图 1-2-22 所示界面。

目前使用的电信或联通（ADSL）住宅用户都是有账号和密码的，所以这里选择“是，我使用用户名和密码连接”，单击“下一步”按钮，出现如图 1-2-23 所示界面。

输入电信或联通提供的账号和密码，在“你的 ISP 的服务名”处输入你喜欢的名称，该名称作为拨号连接快捷菜单的名称。如果不输入，系统会自动创建名为“我的 ISP”作为该连接的名称。单击“下一步”按钮，出现如图 1-2-24 所示界面。

已经建立了拨号连接，微软公司当然希望用户立即就注册啦，不过即使不注册也可以用，又何必急呢？选择“否，现在不注册”，单击“下一步”按钮，出现图 1-2-25 所示界面。

输入一个用户平时用来登录计算机的用户名，单击“下一步”按钮，出现完成设置界面，如图 1-2-26 所示。

图 1-2-21　设置向导二

图 1-2-22　设置向导三

图 1-2-23　设置向导四

图 1-2-24　设置向导五

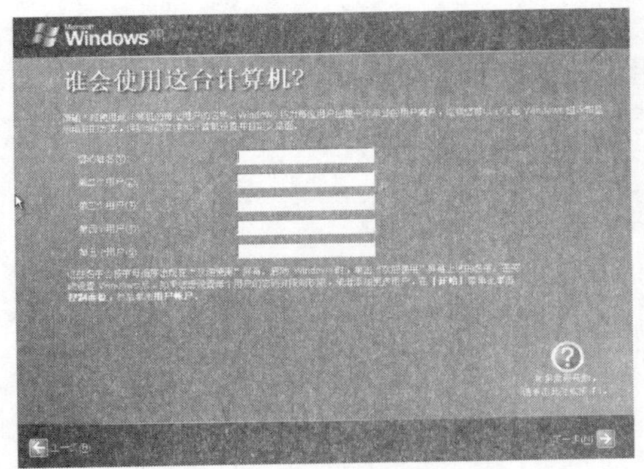

图 1-2-25　设置向导六

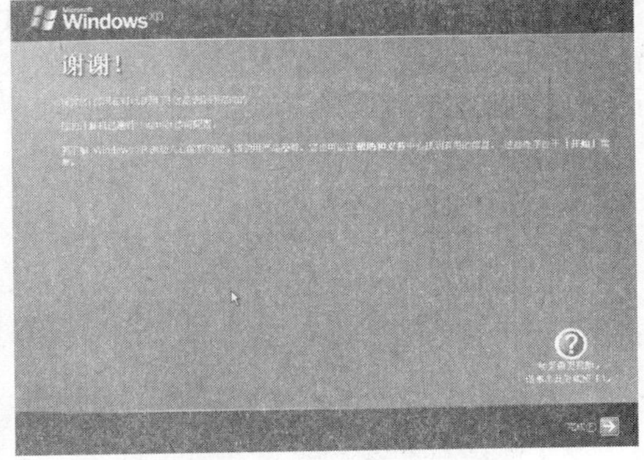

图 1-2-26　完成设置

单击“完成”按钮，则系统安装结束。系统将注销并重新以新用户身份登录。登录后的 Windows XP 桌面，如图 1-2-27 所示。

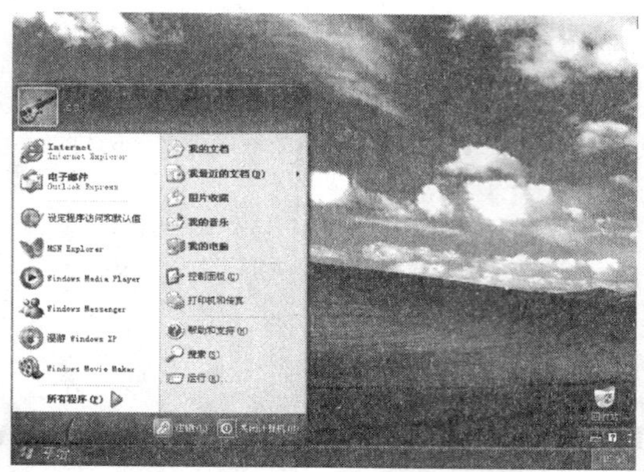

图 1-2-27　Windows XP 桌面

（二）安装微软办公软件 Office 2003

将 Office 2003 安装光盘放入光驱，安装程序会自动运行（如果光驱的自动播放功能被关闭，可进入安装光盘目录，找到“setup．exe”文件并双击，也可启动安装程序）。在安装界面中选择“安装 Office2003 组件”，如图 1-2-28 所示。接着会出现输入“产品密钥”的对话框，如图 1-2-29 所示。查看安装光盘封面或光盘内的“sn.txt”文件可找到这个密钥。

图 1-2-28　安装界面

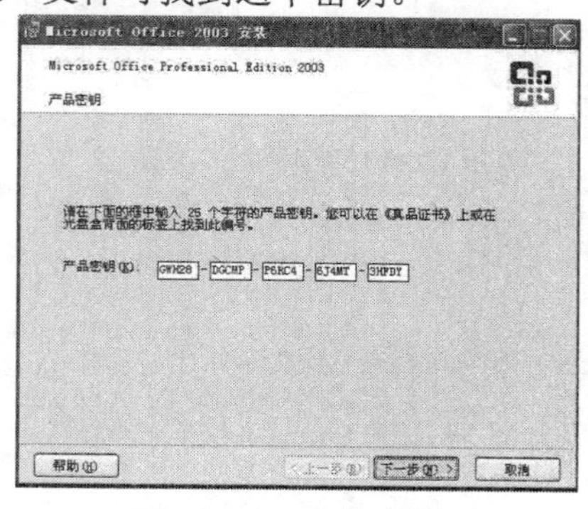

图 1-2-29　产品密钥

正确输入安装密钥后，单击“下一步”按钮，出现“用户信息”对话框，如图 1-2-30 所示。输入相应信息后，单击“下一步”按钮，出现“用户许可协议”对话框，如图 1-2-31 所示。

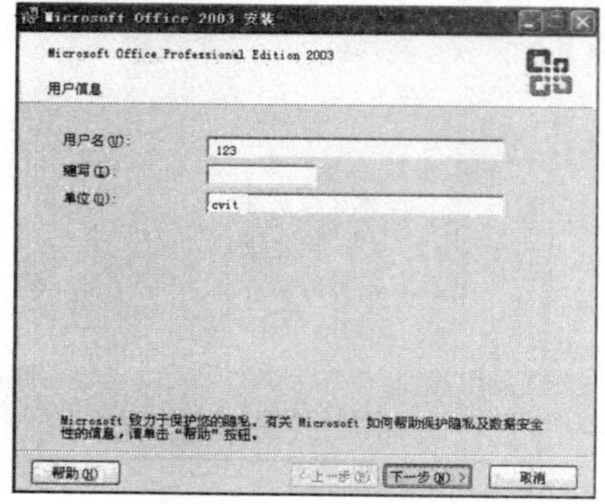

图 1-2-30　用户信息

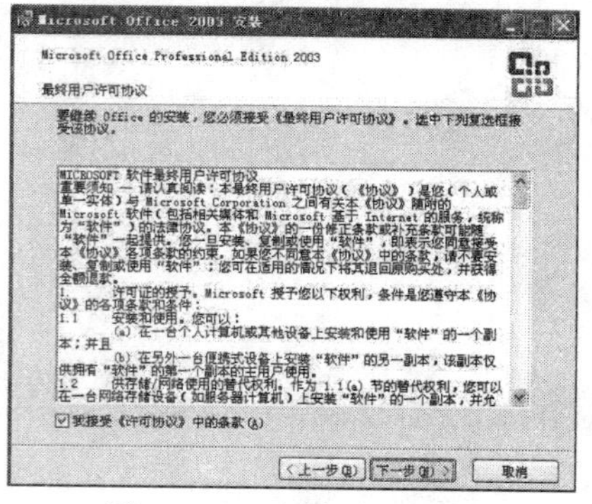

图 1-2-31　用户许可协议

在“最终用户许可协议”窗口中勾选“我接受《许可协议》中的条款”，单击“下一步”按钮，出现“安装类型”对话框，如图 1-2-32 所示。

如果第一次安装 Office，选择“典型安装”；如果对安装组件有一定的选择，可选择“自定义安装”；同时可以设置 Office 的安装路径。这里选择“自定义安装”，单击“下一步”按钮，出现“自定义安装”对话框，如图 1-2-33 所示。

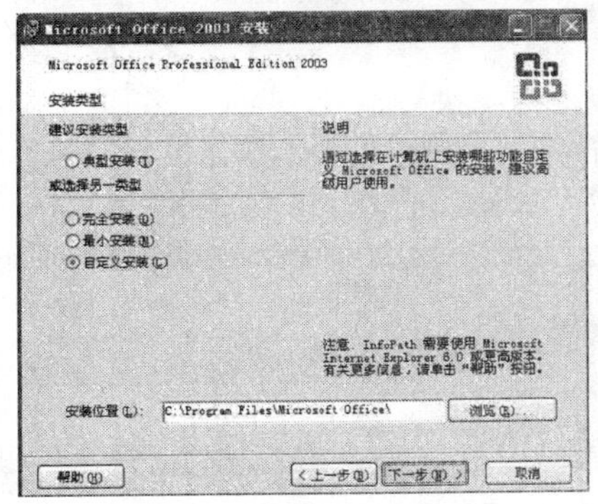

图 1-2-32 安装类型

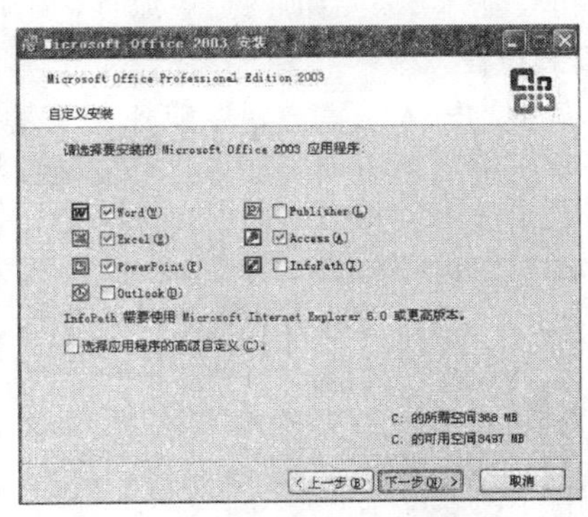

图 1-2-33 自定义安装

在这里可以对 Office 组件进行取舍，如选取平常使用最多的 Word、Excel、PowerPoint 和 Access，其他不常用的可不选（以后需要时可通过启动 Office 修复程序再进行安装）。单击“下一步”按钮，出现“摘要”窗口，如图 1-2-34 所示。

经过以上步骤的选择后，单击“安装”按钮，安装程序将开始安装被选择的 Office 组件，并显示安装进度，如图 1-2-35 所示。安装过程一般需要几分钟时间，请耐心等候。

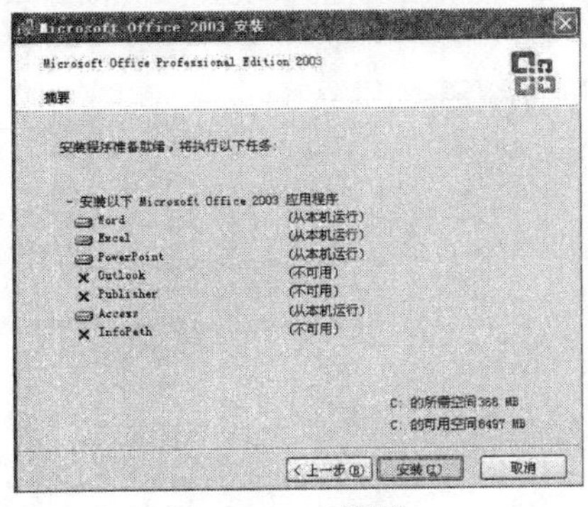

图 1-2-34 摘要

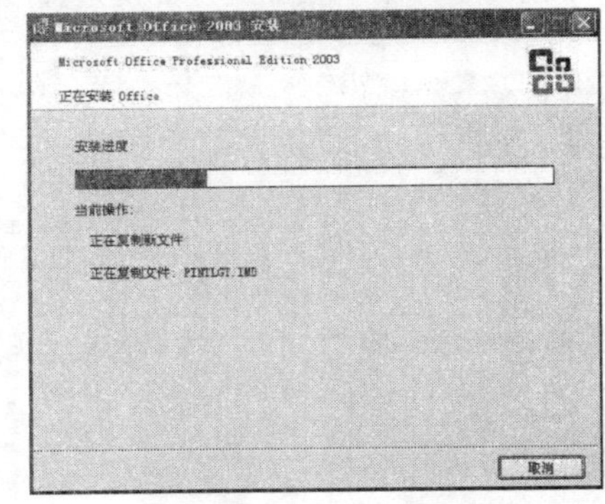

图 1-2-35 安装进度

安装过程结束后，会出现“安装已完成”窗口，如图 1-2-36 所示。单击“完成”按钮，即可完成 Office 2003 的安装。

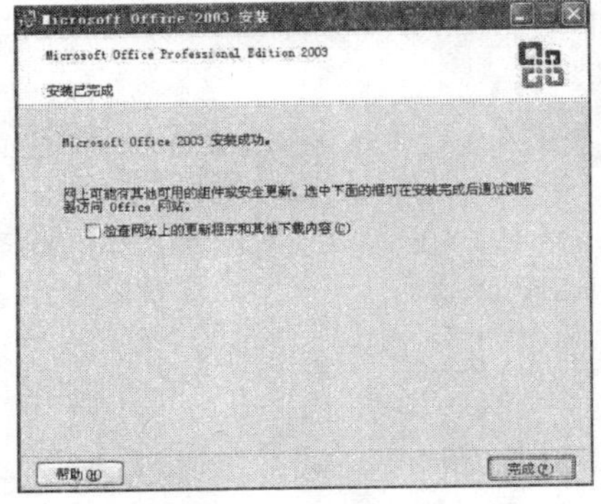

图 1-2-36 安装完成

注意有时安装 Office 2003 时，在最后一步要求重新启动计算机，使 Office 的各种设置生效。

（三）安装搜狗汉字输入法

搜狗拼音输入法是当前网上最流行、用户好评率最高、功能最强大的拼音输入法。

1．安装过程

（1）从搜狗输入法官方网站或各大下载站下载“搜狗拼音输入法 4.1 正式版”。

（2）解压缩后单击安装文件打开安装向导进行安装，如图 1-2-37 所示。

（3）单击“下一步”按钮，进入“许可证协议”界面，如图 1-2-38 所示。

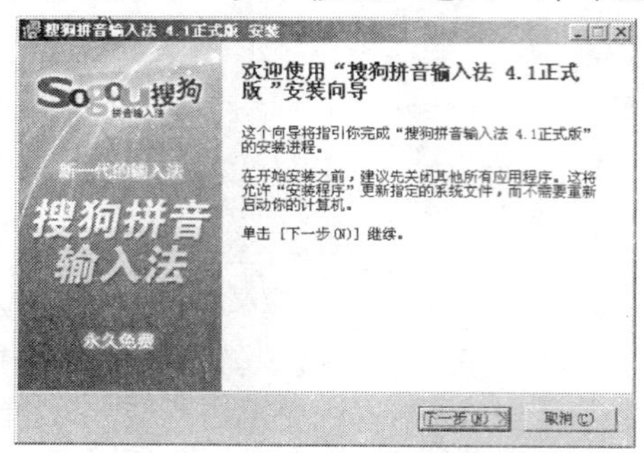

图 1-2-37　搜狗拼音输入法安装向导

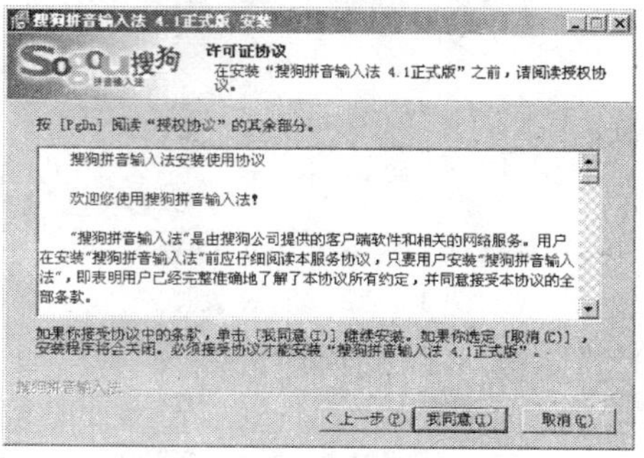

图 1-2-38　许可证协议

（4）单击“我同意”按钮，进入“选择安装位置”界面，如图 1-2-39 所示。

（5）单击“下一步”按钮，按照提示默认安装就可以。最后出现安装完成界面，如图 1-2-40 所示。

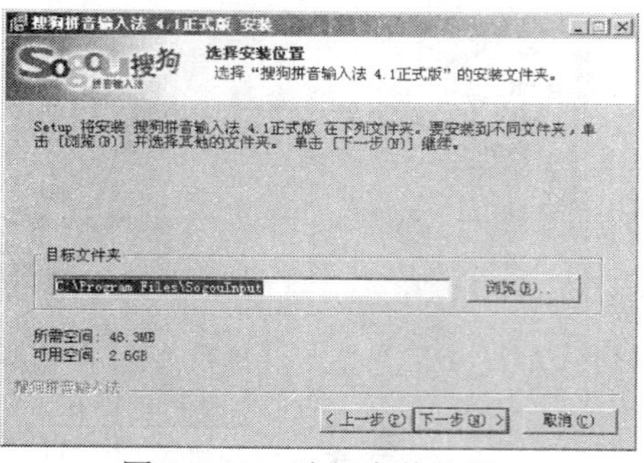

图 1-2-39　选择安装位置

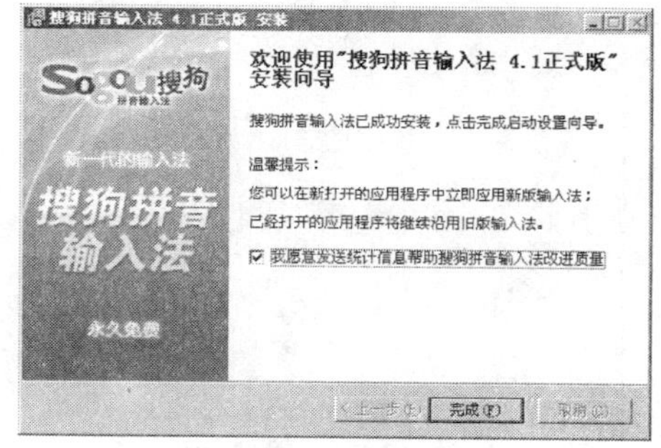

图 1-2-40　安装完成

2．个性设置

（1）单击“完成”，弹出“个性设置向导”界面，如图 1-2-41 所示。

（2）单击“下一步”按钮，打开“搜狗搜索”界面，如图 1-2-42 所示。

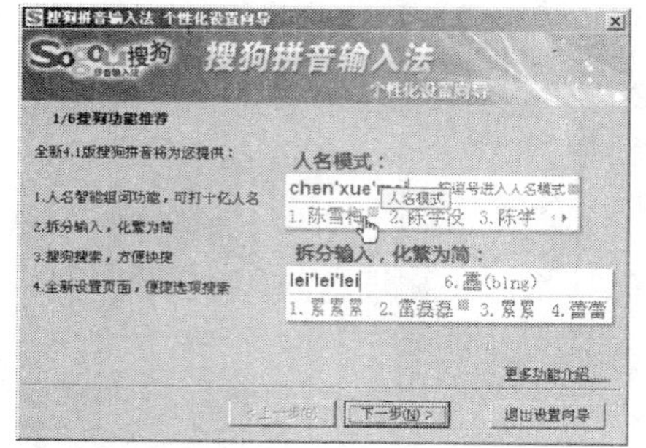

图 1-2-41　个性设置向导

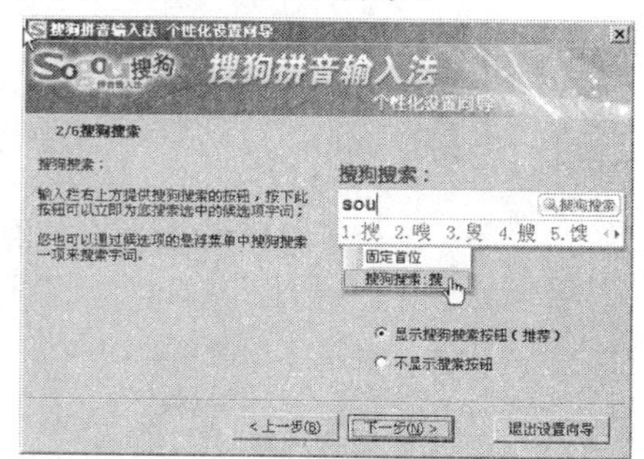

图 1-2-42　搜狗搜索

（3）单击“下一步”按钮，打开“输入法管理”界面，如图 1-2-43 所示。

（4）选择完成后，单击“下一步”按钮，打开“皮肤设置”界面，如图 1-2-44 所示。

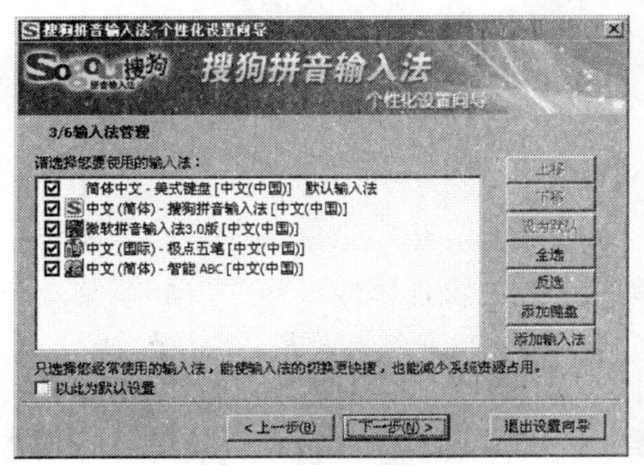

图 1-2-43　输入法管理

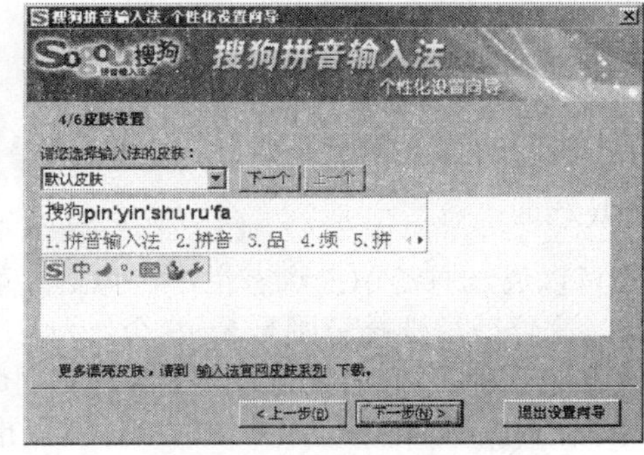

图 1-2-44　皮肤管理

（5）选择几款皮肤后，单击“下一步”按钮，打开“细胞词库设置”界面，如图 1-2-45 所示。

（6）选择完细胞词库之后，单击“下一步”按钮，出现“配置完成”窗口，如图 1-2-46 所示。单击“完成”按钮，就完成了个性化设置向导。

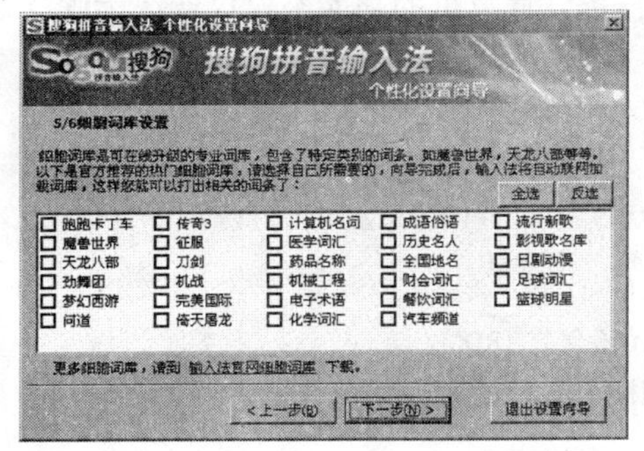

图 1-2-45　细胞词库设置

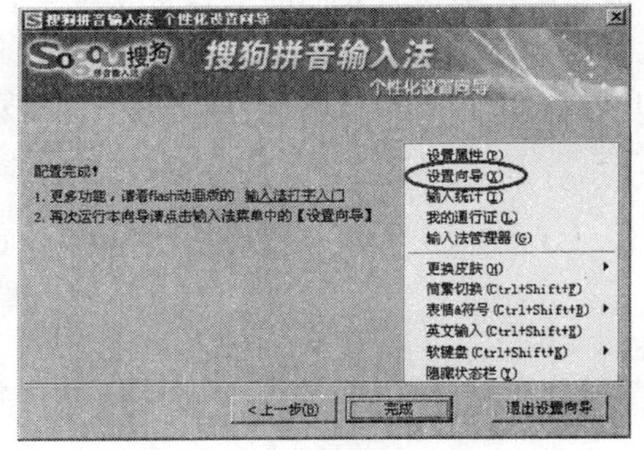

图 1-2-46　配置完成

3．搜狗输入法的使用

（1）切换出搜狗输入法。将鼠标移到要输入的地方，点一下，使系统进入到输入状态，然后按“Ctrl+Shift”组合键切换输入法，按到搜狗拼音输入法出现即可。当系统仅有一种输入法或者搜狗输入法为默认输入法时，按下“Ctrl +空格”组合键即可切换出搜狗输入法。

由于大多数人只用一种输入法，为了方便、高效起见，可以把自己不用的输入法删除，保留一种自己最常用的输入法即可。可以通过右键单击“语言文字栏” CH ，通过“设置”选项把自己不用的输入法删除掉（这里的删除并不是卸载，以后还可以通过“添加”选项添上）。

（2）翻页选字。搜狗拼音输入法默认的翻页键是逗号（，）和句号（。），即输入拼音后，按句号（。）进行向下翻页选字，相当于 PageDown 键，找到所选的字后，按其相对应的数字键即可输入。

（3）使用简拼。输入法默认是按下“Shift”键切换到英文输入状态，再按一下“Shift”键返回中文状态。用鼠标单击状态栏上面的中字图标也可以切换。

除了“Shift”键切换以外，搜狗输入法也支持回车输入英文和 V 模式输入英文。在输入较短的英文时使用能省去切换到英文状态下的麻烦。具体使用方法是：

回车输入英文：输入英文，直接敲回车即可。

V 模式输入英文：先输入“V”，然后再输入要输入的英文，可以包含@+*/-等符号，然后敲空格即可。

（4）修改候选词的个数。

5 个候选词：

de|
1.的 2.得 3.地 4.德 5.嘚

9 个候选词：

de|
1.的 2.得 3.地 4.德 5.嘚 6.徳 7.锝 8.底 9.淂

用户可以通过右键单击状态栏，在弹出的菜单中选择“设置属性”→“皮肤设置”→“候选词个数”来修改，选择范围是 3～9 个。

输入法默认的是 5 个候选词，搜狗的首词命中率和传统的输入法相比已经大大提高，第一页的 5 个候选词能够满足绝大多数时的输入。推荐选用默认的 5 个候选词。如果候选词太多会造成查找时的困难，导致输入效率下降。

四、相关知识与技能

一个完整的计算机系统由硬件系统和软件系统两部分组成。硬件系统是构成计算机系统的各种物理设备的总称。软件系统是运行、管理和维护计算机的各类程序和文档的总称。通常把不装备任何软件的计算机称为“裸机”，计算机之所以能够渗透到各个领域，是由于软件的丰富多彩，能够出色地按照人们的意志完成各种不同的任务。计算机的功能不仅仅取决于硬件系统，而更大程度上是由所安装的软件系统所决定的。因此说，硬件是计算机系统的物质基础，软件是它的灵魂。计算机系统的组成，如图 1-2-47 所示。

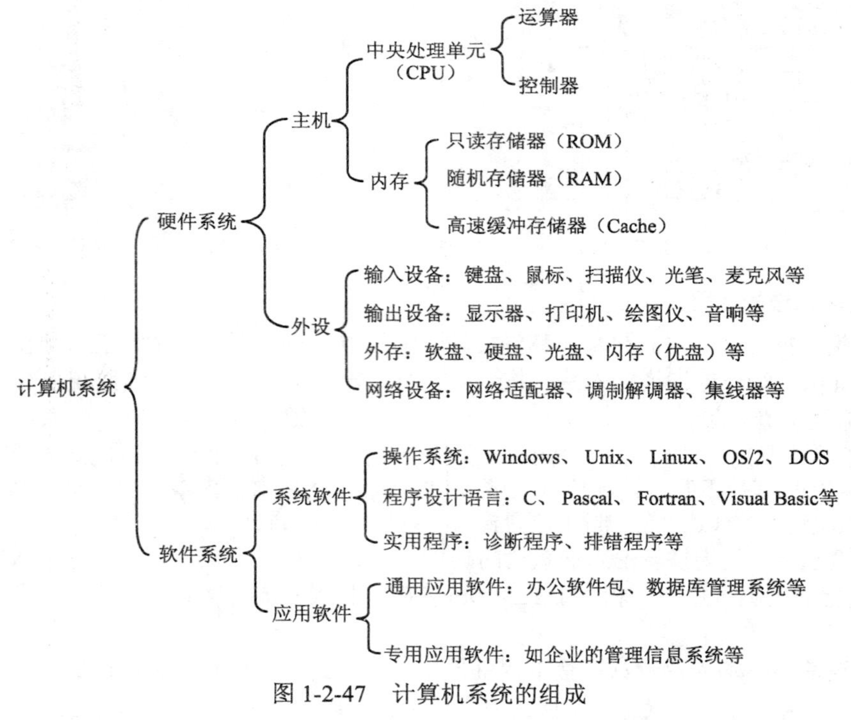

图 1-2-47　计算机系统的组成

（一）计算机硬件系统

计算机硬件系统主要由运算器、控制器、存储器、输入设备、输出设备五大部件组成。

1．运算器

运算器也称为算术逻辑单元（ALU），是执行算术运算和逻辑运算的功能部件。在控制器的控制下，它从内存中取出数据进行运算，再将运算结果送回内存。

2．控制器

控制器是计算机的指挥中心，它的主要功能是按照人们预先确定的操作步骤，控制微机各部件步调一致地工作。

运算器和控制器合在一起称为中央处理器，简称 CPU（Central Processing Unit）。

3．存储器

存储器是计算机用来存储信息的重要功能部件。存储器通常分为内存储器和外存储器。

内存储器（内存）是计算机中信息交流的中心，内存要与计算机的各部件打交道，进行数据交换。内存的存取速度直接影响计算机的运算速度。外存储器（外存）用于存放暂时不用的程序和数据。内存容量小，速度快；外存容量大，速度慢。

中央处理器和内存储器一起构成计算机的主体，称为主机。

4．输入设备

输入设备用来接收用户输入的原始数据和程序，常用的输入设备有键盘、鼠标、扫描仪、麦克风等。

5．输出设备

输出设备将存放在计算机中的信息（包括程序和数据）传送到外部媒介，常用的输出设备有显示器、打印机、绘图仪、多媒体音箱等。

将上述计算机硬件的五大功能部件用总线连接起来，就构成了一个完整的计算机硬件系统。

（二）计算机软件系统

计算机软件极为丰富，要对软件进行恰当的分类是相当困难的。一种通常的分类方法是将软件分为系统软件和应用软件两大类。系统软件的任务是控制和维护计算机的正常运行，管理计算机的各种资源，以满足应用软件的需要。应用软件完成一个特定的任务，只有在系统软件的支持下，用户才能运行各种应用软件。可以说，系统软件是计算机硬件和当前正在运行的应用程序之间的接口。实际上，系统软件和应用软件的界限并不十分明显，有些软件既可以认为是系统软件，也可以认为是应用软件，如数据库管理系统。

1．系统软件

系统软件通常包括操作系统、程序设计语言和语言处理程序、各种实用程序。

（1）操作系统。操作系统管理计算机系统的全部硬件资源、软件资源及数据资源，使计算机系统所有资源最大限度地发挥作用，为用户提供方便的、有效的、友善的服务界面。所有的其他软件（包括系统软件与应用软件）都建立在操作系统基础上，并得到它的支持和取得它的服务。

操作系统是用户与计算机之间的接口。

经历了多年的迅速发展，出现了多种操作系统，且各种操作系统的功能相差很大。按与用户对话的界面分类，操作系统可分为命令行界面操作系统（如 MS-DOS、NOVELL）和图形用户操作系统（如 Windows）；按能够支持的用户数标准分类，可分为单用户操作系统（如 MS-DOS、Windows 2000/XP 等）和多用户操作系统（如 UNIX、XENIX 等）；按是否能够运行多个任务为标准分类，可以分为单任务操作系统（如早期的 MS-DOS）和多任务操作系统（如 Windwos NT、Windows 2000/XP、UNIX、NOVELL NETWARE 等）；按系统的功能为标准分类，可以分为批处理系统、分时操作系统、实时操作系统、网络操作系统。

（2）程序设计语言和语言处理程序。程序设计语言是用户用来编写程序的语言，它是人与计算机之间交换信息的工具。程序设计语言是软件系统重要的组成部分。一般可分为计算机语言、汇编语言和高级语言 3 类。

语言处理程序将编写的源程序转换成计算机语言的形式，以便计算机能够运行。

常用的程序设计语言有 C、Pascal、Visual Basic、FORTRAN、COBOL 等

（3）各种实用程序。实用程序可以完成一些与管理计算机系统资源及文件有关的任务。通常情况下，计算机能够正常地运行，但有时也会发生各种问题，如硬盘损坏、病毒感染、运行速度下降等，这就需要各种实用程序介入。

常用的实用程序有：系统设置软件、诊断程序、反病毒程序、卸载程序、备份程序、文件压缩程序等。

2．应用软件

应用软件是指计算机用户利用计算机及其提供的系统软件，为解决某一专门的应用问题而编制的计算机程序。应用软件一般可以分为两大类：通用应用软件和专用应用软件。通用应用软件支持最基本的应用，广泛地应用于几乎所有的专业领域，如办公软件、数据库管理系统软件（该软件也可归入系统软件的范畴）、游戏软件、各种图形图像软件、财务处理软件、计算机辅助设计软件等。专用应用软件是专门为某一个专业领域、行业、单位特定需求而专门开发的软件，如某企业的信息管理系统等。

3．常用计算机操作系统介绍

（1）DOS 操作系统。1980 年，IBM 推出了 IBM PC 新机型，它采用 Intel 8086CPU，具有 160KB 的磁盘驱动器和其他的输入输出设备。为了配合这种机型，IBM 公司需要一个 16 位的操作系统，此时就出现了三个互相竞争的系统：CP/M-86、P-System 以及微软公司的 MS-DOS。最后微软的 MS-DOS 取得了战争的胜利，成为 IBM 新机型的操作系统。1981 年，微软花费半年时间编写的 MS-DOS 1.0 和 IBM PC 同时在 IT 界亮相。当时的 MS-DOS 为了适应 IBM 的计划以及和 CP/M 系统相兼容，在许多方面的设计都和 CP/M 相似。但那时 CP/M 系统仍是业界标准，MS-DOS 的兼容性受到人们怀疑。

在接下来的几年中，微软公司的 MS-DOS 在各种压力中推出了 1.1、1.25 两个改进版本。这时 MS-DOS 才得到了业界同行的认可，DEC、COMPAQ 公司都采用 MS-DOS 作为其 PC 机的操作系统。随着 MS-DOS 2.01、2.11、3.0 版本的相继问世，MS-DOS 渐渐成为了 16 位操作系统的标准。

1987 年的 4 月，微软推出了 MS-DOS 3.3，它支持 1.44MB 的磁盘驱动器，支持更大容量的硬盘等。它的流行确立了 MS-DOS 在个人计算机操作系统的霸主地位。

MS-DOS 的最后一个版本是 7.0 版，这以后的 DOS 就和 Windows 相结合了。7.0 版的 MS-DOS 已是一个十分完善的版本，众多的内部、外部命令使用户比较简单地对计算机进行操作，另外，其稳定性和可扩展性都十分出色。

DOS 曾经占领了个人计算机操作系统领域的大部分，在全球绝大多数计算机上都能看到它的身影。由于 DOS 系统并不需要十分强劲的硬件系统来支持，所以从商业用户到家庭用户都能使用。能在 DOS 下运行的软件很多，各类工具软件应有尽有。由于 DOS 当时是 PC 机上最普遍的操作系统，所以支持它的软件厂商十分多。现在许多 Windows 下运行的软件都是从 DOS 版本

发展过来的，如 Word、WPS 等。一些编程软件，如 FoxPro 等，也是由 DOS 版本的 FoxBase 进化而来的。

（2）Windows 操作系统。 自 1983 年 11 月微软公司宣告 Windows 诞生以来，Windows 虽然只有短短的 20 多年历史，但其生动、形象的用户界面，简便的操作方法，吸引着众多的用户，成为目前应用最广泛的操作系统。1983 年，微软公司宣布将开始设计 Windows，Windows1.0 的设计工作花费了 55 个开发人员整整一年的时间，直到 1985 年 11 月 20 日才正式发布。Windows 1.0 中鼠标作用得到特别的重视，用户可以通过单击鼠标完成大部分的操作。Windows 1.0 自带了一些简单的应用程序，包括日历、记事本、计算器等。Windows 1.0 的另外一个显著特点就是允许用户同时执行多个程序，并在各个程序之间进行切换，这对于 DOS 来说是不可想象的。Windows 1.0 可以显示 256 种颜色，窗口可以任意缩放，当窗口最小化的时候桌面上会有专门的空间放置这些窗口（其实就是现在的任务栏）。在 Windows 1.0 中另外一个重要的程序是控制面板（Control Panel），不过功能非常有限。

Windows 3.0 发布于 1990 年，Windows 3.0 具备了模拟 32 位操作系统的功能，图片显示效果大有长进，对当时最先进的 386 处理器有良好的支持。这个系统还提供了对虚拟设备驱动（VxDs）的支持，极大改善了系统的可扩展性。由于 Windows 3.0 不能支持多媒体，于是微软公司在 1992 年推出了 Windows 3.1，这个版本开始可以播放音频、视频，甚至有了屏幕保护程序。

1995 年，Windows 95 的推出开创了 Windows 的新纪元，这也是微软第一个用年份命名的发行版本。

1998 年，作为获得巨大成功的 Windows 95 的升级版本，Windows98 的成功是意料之中的。在 Windows 98 中，Internet Explorer 和资源管理器（Windows Explorer）被集成到了一起，不论用户在地址栏中输入本地文件路径还是 Internet 网址都可以直接看到需要看的内容。Windows98 在桌面上的改进主要有两个：一是任务栏中多了个快速启动栏，大大方便了计算机的操作；二是活动桌面，它可以让用户将动态网页作为桌面背景。

Windows 2000 于 2000 年年初发布，Windows 2000 的界面设计和 Windows 98 基本一致，一个主要的改变是界面的配色使用了较淡的灰色（16 进制 RGB 值#D4D0C8），这样可以获得更好的对比度，界面也显得清新了许多，相应的窗口边框、标题栏、图标等也作了改善。Windows2000 在稳定性、安全性等方面所取得的进步是前所未有的。

2001 年 10 月，Windows XP 问世了。这个版本是在 Windows 2000 基础上开发的。Windows XP 的主要版本有两个：Professional 版和 Home 版。前者面向专业用户，后者面向家庭用户。在新版本 WindowsXP 中，系统采用全新设计的界面，桌面简洁、操作简便、整体功能在精心安排之下显得更加合理。

2003 年，Windows Server 2003 完成并发布，这是按照盖茨提出的“可信赖计算”软件设计方法学开发的第一款服务器平台级产品。与原有版本相比，Windows Server 2003 在增加管理、安全性、可靠性、运行性能等方面做了巨大的改进和创新。

（3）Linux 操作系统。Linux 是目前十分火爆的操作系统。它是由芬兰赫尔辛基大学的一个大学生 Linus B. Torvolds 在 1991 年首次编写的。标志性图标是一个可爱的小企鹅。由于其源代码的免费开放，使其在很多高级应用中占有很大市场。这也被业界视为打破微软 Windows 垄断的希望。

Linux 操作系统是一款免费的操作系统、完全兼容 POSIX 1.0 标准，这使得可以在 Linux 下通过相应的模拟器运行常见的 DOS、Windows 的程序，为用户从 Windows 转到 Linux 奠定了基础。

Linux 支持多用户，各个用户对于自己的文件设备有自己特殊的权利，保证了各用户之间互不影响。多任务则是现在计算机最主要的一个特点，Linux 可以使多个程序同时并独立地运行。

Linux 同时具有字符界面和图形界面。在字符界面用户可以通过键盘输入相应的指令来进行操作。它同时也提供了类似 Windows 图形界面的 X-Windows 系统，用户可以使用鼠标对其进行操作。在 X-Windows 环境中与在 Windows 中相似，可以说是一个 Linux 版的 Windows。

互联网是在 UNIX 的基础上繁荣起来的，Linux 的网络功能当然不会逊色。它的网络功能和其内核紧密相连，在这方面 Linux 要优于其他操作系统。在 Linux 中，用户可以轻松实现网页浏览、文件传输、远程登录等网络工作，并且可以作为服务器提供 WWW、FTP、E-Mail 等服务。

Linux 采取了许多安全技术措施，其中有对读、写进行权限控制、审计跟踪、核心授权等技术，这些都为安全提供了保障。Linux 由于需要应用到网络服务器，这对稳定性也有比较高的要求，实际上 Linux 在这方面也十分出色。

Linux 可以运行在多种硬件平台上，如具有 x86、680x0、SPARC、Alpha 等处理器的平台。此外，Linux 还是一种嵌入式操作系统，可以运行在掌上计算机、机顶盒或游戏机上。2001 年 1 月份发布的 Linux 2.4 版内核已经能够完全支持 Intel 64 位芯片架构。同时 Linux 也支持多处理器技术。多个处理器同时工作，使系统性能大大提高。

（4）UNIX 操作系统。UNIX 系统是 1969 年问世的，最初是在中小型计算机上运用。最早移植到 80286 微机上的 UNIX 系统，称为 Xenix。Xenix 系统的特点是短小精干，系统开销小，运行速度快。经过多年的发展，Xenix 已成为十分成熟的系统，最新版本的 Xenix 是 SCO UNIX 和 SCO CDT。当前的主要版本是 UNIX 3.2 V4.2 以及 ODT 3.0。

UNIX 是一个多用户系统，一般要求配有 8M 以上的内存和较大容量的硬盘。

（5）OS/2 操作系统。1987 年，IBM 公司在激烈的市场竞争中推出了 PS/2（Personal System/2）个人计算机。PS/2 系列计算机大幅度突破了现行 PC 机的体系，采用了与其他总线互不兼容的微通道总线 MCA，并且 IBM 自行设计了该系统约 80%的零部件，以防止其他公司仿制。

OS/2 系统正是为 PS/2 系列机开发的一个新型多任务操作系统。OS/2 克服了 DOS 系统 640KB 主存的限制，具有多任务功能。OS/2 也采用图形界面，它本身是一个 32 位系统，不仅可以处理 32 位 OS/2 系统的应用软件，也可以运行 16 位 DOS 和 Windows 软件。OS/2 系统通常要求在 4MB 内存和 100MB 硬盘或更高的硬件环境下运行。

（三）键盘操作简介

键盘是微机最基本输入设备，也是最重要和常用的。它在操作系统中被定义为标准输入设备，是实现人机对话最主要的手段。利用键盘，用户可以向计算机输入程序、指令、数据等。

1．键盘的分区

现在，微型计算机上配置的标准键盘大部分为 101 键或 104 键，其键面可划分为五个区域：打字键区、功能键区、编辑控制键区和数字键区及指示灯区，如图 1-2-48 所示。

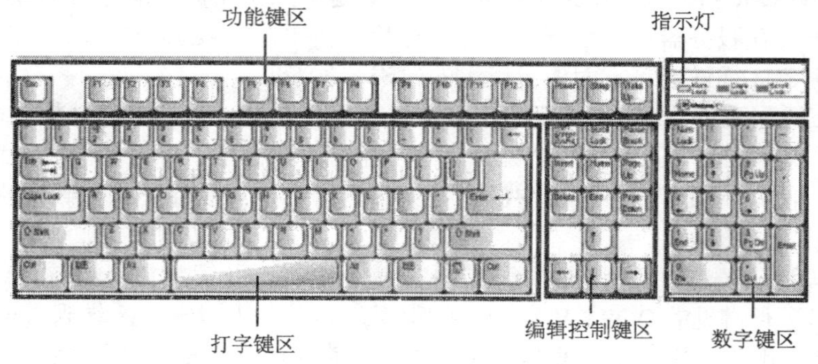

图 1-2-48　标准键盘的布局

（1）打字键区。本区包括英文字母、数字键、标点符号键和特殊符号键，还有一些专用键。这些键的排列大部分和普通的英文打字机相同。打字键区的功能是输入数据、字符。

①字母键：26 个英文字母（A～Z）。

②数字键：10 个数字（0～9），每个数字键和一个特殊字符共用一个键。

③特殊符号键：

空格键：位于键盘下方的一个长键，用于输入空格。

Windows 图标键：单击可打开“开始”菜单，相当于“Ctrl+Esc”组合键；“Windows+E”可打开“资源管理器”窗口。

文本键：按下可打开“快捷菜单”，相当于鼠标右键功能。

④专用键：

“Enter”键：即回车键。是一行字符串输入结束换行或一条命令输入结束的标志。按回车键后，计算机才正式处理所输入的字符或开始执行所输入的命令。

“Esc”键：“Esc”是“Escape”的缩写，其功能由操作系统或应用程序定义。但在多数情况下均将“Esc”键定义为退出键。即在运行应用软件时，按此键将返回到上一步状态。

“Tab”键：制表键，每按一次，光标向右移动一个制表位（制表位长度由软件定义）。

“Caps Lock”键：英文字母大小写转换键，它是一个开关键。计算机启动后，按字母键输入的是小写字母。按一次此键，位于键盘右上方的指示灯亮，输入的字母为大写字母。若再按一次此键，指示灯熄灭，输入的字母又是小写字母。

“Shift”键：上档键。键盘上有些键面上有上下两个字符，亦称双字符键。当单独敲这些键时，则输入下方的字符。若先按住“Shift”键不放手，再去敲双字符键，则输入上方的字符。

“Backspace”键或“←”键：退格键。单击此键一次，就会删除光标左边的一个字符，同时光标左移一格。常用此键删除错误的字符。

“Num Lock”键：数字锁定键，是开关键。此键是控制小键盘区的双字符键输入的，当按下此键，“Num Lock”键指示灯亮，小键盘区上的双字符键为输入上方数字字符状态，若再按此键，指示灯熄灭，为输入小键盘区双字符键的下方功能符状态。

“Ctrl”键：控制键。它不能单独使用，总是和其他键组合使用。具体的功能由操作系统或应用软件来定义。

“Alt”键：切换键。它也不能单独使用，需要和其他键组合使用。

（2）功能键区

①功能键：包括“F1”到“F12”共 12 个键，其功能随操作系统或应用程序的不同而不同，如在 Windows 系统中按“F1”键表示进入系统帮助窗口。

②专用键：

“Print / Screen”键：屏幕打印键。当需要把显示在屏幕上的全部信息打印时，在打印机连通状态下，放好打印纸，按下此键，就可实现屏幕打印。

“Pause / Break”键：暂停中断键。当程序运行时，按下此键，可暂停当前程序的执行，按下其他任意键，程序又可继续运行。中断功能要和“Ctrl”键组合使用。

（3）编辑控制键区。有 6 个专用键和 4 个光标移动键。下列的各键主要是在文书编辑中使用，亦称编辑键，其他的使用场合在此不作介绍。

①专用键：

“Delete”键：删除键。按下此键一次，可以把紧接光标之后的字符删除。

“Insert”键：插入键。按下此键，可以在光标之前插入字符。

“Home”键：光标移到行首键，不论光标在本行何处，按下此键，光标立即跳到行首。

“End”键：光标跳到行末键。不论光标在本行何处，按下此键，光标就跳到行末。

“Page UP”键：上翻页键。当文稿内容较长，超出一屏时，按下此键，可把后面的文稿内容上翻一页。

“page Down”键：下翻页键。当文稿内容较长，在编辑状态，按下此键，可把文稿下翻一页。

②方向键：

“↑”：光标上移键。按下此键，光标上移一行。

“↓”：光标下移键。按下此键，光标下移一行。

“←”：光标左移键。按下此键，光标左移一列。

“→”：光标右移键。按下此键，光标右移一列。

（4）数字键区。亦称小键盘，在键盘右侧。由数字键、光标移动键及一些编辑键组成。其功能是专门用于快速输入大批数据、编辑过程的光标快速移动。

另外，还有具有提示功能的指示灯区，位于键盘的右上角。

2．手指的分工

计算机键盘上的字键位置是按照各字母在文字中出现的机会多少来排列的。在26个字母中，选出了用得比较多的7个字母键及1个字符键作为基准键，即“A”、“S”、“D”、“F”和“J”、“K”、“L”、“；”，如图1-2-49所示。其中，“A”、“S”、“D”、“F”是左手的小指、无名指、中指及食指的原位字键。“J”、“K”、“L”和“；”是右手的食指、中指、无名指、小指的原位字键。

基准键是作为左右手指常住的位置，在打其他字符键时，都是根据基本键的键位来定位的。在打字过程中，每个手指只能打指法所规定的字符键，切勿击打规定以外的其他字符键。

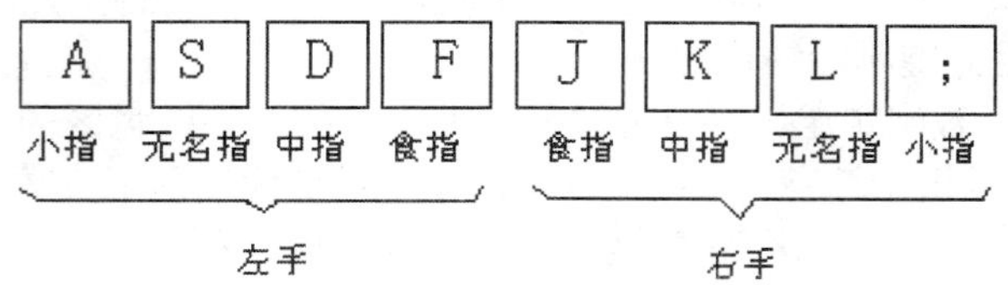

图1-2-49　基本键位示意图

手指除打它的原位字键外，还打它的范围线所包括的字键，这种字键称为范围键，如图1-2-50所示。例如，左手小指打“Z”、“A”、“Q”、“1”和左边的三个字键，无名指打“X”、“S”、“W”、“2”，中指打“C”、“D”、“E”、“3”，食指打“V”、“F”、“R”、“4”和“B”、“G”、“T”、“5”，依次类推。

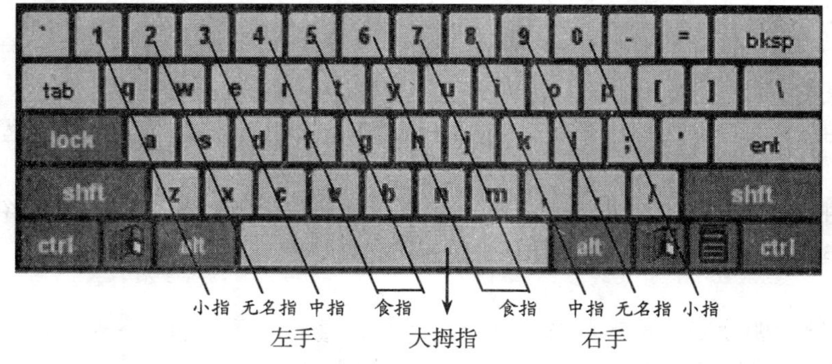

图1-2-50　手指分工

3．指法和击键要领

（1）指法。使用键盘时应注意正确的指法规则：

①两手自然地放在键盘上方，手指微微弯曲、轻放在基准键上、右手拇指稍靠近空格键。

②不击键时，手指放在基准键上，其中“F”、“J”键是中心键，其键面上有一条小小的横杠；击键时手指从基准键位置伸出，左右手的手指摆放如图 1-2-50 所示。

③在击键时，手抬起，伸出要击键的手指，在键上快速击打一下，不要用力太猛，更不要按住一个键长时间不放。在击键时手指也不要抖动，用力一定要均匀。

（2）姿势。简单地说，打字的姿势就是面向计算机，身体坐正。对于长期用计算机工作的人和打字员来说，保持正确的姿势是必要的。一方面有利于身体健康、不易疲劳，另一方面可以保证键盘的输入速度。

①桌椅：尽量使用标准的计算机桌，椅子高度要适当（60～65cm），便于操作。

②坐姿：平坐在椅子上，腰背挺直，两肩要放松，两脚自然地踏在地上，身体略微向前倾。人体与键盘的距离在 20cm 左右。

③手臂：两肩放松些，大臂自然下垂，肘和腰部距离为 5～15cm 左右，小臂与手腕略向上倾斜，手腕要平直，手腕与键盘下边框保持 1cm 左右的距离，切忌把手腕放在键盘下面。

④手指：如图 1-2-51 所示，手掌以手腕为轴略向上抬起，手指略弯曲，自然下垂，形成勺状。左手食指轻放在“F”键上，中指、无名指、小拇指分别悬放在“D”、“S”、“A”键上，右手食指放在“J”键上，中指、无名指、小拇指分别悬放在“K”、“L”、“；”键上，左右手的大拇指轻放在空格键上。

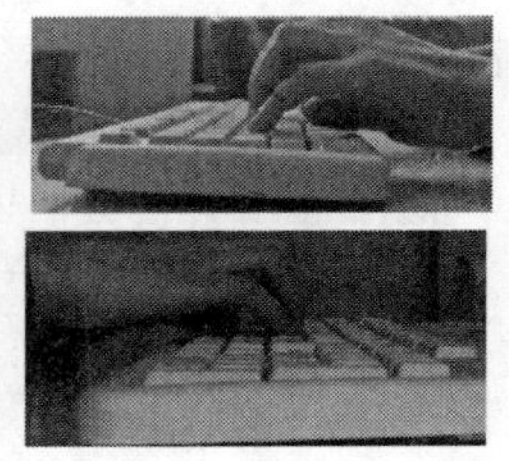

图 1-2-51　指法图

（3）击键要领。击键的正确与否，直接影响到文件中文字录入速度的快慢。击键时要注意：

①要迅速果断，不能拖拉犹豫。在看清文件单词、字母或符号后，手指果断地击键而不是按键。

②击键完毕，手指迅速退回原位，不要同时击两个键。

③击键的频率要均匀，听起来有节奏。

④眼睛不看键盘。这是初学者的难点，也是学习指法的一个先决条件。当眼睛看到原稿的字后，手（通过长期练习的结果）能不假思索、自动地把看到的字打出。对于一个初学者来说，不看键盘打是有困难的，而学习打字技术的目的也正是为了克服这个困难，初学者不要只顾一时的方便，看键盘打字，养成错误的习惯，应该始终严格地按指法要求练习。

⑤精神要集中，避免出差错，要记住“准确第一”，在准确的基础上提高速度。

（四）中文输入方法简介

1．添加/删除输入法

在安装 Windows XP 的过程中，已经自带了一部分中文输入法，如微软拼音、智能 ABC、

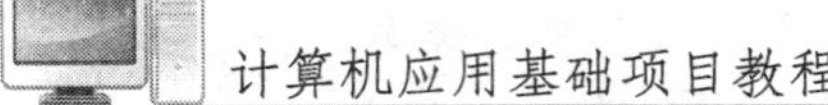

全拼、郑码输入法等。在这些输入法中，有些输入法是用户用不到的，也有的是系统在默认情况下没有加载的，这时候就需要添加或删除一些输入法。添加或删除输入法的操作方法如下：

（1）双击“控制面板”窗口中的“日期、时间、语言和区域设置”，打开“区域和语言选项”对话框，如图 1-2-52 所示。

（2）单击“语言”标签，打开“语言”选项卡，单击“文字服务和输入语言”选项组中的“详细信息”按钮，打开如图 1-2-53 所示的“文字服务和输入语言”对话框。

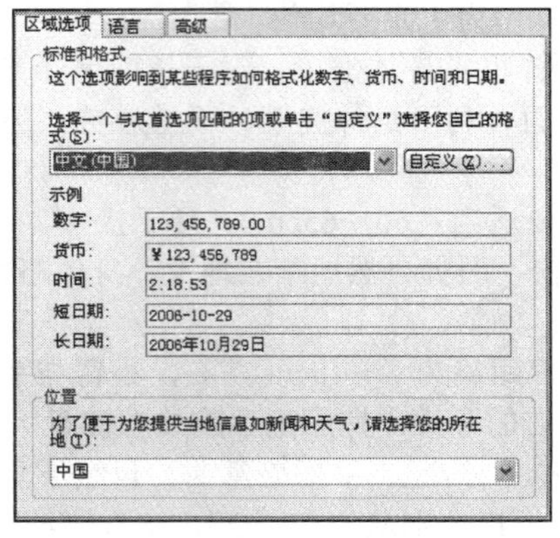

图 1-2-52 “区域和语言选项”对话框

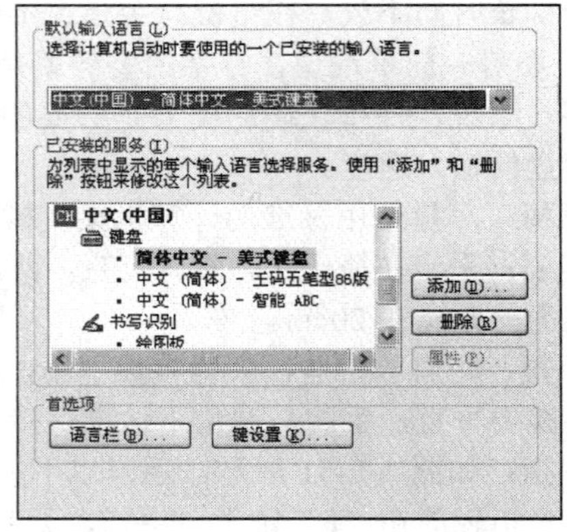

图 1-2-53 “文字服务和输入语言”对话框

（3）在“设置”选项卡的“已安装的服务”选项组中，单击“添加”按钮，弹出“添加输入语言”对话框，如图 1-2-54 所示。

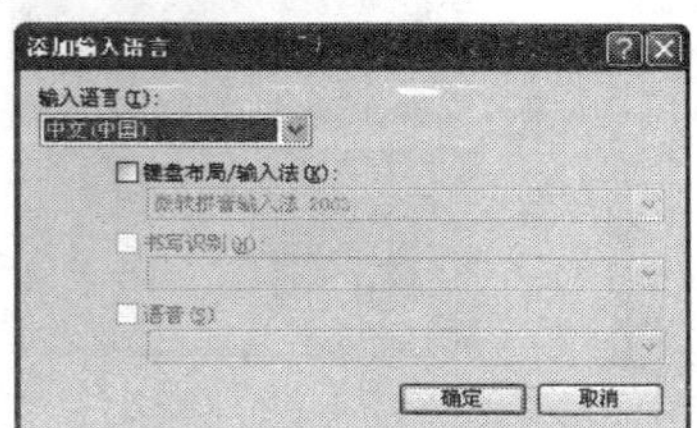

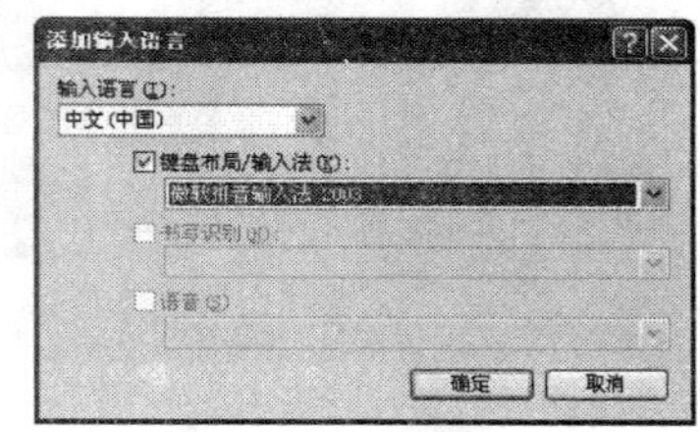

图 1-2-54 “添加输入语言”对话框

（4）在“输入语言”下拉列表框中选择要添加的输入语言，在“键盘布局/输入法”下拉列表框中，选择要添加的输入法。

（5）单击“确定”按钮，所安装的输入法就出现在“键盘布局/输入法”列表框中，再单击“应用”或“确定”按钮，所安装的输入法即可使用。

删除输入法的方法很简单，在“文字服务和输入语言”对话框中的“设置”选项卡中，选择要删除的输入法后，单击“删除”按钮即可。

提示：有的输入法安装是一个独立的程序或与某个安装程序一起安装的，如五笔输入法等。

2．全拼输入方法

全拼是指规范的汉语拼音，输入全拼和书写汉语拼音的过程完全一致。在书写时，如超过系统允许的字符个数，则响铃警告。基本输入规则为：

（1）“'”隔音符号。如：xian（先），xi'an（西安）；

（2）ü的代替键为“v”，如“女”的拼音为“nv”。

例如，wo xiang wei keai de nv'er dian yi zhi hao ting de gequ。

我 想 为 可爱 的 女儿 点 一 支 好 听 的 歌曲。

目前，使用全拼输入法作为主要输入法的人大概不多，但作为一种辅助输入还是有它的利用价值的。

①查偏旁部首。在文本编辑过程中有时需要输入汉字的偏旁部首，虽然用五笔输入法就能做到，但毕竟不经常输入偏旁部首，因此有时不一定能立刻打出所需的偏旁部首，而且系统中碰巧没有装五笔输入法又该怎么办呢？首先选择全拼输入法，接着输入“pianpang”（其实输入“pianp”就已经够了），这时就会发现一些汉字的偏旁部首出现了！如图 1-2-55 所示。如果需要的偏旁不在其中，可以按“+”或“-”键前后翻页即可。总共有 41 个偏旁部首，非常方便。

②“智能”查询。用“？”键可以实现“智能”查询。操作过程是：在输入合法的任何外码后，键入“？”键，系统会在重码选择区显示以这个外码开始编码的汉字或符号序列。“？”代表一位编码，多位查询可键入多个“？”。比如输入“基金”时，不知道“金”字是“jin”还是“yin”，则输入“ji?in”即可，如图 1-2-56 所示。

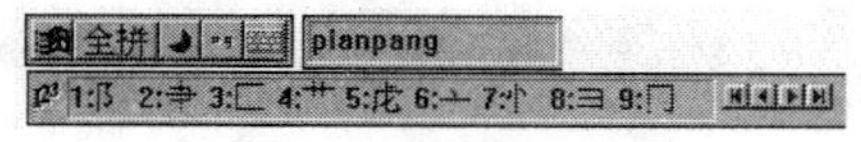

图 1-2-55　查偏旁部首

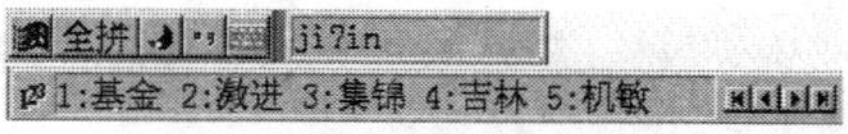

图 1-2-56　“智能”查询

3．智能 ABC 输入法

智能 ABC 输入法（又称标准输入法）是音与形结合的输入法，由北京大学的朱守涛先生发明。它既可按字、词输入拼音，也可以输入笔形代码或者二者的各种组合，而不需要切换输入方式。这样，一个单字可有数种输入形式，而多字词输入组合方式就更多了。由于它简单易学、快速灵活，所以受到了用户的青睐。

（1）输入编码规则：

①在智能 ABC 输入状态下，智能 ABC 的外码窗允许输入字串可长达 40 个字符。

②在输入过程中，可以使用光标移动键进行插入、删除、取消等操作。

③第一键只允许 26 个英文字母（大写、小写均可），第一键为 i，I（“shift+i”），u，v 时具有特殊的含义。各种字符包括数字，均可作为输入字串的组成部分。

④以空格或者标点结束。

（2）特殊用键：

①回车键：将以字为单位转换输入信息。

②退格键“Backspace”：用于逐个删除输入信息或者变换结果，此键是人为干预分词构词过程。

③“[”、“]”、“Ctrl+-”为特殊情况结束键。

（3）单字的输入。在标准输入状态下，直接逐个输入汉字的小写拼音字母，即可输入汉字，也叫全拼输入。全拼输入是按规范的汉语拼音输入，输入过程和书写汉语拼音的过程完全一致。

例如，标准方式下输入“窗”，可直接输入“chuang+空格”。

（4）词组的输入。智能 ABC 的基本词库约有 6 万个词条，利用词组输入可以提高输入速度，减少重码。在标准输入状态下，可以使用全拼输入、简拼输入、混拼输入、笔形输入及音形混合输入。

简拼输入是汉语拼音的简化形式，是取各个音节的第一个字母组成，对于包含 zh、ch、sh（知、吃、诗）的音节，也可以取前两个字母组成，就是取声母。

混拼输入是两个音节以上的词语，有的音节全拼，有的音节简拼。隔音符号在混拼时有重要作用。混拼是全方位、开放式的拼音输入方式。词组输入方法举例见表 1-2-1。

表 1-2-1　词组输入方法举例

词　组	全　拼	简　拼	混　拼
计算机	jisuanji	jsj	jisj
培　训	peixun	px	peix

五、技巧与提高

Ghost XP 是指采用微软封装技术，并利用 Ghost 软件做成压缩包的 Windows XP，俗称“克隆版 XP”。它通过一键分区、一键装系统、自动装驱动、一键设定分辨率，一键填 IP，一键 Ghost 备份（恢复）等一系列手段，使安装系统花费的时间缩至最短，极大地提高了工作效率。

购买一张“GhostXP_SP3 电脑公司特别版”，不同的版本所包含的工具软件不同。

安装前请在 BIOS 中设置从光盘启动，出现 Ghost 盘安装主界面，如图 1-2-57 所示。

1．把系统装到硬盘第一分区

选择选项[1]，就可以在 C 盘安装上 Windows XP 操作系统和一些常用的软件。Ghost 程序界面如图 1-2-58 所示。

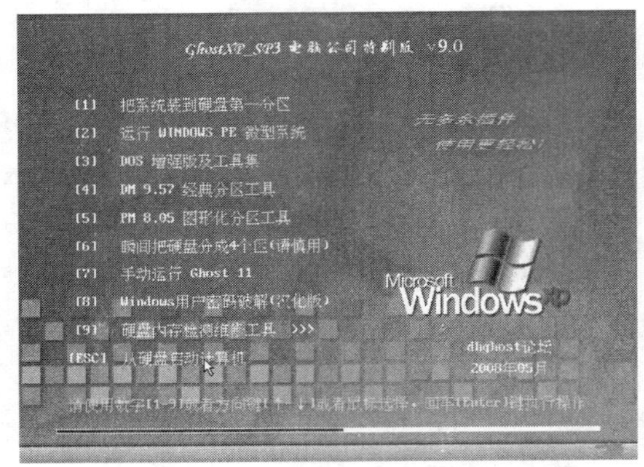

图 1-2-57　Ghost 盘安装主界面

图 1-2-58　Ghost 程序界面

这个过程结束后，计算机会重新启动，按照向导进行相应的设置后，一个全新的系统就可以使用了。

2．运行 Windows PE 微型系统

Windows PE 是一个只拥有最少核心服务的 Mini 操作系统。微软推出这么一个操作系统是因为它拥有与众不同的系统功能，与 Windows9X/2000/XP 相比，Windows PE 的主要不同点就是：它可以自定义制作自身的可启动副本，在保证客户需要的核心服务的同时保持最小的操作系统体积，同时它又是标准的 32 位视窗 API 的系统平台。

通过选项[2]，可以加载虚拟系统实现对计算机进行维护，或在无法自动加载镜像安装的情况下来手动加载镜像安装。

3．DOS 增强版及工具集

选项[3]中包含一些常用的 DOS 工具。不会用 DOS 命令，就不要选。

4．DM 9.57 经典分区工具

选项[4]是对硬盘进行格式化的工具，DM 中的分区、格式化都是危险操作，会造成硬盘数据的丢失，初学者慎用。如果必须使用 DM，应在操作前对重要数据进行备份。

5．PM 8.05 图形界面分区工具

Partition Magic（简称 PM）是大家熟知的超级硬盘分区工具，可以不破坏硬盘数据重新改变分区大小；支持 FAT16、FAT32 和 NTFS 等系统格式并可互相转换；可以隐藏现有分区；支持多操作系统多重启动。

6．瞬间把硬盘分成 4 个区（请慎用）

一般都是新计算机来安装系统用的。

7．手动运行 Ghost 11

Ghost（幽灵）软件是美国赛门铁克公司推出的一款出色的硬盘备份还原工具，可以实现 FAT16、FAT32、NTFS、OS2 等多种硬盘分区格式的分区及硬盘的备份还原。

Ghost 的备份还原是以硬盘的扇区为单位进行的，也就是说可以将一个硬盘上的物理信息完整复制，而不仅仅是数据的简单复制。Ghost 支持将分区或硬盘直接备份到一个扩展名为.gho 的文件里，也支持直接备份到另一个分区或硬盘里。

8．Windows 用户密码破解（汉化版）

Windows 用户密码破解（汉化版）主要用来破解 Windows XP 的登录密码。

9．硬盘内存检测维修工具

硬盘内存检测维修工具主要用来对硬盘和内存进行检测和维护。

10．从硬盘启动进入系统

按“Esc”键，系统将从硬盘启动。

六、创新作业

（1）下载虚拟机软件“Vmware Workstation 5.0”，并安装在计算机上，了解这个软件的功能。

（2）下载一些常用的工具软件，将它们安装在计算机中。

（3）下载“Windows 优化大师”，优化系统。

保护计算机——计算机病毒查杀

一、项目描述

安装完操作系统和应用软件之后，就可以使用计算机了。频繁上网和使用 U 盘，经常会使用户的计算机受到病毒或木马的侵犯，导致计算机出现软故障或数据丢失。为了使计算机不受侵犯，就必须对计算机进行安全设置。

二、项目分析

在网络办公的过程中，经常会遭遇病毒和木马的攻击。如何打造一个“固若金汤”的计算机，来保护计算机的安全是人们经常遇到的问题。首先，要加固系统本身，屏蔽一些不需要的服务组件；其次，要安装防病毒软件来阻止病毒的侵犯。

三、项目实现方法与步骤

（一）加固系统本身

1．屏蔽不需要的服务组件

单击“开始→控制面板→管理工具→服务”命令，出现“服务”对话框，如图 1-3-1 所示。

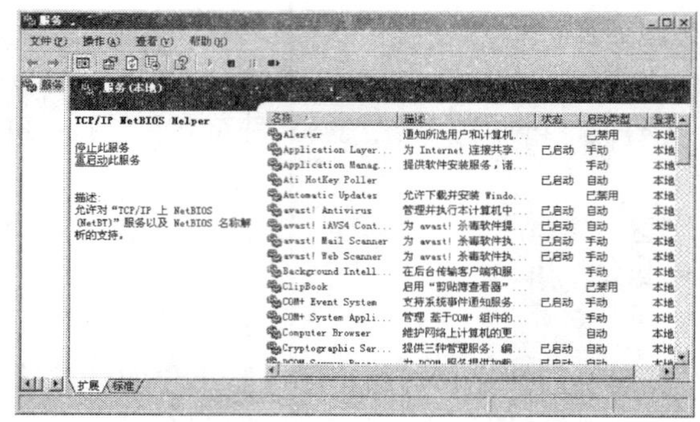

图 1-3-1 “服务”对话框

关闭信使服务（Messenger）、关掉远程桌面共享（NetMeeting Remote Desktop）、禁止远程用户修改计算机上的注册表设置（Remote Registry）、关闭“TCP/IP”上 NetBIOS、停止“TCP/IP NetBIOS Helper”、禁止 Telnet、关闭 3389（Terminal Service）。

在该对话框中选中需要屏蔽的服务（上面 7 个服务），并单击鼠标右键，从弹出的快捷菜单中选择“属性”，同时将“启动类型”设置为“手动”或“已禁用”，如图 1-3-2 所示，这样就可以对指定的服务组件进行屏蔽了。

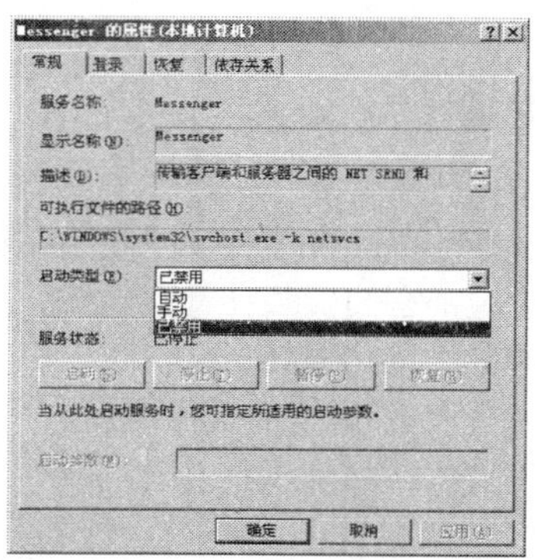

图 1-3-2 服务属性对话框

2．及时使用 Windows update 更新系统

单击“开始→控制面板→自动更新”命令，打开“自动更新”对话框，如图 1-3-3 所示，选择“自动（建议）”项并单击“确定”按钮。

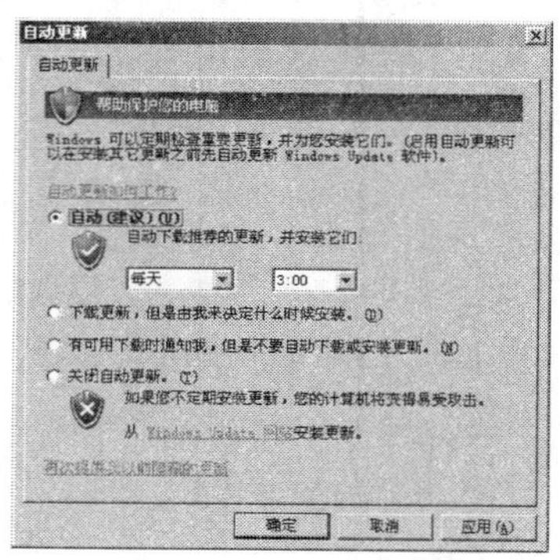

图 1-3-3 “自动更新”对话框

3．使用“Windows 防火墙”功能

单击“开始→控制面板→Windows 防火墙”命令，出现“Windows 防火墙”对话框，如图 1-3-4 所示。选择“启用（推荐）”项并单击“确认”按钮。

4．合理管理 Administrator

（1）单击“开始→控制面板→用户管理”，打开“用户账户”对话框，如图 1-3-5 所示。把超级管理员密码更改成十位数以上，并且尽量使用数字和大小写字母相结合的密码。

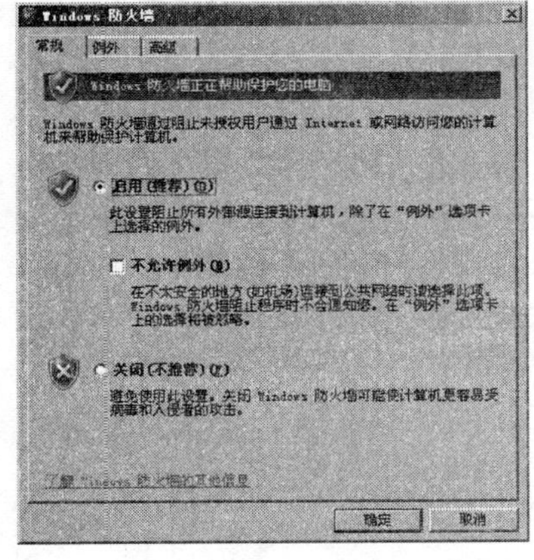

图 1-3-4　“Windows 防火墙”对话框

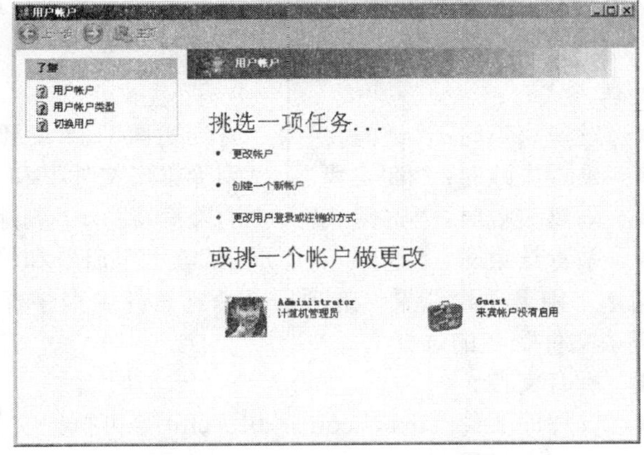

图 1-3-5　“用户账户”对话框

（2）建立一个用户，把它的密码也设置成十位以上并且提升为超级管理员。这样做的目的主要是为了保险。

（二）安装第三方的杀毒程序

计算机杀毒软件有许多种，人们常用的有瑞星杀毒软件、卡巴斯基杀毒软件、金山毒霸杀毒软件和 Norton Antivirus（诺顿）杀毒软件等。下面以瑞星杀毒软件为例，介绍一下常用杀毒软件的使用方法。

到瑞星主站（http://www.rising.com.cn）下载“瑞星杀毒软件 2009 试用版”。下载保存完毕后，直接运行安装文件，按照提示进行默认安装。安装完成，按提示重启计算机即可。

瑞星杀毒软件主程序界面是用户使用的主要操作界面，如图 1-3-6 所示。此界面为用户提供了瑞星杀毒软件所有的功能和快捷控制选项。通过简便、友好的操作界面，用户无需掌握丰富的专业知识即可轻松地使用瑞星杀毒软件。

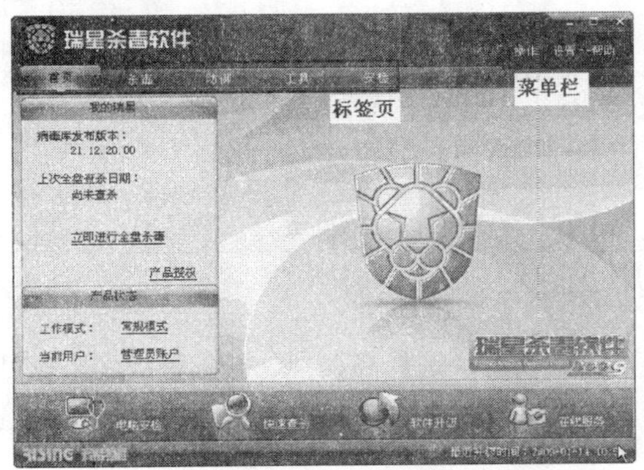

图 1-3-6　瑞星杀毒软件主界面

1．杀毒

（1）手动查杀病毒。手动查杀为用户提供了手动查杀病毒的设置界面，用户可以根据自己的实际需求，对手动查杀时的病毒处理方式和查杀文件类型进行不同的设置；也可以使用滑块调整查杀级别。在“自定义级别”中，用户同样可以对安全级别进行设置，单击“恢复默认级别”按钮将恢复瑞星杀毒软件的出厂设置。单击“应用”或“确定”按钮，保存用户的全部设置，以后程序在扫描时即根据此级别的相应参数进行病毒扫描。

单击菜单栏上的“设置→详细设置→手动查杀”命令，出现“手动杀毒”对话框，如图 1-3-7 所示。

处理方式有：

■ 发现病毒时：“询问我”、“清除病毒”、“删除染毒文件”和“不处理”。

■ 杀毒失败时：“询问我”、“删除染毒文件”和“不处理”。

■ 隔离失败时：“询问我”、“清除病毒”、“删除染毒文件”和“不处理”。

■ 杀毒结束时：“返回”、“退出”、“重启”和“关机”。

勾选“隐藏杀毒结果”选项后，杀毒软件主程序查杀病毒时，将不显示杀毒结果。

查杀文件类型的选择有：

■ 所有文件。

■ 仅程序文件（exe，com，dll，eml 等可执行文件）。

■ 自定义扩展名。

操作提示：多个扩展名需用英文状态的分号（;）隔开。

（2）空闲时段查杀。空闲时段查杀可以利用用户的闲暇时间扫描计算机中的文件。用户可以启用屏保查杀，当计算机处于屏幕保护状态时，瑞星杀毒软件会对指定的文件进行扫描，有效利用时间。用户还可以设置定时任务，指定自己的空闲时间进行查杀任务。当空闲时段查杀启动后，在桌面右下角会出现瑞星图标，双击此图标可弹出空闲时段查杀页面，在此页面中用户可以查看查杀详细信息。

单击菜单栏上的“设置→详细设置→空闲时段查杀”命令，出现“空闲时段查杀”对话框，如图 1-3-8 所示。

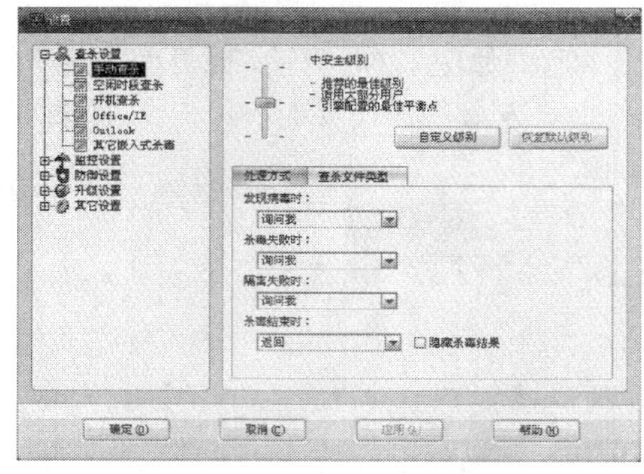

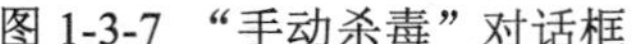

图 1-3-7 “手动杀毒”对话框

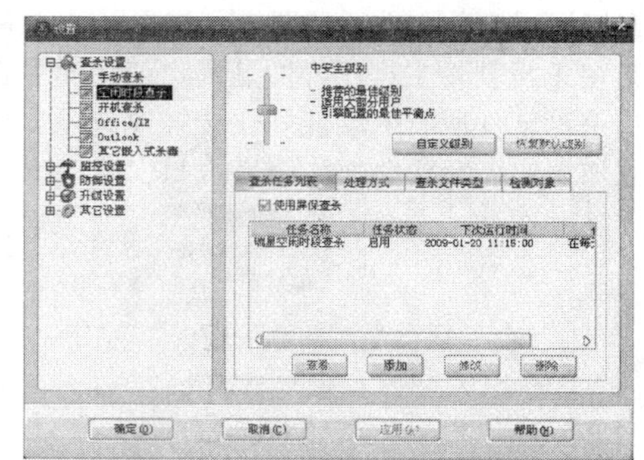

图 1-3-8 “空闲时段查杀”对话框

用户可以选择查杀级别，拖动滑块选择高、中、低三种级别，也可以自定义查杀级别。

处理方式：同手动。

查杀文件类型：同手动。

在“查杀任务列表”选项卡中，勾选“使用屏保查杀”项，则计算机在屏幕保护状态时进行空闲时段查杀。用户可以查看、添加、修改和删除查杀任务。

在“检测对象”选项卡中，用户可以指定查杀对象，包括引导区、内存、本地邮件、所有硬盘、关键区、指定文件或文件夹。

2．防御

智能主动防御是一种阻止恶意程序执行的技术。瑞星的主动防御技术提供了更开放的用户自定义规则的功能，用户可以根据自己系统的特殊情况，制定独特的防御规则，使主动防御可以最大限度地保护系统。

在病毒肆虐的网络中，智能主动防御功能在病毒与计算机之间又设置了一道安全屏障，将病毒置之门外。智能主动防御由“系统加固”、“应用程序控制”、“木马行为防御”、“木马入侵拦截（U盘拦截）”、“木马入侵拦截（网站拦截）”和“自我保护”六大功能组成。选择瑞星杀毒软件主界面的防御界面，如图1-3-9所示。在此可以开启或关闭智能主动防御相关功能以及对各项功能进行设置。

相关的功能介绍请参阅瑞星的帮助文件。

3．工具

为方便用户，瑞星提供了一些常用的工具供使用，如图1-3-10所示。

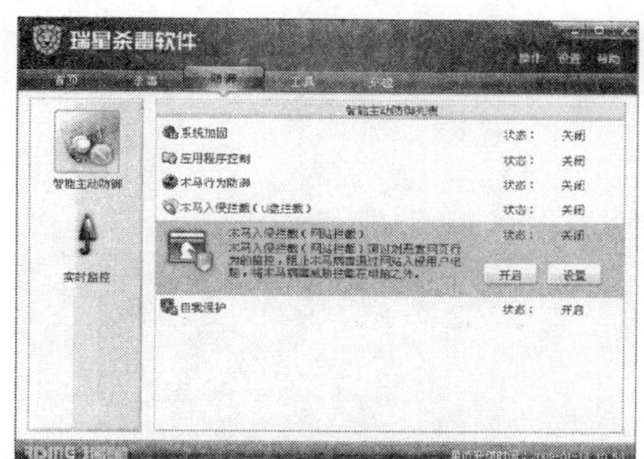

图1-3-9 防御界面

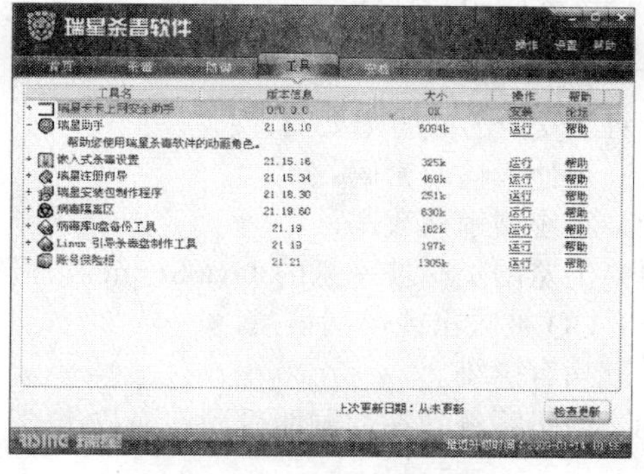

1-3-10 工具界面

4．安检

安检为用户提供全面的检测日志，方便用户了解当前计算机的安全等级及系统状态，并根据计算机的情况，为用户提出专家建议。在安检界面中（图1-3-11），用户可以更加方便地进行提高安全等级的操作。

5．升级

软件升级能保持软件及时升级到最新版本，从而可以查杀各种新病毒。瑞星杀毒软件智能升级包括通过升级按钮升级、即时升级和定时升级。

（1）通过升级按钮进行软件升级。操作方法：

①在瑞星杀毒软件主程序界面中，单击“软件升级”按钮完成升级。

②右键选中计算机右下角的小伞，在菜单中选择“启动智能升级”命令完成升级。

（2）即时升级。当用户在设置中将升级频率设置为“即时升级”，在联网条件下无需用户自己动手升级软件，软件会自动升级到最新版本。

（3）定时升级。当用户在设置中将升级频率设置为“每周期一次”、“每周一次”、“每天一次”，软件会根据设定的时间进行定时升级。

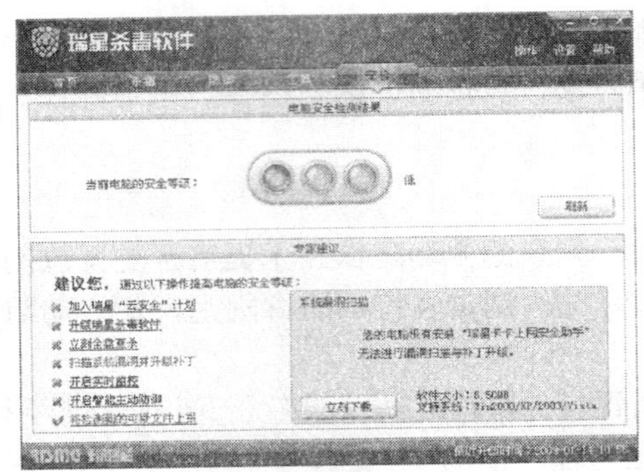
图 1-3-11　安检界面

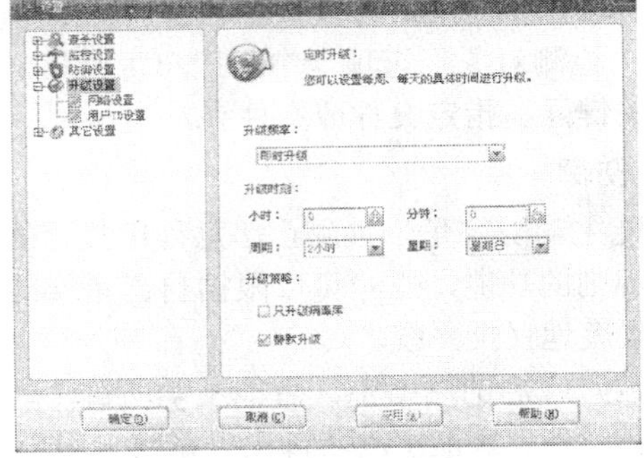
图 1-3-12　升级设置界面

（4）瑞星杀毒软件支持手动升级。如果安装有瑞星杀毒软件的计算机不方便上网，可以在具备上网条件的计算机上登录瑞星网站手动下载升级程序文件来完成升级。瑞星网站定期提供升级程序文件，这样在实现大跨度版本升级（如从 2008 版及其以前版本升级到 2009 版）以及由于安装版本陈旧导致安装失败或重新安装操作系统后重新安装瑞星软件时，都可以方便快速地更新瑞星杀毒软件的版本。

四、相关知识与技能

（一）网络安全的威胁

对网络安全的威胁主要有：

（1）被他人盗取密码。

（2）系统被木马攻击。

（3）浏览网页时被恶意的 Java Scrpit 程序攻击。

（4）QQ 被攻击或泄漏信息。

（5）病毒感染。

（6）由于系统存在漏洞而受到他人攻击。

（7）黑客的恶意攻击。

（二）计算机病毒

1．计算机病毒的定义

计算机病毒在《中华人民共和国计算机信息系统安全保护条例》中被明确定义为：“指编制或者在计算机程序中插入的，破坏计算机功能或者破坏数据、影响计算机使用，并能自我复制的一组计算机指令或者程序代码”。

2．计算机病毒的特征

（1）寄生性。病毒程序的存在不是独立的，它总是悄悄地寄生在磁盘系统或文件中。

（2）隐蔽性。病毒程序在一定条件下隐蔽地进入系统，当使用带有系统病毒的磁盘来引导系统时，病毒程序先进入内存并放在常驻区，然后才引导系统，这时系统即带有该病毒。

（3）非法性。病毒程序执行的是非授权（非法）操作。当用户引导系统时，正常的操作只是引导系统，病毒乘机而入并不在人们预定目标之内。

（4）传染性。传染性是计算机病毒最重要的特征，是判断一段程序代码是否为计算机病毒的依据。

（5）破坏性。无论何种病毒程序侵入系统，都会对操作系统的运行造成不同程度的影响。

（6）潜伏性。计算机病毒具有依附于其他媒体而寄生的能力，这种媒体被称为计算机病毒的宿主。

（7）可触发性。计算机病毒一般都有一个或者几个触发条件。触发条件一旦被满足或者病毒的传染机制被激活，病毒即开始发作。

3．传播途径

（1）互联网传播。在计算机日益普及的今天，人们普遍喜爱通过网络方式来互相传递文件、沟通信息，这样就给计算机病毒提供了快速传播的机会。电子邮件，还有浏览网页、下载软件、即时通信软件、网络游戏等等，都是通过互联网这一媒介进行的。如此高的使用率，注定备受病毒的“青睐”。

（2）局域网传播。局域网是由相互连接的一组计算机组成的，这是数据共享和相互协作的需要。组成网络的每一台计算机都能连接到其他计算机，数据也能从一台计算机发送到其他计算机上。如果发送的数据感染了计算机病毒，接收方的计算机将会被感染，因此，有可能在很短的时间内感染整个网络中的计算机。

（3）通过移动存储设备传播。更多的计算机病毒逐步转为利用移动存储设备进行传播。移动存储设备包括常见的软盘、磁带、光盘、移动硬盘、U 盘（含数码相机、MP3 等）。软盘主要是携带方便，早期在网络还不普及时，软盘是使用广泛、移动频繁的存储介质，因此也成了计算机病毒寄生的“温床”。光盘的存储容量大，所以大多数软件都刻录在光盘上，以便互相传递；同时，盗版光盘上的软件和游戏及非法复制也是目前传播计算机病毒主要途径。随着大容量可移动存储设备如 Zip 盘、可擦写光盘、磁光盘（MO）等的普遍使用，这些存储介质也将成为计算机病毒寄生的场所。移动硬盘、U 盘等移动设备也成为了病毒新的攻击目标。而 U 盘因其超大空间的存储量，逐步成为了使用最广泛、最频繁的存储介质，为计算机病毒的寄生提供了更宽裕的空间。目前，U 盘病毒正在逐步增加，使得 U 盘成为第二大病毒传播途径。

（4）无线设备传播。目前，随着手机功能性的开放和增值服务的拓展，病毒通过无线设备传播已经成为有必要加以防范的一种病毒传播途径。特别是智能手机和 3G 网络发展的同时，手机病毒的传播速度和危害程度与日俱增。通过无线传播的趋势很有可能将会发展成为第二大病毒传播媒介，并很有可能与网络传播造成同等的危害。

病毒的种类繁多、特性不一，只要掌握了其流通传播方式，便不难进行监控和查杀。使用功能全面的病毒防护工具将能有效地帮助用户避免病毒的侵入和破坏。

（三）黑客

1．黑客的定义

据美国《发现》杂志介绍，黑客有五种定义：

（1）研究计算机程式并以此增长自身技巧的人。

（2）对编程有无穷兴趣和热忱的人。

（3）能快速编程的人。

（4）擅长某专门程序的专家，如“UNIX 系统黑客”。

（5）恶意闯入他人计算机或系统意图盗取敏感信息的人。对于这类人最合适的用词是“Cracker”，而非“Hacker”。

一个恶意（一般是非法地）试图破解或破坏某个程序、系统及网络安全的人。这个意义常常对那些符合条件（1）的黑客造成严重困扰，他们建议媒体将这群人称为“骇客”(Cracker)。有时这群人也被叫做“黑帽黑客”。

2．入侵手法

（1）数据驱动攻击。当有些表面看来无害的特殊程序在被发送或复制到网络主机上并被执行发起攻击时，就会发生数据驱动攻击。例如，一种数据驱动的攻击可以造成一台主机修改与网络安全有关的文件，从而使黑客下一次更容易入侵该系统。

（2）系统文件被非法利用。操作系统设计的漏洞为黑客开了后门，黑客通过这些漏洞对系统进行攻击。

（3）伪造信息攻击。通过发送伪造的路由信息，构造系统源主机和目标主机的虚假路径，从而使流向目标主机的数据包均经过攻击者的系统主机。

（4）远端操纵。在被攻击主机上启动一个可执行程序，该程序显示一个伪造的登录界面。当用户在这个伪装的界面上输入登录信息（用户名、密码等）后，该程序将用户输入的信息传送到攻击者主机，然后关闭界面给出“系统故障”的提示信息，要求用户重新登录。而此后出现的才是真正的登录界面。

（5）利用系统管理员失误攻击。黑客常利用系统管理员的失误，收集攻击信息。如用 finger、netstat、arp、mail、grep 等命令和一些黑客工具软件。

（6）重新发送（Replay）攻击。通过收集特定的 IP 数据包，并篡改其数据，然后再一一重新发送，以欺骗接收的主机。

五、技巧与提高

个人防火墙在用户的计算机和 Internet 之间建立起一道屏障，即常说的 Firewall。防火墙可以针对来自不同网络的信息，来设置不同的安全规则。在目前 Internet 网际网络受攻击案件数量直线上升的情况下，用户随时都可能遭到各种恶意攻击。这些恶意攻击可能导致的后果是用户的上网账号被窃取、冒用、银行账号被盗用、电子邮件密码被修改、财务数据被利用、机密档案丢失、隐私曝光等，甚至黑客（Hacker）或骇客（Cracker）可以通过远程控制删除了用户硬盘上所有的资料数据，造成整个计算机系统架构的全面崩溃。为了抵御黑客（Hacker）或骇客（Cracker）的攻击，用户有必要在个人计算机上安装一套防火墙系统。

下面以“天网防火墙个人版”为例，介绍这一问题。

到天网安全阵线（http://www.sky.net.cn）下载“天网防火墙个人版”，下载保存完毕后，直接运行安装文件，按照提示进行安装。安装完成后，按提示重启计算机即可。

1．系统设置

重启计算机后，将出现一个天网防火墙试用版提示，直接关闭就可以。之后就会弹出天网防火墙主界面，如图 1-3-13 所示。

（1）选中“开机后自动启动防火墙”复选框，天网防火墙将在系统启动的时候自动启动，否则天网防火墙需要手工启动。

（2）单击“规则设定”栏里的“重置”按钮，可以把防火墙的安全规则全部恢复为初始设置，用户对安全规则的修改和加入的规则将会被全部清除。

（3）在“局域网地址设定”栏的“局域网地址”框里可以重新设置用户在局域网内的地址。

（4）在“其他设置”栏中，可以通过“浏览”按钮选择一个声音文件作为天网防火墙预警的声音。初始状态是没有设置报警声音的，单击“重置”按钮将采用天网防火墙默认的报警声音。

2．应用程序规则设置

在天网防火墙打开的情况下，启动的任何应用程序只要有通信数据包发送和接收存在，都会先被天网防火墙截获分析，并弹出天网防火墙警告信息，如图 1-3-14 所示。

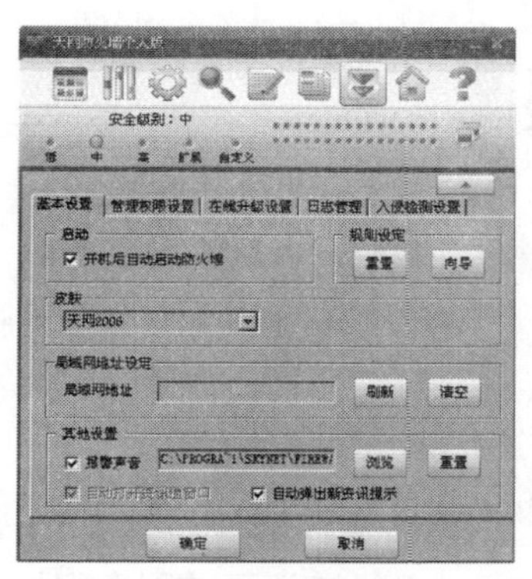

图 1-3-13　天网防火墙主界面

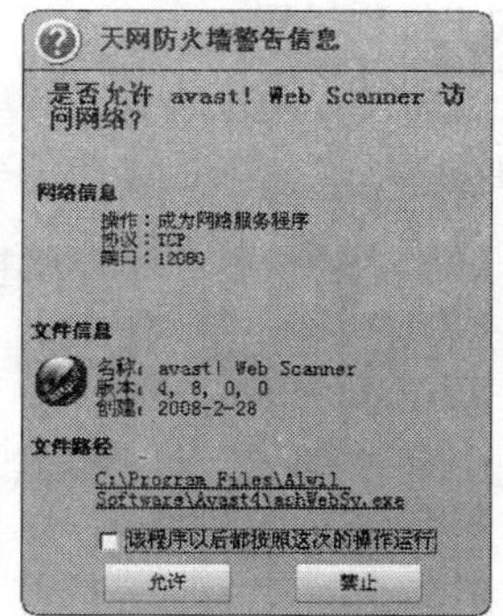

图 1-3-14　天网防火墙警告信息

勾选“该程序以后都按这次的操作运行”选项，并单击“允许”按钮，该程序将自动加入到应用程序列表中，天网防火墙将默认不会再拦截该程序发送和接收的数据包。否则，天网防火墙会在以后继续截获该应用程序的数据包，并且弹出警告窗口。如果你单击“允许”按钮，还可以通过应用程序设置来设置更为复杂的数据包过滤方式。

应用程序访问网络权限设置界面，如图 1-3-15 所示。

单击该面板每一个程序的“选项”按钮即可进行应用程序规则高级设置，如图 1-3-16 所示。

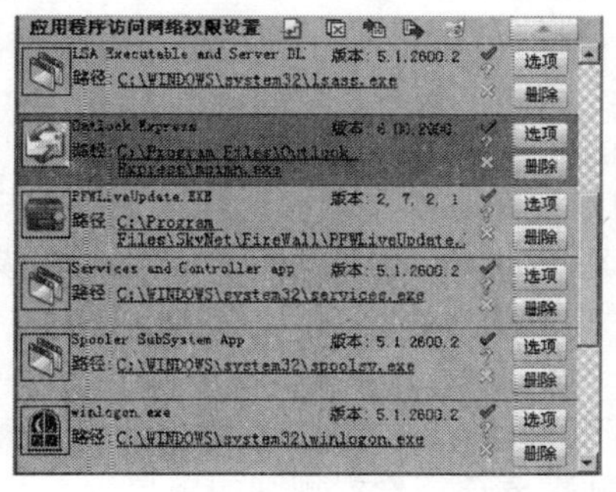

图 1-3-15　应用程序访问网络权限设置界面

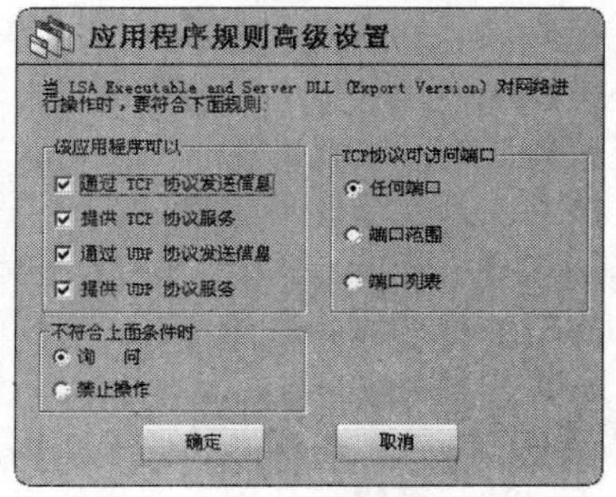

图 1-3-16　应用程序规则高级设置

可以设置该应用程序禁止使用 TCP 或者 UDP 传输以及设置端口过滤，让应用程序只能通过固定几个通信端口或者一个通信端口接收和传输数据。

3．IP 规则设置

程序规则设置是针对每一个应用程序的，而 IP 规则设置是针对整个系统的，其设置界面如图 1-3-17 所示。实际上天网防火墙个人版本身已经默认设置好了相当的安全级别，一般用户并不需要自行更改。

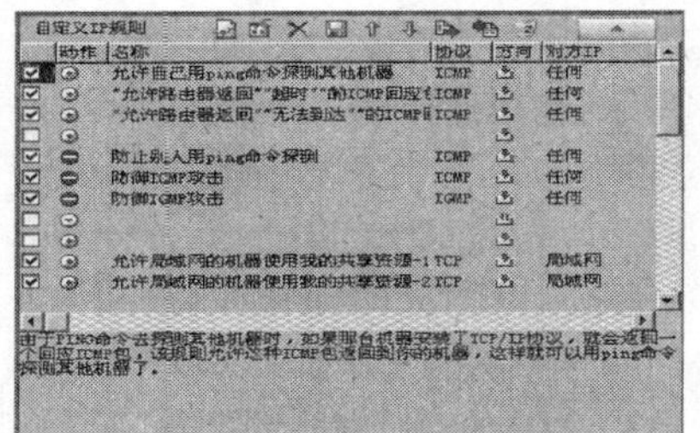

图 1-3-17　IP 规则设置界面

4. 安全级别设置

天网个人版防火墙的预设安全级别分为低、中、高、扩四个等级，默认的安全等级为中级，如图 1-3-18 所示。其中各等级的安全设置说明如下：

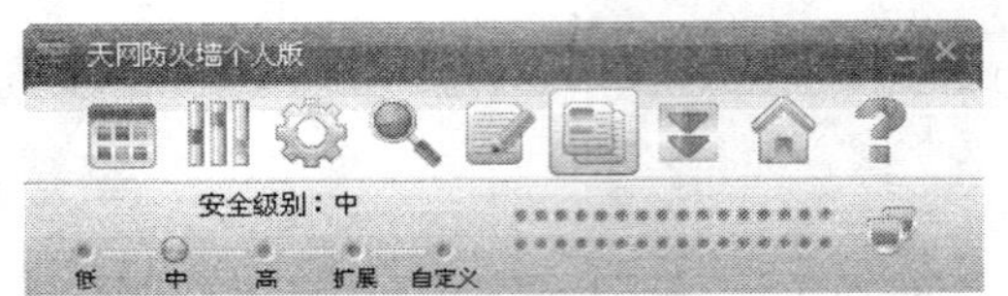

图 1-3-18　安全级别

（1）低。所有应用程序初次访问网络时都将询问，已经被认可的程序则按照设置的相应规则运作。计算机将完全信任局域网，允许局域网内部的计算机访问自己提供的各种服务（文件、打印机共享服务）但禁止互联网上的计算机访问这些服务。适用于在局域网中提供服务的用户。

（2）中。所有应用程序初次访问网络时都将询问，已经被认可的程序则按照设置的相应规则运作。禁止访问系统级别的服务（如 HTTP、FTP 等）。局域网内部的计算机只允许访问文件、打印机共享服务。使用动态规则管理，允许授权运行的程序开放的端口服务，比如网络游戏或者视频语音电话软件提供的服务。适用于普通个人上网用户。

（3）高。所有应用程序初次访问网络时都将询问，已经被认可的程序则按照设置的相应规则运作。禁止局域网内部和互联网的计算机访问自己提供的网络共享服务（文件、打印机共享服务），局域网和互联网上的计算机将无法看到本计算机。除了已经被认可的程序打开的端口，系统会屏蔽掉向外部开放的所有端口。也是最严密的安全级别。

（4）扩展。基于“中”安全级别再配合一系列专门针对木马和间谍程序的扩展规则，可以防止木马和间谍程序打开 TCP 或 UDP 端口监听甚至开放未许可的服务。适用于需要频繁试用各种新的网络软件和服务、又需要对木马程序进行足够限制的用户（试用版用户不享受这项服务）。

（5）自定义。如果用户了解各种网络协议，可以自己设置规则。注意，设置规则不正确会导致用户无法访问网络。适用于对网络有一定了解并需要自行设置规则的用户。

5. 日志查看与分析

天网防火墙个人版将会把所有不合规则的数据传输封包拦截并且记录下来，如果用户选择了监视 TCP 和 UDP 数据传输封包，那么用户发送和接受的每个数据包也将被记录下来。每条记录从左到右分别是发送/接受时间、发送 IP 地址、数据传输封包类型、本机通信端口，对方通信端口和标志位。

天网防火墙个人版把日志进行了详细的分类，包括：系统日志、内网日志、外网日志、全部日志。用户可以通过单击日志旁边的下拉菜单选择需要查看的信息。如图 1-3-19 所示。

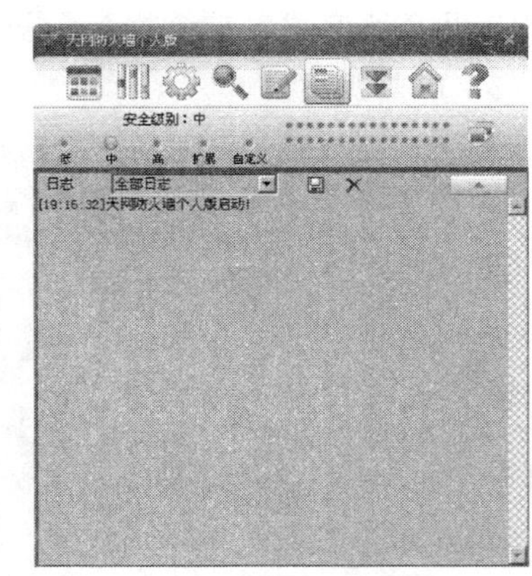

图 1-3-19　天网防火墙日志

有一点需要强调，即不是所有被拦截的数据传输封包都意味着在受到别人的攻击，有一些是正常的数据传输封包，但可能由于用户设置的防火墙的 IP 规则的问题，也会被天网防火墙个人版拦截下来并且报警。例如，用户设置了禁止别人 Ping 自己的主机，而有人向用户的主机发送 Ping 命令，天网防火墙个人版也会把这些发来的 ICMP 数据拦截下来记录在日志上并且报警。安全日志可以导出和删除。

六、创新作业

（1）到网上搜索一款热门的清除木马程序的软件，下载到计算机并安装。对程序进行设置，来查看并清除计算机中的木马。

（2）到网上下载并安装“瑞星杀毒软件 2009 试用版”，了解并试用一下它所带的工具。

（3）到网上搜索一些关于对 Windows XP 操作系统进行安全设置的方法或技巧，并根据实际情况对自己的计算机进行相应的安全设置。

项目四 微机常规管理——Windows 应用

一、项目描述

Windows XP 作为操作系统，是运行各种应用软件的基础，是进行计算机管理的重要工具。只有熟练掌握 Windows XP，才能为后面的学习打下坚实的基础。资源管理器是文件管理工具，用户可以使用这个工具来更好地对计算机中的文件和文件夹进行有效管理。

二、项目分析

创建文件夹、复制、剪切、粘贴、删除、重命名及修改文件属性等操作；显示隐藏文件和文件夹、显示文件扩展名；熟练掌握查看菜单中“详细资料”菜单项。

三、项目实现方法与步骤

（一）打开资源管理器

单击“开始→所有程序→附件→Windows 资源管理器”命令，打开“资源管理器”窗口，如图 1-4-1 所示。

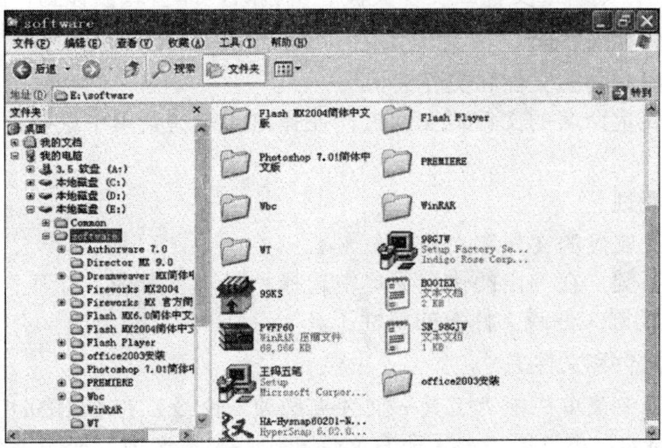

图 1-4-1 “资源管理器”窗口

（二）创建文件夹

（1）在“我的电脑”和“资源管理器”窗口中，打开要创建新文件夹的父文件夹。本例是

打开 E 盘。

（2）单击文件列表的空白位置，此时左侧的“文件和文件夹任务”窗格中显示“创建一个新文件夹”链接命令，单击这个链接命令，一个名为“新建文件夹”的文件夹图标出现在文件列表中，如图 1-4-2 所示。

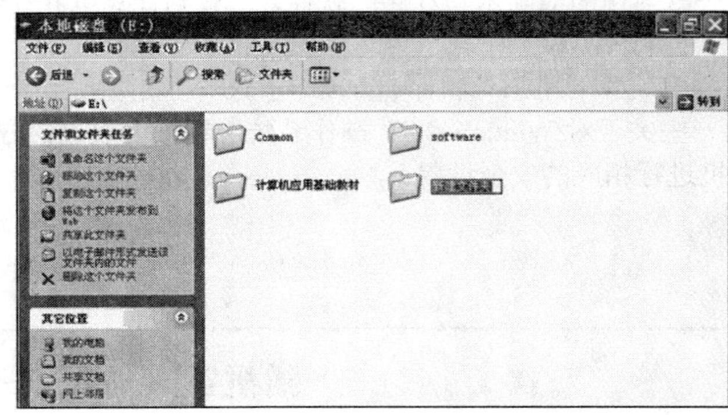

图 1-4-2　创建文件夹

（3）在新文件夹图标旁边的文本框中输入新文件夹的名称，如“学生成绩”，然后按回车键确认。

（三）复制、删除文件和文件夹

1．复制文件和文件夹

（1）选定要复制的文件或文件夹。

（2）右键单击要复制的文件或文件夹，在弹出的快捷菜单中选择“复制”命令，然后在复制目的地右键单击，在弹出的快捷菜单中选择“粘贴”命令。

2．删除文件和文件夹。

（1）选定要删除的文件或文件夹。

（2）按“Delete”键，系统将打开“确认文件删除”或“确认文件夹删除”对话框，单击“是”按钮，确认删除操作，则所选文件或文件夹被逻辑删除，即暂时被移到“回收站”内。

（四）重命名文件和文件夹

（1）选定要重新命名的文件和文件夹。

（2）右键单击要重命名的文件或文件夹，在弹出的快捷菜单中选择“重命名”命令，即可进行重新命名。

（五）修改文件属性

（1）选定要修改属性的文件和文件夹。

（2）单击鼠标右键，在弹出的快捷菜单中选择“属性”命令，打开“属性”对话框，如图 1-4-3 所示，就可以设置文件或文件夹的属性了。

（六）显示隐藏文件和文件夹

单击资源管理器中菜单栏中“工具→文件夹选项”命令，在弹出的“文件夹选项”对话框中选择“查看”选项卡，再选择“显示所有文件和文件夹”选项，如图 1-4-4 所示。

（七）查看菜单中“详细资料”菜单项

单击工具栏中的“查看→详细信息”命令，如图 1-4-5 所示，可显示当前文件夹中文件和子文件夹的详细信息。

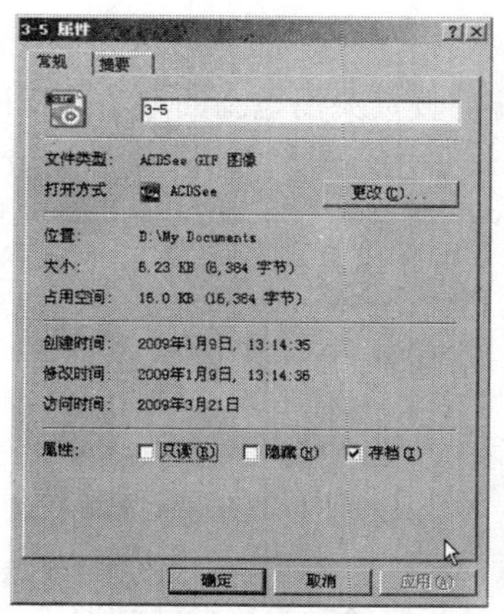

图 1-4-3 “属性”对话框

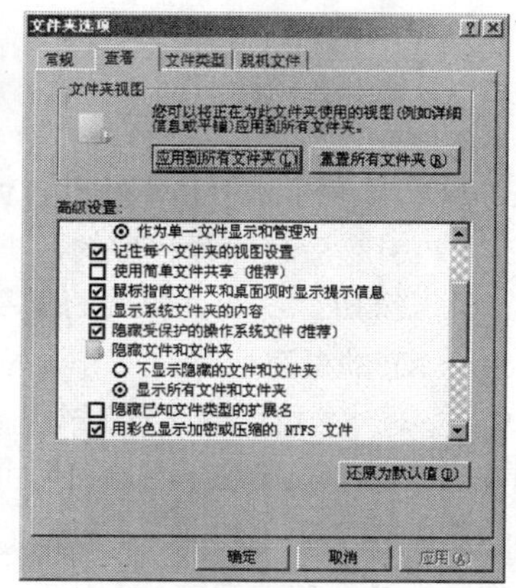

图 1-4-4 “文件夹选项”对话框

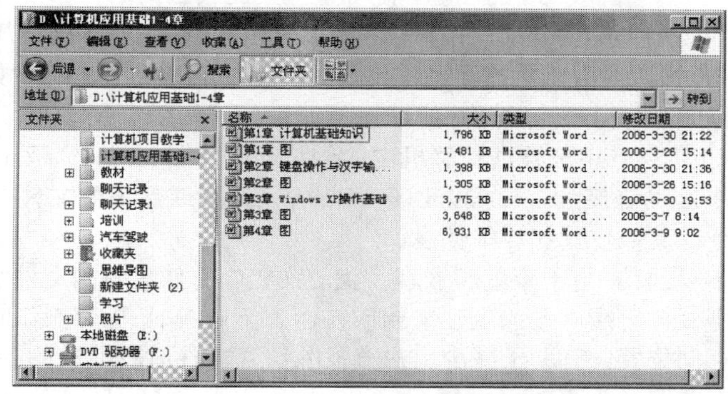

图 1-4-5　文件夹详细信息

四、相关知识与技能

（一）Windows XP 的启动与退出

1．启动 Windows XP

正确安装 Windows XP 后，只要打开计算机上的电源开关，Windows XP 就开始加载程序，一两分钟之内，Windows XP 就开始启动了。正常启动后，系统显示登录界面，如图 1-4-6 所示。

登录界面列出了已经创建的所有用户账户，并且每个用户都配有一个图标。对于没有设置密码的账户，只需单击相应的用户图标，即可进行登录。对于设置了密码的账户，单击相应的用户图标时会弹出一个文本框，只有输入正确的密码后才能进行登录。

登录后，系统先显示一个欢迎画面，稍后进入 Windows XP 的桌面，如图 1-4-7 所示。

图 1-4-6　Windows XP 登录界面

图 1-4-7　Windows XP 桌面

2．退出 Windows XP

Windows XP 是一个多任务操作系统，用户不能用直接关闭电源的方法来退出 Windows XP，因为在运行时可能需要占用大量磁盘空间临时保存信息，在正常退出时，Windows XP 将删除临时文件、保存设置信息等。如果非正常退出 Windows XP，会导致硬盘空间的浪费和设置信息的丢失。另外，还可能引起后台运行程序的数据丢失。为此 Windows XP 专门在“开始”菜单中安排了“关闭计算机”按钮，以实现系统的正常退出。

（二）Windows XP 的桌面

登录进入 Windows XP 后，屏幕上显示的画面就是 Windows XP 桌面，Windows XP 将明亮鲜艳的新外观与简单易用的设计结合在一起。桌面由桌面图标、任务栏和桌面背景组成。

1．Windows XP 的桌面图标

桌面图标实际上是一些快捷方式，用来快速打开相应的项目。默认情况下，Windows XP 的桌面右下方仅保留了一个“回收站”的图标，使得整个桌面相当简洁。“我的文档”、“我的电脑”、“网上邻居”等图标都已经移到“开始”菜单中。要想使这些图标在桌面上出现，只要将 Windows XP 的“开始”菜单样式切换为以前的经典样式，桌面上将出现这些图标，如图 1-4-7 所示。双击这些快捷方式图标即可打开相应的程序。

（1）“我的电脑”图标。用于管理计算机中的磁盘、文件和文件夹。双击“我的电脑”图标，在窗口的左侧有一块常用链接区，会根据用户当前所处位置或启用的文件类型来智能地显示出相关的常用操作命令、其他位置和详细信息。

（2）“我的文档”图标。用于查看和管理“我的文档”文件夹中的文件和文件夹。当用户使用应用程序（如写字板、记事本等）创建文档或在网上下载 Web 页等操作时，将“我的文档”文件夹作为默认的存储位置，有助于减少用户查找和保存文件时所造成的混乱。在默认情况下，“我的文档”文件夹的路径为“Documents and Settings\用户名\My Documents”。

（3）“网上邻居”图标。用于查看和使用网络资源。

（4）Internet Explorer 图标。用于快速启动 Internet Explorer 浏览器，访问互联网资源。

（5）“回收站”图标。用于暂时放置被用户删除的文件或文件夹。当发现误删了某个文件时，还可以通过“回收站”还原。

上述桌面图标实际上是一些快捷方式，用以快速打开相应的项目。除“回收站”图标以外，其他桌面图标都可以删除。另外，用户还可以根据自己的爱好添加或删除桌面快捷方式图标。

2．“开始”菜单

Windows XP 的基本操作几乎都可以通过“开始”菜单中的命令来完成。单击桌面左下角的“开始”按钮，弹出“开始”菜单，如图 1-4-8 所示。

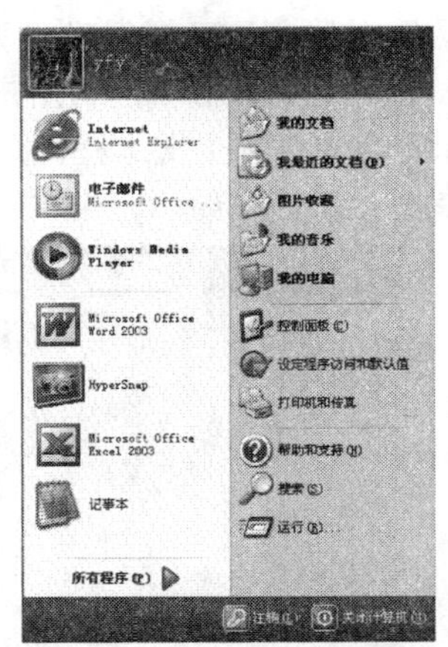

图 1-4-8 “开始”菜单

Windows XP 对“开始”菜单进行了全新设计，新的“开始”菜单不仅风格清新而且更加智能，并提供了更多的自定义选项。它可以显示已经登录的用户。它可以自动地将使用最频繁的程序添加到菜单顶层。它使用户能够将所需的任何程序移动到“开始”菜单中。例如，“图片收藏”和“我的文档”文件夹等项以及“控制面板”现在也可以从顶层访问了。“开始”菜单主要由 5 部分组成。

（1）顶部显示当前登录的用户名和图标。

（2）左侧显示了最常用的程序列表，用户可以通过该部分来快速启动常用的应用程序。其中，分隔线上方为“固定项目列表”，这些程序始终保留在列表中，也可以向固定项目列表中添加程序。分隔线下方的程序列表是用户“最常使用的程序列表”，当用户使用某个程序时，该程序就会被添加到常用程序列表中。

（3）右侧是系统菜单区，分为上、中、下三个部分。

①上部是为了方便用户对文档的管理而设置的若干文件夹，其中包括“我的文档”、“我最近的文档”、“图片收藏”、“我的音乐”、“我的电脑”和“网上邻居”等文件夹，可以在“开始”菜单中直接打开。

②中部显示的是系统控制工具，其中“控制面板”可以用来对计算机进行管理、修改系统设置；“连接到”可以用来连接到 Internet；“打印机和传真”可以用来安装打印机和传真等。

③下部的“帮助和支持”用于提供联机帮助信息；“搜索”用于搜索文件和网络上的计算机等；“运行”通过直接输入程序名称来运行应用程序。

（4）左下方有一个“所有程序”菜单项，其中包含了计算机已经安装的应用程序。

（5）最下方包含“注销”和“关闭计算机”两个命令，单击“注销”命令可以迅速切换用户，单击“关闭计算机”命令可以关闭或重新启动计算机。

Windows XP 对各种菜单有下列约定，即若菜单中某一项后有向右的箭头，表示其还有下一层子菜单，若某一菜单项后有省略号…，表示单击此选项，可弹出一个对话框。

3．任务栏

任务栏是位于桌面底部的长条，可以实现各种管理任务。Windows XP 是一个多任务操作系统，可以同时运行多个程序。每个打开的窗口在任务栏上都有一个对应的按钮，通过单击这些按钮可以实现在多个窗口之间的切换。

任务栏由四部分组成，如图 1-4-9 所示。它包括“开始”按钮、“快速启动”工具栏、“应用程序”栏和“通知区域”。

图 1-4-9　任务栏的组成

（1）“开始”按钮。单击此按钮可打开“开始”菜单。

（2）“快速启动”工具栏。用于快速启动应用程序。单击这些按钮，即可打开相应的应用程序；当鼠标指针停在某个按钮上时，会出现相应的提示信息。

（3）“应用程序”栏。放置已经打开窗口的最小化图标，其中代表当前窗口的按钮呈现被选状态；如果想激活其他窗口，只需单击代表相应窗口的按钮即可。

（4）“通知区域”：“时间指示器”、“输入法指示器”和“音量控制指示器”显示在该区域中，系统运行时常驻内存的应用程序按钮也显示在此区域中。在 Windows XP 中，为了保持任务栏的简洁，如果“通知区域”（时钟旁边）的图标在一段时间内未被使用，它们会隐藏起来。如果图标被隐藏，请单击箭头（<）可以临时显示隐藏的图标。如果单击这些图标中的某一个，它将再次显示。

任务栏和“开始”菜单的属性可通过将鼠标指针放在任务栏的空白处，单击鼠标右键，

弹出快捷菜单，选择“属性”项，出现“任务栏和[开始]菜单”对话框，选择适当的项目进行设置。

（三）Windows XP 的窗口操作

在 Windows XP 操作系统中，所打开的每一个程序或者文件都显示在一个窗口中。每一个窗口就代表一个正在处理的工作对象。一次可打开很多窗口，同时还可以在各个窗口之间自由地进行切换。

在 Windows XP 系统中，窗口可分为文件夹窗口和应用程序窗口。文件夹窗口主要用于显示文件和文件夹。例如，双击“我的文档”或“我的电脑”图标，可打开其对应的窗口。应用程序窗口主要用于对应用程序的操作。例如，运行“写字板”或“Word”程序后，便可出现其对应的窗口。

1．标题栏

位于窗口的顶部，里面显示了窗口的名称。用鼠标拖动标题栏可以移动窗口，双击标题栏可以将窗口最大化或者还原。

2．窗口的最大化、最小化、还原及关闭

（1）最大化。此时窗口占了整个屏幕，用户可以看到窗口中一次所能显示的最多内容。如果要将窗口最大化，可单击“最大化”按钮。这时“最大化”按钮被“还原”按钮取代。

（2）最小化。此时窗口会隐藏起来，在任务栏中会显示相应的图标。如果要将窗口最小化，可单击“最小化”按钮。若要还原被最小化的窗口，单击任务栏中对应的图标即可。

（3）还原。此时窗口是可见的，但并没有最大化。这时“还原”按钮被“最大化”按钮取代。

（4）关闭。单击“关闭”按钮，可关闭本窗口。

（5）“最大化”、“最小化”、“还原”和“关闭”按钮，如图 1-4-10 所示。

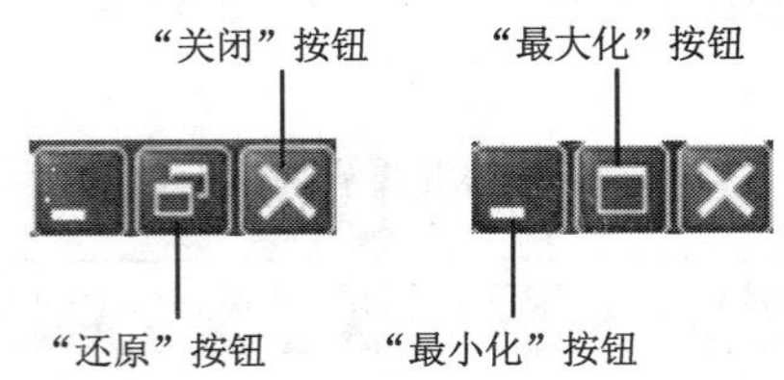

图 1-4-10 “最大化”、“最小化”、“还原”和“关闭”按钮

3．移动窗口的位置及调整窗口的大小

（1）移动窗口的位置。一个还原过的窗口可以移动位置。当窗口挡住了桌面上的图标时，可能就要移动窗口了；或者将两个重叠在一起的窗口移动一下，使得它们不再相互重叠。如果要移动一个窗口，可将鼠标指针指向窗口的标题栏，按住左键拖动窗口到另一位置，然后松开鼠标左键即可。

（2）调整窗口的大小。一个还原过的窗口可以根据需要任意调整大小。方法如下：

①将鼠标指针指向窗口的 4 个角上时，鼠标指针可变成斜向的双向箭头，此时，按住鼠标左键向相应方向拖动，可同时改变窗口的高度和宽度。

②将鼠标指针指向窗口的左、右边框，当鼠标指针变成水平的双向箭头时，按住鼠标左键并水平拖动，可改变窗口的宽度。

③将鼠标指针指向窗口的上、下边框，当鼠标指针变成垂直的双向箭头时，按住鼠标左键并上下拖动，可改变窗口的高度。

4．窗口的布局及窗口之间的切换

（1）窗口的布局。当桌面上打开了多个窗口后，可能摆放得比较混乱，系统允许对其进行重新布局。具体操作步骤如下：右击任务栏中空白的地方，弹出一个快捷菜单，要排列所有打开的窗口，可以单击其中的"层叠窗口"、"横向平铺窗口"或"纵向平铺窗口"命令。

需要注意的是，缩小为任务栏按钮的窗口不会显示在屏幕上；要将窗口恢复到原来的状态，请用右键单击任务栏上的空白区域，然后单击"撤消层叠"或"撤消平铺"命令。

（2）窗口之间的切换。桌面上打开了多个窗口，选择其中某一个窗口为当前窗口时，称为窗口之间的切换。窗口之间的切换可用下列方法实现。

①通过鼠标实现窗口之间的切换。如果在屏幕上能够看到要切换的窗口，单击该窗口即可；如果在屏幕上看不到该窗口，单击任务栏中代表该窗口的按钮即可。

②通过键盘实现窗口之间的切换。同时按下"Alt+Tab"组合键，出现一个任务切换窗口，显示所有已经打开窗口的图标及对应的名字，按住"Alt"键不要松开，每按一次"Tab"键时，选择一个图标，选择了要选定的图标后松开 Alt 键，Windows XP 将迅速切换到该图标对应的窗口中。

（四）Windows XP 的文件管理

计算机中的大部分数据都是以文件的形式存储在磁盘上的，文件是数据在计算机中的存储形式。

1．文件与文件夹的概念

使用 Windows XP 可以更有效地使用文件和文件夹。计算机内的所有数据都是以文件的形式存放在磁盘上的。文件是一组信息的集合，这些信息最初是在内存中创建的，然后被用户赋予相应的文件名而存储到磁盘上。为了对各种各样的文件加以归类，可以给文件加上不同的扩展名，如程序类文件的扩展名有.exe 或.com 等；文本类文件的扩展名有.doc 或.txt 等；图形类文件的扩展名有.bmp、.jpg 及.tif 等。这些文件的扩展名可以用来标识文件的类型。为了易于用户辨别，Windows XP 将各种文件类型用不同的图标来表示。

文件具有以下特性：

（1）在同一磁盘的同一目录区域内不会有名称相同的文件，即文件名具有唯一性。

（2）文件中可存放字母、数字、图片和声音等各种信息。

（3）文件可以从一张磁盘上复制到另外一张磁盘上，或者从一台计算机上复制到另外一台计算机上，即文件具有可携带性。

（4）文件并非是固定不变的。文件可以缩小、扩大，可以修改、减少或增加，甚至可以完全删除，即文件又具有可修改性。

（5）文件在软盘或硬盘中有其固定的位置。文件的位置是很重要的，在一些情况下，需要给出路径以告诉程序或用户文件的位置。路径由存储文件的驱动器、文件夹或子文件夹组成。

文件夹是文件的集合，即将相关的文件存储在同一个文件夹中，以便更好地查找和管理这些文件。随着文件夹的扩展，文件夹不但可以包含文档、程序、链接文件等，而且还可以包含其他文件夹、磁盘驱动器和计算机等。

2．"我的电脑"

"我的电脑"是 Windows XP 中强大的文件管理工具，用户可以使用这个工具来更好地对计算机中的文件和文件夹进行有效管理。

单击“开始”菜单中的“我的电脑”命令，或者双击桌面上的“我的电脑”图标，打开“我的电脑”窗口。其中，列出了这台计算机上存储的文件夹、硬盘和可移动的存储设备等。

如果要运行应用程序，只需打开“我的电脑”，双击存储应用程序的驱动器、文件夹、子文件夹，找到应用程序，双击应用程序图标即可。

（五）Windows XP 的应用程序管理

各种操作系统都离不开对应用程序的支持，正因为有了各种各样的应用程序，计算机才能够在各个方面发挥出巨大的作用。用户可以使用 Windows XP 系统自带的一些应用程序，也可以安装一些自己需要的应用程序。

1．应用程序的一般操作

（1）安装应用程序。安装应用程序的方法很多，一般情况下使用下列三种方法进行安装：

①将含有安装程序的光盘放入 CD-ROM 驱动器中，安装程序就会自动运行。用户只需单击其中的“安装”按钮，然后跟随屏幕提示操作即可。

②在程序原始安装文件的目录下通常都有一个名为“Setup.exe”的可执行文件，运行这个可执行文件，然后按照屏幕提示安装即可。这类程序通常会在 Windows 的注册表中进行注册，并且自动在“开始”菜单中添加相应的程序选项。

③在“控制面板”中打开“添加/删除程序”对话框，如图 1-4-11 所示；单击“添加新程序”按钮，然后单击“光盘或软盘”按钮；按照屏幕上的提示操作即可。在此也可单击“Windows Update”按钮，根据指示查找新的 Windows 功能、系统升级和设备驱动程序并进行添加。

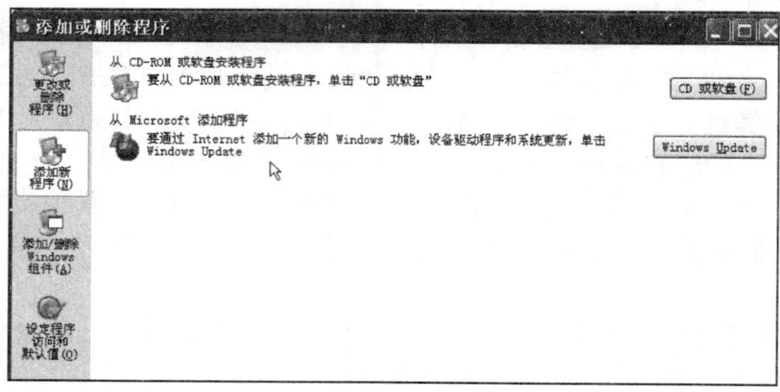

图 1-4-11 “添加/删除程序”对话框

（2）卸载应用程序。如果计算机中有不需要的应用程序，建议不要直接从应用程序所在的文件夹中删除，因为目前许多应用程序会在主文件夹之外的其他位置安装部分文件，而且多数程序会在 Windows 文件夹中添加支持文件，向 Windows XP 操作系统注册，并向“开始”菜单或“所有程序”菜单中添加菜单项。卸载应用程序一般使用下列三种方法：

①如果某个应用程序的级联菜单项中已有“卸载×××”或“Uninstall ×××”，则直接选中该菜单项，然后按照提示操作即可。例如，要删除已经安装的 HyperSnap 截图软件，可单击“开始→所有程序→HyperSnap→卸载 HyperSnap”菜单项，如图 1-4-12 所示。

②对于那些在程序级联菜单中不带有“卸载×××”或“Uninstall ×××”命令的应用程序，可单击“开始→控制面板→添加或删除程序→更改/删除程序”，在“当前安装的程序”列表框中单击要更改或删除的程序进行相应的操作。

③对于上述两种情况都不存在的应用程序，只能手动删除其所在的文件夹，然后再删除其在程序级联菜单中的快捷方式。

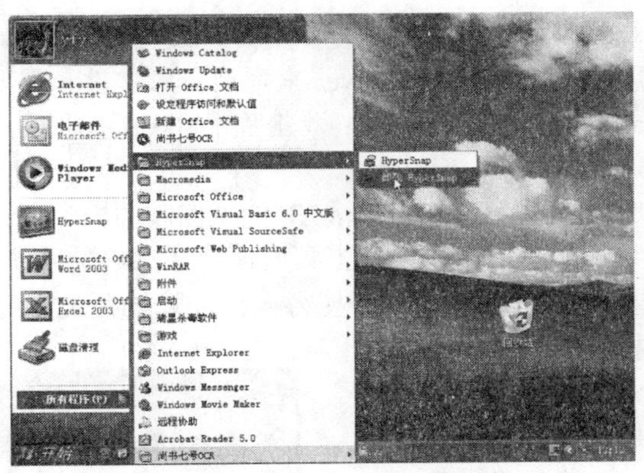

图 1-4-12 “卸载应用程序”菜单项

（3）启动应用程序。启动应用程序有多种方法：

①单击“开始→所有程序→应用程序名”命令。

②从“我的电脑”、“资源管理器”中找到应用程序名并双击。

③在“开始”菜单的“运行”对话框中输入应用程序名启动。

④在光驱中插入应用程序光盘，由系统自动执行。

（4）关闭应用程序。关闭应用程序有多种方法：

①单击窗口的☒按钮。

②单击标题栏中应用程序图标，在弹出的快捷菜单中选择“关闭”命令。

③在菜单栏中单击“文件→退出”命令。

④使用“Alt+F4”快捷键，可快速关闭当前应用程序。

2．常用的应用程序

（1）Windows XP 附件程序。Windows XP 中自带了一些免费软件，这些基本应用程序包括字处理程序、图形图像制作与处理工具、计算机连接与通信程序、多媒体工具和娱乐游戏等。

①“写字板”程序。“写字板”是 Windows XP 自带的功能较强的字处理程序，使用它可以编辑、显示、打印文档、数据及图像，创建一篇图文并茂的文本文件。可以使用“写字板”进行基本的文本编辑或创建网页。当然“写字板”并不具有那些专业文字处理软件（如 Word）的全部功能，但是对于偶尔要进行文字处理工作的用户来说，“写字板”是非常有用的工具。

启动“写字板”程序的方法：单击“开始→所有程序→附件→写字板”命令。

②“画图”程序。“画图”程序是个画图工具，用户可以用它创建简单或者精美的图画。这些图画可以是黑白或彩色的，并可以保存为位图文件；可以打印绘图，将它作为桌面背景，或者粘贴到另一个文档中；还可以使用“画图”以电子邮件形式发送图形，甚至还可以用“画图”程序查看和编辑扫描好的照片。可以用“画图”程序处理的图片文件类型有.jpg、.gif 或.bmp 等。

启动“画图”程序的方法：单击“开始→所有程序→附件→画图”命令。

③“计算器”程序。使用“计算器”程序可以完成任意的通常借助手持计算器来完成的标准运算。“计算器”可用于基本的算术运算，比如加、减运算等。同时，它还具有科学计算器的功能，如对数运算和阶乘运算等。在“查看”菜单中可以进行标准型和科学型的转换。可以用标准型计算器执行简单的计算，用科学型计算器执行高级的科学计算和统计。

启动“计算器”程序的方法：单击“开始→所有程序→附件→计算器”命令。

④“Windows Media Player”程序。通过使用 Windows Media Player，可以播放多种类型的音频和视频文件。还可以播放和制作 CD 副本、播放 DVD（如果有 DVD 硬件）、收听 Internet

广播站、播放电影剪辑或观赏网站中的音乐电视。另外，使用 Windows Media Player 还可以制作自己的音乐 CD。要使用 Windows Media Player 来播放音频文件，需要有声卡和扬声器。

启动“Windows Media Player”程序的方法：单击“开始→所有程序→附件→娱乐→Windows Media Player”命令。

（2）Windows XP 的“控制面板”。Windows XP 的“控制面板”是一个系统文件夹。在这个系统文件夹中存放了许多系统工具，这些系统工具用来对计算机的系统进行设置。

有些工具可帮用户调整计算机设置，从而使得操作计算机更加有趣。例如，可以通过“声音、语言和音频设备”将标准的系统声音替换为自己选择的声音。其他工具可以帮你将 Windows 设置得更容易使用。

要打开“控制面板”，请单击“开始→控制面板”命令。首次打开“控制面板”时，用户将看到“控制面板”中最常用的项，这些项目按照分类进行组织，如图 1-4-13 所示。要在“选择一个类别”视图下查看“控制面板”中某一项目的详细信息，可以用鼠标指针按住该图标或类别名称，然后阅读显示的文本。要打开某个项目，请单击该项目图标或类别名。某些项目会打开可执行的任务列表和选择的单个控制面板项目。例如，单击“外观和主题”时，将与单个控制面板项目一起显示一个任务列表。

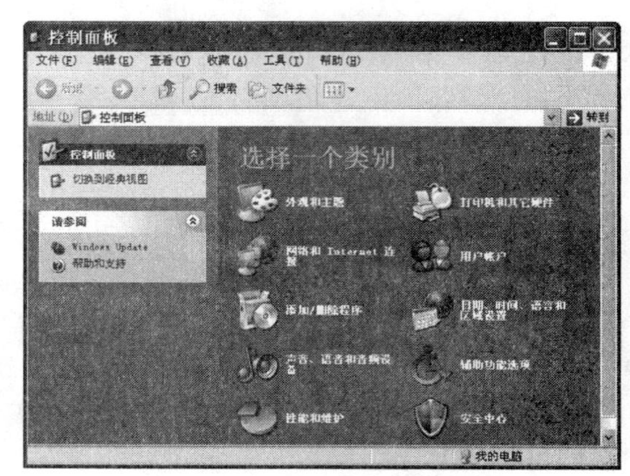

图 1-4-13　控制面板

如果打开“控制面板”时没有看到所需的项目，请单击“切换到经典视图”。要打开某个项目，双击它的图标即可。要在“经典控制面板”视图下查看“控制面板”中某一项目的详细信息，请用鼠标指针按住该图标名称，然后阅读显示的文本。

（六）Windows XP 的磁盘管理

磁盘管理是 Windows XP 操作系统的重要功能之一。Windows XP 提供了多种磁盘管理工具，使用户不再需要专业的磁盘工具即可完成各种磁盘管理工作。

1．磁盘的格式化

新磁盘在使用之前必须进行格式化。格式化磁盘将删除磁盘上的所有数据，并能检查磁盘上的坏区，还可以创建新的根目录和文件分配表。

2．磁盘碎片整理

磁盘碎片整理程序将计算机硬盘上的碎片文件和文件夹合并在一起，以便每一项在卷上分别占据单个和连续的空间，这样系统就可以更有效地访问文件和文件夹，更有效地保存新的文件和文件夹。通过合并文件和文件夹，磁盘碎片整理程序还将合并卷上的可用空间，以减少新文件出现碎片的可能性。

使用“磁盘碎片整理程序”整理磁盘的具体操作步骤如下：

（1）单击“开始→所有程序→附件→系统工具→磁盘碎片整理程序”命令，出现“磁盘碎片整理程序”窗口，如图 1-4-14 所示。

（2）在“卷”中选择要分析的磁盘，并单击“分析”按钮，系统对选定的磁盘内的碎片进行分析。分析状况如图 1-4-15 所示。其中红色表示零碎的文件；蓝色表示连续的文件；绿色表示无法移动的文件，即系统文件；白色表示可用空间。

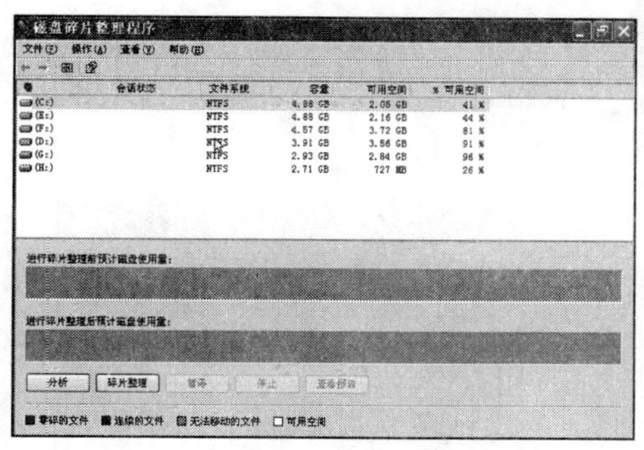

图 1-4-14 “磁盘碎片整理程序”窗口

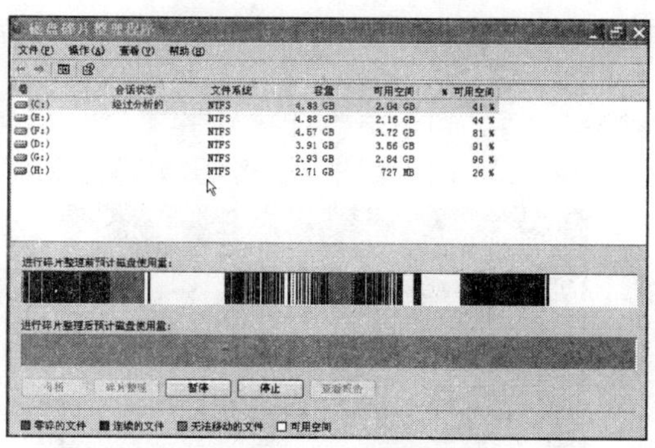

图 1-4-15 磁盘碎片状况的分析显示

（3）分析结束后，显示“已完成分析”对话框，如图 1-4-16 所示。

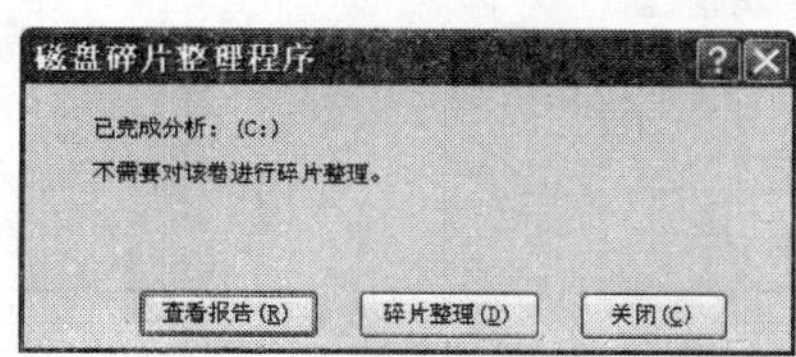

图 1-4-16 “已完成分析”对话框

（4）单击“查看报告”按钮，会出现“分析报告”对话框，显示了分析之后的各种信息，如图 1-4-17 所示。

（5）单击“碎片整理”按钮，可以对磁盘的碎片进行整理。

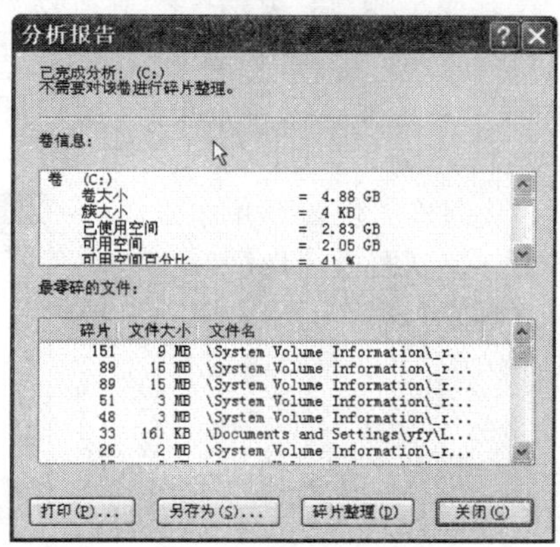

图 1-4-17 “分析报告”对话框

3．磁盘清理

磁盘清理程序帮助释放硬盘空间。磁盘清理程序搜索磁盘驱动器，然后列出临时文件、Internet 缓存文件和可以安全删除的不需要的程序文件。可以使用磁盘清理程序删除部分或全部这些文件。

“磁盘清理”的操作方法如下：

（1）单击“开始→所有程序→附件→系统工具→磁盘清理”命令，打开“选择驱动器”对话框，如图 1-4-18 所示。

（2）选择要清理磁盘的驱动器，单击“确定”按钮，系统计算可释放的空间，如图 1-4-19

所示，计算完成后显示“磁盘清理”对话框，如图 1-4-20 所示。

（3）在“要删除的文件”列表框中选择要删除的文件类型。如果要查看某个文件类型下包含哪些文件，可单击“查看文件”按钮。

（4）单击“确定”按钮，开始清理磁盘。

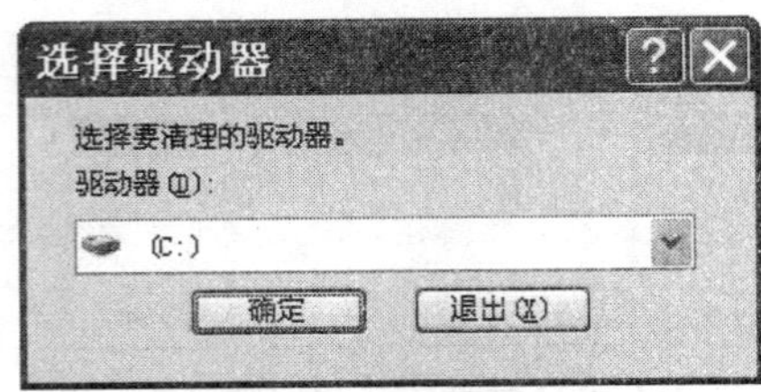

图 1-4-18 “选择驱动器”对话框

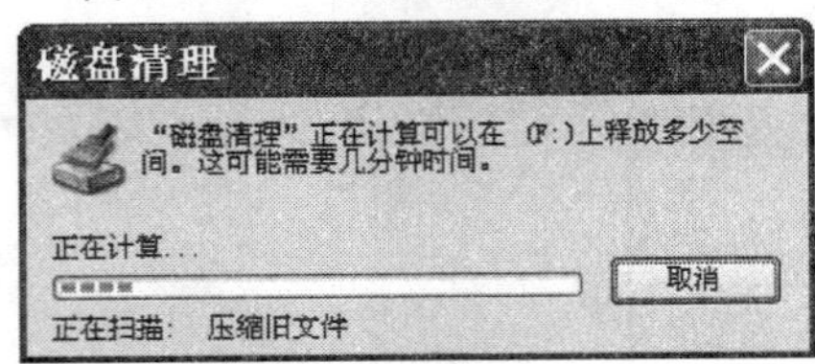

图 1-4-19 系统计算可释放的空间

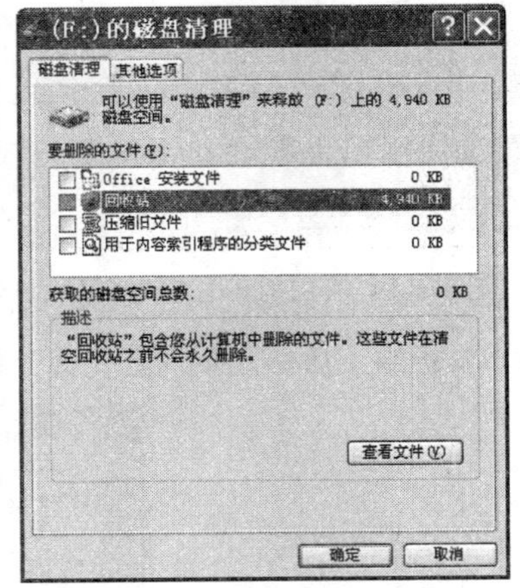

图 1-4-20 “磁盘清理”对话框

（七）Windows XP 的个性化设置

不同的用户会对 Windows XP 的桌面有不同的要求，一个精美的桌面能够让用户觉得赏心悦目。用户可以根据自己的喜好和需要选择美化桌面的背景图案、设置屏幕保护程序、设置桌面主题、定义桌面外观和效果、设置显示颜色、分辨率和刷新频率等。

1．设置桌面背景

Windows XP 启动之后，桌面采用系统默认的背景设置，用户可以根据需要更换桌面的背景。可按下列方法更换桌面背景：

（1）右击桌面上的空白位置，从弹出的快捷菜单中选择“属性”命令；或者单击“开始→控制面板→外观和主题→更改桌面背景”命令，打开“显示属性”对话框。

（2）单击“显示属性”对话框中的“桌面”选项卡，如图 1-4-21 所示。

（3）单击“背景”列表中的某一图片。在“位置”下拉列表中，单击“居中”、“平铺”或“拉伸”。

（4）单击“浏览”按钮，在其他文件夹或其他驱动器中搜索背景图片。可以使用具有下列扩展名的文件：.bmp、.gif、.jpg、.dib、.png、.htm。

（5）从“颜色”下拉列表中选择颜色。该颜色填充在图片没有使用的空间。

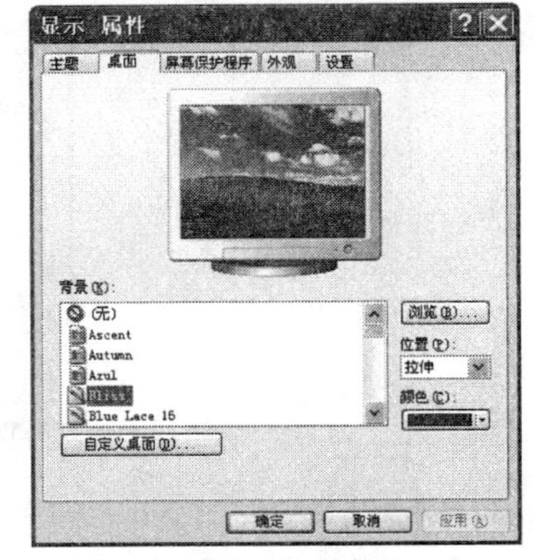

图 1-4-21 “桌面”选项卡

注意：

①可以使用个人的图片作为背景。所有位于“图片收藏”中的个人图片都在“背景”列表中按照名称列出。

②可以将网站上的图片保存为背景。右键单击该图片，然后单击“设置为背景”命令，该图片作为“Internet Explorer 背景”在“背景”中列出。

③如果选择.htm 文档作为背景图片，“位置”选项不可用。.htm 文档自动拉伸来填充背景。

2．屏幕保护程序

屏幕保护程序可以在用户暂时不工作时对计算机屏幕起到保护作用。当用户需要使用计算机时，只需移动鼠标或者操作键盘即可恢复以前的桌面。

设置屏幕保护程序的方法如下：

（1）右击桌面上的空白位置，从弹出的快捷菜单中选择“属性”命令；或者单击“开始→控制面板→外观和主题→选择一个屏幕保护程序”命令，打开“显示属性”对话框。

（2）单击“显示属性”对话框中的“屏幕保护程序”选项卡，如图 1-4-22 所示。

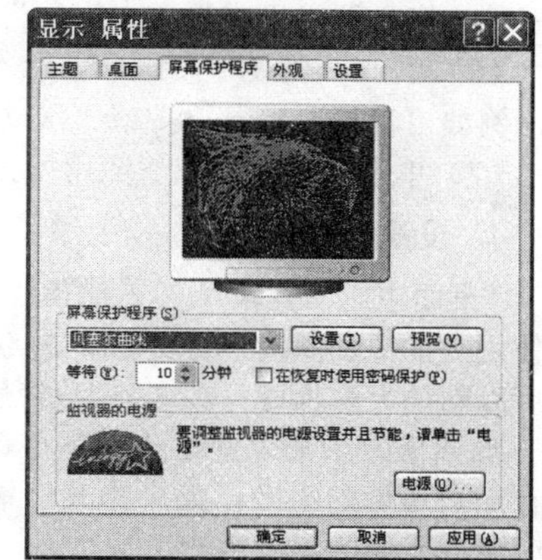

图 1-4-22　“屏幕保护程序”选项卡

（3）在“屏幕保护程序”选项卡上的“屏幕保护程序”下拉列表中，选择相应的屏幕保护程序。单击“预览”按钮，查看所选屏幕保护程序在监视器上的显示方式。移动鼠标或按任意键结束预览。

（4）要查看特定屏幕保护程序的可能设置选项，请单击“屏幕保护程序”选项卡中的“设置”按钮。

（5）单击“确定”按钮，即可使设置生效。

（6）选择屏幕保护程序后，如果计算机空闲了一定的时间（在“等待”框中指定的分钟数），屏幕保护程序就会自动启动。

（7）如要在屏幕保护程序启动后将其清除，移动一下鼠标或按任意键即可。

（8）如选中“在恢复时使用密码保护”选项，将在激活屏幕保护程序时锁定用户的工作站。重新开始工作时，系统将提示用户键入密码进行解锁。屏幕保护程序密码与登录密码相同，如果用户没有使用密码登录，将不能设置屏幕保护程序密码。

3．Windows XP 的外观设置

外观设置可以改变 Windows XP 在显示字体、图标、窗口和对话框时所使用的颜色和字体大小。默认情况下，系统使用的是称为“Windows XP 样式”的颜色和字体大小。通过外观设置，用户可以按照自己的喜好选择颜色和字体搭配方案。

外观设置的操作方法如下：

（1）右击桌面上的空白位置，从弹出的快捷菜单中选择“属性”命令；或者单击“开始→控制面板→外观和主题→显示”命令，打开“显示属性”对话框。

（2）单击“显示属性”对话框中的“外观”选项卡，如图 1-4-23 所示。

（3）从“窗口和按钮”下拉列表中选择外观方案，此处只有“Windows XP 样式”和“Windows 经典样式”两种方案，其中“Windows 经典样式”与 Windows 98/2000 操作系统完全相同。

（4）在“色彩方案”下拉列表框中，为系统窗口、菜单和按钮选择不同的颜色配置，其中有三种方案，即“橄榄绿”、“蓝”或“银色”。

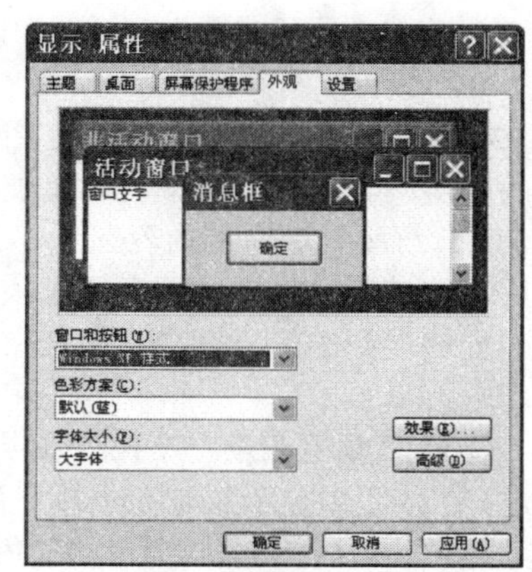

图 1-4-23　“外观”选项卡

（5）在“字体大小”下拉列表框中，为系统窗口、菜单和按钮选择不同的字体大小，其中有三种方案，即“正常”、“大字体”或“特大字体”。

（6）单击“高级”按钮，显示“高级外观”对话框，在“项目”列表中，单击要更改的元素，例如“窗口”、“菜单”或“滚动条”；然后调整相应的设置，例如颜色、字体或字号。

（7）单击“确定”或“应用”按钮来保存所做的更改。

4．设置桌面主题

“桌面主题”是墙纸、鼠标指针、图标、色彩方案、字体、声音和屏幕保护程序的综合体，它使用户的桌面具有与众不同的外观。可以切换主题、创建自己的主题（通过更改某个主题，然后以新的名称保存）或者恢复传统的Windows经典外观作为主题。

如果修改了某个主题的任何元素（如桌面背景或屏幕保护程序），系统建议以新的主题名称保存用户所做的更改；如果修改了桌面而没有以新的名称来保存所做的更改，在选择不同的主题时用户所做的更改将会丢失。

使用桌面主题的操作方法如下：

（1）右击桌面上的空白位置，从弹出的快捷菜单中选择“属性”命令；或者单击“开始→控制面板→外观和主题→更改计算机主题”命令，打开“显示属性”对话框。

（2）单击“显示属性”对话框中的“主题”选项卡，如图1-4-24所示。

（3）打开“主题”下拉列表，从中选择一个主题。

（4）单击“确定”或“应用”按钮，保存所做的更改。

图1-4-24 “主题”选项卡

5．设置桌面颜色和分辨率

在Windows XP中，用户可以选择系统和显卡同时支持的最大颜色数目。较多的颜色数目意味着在屏幕上有较多的色彩可供显示桌面信息，有利于美化桌面。

设置桌面颜色和分辨率的操作方法如下：

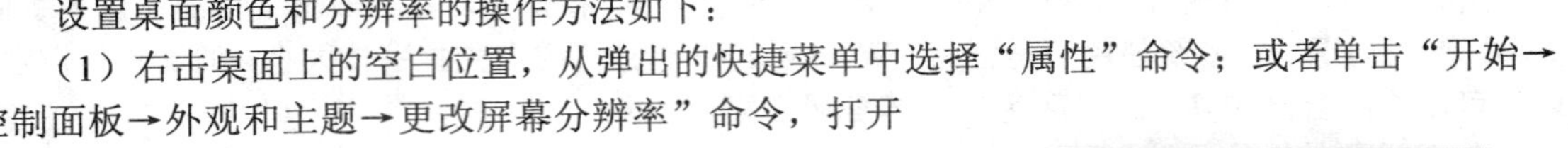
（1）右击桌面上的空白位置，从弹出的快捷菜单中选择“属性”命令；或者单击“开始→控制面板→外观和主题→更改屏幕分辨率”命令，打开“显示属性”对话框。

（2）单击“显示属性”对话框中的“设置”选项卡，如图1-4-25所示。

（3）在“屏幕分辨率”区中，可以拖动滑块调整显示器的分辨率。增加屏幕分辨率以使在同一时间查看更多的信息。屏幕上所有的内容显示都会变小，包括文本。减小屏幕分辨率以增大屏幕上所有项目的大小。在同一时间你能够看到的信息减少，但是文本和其他信息将会变大。

（4）在“颜色质量”下拉列表框中可以设置颜色范围，选择“中”以显示超过65 000种颜色，选择“最高”以显示超过40亿种颜色。选择的颜色越多，屏幕的颜色质量越好。

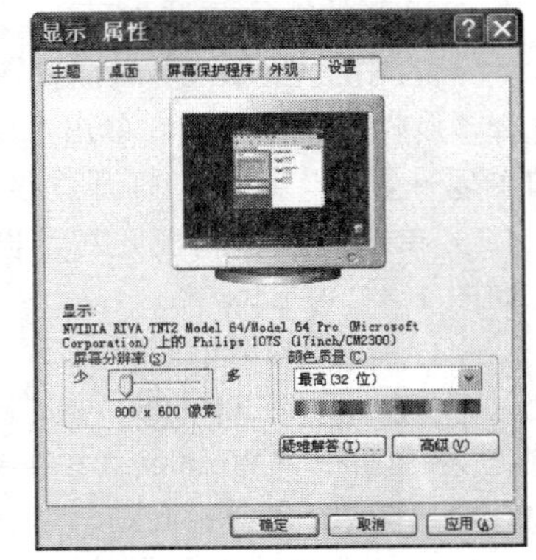

图1-4-25 “设置”选项卡

（5）单击“确定”或“应用”按钮，保存所做的更改。

五、技巧与提高

1．如何调整桌面图标颜色质量

在桌面空白处单击鼠标右键，在打开的“显示属性”对话框中选择“设置”选项卡，通过“颜色质量”下拉列表可以调整计算机的颜色质量。用户也可以通过编辑注册表来调整桌面图标的颜色质量，具体操作步骤如下：

打开注册表编辑器，进入 HKEY_CURRENT_USERControl PanelDesktopWindowMetrics 子键分支，双击 Shell Icon BPP 键值项，在打开的“编辑字符串”对话框中，“数值数据”文本框内显示了桌面图标的颜色参数，系统默认的图标颜色参数为 16。这里提供的可用颜色参数包括：4 表示 16 种颜色，8 表示 256 种颜色，16 表示 65536 种颜色，24 表示 1600 万种颜色，32 表示 True Color（真彩色）。用户可以根据自己的需要选择和设置桌面图标颜色参数。单击“确定”按钮关闭“编辑字符串”对话框。注销当前用户并重新启动计算机后设置生效。

在桌面空白处单击鼠标右键，在打开的“显示属性”对话框中选择“外观”选项卡，在这里用户可以方便地对整个桌面、窗口或者其他项目的字体和图标大小进行调整。

不过，用这种方式设置图标大小有一定局限性。例如，用户只能选择系统已经提供的桌面大小方案，不能自己任意设置桌面图标的大小。如果用户想随心所欲地对桌面图标大小进行调整，可以通过编辑注册表来达到目的。具体操作步骤是：打开注册表编辑器，进入 HKEY_CURRENT_USERControl PanelDesktopWindowMetrics 子键分支，双击 Shell Icon Size 键值项，在打开的“编辑字符串”对话框中，“数值数据”文本框内显示了桌面图标的大小参数，系统默认 29，用户可以根据自己的需要设置参数大小（参数越大，桌面图标也越大），然后单击“确定”按钮，关闭“编辑字符串”对话框。当用户注销当前用户并重新启动计算机后设置生效。

2．如何对系统声音进行选择与设置

系统声音的选择与设置就是为系统中的事件设置声音，当事件被激活时系统会根据用户的设置自动发出声音提示用户。选择系统声音的操作步骤如下：

（1）在“控制面板”窗口中双击“声音及音频设备”图标，打开“声音及音频设备”属性对话框，它提供了检查配置系统声音环境的手段。这个对话框包含了音量、声音、音频、语声和硬件共 5 个选项卡。

（2）在“声音”选项卡中，“程序事件”列表框中显示了当前 Windows XP 中的所有声音事件。如果在声音事件的前面有一个“小喇叭”的标志，表示该声音事件有一个声音提示。要设置声音事件的声音提示，则在“程序事件”列表框中选择声音事件，然后从“声音”下拉列表中选择需要的声音文件作为声音提示。

（3）用户如果对系统提供的声音文件不满意，可以单击“浏览”按钮，弹出浏览声音对话框。在该对话框中选定声音文件，并单击“确定”按钮，回到“声音”选项卡。

（4）在 Windows XP 中，系统预置了多种声音方案供用户选择。用户可以从“声音方案”下拉表中选择一个方案，以便给声音事件选择声音。

（5）如果用户要自己设置配音方案，可以在“程序事件”列表框中选择需要的声音文件并配置声音，单击“声音方案”选项组中的“另存为”按钮，打开“将方案存为”对话框。在“将此配音方案存为”文本框中输入声音文件的名称后，单击“确定”按钮即可。如果用户对自己设置的配音方案不满意，可以在“声音方案”选项组中选定该方案，然后单击“删除”按钮，删除该方案。

（6）选择“音量”选项卡，用户可以在“设备音量”选项组中，通过左右调整滑块改变系统输出的音量大小。如果希望在任务栏中显示音量控制图标，可以启用“将音量图标放入任务栏”复选框。

（7）如果用户想调节各项音频输入输出的音量，可单击“设备音量”区域中的“高级”按钮，在弹出的“音量控制”对话框里调节即可。这里列出了从总体音量到 CD 唱机、PC 扬声器等单项输入输出的音量控制功能。用户还可以通过选择“静音”来关闭相应的单项音量。

（8）单击“音量”选项卡中的“扬声器设置”区域中的“高级”按钮后，在弹出的“高级音频属性”对话框中，用户可以为自己的多媒体系统设定最接近自己硬件配置的扬声器模式。

（9）在“高级音频属性”对话框中选择“性能”选项卡，这里提供了对音频播放及其硬件加速和采样率转换质量的调节功能。要说明的是，并不是所有的选项都是越高越好，用户需要根据自己的硬件情况进行设定，较好的质量通常意味着较高的资源占有率。设置完毕后，单击“确定”按钮保存设置。

六、创新作业

通过控制面板添加 windows XP 自带的聊天组件 Net Meeting。

模块二 计算机网络技术

计算机网络，尤其是互联网的覆盖面遍及全球，为各种用户提供了多样化的网络与信息服务。用户可以利用局域网和 Internet 实现资源共享、信息传输、电子邮件、信息查询、语音与图像通信服务等功能。

本模块通过三个项目实例介绍了计算机网络的应用，包括计算机网络的概念、局域网的设置、资源共享、双绞线的制作、Internet 的相关知识、万维网的应用、电子邮件、网上购物等相关知识技巧。

通过本模块的学习，使读者能够具备较好的应用计算机网络的能力，可以结合实际工作充分利用网络资源，架构局域网。

能力目标

- 能创建 Windows 对等局域网
- 能熟练设置共享资源、访问共享资源
- 能制作双绞线
- 能利用 ADSL 接入互联网
- 能熟练地利用互联网收集信息
- 能熟练地收发电子邮件
- 能利用互联网实现网上购物

设置网络共享——配置局域网

一、项目描述

为了提高单位的办公效率，节约办公成本，经领导研究决定，将现有机器配置成 Windows 对等局域网，设置计算机共享，能够将多个计算机的软硬件资源很好地利用起来。

二、项目分析

通过创建对等局域网，设置共享，访问共享来实现局域网的互访。

三、项目实现方法与步骤

（一）创建 Windows 对等局域网

1．设置 IP 地址和子网掩码

（1）在桌面上右击“网上邻居”图标，从弹出的快捷菜单中选择“属性”命令，打开“网络连接”窗口，如图 2-1-1 所示。

（2）在“网络连接”窗口中，右击“本地连接”图标，从弹出的快捷菜单中选择“属性”命令，打开“本地连接属性”对话框，如图 2-1-2 所示。

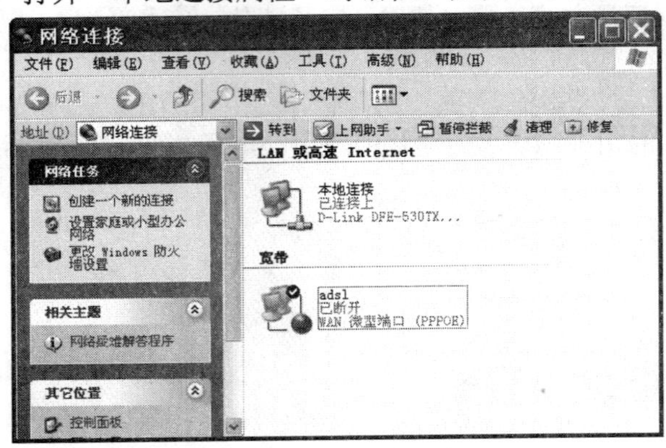

图 2-1-1 “网络连接”窗口

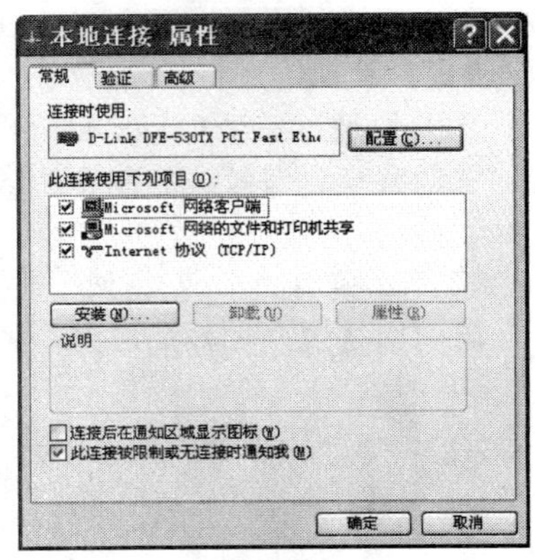

图 2-1-2 “本地连接属性”对话框

（3）双击“Internet 协议（TCP/IP）”项，打开“Internet 协议（TCP/IP）属性”对话框。选中“使用下面的 IP 地址”单选按钮，并在“IP 地址”文本框中输入 192.168.1.1。单击“子网掩码”文本框，系统自动输入 255.255.255.0，如图 2-1-3 所示。

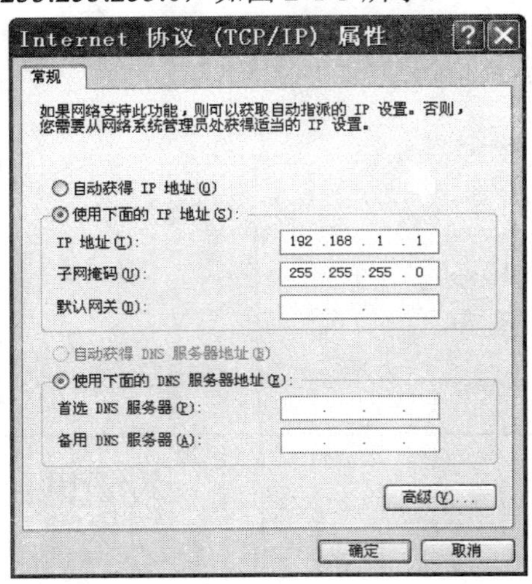

图 2-1-3 “Internet 协议（TCP/IP）”对话框

（4）依次单击“确定”按钮，关闭该对话框即可。

按照上述步骤，也可对网络中其他计算机进行 TCP/IP 的设置。要注意，其余计算机的 IP 地址也应设置为 192.168.1.X，即所有的 IP 地址必须在同一个网段中。X 的范围是 1 到 254，并且最后一位 IP 地址不能重复。

2．设置计算机标识及其所属域

（1）在桌面上右击“我的电脑”图标，从弹出的快捷菜单中选择“属性”命令，打开“系统属性”对话框，切换到“计算机名”选项卡，如图 2-1-4 所示。

（2）单击“更改”按钮，打开“计算机名称更改”对话框，如图 2-1-5 所示。在“计算机名”文本框中输入该计算机的名称，如“abcd”；在“工作组”文本框中输入该计算机所属工作组的名称，如“MAHOME”。

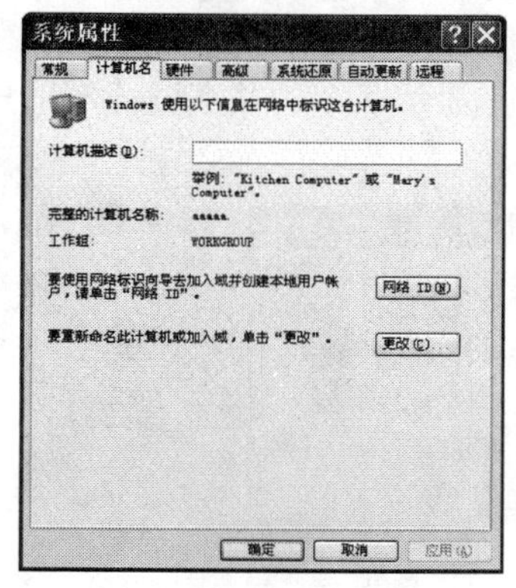

图 2-1-4 “计算机名”选项卡

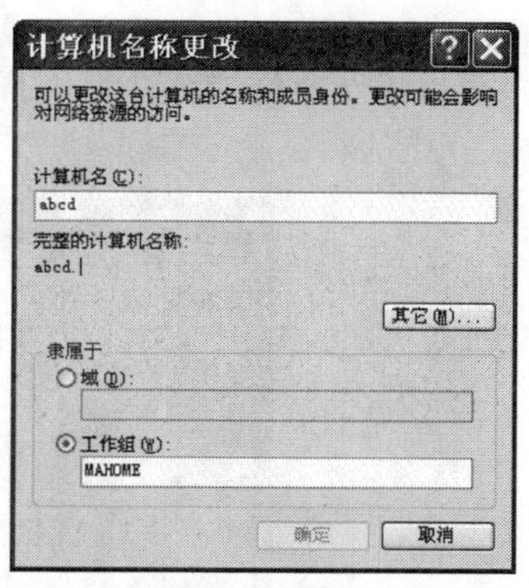

图 2-1-5 “计算机名称更改”对话框

（3）单击“确定”按钮后，系统会自动弹出一个欢迎对话框，提示用户已经加入了新的工作组，如图 2-1-6 所示。

（4）单击“确定”按钮后，系统会弹出一个对话框，提示用户要使更改生效，必须重新启动计算机，如图 2-1-7 所示。

图 2-1-6　欢迎对话框

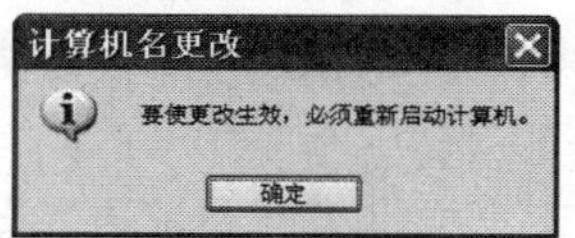

图 2-1-7　重新启动计算机

（二）共享文件和文件夹

（1）在“资源管理器”中，找到要共享的文件夹。

（2）右击需要共享的文件夹，在弹出的快捷菜单中选择“共享和安全”命令，打开“××属性”对话框（××代表要共享的文件夹名称）的“共享”选项卡，如图 2-1-8 所示。

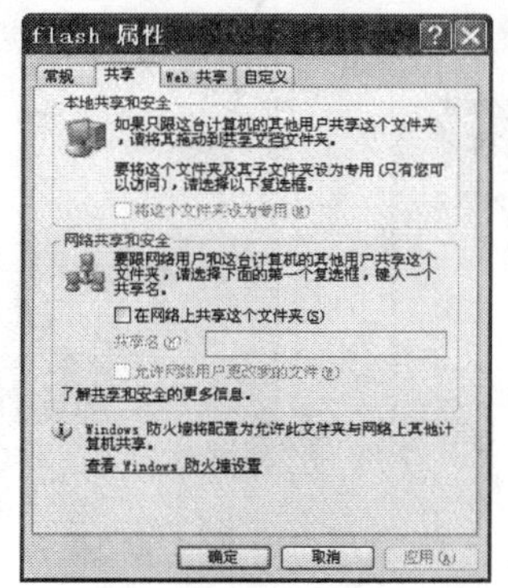

图 2-1-8　设置文件共享

（3）选中“在网络上共享这个文件夹”复选框，并在“共享名”文本框中输入共享名。根据需要决定选中或清除“允许网络用户更改我的文件”复选框。

（4）单击“确定”按钮，即可将该文件夹设置为共享。

（三）访问共享

1．通过“网上邻居”访问网络

（1）双击桌面上的“网上邻居”图标，打开“网上邻居”窗口，如图 2-1-9 所示，其中显示了网络中最近使用过的共享资源。

（2）双击要查看共享资源的计算机，打开其窗口，显示其中的共享资源，用户可根据不同权限使用网络共享资源。

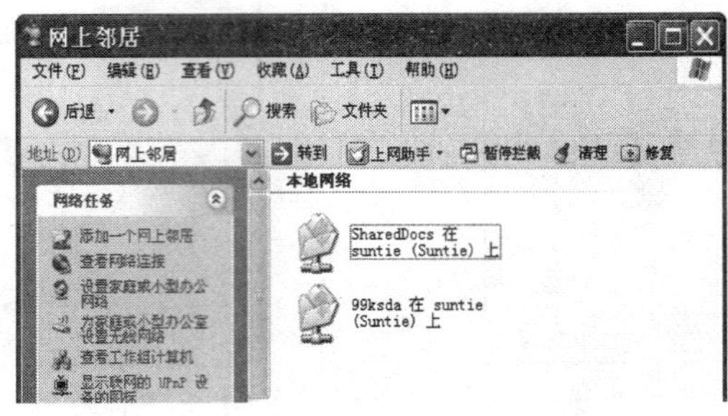

图 2-1-9 “网上邻居”窗口

2．通过计算机名称直接访问网络计算机

（1）单击“开始→运行”命令。弹出“运行”对话框，在“打开”文本框内输入要访问网络计算机的 UNC 名称，如图 2-1-10 所示。

（2）单击“确定”按钮，即可显示要找计算机的共享资源。

3．搜索局域网中的计算机

（1）右击桌面上“网上邻居”图标，从弹出的快捷菜单中选择“搜索计算机”命令，打开“搜索计算机”窗口。

（2）在“计算机名”文本框中输入要搜索的计算机名或 IP 地址。

（3）单击“搜索”按钮，如果该计算机连接到网络并正在运行，则可显示，如图 2-1-11 所示。

（4）双击该计算机，显示其中的共享资源。

图 2-1-10 “运行”对话框

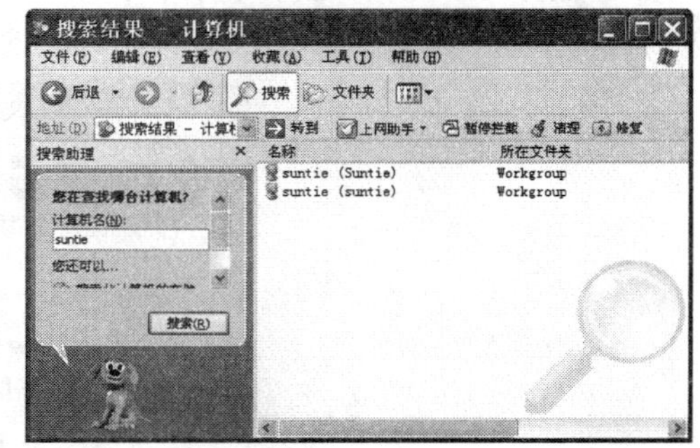

图 2-1-11 “搜索计算机”对话框

四、相关知识与技能

计算机网络是现代计算机技术与通信技术相结合的产物。它的应用及其广泛，掌握计算机网络技术已经成为当代社会成员在网络化、数字化世界生存的基本条件。在此应了解一些网络的基本概念、网络的功能、网络的分类、网络的拓扑、硬件、协议及网络操作系统的基础知识。

计算机网络就是把分布在不同地点的若干台计算机通过一定的通信线路连接起来，按照规定的网络协议相互通信，以达到共享软件、硬件和数据资源的目的。

对于用户来说，在访问网络共享资源时，可不必考虑这些资源所在的物理位置。

（一）计算机网络的功能

1．资源共享

资源共享是计算机网络最基本的功能之一。用户所在单机系统，无论硬件还是软件资源总是有限的。单机用户如果连入网络，在操作系统的控制下，该用户就可以使用网络中其他计算机资源来处理自己提交的大型复杂问题；可以使用网上高速打印机、绘图仪等；可以使用网络中的大容量存储器存放自己的数据信息。对于软件资源，用户可以使用各种程序、各种数据库系统等。

2．数据传送

计算机网络是现代通信技术与计算机技术结合的产物，分布在不同地域的计算机系统可以及时、快速地传递各种信息，极大地缩短不同地点计算机之间数据传输的时间。

3．提高计算机的可靠性和可用性

网络中各台计算机可以通过网络彼此互为后备机，一旦某台机器出现故障，它的任务就由网络中其他的计算机代替，提高了系统的可靠性。而当网络中的某台计算机负担过重时，可将部分任务转交给其他计算机处理，均衡负担，提高了每台计算机的可用性。

4．易于进行分布处理

分布处理是把任务分散到网络中不同的计算机上并行处理，而不是集中在一台大型计算机上，使其具有解决复杂问题的能力。这样可以大大提高效率和降低成本。

5．综合信息服务

网络的一大发展趋势是多维化，即在一套系统上提供集成的信息服务。包括来自政治、经济、生活等各方面的资源，同时还提供多媒体信息、如图像、语音、动画等。

（二）计算机网络的分类

计算机网络从不同的角度可以分为不同的类型，其中最常见的是按覆盖范围进行分类，主要分为局域网、广域网、城域网三种类型。

1．局域网

局域网（Local Area Network，简称 LAN）网络地理覆盖范围有限，大约在几百米到几千米，覆盖范围一般是一个部门、一栋建筑物、一个校园或一个公司。局域网组网方便、灵活，传输速度较高。

2．广域网

广域网（Wide Area Network，简称 WAN）也称远程网，作用范围大约在几十到几千千米，它可覆盖一个国家或地区，甚至可以横跨几个洲，形成国际性的远程网。广域网内用于通信的传输装置和介质，一般是电信部门提供，网络由多个部门或多个国家联合组建而成，网络规模大，能实现较大范围的资源共享。互联网就是典型的广域网。

3．城域网

城域网（Metropolitan Area Network，简称 MAN）网络作用范围介于局域网和广域网之间，约为几十千米。城域网的设计目标常常要满足一个城市范围内大量的企业、公司、机关、学校、

住宅区等多个局域网互联的需求。

（三）网络的拓扑

所谓拓扑是一种研究与大小、距离无关的几何图形特性的方法。在计算机网络中，计算机作为节点，通信线路作为连线，可构成相对位置不同的几何图形。网络拓扑研究网络图形的共同基本性质。网络的性能与网络的结构有很大关系。

1．总线结构

在一根传输线上连接着所有工作站，如图 2-1-12 所示。当一个节点要向网络中另一个节点发送数据的时候，发送数据的节点就会在整个网络上广播相应的数据，其他节点都进行收听。特点：结构简单、非常便于扩充、价格相对较低、安装使用方便。缺点：一旦总线的某一点出现接触不良或断开，整个网络将陷于瘫痪。

2．星形结构

以中央节点为中心与各节点连接，如图 2-1-13 所示。特点：系统稳定性好、故障率低、建网容易、控制相对简单。缺点：由于采用集中控制，如果中心节点出故障，整个网络会瘫痪。目前大多数局域网均采用星型结构。

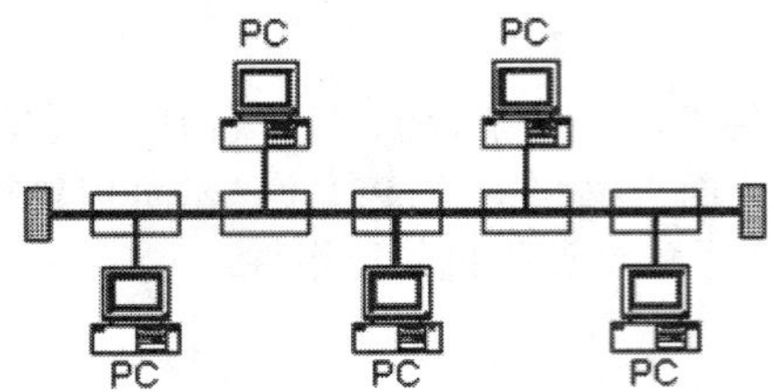

图 2-1-12　总线型拓扑结构

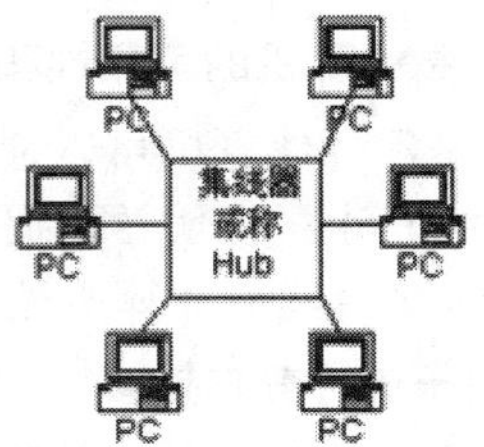

图 2-1-13　星形拓扑结构

3．环形结构

各个连网的计算机由通信线路连接成一个闭合的环，如图 2-1-14 所示。在环形结构的网络中，信息按固定方向流动。特点：两个节点间有唯一的通路，可靠性高。缺点：扩充不方便，节点出现故障整个网络将瘫痪。

4．树形结构

树形结构实际上是星形结构的一种变形，又称为分极的集中式网络，如图 2-1-15 所示。它是将原来用单独链路直接连接的节点通过多级处理主机分级连接。特点：成本低。缺点：结构复杂。

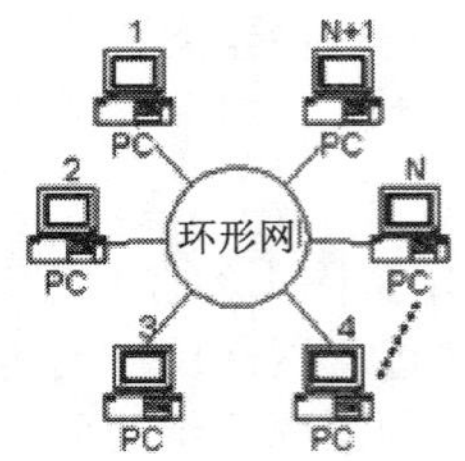

图 2-1-14　环形拓扑结构

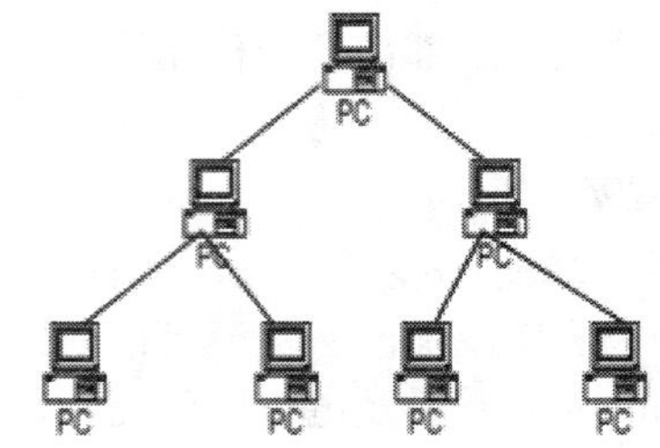

图 2-1-15　树形结构拓扑

（四）网络的硬件

网络的硬件构成主要有：传输介质、网络连接设备、网络服务器、网络工作站等设备。

1．传输介质

传输介质是连接网络上各个节点的物理通道。局域网中所采用的传输介质主要有同轴电缆、双绞线、光导纤维以及无线传输介质。无线传输介质传输的电磁波形式有：微波、红外线和激光。

（1）同轴电缆。它的中央是铜质的芯线（单股的实心线或多股绞合线），铜质的芯线外包着一层绝缘层，绝缘层外是一层网状编织的金属丝作外导体屏蔽层（可以是单股的），屏蔽层把电线很好地包起来，再往外就是外包皮的保护塑料外层了，如图 2-1-16 所示。

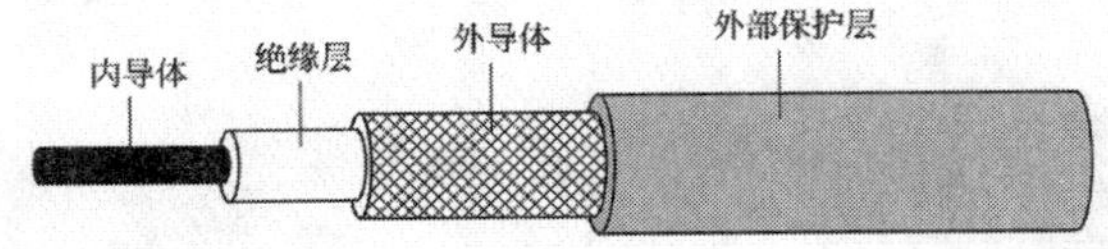

图 2-1-16　同轴电缆

同轴电缆按直径不同分为，粗缆和细缆两种类型。粗缆传输距离长、性能好，成本相对较高；细缆传输距离短、性能一般，成本相对便宜。

（2）双绞线。双绞线也称网线，是由按一定密度的螺旋结构排列的两根包有绝缘层的铜线外部包裹屏蔽层或橡塑外皮构成，如图 2-1-17 所示。

双绞线电缆分为屏蔽双绞线和非屏蔽双绞线两大类。非屏蔽双绞线由多对双绞线和一层塑料外皮构成，容易安装；屏蔽双绞线最大特点在于双绞线与外层绝缘皮之间有一层金属屏蔽。

在局域网中，双绞线主要是用来连接计算机网卡到集线器或通过集线器之间级联口的级联，有时也可直接用于两个网卡之间的连接或不通过集线器级联口之间的级联，但它们的接线方式各有不同，如图 2-1-18 所示。

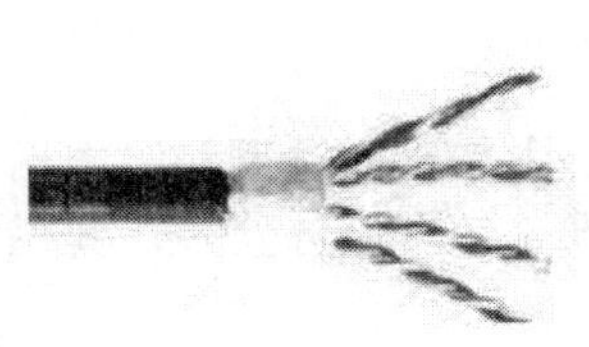

图 2-1-17　双绞线

a）常规接法

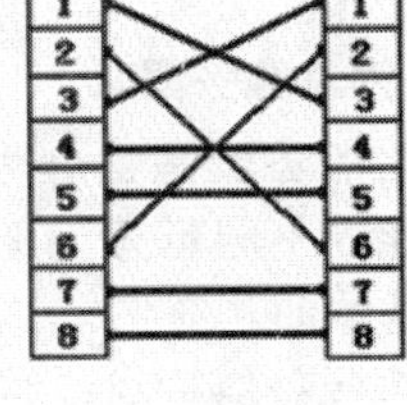

b）错线接法

图 2-1-18　双绞线接法

（3）光导纤维。光导纤维又称光纤，如图 2-1-19 所示。

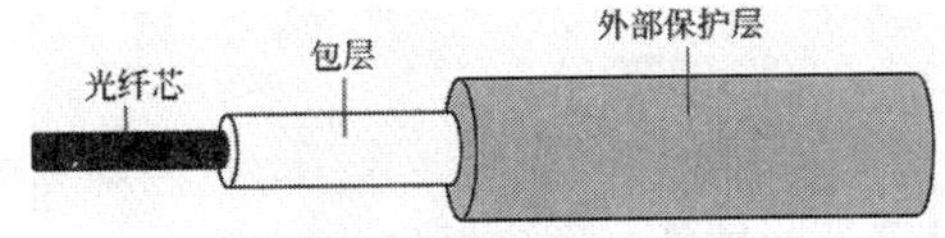

图 2-1-19　光纤

光纤主要分为单模光纤和多模光纤两类。单模光纤由激光作光源，芯线较细，仅有一条光通路，信息容量大，传输距离长，成本较高；多模光纤由二极管发光，芯线较粗，传输速度低，距离短，成本较低。

2．网络连接设备

网络连接设备主要包括网卡、集线器、交换机、路由器等。

（1）网卡。网卡是插在计算机中实现与网络设备互连的接口设备，又称网络适配器。它根据网络协议的不同而不尽相同，所以在选择网卡时应根据计算机网络的实际来考虑。如图 2-1-20 所示。

（2）集线器。集线器是一种连接多个用户节点的设备，如图 2-1-21 所示。每个经集线器连接的节点都需要一条专用电缆作为网络传输介质间的中央节点。它克服了介质单一道路的缺陷。以集线器为中心的网络系统的优点是：当网络系统中某条线路或某节点出现故障时，不会影响网上其他节点的正常工作。集线器端口数量有 8 口、12 口、16 口、24 口、48 口等。

图 2-1-20　网卡

图 2-1-21　集线器

（3）交换机。交换机在外观上和集线器相似，如图 2-1-22 所示。但其原理和集线器不一样，它通过对信息进行重新生成，并经过内部处理后转发至指定端口，具备自动寻址能力和交换作用。

（4）路由器。路由器是一种多端口的网络设备，如图 2-1-23 所示。它能够连接多个不同的网络或网段，具有判断网络地址和选择路径的功能。

图 2-1-22　交换机

图 2-1-23　路由器

3．网络服务器

网络服务器是整个网络系统的核心，为网络用户提供服务并管理整个网络。根据服务担负网络功能的不同可分为文件服务器、通信服务器、备份服务器、打印服务器等，其中文件服务器是最基本的。

网络服务器特点：运算速度快、存储容量大、可靠性和稳定性好。

4．网络工作站

网络工作站是指连接到网络上的计算机。它只是一个接入设备，它的接入和离开对整个网络系统不会产生影响。

（五）网络协议

1．网络通信协议

网络通信协议（Protocol）是一种特殊的软件，是计算机网络实现其功能的最基本机制。网络协议的本质是规则，即各种硬件和软件必须遵循的共同守则。

2．网络体系结构概述

1974 年，美国 IBM 公司首先公布了世界上第一个计算机网络体系结构（SNA，System Network Architecture），凡是遵循 SNA 的网络设备都可以很方便地进行互连。

1977 年 3 月，国际标准化组织 ISO 的技术委员会 TC97 成立了一个新的技术分委会 SC16 专门研究“开放系统互连”，并于 1983 年提出了开放系统互连参考模型，即著名的 ISO 7498 国际标准（我国相应的国家标准是 GB 9387），记为 OSI/RM。

3．OSI 参考模型

国际标准化组织 ISO 于 1987 年提出了开放系统互连 OSI 模型，该模型是设计和描述网络通信的基本框架。OSI 参考模型的系统结构是层次式的，由七层组成，从高层到低层依次是应用层、表示层、会话层、传输层、网络层、数据链路层和物理层，如图 2-1-24 所示。

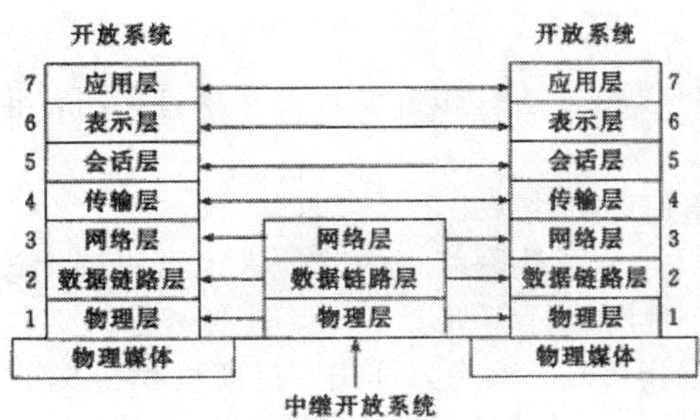

图 2-1-24 OSI 参考模型

它通过分层把复杂的通信过程分成了多个独立的、比较容易解决的子问题。在 OSI 模型中，下一层为上一层提供服务，而各层内部的工作与相邻层是无关的。

4．TCP/IP

TCP/IP（Transmission Control Protocol/Internet Protocol）是国际互联网络事实上的工业标准，TCP/IP 是一个协议集，其中最重要的是 TCP 和 IP，TCP 为更高层应用提供面向连接服务，它依赖于 IP 通过网络发送分组来建立这些连接。因此通常将这些协议统称为 TCP/IP 集，或 TCP/IP。

对应开放系统互连 OSI 模型的层次结构，可将 TCP/IP 系列分成四个层次的结构，由高层到低层分别是应用层、传送层、网络层、网络接口层。

（六）网络操作系统

网络操作系统（NOS，Network Operating System）是管理计算机网络资源的系统软件，是网络用户与计算机网络之间的接口。网络操作系统既有单机操作系统的处理机管理、内存管理、文件管理、设备管理和作业管理等功能，还具有对整个网络的资源进行协调管理，实现计算机之间高效可靠的通信，提供各种网络服务和为网上用户提供便利的操作与管理平台等网络管理功能。

1．对等型网络操作系统

对等型局域网操作系统的特点是网络上的所有连接站点地位平等，因此又称为同类网。

2．客户/服务器型网络操作系统

C/S 模式中 C（客户机）和 S（服务器）完全按照其在网络中所担任的角色而定，可简单定义为客户机和服务器。

客户机：提出服务请求的一方；

服务器：提供服务的一方，即在网络中响应需求方请求并提供服务的一方。

工作站通过客户程序向服务器发出请求，服务器执行这一请求并将结果返回客户。

C/S 模式网络操作系统具有如下特点：

每个局域网上至少具备一台服务器，专为网络提供共享资源和服务，因此对服务器要求较高；客户机可以访问网络服务器上的全部共享资源，但本机资源只供本机用户使用；具有良好的网络性能并适合于较大规模网络。

几种典型网络操作系统：

■ NetWare

- LAN Manager
- Windows 2000 及以上
- UNIX 网络操作系统

五、技巧与提高

（一）共享打印机

在局域网环境中，用户可以将本地打印机设置为共享打印机，也可以访问网络中的其他共享打印机。

1．在 Windows XP 中设置打印机共享

用户安装一台本地打印机，为了让网络上的其他人也可以使用该打印机，用户应该为该打印机设置为共享，使它成为一台网络打印机。

（1）单击“开始→打印机和传真”命令，弹出“打印机和传真”对话框，如图 2-1-25 所示。

（2）右键单击要共享的打印机，然后在弹出菜单中单击“共享”命令，弹出如图 2-1-26 所示对话框。选择“共享这台打印机”单选按钮，并在“共享名”文本框中输入共享打印机的共享名。

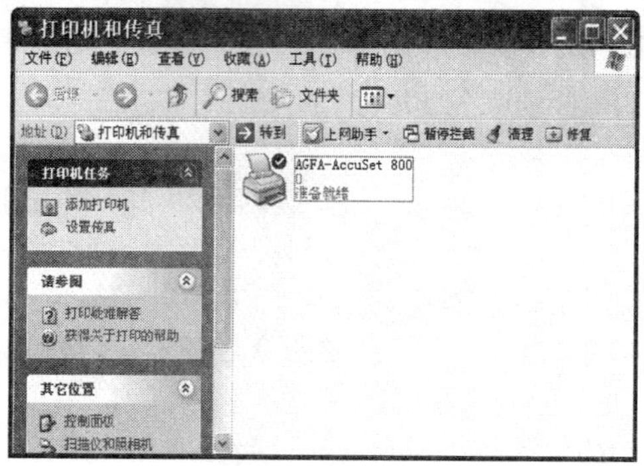

图 2-1-25 “打印机和传真”对话框

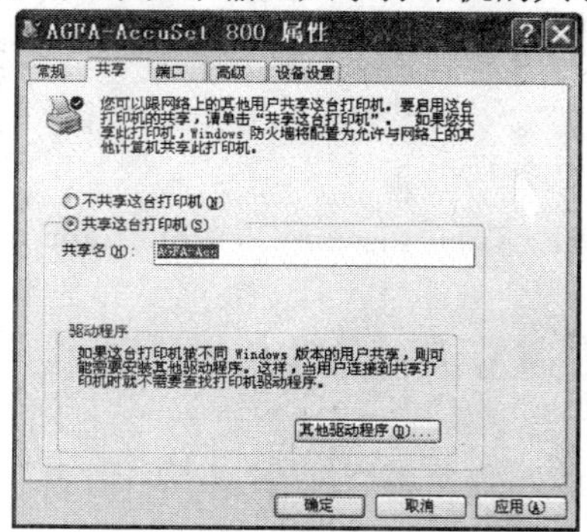

图 2-1-26 设置本地打印机共享

（3）单击“确定”按钮，打印机成为一台网络打印机。

2．Windows XP 其他用户使用网络打印机

将打印机设置为共享后，网络中没有安装打印机的计算机可以通过网络添加打印机，实现共享打印机。

（1）单击“开始→打印机和传真”命令，打开“打印机和传真”对话框，在“打印机任务”窗格中，单击“添加打印机”命令，弹出“添加打印机向导”对话框，如图 2-1-27 所示。

（2）单击“下一步”按钮，弹出“本地或网络打印机”对话框，如图 2-1-28 所示。选中“网络打印机或连接到其他计算机的打印机”单选按钮。

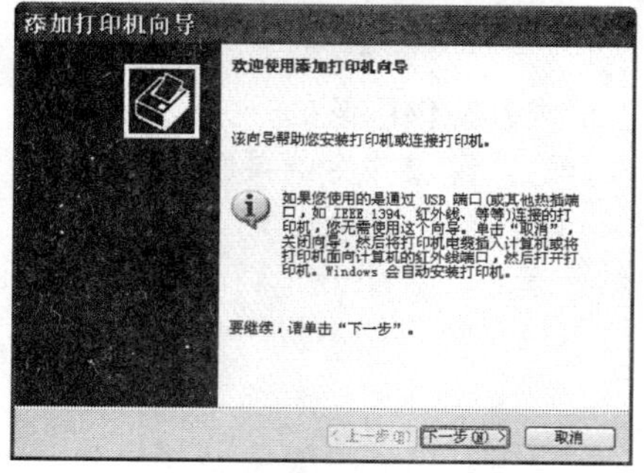

图 2-1-27 “添加打印机向导”对话框

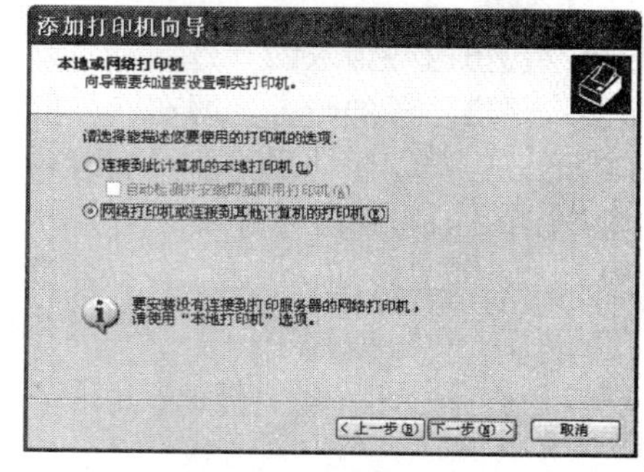

图 2-1-28 “本地或网络打印机”对话框

提供的用户名和密码。

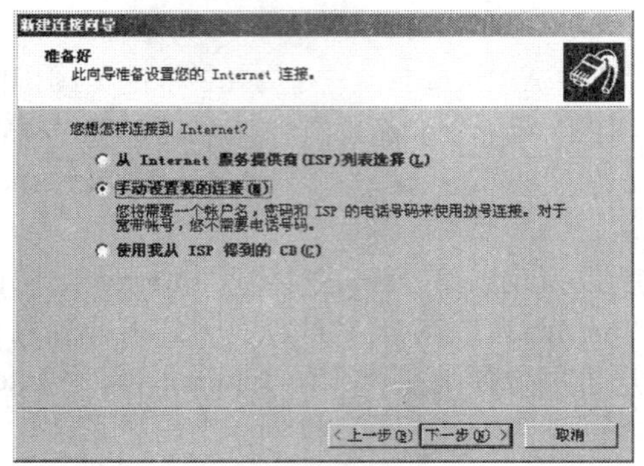

图 2-2-4 “准备好”对话框

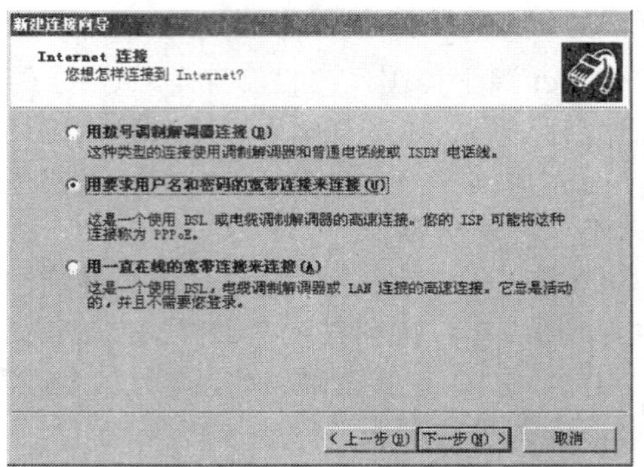

图 2-2-5 “Internet 连接”对话框

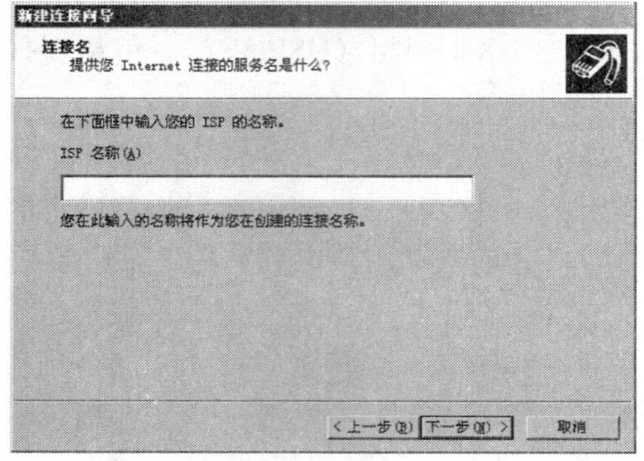

图 2-2-6 “连接名”对话框

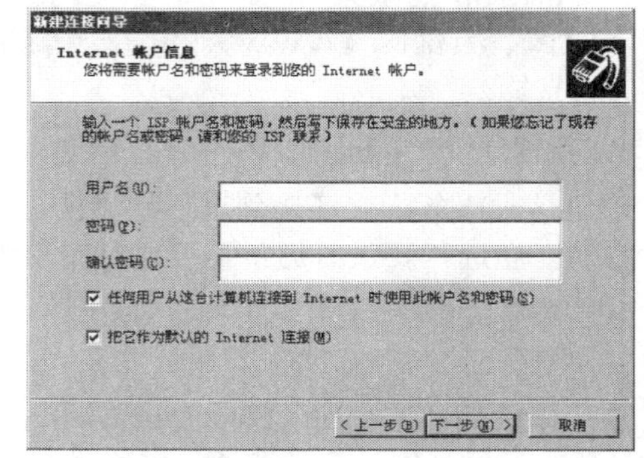

图 2-2-7 “Internet 账户信息”对话框

（7）单击“下一步”按钮，弹出连接完成界面，如图 2-2-8 所示。可选中“在我的桌面上添加一个到此连接的快捷方式”复选框，之后单击“完成”按钮。

（8）双击在桌面上创建的 ADSL 连接快捷方式图标，弹出 ADSL 拨号连接界面，如图 2-2-9 所示。单击“连接”按钮，就可以连入 Internet 了。

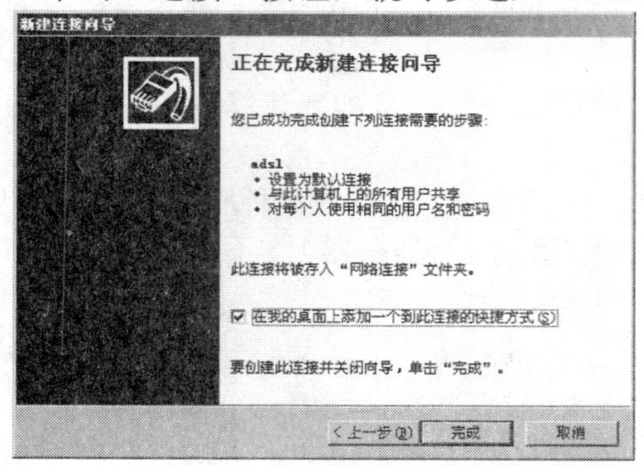

图 2-2-8 连接完成界面

图 2-2-9 ADSL 拨号连接界面

四、相关知识与技能

（一）Internet 的概念

Internet 网络，即国际计算机互联网，是由全世界数以万计的计算机网络互相连接而成的世界上最大、覆盖面最广的计算机网络，也称为国际网。今天的 Internet（互联网）就是全球最大

的、开放的、由众多网络互连而成的网络。

（二）Internet 的起源及发展

Internet 源于美国，它的前身是只连接了 4 台主机的 ARPANET。它于 1969 年由美国国防部高级研究计划局（ARPA）作为军用实验网络而建立。1989 年，由 CERN 开发成功的 WWW（Word Wide Web，万维网），为 Internet 实现广域超媒体信息截取/检索奠定了基础。从此，Internet 开始进入迅速发展时期。

1994 年 5 月 19 日，中国科学院高能物理研究所成为我国第一个正式接入 Internet 的中国内地机构；1995 年中国科技网（CSTNET）正式接入 Internet；1996 年 1 月，中国公用计算机互联网（CHINANET）正式开通；通过 CHINANET，用户可以方便地接入国际 Internet，享用 Internet 上的丰富资源和各种服务。

（三）Internet 的主要服务功能

Internet 提供的服务功能很多，常见的服务有远程登录（Telnet）、电子邮件（E-mail）、文件传输（FTP）、万维网（WWW）、电子公告牌（BBS）、网络新闻组（USENET）、信息查找服务（Gopher）等。

1．远程登录（Telnet）

通过这种服务直接连接到远程计算机，就像使用本地计算机一样使用远程计算机上的软、硬件资源。在远程登录时通常需要进行身份验证，即只有确认了用户名和密码之后才能进入。它是 Internet 上用途非常广泛的一项基本服务。

2．电子邮件（E-mail）

电子邮件简称 E-mail（Electronic Mail），它利用计算机的存储、转发原理，克服时间、地理上的差距，通过计算机终端和通信网络进行文字、声音、图像等信息的传递，是 Internet 为用户提供的最基本的服务，也是 Internet 上最广泛的应用之一。

用户要收发电子邮件，必须拥有一个电子邮件地址。用户的 E-mail 地址格式为：用户名@主机名。

3．文件传输（FTP）

FTP（File Transfer Protocol）文件传输协议，允许 Internet 上的用户将一台计算机上的文件传送到另一台计算机上。

把文件从 FTP 服务器传输到本地计算机的过程称为下载；将本地计算机中的文件传输到 FTP 服务器上的过程称为上传。

在 Internet 上有两类 FTP 服务器。一类是普通的 FTP 服务器，连接到这种服务器上，用户必须具有合法的用户名和口令；另一类是匿名 FTP 服务器，连接到这种服务器上，不需要用户名和口令。

4．万维网（WWW）

WWW 是 World Wide Web 的缩写，亦称为万维网、Web 网，它是当前互联网上应用最广泛的一种信息发布及查询服务。

WWW 上的信息是以页面来组织，使用了超级链接的技术，可以从一个信息跳转到另一个信息。它使用超文本传输协议（HTTP），借助于统一资源定位器（URL）来定位网络上的某个信息主题。想要浏览 WWW，必须拥有一个 WWW 的浏览器软件，目前最流行的软件有 Netscape 公司的 Netscape Communicator，Microsoft 公司的 Internet Explorer。

5．电子公告牌（BBS）

BBS（Bulletin Board System）是一种电子信息服务系统。BBS 上开设了许多专题，供感兴

趣的人展开讨论、交流、疑难解答等。

6．网络新闻组（USENET）

Internet 上的网络新闻组（USENET）为人们提供了讨论各类问题的场所。对某一特定题目，人们不分地域均可参加讨论组，并能充分讨论、交换意见。

7．信息查找服务（Gopher）

Gopher 是通过菜单方式向用户提供的一个文字方式的应用检索界面，可通过菜单搜索到 Internet 所有的资源及信息。

（四）Internet 的地址

互联网协议 IP 是 TCP/IP 参考模型的网络层协议。IP 的主要任务是将相互独立的多个网络互联起来，并提供用以标识网络及主机节点地址的功能，即 IP 地址。

当一个企业或组织要建立 Internet 站点时，都需要从 Internet 的有关管理机构获得一组该站点计算机与路由器的 IP 地址。而每台连接到 Internet 上的计算机、路由器都必须有一个在 Internet 上唯一的 IP 地址，这是 Internet 赖以工作的基础。Internet 入网主机使用的 IP 地址现在由 Internet 网络信息中心进行分配，地址分配是逐级进行的。

1．IP 地址的组成

IP 地址是一个 32 位的二进制无符号数，为表示方便，国际通行一种点分十进制表示法，即将 32 位地址按字节分为 4 段，以 X.X.X.X 表示，每个 X 为 8 位，对应的十进制取值为 0～255。IP 地址又分为网络地址和主机地址两部分。其结构如图 2-2-10 所示。

网络地址	主机地址

图 2-2-10　IP 地址结构

2．IP 地址的分类

IP 地址分成为五类，即 A 类、B 类、C 类、D 类和 E 类，如图 2-2-11 所示。

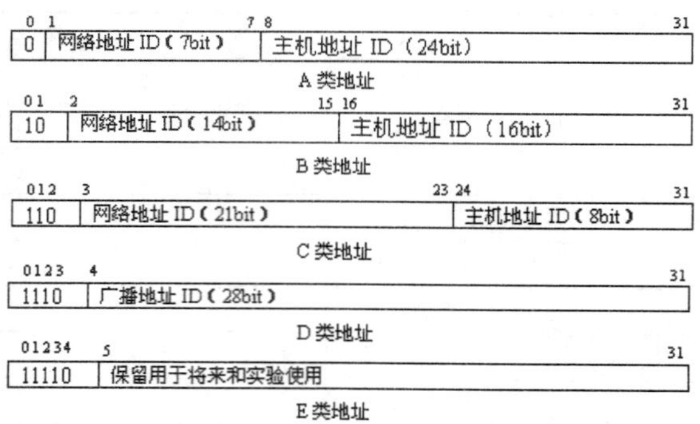

图 2-2-11　IP 地址分类

（1）A 类网络地址。A 类网络的 IP 地址范围为 1.0.0.0-127.255.255.254。

（2）B 类网络地址。B 类网络的 IP 地址范围为 128.0.0.0-191.255.255.254。

（3）C 类网络地址。C 类网络的 IP 地址范围为 192.0.0.0-225.255.255.254。

3．IP 地址的特殊形式

在 IP 地址中有一些特殊地址被赋予特殊的作用，有可能使用的特殊形式的 IP 地址如下：

（1）在 IP 地址中，有些地址是被保留的，例如 10.0.0.0、127.16.0.0～172.31.0.0 以及 192.168.0.0 等。

（2）网络地址全为 0 则表示本网络。

（3）网络地址 127.0.0.1 是一个特殊的 A 类地址，被用作环路反馈测试以判断是否产生网络拥塞。

（4）主机地址全为 0 表示本节点。

（5）主机地址全为 1 表示属于该网络的广播地址。

（6）整个 IP 地址全为 0 表示一个不确定的网络或主机地址。

（7）整个 IP 地址全为 1 则表示全网络的广播地址，该地址将会广播发送到网络内的所有主机。

（五）Internet 的域名

1．域名系统

IP 地址是全球通用地址，但对于一般用户来说，IP 地址太抽象，并且因为它是用数据表示，不易记忆。因此，为了向一般用户提供一种直观、明了与容易记忆的主机标识符，TCP/IP 专门设计了一种字符型的主机名字机制，这就是 Internet 域名系统 DNS（Domain Name System）。主机名字是比 IP 地址更高级的地址形式。域名系统要解决主机命名、主机域名管理、主机域名与 IP 地址映射等问题。

通常 Internet 主机域名的一般结构为：主机名.三级域名.二级域名.顶级域名。

Internet 的顶级域名由 Internet 网络协会负责网络地址分配的委员会进行登记和管理，它还为 Internet 的每一台主机分配唯一的 IP 地址。

顶级域名有两种主要的模式：一种是地理域名，另一种是机构域名。地理域名是按国家地理区域来划分域名，用两个字符的国家代码表示主机所在的国家和地区。例如，“cn”代表中国，“jp”代表日本，美国一般不使用地理域名。机构域名也相当于组织域名，是根据注册的机构类型来分类（见表 1）。

表 1　机构类顶级域名

域　名	含　义
com	商业机构
edu	教育机构
gov	政府部门
mil	军事部门
net	网络支持中心
org	非商业组织
int	国际组织
arpa	临时 arpanet 域（未用）

中国在国际互联网络信息中心（InterNIC）正式注册并运行的顶级域名是“cn”。中国互联网络信息中心（CNNIC）负责管理和运行中国顶级域名。

2．域名解析

字符型的主机域名比数字型的 IP 地址更容易记忆，但计算机之间不能直接使用域名进行通信，仍然需要 IP 地址来完成数据的传输。这个将主机域名映射为 IP 地址的过程叫做域名解析。

域名解析有两个方向：从主机域名到 IP 地址的正向解析；从 IP 地址到主机域名的反向解析。域名解析要借助于域名服务器来完成，域名服务器就是提供 DNS 服务的计算机，它将域名转化为 IP 地址。

五、技巧与提高

利用 ADSL 连接实现共享上网。

常用的 ADSL 共享上网方式有两种：服务器共享和路由器共享。下面重点讲解利用 ADSL Modem 本身带有路由功能，由 Modem 提供 NAT 功能实现共享上网。网络拓扑结构，如图 2-2-12 所示。

注：Modem 采用内置 PPPoE 拨号模式，局域网采用私网地址，地址分配可以采用静态配置。

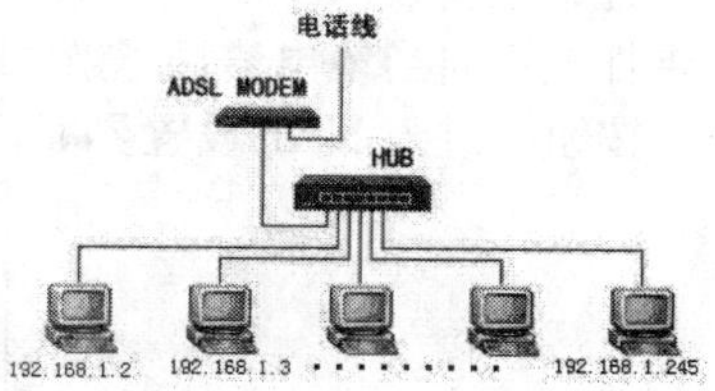

图 2-2-12　ADSL 共享上网网络拓扑结构

1．配置上网计算机

将计算机和 ADSL Modem 连入交换机，由于一般的 ADSL 默认的 IP 地址为 192.168.1.1，所以必须先将计算机的 IP 地址与 ADSL Modem 的 IP 地址设置成同一网段，否则将无法通信。具体设置参考本章项目一。将计算机 IP 地址依次设置为 192.168.1.2～192.168.1.253 之间的任何 IP 地址（每台计算机前三位 192.168.1 需相同，每台计算机的最后一位数需设为 2～253 间不同的数字），“子网掩码”设置为默认的 255.255.255.0，“网关”设置为“192.168.1.1”，“NS 服务器”设置为“192.168.1.1”。

2．配置 ADSL Modem

（1）打开 IE 浏览器，在地址栏内输入 http://192.168.1.1，回车后出现用户登陆页面。在“用户名”和“密码”栏内均输入“admin”（不同的 ADSL 的用户名和密码可能会不同，见说明书即可）后就可以登录到路由器设置的 Web 页面，如图 2-2-13 所示。

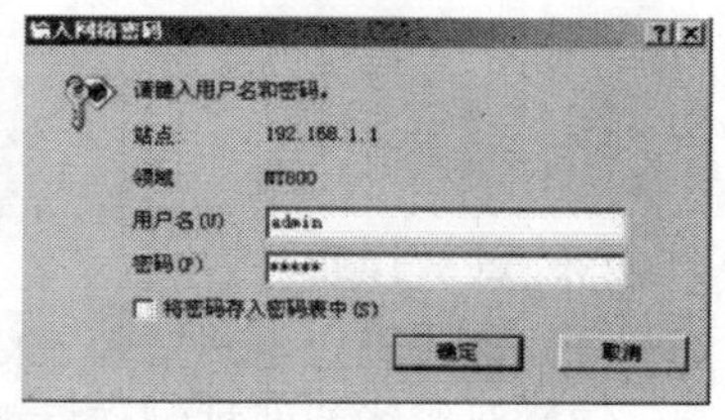

图 2-2-13　ADSL Modem 设置登录界面

（2）打开 Web 页面后，单击“ATM 设置”，将“运行模式”设置为“允许”；将“连接类型”设置为“PPPoE LLC”，具体采用 PPPoE MUX 还是 PPPoE LLC 由 NAS 的封装方式决定，一般来说推荐使用 LLC 封装方式，比如华为公司的 ISN8850 默认的 PVC 封装即是 LLC 方式；将“默认路径”修改为“允许”；根据 ISP 或系统供货商所提供的信息，在相应字段中填入适当的数值，如“VPI/VCI”、“用户名”、“口令”等，如图 2-2-14 所示。

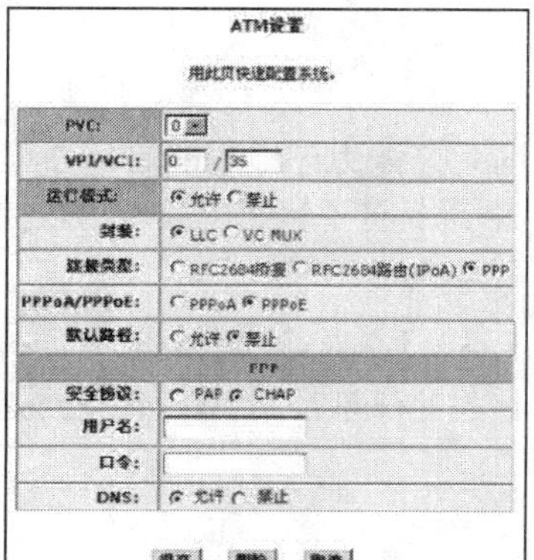

图 2-2-14　ATM 设置

注：在安装 ADSL 的时候电信局会直接提供给用户“用户名”及“口令”，但是“VPI/VCI”需要打电话向当地电信局了解，因为各地的“VPI/VCI”值都是不一样的。设置完成的，单击“提交”按钮，进入 NAT 设置界面，如图 2-2-15 所示。

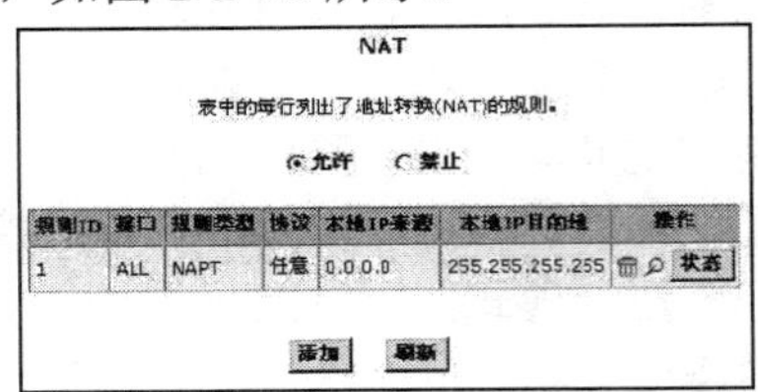

图 2-2-15　NAT 设置

注：NAT 功能必须启动，ADSL 默认配置中 NAT 功能处于启动状态。

（3）在“保存&重启”界面中，选择“储存”单选按钮，再单击“提交”按钮，即可完成 ADSL 终端设置并永久保存；选择“储存”单选按钮，再单击“提交”命令，使设置生效，如图 2-2-16 所示。按照上面操作进行设置后，计算机就可以上网了。

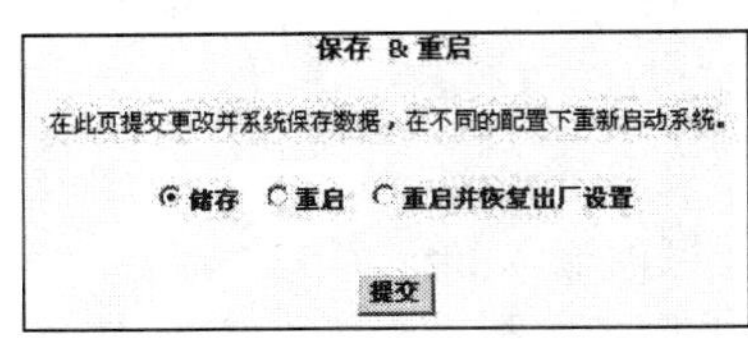

图 2-2-16　“保存&重启”界面

六、创新作业

（1）目前国内用户接入 Internet 的方式主要有哪几种？

（2）双绞线的两种制作标准是什么？什么时候用交叉线？什么时候用直通线？

（3）小区共享上网是如何实现的？

项目三　收集整理信息——Internet 的应用

一、项目描述

随着企业订单的增多，现有的生产能力已经不能满足订单需求，因此决定新购置一台“数控卧式铣镗床”。作为采购主管，你需要将了解到的关于“数控卧式铣镗床”产品的信息，反馈给你的主管领导。

二、项目分析

通过搜索引擎工具，搜索到相关的信息；用 Word 文档处理软件编辑搜索到的信息；通过 E-mail 发送到领导邮箱。

三、项目实现方法与步骤

1．上网收集信息

（1）启动浏览器。在 Windows 桌面或快速启动栏中，单击图标，启动应用程序 IE 6.0。

（2）输入网页地址（URL）。在 IE 窗口的地址栏输入要浏览页面的统一资源定位器（Uniform Resource Locator，URL），按下“Enter”键，观察 IE 窗口右上角的 IE 标志，等待出现浏览页面的内容。例如，在地址栏输入百度主页的 URL（http://www.baidu.com/），IE 浏览器将打开百度的主页，如图 2-3-1 所示。

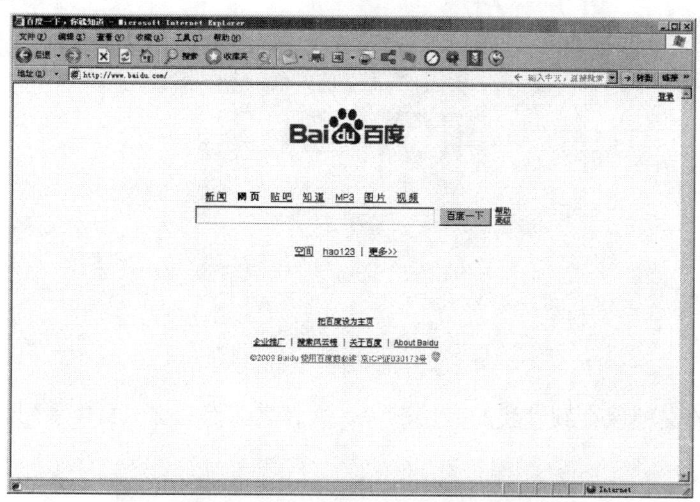

图 2-3-1　百度主页

（3）在搜索框内输入“数控卧式铣镗床”，如图 2-3-2 所示。

图 2-3-2　搜索框

（4）单击“Enter”键，或者单击搜索框右侧的“百度一下”按钮，搜索到的相关内容如图 2-3-3 所示。

在搜索结果页中，A 区域为搜索结果标题，单击该标题可以直接打开该结果网页；B 区域为搜索结果摘要，通过摘要，用户可以判断这个结果是否满足需要；C 区域为百度快照，快照是该网页在百度的备份，如果原网页打不开或者打开速度慢，可以查看快照浏览页面内容。

如果感觉第一条可以满足要求，则单击“沈阳一机床销售有限公司”超链接，进入相关网页，并将这个网页内容保存到“我的文档”中，如图 2-3-4 所示。

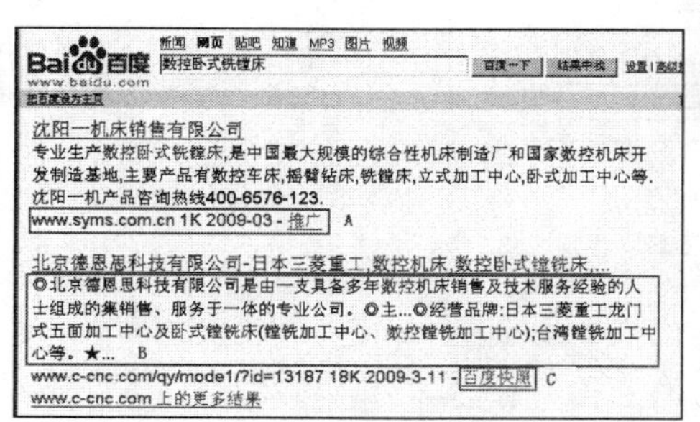

图 2-3-3　搜索到的相关内容

图 2-3-4　搜索到的信息

2. 整理信息

（1）进入 Word 程序，新建一个文档并编辑内容，如图 2-3-5 所示。

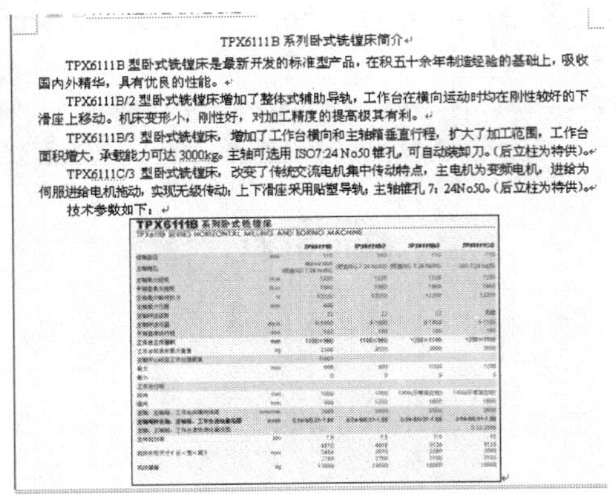

TPX6111B 系列卧式铣镗床简介

TPX6111B 型卧式铣镗床是最新开发的标准型产品，在积五十余年制造经验的基础上，吸收国内外精华，具有优良的性能。

TPX6111B/2 型卧式铣镗床增加了整体式辅助导轨，工作台在横向运动时均在刚性较好的下滑座上移动。机床变形小，刚性好，对加工精度的提高极其有利。

TPX6111B/3 型卧式铣镗床，增加了工作台横向和主轴箱垂直行程，扩大了加工范围，工作台面积增大，承载能力可达 3000kg。主轴可选用 ISO7:24 No50 锥孔，可自动装卸刀。(后立柱为特供)。

TPX6111C/3 型卧式铣镗床，改变了传统交流电机集中传动特点，主电机为变频电机，进给为伺服进给电机拖动，实现无级传动；上下滑座采用贴塑导轨；主轴锥孔 7：24No50。(后立柱为特供)。

技术参数如下：

图 2-3-5　编辑的 Word 文档

（2）将编辑的文档保存到“我的文档”中，文件名为“TPX6111B 系列卧式铣镗床简介”，如图 2-3-6 所示。

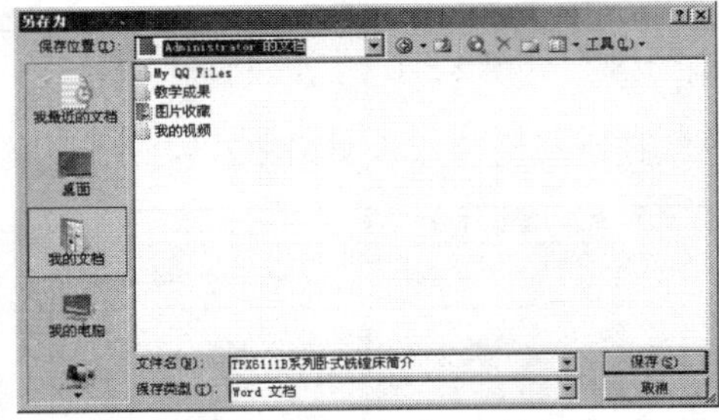

图 2-3-6　“另存为”对话框

（3）发送邮件。步骤为：

①在地址栏输入“http://main.126.com”，打开 126 邮箱登录界面，如图 2-3-7 所示。

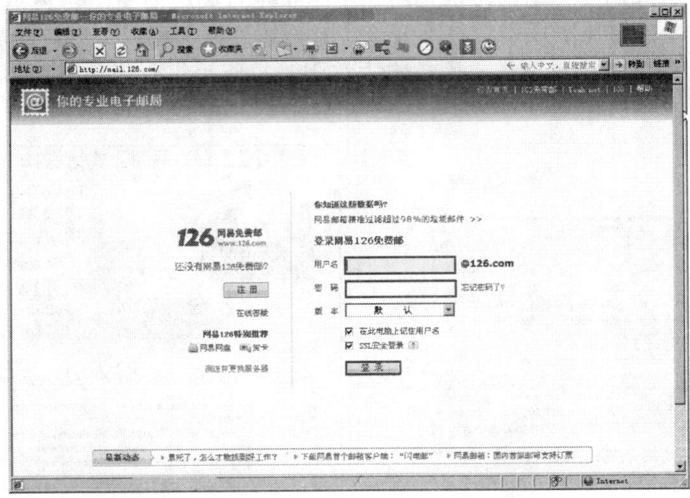

图 2-3-7　126 邮箱登录界面

②输入用户名及密码后单击“登录”按钮。出现登录邮箱界面，如图 2-3-8 所示。

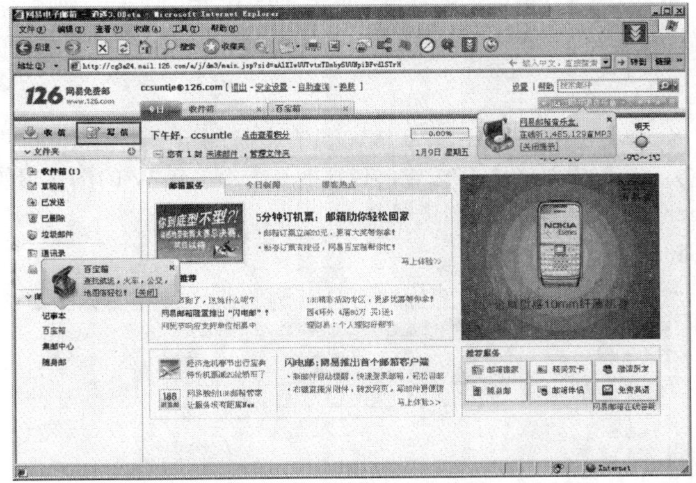

图 2-3-8　登录邮箱界面

③单击左上角的“写信”选项卡，出现写信界面，如图 2-3-9 所示。

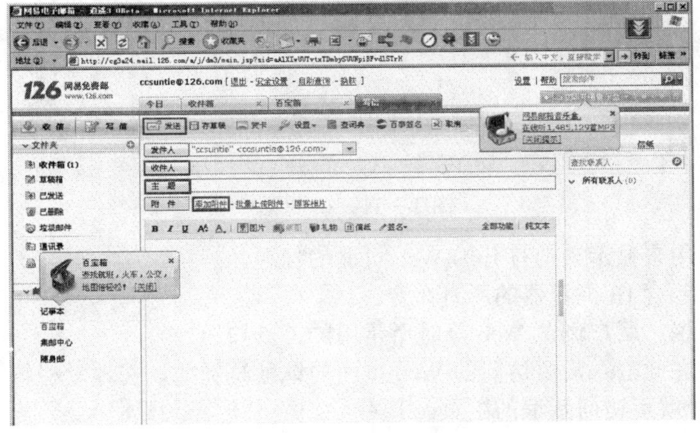

图 2-3-9　写信界面

④在“收件人”栏后写入领导的邮箱地址，在“主题”栏后输入“TPX6111B 系列卧式铣镗床简介”，单击“添加附件”按钮，出现“选择文件”对话框，如图 2-3-10 所示。

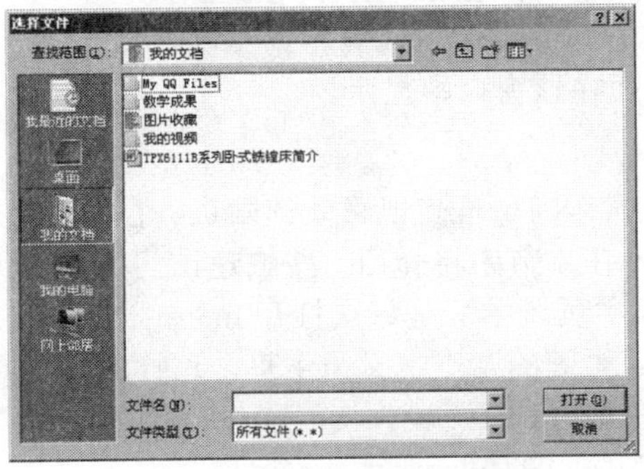

图 2-3-10　“选择文件”对话框

⑤在“选择文件”对话框内，找到刚才所创建的“TPX6111B 系列卧式铣镗床简介.doc”文档。单击“打开”按钮，回到图 2-3-9 所示的对话框。单击“发送”按钮就可以把邮件发到领导的邮箱。

四、相关知识与技能

（一）访问万维网

WWW 即万维网（Word Wide Web），WWW 具有友好的用户查询接口，是目前广泛流行的最受欢迎的信息服务工具。想要浏览 WWW，必须拥有一个 WWW 的浏览器软件，Microsoft 公司的 Internet explorer 就是一个较好的浏览器。

1．Internet Explorer 浏览器简介

在桌面上双击“Internet Explorer”图标即可打开浏览器，其界面如图 2-3-11 所示。

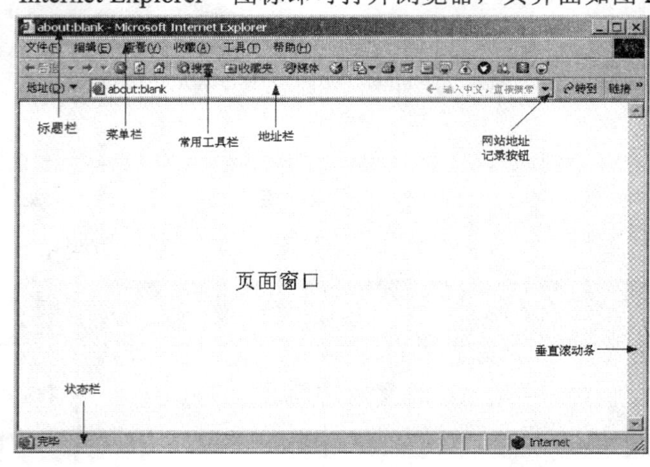

图 2-3-11　IE 界面

（1）标题栏：用来显示当前打开的 Web 页面的标题。

（2）菜单栏：包含 IE 浏览器的所有命令。

（3）常用工具栏：用户浏览 Web 页时所常用的工具按钮。

（4）地址栏：在此输入需要访问的 Web 页面的地址。例如，在地址栏输入 http://www.sina.com，再按回车键，就可访问新浪的主页。

（5）网站地址记录按钮：单击向下箭头按钮，可直接选择最近访问过的 Web 地址。

（6）状态栏：显示浏览器的当前状态，如与网站的链接情况、信息文件的下载情况、数据传输速度等。

（7）垂直滚动条：当网页中的内容在一屏中无法显示完时，可以使用滚动条上下滚动该网页。

（8）页面窗口：Web 页面在该窗口中显示。

2．浏览网页的常用技巧

用户浏览 Internet，会经常访问一些自己喜欢的站点。在用户访问这些站点时，不必每次都在地址栏中键入它们的网址。在本节中将介绍一些快速访问 Web 页的技巧。

（1）设置 IE 访问的默认主页。主页是每次打开 Internet Explorer 浏览器时最先访问的 Web 页。用户可根据需要将访问最频繁的站点定义为主页。这样在每次启动 Internet Explorer 浏览器时，该站点就会自动地显示出来。

①将浏览器转到要设置为主页的 Web 页。

②在 IE 浏览器窗口中，单击“工具→Internet 选项”命令，打开“Internet 选项”对话框，如图 2-3-12 所示。选择“常规”选项卡。

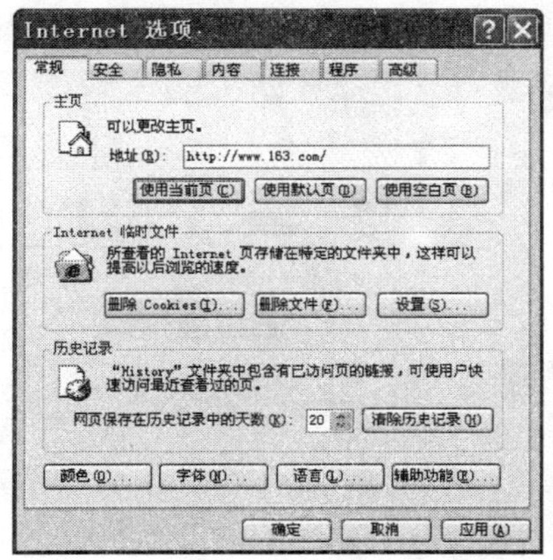

图 2-3-12 “Internet 选项”对话框

③在“主页”区域，单击“使用当前页”按钮，当前显示在浏览器中的 Web 页地址将显示在“地址”文本框中。

④单击“确定”按钮，即可将该页设为主页。

（2）使用收藏夹快速访问网页。对于用户喜欢的其他的 Web 页或站点，可以将它们添加到收藏夹列表中，这样以后就能轻松地打开这些站点。

①将浏览器转到要添加到收藏夹的 Web 页。

②单击“收藏→添加到收藏夹”命令，打开“添加到收藏夹”对话框，如图 2-3-13 所示。

③如果用户要将该页添加到收藏夹的某个文件夹中，可单击“创建到”按钮，此时，该对话框将扩展出“创建到”树形目录，如图 2-3-14 所示。

图 2-3-13 “添加到收藏夹”对话框

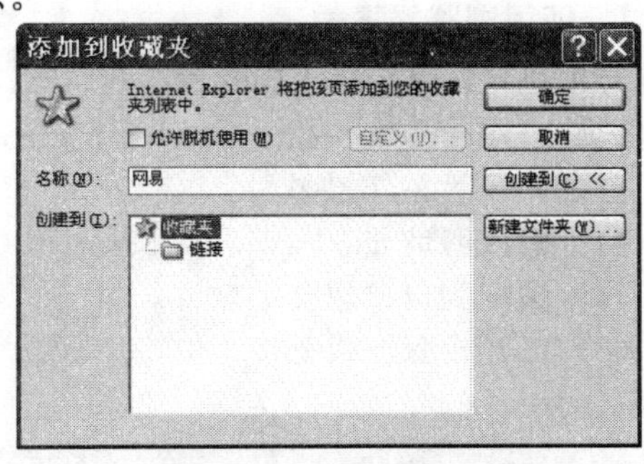

图 2-3-14 “添加到收藏夹”对话框

④在“名称”文本框中显示了当前 Web 页的名称，如果需要可为该页输入一个新名称。

⑤单击“确定”按钮，即可将该 Web 页添加到收藏夹中。

（3）使用链接栏访问网页。对于用户喜欢的其他的 Web 页或站点，也可将它们添加到链接栏中。使用时只需单击相应的链接即可显示站点。

将 Web 页添加到链接栏的方法很多，可根据不同条件进行选择。

①将 Web 页的图标从地址栏拖到链接栏。

②将链接从 Web 页拖到链接栏。

③在收藏夹列表中将链接拖到“链接”文件夹中。

（4）使用历史记录访问网页。如果要查看最近访问过的 Web 页，可单击工具栏上的“历史”按钮，这时窗口左侧将出现一个“历史记录”窗格，如图 2-3-15 所示。历史记录列表中列出了用户在今天、昨天或几个星期前曾访问过的 Web 页。单击列表中的名称即可显示该页。

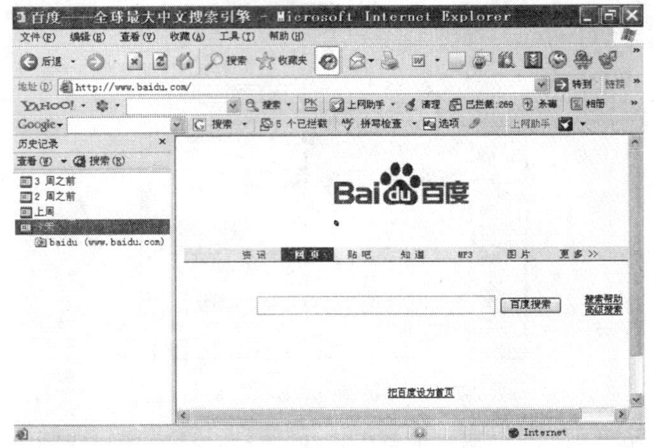

图 2-3-15 “历史记录”窗格

Internet Explorer 允许用户指定保存在“历史记录”列表中的 Web 页的天数。在“Internet 选项”对话框的“常规”选项卡中，用户可在“历史记录”区域改变“网页保存在历史记录中的天数”列表中保存 Web 页的天数，如图 2-3-12 所示。

（二）资源下载

互联网是一个巨大的信息仓库，每时每刻都会增加许多新的文件与程序软件，供用户免费下载使用或试用。如何将网上的资源保存到本地硬盘，下面介绍两种方法。

1．使用浏览器下载

为方便互联网用户下载软件，有许多 WWW 网站专门搜集最新的软件，并把这些软件分类整理。如 ZDNet china（http://www.zdnet.com.cn）、华军软件园（http://www.onlinedown.net）等。

在 ZDNet 网站下载软件。

（1）输入网址 http://www.zdnet.com.cn，登录到网站主页，如图 2-3-16 所示。

（2）搜索到自己想要的软件。

（3）打开相应下载链接，单击“下载”链接，在“文件下载”对话框中单击“保存”，如图 2-3-17 所示。

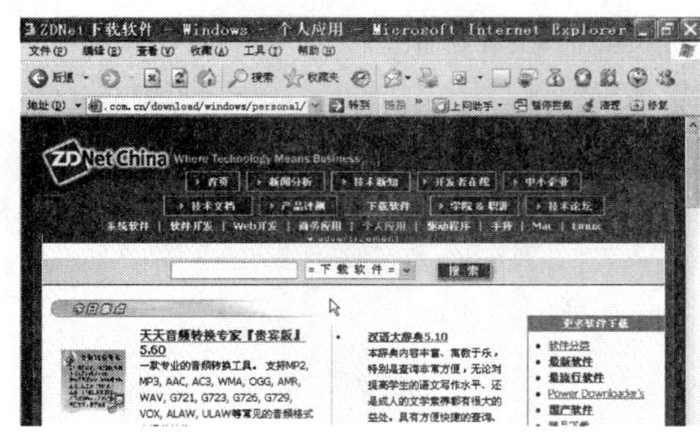

图 2-3-16　网站主页

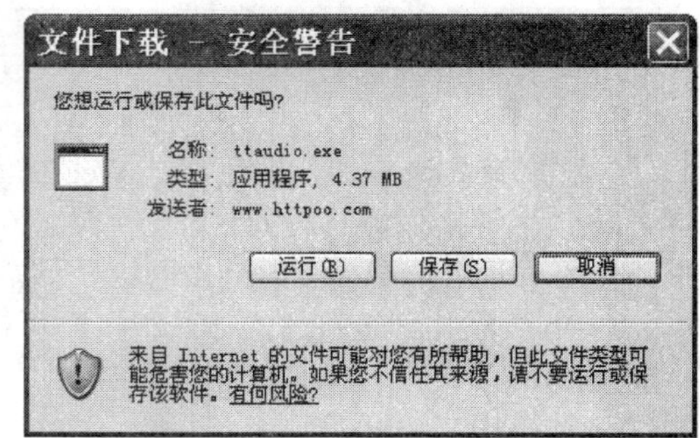

图 2-3-17 “文件下载”对话框

可打开如图 2-3-30 所示的邮件窗口。在“收件人”文本框中输入要转发收件人的 E-mail 地址，单击工具栏上的“发送”按钮即可进行转发。

图 2-3-29　答复邮件

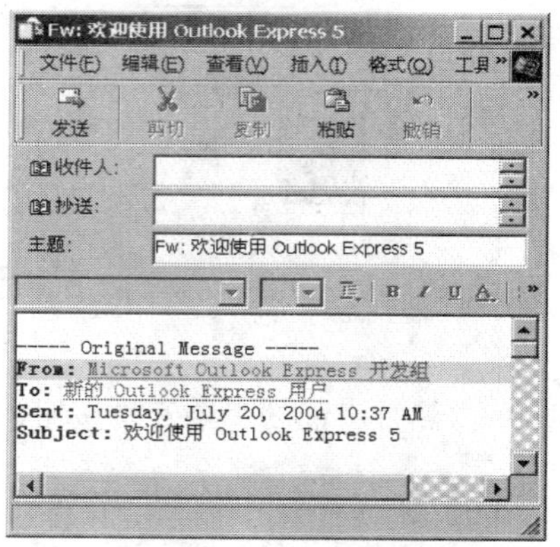

图 2-3-30　转发邮件

7．删除邮件

随着时间的推移，每个用户的电子邮件数据都会不断增加。旧的电子邮件将会妨碍用户找到要阅读的新邮件，并耗费大量的存储空间，而且用户也会收到一些“垃圾邮件”。在这种情况下，就必须删除邮件。

（1）在邮件列表中选择邮件。

（2）在工具栏上单击“删除”按钮。

（3）若要恢复已删除的邮件，请打开“已删除邮件”文件夹，然后将邮件拖回“收件箱”或其他文件夹中。

（4）如果不希望在退出 Outlook Express 时邮件仍保存在“已删除邮件”文件夹中，可在“工具”菜单上单击“选项”命令。在“维护”选项卡中，选中“退出时清空“已删除邮件”文件夹中的邮件”复选框，如图 2-3-31 所示。

（5）要手动清空所有已删除的邮件，可选中“已删除邮件”文件夹。在“编辑”菜单上，单击“清空已删除邮件文件夹”命令。

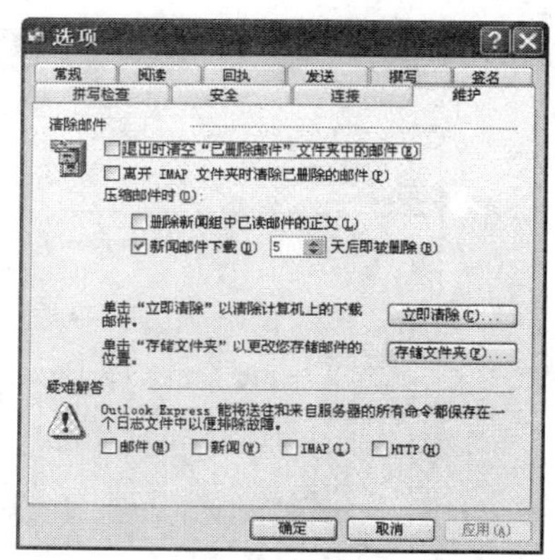

图 2-3-31　“维护”选项卡

（二）网上购物

下面通过在当当网上书店购买“瑞星杀毒软件”，说明网上购物的过程。

（1）在 IE 浏览器中地址栏中输入当当网上书店的 URL：www.dangdang.com，即可打开当当网上书店的首页。在快速搜索栏中输入“瑞星杀毒软件”，如图 2-3-32 所示。

图 2-3-32　搜索内容

（2）在搜索到的结果清单中找到“瑞星杀毒软件 2008”，如图 2-3-33 所示。

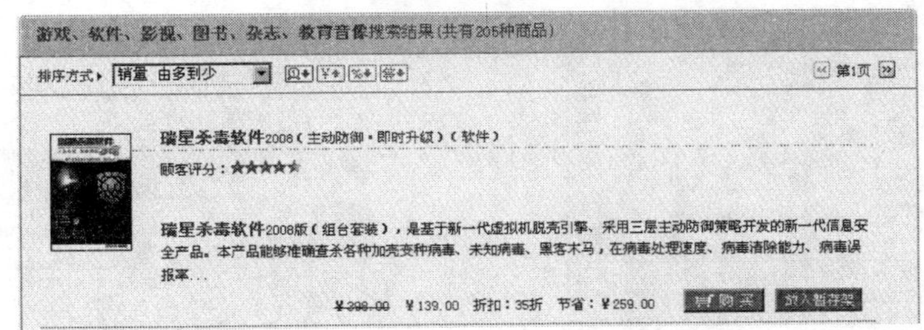

图 2-3-33　搜索到的内容

（3）单击图片下面的“购买”按钮，出现如图 2-3-34 所示网页。

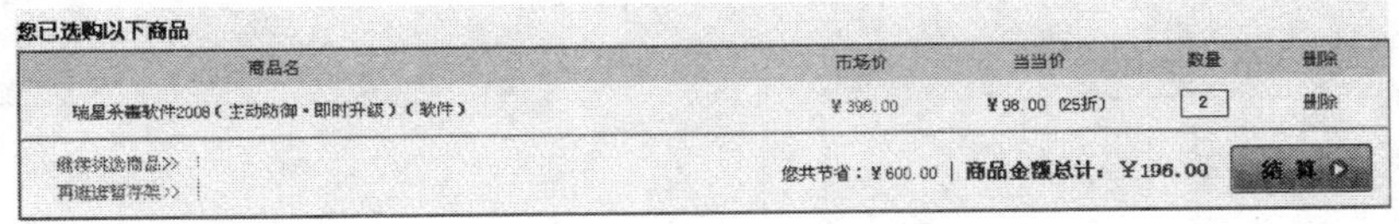

图 2-3-34　选购到的商品

（4）单击图片下面的“结算”按钮，弹出当当网登录界面，如图 2-3-35 所示。商品结算前要进行注册或登录，如果已经注册过，只需输入用户的注册 E-mail 地址和登录密码即可。若没有注册，则要单击“创建一个新用户”，按着向导的要求，输入相关的一些信息，完成注册过程。

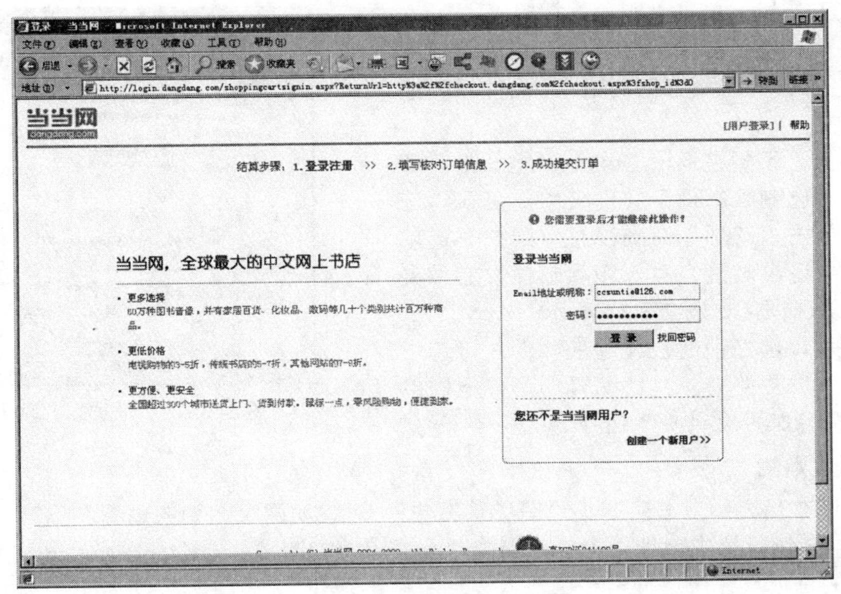

图 2-3-35　当当网登录界面

（5）登录后，填写“收货人信息”（图 2-3-36）、“送货方式”（图 2-3-37）、“付款方式”（图 2-3-38）并确认，最后出现商品清单界面，如图 2-3-39 所示。在“请在提交订单前输入验证码”后的方框内输入验证码，单击下方的“提交订单”按钮，即在当当网上完成了购买“瑞星杀毒软件”的全过程。等待货到付款就可以了。

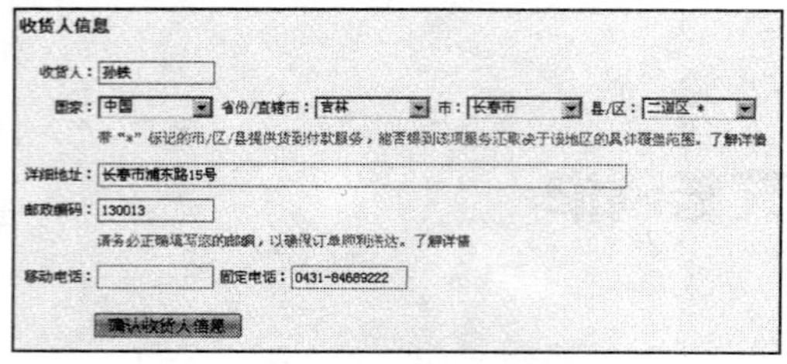

图 2-3-36　收货人信息界面

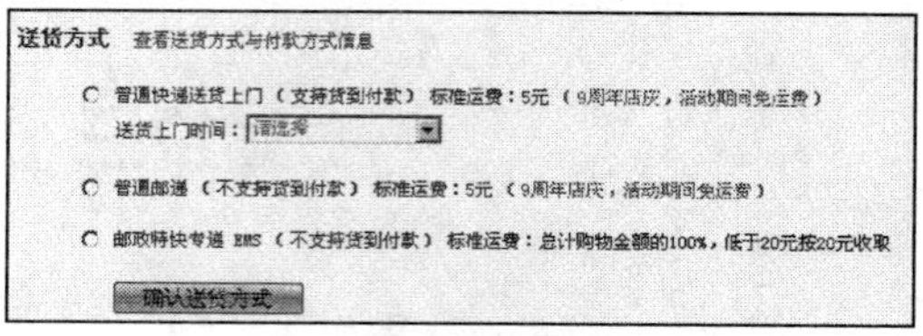

图 2-3-37　送货方式界面

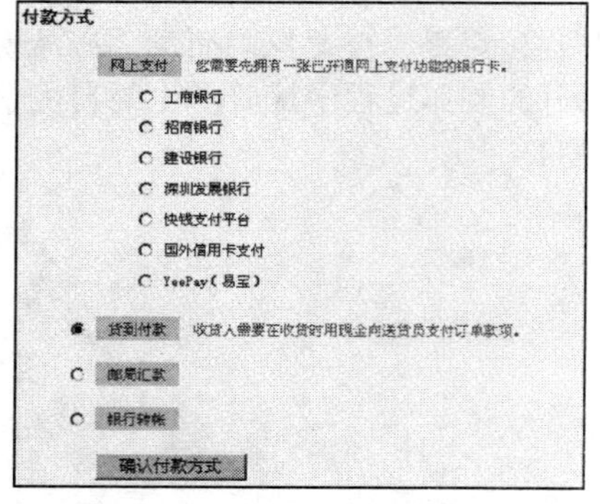

图 2-3-38　付款方式界面

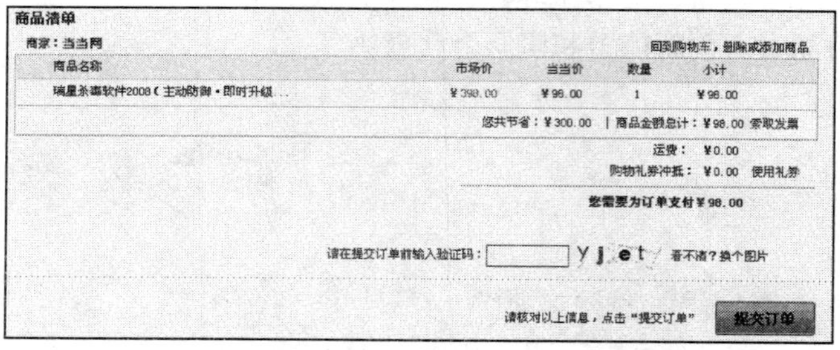

图 2-3-39　商品清单界面

六、创新作业

（1）到网上搜索 2008 年奥运歌曲“北京欢迎你.mp3”，并下载到本地硬盘。

（2）到 www.126.com 上去申请一个免费的邮箱，给你的任课教师发一封内容为“自我介绍”的信件。

（3）到中国工商银行办理一张银行卡并开通个人网上银行业务，登录到中国工商银行的个人网上银行，了解一下个人网上银行业务。

模块三　电子文档制作

本模块通过对七个特色实例的具体分析，对涉及的相关知识进行详尽说明，使读者可以轻松熟练地应用图片、文字和表格，制作出效果不同的文档。

通过本模块的学习，使读者能自行制作个人简历、大赛宣传海报、公司招聘简章、产品说明书、奖状、数学试卷、个性手抄报等电子文档。在各个项目的制作过程中培养学生的自主学习能力、创新能力和团队合作能力。

能力目标

- 能创建、编辑、保存、打印电子文档
- 能熟练进行文档的格式设置与排版
- 能熟练设计制作表格
- 能熟练应用艺术字、图片、公式与自选图形
- 能熟练地对文档进行图、文、表混排
- 能应用邮件合并功能制作多份邮件文档
- 能熟练应用样式和模板
- 能对文档建立索引与目录
- 能设计制作不同效果和用途的个性电子文档

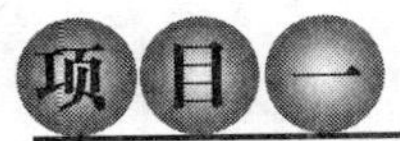

个人简历制作——表格设计

一、项目描述

找到一份理想的工作是大学毕业生们最大的心愿，而进入那些知名的大企业更是广大毕业生的梦想。制作一份出色的简历无疑将有助于毕业生实现自己的梦想。在制作简历时，第一要记住必须突出重点；第二要切记不要仅仅寄个人简历，还要附上一封简短的应聘信，这样会使公司增加对你的好感。个人简历是求职者生活、学习、工作、经历、成绩的概括。写好个人简历非常重要，一份适合职位要求、翔实和打印整齐的简历可以有效地获得与聘用单位面试的机会。

二、项目分析

一般来说，制作简历包括两方面：

（1）制作封面简历。要求版面清晰，内容写明姓名、毕业院校、专业等，运用到所学的知识包括插入图片、艺术字，页眉、页脚，水印和文本框。

（2）制作表格式简历。运用插入表格和对表格进行格式化的知识，并写明基本信息情况，求职意向，技能、特长或爱好，奖励情况和社会关系。

三、项目实现方法与步骤

（一）制作封面及表格式简历

要设计的简历封面及表格式简历，分别如图 3-1-1 和图 3-1-2 所示。

图 3-1-1　简历封面

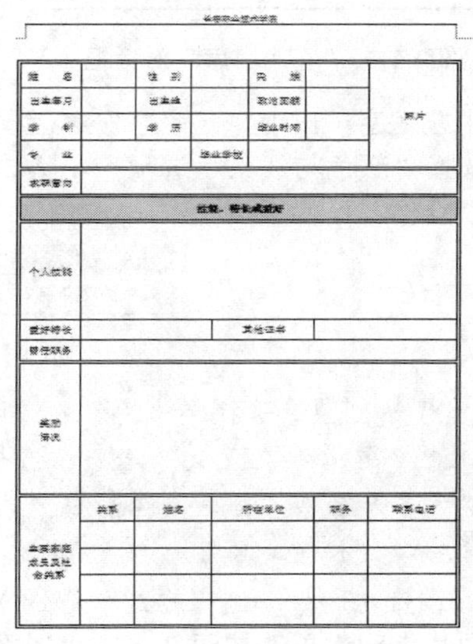

图 3-1-2　表格式简历

1．制作封面

（1）在页眉和页脚中添加文字及图片。单击“视图→页眉和页脚”，出现“页眉和页脚”对话框，如图 3-1-3 所示。

图 3-1-3　“页眉和页脚”对话框

在“页眉”上添加文字为“长春职业技术学院”，字体为“华文琥珀”，字号为“四号”，让其居中；单击“插入→图片→来自文件”命令，出现“插入图片”对话框如图 3-1-4 所示，选择图片文件“校标”，然后单击“插入”按钮，并让其居左；最后单击“关闭”按钮。

（2）插入艺术字。单击“插入→图片→艺术字”命令，出现“艺术字库”对话框，如图 3-1-5 所示。选择第 5 行第 1 列式样，然后单击“确定”按钮，

图 3-1-4　“插入图片”对话框

出现“编辑‘艺术字’文字”对话框，如图 3-1-6 所示，“文字”栏中写上“个人简历”，字体选择“隶书”，字号“60”，然后单击“确定”按钮。

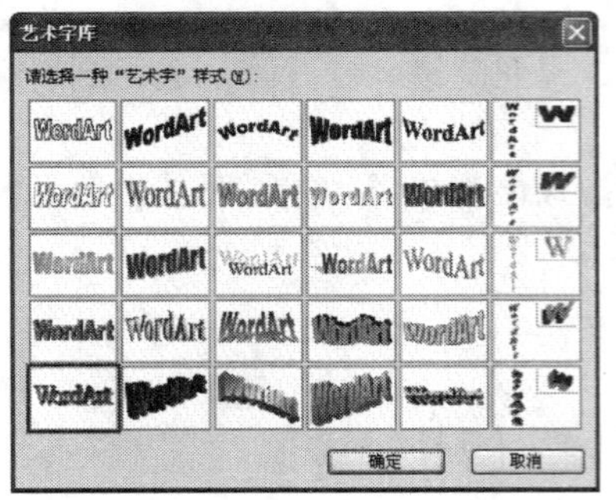

图 3-1-5 “艺术字库”对话框

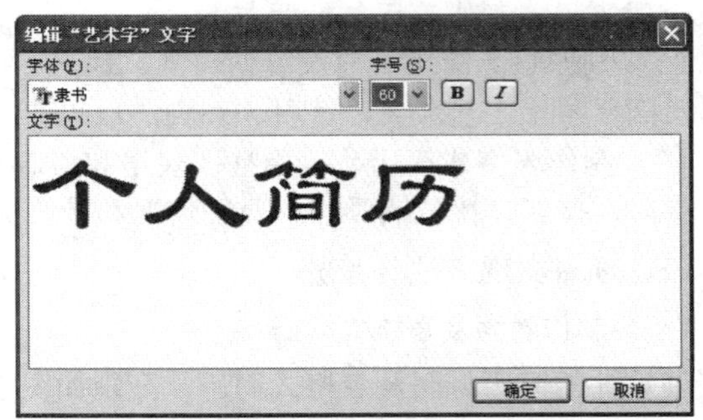

图 3-1-6 “编辑‘艺术字’文字”对话框

选中艺术字，出现“艺术字”对话框，如图 3-1-7 所示。选择，出现设置艺术字格式对话框，选择“颜色与线条”选项卡，将“填充”的颜色设置为“填充效果”中的双色，第一种颜色为“橙色”，第二种颜色为“白色”，“底纹样式”选择水平，然后单击“确定”按钮。

图 3-1-7 “艺术字”对话框

为了达到快速选择字体的目的，可以将“字体”以按钮形式放置在工具栏上。首先右击 Word 工具栏，选择“自定义”命令，打开“自定义”对话框，在“自定义”对话框中选择“命令”选项卡，并移动光标条到类别栏中的“字体”项，看到平时经常使用的字体，把它拖到工具栏成为按钮。以后要快速选择字体，只要先选中文本，再按下工具栏上“字体”按钮即可。

（3）设置水印。单击“格式→背景→水印”命令，出现“水印”对话框，如图 3-1-8 所示。选中“图片水印”单选按钮并单击“选择图片”按钮，选择图片名为“校园”，然后单击“确定”按钮。

（4）文本框输入文字。单击“插入→文本框→横排”命令，将文本框放在相应的位置，在里面写上相应的文字，字体为“华文行楷”，字号为“四号”。

2．制作表格简历

（1）设置 5 行 7 列的表格。首先，新建一个空白文档，单击“表格→插入表格”的命令，出现“插入表格”对话框，如图 3-1-9 所示。将列数改为 7，行数改为 5，然后单击“确定”按钮。

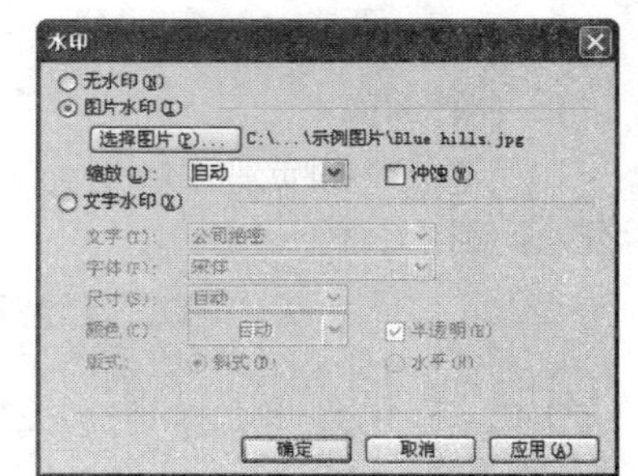

图 3-1-8 “水印”对话框

同时关闭或保存文件方法是，按住 Shift 键不松开，再单击文件菜单，你会发现文件下拉菜单中的保存和关闭全部变成了全部保存和全部关闭。

（2）插入行。把光标放在第 5 行的左侧，先单击左键，选中整行，然后再单击右键，在弹出的快捷菜单中，选择“插入行”命令，如图 3-1-10 所示。反复单击这个命令 10 次，总共插入 10 行。

如果还有一些带回车符的空白行，则单击“编辑→查找”命令，在“查找”栏输入^p^p，在“替换”栏中输入^p，最后单击“全部替换”按钮，删除多余的空白行。

（3）合并单元格。将前 4 行的第 7 列全部选中，然后单击右键，在弹出的快捷菜单中，选择“合并单元格”命令，如图 3-1-11 所示。

（4）利用上述方法，把第 4 行的 2、3 列和 5、6 列单元格合并。

（5）利用上述方法，将第 5 行的 2～7 列单元格合并。

（6）利用上述方法，将第 6 行的所有列单元格合并。

（7）利用上述方法，将第 11～15 行的第 1 列单元格合并。

（8）将光标放在第 7 行的下边框线上，这时光标就会出现“”的标记，然后按住鼠标左键向下拖动下边框线，使单元格变大。利用同样方法修改第 10 行单元格的大小。

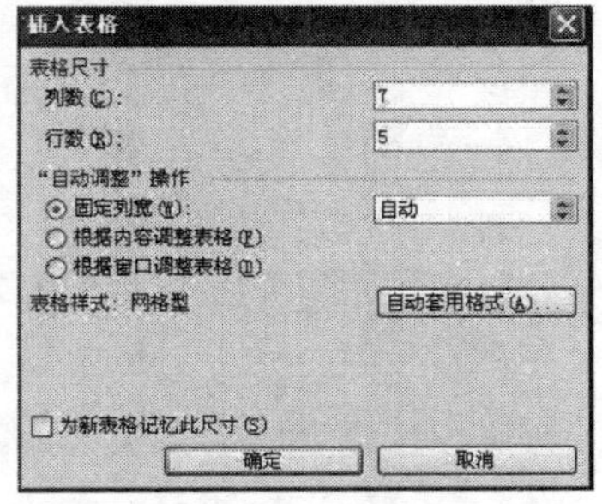

图 3-1-9　“插入表格”对话框

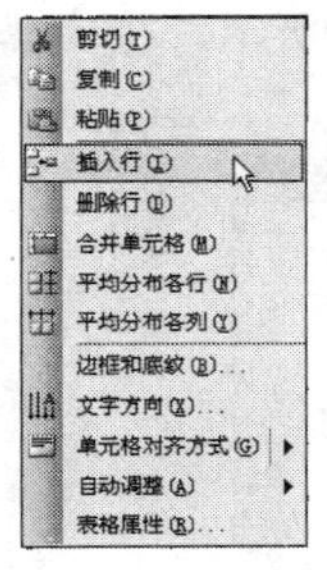

图 3-1-10　选择“插入行”命令

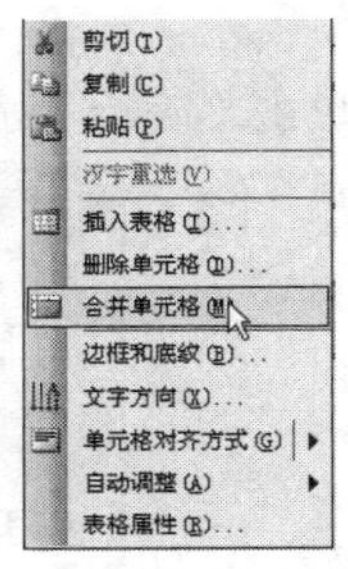

图 3-1-11　选择“合并单元格”命令

（9）拆分单元格。将光标放在第 8 行第 2 列上，然后单击右键，在弹出的快捷菜单中，选择“拆分单元格”命令，出现“拆分单元格”对话框，如图 3-1-12 所示。按照样文要求分为 3 列，行数不变，然后单击“确定”按钮。

（10）单击“表格→绘制表格”命令，出现“表格和边框”对话框，如图 3-1-13 所示。这时鼠标变成了笔状，然后按照样文在第 11～15 行画出 5 列。之后再单击按钮，这时又变成了鼠标状。按照样文调整列宽。

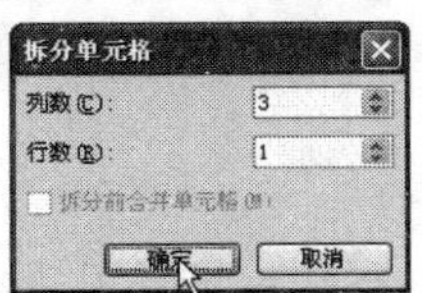

图 3-1-12　“拆分单元格”对话框

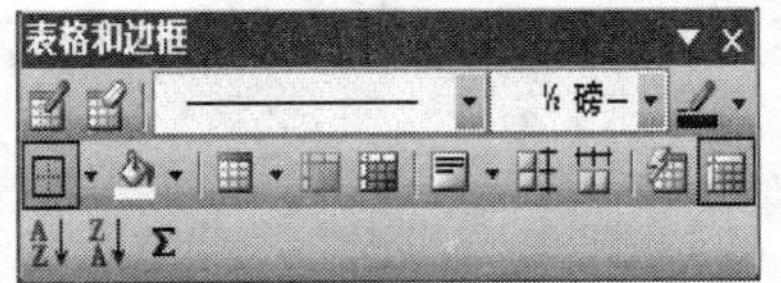

图 3-1-13　“表格和边框”对话框

（11）表格对齐方式。选中全部表格，然后单击右键，在弹出的快捷菜单中，选择“单元格对齐方式”中的“中部居中对齐”方式，如图 3-1-14 所示。

（12）按照样文添加文字，将第 6 行的文字加粗，其他默认为“宋体”、“五号”。

快速打印多页表格标题，选中表格的主题行，选择“表格”菜单下的“标题行重复”复选框。当用户预览或打印文件时，就会发现每一页的表格都有标题了。当然使用这个技巧的前提是表格必须是自动分页的。

（13）表格添加双线型的边框。将表格全部选中，然后单击右键，在弹出的快捷菜单中，选择“边框和底纹”命令，出现“边框与底纹”对话框，选择“边框”选项卡，如图 3-1-15 所示。在“设置”栏中选择“方框”，在“线型”栏中选择“双线型”，然后单击“确定”按钮。

其他的也照此方法添加双线型的边框。

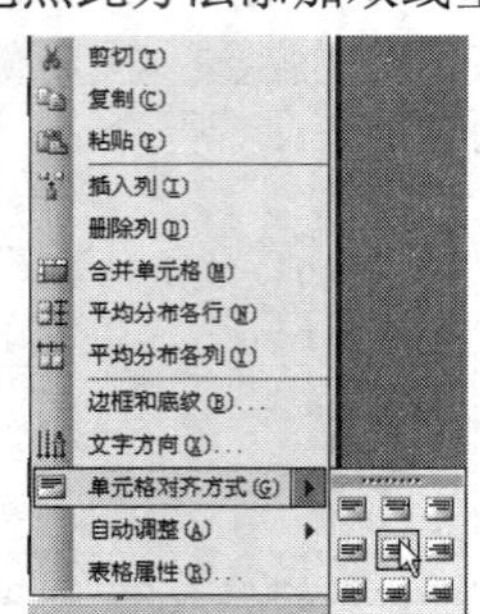

图 3-1-14　选中“单元格对齐方式”中的“中部居中”

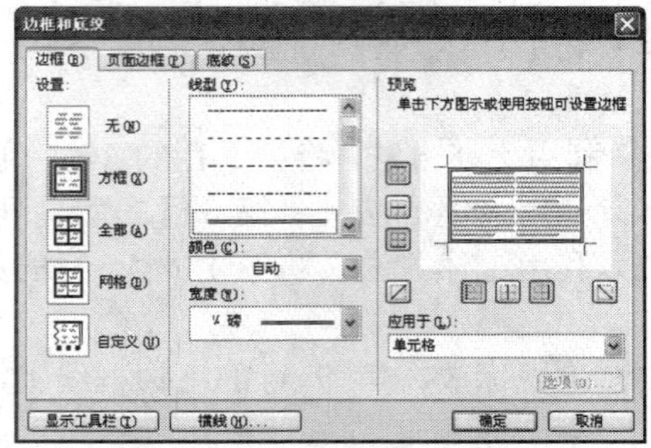

图 3-1-15 “边框”选项卡

（14）选择第 6 行单元格，单击右键，在弹出的快捷菜单中，选择“边框和底纹”命令，出现“边框与底纹”对话框，选择“底纹”选项卡，如图 3-1-16 所示。在“填充”选择“茶色”的底纹颜色，然后单击“确定”按钮。

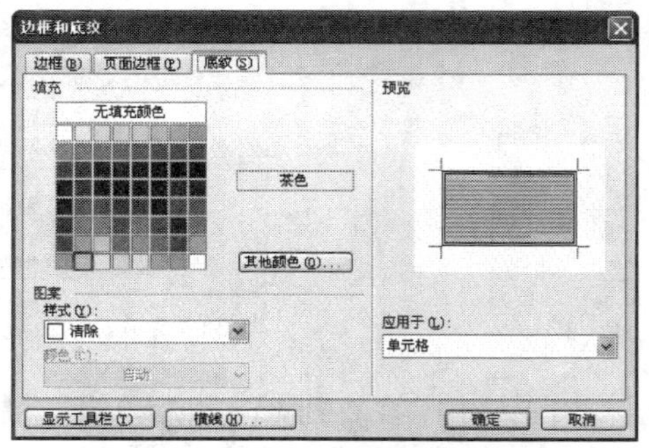

图 3-1-16 “底纹”选项卡

（15）单击“视图→页眉和页脚”命令，出现“页眉和页脚”对话框。在“页眉”上添加文字为“长春职业技术学院”，文字“居中”，最后单击“关闭”按钮。

四、相关知识与技能

表格是人们日常生活中经常使用的一种简明扼要的表达方式。Word 提供了强大的表格处理功能，可以排出各种复杂格式的表格。

（一）创建表格

表格是一个行与列有规则排列的网格。行与列的交叉处是一个矩形框，称这些框为单元格。Word 提供了几种创建表格的方法。最适用的方法与用户的工作方式以及所需的表格的复杂程度有关。使用下列几种方法可创建表格：

方法一：

（1）单击要创建表格的位置。

（2）在“常用”工具栏上，单击“插入表格”。

（3）拖动鼠标，选定所需的行、列数。

方法二：

（1）单击要创建表格的位置。

（2）单击“表格→插入→表格”菜单命令，出现“插入表格”对话框，如图 3-1-17 所示。

（3）在“表格尺寸”下，选择所需的行数和列数。

（4）在“‘自动调整’操作”下，选择调整表格大小的选项。

（5）若要使用内置的表格格式，请单击“自动套用格式”。

（6）选择所需选项，单击“确定”按钮。

使用该方法可以在将表格插入到文档之前选择表格的大小和格式。

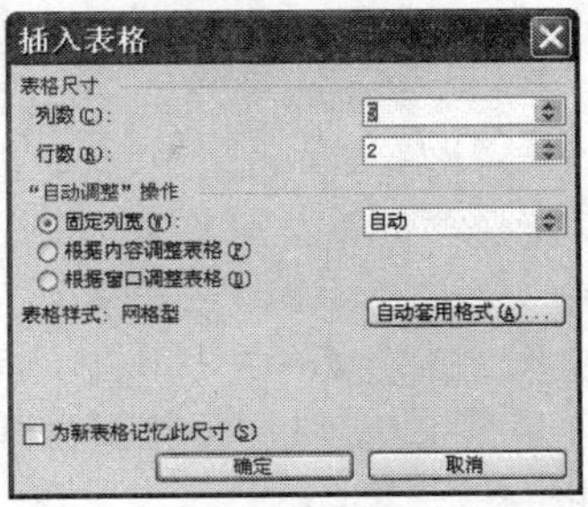

图 3-1-17 “插入表格”对话框

方法三：

可以绘制复杂的表格，例如，包含不同高度的单元格或每行包含的列数不同。

（1）单击要创建表格的位置。

（2）单击“表格→绘制表格”菜单命令。出现“表格和边框”工具栏，如图 3-1-18 所示。

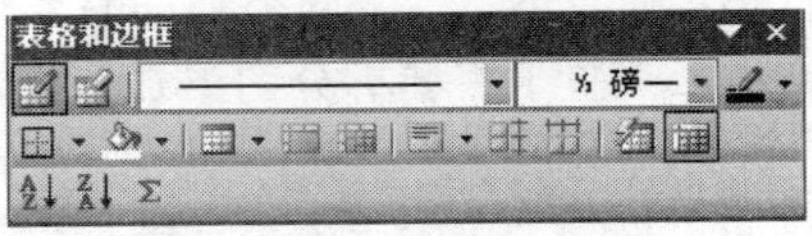

（3）要确定表格的外围边框，可以先绘制一个矩形，然后在矩形内绘制行、列框线。

图 3-1-18 “表格和边框”工具栏

（4）若要清除一条或一组线，请单击“表格和边框”工具栏上的“擦除”按钮，再单击需要擦除的线。

（5）表格创建完毕后，单击其中的单元格，然后便可在其中键入文字或插入图形。

（二）表格的编辑与修改

如果用户对建立的表格格式不满意，则可以对已建立的表格作进一步修改，如移动或复制单元格，插入新的单元格、行或列，调整它们的高或宽等。

1．插入单元格、行或列

选定单元格，选择“表格→插入”命令，出现“表格插入”下拉菜单，如图 3-1-19 所示。然后单击一个选项。

在表格中插入单元格、行或列时需要注意下列问题：

（1）要在表格末尾快速添加一行，可以单击最后一行的最后一个单元格，然后按“Tab”或“Enter”键。

（2）若要在表格最后一列的右侧添加一列，可以单击最后一列，在“表格”菜单中，指向“插入”，再单击“列（在右侧）”。

（3）也可使用“绘制表格”工具在所需的位置绘制行或列。

2．删除单元格、行或列

选定待删除的单元格、行或列，选择“表格→删除”命令，出现“表格删除”下拉菜单，如图 3-1-20 所示。然后单击“单元格”、“行”或“列”命令。如果是删除单元格，请单击所需的选项。

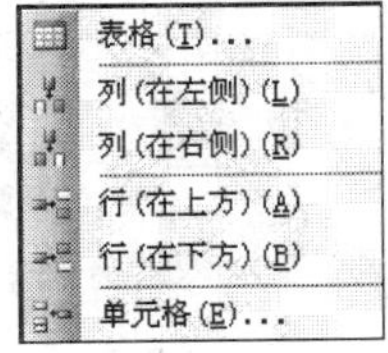

图 3-1-19 “表格插入”下拉菜单

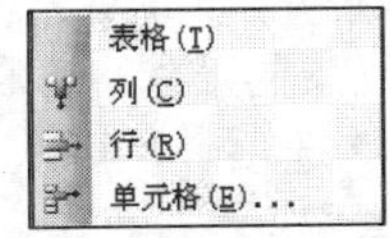

图 3-1-20 “表格删除”下拉菜单

3．合并与拆分单元格

可将同一行或同一列中的两个或多个单元格合并为一个单元格。例如，可以横向合并单元格以创建横跨多列的表格标题。

（1）合并单元格。

①选择要合并的单元格。

②在“表格”菜单上，单击“合并单元格”命令。

（2）拆分单元格。可将表格中的一个单元格拆分成多个单元格。

①在单元格中单击，或选择要拆分的多个单元格。

②在“表格”菜单中，单击“拆分单元格”命令。

③选择要将选定的单元格拆分成的列数或行数。

4．拆分与合并表格

表格的拆分是指将一个表格以某一行为界进行拆分，将表格分成上、下两个独立的表格。表格的合并则是将上、下两个独立的表格合并成一个表格。

将插入点置于将要拆分的第 2 张表的第 1 行上，单击“表格→拆分表格”菜单命令即可将表格一分为二。

将插入点置于第 1 张表格的最后一行外边框的右端，然后按“Delete”键，直到两个表格合并为一个表格为止。

5．调整表格的行高和列宽

（1）用鼠标的拖动调整表格行高及列宽。将鼠标指针定位在待调整行高的行底边线上，当鼠标指针的形状变为÷时，沿垂直方向拖动即可调整行高。

将鼠标指针定位在待调整列宽的列右边线上，当鼠标指针的形状变为‖时，沿水平方向拖动即可调整列宽。

（2）用菜单命令调整表格行高及列宽。单击“表格→表格属性”菜单命令，打开“表格属性”对话框，如图 3-1-21 所示。单击行、列标签可分别对行高及列宽进行精确调整。

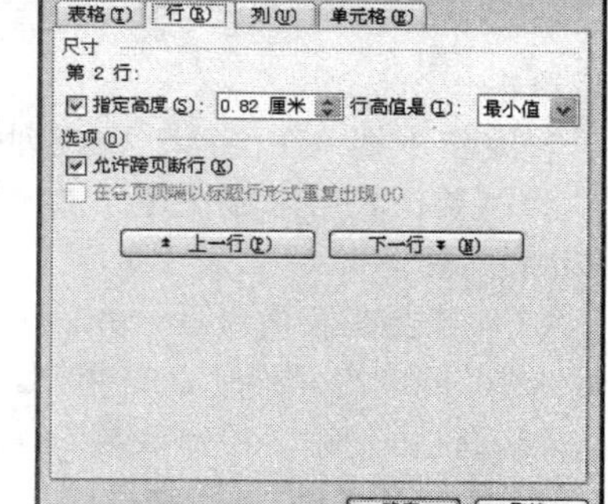

图 3-1-21 “表格属性”对话框

（三）表格格式化

表格的格式化是指对表格的外观进行修饰，使表格具有精美的外观。例如，设置表格的边框和底纹、自动套用格式等。

1．设置表格的边框和底纹

可以为表格或表格中的选定行、选定列及选定单元格添加边框，或用底纹来填充表格的背景。

下列方法可为表格设置边框和底纹。

（1）选中需要设置边框的表格或表格中的行、列及单元格。

（2）单击“格式→边框和底纹→边框”菜单命令，出现“边框和底纹”对话框，如图 3-1-22 所示。

（3）根据需要可选择“设置”选项组中的一种边框模式，可分别从“线型”、“颜色”和“宽度”列表中选择边框线条的形状、颜色和粗细。

（4）单击“底纹”选项卡，可从“填充”选择组中选择所需颜色，从“图案”的“样式”下拉列表中选择背景图案。

（5）然后单击“确定”按钮。

同样，使用“表格和边框”工具栏中的“工具”按钮，也可完成上述操作。单击“视图→工具栏→表格和边框”，可调出“表格和边框”工具栏。

2．自动套用格式

可以使用内置的表格格式进行专业的表格设计。

以下方法可为表格设置“竖列型 3”的自动套用格式。

（1）单击表格内的任何位置。

（2）单击“表格→表格自动套用格式”菜单命令，出现“表格自动套用格式”对话框，如图 3-1-23 所示。

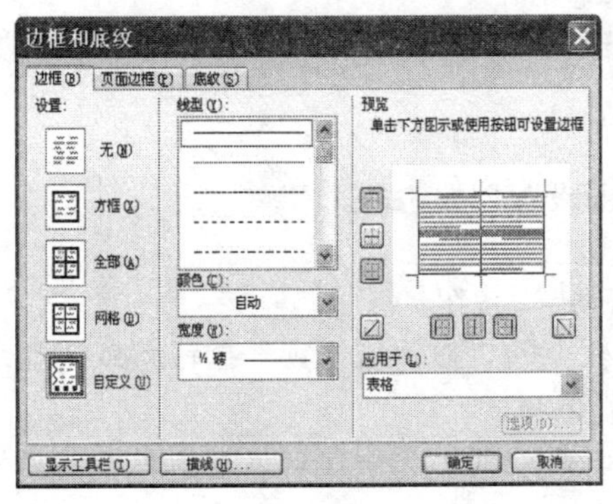

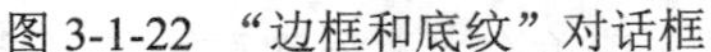
图 3-1-22　“边框和底纹”对话框

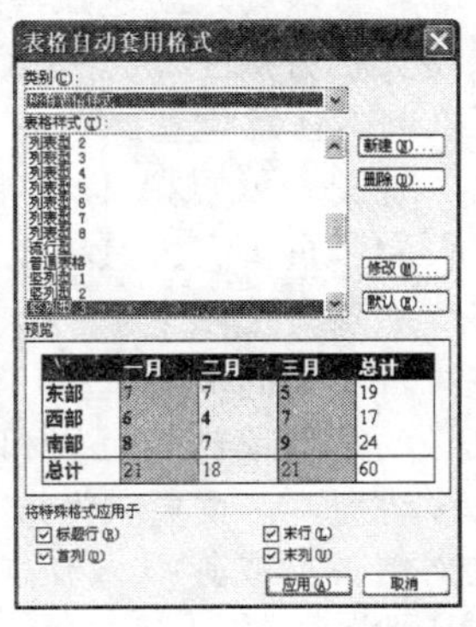

图 3-1-23　“表格自动套用格式”对话框

（3）在“表格样式”框中，选中“竖列型 3”项。

（4）单击“应用”按钮。

在此还可以创建用户自己的表格样式，单击“表格自动套用格式”对话框中的“新建”按钮，然后在“新建样式”对话框中对自己的表格样式进行设计。

（四）页眉、页脚与页码

页眉和页脚通常用于显示文档的附加信息，如公司名称、徽标、书名、章节名、页码、日期等文字或图形，页眉在文档每一页的顶部，页脚在文档每一页的底部。Word 2003 可以给文档的所有页建立相同的页眉和页脚，也可在文档的不同部分使用不同的页眉和页脚。

为了便于阅读和查找，通常给文档每页编制一个号码，这个号码称为页码。一般情况下，页码放在页眉或页脚中。

1．插入页眉和页脚

通过单击“视图”菜单中的“页眉和页脚”命令，可以在页眉和页脚区域中进行处理。此时文档转换到页面视图方式，既显示页眉或页脚，又显示“页眉和页脚”工具栏，如图 3-1-24 所示。

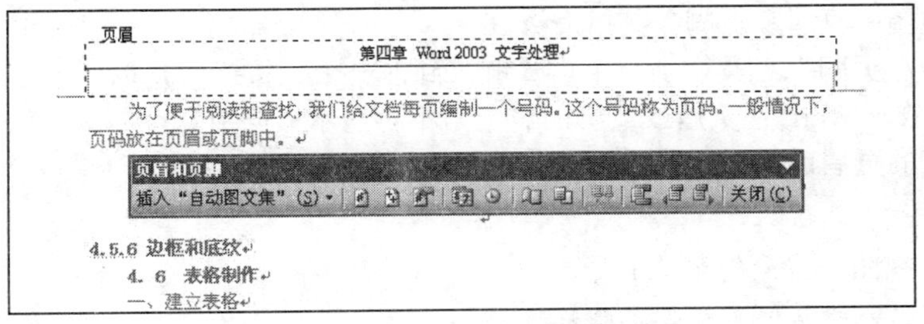

图 3-1-24　页眉编辑区及工具栏

（1）创建每页都相同的页眉和页脚。

①在“视图”菜单上，单击“页眉和页脚”命令以打开页面上的页眉和页脚区域。

②若要创建页眉，请在页眉区域中输入文本和图形。

③若要创建页脚，请单击“页眉和页脚”工具栏上的“在页眉和页脚间切换”以移动到页脚区域，然后输入文本或图形。

④如果必要，可以使用“格式”工具栏上的按钮设置文本的格式。

⑤结束后，请单击“页眉和页脚”工具栏上的“关闭”按钮。

（2）在首页上创建不同的页眉和页脚。可以在首页上不设页眉和页脚，或为文档中的首页（或文档中每节的首页）创建独特的首页页眉或页脚。

①如果将文档分成了节，那么请单击要修改的节或选定多个要修改的节；如果文档没有分成节，则可以单击任意位置。

②单击“视图→页眉和页脚”菜单命令。

③在“页眉和页脚”工具栏上，单击“页面设置”按钮。

④单击“版式”选项卡。

⑤选中“首页不同”复选框，然后单击“确定”按钮。

⑥如果必要，请单击“页眉和页脚”工具栏上的“显示前一项”按钮或“显示下一项”按钮，以移动到“首页页眉”或“首页页脚”区域。

⑦创建文档首页或其中一节首页的页眉或页脚，如果不想在首页使用页眉或页脚，可将页眉和页脚区保留为空白。

⑧要移至文档或一节中其余部分的页眉或页脚，请单击“页眉和页脚”工具栏上的“显示下一项”按钮，然后创建所需的页眉或页脚。

（3）为奇偶页创建不同的页眉或页脚。

①单击“视图→页眉和页脚”菜单命令。

②在“页眉和页脚”工具栏上，单击“页面设置”按钮。

③单击“版式”选项卡。

④选中“奇偶页不同”复选框，然后单击“确定”按钮。

⑤如果必要，请单击“页眉和页脚”工具栏上的“显示前一项”按钮或“显示下一项”按钮，以移动到奇数页或偶数页的页眉和页脚区域。

⑥在“奇数页页眉”或“奇数页页脚”区域为奇数页创建页眉和页脚；在“偶数页页眉”或“偶数页页脚”区域为偶数页创建页眉和页脚。

（4）为部分文档创建不同的页眉或页脚。一篇文档必须分成节才能为文档各部分创建不同的页眉和页脚。

①如果尚未对文档进行分节，请在要使用不同的页眉或页脚的新节起始处插入一个分节符。

②单击要为其创建不同页眉或页脚的节。

③单击“视图→页眉和页脚”菜单命令。

④在“页眉和页脚”工具栏上，单击“链接到前一个”按钮，以断开当前节和上一节的页眉和页脚的连接。Word 在页眉或页脚的右上角不再显示“同前”。

⑤修改原有的页眉或页脚，或为该节创建新的页眉或页脚。

2．插入页码

（1）单击“视图→页面”菜单命令。

（2）单击“插入→页码”菜单命令。

（3）在“位置”框中，指定是否在页面顶部的页眉或页面底部的页脚打印页码。

（4）在“对齐方式”框中指定页码相对页边距的左和右，是左对齐、居中还是右对齐；或是相对于页面装订线的内侧或外侧对齐。

（5）如果不希望页码出现在首页，可清除“首页显示页码”复选框。

（6）选择其他所需选项。

（五）插入艺术字

当制作一些报刊、杂志和海报等文档时，经常要使用一些有特殊效果的艺术字，此时就可以使用 Word 插入艺术字功能。艺术字与图片一样，都是作为一个图形对象的形式存在的，其插入操作与插入图片操作有一些共同性。

（1）选择“插入→图片→艺术字”命令，或者在“绘图”工具栏上单击“插入艺术字”按钮，打开“艺术字库”对话框，如图 3-1-25 所示。

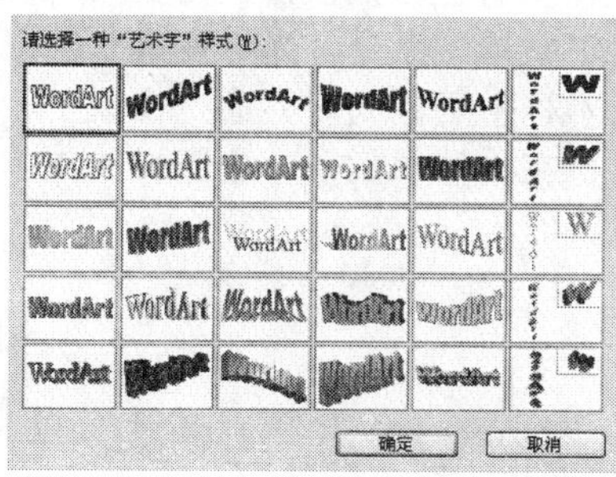

图 3-1-25 “艺术字库”对话框

（2）选择一种所需的艺术字样式，然后单击“确定”按钮，或直接双击该样式，出现“编辑‘艺术字’文字”对话框，如图 3-1-26 所示。

（3）首先在“文字”文本框中输入要编辑的文字内容，然后在“字体”和“字号”下拉列表框中选择所需的字体和字号，最后单击“确定”按钮。

经过上述操作，就可以在文档中插入艺术字了。此时 Word 会自动打开“艺术字”工具栏，如图 3-1-27 所示，使用此工具栏上的工具按钮可以对已插入的艺术字进行样式、文字内容、方向、大小缩放、颜色、形状、图文混排等修改和编辑操作。

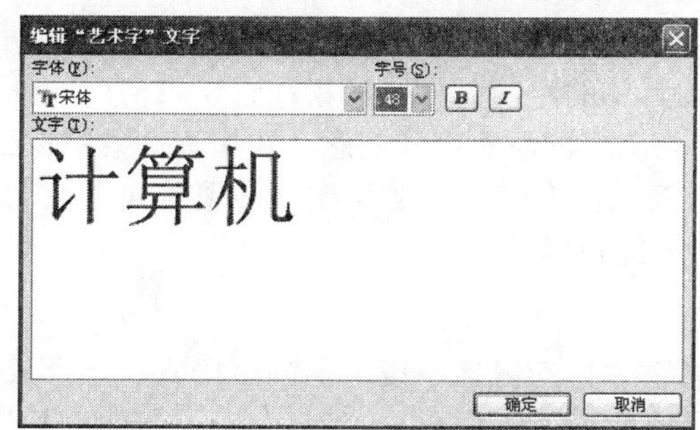

图 3-1-26 “编辑‘艺术字’文字”对话框

图 3-1-27 “艺术字”工具栏

（六）使用文本框

1．文本框的插入

单击“绘图”工具栏上的“文本框”按钮，如图 3-1-28 所示。在文档中拖动鼠标，也可以插入一个空的横排文本框；插入竖排的文本框只要使用“竖排文本框”按钮就可以了。

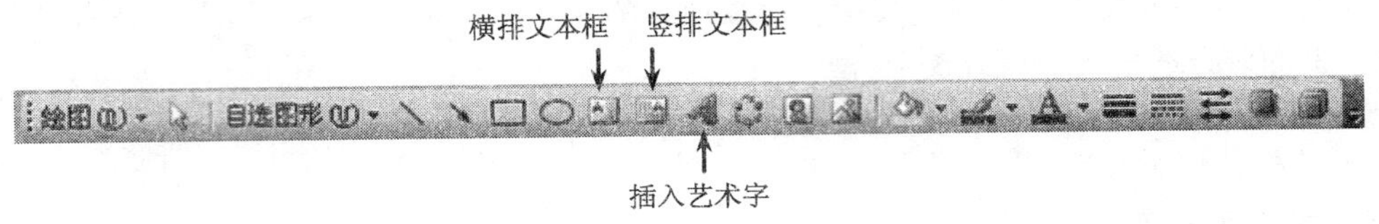

图 3-1-28 “绘图”工具栏

2. 给已有的文字添加文本框

选中要添加文本框的文本，单击“绘图”工具栏上的“文本框”按钮，就可以给这些文本添加文本框。文本框里既可以输入文字，也可以插入图形。

若在文档的同一页中既有横排也有竖排的段落，用文本框来处理很方便。打开“插入”菜单，单击“文本框”选项，单击“横排”命令，光标变成十字形，按下左键在文档中绘制一个横排的文本框，现在光标已在文本框中了，同时界面中出现了一个小的“文本框”工具栏，输入要横排的文字；同样的方法，再在文档中插入一个竖排的文本框，输入竖排的文本，调整好这两个文本框的大小和位置就可以了。

五、技巧与提高

（一）给表格增加行

用鼠标点中表格中的最后一个单元，然后按“Tab”键，即可在表格末端增加一行。

（二）快速给单元格编号

选定需要进行编号的行或列后，单击工具栏中的“编号”或“项目符号”按钮就可以自动对单元格逐项进行编号，这种方法不但对单个的行或列起作用，对整个表格也可以使用。

（三）在表格顶端加空行

要在表格顶端加一个非表格的空白行，可以使用“Ctrl+Shift+Enter”组合键通过拆分表格来完成。但当表格位于文档的最顶端时，有一个更为简捷的方法，就是先把插入点移到表格的第一行的第一个单元格的最前面，然后敲 Enter 键，就可以添加一个空白行。

（四）Word 表格操作常用技巧

将鼠标指针放在表格内的任一列框线上，此时指针将变成等待手工拖动的形状，按下鼠标左键，同时按下“Alt”键，标尺上将出现每列具体的宽度；将鼠标指针置于表格列的分隔线上双击，可以使左边一列的列宽自动适应单元格内文字的总宽度（注意：如果表格列中没有文字，此法无效；如果文字过长，当前列将自动调整为页面允许的最适宽度，调整后如果继续在分隔线上双击，列宽还能以字符为单位继续扩大一定的范围）。

（五）改变列宽

单击工具栏上的“插入表格”图标，向右下方拖动鼠标，设定行列后松开，一个表格的框架即可完成。按住“Shift”键的同时拖动，只改变该表格线左方的列宽，其右方的列宽不变。以宽为例，选取想改变宽度的单元格，再用鼠标拖动表格线，这样改变的只是所选定部分的宽度，原来处在同一列的其他单元格不受影响。

六、创新作业

（1）按图 3-1-29 制作表格。

<table>
<tr><th colspan="14">售货凭证</th></tr>
<tr><td colspan="14" align="right">年　　月　　日</td></tr>
<tr><td rowspan="2">商品名称</td><td rowspan="2">数量</td><td rowspan="2">规格</td><td rowspan="2">单位</td><td rowspan="2">单价</td><td colspan="9">金额（¥）</td></tr>
<tr><td>百</td><td>十</td><td>万</td><td>千</td><td>百</td><td>十</td><td>元</td><td>角</td><td>分</td></tr>
<tr><td></td><td></td><td></td><td></td><td></td><td></td><td></td><td></td><td></td><td></td><td></td><td></td><td></td><td></td></tr>
<tr><td></td><td></td><td></td><td></td><td></td><td></td><td></td><td></td><td></td><td></td><td></td><td></td><td></td><td></td></tr>
<tr><td></td><td></td><td></td><td></td><td></td><td></td><td></td><td></td><td></td><td></td><td></td><td></td><td></td><td></td></tr>
<tr><td></td><td></td><td></td><td></td><td></td><td></td><td></td><td></td><td></td><td></td><td></td><td></td><td></td><td></td></tr>
<tr><td colspan="5">合计金额（小写）：</td><td></td><td></td><td></td><td></td><td></td><td></td><td></td><td></td><td></td></tr>
<tr><td colspan="2">总计金额（大写）：</td><td colspan="12">佰　拾　万　仟　佰　拾　元　角　分</td></tr>
</table>

开票：　　　　　　　　收款：　　　　　　　　记账：

图 3-1-29　售货凭证表格

（2）按图 3-1-30 制作表格。

<table>
<tr><th colspan="7">课　程　表</th></tr>
<tr><td colspan="2">日期
课时</td><td>星期一</td><td>星期二</td><td>星期三</td><td>星期四</td><td>星期五</td></tr>
<tr><td rowspan="4">上午</td><td>第 1 节</td><td></td><td></td><td></td><td></td><td></td></tr>
<tr><td>第 2 节</td><td></td><td></td><td></td><td></td><td></td></tr>
<tr><td>第 3 节</td><td></td><td></td><td></td><td></td><td></td></tr>
<tr><td>第 4 节</td><td></td><td></td><td></td><td></td><td></td></tr>
<tr><td rowspan="4">下午</td><td>第 5 节</td><td></td><td></td><td></td><td></td><td></td></tr>
<tr><td>第 6 节</td><td></td><td></td><td></td><td></td><td></td></tr>
<tr><td>第 7 节</td><td></td><td></td><td></td><td></td><td></td></tr>
<tr><td>第 8 节</td><td></td><td></td><td></td><td></td><td></td></tr>
</table>

图 3-1-30　课程表表格

（3）以小组为团队，设计一份产品报价单。

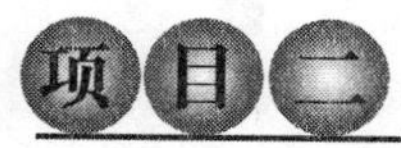

网页制作大赛海报——格式设置与项目符号

一、项目描述

为了丰富学生们的课余生活，学院打算举行网页制作大赛，并且利用海报的形式进行宣传，目的是让学生们积极地参与进来，增添学生学习计算机的兴趣。通知格式如图 3-2-1 所示。

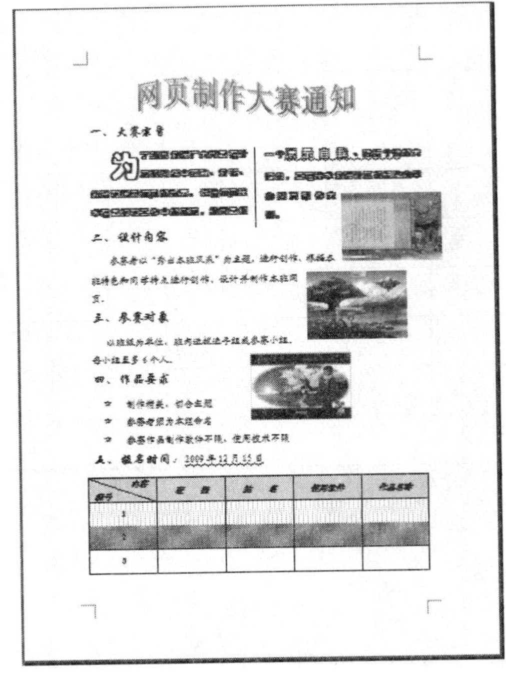

图 3-2-1　网页制作大赛通知

二、项目分析

海报是比较大众化的一种载体，用来完成一定的宣传任务。海报设计要求一目了然、简洁明确、突出重点，使人在一定距离外能看清楚所要宣传的事物。在用 Word 制作海报时应多插入艺术字和图片，字体也要做相应的变动，并且颜色要鲜艳，达到图文并茂的效果。为了使项目清晰，用项目符号和编号进行设置，并且还在下面设计了一个表格，方便学生报名。

三、项目实现方法与步骤

1. 设置艺术字

（1）新建一个空白文档，单击“文件→新建”命令，或者单击常用工具栏中的按钮，然后单击“插入→图片→艺术字”命令，出现“艺术字库”对话框，如图 3-2-2 所示。选中第三行第五列，然后单击“确定”按钮。

图 3-2-2　“艺术字库”对话框

☞ 快速改变文本字号，选中文字后，按下“Ctrl+Shift+>”键，以 10 磅为一级快速增大所选定文字字号，而按下“Ctrl+Shift+<”键，则以 10 磅为一级快速减少所选定文字字号。

（2）出现“编辑‘艺术字’文字”对话框，如图 3-2-3 所示。在“文字”栏中添加文字“网页制作大赛通知”，字体为“宋体”，字号为“36”，加粗，然后单击“确定”按钮。

（3）单击艺术字“网页制作大赛通知”，出现“艺术字”工具栏，如图 3-2-4 所示。单击“文字环绕”按钮，选择“四周型”环绕方式，然后将其放在文档的合适位置。

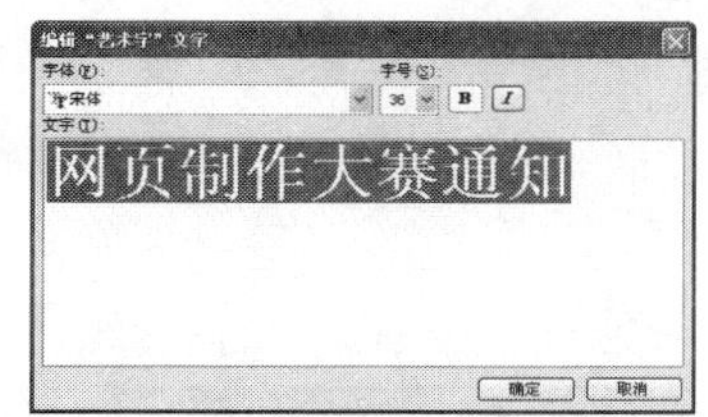

图 3-2-3 “编辑‘艺术字’文字”对话框

图 3-2-4 “艺术字”工具栏

2．设置文字及段落

（1）按照样文把文字输入到文档上，先把“一、大赛宗旨”选中，单击“格式→字体”命令，出现“字体”对话框，如图 3-2-5 所示。在“字体”的选项卡中，将“中文字体”改为“华文行楷”，“字号”改为“三号”，其他选项不变，单击“确定”按钮。

图 3-2-5 “字体”对话框

（2）再次把“一、大赛宗旨”选中，在常用工具栏上双击“格式刷”按钮，然后再依次选中“二、设计内容”、“三、参赛对象”、“四、作品要求”、“五、报名时间:”，这样所有选中的文字的格式都跟上面的格式一致，最后再单击“格式刷”按钮。

（3）将第一段中的“展示自我”选中，然后单击“格式→字体”命令，出现“字体”对话框，如图 3-2-6 所示。选中“字符间距”选项卡，将“间距”由“标准”改为“加宽”，“磅值”改为“3 磅”，其他不变，然后单击“确定”按钮。

（4）将第二段、第三段的内容和最后一段的日期分别选中，在如图 3-2-7 所示的格式工具栏中，将字体改为“楷体”，字号改为“小四”；将第一段选中，字体改为“华文彩云”，字号改为“小四”；将第四段选中，字体改为“仿宋”，字号改为“小四”。

（5）将第一段中的内容都选中，单击常用工具栏上的按钮，出现“颜色”工具栏，如图 3-2-8 所示。选中深红颜色，再将第二段中的“秀出本班风采”选中，同时添加深红颜色。

（6）将第一段中的“展现自我、张扬个性”和最后一段的“2009 年 12 月 15 日”选中，然后单击常用工具栏的U·按钮，出现“下划线”工具栏，如图3-2-9所示。之后为文字添加“波浪线”。

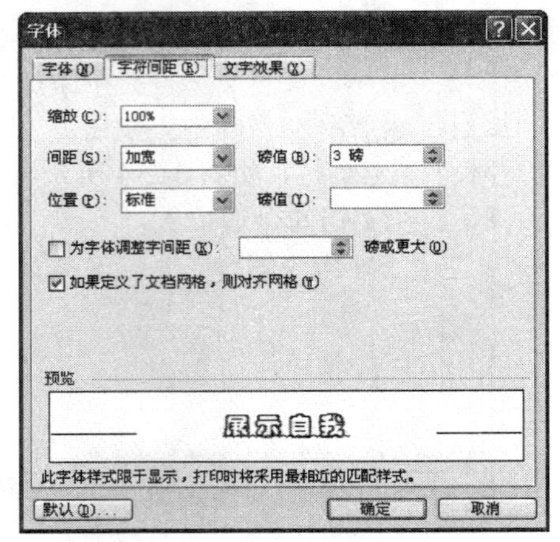

图3-2-6 “字体”对话框

图3-2-7 “字体”工具栏

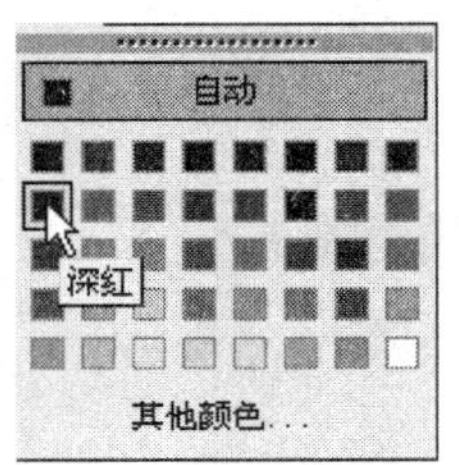

图3-2-8 “颜色”工具栏

图3-2-9 “下划线”工具栏

（7）先将所有文字全部选中，单击“格式→段落”命令，出现“段落”对话框，如图3-2-10所示。将“行距”改为“1.5倍行距”，然后单击“确定”按钮。

如果希望总是隐藏段落标记，可以单击“工具→选项→视图→格式标记”命令，取消“段落标记”复选框的选择。

（8）将第一段中的内容都选中，单击“格式→分栏”命令，出现“分栏”对话框，如图3-2-11所示。在“预设”中选中“两栏”，选中“分隔线”，然后单击“确定”按钮。

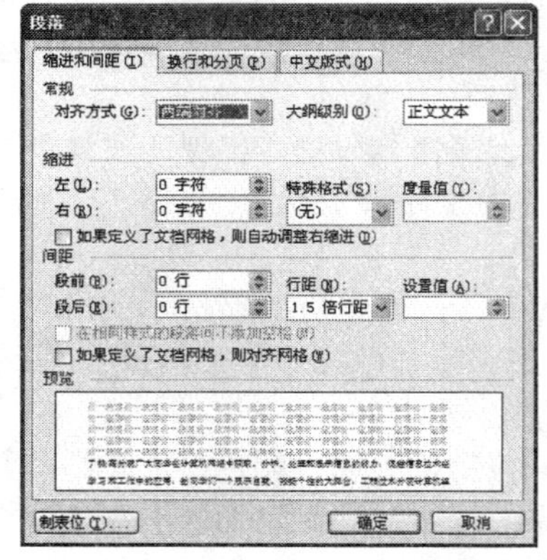

图3-2-10 “段落”对话框

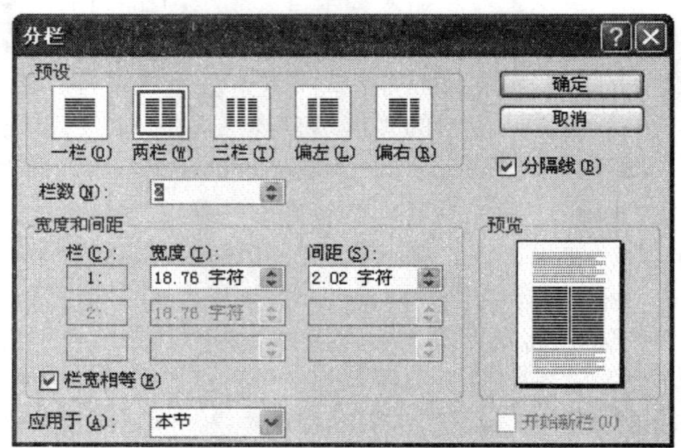

图3-2-11 “分栏”对话框

☞ 双击标尺上栏间距区域，会弹出“分栏”对话框。

（9）将第一段的第一个字选中，然后单击“格式→首字下沉”命令，出现“首字下沉”对话框，如图 3-2-12 所示。“位置”选择“下沉”，“字体”选择“华文彩云”，“下沉行数”选择为 2，然后单击“确定”按钮。

☞ 如果将编号转换成数字，可以先将选中带编号的段落复制，再选择“编辑→选择性粘贴”命令，选择“无格式文本”粘贴到新位置，标号就转换成正文了。

（10）将第四段的内容都选中，单击“格式→项目符号和编号”，出现“项目符号和编号”对话框，如图 3-2-13 所示。选中“项目符号”选项卡，选择五角星样式，然后单击“确定”按钮。

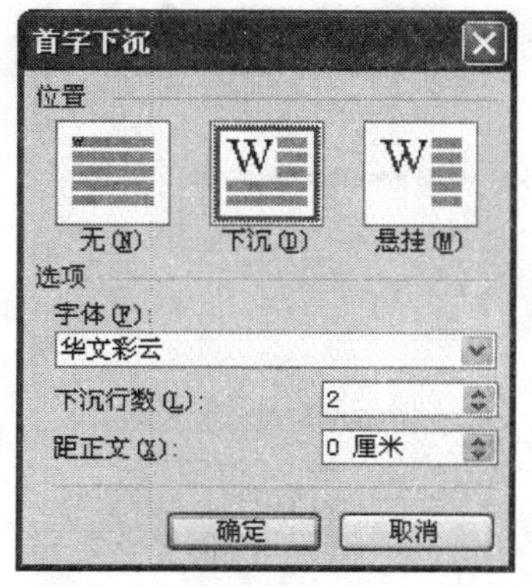

图 3-2-12 “首字下沉”对话框

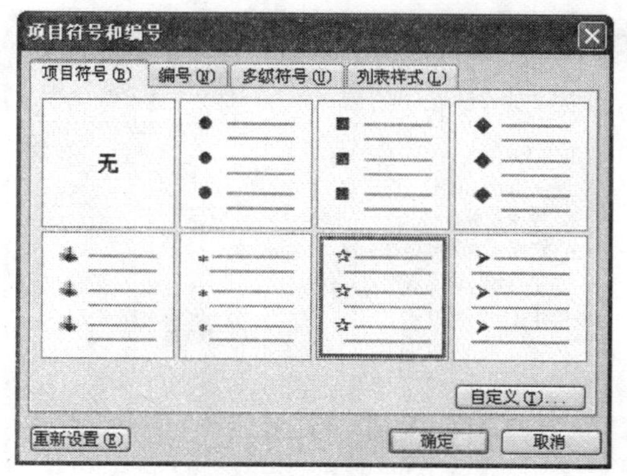

图 3-2-13 “项目符号和编号”对话框

3．插入图片

（1）插入图片。单击“插入→图片→来自文件”命令，出现“插入图片”对话框，如图 3-2-14 所示。选择想要插入的图片，然后单击“插入”按钮。

☞ 巧用“Alt”键协助快捷调整缩进，首先将插入点定位到要缩进的段落或行，按住“Alt”键的同时拖动鼠标左键，会发现标尺上出现了微小的移动，从而轻松实现精确缩进。

（2）对插入的图片单击右键，在弹出的快捷菜单中选择“设置图片格式”命令，出现“设置图片格式”对话框，如图 3-2-15 所示。选择“版式”选项卡，“环绕方式”选择“四周型”，然后单击“确定”按钮。

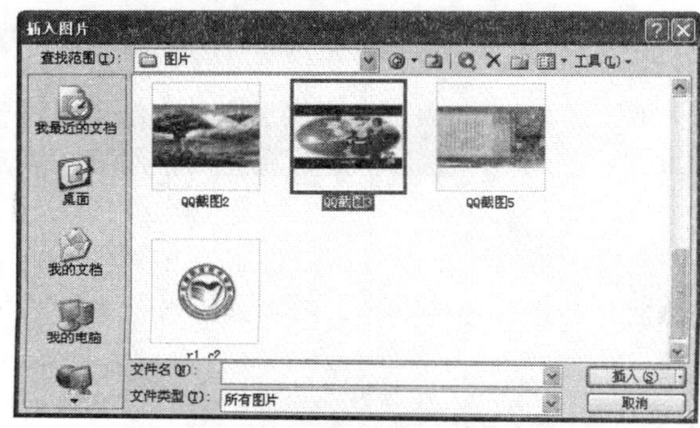

图 3-2-14 “插入图片”对话框

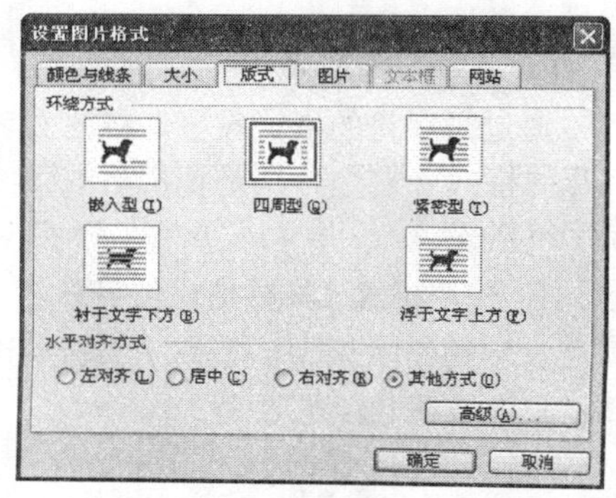

图 3-2-15 “设置图片格式”对话框

（3）将三幅图片放在适当的位置，然后保存文档。

4．绘制表格

（1）单击“表格→插入→表格”命令，出现“插入表格”对话框，如图 3-2-16 所示。将“列数”改为 5，“行数”改为 4，然后单击“确定”按钮。这时在页面上出现了 4 行 5 列的表格。

有一个快速打开“页面设置”的技巧，即用鼠标双击视图中的“标尺”区域。

（2）选择插入的表格，然后单击“表格→表格自动套用格式”命令，出现“表格自动套用格式”对话框，如图 3-2-17 所示。在“表格样式”中选择“列表型 8”，其他默认，然后单击“应用”按钮。

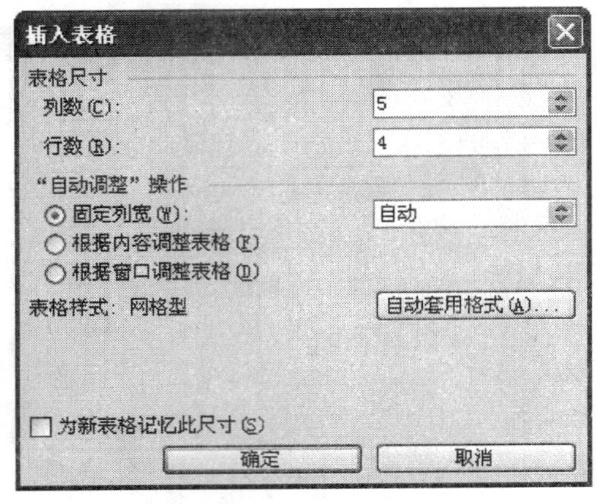

图 3-2-16 “插入表格”对话框

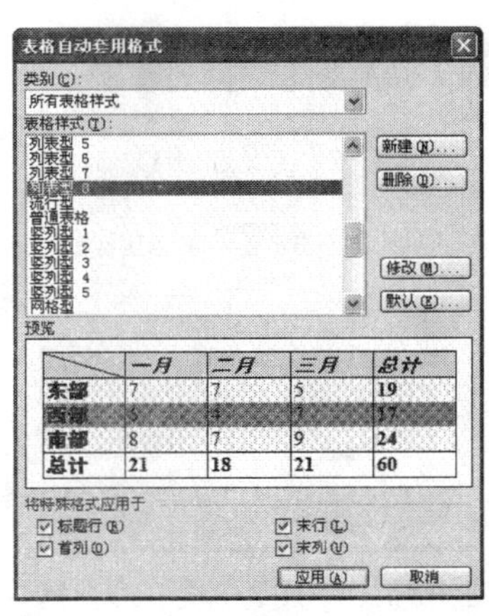

图 3-2-17 “表格自动套用格式”对话框

（3）再次选择插入的表格，单击右键，在“单元格对齐方式”中选择“中部居中”。按照样文输入相应的文字。

（4）将表格的每行行宽加宽，然后选中表格，单击右键，选择“平均分布各行”。

（5）将文档排版后，单击“文件→保存”命令。

四、相关知识与技能

Word 2003 有一个重要功能就是制作精美、专业的文档，它不仅提供了多种灵活的格式化文档的操作，而且还提供了多种修改及编辑文档格式的方法，从而使文档更加美观，赏心悦目。

（一）字符格式化

通过对字符的格式设置，将使文字的效果更加突出。Word 为用户提供了三种方法用以设置字符的格式。它们分别是使用格式工具栏进行设置、利用字体对话框进行设置及使用格式刷复制字符格式。

1．使用格式工具栏格式化字符

对字符格式化时，必须先选择操作对象，然后才能进行各种操作。图 3-2-18 为“格式”工具栏，各铵钮功能见表 3-2-1。

图 3-2-18 “格式”工具栏

表 3-2-1　“格式”工具栏按钮功能表

工 具 图 标	功　　能
正文 + 首行缩	显示现有的可用样式
宋体	设置字体（可从下拉列表中选择需要的字体）
五号	设置字号（可从下拉列表中选择需要的字号）
B	设置或取消粗体
I	设置或取消斜体
U	设置或取消下划线（可从下拉列表中选择需要的下划线及颜色）
A	设置或取消方框
A	设置或取消底纹
ab	设置突出显示（可从下拉列表中选择突出显示的颜色）
A	设置字符颜色（可从下拉列表中选择字符颜色）

（1）设置字体。常用的中文字体有宋体、楷体、黑体、隶书等。一般情况下，书籍的正文用宋体，显得较正规；一些标题用黑体，起到强调作用。一段文字中可以使用不同的字体。

选定要修改的文字，在“格式”工具栏上单击“字体” 宋体 框下拉列表中所需字体的名称。如果是英文字符，则选择英文字体，如图 3-2-19 所示。

（2）设置字号。汉字的大小用字号来指定，字号从初号、小初号、……直到八号，对应的文字越来越小。一般情况下，书籍的正文用五号字。英文的大小用“磅”的数值表示，1 磅等于 1/12 英寸，数值越大表示的英文字符越大。

选定要修改的文字，在“格式”工具栏上的“字号”列表框内，键入或单击一个字号或磅值，例如，单击“小二”或键入“12”，如图 3-2-20、图 3-2-21 所示。

图 3-2-19　选择英文字体

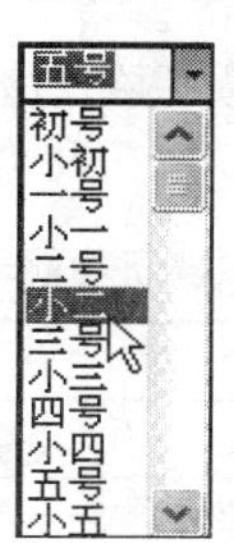

图 3-2-20　选择字号

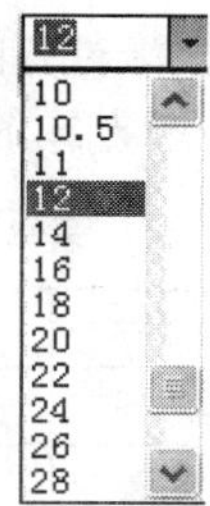

图 3-2-21　选择英文字号

（3）设置字符的其他格式。利用“格式”工具栏还可以设置字符的“加粗”、“斜体”、“下划线”、“字符底纹”和“字符边框”等格式。

2．利用字体对话框格式化字符

选定要修改的文字，单击“格式→字体”菜单命令，出现“字体”对话框，如图 3-2-22 所示。在“字体”对话框中的三个选项卡中对字符格式进行设置。

3．使用格式刷复制字符格式

在格式化文本时，常常需要将某些文本、标题的格式复制到文档中的其他地方。这时，使用格式刷复制格式会很方便，不用再对文档中的其他地方进行格式设置。

具体做法是：先选中已设置好格式的文本，然后单击“常用”工具栏上的“格式刷”按钮，此时鼠标指针变为“♙I”，再拖动鼠标选中欲设置相同格式的文字即可。

图 3-2-22 “字体”对话框

4. 设置首字下沉

首字下沉是将一段文字的第一个字放大从而达到醒目的效果。设置方法如下：

（1）把光标置于要设置该效果的段落。

（2）单击“格式→首字下沉”命令，打开“首字下沉”对话框。

（3）在对话框中设置首字下沉的“位置”、“字体”、“下沉行数”及“距正文的距离”。

（二）段落格式化

段落是指以“Enter”键为结束的文本。它是构成整个文档的骨架，是文字、图形或其他对象的集合。

1. 设置段落对齐

Word 2003 中段落对齐的方式有很多种，如两端对齐、居中对齐、右对齐、分散对齐等。表 3-2-2 显示了各种对齐方式的名称、功能、图标按钮及快捷键。

表 3-2-2 “格式”工具栏按钮功能表（段落格式化）

图标按钮	名称	功能	快捷键
	两端对齐	所选段落的左、右两边与左右边距均对齐	Ctrl+J
	居中对齐	所选文本居中，左、右两边参差不齐	Ctrl+E
	右对齐	所选文本右对齐，左边参差不齐	Ctrl+R
	分散对齐	所选行左、右两边均对齐，使文字平均分布	Ctrl+Shift+D

2. 设置段落缩进

段落缩进是指段落中的文本与页边距之间的距离。段落缩进包括左缩进、右缩进、首行缩进及悬挂缩进。

（1）用水平标尺设置缩进。水平标尺是横穿文档窗口顶部并以度量单位（如英寸）作为刻度的水平标尺栏。

用水平标尺设置段落缩进，首先选定要缩进的段落。如果看不到水平标尺，请单击“视图”菜单中的“标尺”选项，然后在水平标尺上，将“左缩进”、“右缩进”、“首行缩进”、“悬挂缩进”标记拖动到希望的位置。

下列方法可实现用水平标尺设置左、右缩进。

①将光标移到需要设置缩进的段落中。

②拖动水平标尺左端的“首行缩进”标记▽，可改变文本第一行的左缩进；拖动“左缩进”标记，可改变该段中所有文本的左缩进；拖动“右缩进”标记，可改变所有文本的右缩进。

（2）用菜单设置缩进。更精确地设置缩进，可以选择“缩进和间距”。单击“格式→段落”菜单命令，出现“段落”对话框，如图 3-2-23 所示。选择“缩进和间距”选项卡，在“缩进”下的“特殊格式”列表中，单击“首行缩进”，然后设置其他所需选项。

3．设置段落间距

段落间距是指行与行、段与段之间的距离。在默认情况下，Word 采用单倍行距。设置段落间距的方法如下：

将光标移到需要进行设置的段落中，单击“格式→段落”菜单命令，出现“段落”对话框如图 3-2-23 所示。选择“缩进和间距”选项卡，在“间距”选项的“段前”和“段后”框中键入所需间距值，在“行距”框中选择所需行距值。

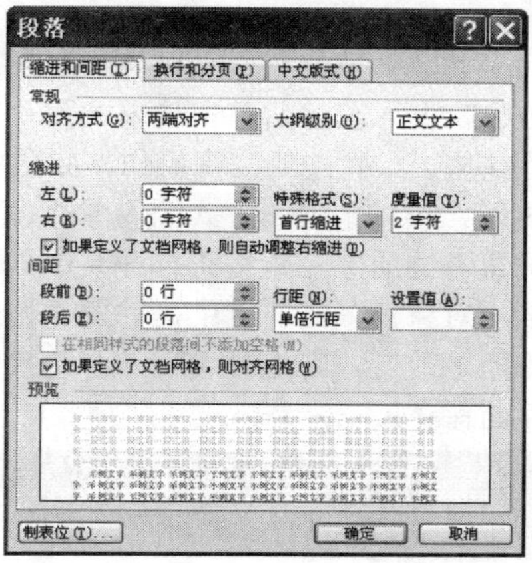

图 3-2-23　“段落”对话框

（三）设置分栏

分栏中的文本在同一页面上从一栏排至下一栏。分栏操作首先要切换到页面视图。设置分栏的方法如下：

选择要在栏内设置格式的文本，在“常用”工具栏上，单击“分栏”按钮，拖动以选择所需的栏数。更精确地设置分栏，可单击“格式→分栏”菜单命令，在“分栏”对话框中进行设置。

例如，设置段落分栏，其方法为：

①在页面视图下，选定要设置分栏的文本。

②单击“格式→分栏”菜单命令，出现“分栏”对话框如图 3-2-24 所示。

③如果栏数小于等于 3，可在“预设”选项区内选择分栏方案；当栏数大于 3 时，可在“栏数”数值框中输入所设的数值。

④在“宽度和间距”选择区，可设置栏宽、栏与栏的间距、各栏的宽度；同时还可以设置分栏的应用范围以及分隔线。

⑤单击“确定”按钮。

图 3-2-24　“分栏”对话框

需要注意的是，在设置分栏时，如果选定的是文档的一部分，而不是一整段，选定的文本内容自动成为一节。如果要将设置的分栏删除，则将栏数设置为“一栏”即可。

（四）插入图片

1．插入图片

在 Word 中使用图形的另一种方式是从外部插入图片。这里的图片一般是来自外部的图片，也就是指用户使用的一些图像处理软件（如 Photoshop、Freehand、和 CoreDraw 等）绘制的图形，或者拍摄的数码照片、扫描输入的图形以及用抓图工具捕捉的图形。例如，本书中的图就是用抓图工具捕捉的图形，然后插入到 Word 文档中的。

（1）在文档中确定好插入点的位置，然后单击“插入→图片→来自文件”命令，或者单击“绘图”工具栏上的“插入图片”按钮，打开“插入图片”对话框，如图 3-2-25 所示。

（2）先在“查找范围”下拉列表框中找到图片文件保存的位置，然后在文件列表框中选中要插入的文件。

（3）单击“插入”按钮就可以将所选图片插入到 Word 文档中。图 3-2-26 所示为插入图片后的效果。插入图片后单击选中此图片，此时会自动显示“图片”工具栏，用该工具栏可以进行图片裁剪、设置透明度等操作，如图 3-2-26 所示。

提示：要以链接的方式插入图片，可在如图 3-2-25 所示的“插入图片”对话框中单击“插入”按钮右侧的下三角按钮打开菜单，选择其中的“链接文件”命令即可。这样该图片就作为一个链接对象插入到文档中，并随文档保存。以后原位置的图片进行修改后，文档中插入的图片也将随之改变。若选择“插入和链接”命令，则该图片以链接的方式插入文档，并可以随文档保存而保存。

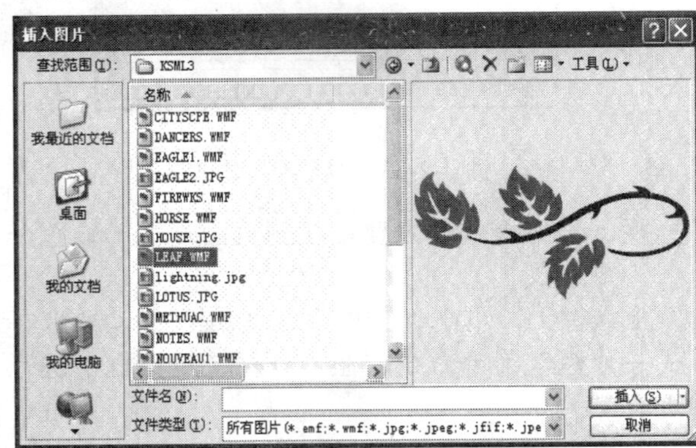

图 3-2-25 “插入图片”对话框

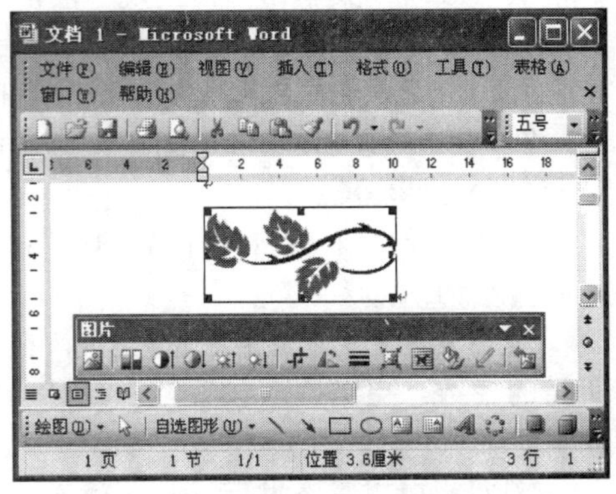

图 3-2-26 插入图片后的效果

2．缩放图片

使用两种方法可以改变图形的大小，它们分别是：

（1）使用鼠标。选中插入的图片，此时图片四周会显示八个控制点，将鼠标置于要缩放的控制点上，待指针变成双向箭头时，拖动该控制点即可调整图片的大小。此种方法通常在对图片大小精确度要求不高的情况下使用。

（2）使用“设置图片格式”对话框。

①双击已经插入的图片，出现“设置图片格式”对话框，如图 3-2-27 所示。

②从“大小”选项卡中的“原始尺寸”区域中可获知图片的原始尺寸。

③在“尺寸和旋转”、“缩放”编辑框中输入适合的高度、宽度和缩放比例。

④单击“确定”按钮。

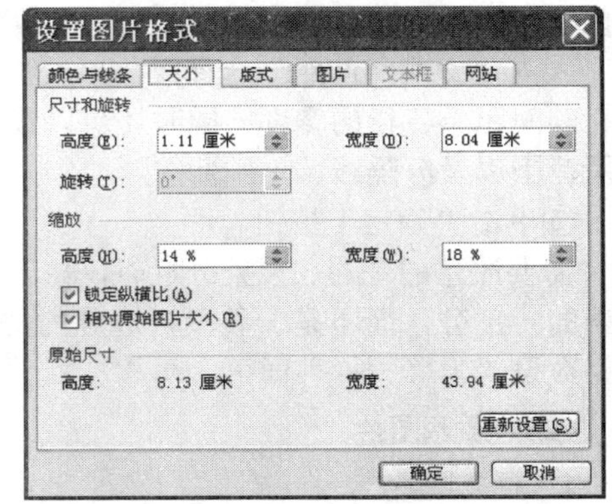

图 3-2-27 “设置图片格式”对话框

此种方法通常在对图片大小、位置要求精确

度高的情况下使用。

3．裁剪图片

选中要裁剪的图片，此时图片四周会显示八个控制点，在“图片”工具栏上单击“裁剪”按钮，然后用鼠标从图片的一个控制点开始拖动，则出现在虚线框以内的是要保留的部分，其余部分将被剪掉。

4．设置图片的环绕方式

为了确定图片和文字的相对位置，可以设置图片的环绕方式。方法如下：

（1）选择要设置文字环绕方式的图片。

（2）单击“图片”工具栏上“文字环绕”按钮，弹出“文字环绕”菜单，如图 3-2-28 所示。

（3）在菜单中选择用户需要的文字环绕方式。

嵌入型(I)
四周型环绕(S)
紧密型环绕(T)
衬于文字下方(D)
浮于文字上方(N)
上下型环绕(O)
穿越型环绕(H)
编辑环绕顶点(E)

图 3-2-28 “文字环绕”菜单

（五）项目符号和编号

1．自动编号

自动识别输入：当输入“1.”，然后输入项目，回车，下一行就出现了一个“2.”，如果认为输入的是编号，就会调用编号功能，设置起编号来很方便。不想要这个编号，按一下“Backspace”键，编号就消失了。

2．项目符号

设置项目符号：选定要设置项目符号的段落，单击“格式→项目符号和编号”菜单命令，打开“项目符号和编号”对话框，在“项目符号”选项卡中，如图 3-2-29 所示，选择一个喜欢的项目符号，然后单击“确定”按钮，就可以给选定的段落设置一个自选的项目符号了。

自定义项目符号：打开“项目符号和编号”对话框，选择一个项目符号的样式，单击“自定义”按钮，打开“自定义项目符号列表”对话框，如图 3-2-30 所示。单击“项目符号”按钮，打开“符号”对话框，从“字体”列表中选择一种字体，然后选择一个符号，单击“确定”按钮，回到“自定义项目符号列表”对话框，单击“确定”按钮，就可以把刚才选中的符号作为项目符号了。

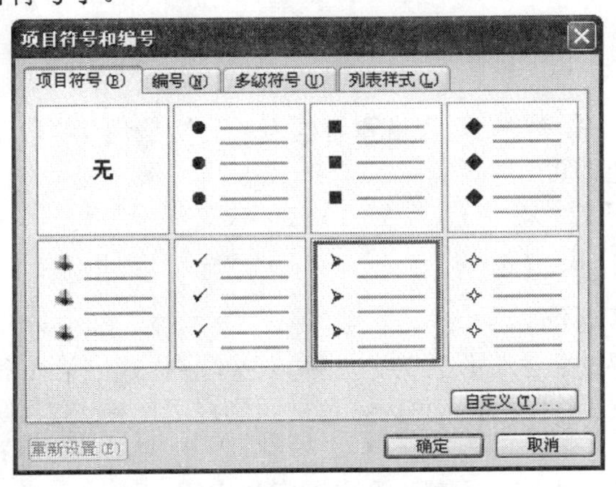

图 3-2-29 “项目符号”选项卡

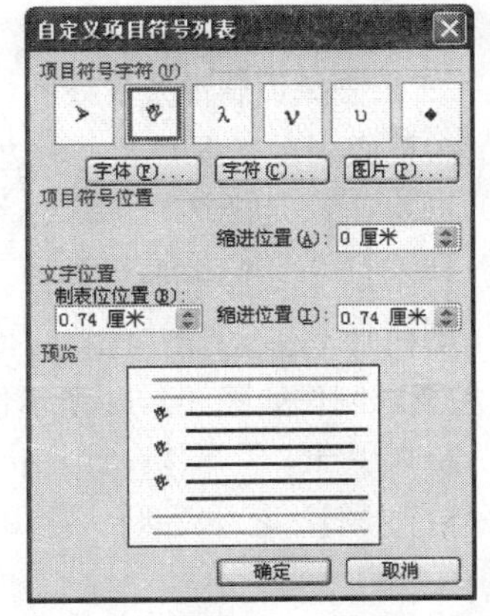

图 3-2-30 “自定义项目符号列表”对话框

3．编号设置

单击“格式→项目符号和编号”菜单命令，打开“项目符号和编号”对话框，选择“编号”

选项卡，如图 3-2-31 所示。在这里选择需要的编号。

选择一种编号，单击“自定义”按钮，打开“自定义编号列表”对话框，如图 3-2-32 所示。从“编号样式”下拉列表框中选择中文的“一，二，三...”，在上面的“编号格式”的输入框中就出现了用户选择的样式，在后面输入一个顿号，将括号删除；从下面的预览框中可以看到设置的效果。单击“字体”按钮，打开“字体”对话框，将“中文字体”设置为“楷体”，单击“确定”按钮，回到“自定义编号列表”对话框，可以看到编号的字体已经变成楷体了。

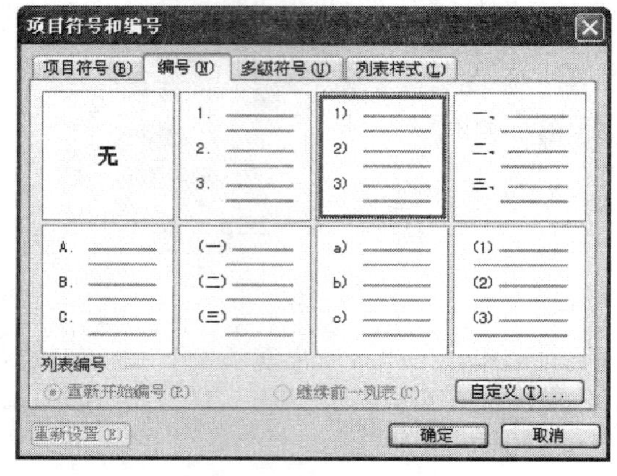

图 3-2-31 “编号”选项卡

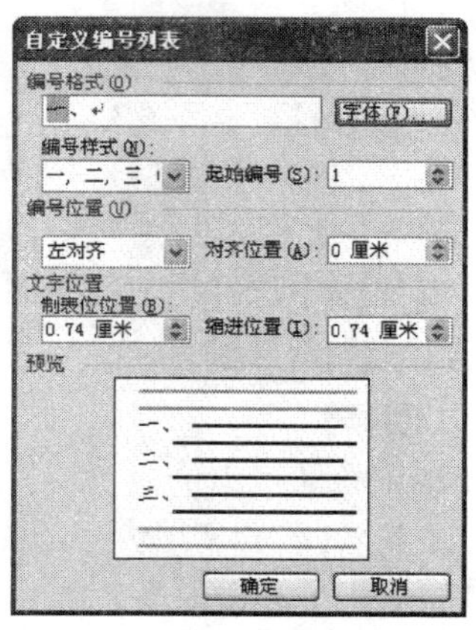

图 3-2-32 “自定义编号列表”对话框

五、技巧与提高

（一）将表格上下一分为二

首先，将光标定位到要分开的表格的某一行上，然后按下“Ctrl+Shift+Enter”组合键。这时，表格的中间就自动地插入了一个空行，与此同时也就实现了将一个表格一分为二的目的。

（二）表格的垂直分割

选中分割处的那一列，然后右击该列，在弹出的快捷菜单中单击“边框和底纹”命令，选择“边框”选项卡，在预览区中取消该列的顶边框、中边框和底边框，然后单击“确定”按钮。

（三）三招去掉页眉那条横线

（1）在页眉中，单击“格式→边框和底纹”命令，设置表格和边框为“无”，应用于“段落”。

（2）同上，只是把边框的颜色设置为白色即可。

（3）在“样式”栏里把“页眉”换成“正文”就行了。

六、创新作业

1．按要求制作如图 3-2-33 所示作品。要求如下：

（1）设置艺术字。标题“中国才将是世界的赢家”设置为艺术字。艺术字样式：第 1 行第 3 列；字体：隶书；艺术字形状：山形；填充：艺术字填充色为白色；阴影：阴影样式 2；阴影颜色：紫罗兰。

（2）设置分栏。将正文分成两栏，且分栏点设在“无赖”和“国家”中间。

（3）设置字体字号。“小米”、“步枪”黑体三号字；“飞机”、“大炮”华文行楷四号字；“加”、“和”华文彩云小三号字。

（4）设置边框（底纹）。“飞机”、“大炮”设置字符边框；“算盘子制造出两弹一星”下划线（波浪线）；“出路”着重号；“搞经济，抓国防。”设置字符底纹。

（5）插入图片。插入剪贴画，图片大小为高 2 厘米；宽 2.5 厘米。

2．按要求制作如图 3-2-34 所示作品。要求如下：

（1）设置艺术字。标题“六书齐备”设置为艺术字，艺术字样式：第 3 行第 5 列；字体：华文新魏、40 号、加粗；艺术字形状：波形 1；填充：艺术字填充色为双色（蓝色和淡蓝）；阴影：阴影样式 5；阴影颜色：橙色；适当地调整艺术字的位置。右下角艺术字“甲骨文”设置为艺术字，字体：楷体、32 号、加粗；艺术字形状：倒 V 形；填充：黑色。以上两种艺术字的版式都为四周型。

（2）设置分栏。将第一段分成两栏，且分栏点设在“疑”和“的”中间。

（3）设置字体字号。“历史学家”华文楷体、小二号字、加粗；“甲骨文”宋体、小三、倾斜。

（4）设置边框（底纹）。“六书齐备”双下划线；“如纳粹的标记”设置字符底纹。

（5）设置首字下沉。第二段“某”字设置首字下沉 2 行，字号为一号。

（6）插入自选图形。插入自选图形并添加文字，适当地调整自选图形的大小和位置。

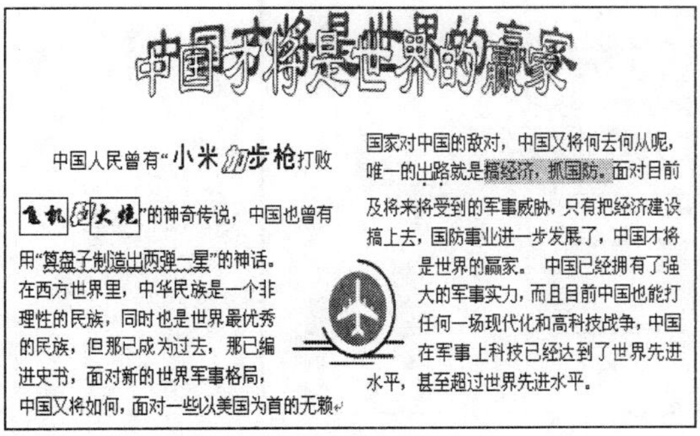

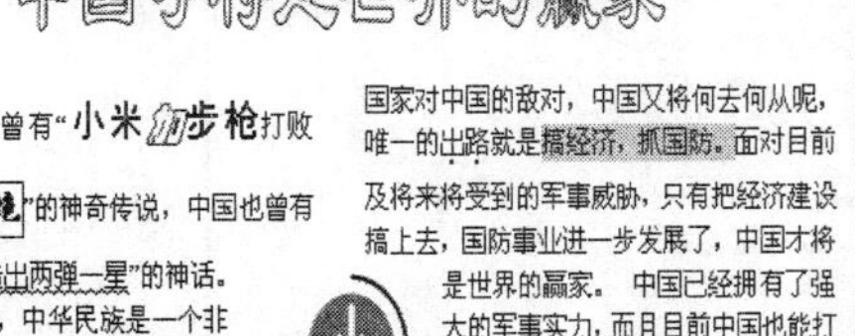

中国才将是世界的赢家

中国人民曾有“小米加步枪打败飞机和大炮”的神奇传说，中国也曾有用“算盘子制造出两弹一星”的神话。在西方世界里，中华民族是一个非理性的民族，同时也是世界最优秀的民族，但那已成为过去，那已编进史书，面对新的世界军事格局，中国又将如何，面对一些以美国为首的无赖国家对中国的敌对，中国又将何去何从呢，唯一的出路就是搞经济，抓国防。面对目前及将来将受到的军事威胁，只有把经济建设搞上去，国防事业进一步发展了，中国才将是世界的赢家。中国已经拥有了强大的军事实力，而且目前中国也能打任何一场现代化和高科技战争，中国在军事上科技已经达到了世界先进水平，甚至超过世界先进水平。

图 3-2-33　图文混排作业 1

六书齐备

某些历史学家以中国某些原始社会遗址中发现的刻划符号为依据，认为中国在商朝建立前就存在文明是不容置疑的。实际上中国那些商朝建立前的刻划符号根本谈不上是真正意义上的文字，很可能只是用来计数的，或者是具有某种特殊意义的符号（如纳粹的标记）。

某些历史学家以甲骨文六书齐备为由认为甲骨文不是中国最早的文字，但实际上任何真正意义上的文字，包括 5500 年前的两河象形文字，刚产生时都是六书齐备的。可以说，六书齐备是一个真正意义上的文字刚产生时的普遍特点，并不神奇。如果以此为由，将那些刻划符号都算作文字的话，古埃及和两河甚至世界其它地方的某些部落遗址，都将拥有六七千年甚至更久的文字史。

六书齐备是一个真正意义上的文字刚产生时的普遍特点

甲骨文

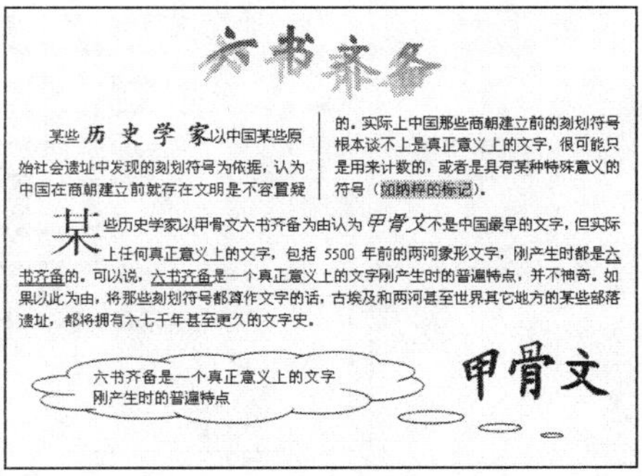

图 3-2-34　图文混排作业 2

3．以小组为团队，制作某种产品的宣传海报。要求如下：

（1）要求主题明确、版式合理、具有艺术性。

（2）要求运用 Word 中的文本框、插图等多种技巧对文档进行排版。

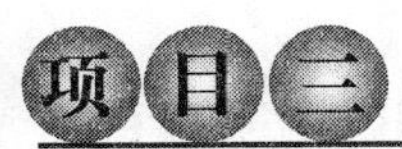

项目三

公司招聘简章制作——图文混排

一、项目描述

企业招聘简章是公司人事部门常用的一种办公文档，它在内容上是对公司及公司招聘人员和相关待遇的描述，但是为了在发布过程中引人注目，在制作的过程中就要注意除了在文本上表述清楚外，在版面的设置上应该清晰、醒目。制作如图 3-3-1 所示的公司招聘简章。

华东数控机床有限公司
Computer Numerical Control Machine

公司招聘

诚招各界前来应聘

我公司是以研制、生产数控机床、数控机床关键功能部件及普通机床为主营业务的高新技术企业。公司以重点发展高速、高精、多轴、复合、大型的数控机床为主营方向。抓住我国能源、交通、船舶、机械、冶金、航空航天、军工等行业对大型精密机床装备的迫切需求，实现公司规模和产业地位的飞跃。

公司现有员工1,300人，其中工程技术人员80人，专业管理人员130余人，技术工人1,090余人，企业占地面积24万平方米，建筑面积16万平方米。

招聘条件

☆ 专业要求：机电一体化、数控技术
☆ 具有大专以上文化程度，从事机械装配工作三年以上，或中专以上文化程度，从事机械装配工作五年以上，具有丰富的工作经验
☆ 若有机床行业实际工作经验，年龄可适当放宽为25—50岁
☆ 工作认真、负责，精益求精，每一个细微之处都能够力求完美
☆ 纪律性强，服从管理，执行力强，具有强烈的上进心和开拓进取精神

Welcome the presenec, may find the occupatino in here you which you need.

1 华东数控机床有限公司

经济技术开发区韩星道602号　电话：5468223

图 3-3-1　公司招聘简章

二、项目分析

在制作公司招聘简章时，基本包括公司名称、对公司基本的介绍、招聘的条件等。Word 各种工具栏的强大功能，可以使学生轻易完成复杂图文混排的制作。运用艺术字来设置主题，以便突出主题，在其中间插入图、页眉和页脚等以增加整体的视觉效果，使人能一目了然。

三、项目实现方法与步骤

1．设置文字格式

（1）设置页眉、页脚。新建空白文档，单击“视图→页眉和页脚”命令，出现“页眉和页脚”工具栏，如图 3-3-2 所示。为在页眉里插入剪贴画，单击“插入→图片→剪贴画”命令，出现“剪贴画”窗格，然后单击“管理剪辑...”，出现“剪辑管理器”对话框，如图 3-3-3 所示。选择标志类的图片，在此图片上单击右键，在弹出的快捷菜单中选择“复制”命令，然后将图片粘贴到相应的位置。

图 3-3-2　“页眉和页脚”工具栏

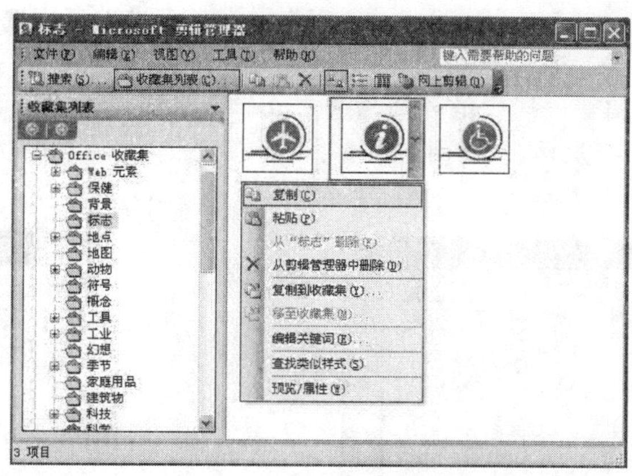

图 3-3-3　“剪辑管理器”对话框

（2）在图片的旁边写上文字及英文，将文字及英文选中，单击“格式→中文版式→双行合一”命令，出现“双行合一”对话框，如图 3-3-4 所示。调整好文字与英文间的位置，然后单击“确定”按钮。

选中华东数控机床有限公司 Computer Numerical Control Machine，单击“格式→字体”命令，在“字体”对话框中，选择“字符间距”选项卡，将“位置”改为“提升”，“磅值”改为“10 磅”，如图 3-3-5 所示。

（3）单击常用工具栏上的居中按钮，将文字及图片同时居左。然后再在“页眉和页脚”的工具栏上单击“在页眉和页脚间切换”按钮，这时就切换到页脚，在页脚里写上如图 3-3-1 中的文字，让其居右，最后再单击“关闭”按钮。

有时打开别人传来的文档，发现里面含有自己计算机中尚未安装的字体。如果打开的文档中包含这样的字体，Word 会将字体替换为机器中已安装的字体。如何来控制要替换的字体呢？方法：单击“工具栏”菜单中的“选项”命令，再单击“兼容性”选项卡。在该选项卡中单击“字体替换”按钮。在“字体替换”下，在“文档所缺字体”中选择所缺少的字体名称。在“字体替换”列表框中，选择用以替换的另一种字体，再单击两次“确定”，系统就会按要求进行字体的转换。

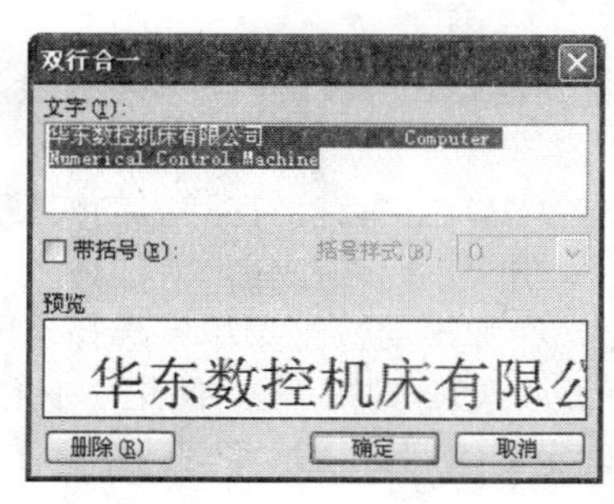

图 3-3-4　“双行合一”对话框

图 3-3-5　“字体”对话框

（4）设置分栏。将文字库中的文字复制粘贴到文档中，将第一段选中，然后单击“格式→

分栏”命令，出现“分栏”对话框，如图 3-3-6 所示。在“预设”栏中选择“偏左”，选中“分割线”复选框，然后单击“确定”按钮。

（5）设置首字下沉。将第一段中的“我”选中，单击“格式→首字下沉”命令，出现“首字下沉”对话框，如图 3-3-7 所示。选择位置为“下沉”，字体为“楷体”，下沉行数为“2”，然后单击“确定”按钮。

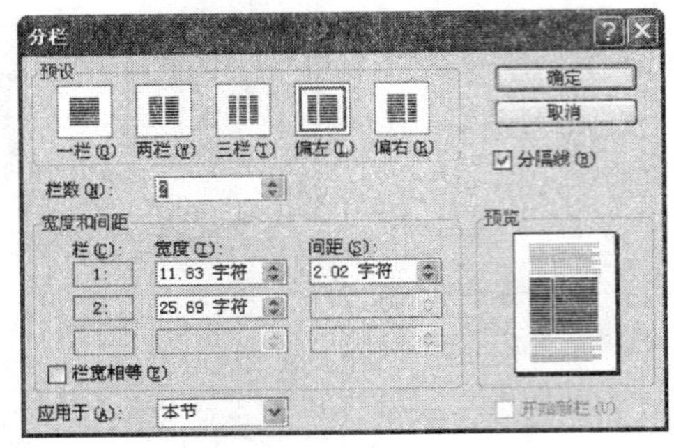

图 3-3-6 “分栏”对话框

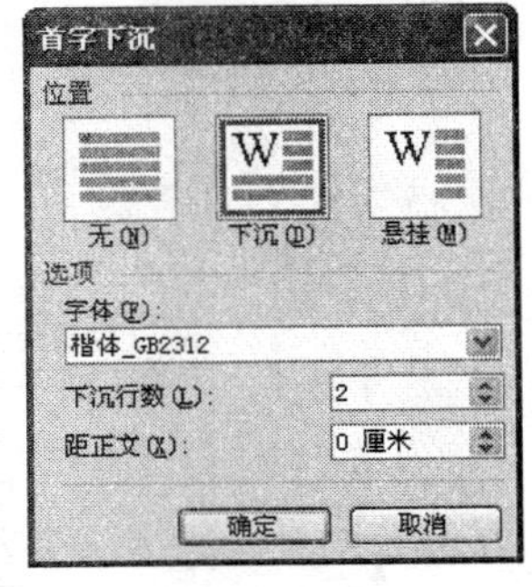

图 3-3-7 “首字下沉”对话框

（6）设置字体。将第一段中的“重点”选中，单击右键，在弹出的快捷菜单中选择“字体”命令，在“着重号”上选择“ •”，然后单击“确定”按钮。

（7）将第一段中的“高速”选中，单击“格式→边框和底纹”命令，出现“边框和底纹”对话框，如图 3-3-8 所示。在“边框”选项卡中，选择“方框”，线型选择第五种虚线，然后单击“确定”按钮。

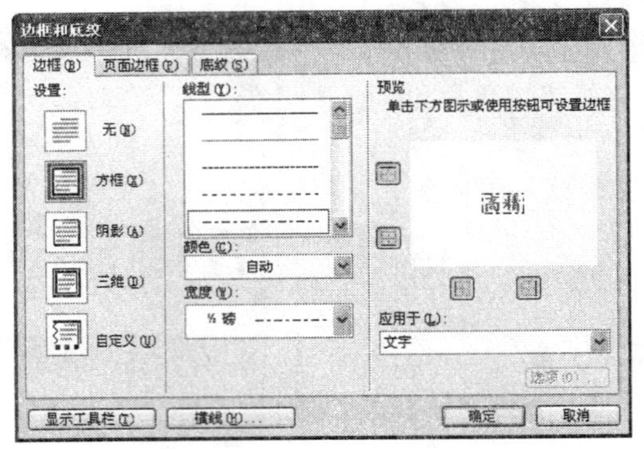

图 3-3-8 “边框和底纹”对话框

再次选中“高速”，然后单击常用工具栏中的格式刷，将其他要加虚线边框的文字刷上同样的格式。

（8）将最后一句“实现公司规模和产业地位的飞跃”选中，单击右键，在弹出的快捷菜单中选择“字体”命令，在“下划线型”上选择波浪线，然后单击“确定”按钮。

（9）设置段落。将文档中的第二段选中，然后单击右键，在弹出的快捷菜单中选择“段落”命令，出现“段落”对话框，如图 3-3-9 所示。在“缩进和间距”选项卡中，将“间距”中的“段前”0 行改成 12 磅，行距改成“1.5 倍行距”，然后单击“确定”按钮。再次将其选中，单击常用工具栏上“倾斜”按钮，使字形变成倾斜。

（10）设置边框和底纹。将文档中的第二段选中，然后单击“格式→边框和底纹”命令，出现“边框和底纹”对话框。在“边框”选项卡中，将边框设置为“阴影”，将线型颜色设置为“金色”；在“底纹”选项卡中，将底纹填充为“白色”，然后单击“确定”按钮。

（11）设置脚注和尾注。将光标放在第二段第一个字的前面，然后单击“插入→引用→脚注和尾注”命令，出现“脚注和尾注”对话框，如图 3-3-10 所示。选中“脚注”这个单选钮，其他设置默认，然后单击“插入”按钮，之后在页面底端出现一条横线，在横线的下方写上注释的文字。

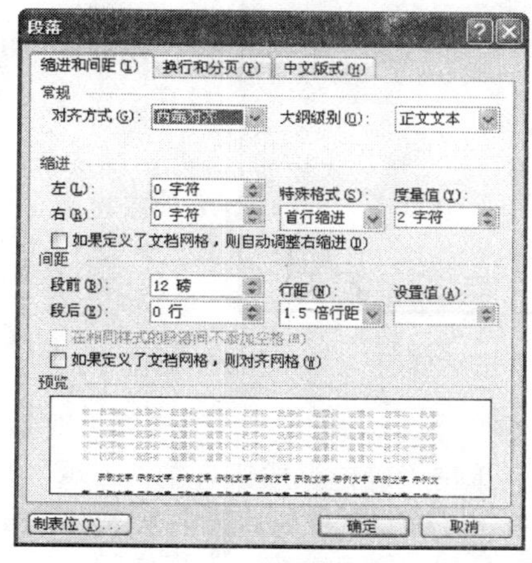

图 3-3-9 “段落”对话框

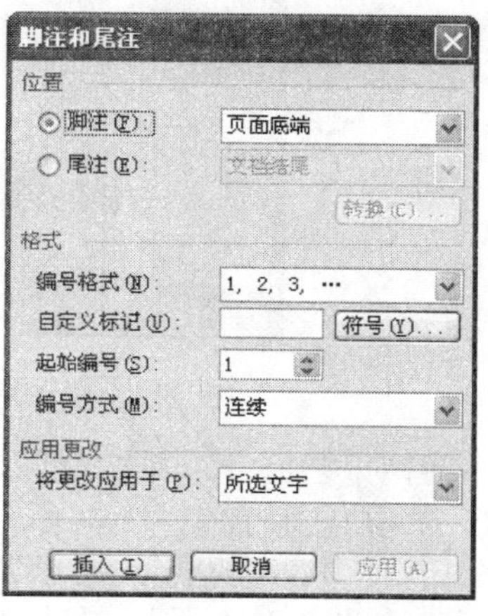

图 3-3-10 “脚注和尾注”对话框

（12）设置查找、替换。单击“编辑→查找”命令，出现“查找和替换”对话框，如图 3-3-11 所示。在“替换”选项卡中，查找内容写上“员”字，在替换内容上写上“员”字，单击“高级”按钮，这时出现替换的“格式”按钮，将替换内容中的“员”字选中，单击“格式”按钮，选择“字体”，出现“字体”对话框，将文字的颜色设置为红色，然后单击“确定”按钮，回到“查找和替换”对话框中，单击“全部替换”按钮，即可实现全部的替换。

（13）设置项目符号和编号。将招聘条件中的五个条件都选中，然后单击“格式→项目符号和编号”命令，出现“项目符号和编号”对话框，如图 3-3-12 所示。单击“项目符号”选项卡，选择如图 3-3-12 所示的项目符号，然后单击“确定”按钮。

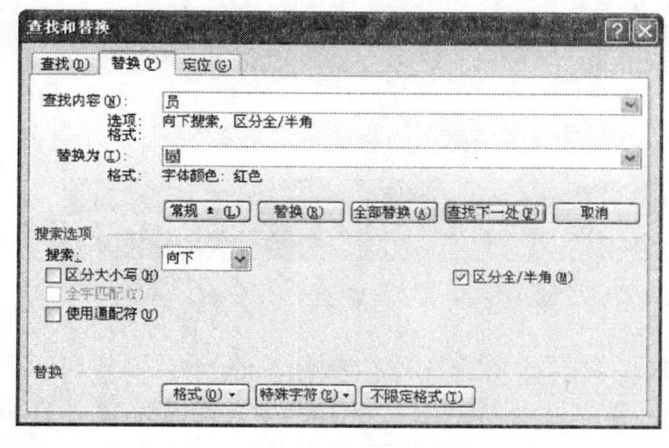

图 3-3-11 “查找和替换”对话框

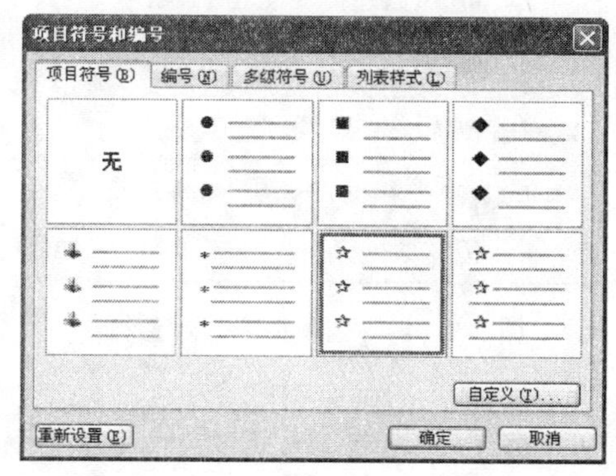

图 3-3-12 “项目符号和编号”对话框

2．设置图形格式

（1）插入图片。单击“插入→图片→来自文件”命令，出现“插入图片”对话框，如图 3-3-13

所示。找到名称为“景”的图片，然后单击“插入”按钮。

选中该图片，这时出现“图片”工具栏，单击“文字环绕”命令，选择“四周型环绕”，然后将图片放在如图 3-3-1 所示的位置。

图 3-3-13 “插入图片”对话框

（2）设置两个艺术字。单击“插入→图片→艺术字”命令，出现“艺术字库”对话框，如图 3-3-14 所示。在艺术字库中选中第一行第三列，然后单击“确定”按钮。在“编辑‘艺术字’格式”中写上文字“公司招聘”，其他设置默认，然后单击“确定”按钮。选中艺术字，出现“艺术字”工具栏，如图 3-3-15 所示。在其工具栏上单击按钮，使横排的文字变成竖排，再在“文字环绕”中选择“四周型环绕”，最后将艺术字放在适当的位置上。

单击“插入→图片→艺术字”命令，在艺术字库中选中第三行第四列，然后单击“确定”按钮。在“编辑‘艺术字’格式”中写上文字“招聘条件”，字体设为“隶书”，其他设置默认，然后单击“确定”按钮。选中艺术字，出现“艺术字”工具栏，在工具栏上单击“文字环绕”中选择“四周型环绕”，最后将艺术字放在适当的位置上。

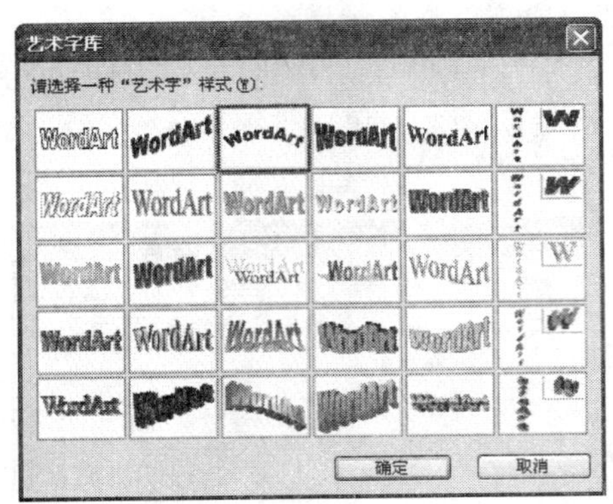

图 3-3-14 “艺术字库”对话框

图 3-3-15 “艺术字”工具栏

（3）设置三个自选图形。单击“绘图”工具栏中的“自选图形”按钮，选择“星与旗帜”中的“八角星”，如图 3-3-16 所示，然后在相应的位置处画出图形，将其选中并单击右键，在弹出的快捷菜单中选择“设置自选图形格式”，出现“填充效果”对话框，如图 3-3-17 所示。选择“渐变”选项卡，在“颜色”栏中选择“双色”，第一种颜色选择白色，第二种颜色选择酸橙色；在“底纹样式”中选择“中心辐射”，单击“确定”按钮。

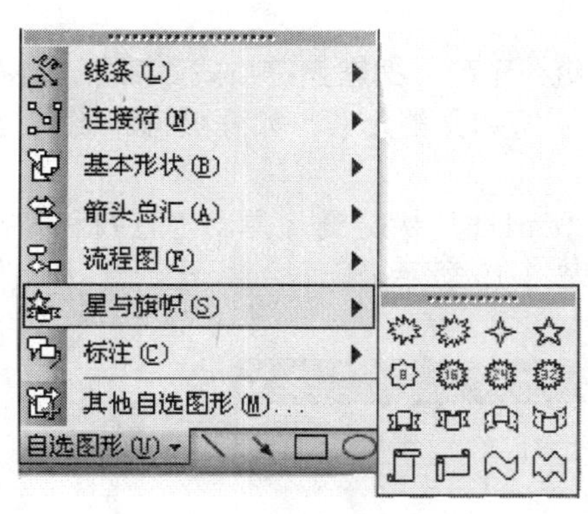

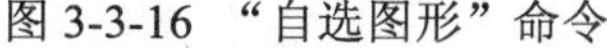
图 3-3-16 “自选图形”命令

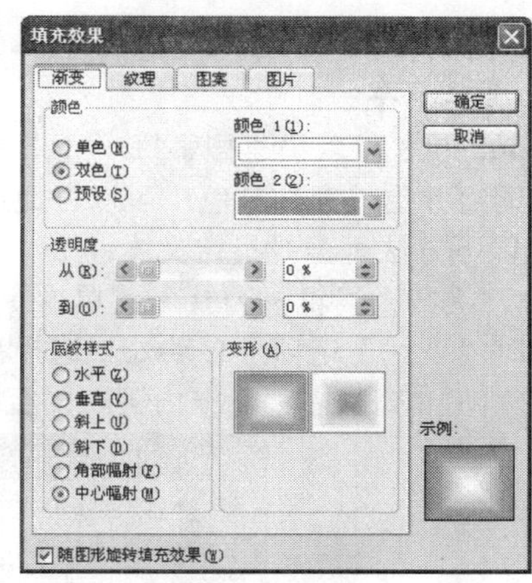

图 3-3-17 “填充效果”对话框

选中八角星，单击右键，在弹出的快捷菜单中选择“添加文字”命令，然后在图形的上面写上“诚招各界前来应聘”，设置字体为“华文仿宋”，字号为“小四”，字形为“加粗”，字体颜色为“褐色”，效果为“阳文”。

单击“自选图形→星与旗帜→爆炸型 2”命令，然后在相应的位置处画出图形，将其选中后单击右键，在弹出的快捷菜单中选择“设置自选图形的格式”，在“颜色与线条”选项卡中，将其填充为“茶色”，线条颜色设为“无线条颜色”，然后单击“确定”按钮。

将图形放于适当的位置，再次将其选中，然后单击右键，在弹出的快捷菜单中选择“叠放次序”中的“衬于文字下方”命令。

单击“自选图形→星与旗帜→横卷形”命令，然后在文档的下方画出，将其选中，单击右键，在弹出的快捷菜单中选择“添加文字”，按照图 3-3-1 将英文进行录入。

（4）检查拼写和语法。单击“工具→拼写与语法”命令，出现“拼写和语法”对话框，如图 3-3-18 所示。选择“全部更改”，然后单击“确定”按钮。

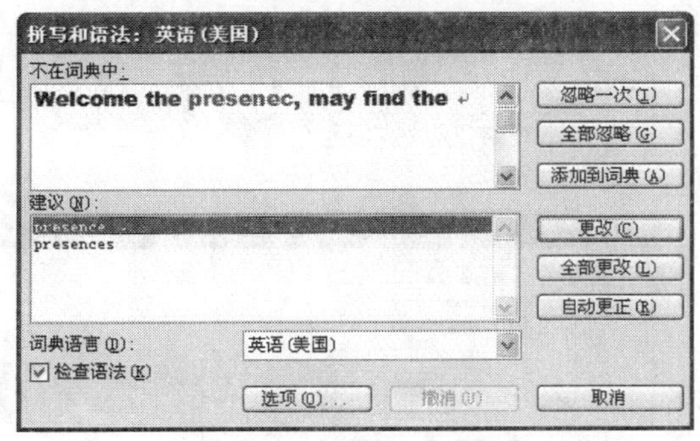

图 3-3-18 “拼写和语法”对话框

（5）最后单击常用工具栏上的“保存”按钮。

四、相关知识与技能

（一）查找和替换文本

在文档的编辑过程中，有时会发现文档中有些错误的内容性质是相同的，且这种错误不仅仅一处，而且很分散，因此人工查找、修改起来非常困难。Word 2003 提供了强大的文本查找与替换功能。使用 Word 2003 可以查找和替换文字、格式、段落标记、分页符和其他项目，还可以使用通配符和代码来扩展搜索。

1. 查找文本

Word 2003 可以快速搜索每一处指定单词或词组；还可以搜索字符格式。例如，查找指定的单词或词组并更改字体颜色；可以方便地搜索特殊字符和文档元素，如分页符和制表符等。

用以下方法可查找指定文本：

（1）单击“编辑→查找”菜单命令，或者按“Ctrl+F”快捷键，弹出“查找和替换”对话框，此时“查找”选项卡自动处于选择状态，如图 3-3-19 所示。

（2）在“查找内容”框内键入要查找的文本。

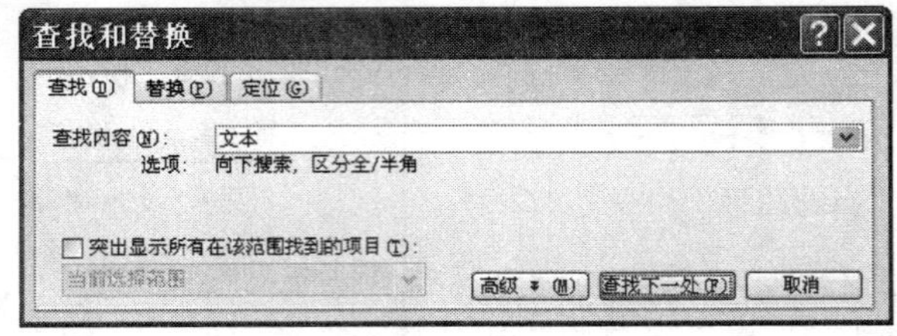

图 3-3-19 “查找”选项卡

（3）选择其他所需选项。若要一次选中指定单词或词组的所有实例，请选中“突出显示所有在该范围找到的项目”复选框，然后通过在“突出显示所有在该范围找到的项目”列表中单击来选择要在其中进行搜索的文档部分。

（4）单击“查找下一处”或“查找全部”命令。

按“Esc”键可取消正在进行的搜索。如果对特殊格式的文本、特殊字符进行查找，请单击“高级”按钮，然后单击“格式”或“特殊字符”进行设置。

例如，在当前文档中查找楷体、四号字、字符颜色为绿色的“计算机”三个字。

①单击“编辑→查找”命令，或者按“Ctrl+F”快捷键，弹出“查找和替换”对话框，如图 3-3-20 所示。

②在“查找内容”下拉列表框内输入“计算机”三个字。

③单击“高级→格式→字体”命令，如图 3-3-20 所示，然后在“查找字体”对话框中将字体设为“楷体”、字号设为“四号”、字符颜色设为“绿色”。

④单击“查找下一处”命令。

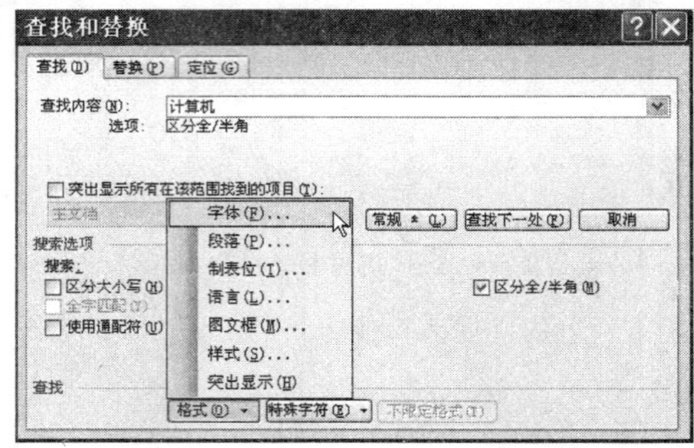

图 3-3-20 设置“查找”特殊格式选项卡

2. 替换文本

用以下方法可替换指定文本：

（1）单击“编辑→替换”菜单命令，或者按“Ctrl+H”快捷键，弹出“查找和替换”对话框，此时“替换”选项卡自动处于选择状态，如图 3-3-21 所示。

（2）在“查找内容”框内输入要搜索的文字。

（3）在“替换为”框内输入替换文字。

（4）选择其他所需选项。

（5）单击“查找下一处”、“替换”或者“全部替换”按钮。

按“Esc”键可取消正在进行的搜索。

图 3-3-21　“替换”选项卡

例如，在当前文档中用“文档”替换“文本”。

①单击“编辑→替换”菜单命令，或者按“Ctrl+H”快捷键，弹出“查找和替换”对话框，此时“替换”选项卡自动处于选择状态，如图 3-3-21 所示。

②在“查找内容”框内输入“文本”。

③在“替换为”框内输入“文档”。

④单击“替换”或者“全部替换”按钮。

（二）插入剪贴画

在 Word 中既可以插入 Office2003 软件自带的剪贴画（一般为 WMF 格式或 GIF 格式），也可以插入用其他图形软件创建的图形。

插入剪贴画的具体操作步骤如下：

（1）在文档中确定好插入点的位置，然后选择“插入→图片→剪贴画”命令，如图 3-3-22 所示，或者单击“绘图”工具栏上的“插入剪贴画”按钮，打开“剪贴画”任务窗格，如图 3-3-23 所示。

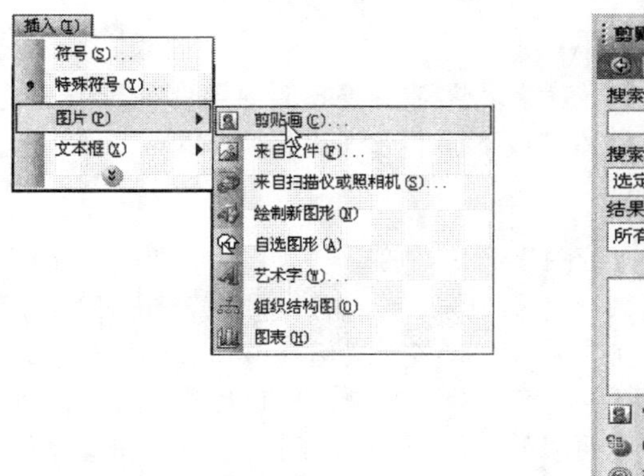

图 3-3-22　选择插入图片的类型　　图 3-3-23　“剪贴画”任务窗格

（2）在“搜索文字”文本框中，输入要找的剪贴画名称，也可以不输入名称，表示搜索所有的剪贴画。可以用通配符代替一个或多个真实字符，以缩小搜索范围，加快搜索进度。例如，输入“car1.jpg”或“car2.jpg”的文件名而非“carton.jpg”的文件名。

（3）在“搜索范围”和“结果类型”下拉列表框中，选择要搜索的范围和文件类型。例如，要搜索“剪贴画”类型，可以在“结果类型”下拉列表框中将其他几项清除，只保留“剪贴画”这一项。

（4）设置完成后，单击“搜索”按钮，就可以查到所需要的剪贴画了，这里用户设置为显示所有的剪贴画，搜索结果如图 3-3-24 所示。

（5）将鼠标指针移到所需要的剪贴画上，在剪贴画的右侧会弹出下三角按钮，单击这个按钮会弹出一个快捷菜单，如图 3-3-25 所示。选择其中的“插入”命令就可以将当前选择的剪贴画插入到文档中。

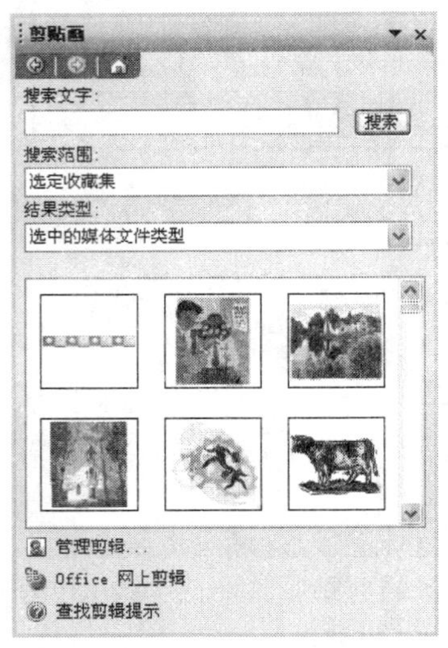

图 3-3-24　搜索结果

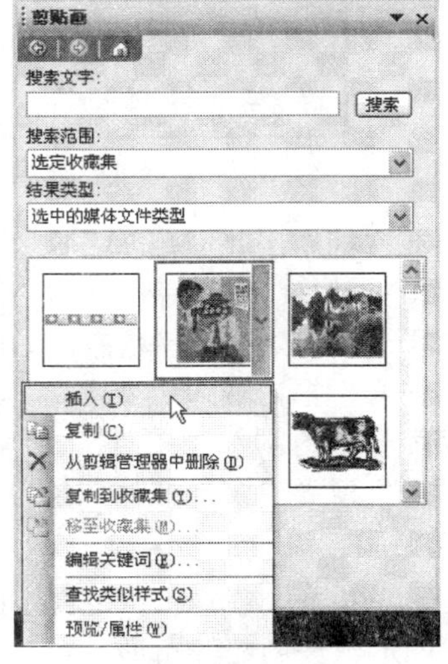

图 3-3-25　选择“插入”命令

提示：在“插入剪贴画”任务窗格中除了可以插入 Word 自带的剪贴画外，还可以插入一些 Word 中的声音和影片等多媒体文件。若要在 Word 中插入多媒体文件，则可以在“插入剪贴画”对话框中选择“声音”或“动画剪辑”选项卡，然后再进行插入操作即可。

（三）绘制自选图形

在 Word 中可以插入各种图形对象，包括在 Word 中用各种绘图工具绘制出来的图形。在 Word 中绘制和编辑自选图形，具体可按下面的方法进行操作：

1．直接使用绘图工具栏

（1）选择“视图→工具栏→绘图”命令，打开“绘图”工具栏，在“绘图”工具栏中选择一种形状工具，如选“直线”、“箭头”、“矩形”或“椭圆”等。

（2）移动鼠标指针到文档窗口中，然后拖动鼠标就可以画出图形了，如图 3-3-26 所示。

提示：如果在绘制图形过程中按下“Shift”键，则可以绘制出正方形或正圆形。如果在绘制图形过程中按下“Ctrl”键，则可以绘制出以起点为中心点的矩形、椭圆、圆或直线。在绘制图形时，如果按下“Esc”键则可以取消当前的绘制操作。

2．使用“绘图”工具栏上的“自选图形”按钮

（1）在“绘图”工具栏中单击“自选图形”按钮，打开一个菜单，如图 3-3-27 所示。

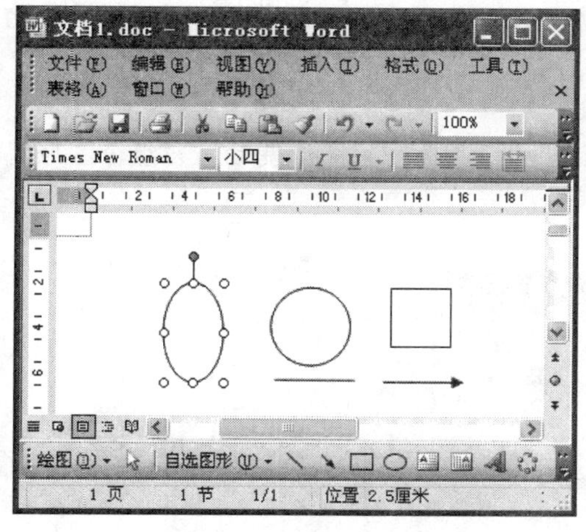

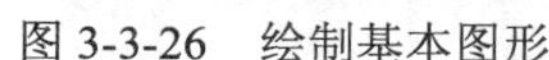
图 3-3-26　绘制基本图形

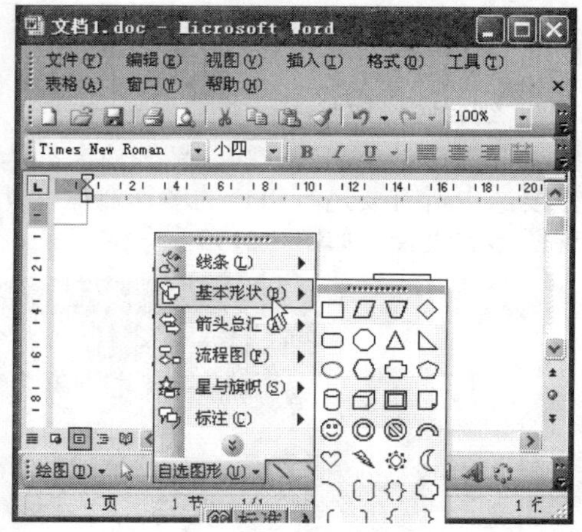

图 3-3-27　绘制自选图形

（2）在相应的子菜单中选中一个图形，移动鼠标指针到文档窗口中并拖动鼠标便可绘出选中的图形。

3．选择和移动图形对象

绘制图形后，可能需要对图形进行各种编辑操作，如移动、对齐、组合、旋转和翻转等。下面将详细介绍图形的各种编辑操作。

在进行各种图形编辑操作之前，都需要先选中图形。其方法很简单，只要移动鼠标指针到图形上，当鼠标指针变为形状时单击即可。而当要选中多个图形对象时，则可以在选中一个图形对象后，按“Shift”键再单击要选中其他的图形即可。

此外，可以先单击“绘图”工具栏上的“选择对象”按钮，然后在文档窗口中拖动选中多个图形，如图 3-3-28 所示。

当选中图形后，拖动选中的图形放置在页面的合适位置。但用鼠标移动图形有一个缺点，就是无法准确地放置到所需要的位置。因此，有时需要使用鼠标或键盘进行微调，这两种微调方法如下：

（1）在选中图形后，在“绘图”工具栏中，选择“绘图→微移”命令，选中的图形将做微小的移动。

（2）在选中图形后，在按住“Ctrl”键的同时再按 4 个方向键，可以使所选图形按 4 个方向做微小的移动。

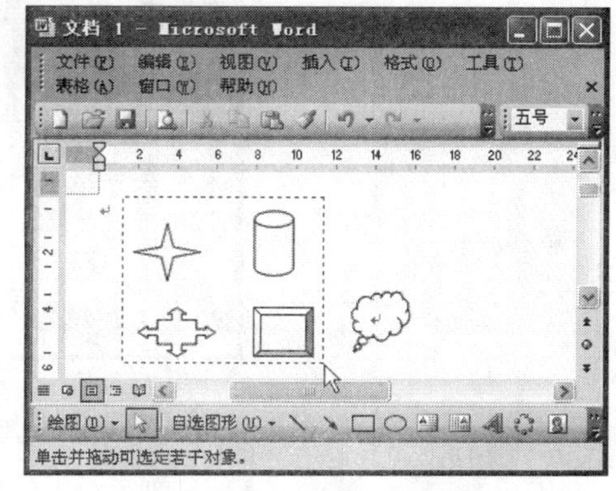

图 3-3-28　选取多个图形对象

4．改变图形对象尺寸

选中图形后，将鼠标指针移到图形的控制点上，当鼠标指针变为双箭头的形状时，然后拖动控制点即可调整图形尺寸，调整过程如图 3-3-29 所示。

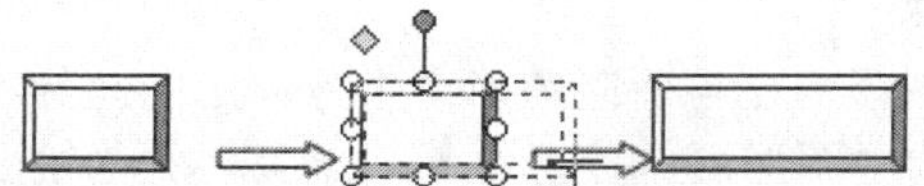

图 3-3-29　用鼠标改变图形大小的过程

提示：如果按住“Shift”键的同时，再拖动图形的 4 角上的控制点，可以按相同的比例缩放图形的长宽尺寸。

5．组合图形对象

组合图形对象可以使多个图形对象变为一个整体，避免产生图形变动。要组合图形对象，首先要选中所有要进行组合的图形对象，然后单击右键，单击“组合”→“组合”命令，即可实现图形的组合，如图 3-3-30 所示。

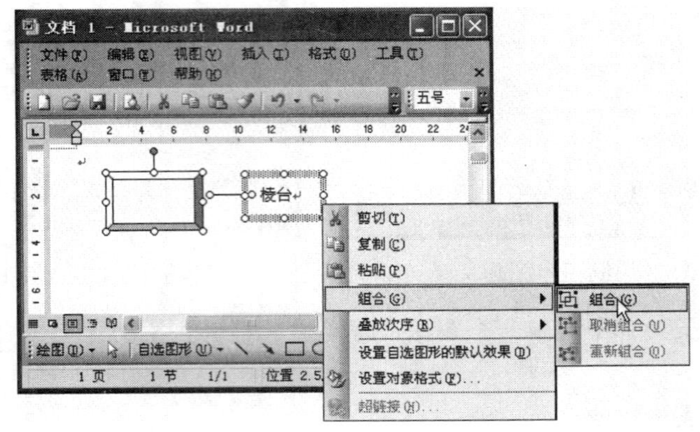

图 3-3-30 组合图形对象

6．改变图形对象的叠放次序

当多个图形叠放在一块时，前面的图形可能会遮盖住后面的图形。为了使前面的图形不遮盖住后面的图形，就可以改变图形对象的叠放次序。其操作方法很简单：先选中要改变叠放次序的所有图形，然后单击右键，要弹出的快捷菜单中单击“叠放次序→置于底层”命令，如图 3-3-31 所示。

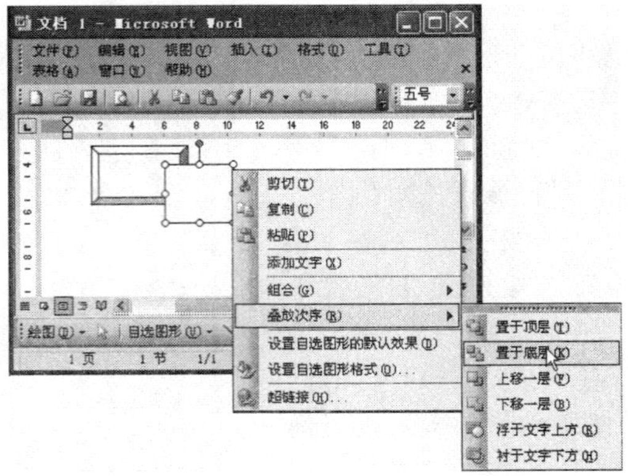

图 3-3-31 改变图形对象的叠放顺序

提示：“浮于文字上方”与“衬于文字下方”命令主要是用于当文本与图形重叠时，调整文本与图形的叠放次序。

7．旋转与翻转图形对象

当插入图形后，所插图形可能与所需图形产生方向上的差异。此时可以将绘制的图形进行旋转或翻转。方法如下：选中图形后，在“绘图”工具栏的“绘图”→“旋转和翻转”子菜单中分别选择相应的“自由旋转”、“左转”、“右转”、“水平翻转”或“垂直翻转”命令即可。

例如，若要对图形进行自由旋转，则可以先单击“绘图”工具栏中的“自由旋转”按钮，然后拖动图形四周的控制点即可，如图 3-3-32 所示。

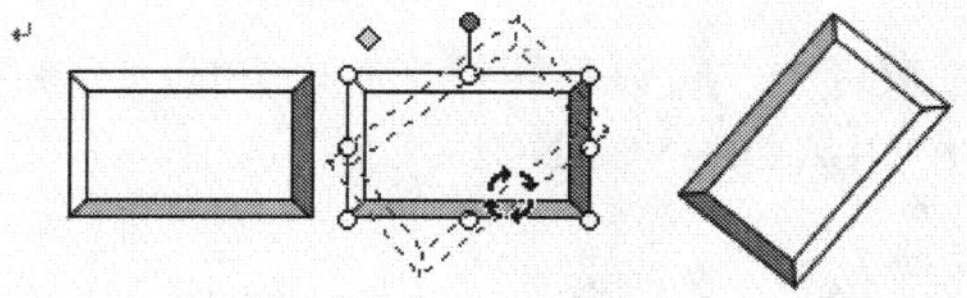

图 3-3-32　自由旋转图形的过程

8．其他图形操作

除了以上的操作外，还可以对图形对象进行其他各种操作，如改变图形线条的线型号和颜色，给图形对象添加填充颜色或纹理，添加阴影效果和三维效果等。所有这些操作都可以通过“绘图”工具栏来完成，添加三维效果前后的效果如图 3-3-33 所示；添加阴影效果前后的效果如图 3-3-34 所示。

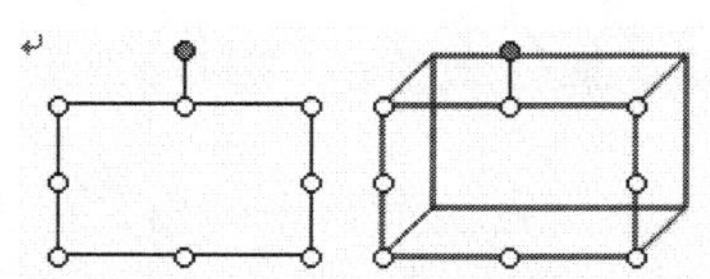

图 3-3-33　添加三维效果前后的效果

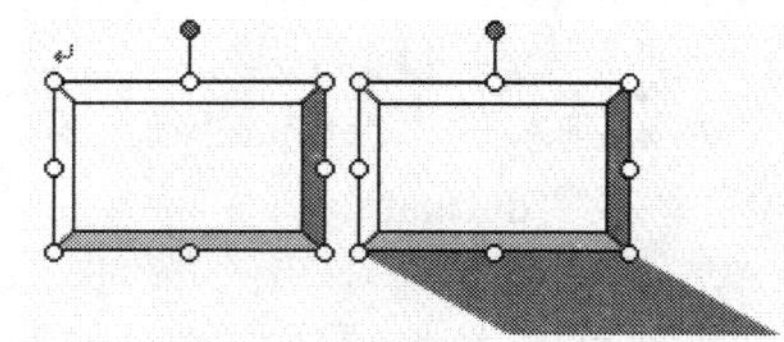

图 3-3-34　添加三维效果前后的效果

（四）设置中文版式

可以使用“格式”菜单中的“中文版式”命令对 Word 文档进行设置。方法如下：选中目标文本，单击“格式→中文版式”命令，出现“中文版式”菜单命令，如图 3-3-35 所示。选择其中的一个菜单项进行设置即可。

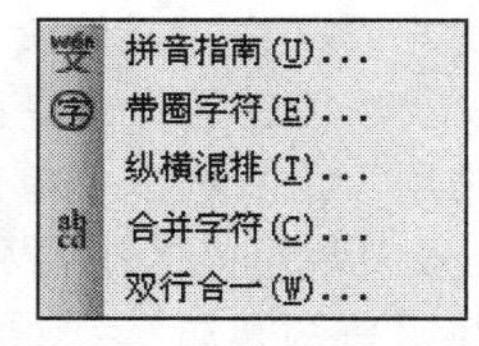

图 3-3-35　“中文版式”菜单命令

（1）拼音指南。通过拼音指南可以给汉字注音。如下列汉字：“戌、戍、戊”，如果我们不认识，则可以通过“拼音指南”给它们注音。方法是：选中要注音的字“戌、戍、戊”，单击“格式”→中文版式→拼音指南”菜单命令，出现“拼音指南”对话框，如图 3-3-36 所示。对“对齐方式”、“偏移量”、“字体”、“字号”等进行设置，然后单击“确定”按钮，出现如下效果：“戌(xū)、戍(shù)、戊(wù)”。

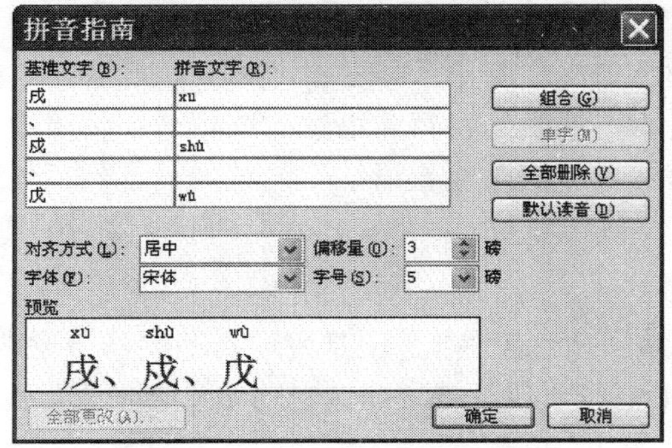

图 3-3-36　“拼音指南”对话框

（2）带圈字符。通过带圈字符可以给字符加圈。如给“将、帅、车、相、马”等字加圈变成“将、帅、车、相、马”效果。方法与“拼音指南”类似。

（3）双行合一。通过双行全一可以将两行文字合并成一行。如将“长春职业技术学院”和“CHANGCHUN VOCATIONLA OF INCHNOLOGY”选中，单击“双行合一”命令，适当调整文字位置，然后单击“确定”按钮，文字即变成长　春　职　业　技　术　学　院
CHANGCHUN VOCATIONAL OF ITCHNOLOGY的效果。

（五）拼写和语法检查

在默认情况下，Word 在用户键入的同时自动进行拼写检查。Word 用红色波形下划线表示可能的拼写问题，用绿色波形下划线表示可能的语法问题。

1．键入时自动检查拼写和语法错误（请确认已经启用自动拼写和语法检查功能）

在文档中键入文本。用鼠标右键单击有红色或绿色波形下划线的字，然后在弹出的快捷菜单中选择所需的命令或可选的拼写。

例如，如果键入了“definately”，然后键入空格或其他标点符号，“自动更正”将自动用“definitely”替换“definately”。

如果 Word 找到一个小写的单词，如“london”，该词在主词典中列出，但大小写不同（“London”），大写会被标记出来或在键入时自动进行更正。可以通过将小写形式添加到自定义词典中来指定，Word 不对该大小写进行标记。

2．集中检查拼写和语法错误

如果用户希望在完成编辑后再进行文档校对，该方法十分有用。用户可以检查可能的拼写和语法问题，然后逐条确认更正。

在“常用”工具栏上，单击“拼写和语法”按钮，或单击“工具→拼写和语法”命令。

当 Word 发现可能的拼写和语法问题时，请在“拼写和语法”对话框中进行更正。

可以在“拼写和语法”对话框打开时直接在文档中更正拼写和语法，在文档中键入更正，然后在“拼写和语法”对话框中单击“继续”按钮。

如果错误地键入了一个词，而结果没有出现在错误列表中（例如，“from”而不是“form”；或“there”而不是“their”），则拼写检查不会对其做出标记。

五、技巧与提高

1．取消波浪线

录入文章时在文字下经常出现红色或绿色的波浪线，这是 Word 自带的拼写检查功能在发挥作用。不可否认，有时该功能确实有用，但是有些地方明明对了它还会给画一道。如何把它去除呢？在“工具→选项”中，选中“拼写和语法”选项卡，将“键入时检查拼写”、“总提出更正建议”、“键入时检查语法”、“随时检查语法”统统勾掉，然后勾选三个前面有“忽略”两字的选项，然后单击“确定”按钮即可。

2．快速取消自动编号

虽然 Word 中的自动编号功能较强大，但是发现自动编号命令常常出现错乱现象。为快速取消自动编号。可以按下“Ctrl+Z”组合键，此时自动编号会消失，而且再次键入数字时，该功能就会被禁止了。

3．如何输入动态文本

Word 文档中可以使用动态文本。方法如下：选定目标文本，单击“格式→字体”命令，在字体”对话框中选中“文字效果”选项卡，在“动态效果”列表框中选择所需效果。

4．在 Word 中插入当前的日期和时间

用户可以随时使用快捷键在 Word 文档中插入当前的日期或时间。方法很简单，只需要将光标置于需要插入日期或时间的位置，按下“Alt+Shift+D”组合键即可插入日期，而按下“Alt+Shift+T”可插入当前时间。用户也可以单击“插入”菜单上的“日期和时间”来完成同样的工作。

5．文本框的定位

如果用 Word 排报纸，将一篇文章分解成几部分，还想使这几部分合成为一个整体，任何一处增删了文字，它都可以自动重新排版。解决的办法就是利用文本框的链接，在不同版面的相应位置画好文本框，然后依次建立链接即可。具体步骤：先将鼠标放到一个文本框的边上，当鼠标变成移动光标时单击右键，在弹出的快捷菜单中选择“创建文本框链接”命令，鼠标变成了一个酒杯的形状，将这个酒杯移动到另一个文本框上，酒杯就变成了一个倾倒的样子，单击左键，就创建了两个文本框之间的链接。把原来的文字复制进来，就可以看到文字在文本框之间自动衔接了。

如果用 word 排报纸，将一篇文章分解成几部分，还想使这几部分合成为一个整体，任何一处增删了文字，它都可以自

动重新排版。解决的办法就是利用文本框的链接。在不同版面的相应位置画好文本框，然后依次建立链接即可。

六、创新作业

（1）清明节来临之际，学生以小组为团队，制作电子报刊来纪念英烈，倡导文明祭祀。内容包括清明节的由来、清明节的习俗、清明节诗词等。各小组自由发挥，可以在网上查询各种所需资料，做好的作品以邮件的形式发送到老师邮箱中。

（2）以弘扬五四精神为主题，小组合作制作电子宣传画报，然后以小组为单位，将做好的作品发到老师电子邮箱中。

项目四

制作用户手册——样式与宏应用

一、项目描述

用户手册是企业对产品的用途、标准、使用方法所做的详细说明。根据产品的使用对象不同、技术特征不同，其内容有很大不同。用户要使用好这些产品，就必须通过对使用手册的学习，掌握产品的使用方法。对使用手册的写作，应该充分考虑到用户的需求和可能遇到的问题，

尽量在手册中给予清楚的解答。

二、项目分析

用户手册的内容较多，一般要分好几章，每章下面还要分出小节，节下面又有项目符号和编号，因此用户手册是一种层次错落，比较复杂的长文档，其式样如图 3-4-1 所示。这类长文档一般都需要建立一个目录索引，如果手动建立，那可是一件麻烦的事，用户可以通过 Word 自动完成。

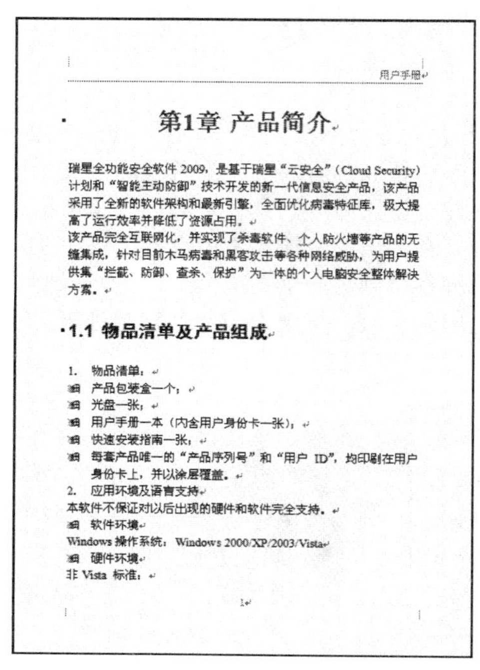

用户手册

第1章 产品简介

瑞星全功能安全软件 2009，是基于瑞星“云安全”（Cloud Security）计划和“智能主动防御”技术开发的新一代信息安全产品，该产品采用了全新的软件架构和最新引擎，全面优化病毒特征库，极大提高了运行效率并降低了资源占用。

该产品完全互联网化，并实现了杀毒软件、个人防火墙等产品的无缝集成，针对目前木马病毒和黑客攻击等各种网络威胁，为用户提供集“拦截、防御、查杀、保护”为一体的个人电脑安全整体解决方案。

1.1 物品清单及产品组成

1. 物品清单：
- 产品包装盒一个；
- 光盘一张；
- 用户手册一本（内含用户身份卡一张）；
- 快速安装指南一张；
- 每套产品唯一的“产品序列号”和“用户 ID”，均印刷在用户身份卡上，并以涂层覆盖。

2. 应用环境及语言支持

本软件不保证对以后出现的硬件和软件完全支持。
- 软件环境

Windows 操作系统：Windows 2000/XP/2003/Vista
- 硬件环境

非 Vista 标准：

1

图 3-4-1 “用户手册”样式

长文档的关键在于标题和样式的应用。用户可以首先设计好长文档其中一个章节的样式，然后在其他章节中直接套用样式就成了。

对于像上面的用户手册，就可以这样的来处理：首先建立章、一级标题、项目编号、项目符号的标准样式，然后将这些样式应用到文档中；再设计统一的页眉页脚，插入页码；最后从标题中抽取目录建立索引，这个长文档就基本完成了，再对文档其他部分稍加修饰，纠正细节问题就可以了。

三、项目实现方法与步骤

1．建立标题样式

（1）启动 Word 2003，新建一个空白文档。输入下面的文字内容，如图 3-4-2 所示。我们将用这些名称为要建立的样式命名。

（2）选中“章节标题”行，在菜单栏单击“格式→项目符号和编号”命令，打开“项目符号和编号”对话框。切换到“多级符号”选项卡，选择如图 3-4-3 所示标题样式，单击“确定”按钮，返回页面。

当用户写第 1 章的时候，后续编号就是 1.1、1.1.1；写第 2 章的时候，后续编号就是 2.1、2.1.1。如果每章分开写，X 的数字需要再通过自定义来指定。

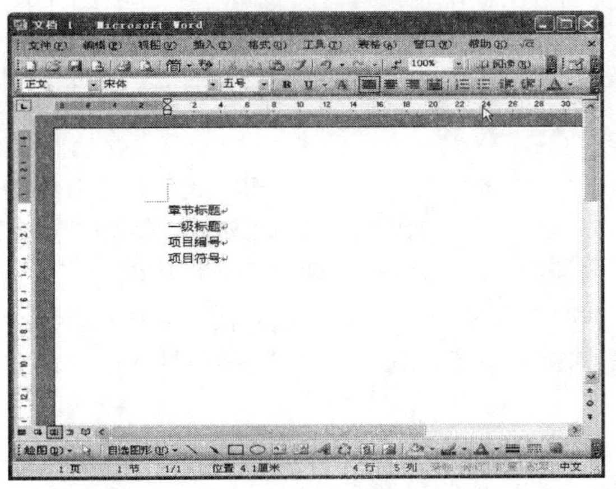

图 3-4-2 新建文档

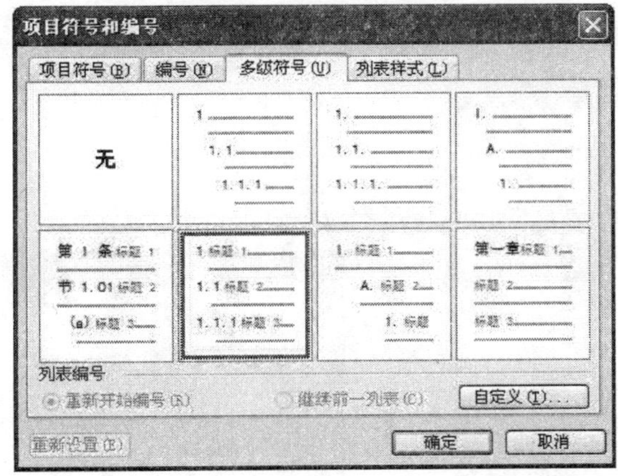

图 3-4-3 “多级符号”选项卡

（3）在页面中打开“样式和格式”任务窗格，可以看到已经应用了“标题 1”样式的“章节标题”和任务窗格中用户所选的“多级符号”的样式表，如图 3-4-4 所示。

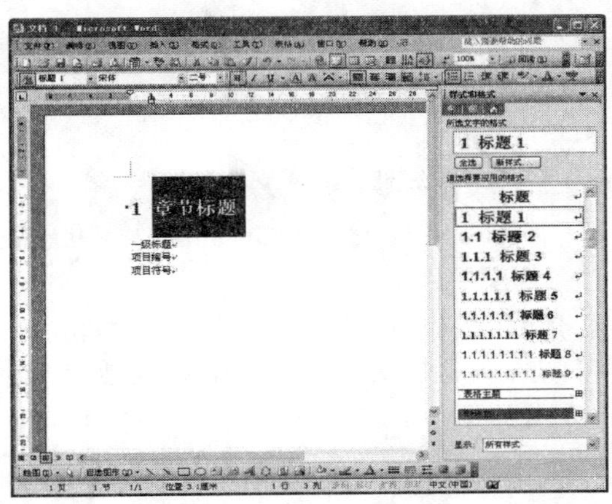

图 3-4-4 应用“多级符号”样式的标题

通过这个样式表，可以建立多级的标题样式，即从 1 到 1.1.1.1.1.1.1.1.1 这么多的样式，再深层次的文档内容都用不完。

“修改样式”对话框中可以对样式的相关格式进行详细的调节，若勾选“自动更新”复选框，则文档中相应内容会随之更新。

（4）将鼠标插入点置于“章节标题”行，“样式和格式”任务窗格的“所选文字的格式”文本框显示出该行的样式。右击该样式，从弹出的快捷菜单中单击“修改”命令，打开“修改样式”对话框，如图 3-4-5 所示。在该对话框将该样式的名称修改为“章节标题”。

用键盘进行文本选定，方法有两种：第一种，将光标移至需定位部分的起点；第二种，按“Shift+上下光标键”，即可完成向上或向下的选定，使用“Shift+左右光标键”还可以完成行内的向左或向右的选定。

（5）单击“格式”按钮，从下拉菜单中选择“编号”选项，如图 3-4-5 所示。这时会打开“项目符号和编号”对话框。单击“自定义”按钮，打开“自定义多级符号列表”对话框，，如图 3-4-6 所示。在“编号格式”文本框的“1”前后加入“第”和“章”，单击“确定”按钮返回文档。

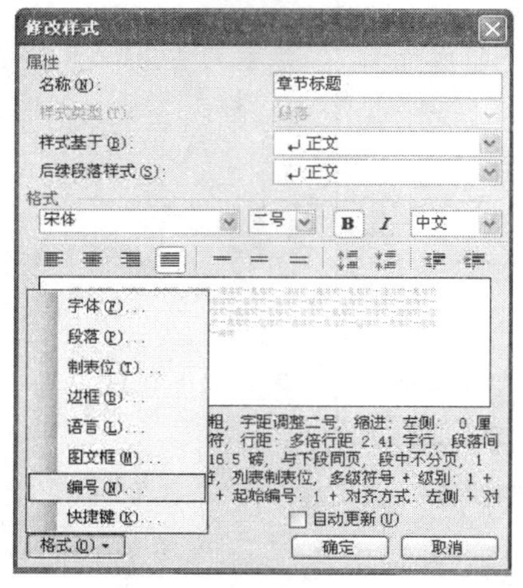

图 3-4-5 “修改样式”对话框

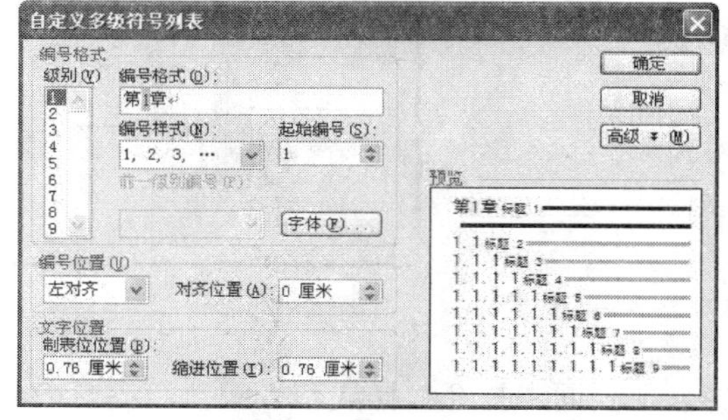

图 3-4-6 “自定义多级符号列表”对话框

（6）文档中的“章节标题”前面已经自动添加上了“第 1 章”。将此标题居中显示。这样章节标题样式就建立起来了，名称就是“章节标题”，以后在开始新的章节之后，直接对章的标题应用此样式即可，效果如图 3-4-7 所示。

快速把文本升为标题：将光标置于需要升为标题的文本所在行，按下“Alt+Shift+→”组合键，可将文本快速升为标题，且样式为 1，按下“Alt+Shift+←”组合键，可将标题逐渐降为 2、3、…、9。

（7）建立一级标题样式。选中“一级标题”，单击“样式和格式”任务窗格中的“1.1 标题 2”样式，应用该样式。应用的效果就是自动在“一级标题”前加上 1.1 的标题，如图 3-4-8 所示。

重复上面的步骤，修改该样式的名称为“一级标题”以后，当需要建立该级别的标题时，直接应用即可。

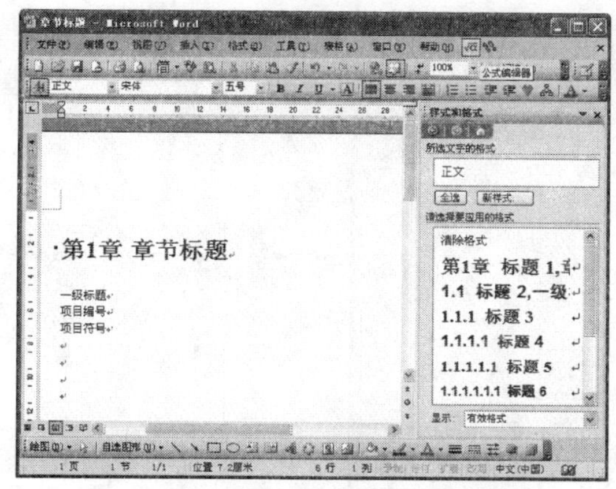

图 3-4-7　章节标题效果

2．确定编号和项目符号样式

（1）选中“项目编号”，单击“工具→宏→录制新宏”命令，打开“录制宏”对话框，如图 3-4-9 所示。指定宏名为“编号”，在“将宏保存在”中指定为当前使用文档。

☞ 若将宏保存在默认模板中，以后每次新建基于此模板的文件就都可以使用此宏了。

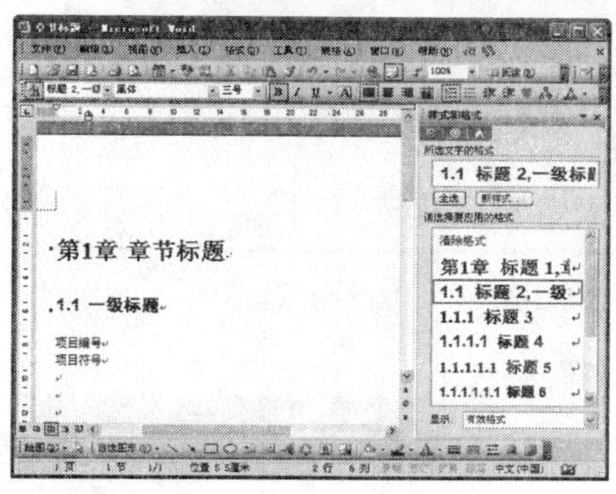

图 3-4-8　“一级标题”样式

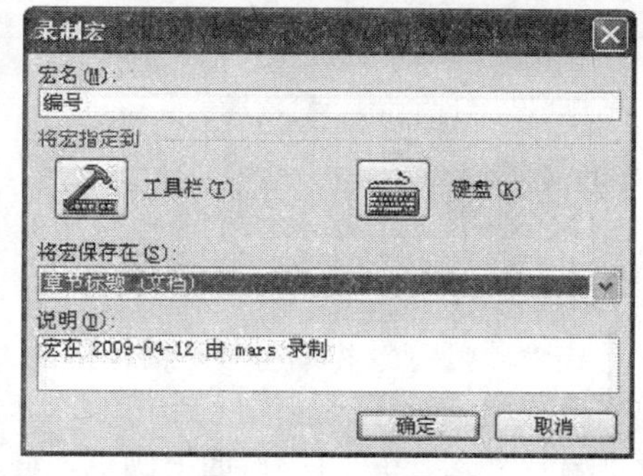

图 3-4-9　“录制宏”对话框

（2）在“录制宏”对话框中，单击“工具栏”按钮，弹出“自定义命令”对话框，按住鼠标左键，将它拖放到工具栏上可以放置的位置，释放鼠标左键。这时在工具栏上就增加了这一刚刚录制的宏按钮。不要关闭“自定义”对话框，单击“更改所选内容”按钮，如图 3-4-10 所示。

☞ 如果想要查看一篇文档的字数最简单的办法，可以通过打开文档属性窗口，选择“摘要”标签，然后单击“高级”按钮，这时也可以看到该文档的详细统计信息。

（3）单击“更改按钮图像”，弹出图 3-4-11 所示界面，从出现的图标中选中一个自己喜欢的图标。再在“更改所选内容”选项中选择“默认样式”，然后关闭“自定义命令”对话框。

（4）自定义的宏按钮如图 3-4-12 所示，这样就形成一个和 Word 工具栏其他快捷按钮一样的自定义按钮。以后用到时，单击自定义的宏按钮，操作即可变得简单快捷。

（5）返回文档窗口，窗口中有一个“录制宏”框，不用管它，单击“格式→项目符号和编号”命令，打开“项目符号和编号”对话框，切换到“编号”选项卡，如图 3-4-13 所示。从这里面指定使用的样式，选择“编号”选项卡页面的第一种编号样式。

“编号”选项框中的编号样式可能发生混乱，这时只要单击混乱的样式，然后单击左下角的“重新开始编号”就可以恢复了。

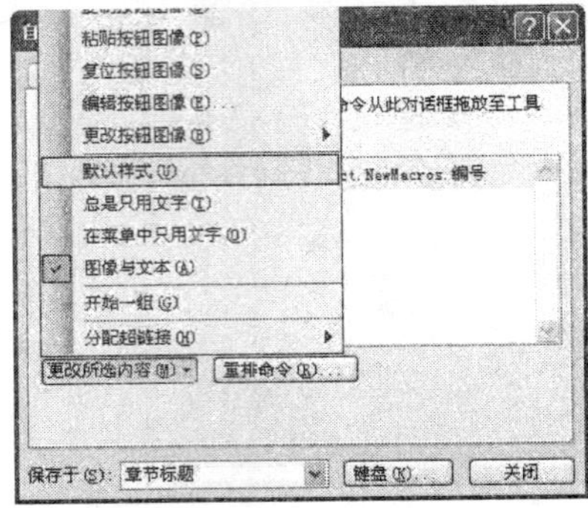

图 3-4-10 “自定义命令”对话框

图 3-4-11 选择按钮图像

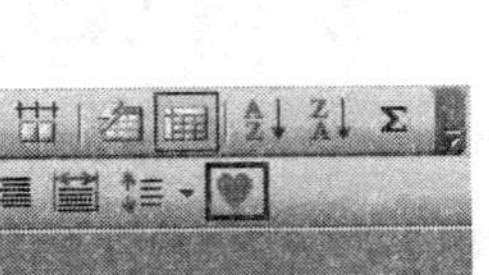

图 3-4-12 自定义的宏按钮

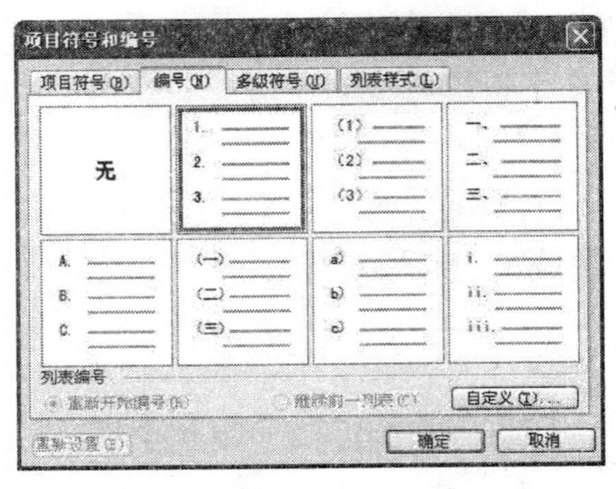

图 3-4-13 “编号”选项卡

（6）单击“项目符号和编号”对话框中的“自定义”按钮，弹出“自定义编号列表”对话框，如图 3-4-14 所示。删除“编号格式”中“1”后面的圆点，输入一个英文全角状态下的圆点，单击“确定”按钮。

（7）返回窗口界面，编号设置成功，单击“停止录制”命令，固定编号样式的宏命令就录制好了，以后用到时只需在文章中选择编号段落，单击此钮就可以了。

提示：在默认的格式工具栏中，有“项目符号”和“项目编号”按钮，但此按钮会自动记录上次使用时的样式，如果使用了特殊的样式，多次之后，项目符号和项目编号就乱了，为此编写了自定义的这个按钮。

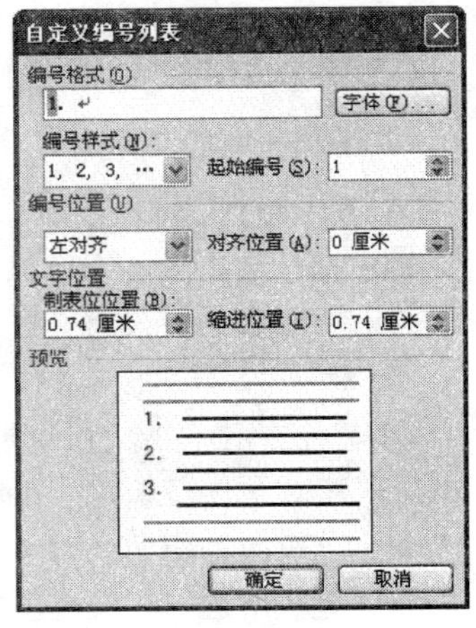

图 3-4-14 “自定义编号列表”对话框

（8）仿照上面的步骤，为“项目符号”制作宏。在“项目符号和编号”对话框中选择“项目符号”选项卡，选择一种符号样式，单击“自定义”按钮打开“自定义项目符号列表”对话框。单击“符号”按钮，弹出“符号”对话框，如图 3-4-15 所示。从“符号”列表框中选择一种“Windows 图标”符号 ，单击“确定”按钮返回。

在这里定义了两种固定样式的“项目编号”和“项目符号”。

在制作“项目符号”宏时，可以选择定义到键盘，这样使用时只要按键盘上的快捷键就可以了。

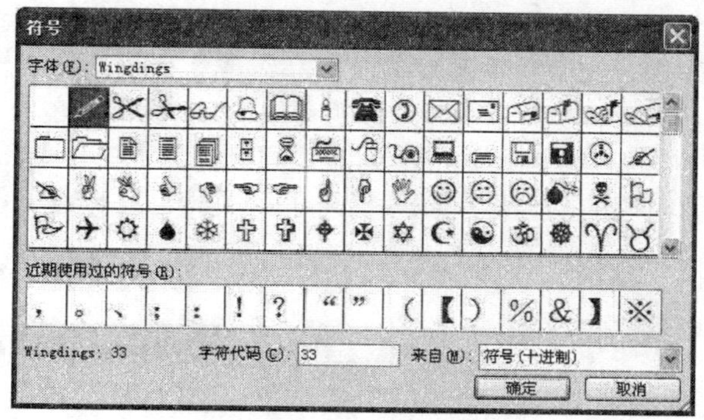

图 3-4-15　“符号”对话框

3．制作使用手册标题及应用项目符号和项目编号

（1）打开“用户手册”文档，全选其中的内容，单击“编辑→复制”命令。

（2）切换到刚才设置样式的文档，删除原来设置样式时的内容，单击“编辑→粘贴”命令，把使用手册内容复制过来，然后全选粘贴过来的内容，单击“样式和格式”任务窗格中的“清除格式”命令。如图 3-4-16。

用户手册

产品简介

瑞星全功能安全软件 2009，是基于瑞星“云安全”(Cloud Security) 计划和“智能主动防御”技术开发的新一代信息安全产品，该产品采用了全新的软件架构和最新引擎，全面优化病毒特征库，极大提高了运行效率并降低了资源占用。

该产品完全互联网化，并实现了杀毒软件、个人防火墙等产品的无缝集成，针对目前木马病毒和黑客攻击等各种网络威胁，为用户提供集“拦截、防御、查杀、保护”为一体的个人电脑安全整体解决方案。

物品清单及产品组成

物品清单：

产品包装盒一个；

光盘一张；

用户手册一本（内含用户身份卡一张）；

快速安装指南一张；

每套产品唯一的“产品序列号”和“用户 ID”，均印刷在用户身份卡上，并以涂层覆盖。

应用环境及语言支持

本软件不保证对以后出现的硬件和软件完全支持。

软件环境

Windows 操作系统：Windows 2000/XP/2003/Vista

硬件环境

非 Vista 标准：

CPU：PIII 500 MHz 以上

内存：256 MB 系统内存及以上，最大支持内存 4GB

显卡：标准 VGA，24 位真彩色

其它：光驱、鼠标

Vista 标准：

CPU：1 GHz 32 位 (x86) 或 64 位 (x64)

图 3-4-16　清除格式

原文档使用的样式完全是用户无法预料的，文档中的样式可能很多，很难弄清楚哪些文字使用了哪些样式。与其在原基础上修改，不如清除原文档的所有格式重来。

（3）选中“产品简介”，从“样式和格式”任务窗格单击应用自定义的“章节标题”样式，然后单击工具栏“居中”按钮使其居中显示。这时，“产品简介”就成了“第 1 章　产品简介”，章节名称就产生了，如图 3-4-17 所示。

（4）复制“第1章　产品简介”的样式，把该样式应用到其他章节标题上去。

（5）应用一级标题样式。选中“物品清单及产品组成”标题，从“样式和格式”任务窗格单击应用自定义的“一级标题”样式，使一级标题变成“1.1 物品清单及产品组成”。复制“1.1 物品清单及产品组成”的样式，把该样式应用到其他同级标题上去，如图 3-4-18 所示。

做完这两步，整个说明书的文档结构图就出来了，同时也意味着可以随时形成说明书的目录了。

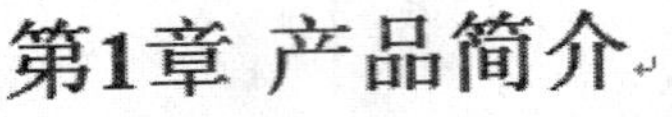

第1章 产品简介

图 3-4-17　应用章节样式

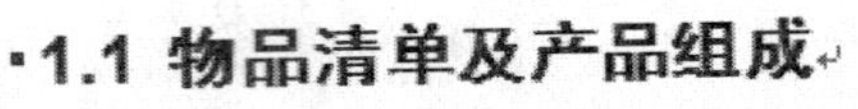

1.1 物品清单及产品组成

图 3-4-18　应用一级标题样式

（6）选中需要应用编号的内容，在工具栏单击刚才创建的宏命令按钮命令，应用编号样式。对于编号下面需要应用项目符号的，先选中内容，然后使用前面创建的“项目符号”宏命令，与项目编号一样应用。

编号加项目符号的应用效果如图 3-4-19 所示。

（7）复制编号或项目符号的样式，将它们应用到全文其他需要的段落中去。这样原文档的结构就清晰了。

（8）经过以上的整理源文档的结构就清晰了，可通过文档结构图查看一下，单击“视图→阅读版式”查看，文档结构如图 3-4-20 所示。

选择“阅读版式”后单击工具栏中的“文档结构图”按钮，在窗口左边会显示文档索引，单击相应章节编号，会进入相应章节。

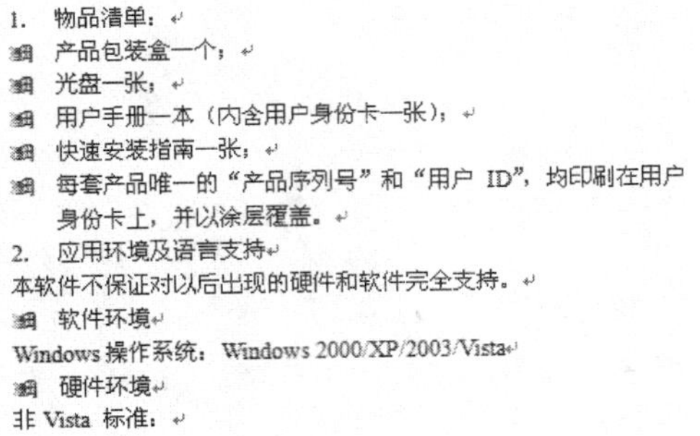

1. 物品清单：
- 产品包装盒一个；
- 光盘一张；
- 用户手册一本（内含用户身份卡一张）；
- 快速安装指南一张；
- 每套产品唯一的“产品序列号”和“用户 ID”，均印刷在用户身份卡上，并以涂层覆盖。

2. 应用环境及语言支持

本软件不保证对以后出现的硬件和软件完全支持。
- 软件环境

Windows 操作系统：Windows 2000/XP/2003/Vista
- 硬件环境

非 Vista 标准：

图 3-4-19　编号加项目符号效果

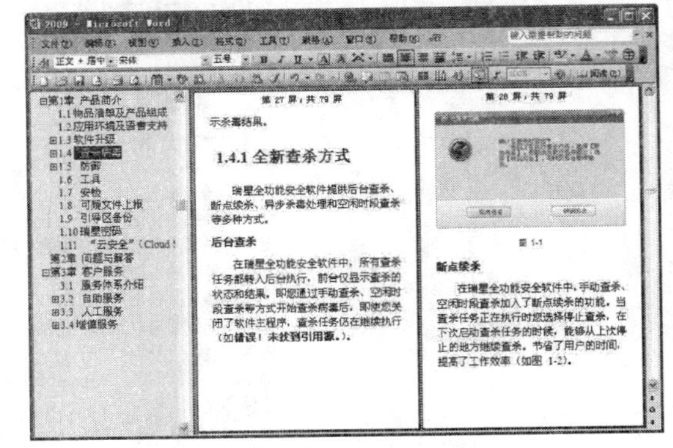

图 3-4-20　文档结构

4．插入题注处理图、表编号

如图 3-4-20 右侧所示，以图片编号为例。

（1）定位光标到要插入图片标号的位置，在菜单栏单击“插入→引用→题注”命令，打开“题注”对话框，如图 3-4-21 所示。

题注，就是“图、表或任何可被归类的东西”的编号。题注一般由两部分组成，一部分叫做“标签”，由题注的对象确定，如“图”、“表”、“公式”等；另一部分就是编号，这个编号 Word 可自行维护。

（2）单击“新建标签”按钮，打开“新建标签”对话框，输入“图”字，单击“确定”按钮，从“标签”下拉列表框选择自定义的标签“图”，单击确定”按钮。这样插入的题注仅包含标签和编号，与章节没有关系；如果想让题注同时依据章节来编号，可进一步单击“编号”按钮，打开“题注编号”对话框，如图 3-4-22 所示。选中包含章节号，选择章节起始样式，选择要使用的分隔符，单击“确定”按钮。

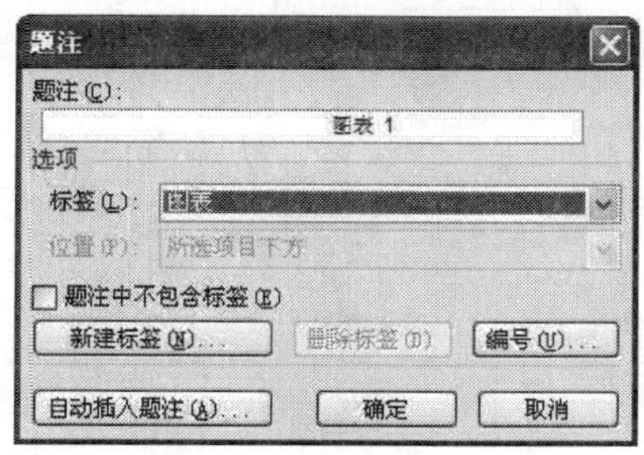

图 3-4-21　“题注”对话框

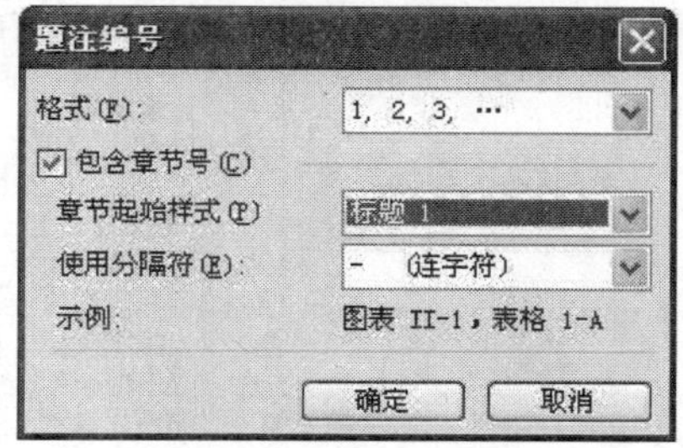

图 3-4-22　“题注编号”对话框

（3）返回“题注”对话框，单击“自动插入题注”钮，弹出“自动插入题注”对话框，勾选“Microsoft Word 图片”和“位图图像”，单击“确定”按钮，图片编号自动插入到本章所有满足要求的位置，插入题注效果如图 3-4-23 所示。

（4）对图片进行居中处理，并逐一按章节编号。

（5）对其他相关内容可进行同样的操作。

（6）处理细节，设置页眉及页码等相关内容。

5．建立目录

（1）把插入点定位在要放置目录的位置，在菜单栏单击“插入→引用→索引和目录”命令，打开“索引和目录”对话框。如图 3-4-24 所示。切换到“目录”选项卡，可在打印预览中看到即将插入的目录的样式。

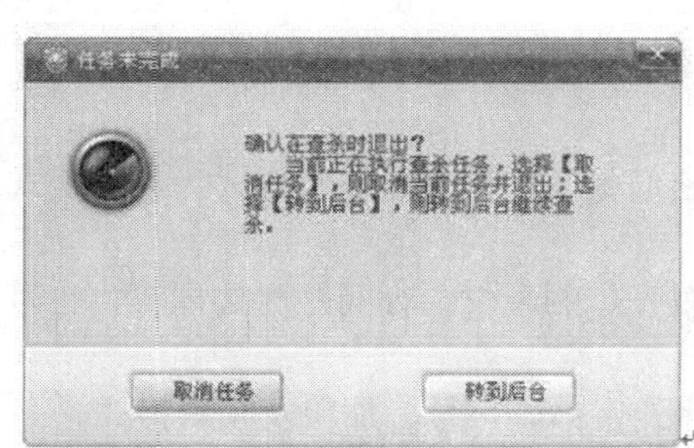

图 3-4-23　插入题注效果

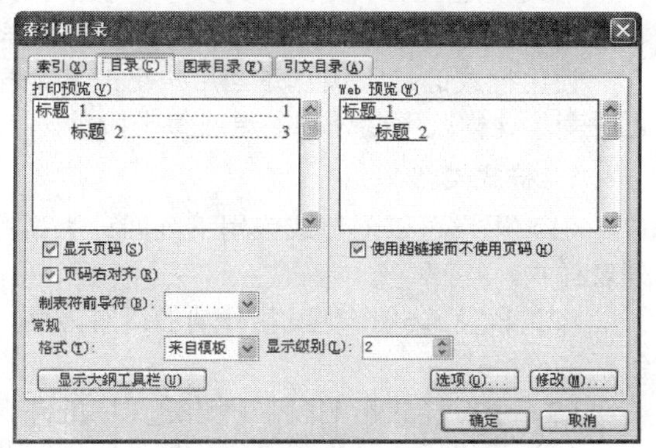

图 3-4-24　“索引和目录”对话框

（2）在“目录和索引”对话框中，勾选“显示页码”、“页码右对齐”选项，制表符前导符决定了引线的样式，显示级别选择“2”级，单击“确定”按钮。建立目录索引之后的效果，如图 3-4-25 所示。

（3）以后内容若发生变化需要更新目录，只需在目录上单击右键，在弹出的快捷菜单中选择“更新域→更新目录”选项，选择“只更新页码”或“更新整个目录”即可。

至此用户手册排版制作完成。

目录

用户身份卡 1-2
声明 1-3
最终用户许可协议 1-4
目录 1-7
第 1 章 产品简介 1
1.1 物品清单及产品组成 1
1.2 应用环境及语言支持 1
1.3 软件升级 2
1.4 查杀病毒 5
1.5 防御 9
1.6 工具 20
1.7 安检 22
1.8 可疑文件上报 22
1.9 引导区备份 22
1.10 瑞星密码 23
1.11 “云安全”（Cloud Security）计划 23
第 2 章 问题与解答 24
第 3 章 客户服务 28
3.1 服务体系介绍 28
3.2 自助服务 29
3.3 人工服务 30
3.4 增值服务 31

图 3-4-25 建立目录索引之后的效果

四、相关知识与技能

（一）样式的应用

在 Word 2003 中快速设置文字或段落的格式有两种方法：一种是用格式刷，另一种是套用样式。样式又分为内置样式和自定义样式，内置样式是 Word 2003 本身所提供的样式，自定义样式是用户将常用的格式定义为样式。

样式就是应用于文档中的文本、表格和列表的一套格式特征；样式是一套预先设置好的文本格式，它能迅速改变文档的外观。当应用样式时，可以在一个简单的任务中应用一组格式。

使用样式的最大优点是当用户更改某个样式时，整个文档中所有使用该样式的段落也会随之改变。这样就不必分别去更改每个段落。

1．样式类型

（1）用户可以创建或应用下列四种类型的样式，它们是段落样式、字符样式、表格样式及列表样式。

（2）段落样式控制段落外观的所有方面，如文本对齐、制表位、行间距和边框等，也可能包括字符格式。

（3）字符样式影响段落内选定文字的外观，如文字的字体、字号、加粗及倾斜格式。

（4）表格样式可为表格的边框、阴影、对齐方式和字体提供一致的外观。

（5）列表样式可为列表应用相似的对齐方式、编号或项目符号字符以及字体。

2．创建新样式

创建新样式操作方法如下：

（1）如果“样式和格式”任务窗格没有打开，请单击“格式”工具栏上的“格式窗格”按钮。

（2）在“样式和格式”任务窗格中，单击“新建样式”命令，出现“新建样式”对话框，如图 3-4-26 所示。

（3）在“名称”框中键入样式的名称。

（4）在“样式类型”框中，单击段落”、“字符”、“表格”或“列表”指定所创建的样式类型。

（5）选择所需的选项，或者单击“格式”以便看到更多的选项，并可对这些选项加以设置。

（6）勾选“添加到模板”项，可将正在创建的样式添加到模板供以后使用，任何使用该模板创建文件的人均可以使用此样式。

（7）设置完毕，单击“确定”按钮。

如果要使用已经设置为列表样式、段落样式或字符样式的基础的文本，请选中它，然后基于选定文本的格式和其他属性新建样式。

3．修改样式

修改样式操作方法如下：

（1）如果“样式和格式”任务窗格没有打开，请单击“格式”工具栏上的“格式窗格”按钮。

（2）右击需要修改的样式，在弹出的快捷菜单中选择“修改”命令，打开“修改样式”对话框。

（3）在“修改样式”对话框中进行一定的设置，“修改样式”对话框与“新建样式”对话框基本上一样，这里略。

（4）修改完毕后，单击“确定”按钮。

若要在基于相同模板的新文档中使用经修改的样式，请选中“添加到模板”复选框，Word 会将经修改的样式添加到活动文档加载的模板。

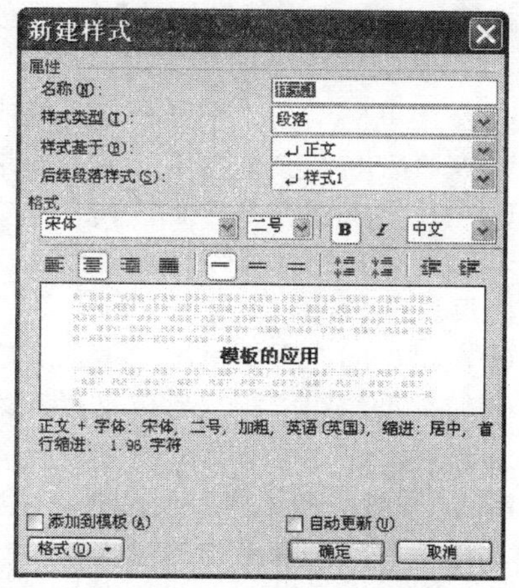

图 3-4-26　“新建样式”对话框

4．应用样式

（1）选定要更改的字符、段落、列表或表格。

（2）如果“样式和格式”任务窗格没有打开，请单击“格式”工具栏上的“格式窗格”按钮。

（3）单击“样式和格式”任务窗格中所需的样式。如果没有列出所需样式，请单击“显示”框中的“所有样式”。

也可以通过在“格式”工具栏上的“样式”框正文 + 宋体中单击或键入样式名称来应用样式。还可以通过使用“表格”菜单上的“表格自动套用格式”命令来查看和应用表格样式库。

（二）宏应用

1．宏的功能

在文档编辑过程中，如果有某项工作要多次重复，这时可以利用 Word 的宏功能，以提高效率。宏将一系列的 Word 命令和指令组合在一起，形成一个“批处理命令”以实现任务单击的自动化。用户可以创建并单击一个宏，以替代人工进行一系列费时而重复的 Word 操作。

它可以加速日常编辑和格式设置、组合多个命令、使对话框中的选项更易于访问、使一系列复杂的任务自动执行。

2．创建宏

Word 提供了两种创建宏的方法：宏录制器和 Visual Basic 编辑器。宏录制器可帮助用户快速创建宏。用户可以在 Visual Basic 编辑器中打开已录制的宏，修改其中的指令；也可以直接用 Visual Basic 编辑器创建新宏，这时可以输入一些无法录制的指令。

录制宏时，可单击工具栏按钮和菜单选项。但是，宏录制器不能录制文档窗口中的鼠标运动，如果要移动插入点、选定文本，滚动文档，必须用键盘录制这些操作。

如果录制过程中出现对话框，只有选择对话框中的“确定”按钮或“关闭”按钮时，Word 才录制对话框，并录制对话框的所有选项设置。例如，假设宏包括“编辑”菜单中的“查找”或“替换”命令，如果在“搜索范围”下拉列表框中选择“全部”选项，则运行宏时进行全文搜索。如果选择“向上”或“向下”选项，Word 会在查找到文档开头或结尾时停止宏，并显示提示信息询问是否继续搜索。

可以将一些经常使用的宏指定到工具栏、菜单或快捷键中，以后运行宏就可以直接单击工具栏按钮或菜单项，或按快捷键，不必使用宏对话框。

（1）录制宏。如果要录制宏，可以按以下步骤进行。

①在菜单栏单击“工具→宏→录制新宏”命令，出现“录制宏”对话框。

②在“宏名”文本框中，输入要录制宏的名称。

③在“将宏保存到”下拉列表框中，选择要保存宏的模板或文档。默认使用 Normal 模板，这样以后所有文档都可以使用这个宏。如果只想把宏应用于某个文档或某个模板，就选择该文档或模板。

④在“说明”文本框中，输入对宏的说明，这样以后可以清楚该宏的作用。

⑤如果不想将宏指定到工具栏、菜单或快捷键上，单击“确定”按钮。进入宏的录制状态，开始录制宏，这时屏幕上出现“停止录制”工具栏，该工具栏有两个按钮：“停止录制”和“暂停录制”；同时，鼠标指针变成带有盒式磁带图标的箭头。

⑥单击要录制在宏中的操作。

⑦录制过程中，如果有一些操作不想包含到宏中，单击“停止录制”工具栏上的“暂停录制”按钮，可暂停录制。再次单击“恢复录制”按钮，可以恢复录制。

⑧录制完毕后，在菜单栏单击“工具→宏→停止录制”命令，停止录制宏。

（2）录制宏并指定到键盘。如果要录制宏并指定到键盘，可按如下步骤进行：

①在菜单栏单击“工具→宏→录制新宏”命令，打开“录制宏”对话框。

②在“宏”对话框的“宏名”文本框中，输入要录制宏的名称。

③在“将宏保存在”选项，选择要保存宏的模板或文档。

④在“将宏指定到”选项选择“键盘”按钮，出现“自定义键盘”对话框。

⑤选定“命令”文本框中正在录制的宏，在“请按新快捷键”文本框中输入所需快捷键，单击“指定”按钮即可定义快捷键。

⑥单击“关闭”按钮开始录制宏。

⑦进行宏需要的各种动作后，停止录制宏。

3．宏应用举例

（1）用宏进行文本的选择性粘贴。从网页复制的文字直接粘贴到 Word 里面会包含很多网页样式，影响对资料的编辑。为此，可以采取选择性粘贴的办法复制无格式文本，然后再对无格式文本进行编辑。

首先做一点准备工作。在菜单栏单击“工具→自定义”命令，打开“自定义”对话框在类别中选择“编辑”选项，在“命令”选项区域中把“选择性粘贴”拉到工具栏上。

在菜单栏单击“工具→宏→录制新宏”命令，打开“录制宏”对话框，单击“键盘”选项打开“自定义键盘”对话框，指定“Alt+V”为快捷键，关闭对话框，开始录制。

录制过程中单击以下操作：

①单击工具栏“选择性粘贴”按钮。

②在打开的“选择性粘贴”对话框中，选择粘贴“无格式文本”，单击“确定”按钮。

③单击宏工具条的“停止录制”按钮，结束录制。

（2）用宏自动删除所有空格和手动换行符。网上的一些资料，直接粘贴或选择性粘贴到Word 文档后，会发现有很多空格和人工分行符，手工删除十分麻烦。一个好的解决办法是通过宏操作自动删除所有空格和人工分行符，并进行重新排版。要创建此功能的宏，可单击如下步骤：

①在菜单栏单击“工具→宏→录制新宏”命令。

②出现“录制宏”对话框，为宏取个名并单击“确定”按钮，出现宏工具条，宏录制开始。

③打开“编辑”菜单，选择“替换”命令，出现“查找和替换”对话框。

④用鼠标在“查找内容”组合框内单击一下，单击“高级”按钮，单击“特殊字符”。选择两次“手动换行符”，在“替换为”组合框内选“特殊字符”的“段落标记”，单击“全部替换”按钮，替换完成单击“确定”按钮；在“查找内容”组合框清除内容，单击“高级”按钮，再单击“特殊字符”按钮，选择“手动换行符”选项，在“替换为”组合框清除内容，再单击“全部替换”按钮，替换完成单击“确定”按钮。这一步是先保留段落标记，再将段内的手动换行符清除。

⑤接着，在“查找内容”组合框中清除内容，输入一个空格；在“替换为”组合框中清除内容，单击“全部替换”按钮，替换完成单击“确定”按钮。这一步是删除所有的空格。

⑥关闭“查找和替换”对话框，在“编辑”菜单中选择“全选”命令，再在“格式”菜单中选择“段落”下拉列表框中。打开“段落”对话框，在“缩进”选项区域中的“特殊格式”下拉列表框中选择“首行缩进”，设置“度量值”为 2 个字符。

⑦在“宏”工具条中单击“停止录制”按钮，宏录制结束。

（3）制作自定义快捷按钮。为了方便使用，可以把录制的宏放到工具栏上，并自定义一个个性的图标。

①打开“工具”菜单，单击“自定义”命令，弹出“自定义”对话框，选择“命令”选项卡。在“类别”列表框内找到“宏”，选中它，然后再选中“命令”列表框中刚刚录制的宏。

②按住鼠标左键，将它拖放到工具栏上可以放置的位置，释放鼠标左键。这时在工具栏上就增加了这一刚刚录制的宏按钮。

③不要关闭“自定义”对话框，继续在“更改所选内容”选项上单击“更改按钮图像”命令，从出现的图标中选中一个自己喜欢的图标。再在“更改所选内容”选项选择“默认样式”，然后关闭“自定义”对话框。

这样就形成一个和 Word 工具栏其他快捷按钮一样的自定义按钮。以后用到时，单击自定义的宏按钮，操作即可变得简单快捷。

五、技巧与提高

1．删除最近打开的文档列表

在 Word 的“文件”菜单中，总是保存着最近打开的 4 个文件列表。如果想清除它，可以按住“Ctrl+Alt+-（减号）”组合键，鼠标箭头就会变成黑色的减号。打开“文件”菜单，在要清除的文档上单击一下，文件名就会从菜单中消失。文件名虽然从列表中消失但是文件却还保存着，不过别人无法知道你最近打开的文档了。

2．给文档加密

用户可以给自己的文档创建密码，但是如果丢失密码，将无法打开或访问受密码保护的文档。

建立的步骤是：打开文件，依次单击“工具→选项→安全性”命令，在“打开权限密码”框中键入密码，再单击“确定”按钮；在“请再键入一遍打开权限密码”框中再次键入该密码，然后单击“确定”按钮；在“修改权限密码”框中键入密码，再单击“确定”按钮；在“请再键入一遍修改权限密码”框中再次键入该密码，然后单击“确定”按钮。

3．防止 Word 宏病毒

可以通过设置 Word 宏的安全级别来防止 Word 宏病毒。方法如下：单击“工具→选项”命令，单击“安全性”选项卡，单击“宏安全性”按钮，在弹出的窗口中选择“安全级”选项卡，里面包含了高、中、低三种安全级别，选择所要使用的安全级即可。这样，根据宏安全设置的不同，在打开一个宏时，用户会收到一条警告，而且已安装的模板和加载项（包括向导）中的宏可能会被禁用。接着单击“可靠来源”选项卡，清除“信任所有安装的加载项和模板”复选框。

4．快速自定义快捷键

同时按下“Ctrl+Alt+ +（加号键）”组合键，这时鼠标符号会变成一个特定的形状，将这个鼠标符号移动到菜单上或工具栏上，单击用户想指定的菜单命令或工具栏上的命令按钮便会自动弹出“自定义键盘”对话框，将光标放到“请按新快捷键”输入框中，按想要新建的快捷键后，输入框中会显示用户的快捷键组合。在“当前快捷方式”文本框里选中要删除的快捷方式，单击“删除”按钮可以去除不需要的快捷键。

5．让字体设置随文件走

编辑完文档后，单击“工具→选项→保存→嵌入 TrueType 字体”命令，再选中“只嵌入所用字符”，这样在把文件拿到别的电脑中打开时，即使该电脑中没有你编辑文档时用的字体，文章还可以保持原样。

6．显示所有样式

要把样式应用到文档，请先用鼠标选中文字，然后从“格式”工具条的“样式”下拉列表框选择样式。如果用户找不到自己想要的样式，单击样式下拉列表的时候按住“Shift”键就可以显示出完整的样式清单。如果要把文字格式转化成 3 种主要的标题样式：“标题 1”、“标题 2”、“标题 3”的话，用户可以直接使用键盘快捷方式，它们分别是：“Ctrl+Alt+1”、“Ctrl+Alt+2”和“Ctrl+Alt+3”。

7．快速查看文档样式

在 Word 中可以给文字设置很多格式，以至于过了一段时间后用户自己都不能确切地说出设置了哪些格式，这时，只需选择“帮助”菜单下的“这是什么？”选项，鼠标指针将变成带着问号的左向箭头，将其指向被查询的文字，单击左键，就会出现提示框，告诉用户相应的段落格式和字体格式。

8．去掉文本的一切修饰

假如用户用 Word 编辑了一段文本，并进行了多种字符排版格式，有宋体、楷体，有上标、下标等等。但是，现在用户却对这段文本中字符排版格式不太满意，那么不妨选中这段文本，然后按下“Ctrl+Shift+Z”组合键，就可以去掉选中文本的一切修饰，以缺省的字体和大小显示文本。

9．所有格式都发生改变

用户在修改一个表格的样式后，发现文档中的所有表格都发生了改变，为了避免更改文档中的其他表格，可新建一个样式，而不是改变现有的样式。若要新建样式，请单击“格式→样式和格式”命令，打开“样式和格式”任务窗格，然后单击“新样式”命令。

六、创新作业

（1）学生以小组为单位，完成如下内容。

首先按“样文”（图 3-4-27）将文字录入，保存至自己的文件夹下，文件名取为“YANGSHI”，然后按操作要求进行操作。

操作要求：

1）样式修改 1：以“正文”样式为基准样式，将“标题 1”样式修改为：字体：宋体（中文）、Arial Unicode MS（英文）、三号、加粗；字体颜色：深红、不对齐网格；段落间距：段前：6 磅、段后：6 磅、与下段同页、段中不分页；大纲：1 级、不对齐网格。

2）样式修改 2：以“正文”样式为基准样式，将“标题 2”样式修改为：字体：黑体（中文）、Arial（英文默认）、四号、加粗；字体颜色：蓝色、不对齐网格；行距：1.5 倍行距；段落间距：段前：3 磅、段后：3 磅、与下段同页、段中不分页；大纲：2 级、不对齐网格。

3）样式修改 3：以“正文”样式为基准样式，将“正文”样式修改为：字体：宋体（中文）、Times New Roman（英文）、五号、两端对齐；行距：单倍行距。

Citrix 企业信息接入平台帮助企业实现分支机构的远程访问

分散在各地的办公室需要迅速、可靠、安全地访问总部关键性业务应用和信息——无论何时或何地

Citrix 企业信息接入平台帮助企业实现分支机构的远程访问，是一个已被无数事实证明了的解决方案，它能为你的新办公室或新并购的异地机构提供各种应用的无障碍连接。这项工作以前可能需要几周时间才能完成，而现在只需要几分钟。因此，这一方案将帮助你提高工作效率，减少运行开支，而且保证系统更加安全可靠。

无障碍的业务访问

Citrix Solution for Remote Office Connectivity 提供了一种基于服务器的、可灵活扩展的体系结构，使远程用户可以无缝、安全、可靠地访问全功能的企业级应用。不管在什么地方，即使是极低带宽的连接，用户都可以享受到企业应用的所有性能与功能。通过提供实时的公司信息和客户信息，Citrix 解决方案帮助员工向客户提供更好的服务，增强客户对公司的信任度。

节约时间和金钱，立竿见影

Citrix 解决方案使你能够集中进行配置、管理，并保证安全的应用访问，从而减少了构建远程办公室所需的时间和金钱。这种即时能力加快了新办公室整合的速度，减少了提供新服务的时间，使你不需要派遣 IT 员工到异地提供服务，因此企业可以专注于更为重要的业务——如市场营销。

另外，此方案还帮助你减少技术支持费用、提高 IT 人员的工作效率，这些同样有助于减少在技术上的整体投资和开销——因为你花在 PC 升级、电信费用和员工培训等方面的成本得到了降低。

图 3-4-27　样文

4）样式应用：按图 3-4-27 将文档中第 1 段样式设为“标题 1”，第 2、4、6 段设为“标题 2”，其他段落设为“正文”。

（2）制作为图片自动添加边框的宏。

奖状制作——邮件合并

一、项目描述

在分院举行的网页制作大赛中许多学生获得了优异的成绩，分院将给获得奖项的学生发奖状，以资鼓励。如果一个个地打印，容易做重复工作。这就需要批量地打印数据库中的数据，在 Word2003 中引用了邮件合并功能以后，通过邮件合并功能可以直接将学生数据库中学生的年级、班级、姓名以及获得的奖项批量打印在奖状上。

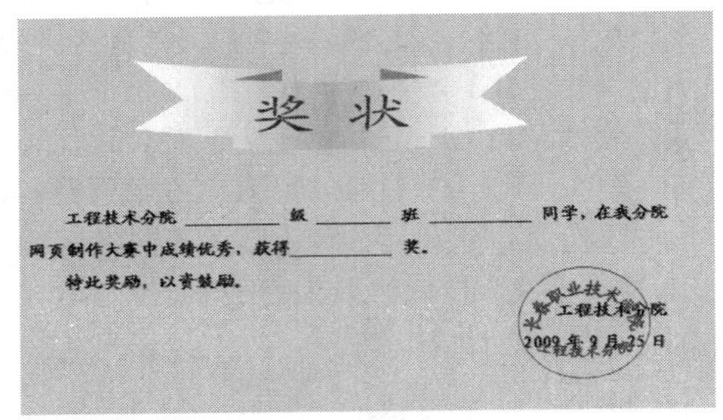

图 3-5-1 “主文档”

年级	班级	姓名	奖项
2008 级	5 班	李三	一等奖
2007 级	7 班	张思	二等奖
2007 级	8 班	刘三	二等奖
2008 级	9 班	张民	三等奖
2007 级	6 班	欧阳	三等奖
2007 级	7 班	李芬	三等奖
2008 级	3 班	炳文	优秀奖
2007 级	4 班	张华	优秀奖
2008 级	5 班	李丽	优秀奖
2008 级	6 班	李玟	优秀奖
2007 级	7 班	刘留	优秀奖

图 3-5-2 “获奖名单”数据源

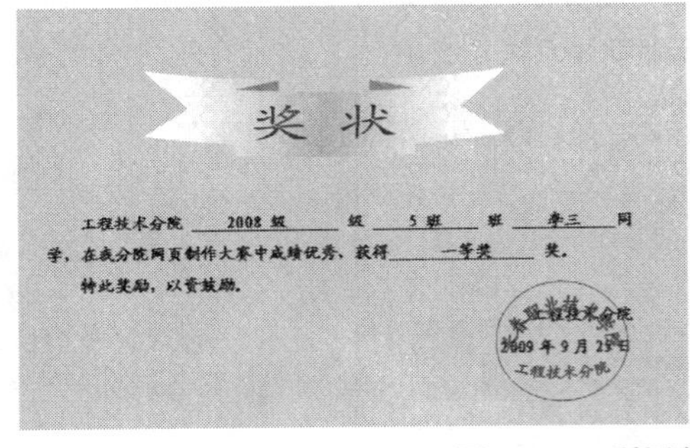

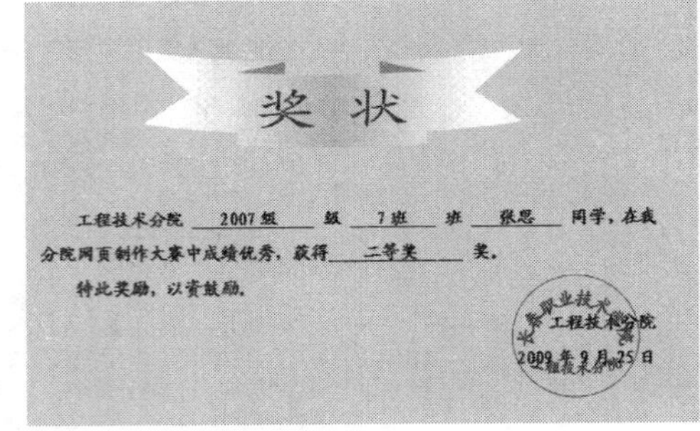

图 3-5-3 利用邮件合并生成的奖状

二、项目分析

邮件合并就是在主文档的固定内容中，合并与发送信息相关的一组数据源，从而批量生成需要的邮件文档。邮件合并进程涉及三个文档：主文档、数据源和合并文档。要完成基本邮件合并进程，用户必须按照下列步骤操作：第一步为打开或创建一个主文档，在 Word 2003 的邮件合并操作中，该文档包含对于合并文档的每个版本都相同的文本和图形；第二步为使用独特的收件人信息打开或创建数据源，该文件包含要合并到文档中的信息；第三步在主文档中添加或自定义合并域，合并域是用户在主文档中插入的占位符；第四步在主文档中合并来自数据源的数据，创建一个新的合并文档，合并文档是用户将邮件合并主文档与地址列表合并后得到的结果文档。结果文档可以是打印结果文档或包含合并结果的新的 Word 2003 文档。Word 2003 使用向导来指导用户完成所有步骤，从而使邮件合并变得容易。

三、项目实现方法与步骤

1．主文档制作

（1）新建一个空白文档，首先进行页面设置，选择页边距选项卡，把文档的“上”、“下”页边距均改为“3 厘米”，“左”、“右”页边距均改为“4 厘米”，方向选择“横向”。再选择纸张选项卡，“纸张大小”为“B5”，其他设置保持默认选项不变，如图 3-5-4 所示。

（2）输入文字。输入如图 3-5-1 所示四段文字，字体设置为“楷体”，字号为“四号”，字形为“加粗”，行距设置为“1.5 倍行距”。第一、二段分别设为首行缩进 2 字符，第三、四段设为右对齐。适当调整文字在文档中的位置。

（3）为文档添加背景颜色。单击菜单栏“格式→背景”命令，出现如图 3-5-5 所示的颜色选项卡，设置背景颜色为“茶色”。

文档中有“__________”是通过空格加下划线制作出来的。

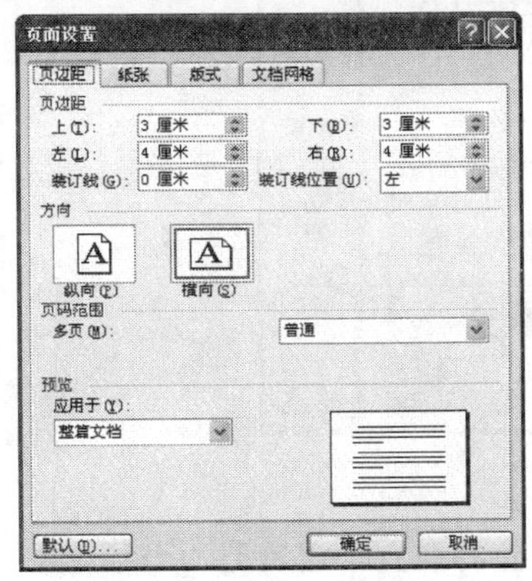

图 3-5-4 “页边距”选项卡

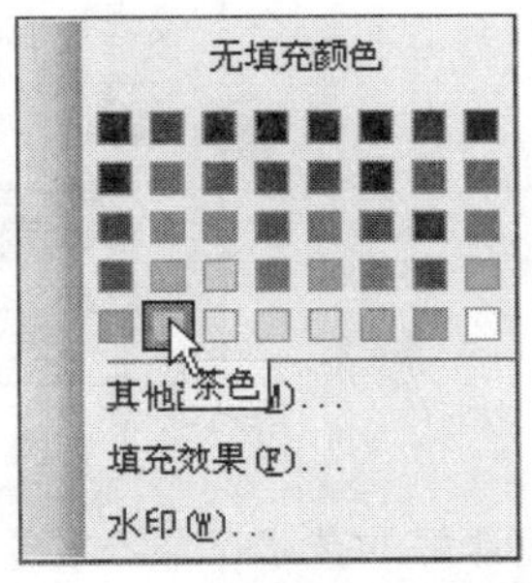

图 3-5-5 “颜色”选项卡

（4）插入自选图形。从“绘图”工具栏中，选择“自选图形→星与旗帜”，在图形中选择第三行第四列的“前凸弯带型”，如图 3-5-6 所示。在文档的上方拖动鼠标绘制出一个大小合适的图形。

（5）选中自选图形并单击右键，在弹出的快捷菜单中选择“设置自选图形格式”命令，出现“设置自选图形格式”对话框，如图 3-5-7 所示。在“颜色与线条”选项卡中设置填充颜色为“填充效果”中的单色，颜色设置为“金色”，底纹样式设置为垂直。线条颜色选择“无线条颜色”。

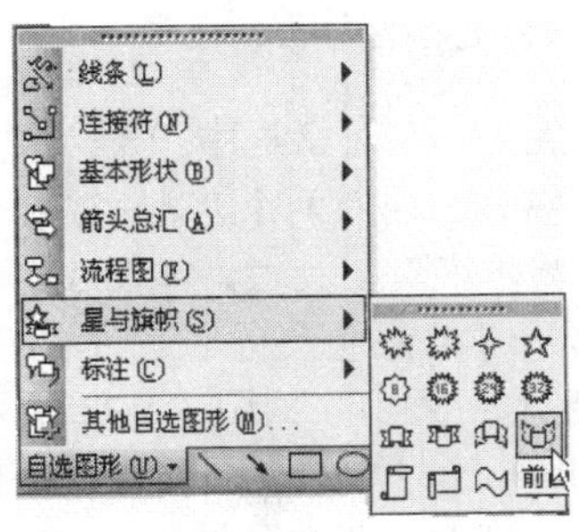

图 3-5-6 “自选图形”

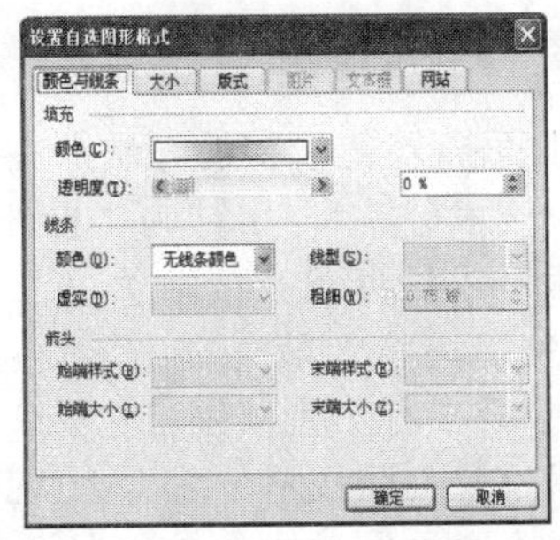

图 3-5-7 “设置自选图形格式”对话框

单击“版式”选项卡，设置环绕方式为“浮于文字下方”，然后单击“确定”按钮。

☞ 文档显示空格的操作是单击“工具→选项”命令，然后在“选项”对话框中切换“视图”选项卡，在“格式标记”选项区域选中“空格”后单击“确定”按钮。

（6）插入艺术字。单击“插入→图片→艺术字”命令，弹出的“艺术字库”对话框，如图3-5-8所示。选中第1行第1列，单击“确定”按钮，出现“编辑艺术字文字”对话框，输入“奖状”，并且在“奖”字后，输入两个空格，把“奖状”两个字分开些，字体为“楷体”，字号为“36”，单击“确定”按钮。

（7）选中艺术字“奖状”，然后单击右键，出现“设置艺术字格式”对话框，单击“颜色与线条”选项卡，设置填充颜色为“灰色-80%”，线条颜色为“无线条颜色”。单击“版式”选项卡，设置环绕方式为“浮于文字上方”。单击“确定”按钮。

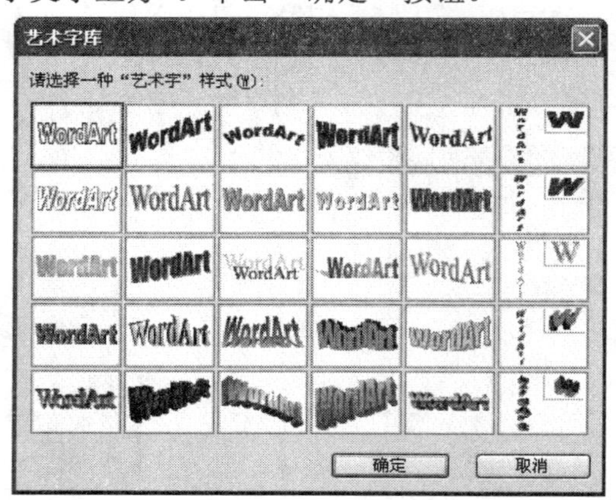

图 3-5-8 “艺术字库”对话框

（8）将设计好的艺术字放在自选图形的上面，调整好位置，之后把两个都选中，单击右键，在弹出的菜单中选择“组合→组合”命令，如图3-5-9所示。按照样文调整好它在文档中的位置。

☞ 双击常用工具栏旁边的空白处，可出现“自定义”对话框。

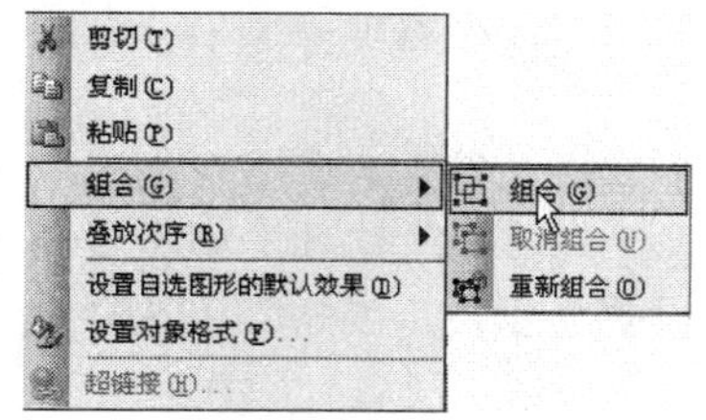

图 3-5-9 “组合”命令

图 3-5-10 “艺术字”工具栏

（9）按照上面插入艺术字的方法，在“编辑艺术字文字”对话框中，输入“长春职业技术学院”和“工程技术分院”，字体为“楷体”，字号为“36”，插入两个艺术字。

先选中艺术字“长春职业技术学院”，这样出现“艺术字”工具栏，如图3-5-10所示。单击“设置艺术字格式”，将“填充颜色”设置为“红色”，“线条颜色”设置为“红色”。单击“艺术字形状”，选中第2行1列“细上弯弧”，同时调整艺术字大小。如图3-5-11所示。

再选中艺术字“工程技术分院”，出现“艺术字”工具栏，单击 “设置艺术字格式”，将“填充颜色”设置为“红色”，“线条颜色”设置为“红色”。单击“艺术字形状”，选中第2行2列“细下弯弧”，同时调整艺术字大小，如图3-5-11所示。

将两个艺术字选中，选择环绕方式为“浮于文字上方”，如图3-5-12所示。

（10）从“绘图工具栏”中，选择“自选图形→基本图形”，在图形中选择椭圆，按住“Shift”键的同时画出大小适合的圆，然后对其单击右键，在弹出的快捷菜单中选择“设置自选图形格式”，选中“颜色与线条”选项卡，将“颜色”设置为“无填充颜色”，将“线条颜色”设置成“红色”。

（11）将艺术字“长春职业技术学院”、“工程技术分院”和红色的圆，三者安排好位置，并且组合在一起。组合后放在相应的位置上。

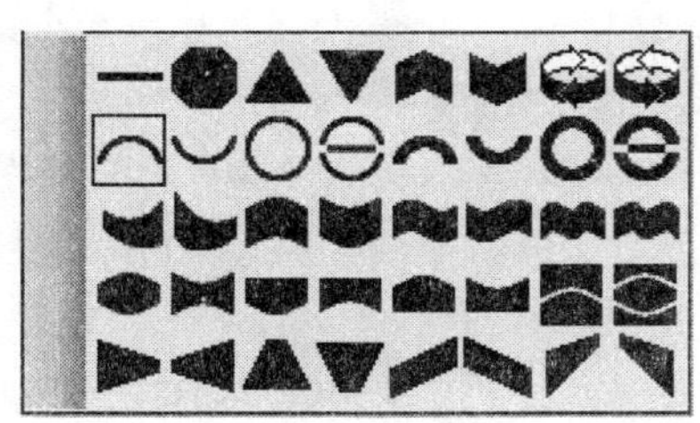

图 3-5-11　“艺术字形状”

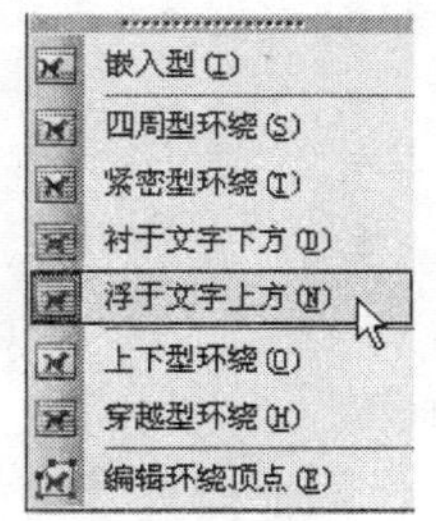

图 3-5-12　“浮于文字上方”命令

2．数据源的制作

首先新建一个空白文档，然后单击“表格→插入→表格”命令，出现“插入表格”对话框，如图 3-5-13 所示。将列数改为 4，行数改为 12，然后单击“确定”按钮。

这时在页面上出现 4 列 12 行的表格，按照图 3-5-2 所示，输入文字，最后保存文档，文件名为“获奖名单”。

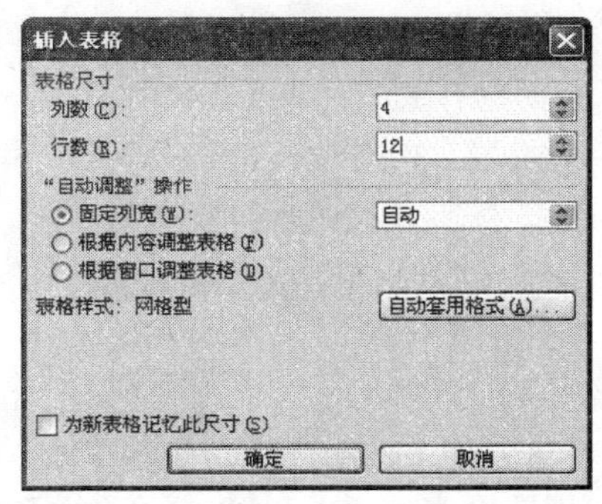

图 3-5-13　“插入表格”对话框

3．合并文档的制作

（1）单击“工具→信函与邮件→邮件合并”命令，出现如图 3-5-14 所示的窗格。在“选择文档类型”中，选择“信函”，然后在下面单击“下一步：正在启动文档”选项。

（2）在“选择开始文档”中，选择 “使用当前文档”，然后在下面单击“下一步：选取收件人”选项，如图 3-5-15 所示。

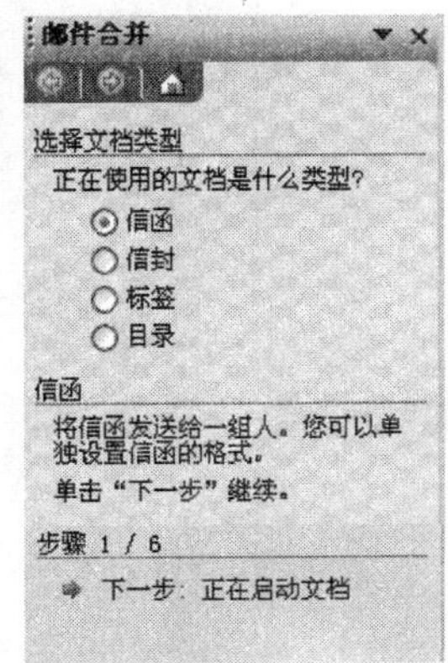

图 3-5-14　“邮件合并”任务窗格 1

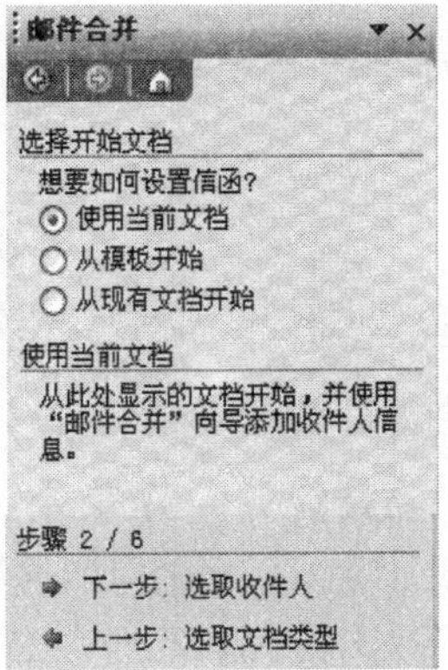

图 3-5-15　“邮件合并”任务窗格 2

（3）在“选取收件人”项目中选中“使用现有列表”选项，然后单击“浏览”按钮，如图3-5-16所示，插入文件名为“获奖名单”的数据源，之后单击“下一步：撰写信函”按钮。

（4）先把光标放在“工程技术分院”之后，在如图3-5-17中单击“其他项目…”命令，在如图3-5-18中选择“年级”，然后单击“插入”，之后关闭“插入合并域”。其他三个数据库域按此方法进行插入。之后单击“下一步：预览信函”按钮。

巧妙修改Word中下划线的距离，Word中的下划线几乎和文字完全挨着了，看起来效果不是很好。可以进行设置，增加下划线和文字之间的距离。让文档看起来更加合理。首先，在文字前后各敲入一个空格，选中文字及其前后的空格，为其设置下划线格式。选中文字，依次单击“格式→字体”菜单命令，在弹出的“字体”对话框中选择“字符间距”选项，将“位置”下拉框设置为“提升”、将磅值”设置为“2磅”，单击“确定”按钮。最后，将文字前后的空格设置为白色。

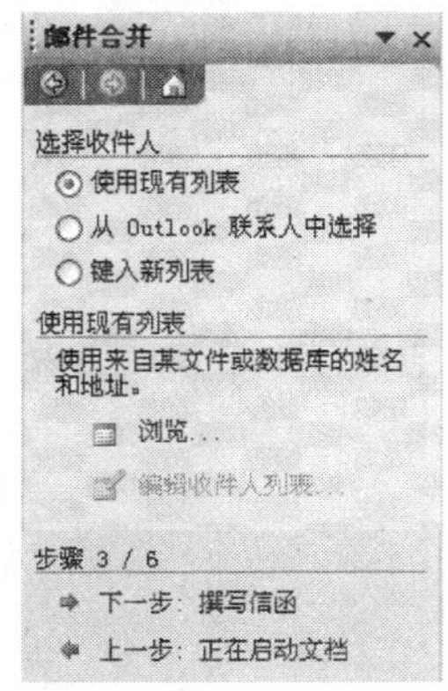
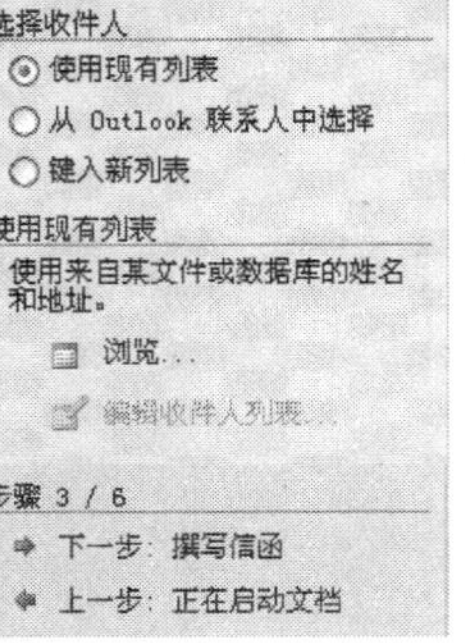

图3-5-16 “邮件合并”任务窗格3　　图3-5-17 “邮件合并”任务窗格4

（5）在“邮件合并”任务窗格5中，单击“下一步：完成合并”命令；在图3-5-19中，单击“编辑个人信函…”，出现“合并到新文档”对话框，如图3-5-20所示。选择“全部”单选钮，然后单击“确定”按钮。这样在数据库中的所有的数据均显示出来，下一步只需单击“文件→打印”即可。

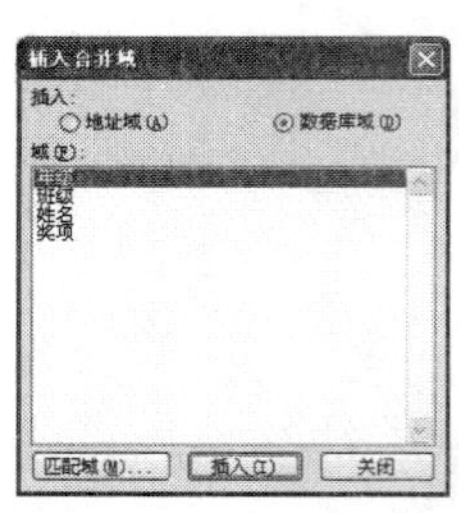

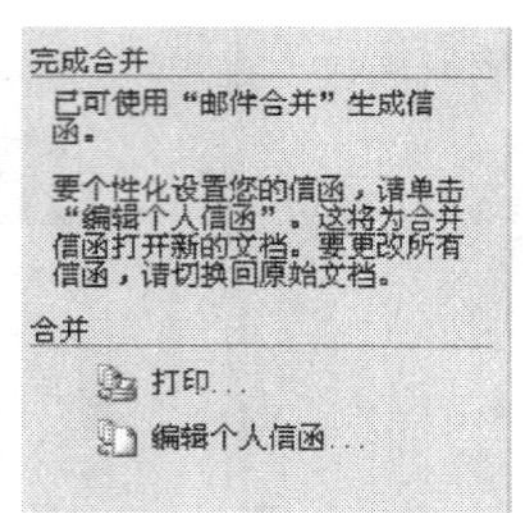

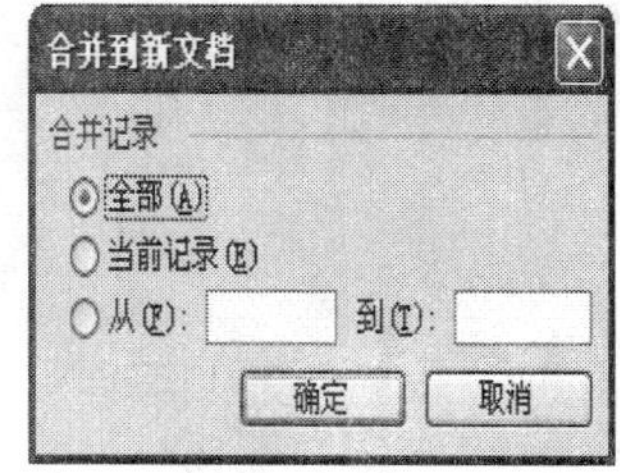

图3-5-18 “插入合并域”对话框　图3-5-19 “邮件合并”任务窗格　图3-5-20 “合并到新文档”对话框

四、相关知识与技能

邮件合并功能是Word 2003中一个非常特别的功能，它在很多时候都能派上用场。具体地说邮件合并就是在主文档的固定内容中，合并与发送信息相关的一组数据源，从而批量生成需要的邮件文档。

（一）主文档与数据源

1．主文档

主文档是在 Word 2003 的邮件合并操作中，包含文本和图形对合并文档的每个版本都相同的文档。例如，套用信函中的寄信人地址和称呼。

2．数据源

数据源是包含要合并到文档中的信息的文件。例如，要在邮件合并中使用的名称和地址列表。只有连接到数据源，才能使用数据源中的信息。

（二）批量制作通知单

使用邮件合并功能可以处理信函和信封等与邮件相关的文档，同时还可以轻松地批量制作标签、考试卡、工资条、成绩单等。

以下使用邮件合并功能制作一个统一格式，不同数据的录取通知书。

1．创建通知文档

撰写一份录取通知书模板，内容按图 3-5-21 进行输入，并按照要打印出来的效果调整好这个当作通知书模板的 Word 文档，文件取名为“主文档”。

录取通知书

同学：

由于您成绩优秀，已被我院分院专业录取。请于来我院报到。

长春职业技术学院

2006 年 8 月 5 日

图 3-5-21　录取通知书

2．应用邮件合并功能

（1）单击“工具→信函与邮件→邮件与合并”命令。

（2）弹出“邮件合并”任务窗格 1，如图 3-5-22 所示。在“选择文档类型”中选中“信函”，单击“下一步：正在启动文档”。

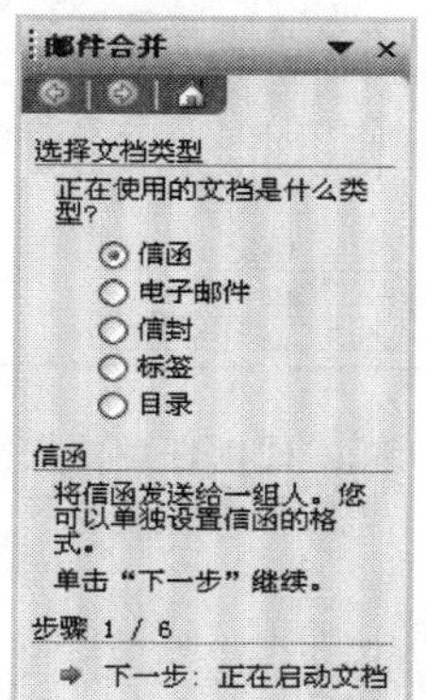

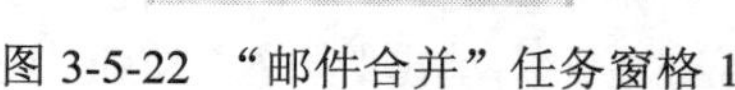

图 3-5-22　“邮件合并”任务窗格 1

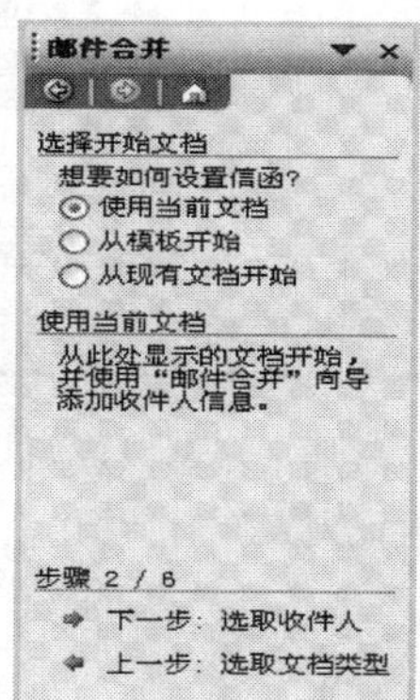

图 3-5-23　“邮件合并”任务窗格 2

（3）在“选择开始文档”中选中“使用当前文档”，如图 3-5-23 所示，继续单击“下一步：选取收件人”。

（4）在“选取收件人”项目中选中“键入新列表”，如图 3-5-24 所示，然后单击“创建”按钮。

（5）在如图 3-5-25 所示的“新建地址列表”对话框中，单击“自定义”按钮。

（6）打开如图 3-5-26 所示的“自定义地址列表”对话框，在对话框中通过使用“添加”或“删除”将数据源中的项目改为适合要求的域名。在此可添加“姓名”、“分院”、“专业”和“日期”，并通过“上移”或“下移”将其调整到如图 3-5-26 所示的位置。

（7）单击“确定”按钮，返回“新建地址列表”，输入录取学生的信息，在完成每一个条目的输入后，单击“新建条目”，增加新的条目。

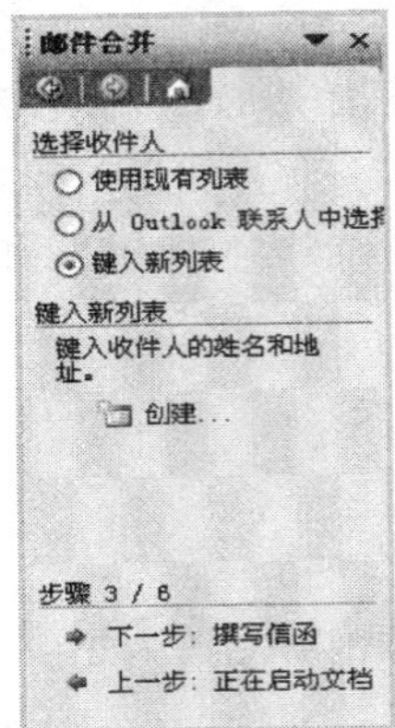

图 3-5-24 “邮件合并”任务窗格 3

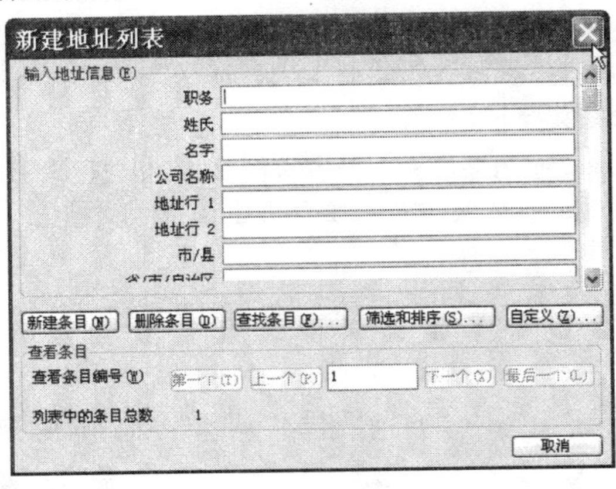

图 3-5-25 “新建地址列表”对话框

（8）在地址列表编辑完成后，单击“关闭”按钮，将出现“保存通讯录”对话框，输入文件名，单击“保存”按钮之后自动打开如图 3-5-27 所示的“邮件合并收件人”对话框，可在此对话框内对所录入的学生信息进行修改，单击“确定”按钮。

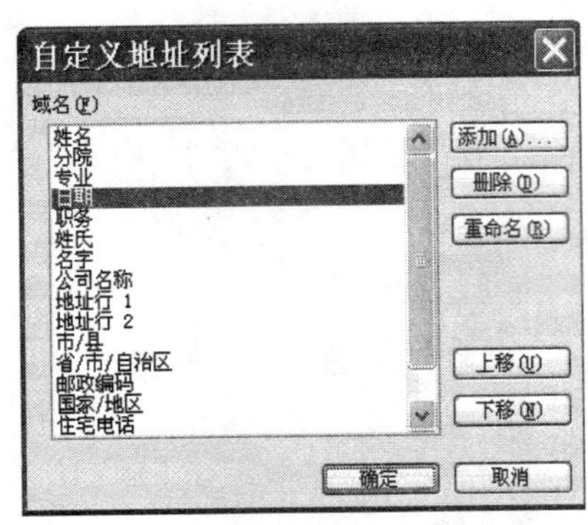

图 3-5-26 添加了域名以后的“自定义地址列表”对话框

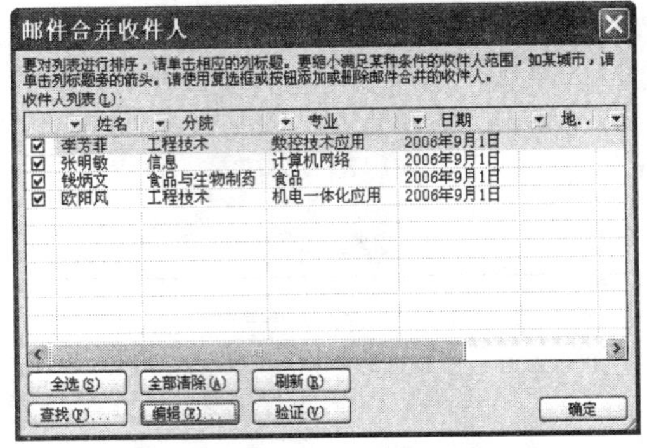

图 3-5-27 “邮件合并收件人”对话框

（9）在如图 3-5-24 所示“邮件合并”任务窗格 3 中，单击“下一步：撰写信函”，然后在通知书正文中，选中需要输入姓名、分院、专业、日期位置处，单击“其他项目”按钮，打开“插入合并域”对话框，如图 3-5-28 所示。选择对应的项目，单击“插入”按钮，生成如图 3-5-29

所示的插入合并域后的效果。

（10）关闭“插入合并域”对话框，并在“邮件合并”任务窗格中单击“下一步：预览信函”。

（11）在“邮件合并”任务窗格中单击收件人旁边的左右两个按钮，预览生成多人的录取通知书，单击“下一步：完成合并”。单击“邮件合并”工具栏上的“合并到新文档”按钮，如图 3-5-30 所示，得到利用邮件合并生成的录取通知书。

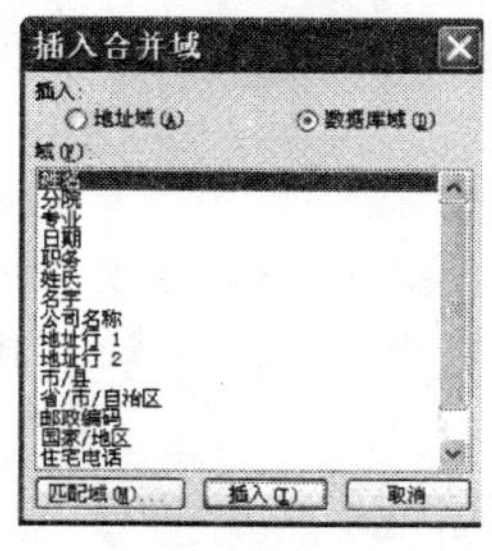

图 3-5-28　“插入合并域”对话框

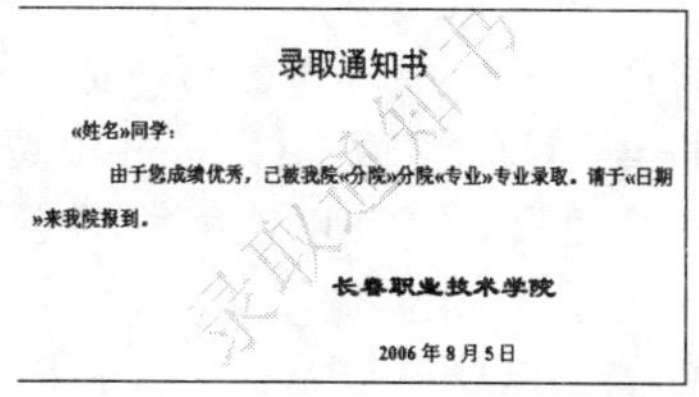

录取通知书

«姓名»同学：

由于您成绩优秀，已被我院«分院»分院«专业»专业录取。请于«日期»来我院报到。

长春职业技术学院

2006年8月5日

图 3-5-29　插入合并域后的效果

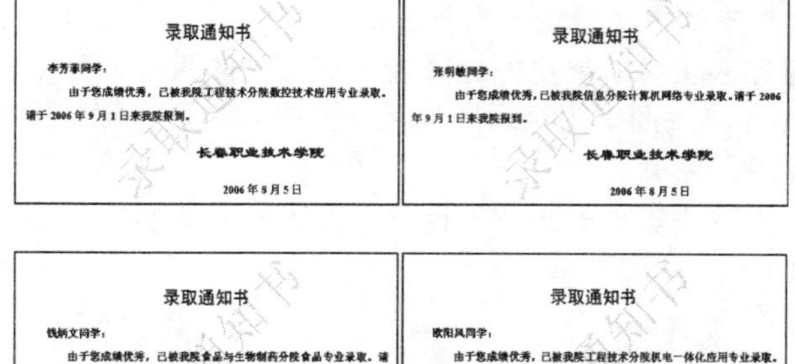

录取通知书

李芳菲同学：

由于您成绩优秀，已被我院工程技术分院数控技术应用专业录取。请于 2006 年 9 月 1 日来我院报到。

长春职业技术学院

2006 年 8 月 5 日

录取通知书

张明雄同学：

由于您成绩优秀，已被我院信息分院计算机网络专业录取。请于 2006 年 9 月 1 日来我院报到。

长春职业技术学院

2006 年 8 月 5 日

录取通知书

钱炳文同学：

由于您成绩优秀，已被我院食品与生物制药分院食品专业录取。请于 2006 年 9 月 1 日来我院报到。

长春职业技术学院

2006 年 8 月 5 日

录取通知书

欧阳风同学：

由于您成绩优秀，已被我院工程技术分院机电一体化应用专业录取。请于 2006 年 9 月 1 日来我院报到。

长春职业技术学院

2006 年 8 月 5 日

图 3-5-30　利用邮件合并生成的录取通知书

（三）文档的打印和预览

打印是文档处理的最后一个环节，要想打印出满意的文档，就要对打印的相应参数进行设置。

1．打印预览

（1）打印前预览页面。

①单击“文件→打印预览”菜单命令。

②单击“常用”工具栏上的“打印预览”。

（2）在打印预览中编辑文本。

①单击“文件→打印预览”菜单命令。

②单击要编辑的区域中的文字，Word 会放大显示此区域。

③单击“放大镜”，指针会由放大镜形状变成 I 形，此时即可开始修改文档。

④若要返回初始显示比例，请单击“放大镜”，再单击该文档。

⑤若要退出打印预览并返回文档的上一个视图，请单击“关闭”按钮。

2．打印文档

打印文档有多种方法，用户可以根据不同要求设置打印方式。

（1）快速打印。可以通过单击“常用”工具栏上的“打印”命令打印文档。

（2）打印若干页。

①单击“文件→打印”菜单命令。

②在“页码范围”框中指定要打印的部分文档。

如果单击“页码范围”选项，则应该键入页码或页码范围，或同时键入页码和页码范围。也可以选定需要打印的部分文档：单击“文件→打印”菜单命令再单击“所选内容”。

（3）只打印奇数页或偶数页。

①单击“文件→打印”菜单命令。

②单击“打印”框中的“奇数页”或“偶数页”。

（4）打印非连续页。键入页码，并以逗号相隔。对于某个范围的连续页码，可以键入该范围的起始页码和终止页码，并以连字符相连。例如，若要打印第 2、4、5、6 和第 8 页，可键入“2,4-6,8”。

（5）打印草稿。以草稿质量打印文档时，Word 不打印格式或大多数图形，这样可以加快文档的打印速度。某些打印机不支持此选项。

①单击“工具”菜单上的“选项”命令，再单击“打印”选项卡。

②选取“打印选项”下的“草稿输出”复选框。

（6）在一张纸上打印多页。若要更好地查看多页文档的版式，可以在一张纸上打印多页。为了实现这种效果，Word 将页面缩小至适当的尺寸并将其组合在打印页面中。

①单击“文件→打印”菜单命令。

②在“显示比例”下的“每页的版数”框中，单击所需的选项。例如，若要在一张纸上打印一篇四页的文档，可单击“4 版”选项。

（7）一次打印多份副本。

①单击“文件→打印”菜单命令。

②在“份数”框中输入要打印的份数。

若要在一份副本打印完毕后再开始打印下一份副本的第一页，请选取“逐份打印”复选框。如果清除此复选框，则会在所有副本的首页都打印完毕后再开始打印其他后续页。

（四）页面设置

用户在编辑文档时，直接用标尺就可以对页边距、版面大小等内容进行设置，但是这种方法不够精确。如果需要制作一个版面要求较为严格的文档，可以使用“页面设置”对话框来精确地对文档的版面进行设置。打开“文件”菜单，选择“页面设置”命令，在弹出的“页面设置”对话框中进行设置。“页面设置”对话框如图 3-5-31 所示。

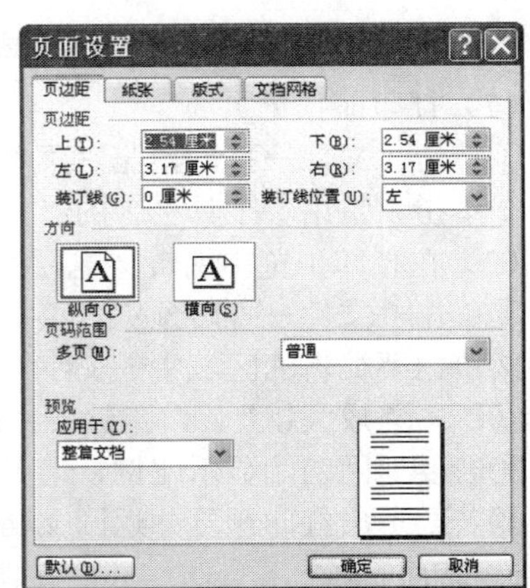

图 3-5-31 “页面设置”对话框

1. 设置页边距

页边距是页面四周的空白区域，指正文与纸张边缘的距离。通常，可在页边距内部的可打印区域中插入文字和图形。但是也可以将某些项目放置在页边距区域中，如页眉、页脚和页码等。

Word 提供了下列页边距选项：上、下、左、右边距。如果要在同一篇文档中采用不同的页边距，请在设置前将插入点置于不同页面设置的分界处，并在“应用于”下拉列表框中选择“插入点之后”；如果从“应用于”下拉列表框中选择“整篇文档”，则用户设置的页面就应用于整篇文档。

2．纸张大小

单击“纸张”选项卡。选择某一大小的纸张。若要更改部分文档的纸张大小，请选择纸张并按照常例更改纸张大小。选择“应用于”框中的“插入点之后”。Word 自动在使用新纸型的页面前后插入分节符。如果已将文档划分为若干节，可以单击某个节或选定多个节，再改变纸张大小。

还可以利用“版式”和“文档网格”选项卡对页面进行设置。

五、技巧与提高

1．用一页纸打印多个邮件

利用 Word“邮件合并”可以批量处理和打印邮件，很多情况下邮件很短，只占几行的空间，但是，打印时也要用整页纸，导致打印速度慢，并且浪费纸张。造成这种结果的原因是每个邮件之间都有一个“分节符”，使下一个邮件被指定到另一页。怎样才能用一页纸上打印多个短小邮件呢？其实很简单，先将数据和文档合并到新建文档，再把新建文档中的分节符（^b）全部替换成人工换行符（^l）（注意此处是小写英语字母 l，不是数字 1）。具体做法是利用 Word 的查找和替换命令，在查找和替换对话框的“查找内容”框内输入“^b”，在“替换为”框内输入“^l”，单击“全部替换”，此后打印就可在一页纸上印出多个邮件来。

2．一次合并出内容不同的邮件

有时需要给不同的收件人发去内容大体一致，但是有些地方有区别的邮件。如寄给家长的“学生成绩报告单”，它根据学生总分不同，在不同的报告单中写上不同的内容，总分超过 290 分的学生，在报告单的最后写上“被评为学习标兵”，而对其他的学生，报告单中则没有这一句。怎样用同一个主文档和数据源合并出不同的邮件？这时就要用到“插入 Word 域”，在邮件中需出现不同文字的地方插入“插入 Word 域”中的“if…then…else(I)…”语句。以“学生成绩报告单”为例，具体做法是将插入点定位到主文档正文末尾，单击邮件合并工具栏中“插入 Word 域”，选择下级菜单中的“if…then…else (I)…”，在出现的对话框中填入相应内容，单击“确定”按钮。有时可根据需要在两个文字框中写入不同的语句，这样就可以用一个主文档和一个数据源合并出不同内容的邮件来。

六、创新作业

（1）制作学生成绩通知单。要求如下：

1）录入主文档：按图 3-5-32 所示录入学生成绩通知单主文档。

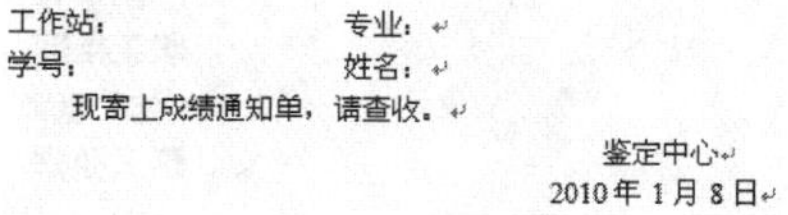

成绩通知单
工作站：　　　　专业：
学号：　　　　　姓名：
现寄上成绩通知单，请查收。
鉴定中心
2010 年 1 月 8 日

图 3-5-32　成绩通知单主文档

2）录入数据源：按图 3-5-33 所示录入学生成绩通知单数据源。

3）邮件合并：进行邮件合并，合并结果如图 3-5-34 所示。

工作站	专业	学号	姓名
唐山一运	汽管	90220002	张成祥
沧州市	汽管	90213009	张雷
沧州市交通局	汽财	90213003	郑俊霞
廊坊	汽财	90216034	马丽萍

图 3-5-33　成绩通知单数据源

成绩通知单
工作站：唐山一运　　　　专业：汽管
学号：90220002　　　　姓名：张成祥
现寄上成绩通知单，请查收。
鉴定中心
2/20/2006

成绩通知单
工作站：沧州市　　　　专业：汽管
学号：90213009　　　　姓名：张雷
现寄上成绩通知单，请查收。
鉴定中心
2/20/2006

成绩通知单
工作站：沧州市交通局　　　　专业：汽财
学号：90213003　　　　姓名：郑俊霞
现寄上成绩通知单，请查收。
鉴定中心
2/20/2006

成绩通知单
工作站：廊坊　　　　专业：汽财
学号：90216034　　　　姓名：马丽萍
现寄上成绩通知单，请查收。
鉴定中心
2/20/2006

图 3-5-34　成绩通知单合并文档

（2）制作职工档案。要求如下：

1）录入主文档：按图 3-5-35 所示录入职工档案主文档。

2）录入数据源：按图 3-5-36 所示录入职工档案数据源。

3）邮件合并：进行邮件合并，合并结果如图 3-5-37 所示。

职工档案
姓名：　职务：　文化程度：　政治面目：

图 3-5-35　职工档案主文档

职　务	姓　名	文化程度	政治面目
工程师	孙大力	大　学	党　员
科　员	徐　娟	中　专	团　员
医　师	王　蒴	本　科	党　员
局　长	江　湖	大　专	党　员

图 3-5-36　职工档案数据源

职工档案
姓名：工程师　职务：孙大力　文化程度：大学　政治面目：党员
职工档案
姓名：科员　职务：徐娟　文化程度：中专　政治面目：团员
职工档案
姓名：医师　职务：王蒴　文化程度：本科　政治面目：党员
职工档案
姓名：局长　职务：江湖　文化程度：大专　政治面目：党员

图 3-5-37　职工档案合并文档

（3）设计制作学术研讨会邀请函。某高校组织全国性的学术研讨大会，邀请各省市有名的专家来参加。利用 Word 中的邮件合并功能，将专家姓名、专家所在省市及各种研讨信息直接打印到邀请函上。具体要求如下：

1）学生以小组为一个团队，设计出会议邀请函。

2）页面要求大方整洁。

3）作品要求色彩搭配和谐、版式设计合理、整体效果突出。

4）要求学生对于通知事项考虑周全。

数学试卷制作——模板与公式

一、项目描述

许多教师在教学或考核过程中要使用试卷，数学教师还要在试卷中输入各种数学公式，然而许多的专业符号在大家常用的 Word 文档中没有办法输入，有时候要借助“公式编辑器”来完成。很多试卷或教案都是在和“公式编辑器”的“亲密接触”下完成的。本项目通过一个完整的数学试卷的制作，来了解 Word 2003 中模板和公式编辑器的使用方法。

二、项目分析

数学试卷包含两方面的主要内容：

（一）试卷模板的制作

根据试卷的特点，设计页面布局、固定格式的内容，按要求录入相应内容，保存为模板（图 3-6-1）。

（二）试卷内容的输入

打开试卷模板，录入具体的试卷内容，根据数学试卷公式多的特点，学习自定义工具栏、公式录入等相关内容。试卷如图 3-6-2、图 3-6-3、图 3-6-4 所示。

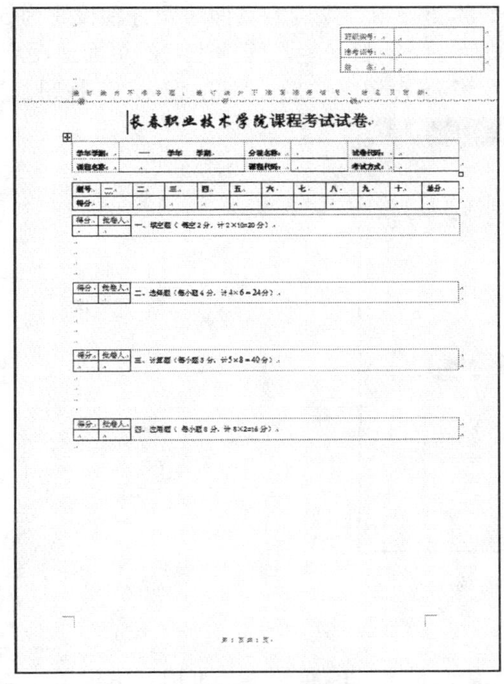

长春职业技术学院课程考试试卷

学年学期：	—　学年　学期	分院名称：		试卷代码：	
课程名称：		课程代码：		考试方式：	

题号	一	二	三	四	五	六	七	八	九	十	总分
得分											

一、填空题（每空 2 分，计 2×10=20 分）

二、选择题（每小题 4 分，计 4×6＝24 分）

三、计算题（每小题 5 分，计 5×8＝40 分）

四、应用题（每小题 8 分，计 8×2=16 分）

图 3-6-1　模板

班级编号：	
准考证号：	
姓　名：	

长春职业技术学院课程考试试卷

学年学期：	2008 —2009 学年 上 学期	分院名称：	工程技术分院	试卷代码：	202240102
课程名称：	应用数学基础	课程代码：	20224	考试方式：	闭卷

题号	一	二	三	四	五	六	七	八	九	十	总分
得分											

得分	批卷人

一、填空题（每空 2 分，计 2×10=20 分）

1. 已知 $\lim\limits_{x\to 0}\frac{\sin kx}{x}=2$，则 $k=$（　　）

2. 设 $f(x)=\begin{cases}\sin x, -2<x<0,\\ 1+x^2, 0\le x<2,\end{cases}$ 则 $f(0)=$（　　）　$f(-\frac{\pi}{4})=$（　　）

3. 假定 $f'(x_0)$ 存在，按照导数定义，$\lim\limits_{\Delta x\to 0}\frac{f(x_0-\Delta x)-f(x_0)}{\Delta x}=$（　　）

4. 复合函数 $y=\cos 4x$ 的复合过程是（　　）

5. 已知函数 $y=\ln x$，则 $y''=$（　　）

6. 若函数 $f(x)=x^2$ 在 $[-1,2]$ 上满足拉格朗日中值定理，则 $\xi=$（　　）

7. 函数 $f(x)=x^2$ 的积分曲线过点（-1，2），则这条积分曲线是（　　）

8. 在定积分 $\int \frac{dx}{1+\sqrt{x}}$ 中，做换元 $x=t^2$，则新的积分上限应取（　　）下限应取（　　）

得分	批卷人

二、选择题（每小题 4 分，计 4×6＝24 分）

9. 设函数 $f(x)=\begin{cases}x^2+1, -2\le x\le -1\\ x, -1<x<1\\ x^2-1, 1\le x\le 2\end{cases}$ 则函数 $f(x)$ 是（　）

A、奇函数　　B、偶函数

C、既是奇函数又是偶函数　　D、非奇非偶函数

图 3-6-2　试卷第 1 页

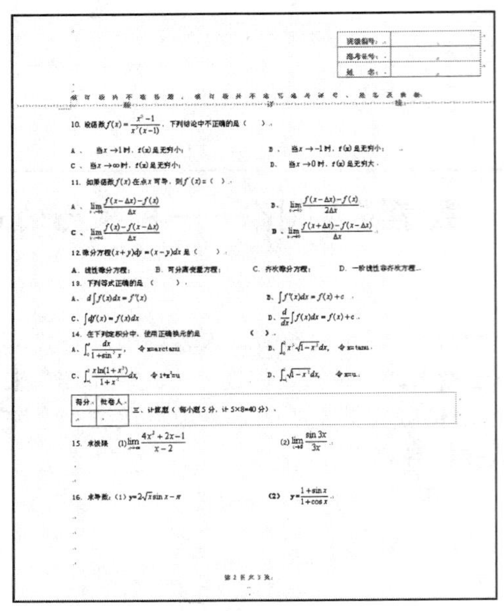

班级编号：	
准考证号：	
姓 名：	

装订线内不准答题，装订线外不准写准考证号、姓名及班级

10. 设函数 $f(x)=\frac{x^2-1}{x^2(x-1)}$，下列结论中不正确的是（ ）

A．当 $x\to1$ 时，$f(x)$ 是无穷小；　B．当 $x\to-1$ 时，$f(x)$ 是无穷小；

C．当 $x\to\infty$ 时，$f(x)$ 是无穷小；　D．当 $x\to0$ 时，$f(x)$ 是无穷大

11. 如果函数 $f(x)$ 在点 x 可导，则 $f'(x)=$（ ）

A．$\lim\frac{f(x-\Delta x)-f(x)}{\Delta x}$　B．$\lim\frac{f(x-\Delta x)-f(x)}{2\Delta x}$

C．$\lim\frac{f(x)-f(x-\Delta x)}{\Delta x}$　D．$\lim\frac{f(x+\Delta x)-f(x-\Delta x)}{\Delta x}$

12. 微分方程 $(x+y)dy=(x-y)dx$ 是（ ）

A．线性微分方程；　B．可分离变量方程；　C．齐次微分方程；　D．一阶线性非齐次方程

13. 下列等式正确的是（ ）

A．$d\int f(x)dx=f'(x)$　B．$\int f'(x)dx=f(x)+c$

C．$\int df(x)=f(x)dx$　D．$\frac{d}{dx}\int f(x)dx=f(x)+c$

14. 在下列定积分中，使用正确换元的是（ ）

A．$\int_0^{\pi}\frac{dx}{1+\sin^2 x}$，令 x=arctanu　B．$\int_0^1 x^2\sqrt{1-x^2}dx$，令 x=tanu

C．$\int_{-1}^{1}\frac{x\ln(1+x^2)}{1+x^2}dx$，令 $1+x^2=u$　D．$\int_{-1}^{1}\sqrt{1-x^2}dx$，令 x=u

得分	批卷人

三、计算题（每小题5分，计5×8=40分）

15. 求极限 (1) $\lim\frac{4x^3+2x-1}{x-2}$　(2) $\lim\frac{\sin 3x}{3x}$

16. 求导数：(1) $y=2\sqrt{x}\sin x-\pi$　(2) $y=\frac{1+\sin x}{1+\cos x}$

第2页共3页

图 3-6-3　试卷第 2 页

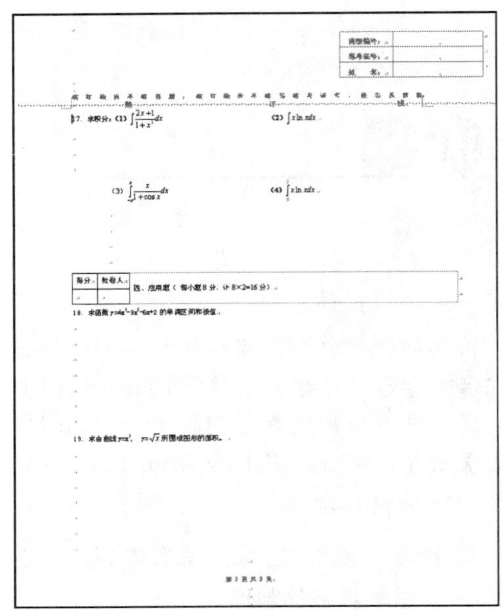

班级编号：	
准考证号：	
姓 名：	

装订线内不准答题，装订线外不准写准考证号、姓名及班级

17. 求积分：(1) $\int\frac{2x+1}{1+x^2}dx$　(2) $\int x\ln x dx$

(3) $\int\frac{x}{1+\cos x}dx$　(4) $\int_0^1 x\ln x dx$

得分	批卷人

四、应用题（每小题8分，计8×2=16分）

18. 求函数 $y=4x^3-3x^2-6x+2$ 的单调区间和极值。

19. 求由曲线 $y=x^2$，$y=\sqrt{x}$ 所围成图形的面积。

第3页共3页

图 3-6-4　试卷第 3 页

三、项目实现方法与步骤

1．设置页面

（1）启动 Word 2003，新建一个空白文档。单击“文件→页面设置”命令，打开“页面设置”对话框，切换到“纸张”选项卡，设置纸张大小为 B4 纸。

（2）切换到“页边距”选项卡，如图 3-6-5 所示。将上、下、左、右页面边距分别设置为 5 厘米、3 厘米、3 厘米、3 厘米，这是因为上边需要增加一个密封线栏，因此上边的页面边距应该设置得大一些。设置好边距，并选中“纵向”方向。全部设置完成后，单击“确定”按钮。

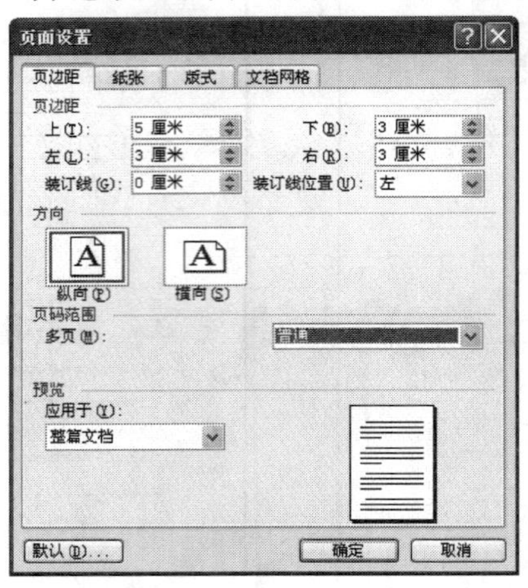

图 3-6-5　页边距选项卡

2．制作密封线

（1）单击“视图→页眉和页脚”命令，进入“页眉和页脚”编辑状态。页眉处出现了一条横线，影响试卷的制作，用下面的方法将其清除：在页眉处拖动选择回车符，单击“格式→边

框和底纹”命令，打开“边框和底纹”对话框，在“边框”标签下，选中“无”边框样式，然后将其“应用于”下拉列表中选择“段落”，单击“确定”返回即可，如图 3-6-6 所示。

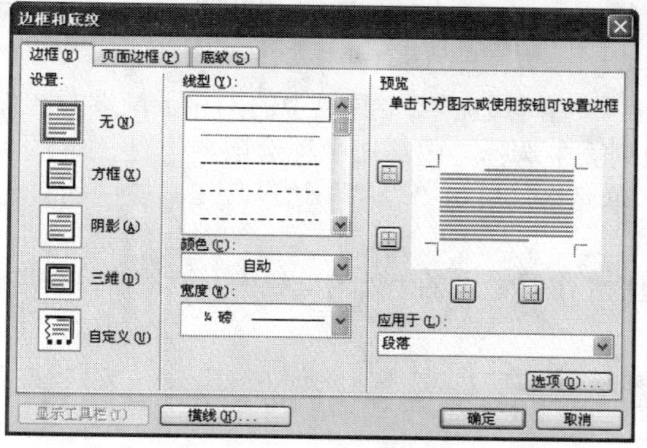

图 3-6-6　清除页眉横线

（2）仿照图 3-6-7 的样式输入字符及表格。装订线上的虚线可以用直线工具画上去。最后单击“页眉和页脚”工具栏上的“关闭”按钮返回文档编辑状态，密封线制作完成，局部效果如图 3-6-7 所示。

3．制作页码

（1）试卷下面页码及总页码设置。再次进入“页眉和页脚”编辑状态，单击“页眉和页脚”工具栏上的“在页眉和页脚间切换”按钮，切换到“页脚”编辑状态。在“页眉和页脚”编辑栏上单击“插入‘自动图文集”（S）”，在弹出的下拉菜单中单击“第 X 页　共 Y 页”，插入页码及总页码，如图 3-6-8 所示。

（2）设置字号为 5 号，调整好页码位置。最后单击“页眉和页脚”工具栏上的“关闭”按钮返回文档编辑状态，页码制作完成。

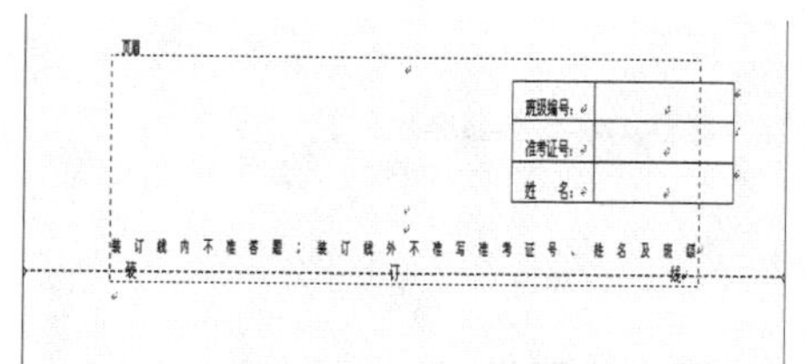

图 3-6-7　页眉效果图

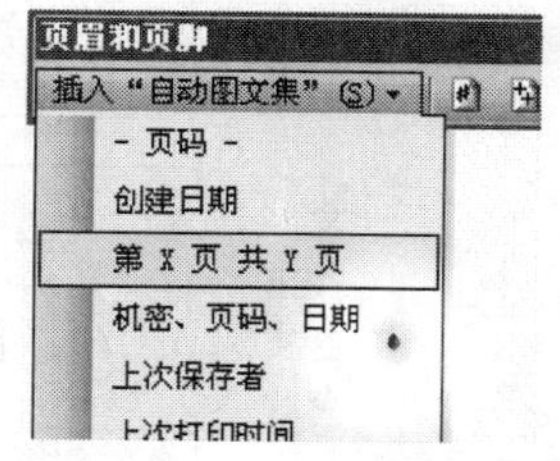

图 3-6-8　插入页码及总页码

4．制作试卷标题

（1）在第一页试卷上，试卷标题、评分栏等项目的制作。先输入试卷标题（如“长春职业技术学院课程考试试卷”），设置好字体、字号，并让其居中对齐；然后利用“常用”工具栏上的“插入表格”按钮，在标题下方插入一个 2 行 6 列的表格；再仿照图 3-6-9 的样式，设置相关单元格格式，并输入相应的字符。

（2）用同样的方法制作评分栏。

学年学期：	—　学年　学期	分院名称：		试卷代码：	
课程名称：		课程代码：		考试方式：	

图 3-6-9　标题表格

（3）输入题头及题号。定位光标到评分栏下，插入一个 2 行 3 列的表格，用鼠标拖动选择第 3 列的 2 个单元格，移动鼠标到被选区域，单击右键，在弹出的快捷菜单中选择“合并单元格”命令，如图 3-6-10 所示。然后在表格中输入相应的内容，图 3-6-11 所示。

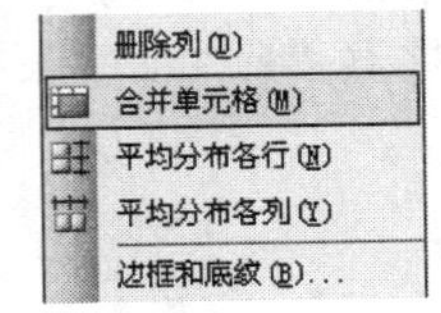

图 3-6-10　合并单元格

（4）选中表格，单击“表格与边框”工具栏中的“靠上两端对齐”下拉按钮，在弹出的下拉列表中选择“中部居中”选项。

（5）选中“填空题”单元格，单击“表格与边框”工具栏中的“无框线”选项。

（6）单击“表格与边框”工具栏中的“外侧框线”下拉按钮，在弹出的下拉列表中选择“左框线”选项。

得分	批卷人	一、填空题（每空 2 分，计 2×10=20 分）

图 3-6-11　合并效果

（7）将光标移到表格下一行，然后输入几个回车符，选定第一大题的表格，单击鼠标右键，在弹出的快捷菜单中选择“复制”选项，将光标移到第一大题下一行，单击鼠标右键，在弹出的快捷菜单中选择“粘贴”选项。

（8）将复制内容中的“一、填空题”改为“二、选择题”。

（9）输入几个回车符。

（10）参照以上步骤的操作方法粘贴和修改第三题标题，并输入其下的各题。

（11）在整体上对试卷进行适当的编排，使之更加美观，如图 3-6-12 所示。

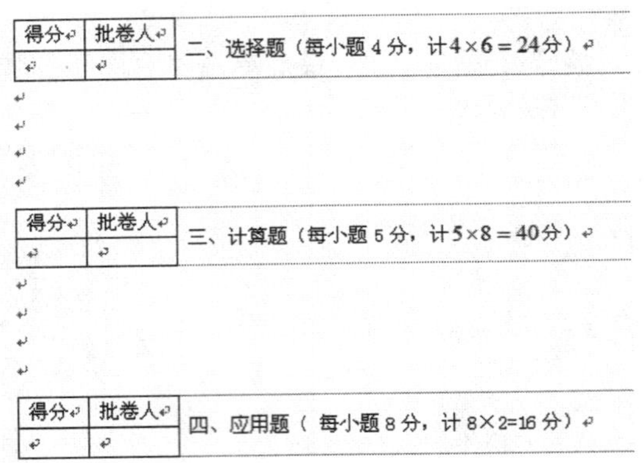

得分	批卷人	二、选择题（每小题 4 分，计 4×6＝24分）

得分	批卷人	三、计算题（每小题 5 分，计 5×8＝40分）

得分	批卷人	四、应用题（每小题 8 分，计 8×2=16 分）

图 3-6-12　题型样式

5．保存为模板

（1）单击“文件→保存”命令，打开“另存为”对话框，将“保存类型”设置为“文档模板”，取名（如“试卷”）保存为模板，如图 3-6-13 所示。

（2）在需制作试卷时，可单击“文件→新建”命令，展开“新建文件”任务窗格，选中其中的“本机上的模板”选项，打开“模板”对话框，双击“试卷”模板文件，即可新建一份空白试卷文档，如图 3-6-2 所示。

> 进入“Templates”文件夹，将“模板.dot”文件备份保存，当重新安装系统后，将该文件复制到上述文件夹中即可直接调用。

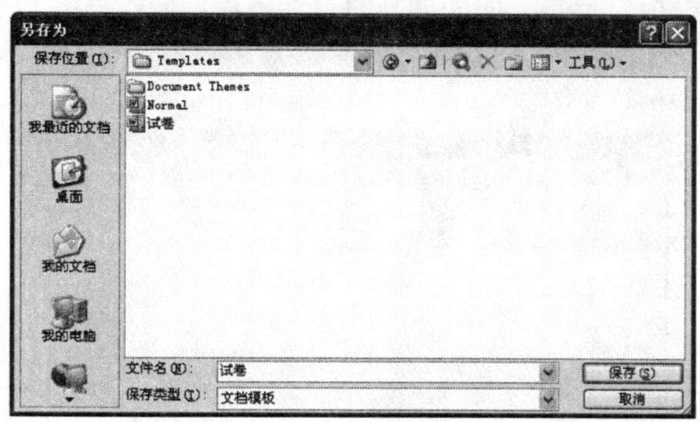

图 3-6-13　保存为模板

6．添加公式输入工具按钮

（1）单击“工具→自定义”命令，弹出“自定义”对话框。

（2）切换到“命令”选项卡，在左侧“类别”中选择“插入”，右侧“命令”栏里，拖动右侧滑块到“公式编辑器”，如图 3-6-14 所示。

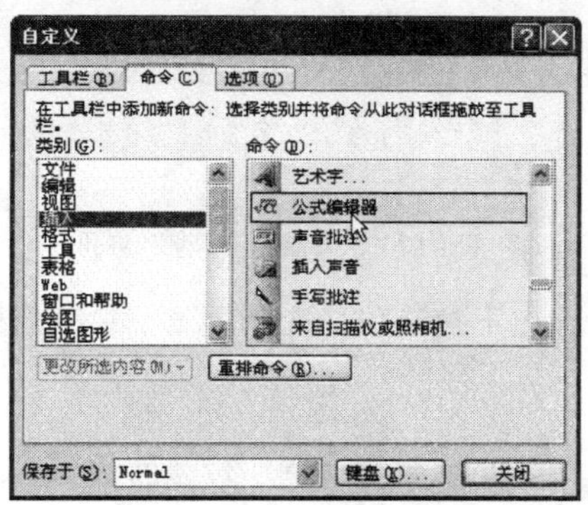

图 3-6-14　“命令”选项卡

（3）用鼠标拖动“公式编辑器”按钮至菜单栏或工具栏中，“公式编辑器”按钮添加成功。如图 3-6-15 所示。

☞ 用户可用此办法自定义工具栏按钮，打造个性化用户界面。

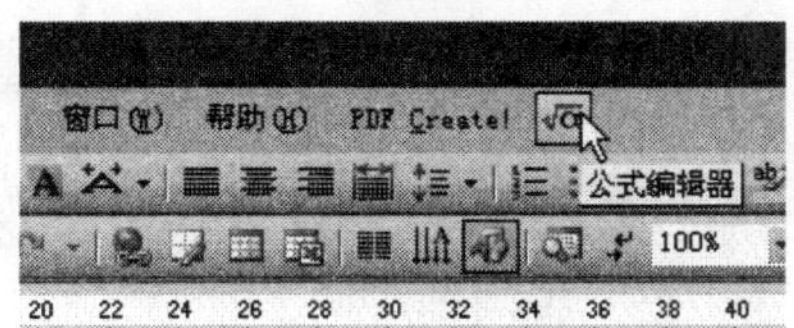

图 3-6-15　“公式编辑器”按钮

7．输入数学公式

（1）单击“文件→新建”命令。

（2）在“任务窗格”中单击“本机上的模板”，如图 3-6-1 所示。

（3）弹出“模板”对话框，单击选择“试卷”模板，单击“确定”按钮，如图 3-6-16 所示。

（4）打开“试卷”模板，就是前面创建好的试卷模板，如图 3-6-1 所示。固定格式的内容已经创建好了，下面输入内容。

（5）填空题参照图 3-6-2 内容输入。

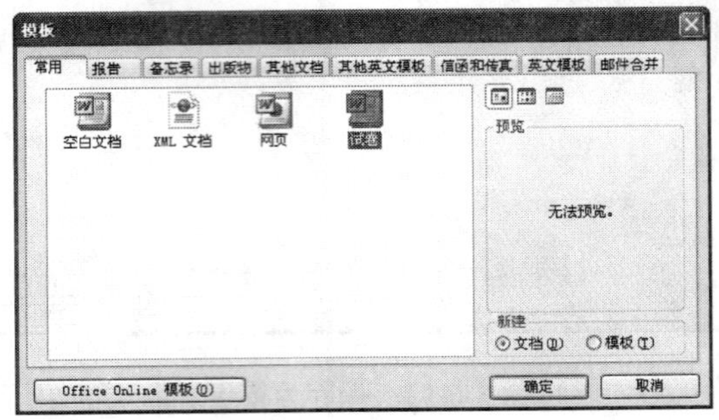

图 3-6-16　试卷模板

（6）定位光标至“一、填空题”表格下第一个回车符处，输入“1．已知”，单击前面添加的“公式编辑器”按钮，弹出“公式编辑器”，如图 3-6-17 所示。

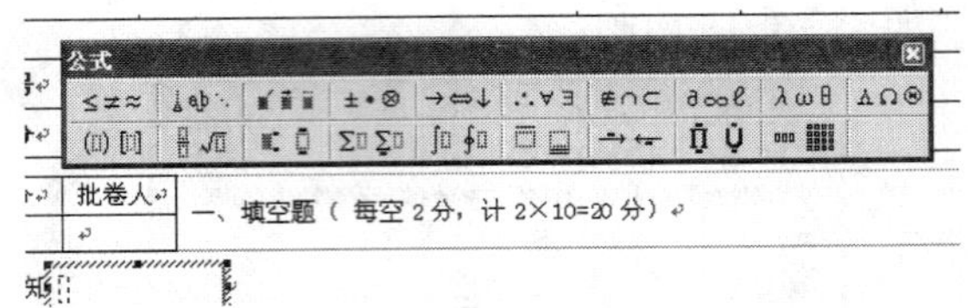

图 3-6-17　“公式编辑器”界面

（7）单击第二行第三列，弹出下拉选项，选择第三行第二列样式，如图 3-6-18 所示。输入 $\lim\limits_{x}$ 。

（8）输入“→”时，单击“公式编辑器”第一行第四列，在弹出的下拉菜单中选择“→”，如图 3-6-19 所示。

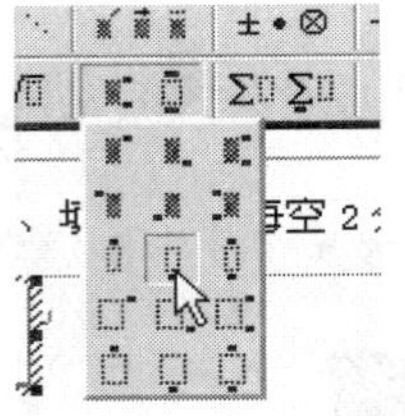

图 3-6-18　选择公式样式

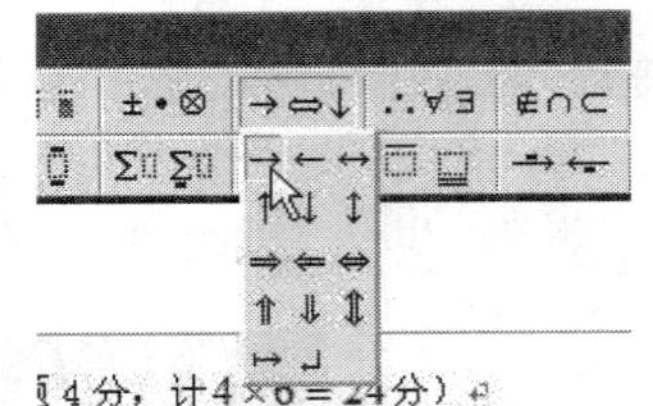

图 3-6-19　选择箭头样式

（9）输入“$\frac{\sin kx}{x}$”时，单击“公式编辑器”第二行第二列，选择上下分式样式，如图 3-6-20 所示。用鼠标单击分子，输入“sin*kx*”，单击分母输入“*x*”。

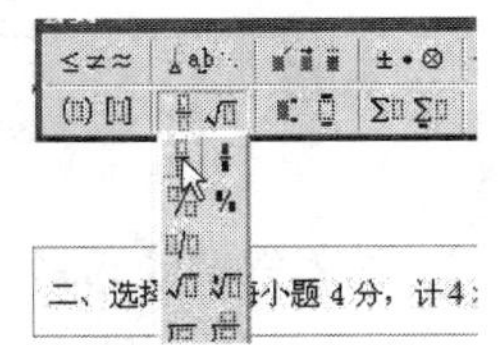

图 3-6-20　选择分式样式

（10）继续输入其他内容。输入完成后用鼠标在页面空白处单击，切换回正常的输入状态，如图 3-6-21 所示

（11）输入本题其他内容。

☞ 使用“公式编辑器”编辑的公式是以图形的方式插入到 Word 文档中，因此用户可以对公式进行环绕方式、对齐方式等格式设置。

（12）其他各题仿照前面的例子输入，在输入第八题时，积分符号选择如图 3-6-22 所示。

（13）选择题、计算题、应用题使用如上方法输入，如图 3-6-2、图 3-6-3、图 3-6-4 所示。

（14）最后调整格式，字体全部使用宋体，5 号字，使用“回车”适当调整间距，使之符合试卷要求，填写试卷题头，保存退出。

一张标准的数学试卷就做完了，怎么样，你学会了吗？

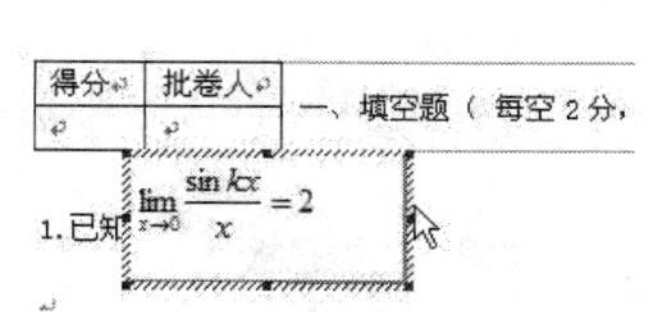

图 3-6-21　切回正常输入状态

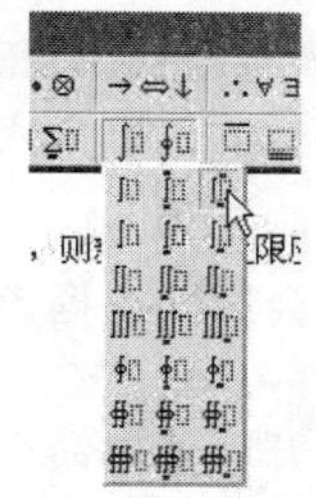

图 3-6-22　选择积分符号

四、相关知识与技能

（一）模板的应用

模板是一种带有特定格式的扩展名为.doc 的文档，任何 Word 文档都是以模板为基础的。模板决定文档的基本结构和文档设置，例如，自动图文集词条、字体、快捷键指定方案、宏、菜单、页面设置、特殊格式和样式。

1．模板的类型

Word 2003 中，模板分为共用模板和文档模板两种。共用模板包括 Normal 模板，所含设置适用于所有文档。文档模板所含设置仅适用于以该模板为基础的文档。

（1）共用模板。处理文档时，通常情况下只能使用保存在文档附加模板或 Normal 模板中的设置。要使用保存在其他模板中的设置，请将其他模板作为共用模板加载。加载模板后，以后运行 Word 时都可以使用保存在该模板中的内容。

加载项和加载的模板在 Word 关闭时卸载。如果要在每次启动 Word 时加载加载项或模板，请将加载项或模板复制到“Microsoft Office Startup”文件夹中。

（2）文档模板。保存在“Templates”文件夹中的模板文件出现在“模板”对话框的“常用”选项卡中。如果要在“模板”对话框中为模板创建自定义的选项卡，请在“Templates”文件夹中创建新的子文件夹，然后将模板保存在该子文件夹中。这个子文件夹的名字将出现在新的选项卡上。

保存模板时，Word 会切换到“用户模板”位置（在“工具”菜单的“选项”命令的“文件位置”选项卡上进行设置），默认位置为“Templates”文件夹及其子文件夹。如果将模板保存在其他位置，该模板将不出现在“模板”对话框中。

保存在“Templates”文件下的任何文档（.doc）文件都可以起到模板的作用。

2．创建模板

根据原有文档创建模板方法如下：

（1）单击“文件→打开”菜单命令。

（2）打开所需文档。

（3）单击“文件→另存为”菜单命令。

（4）在“保存类型”框中，单击“文档模板”（文件名后缀应从.doc 改为.dot）。如果保存的是已创建为模板的文件，则该文件类型已被选中。

（5）“模板”文件夹是“保存位置”框中的默认文件夹。要使模板出现在“常用”选项卡以外的其他选项卡中，请切换到“模板”文件夹中的相应子文件夹或创建新文件夹。

（6）在“文件名”框中，键入新模板的名称，然后单击“保存”按钮。

（7）在新模板中添加所需的文本和图形（添加的内容将出现在所有基于该模板的新文档中），并删除任何不需要的内容。

（8）更改页边距设置、页面大小和方向、样式及其他格式。

（9）在“常用”工具栏上，单击“保存”按钮，再单击“文件”菜单上的“关闭”命令。

3．修改模板

如果要更改模板，则会影响根据该模板创建的新文档。更改模板后，并不影响基于此模板的原有文档内容。

（1）单击“文件→打开”菜单命令，然后找到并打开要修改的模板。

（2）如果“打开”对话框中没有列出任何模板，请单击“文件类型”框中的“文档模板”。

（3）修改完成后，在“常用”工具栏，单击“保存”按钮。

4．应用模板

用户可以通过已有的模板方便快捷地创建文档。使用 Word 2003 提供的模板创建新文档的方法如下：

（1）单击“文件→新建”菜单命令。

（2）在“新建文档”任务窗格中单击“本机上的模板”链接。弹出“模板”对话框，如图 3-6-23 所示。

（3）单击需要的选项卡，选择合适的模板即可。

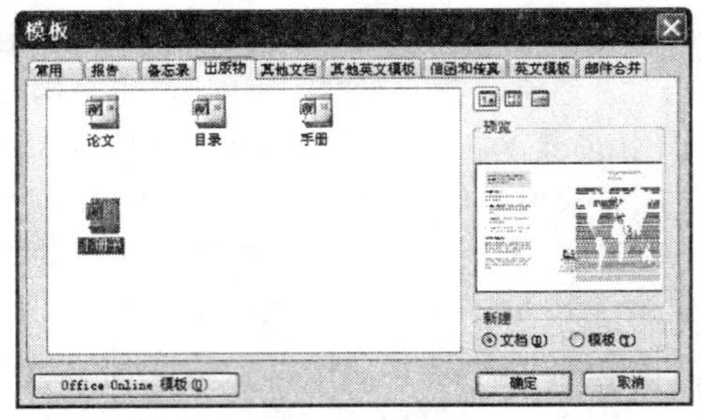

图 3-6-23 “模板”对话框

（二）公式编辑器的使用

Word2003 中，用户可以使用“公式编辑器”输入分式、根式等数学公式，操作步骤如下所述：

（1）打开 Word2003 文档窗口，在菜单栏依次选择“插入→对象”菜单命令，如图 3-6-24 所示。

（2）在打开的“对象”对话框中，切换到“新建”选项卡。在“对象类型”列表中选中“Microsoft 公式 3.0”选项，并单击“确定”按钮，如图 3-6-25 所示。

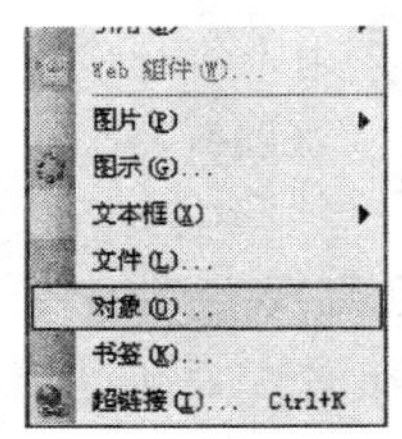

图 3-6-24 选择“对象”菜单命令

注意：如果用户在 Word2003 的“对象类型”列表中无法找到“Microsoft 公式 3.0”选项，则需要安装“公式编辑器”工具。

（3）打开公式编辑窗口，在“公式”工具栏中选择合适的数学符号（例如根号），如图 3-6-26 所示。

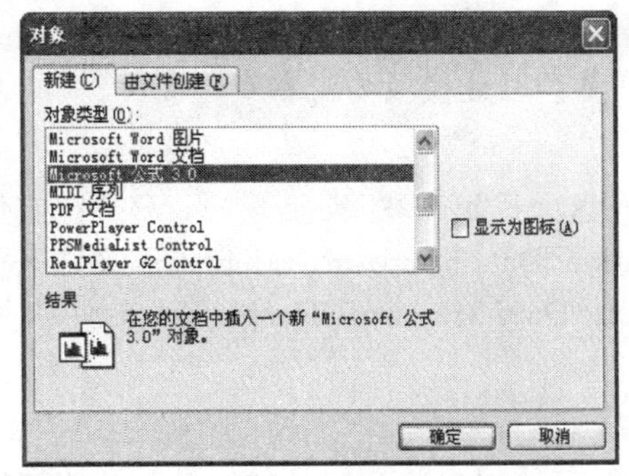

图 3-6-25　选中“Microsoft 公式 3.0”选项

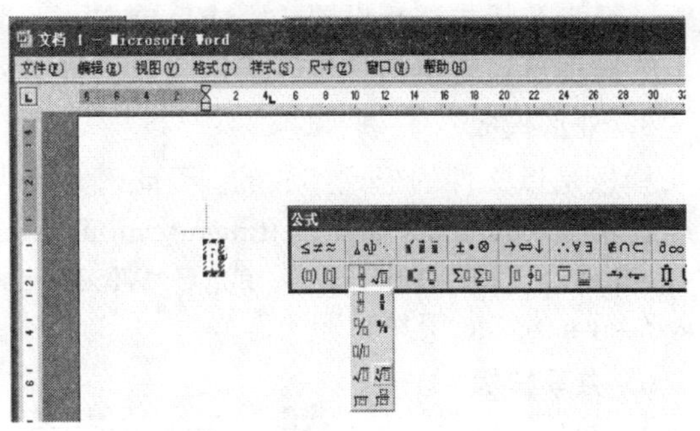

图 3-6-26　选择公式符号

（4）在公式中输入具体数值，然后选中数值，在菜单栏依次选择“尺寸→其他尺寸”菜单命令，打开“其他尺寸”对话框，在“尺寸”编辑框中输入合适的数值尺寸（可能需要多次尝试才能确定数值尺寸），并单击“确定”按钮。按照此方法分别设置公式中所有数值的尺寸，如图 3-6-27 所示。

（5）在公式编辑窗口中单击公式以外的空白区域，返回 Word 文档窗口。用户可以看到公式以图形的方式插入到了 Word 文档中，如图 3-6-28 所示。如果需要再次编辑该公式，则需要双击该公式打开公式编辑窗口。

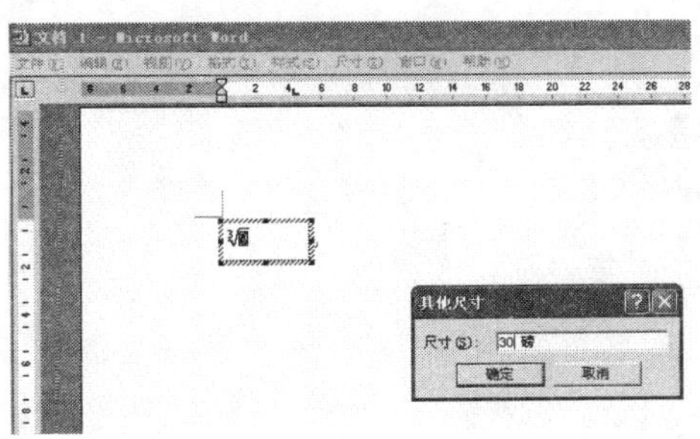

图 3-6-27　设置公式数值尺寸

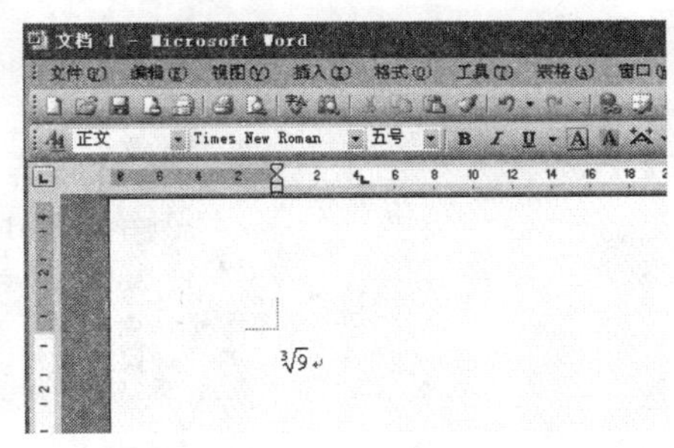

图 3-6-28　在 Word 文档中插入公式

五、技巧与提高

1．如何在公式中输入空格？

同时按住“Shift+Ctrl”再单击空格键。

2．删除不必要的模板

如果不需要太多模板，或觉得安装了太多模板，可打开“资源管理器”，进入用户自定义模板文件夹，再把相应的模板文件删除掉即可。

3．使用 Word 对模板加密

如果不想别人使用 Word 提供的通用模板（Normal.dot）或自己精心创作的一个模板，又该怎么办呢？这时可以对该模板进行加密：打开通用模板文件（文件名是 Normal.dot，通常可以在 C:\Program Files\Microsoft\Templetas 文件夹中找到），然后对其设置密码，再按下工具栏上的“保存”按钮。以后每次启动 Word 时，就会提示用户输入密码了。如果有密码当然可以使用，没有密码，就无法使用此模板。

4．快速实现 Word 默认模板

启动 Word，按下“Ctrl+N”组合键新建一个空文档，选择“文件→页面设置”命令，对页边距、纸张及版式进行设置。完成后单击一下设置对话框最左下角的“默认”按钮，并在 Word 弹出的提示窗口中单击“是”按钮。以后每次运行 Word 都会以此模板为蓝本新建文件。

5．外部模板

模板是以文件的形式存放的。因此，如果从网上或光盘上找到一些 Word 模板，只要把它们复制到 C:\Documents and Settings\Administrator\Application Data\Microsoft\Templates 文件夹下（Windows 2000/XP 用户）或 C:\Windows\Application Data\Microsoft\Templates 文件夹下（Windows 9x/Me 用户）即可。

6．共享模板

对局域网中的用户来说，自定义模板可以让网络上的其他用户共享。具体做法是：将自定义模板放入某个共享文件夹中，并为该共享文件夹建立一个快捷方式。网络上的其他用户可以把这个快捷方式放入自己的 C:\Program Files\Microsoft office\Templates\2052 文件夹中，然后就能像本地安装的模板那样调用了。

六、创新作业

1．学生以小组为团队，制作如图 3-6-29 所示的数学试题文件。

1. 求：$\sum_{k=1}^{\infty} k^7 + 8k^5 + k^3 - 8$之极值。

2. 试求幂函数$\sum_{n=1}^{\infty} (-1)^{n+1} \frac{2nx^{2n-1}}{(2n-1)}$的收敛域及和函数。

3. 求函数$y = \frac{\sqrt{x+1} - \sqrt{1-x}}{\sqrt{x+1} + \sqrt{1-x}}$的导数。

4. 试利用混合积的几何意义证明三向量a、b、c线性无关

的充要条件是$\begin{vmatrix} a_{11} & a_{12} & a_{13} \\ b_{11} & b_{12} & b_{13} \\ c_{11} & c_{12} & c_{13} \end{vmatrix}$=0。

5. 计算极限：$\lim_{x \to 0} \frac{\sqrt{1 + x\sin x} - \cos 2x}{x\tan x}$

6. 计算极限：$\lim_{x \to 0} \frac{\tan x - x}{x^2(e^x - 1)}$

7. 已知 $\overrightarrow{OA} = i + 4k$ $\overrightarrow{OB} = j + 4k$，求三角形$OAB$ 的面积。

8. 求过$P_0(4,2,-3)$与平面$\pi: x + y + z - 10 = 0$

平行且与直线$l_1: \begin{cases} x + 2y - z - 5 = 0 \\ z - 10 = 0 \end{cases}$垂直的直线方程。

9. 求$\log_2^7 \times \log_3^7 \times \log_4^7$的值。

10. 求不定积分$\int \frac{1 + \sin x}{1 + \cos x} dx$。

图 3-6-29　数学试题

2．制作如图 3-6-30 所示的模板。

应聘登记表

<table>
<tr><td>姓　　名</td><td></td><td>性　别</td><td></td><td>出生年月</td><td></td><td>原始学历</td><td></td></tr>
<tr><td>英语水平</td><td></td><td>专　业</td><td colspan="3"></td><td>最高学历</td><td></td></tr>
<tr><td colspan="8">学习工作经历</td></tr>
<tr><td>起始日期</td><td>终止日期</td><td colspan="3">所在单位</td><td colspan="3">从事何种工作</td></tr>
<tr><td></td><td></td><td colspan="3"></td><td colspan="3"></td></tr>
<tr><td></td><td></td><td colspan="3"></td><td colspan="3"></td></tr>
<tr><td></td><td></td><td colspan="3"></td><td colspan="3"></td></tr>
<tr><td>业务专长</td><td colspan="7"></td></tr>
<tr><td>待遇要求</td><td colspan="7"></td></tr>
<tr><td>E-mail</td><td colspan="7"></td></tr>
<tr><td>通讯地址</td><td colspan="7"></td></tr>
<tr><td>联系电话</td><td colspan="5"></td><td>邮政编码</td><td></td></tr>
</table>

图 3-6-30　表格模板

项目七

毕业论文及电子手抄报综合制作

一、毕业论文制作

（一）项目描述

撰写毕业论文（设计）是每个大学生毕业前要做的一项重要工作。在注重论文内容的同时，很多学校对论文格式都有具体的要求。面对那些繁琐的格式，很多同学被弄得焦头烂额，耗费了大量的精力。

（二）项目分析

毕业论文通常由题目、摘要、目录、引言、正文、结论、参考文献和附录等部分构成。一般学校要求论文字数不少于 5000 字，同时各校对于论文打印和排版的格式也有着严格的要求。

本项目按实际流程用 Word 作一篇毕业论文设计，并把应用到的操作和技巧，及应注意的细节和问题一并介绍如下。样文部分内容及格式分别如图 3-7-1、3-7-2、3-7-3 所示。

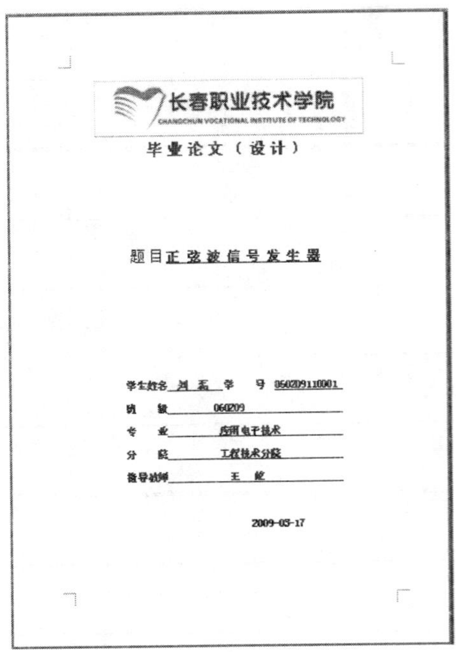
长春职业技术学院
CHANGCHUN VOCATIONAL INSTITUTE OF TECHNOLOGY

毕业论文（设计）

题目正弦波信号发生器

学生姓名 刘 磊 学 号 050209110001
班 级 060209
专 业 应用电子技术
分 院 工程技术分院
指导教师 王 [illegible]

2009-05-17

图 3-7-1 论文封面

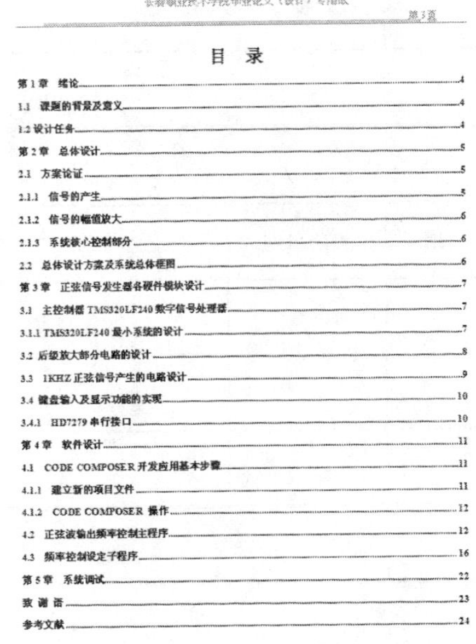
长春职业技术学院毕业论文（设计）专用纸 第3页

目 录

第1章 绪论……4
1.1 课题的背景及意义……4
1.2 设计任务……4
第2章 总体设计……5
2.1 方案论证……5
2.1.1 信号的产生……5
2.1.2 信号的幅值放大……6
2.1.3 系统核心控制部分……6
2.2 总体设计方案及系统总体框图……6
第3章 正弦信号发生器各硬件模块设计……7
3.1 主控制器 TMS320LF240 数字信号处理器……7
3.1.1 TMS320LF240 最小系统的设计……7
3.2 后级放大部分电路的设计……8
3.3 1KHZ 正弦信号产生的电路设计……9
3.4 键盘输入及显示功能的实现……10
3.4.1 HD7279 串行接口……10
第4章 软件设计……11
4.1 CODE COMPOSER 开发应用基本步骤……11
4.1.1 建立新的项目文件……11
4.1.2 CODE COMPOSER 操作……12
4.2 正弦波输出频率控制主程序……12
4.3 频率控制设定子程序……16
第5章 系统调试……22
致 谢 语……23
参考文献……24

图 3-7-2 论文目录

长春职业技术学院毕业论文（设计）专用纸 第4页

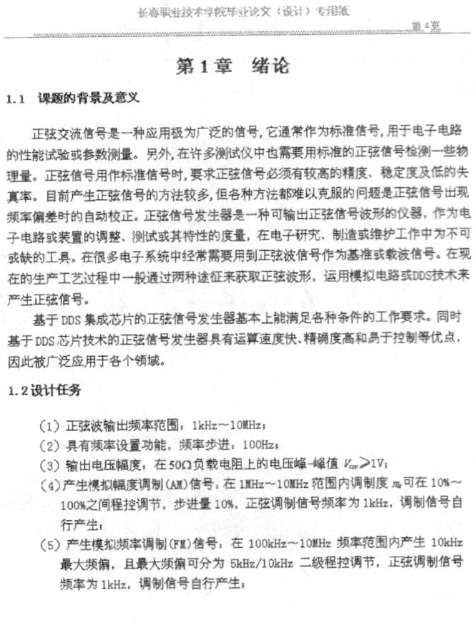

第1章 绪论

1.1 课题的背景及意义

正弦交流信号是一种应用极为广泛的信号，它通常作为标准信号，用于电子电路的性能试验或参数测量。另外，在许多测试仪中也需要用标准的正弦信号检测一些物理量。正弦信号用作标准信号时，要求正弦信号必须有较高的精度、稳定度及低的失真率。目前产生正弦信号的方法较多，但各种方法都难以克服的问题是正弦信号出现频率偏差时的自动校正。正弦信号发生器是一种可输出正弦信号波形的仪器，作为电子电路或装置的调整、测试或其特性的度量，在电子研究、制造或维护工作中为不可或缺的工具。在很多电子系统中经常需要用到正弦波信号作为基准或载波信号。在现在的生产工艺过程中一般通过两种途征来获取正弦波形，运用模拟电路或DDS技术来产生正弦信号。

基于 DDS 集成芯片的正弦信号发生器基本上能满足各种条件的工作要求。同时基于 DDS 芯片技术的正弦信号发生器具有运算速度快、精确度高和易于控制等优点，因此被广泛应用于各个领域。

1.2 设计任务

（1）正弦波输出频率范围：1kHz～10MHz；
（2）具有频率设置功能，频率步进：100Hz；
（3）输出电压幅度：在50Ω负载电阻上的电压峰-峰值 V_{opp}≥1V；
（4）产生模拟幅度调制(AM)信号：在 1MHz～10MHz 范围内调制度 m_a 可在 10%～100%之间程控调节，步进量 10%，正弦调制信号频率为 1kHz，调制信号自行产生；
（5）产生模拟频率调制(FM)信号：在 100kHz～10MHz 频率范围内产生 10kHz 最大频偏，且最大频偏可分为 5kHz/10kHz 二级程控调节，正弦调制信号频率为 1kHz，调制信号自行产生；

长春职业技术学院毕业论文（设计）专用纸 第12页

编译的环境与路径，在Project工具窗口内的Options可查看及修改编译的环境，这些操作初次使用时设定即可，它包括：编译器设定，组译器的设定，链接器的设定。

程序的编译，在操作界面上按Build All 后会将Project窗口内所有的程序加以汇编及链接，同时编译时会在下方显示编译及链接的过程，连接后会自动下载程序。

编译及链接的过程会记录在CC-build.log文件内，分两部分记录。

4.1.2 Code Composer 操作

Code Composer 的操作功能包括单步执行、全速执行应用，中断点的设置，探针点的设置，图行界面追踪，数据追踪，Matlab操作，在次不以赘述。

4.2 正弦波输出频率控制主程序

图4—2为整个控制系统执行控制功能时的工作流程，程序运行初得对整个系统进行初始化，其中包括对DSP内部和应用模块进行设定，判断是否有中断请求，同时，向信号发生器发送控制字。

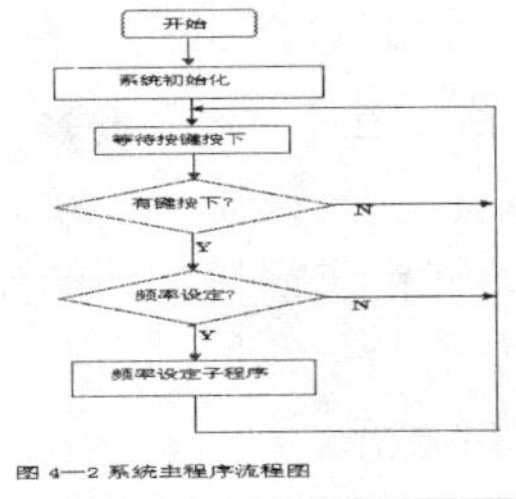

图 4—2 系统主程序流程图

图 3-7-3 论文正文

（三）项目实现方法与步骤

1．页面设置

（1）设置页边距和装订线。在菜单中依次选择“文件→页面设置”命令，出现“页面设置”对话框，如图 3-7-4 所示。在“页边距”选项卡中分别做以下设置：上：3.5 厘米，下：1.7 厘米，左：1.0 厘米，右：1.4 厘米，装订线：1.35 厘米（注意：具体的页面设置，不同学校的要求可能不同）。

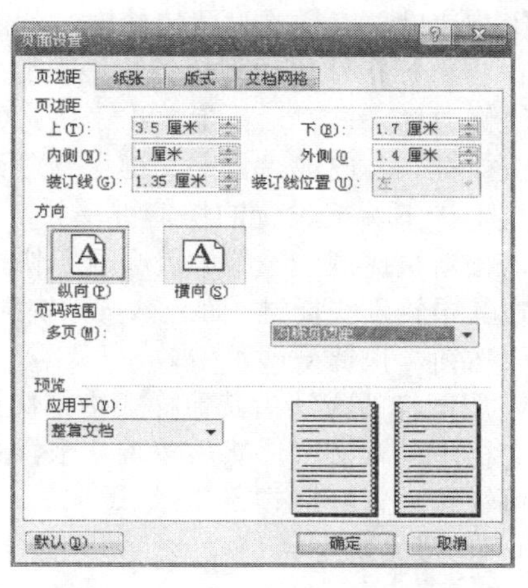

图 3-7-4 “页面设置”对话框

选择“纸张”选项卡，将“纸张大小”设置为“A4”或“16 开”。

注意：如果使用双面打印，建议把“页码范围”设置为“对称页边距”。

（2）设置文档网格。选择“文档网格”选项卡，如图 3-7-5 所示。将对应选项设置为：每行 38 个字符，跨度 12.85 磅；每页 25 行，跨度 27.45 磅。

2．使用“样式和格式”对文档进行编辑

（1）规划样式。选择“格式→样式和格式”菜单命令，这时在编辑区右侧会出现“样式和格式”对话框，如图 3-7-6 所示，在其中即可设置应用格式或样式。

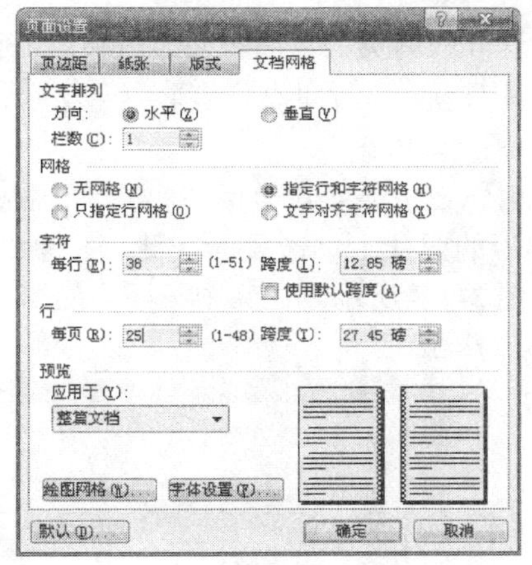

图 3-7-5 设置 “文档网格”选项卡

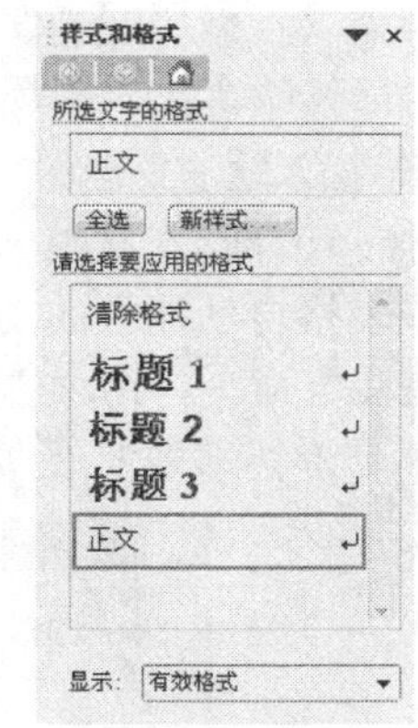

图 3-7-6 样式与格式对话框

对于文章中的每一部分或章节的大标题，采用“标题 1”样式，章节中的小标题，按层次分别采用“标题 2”…标题 4”样式。文章中的说明文字，采用“正文首行缩进 2”样式。文章中的图和图号说明，采用“注释标题”样式。也可以按照前面的相关章节自定义需要的样式。

（2）应用样式。首先，录入文章第一部分的大标题。保持光标的位置在当前标题所在的段落中。在任务窗格中单击“标题 1”样式，即可快速设置好此标题的格式。

用同样的方法，即可一边录入文字，一边设置该部分文字所用的样式。注意在“显示”下拉列表中选择“所有样式”，即可为文字和段落设置“正文首行缩进 2”和“注释标题”样式。当所需样式都被选择过一次之后，可显示“有效样式”，这样不会显示无用的其他样式。

（3）定义样式的快捷键。在录入和排版过程中，可能会经常在键盘和鼠标之间切换，这样会影响速度。对样式设置快捷键，就能避免频繁使用鼠标，提高录入和排版速度。

将鼠标指针移动到任务窗格中的“标题 1”样式右侧，单击下拉箭头，单击“修改”命令。在“修改样式”对话框上单击“格式”按钮，选择“快捷键”，出现“自定义键盘”对话框。此时在键盘上按下希望设置的快捷键，如“Ctrl+1”，在“请按新快捷键”设置中就会显示快捷键。注意不要在其中输入快捷键，而应该按下快捷键。单击“指定”按钮，快捷键即可生效。

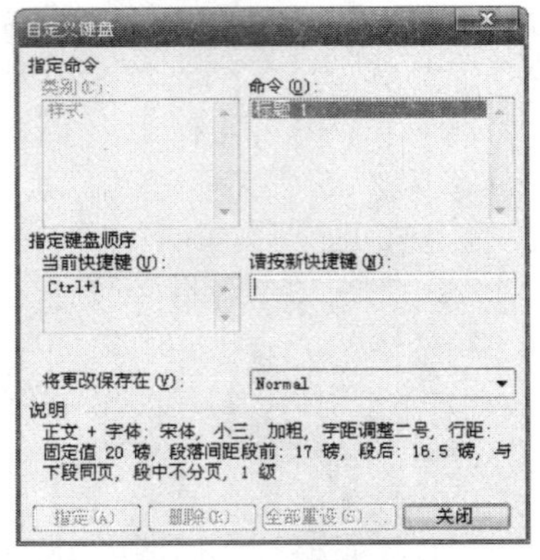

图 3-7-7 “自定义键盘”对话框

用同样的方法为其他样式指定快捷键，现在，在文档中录入文字，然后按下某个样式的快捷键，即可快速设置好格式。

3．文章的分节

在分章处和分节处插入“分节符”。

用鼠标将光标定位在论文两章的交接处，选择“插入→分隔符”，在弹出的分隔符设置窗口中，选择“分节符类型”为“下一页”，如图 3-7-8 所示。这样即可在分章节的同时另起一页继续下一章的内容，而不用敲入多次回车键来使下一章另起一页（如果是两小节之间，这里的“分节符类型”要选择“连续”，因为一般不需要在两个小节之间分页）。

注意：在做毕业论文时，封面和正文是要分成两页的，很多人会用回车把正文顶到第二页，这样以后修改会比较麻烦，容易出问题。正确作法是在封面内容后插入“分页符”或“分节符”。

4．插入题注处理图、表编号

论文中往往会有很多图片、表格。这些内容要求在文章中按顺序编号。Word 为用户提供了图片或表格自动编号的功能。在需要进行编号的图片上单击鼠标右键，在弹出的快捷菜单中选择“题注”命令，出现“题注”对话框，如图 3-7-9 所示。在其中按照你的需要设置即可。

具体操作请参照前面相关项目，在此不再赘述。

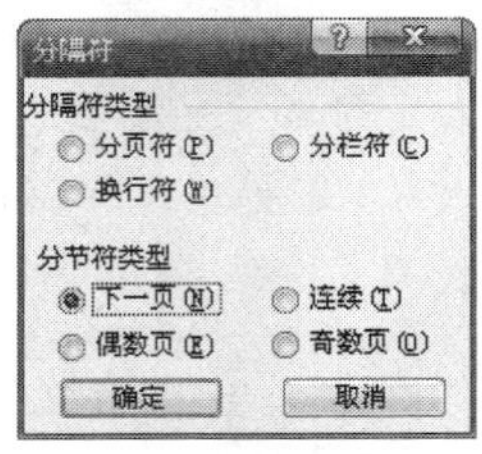

图 3-7-8 插入分节符

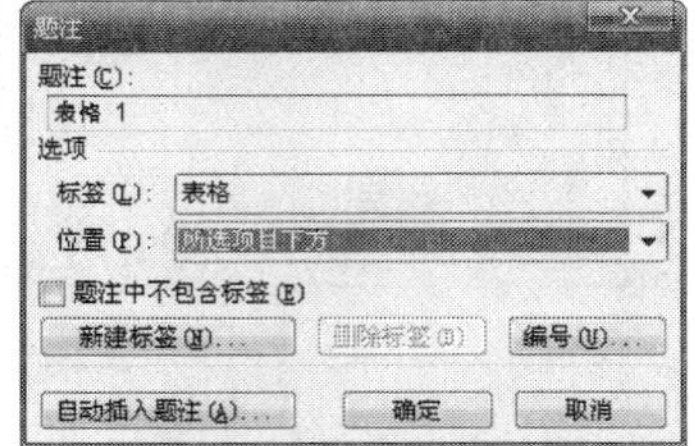

图 3-7-9 “题注”对话框

5．插入尾注

将光标放在文档中引用参考文献的地方，单击“插入→脚注和尾注”命令，出现“脚注和尾注”对话框，如图 3-7-10 所示。选择“尾注→文档结尾”、起始编号“1”、编号方式“连续”、应用于“整篇文档”。此时光标会自动跳到文档尾部，可在此处键入相应的参考文献说明。如要进行多次插入，进行重复操作即可，而且尾注编号是连续的。

6．设置页眉和页脚

如果要求论文在不同的章节显示不同的页眉、页脚显示不同页码，可以按照下面的方法设置。

（1）将光标定位到论文的最开始处，选择菜单中的“视图→页眉和页脚”命令，出现“页眉和页脚”工具栏，如图 3-7-11 所示。

（2）如果要实现在不同的章节显示不同的页眉，那么一定要在此之前设置好分节符。现在可以看到，页眉设置上有一行小字“同前”，这是 Word 默认的设置，在这种情况下，如果用户输入一个页眉，那么整篇文章都将采用这一页眉。现在需要每章有不同的页眉，所以要按下面的方式设置。在前一章末尾处，单击“插入→分隔符”命令，“分隔符类型”选择“下一页”，单击“确定”按钮。再双击下一页页眉处，在弹出的“页眉和页脚”工具栏中，按一下“同前”按钮，使之处于弹起状态，就可以在本章的页眉处输入不同的名称了。

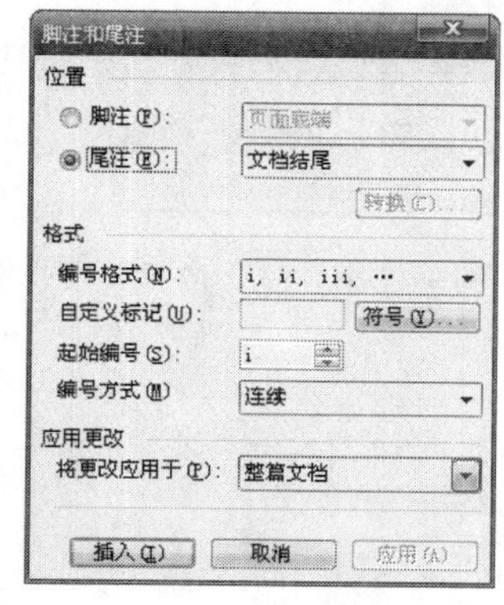

图 3-7-10 “脚注和尾注”对话框

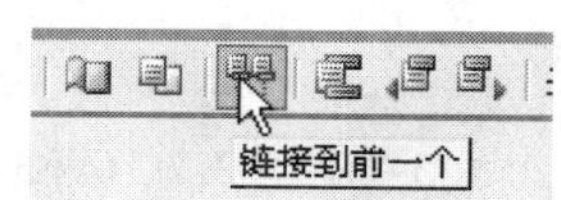

图 3-7-11 “页眉和页脚”工具栏

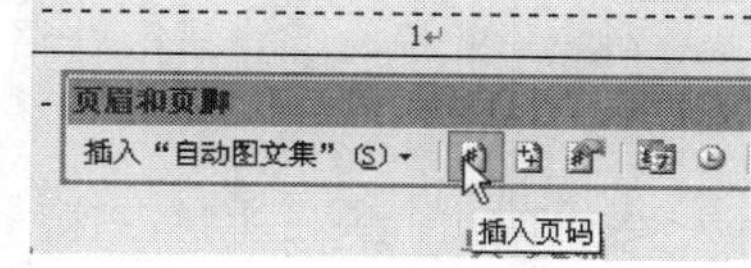

图 3-7-12 设置页码

（3）一般论文摘要、目录、正文都在同一篇 Word 文档中，如果按照 Word 的默认设置，整篇文章也将采用同样的页码设置（即从文档第一页开始自动编号到最后一页），这样一来就不能实现目录、正文的独立分别编页码（目录页码一般为“I，II…等”，正文页码一般为“1、2、…等”，目录部分的页码不计入正文页码）。

将光标移到要插入“第一页”页脚的前一页末尾处，单击“插入→分隔符”菜单命令，“分隔符类型”选择“下一页”，单击“确定”按钮。再将光标移到所插入页，打开页眉页脚设置界面，在弹出的页眉页脚工具栏中，按一下“同前”按钮，使之处于弹起状态，再单击“插入页码”按钮，如图 3-7-12 所示。这样页码将从这一页开始编号，依次增加。

7．提取目录

论文的标题、目录和摘要往往是老师评判论文的第一印象。下面来进行目录的自动生成。

（1）选择“菜单→插入→引用→索引和目录”命令，弹出“索引和目录”的对话框，如图 3-7-13 所示。选择“目录”选项卡，单击“显示大纲工具栏”按钮，再单击“取消”按钮，否则在没有设置级别的时候生成目录会出错。这样操作是为了使用大纲工具栏来对文章进行大纲的级别设置，从而为方便快捷地生成目录做准备工作。

（2）把光标定位到文章的最前面，插入一个“下一页”类型的分节符，把生成的目录与正文区分开来。再进入“索引和目录”的设置窗口，直接单击“确定”按钮，即可自动生成目录。

（3）修改和更新目录。当用户对当前目录不是很满意，想要调整“显示级别”为“2”，并将“格式”设为“来自模板”时，还是要打开“索引和目录”中的“目录”选项卡，并将属性调整，然后单击“确定”按钮，此时会出现“是否替换所选目录”的提示，单击“确定”按钮，使新的属性生效。

当用户对文档的内容进行了调整，比如某些标题的页码变了，又或是添加了一些标题，此

时就要更新目录。将光标定位到目录页，在目录上单击右键，在弹出的快捷菜单中，选择“更新域”命令，如图 3-7-14 所示。在出现的“更新目录”窗口中选择“更新整个目录”即可。

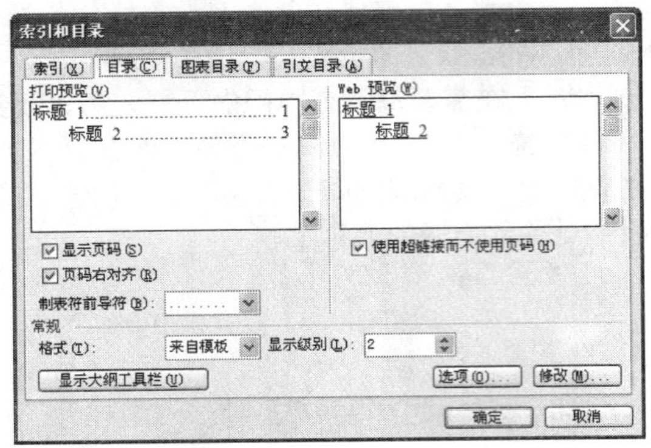

图 3-7-13 “索引和目录”对话框

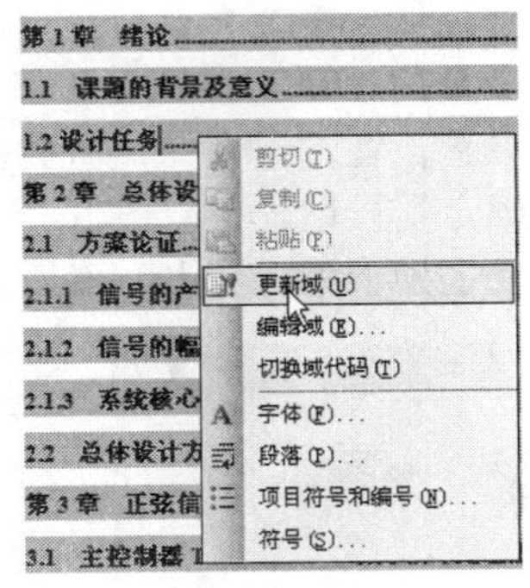

图 3-7-14 “更新域”命令

相关内容可参考前面相关项目。

到此毕业论文综合排版介绍完毕。

二、电子手抄报制作

运用前几个项目所学内容，制作如图 3-7-15、3-7-16、3-7-17 所示电子手抄报。

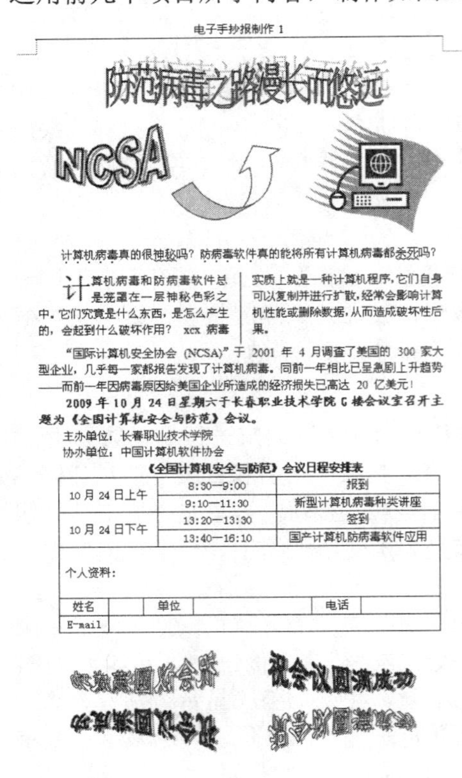

电子手抄报制作 1

防范病毒之路漫长而悠远

NCSA

计算机病毒真的很神秘吗？防病毒软件真的能将所有计算机病毒都杀死吗？

计算机病毒和防病毒软件总是笼罩在一层神秘色彩之中。它们究竟是什么东西，是怎么产生的，会起到什么破坏作用？ xcx 病毒实质上就是一种计算机程序，它们自身可以复制并进行扩散，经常会影响计算机性能或删除数据，从而造成破坏性后果。

“国际计算机安全协会（NCSA）”于 2001 年 4 月调查了美国的 300 家大型企业，几乎每一家都报告发现了计算机病毒。同前一年相比已呈急剧上升趋势——而前一年因病毒原因给美国企业所造成的经济损失已高达 20 亿美元！

2009 年 10 月 24 日星期六于长春职业技术学院 G 楼会议室召开主题为《全国计算机安全与防范》会议。

主办单位：长春职业技术学院

协办单位：中国计算机软件协会

《全国计算机安全与防范》会议日程安排表

10 月 24 日上午	8:30—9:00	报到
	9:10—11:30	新型计算机病毒种类讲座
10 月 24 日下午	13:20—13:30	签到
	13:40—16:10	国产计算机防病毒软件应用
个人资料：		
姓名	单位	电话
E-mail		

祝会议圆满成功

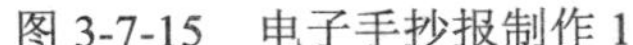

文件名：dzscb1

图 3-7-15 电子手抄报制作 1

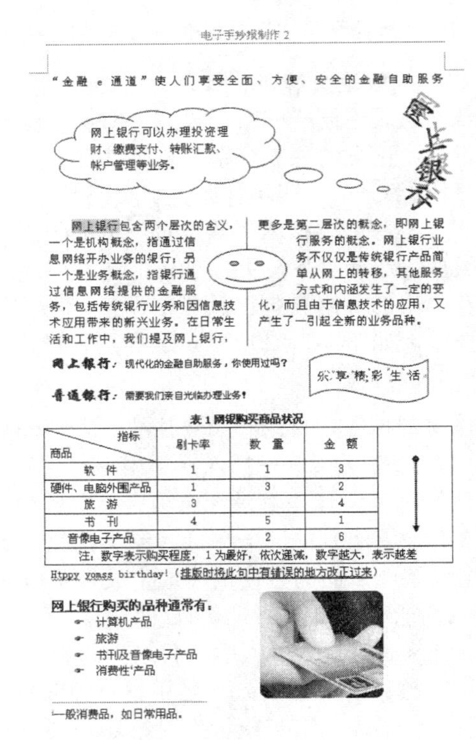

电子手抄报制作 2

“金融 e 通道”使人们享受全面、方便、安全的金融自助服务

网上银行

网上银行可以办理投资理财、缴费支付、转账汇款、帐户管理等业务。

网上银行包含两个层次的含义，一个是机构概念，指通过信息网络开办业务的银行；另一个是业务概念，指银行通过信息网络提供的金融服务，包括传统银行业务和因信息技术应用带来的新兴业务。在日常生活和工作中，我们提及网上银行，更多是第二层次的概念，即网上银行服务的概念。网上银行业务不仅仅是传统银行产品简单从网上的转移，其他服务方式和内涵发生了一定的变化，而且由于信息技术的应用，又产生了一引起全新的业务品种。

网上银行： 现代化的金融自助服务，你使用过吗？

普通银行： 需要我们亲自光临办理业务！

欣享精彩生活

表 1 网银购买商品状况

指标 / 商品	刷卡率	数量	金额
软件	1	1	3
硬件、电脑外围产品	1	3	2
旅游	3		4
书刊	4	5	1
音像电子产品		2	6
注：数字表示购买程度，1 为最好，依次递减，数字越大，表示越差			

Htppy yomss birthday!（排版时将此句中有错误的地方改正过来）

网上银行购买的品种通常有：

- 计算机产品
- 旅游
- 书刊及音像电子产品
- 消费性产品

一般消费品，如日常用品。

文件名：dzscb2

图 3-7-16 电子手抄报制作 2

三、制作个性电子手抄报

以“金融危机下的大学生”为主题制作个性电子手抄报。

具体要求：

（1）要求采用 A4 纸设计，至少设计三页，设置适当的页眉和页脚。

（2）要求设计时，文档中包含文字、图形、图片或剪贴画、表格、艺术字、文本框等对象。

（3）要求包含字体、段落和页面设置，首字下沉，分栏，项目符号和编号，环绕方式和对齐方式，插入符号、边框和底纹等。

（4）要求作品主题明确，色彩搭配和谐，版式排列合理。

（5）要求自己在网上搜集素材，电子稿上交到教师的电子邮箱中。

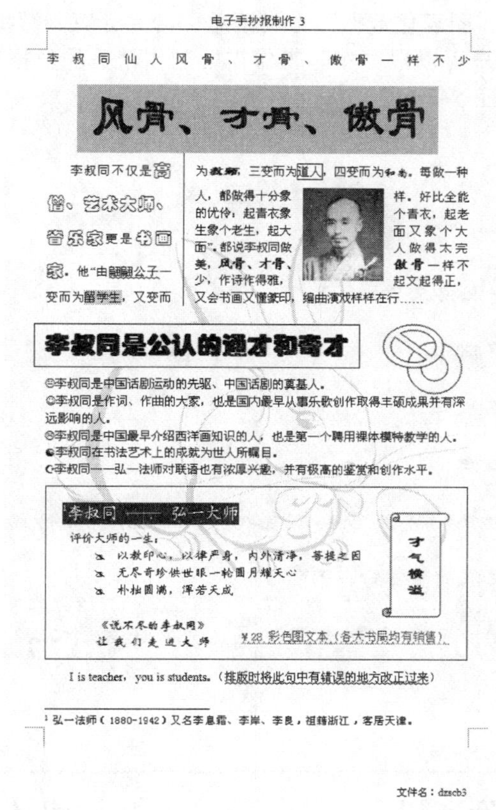

电子手抄报制作 3

李 叔 同 仙 人 风 骨 、 才 骨 、 傲 骨 一 样 不 少

风骨、才骨、傲骨

李叔同不仅是高僧、艺术大师、音乐家更是书画家。他“由翩翩公子一变而为留学生，又变而为教师，三变而为道人，四变而为和尚。每做一种人，都做得十分象样。好比全能的优伶：起青衣象个青衣，起老生象个老生，起大面又象个大面”。都说李叔同做人做得太完美，风骨、才骨、傲骨一样不少，作诗作得雅，起文起得正，又会书画又懂篆印，编曲演戏样样在行……

李叔同是公认的通才和奇才

- 李叔同是中国话剧运动的先驱、中国话剧的奠基人。
- 李叔同是作词、作曲的大家，也是国内最早从事乐歌创作取得丰硕成果并有深远影响的人。
- 李叔同是中国最早介绍西洋画知识的人，也是第一个聘用裸体模特教学的人。
- 李叔同在书法艺术上的成就为世人所瞩目。
- 李叔同——弘一法师对联语也有浓厚兴趣，并有极高的鉴赏和创作水平。

李叔同——弘一大师[1]

评价大师的一生：

- 以教印心，以律严身，内外清净，菩提之因
- 无尽奇珍供世眼一轮圆月耀天心
- 朴拙圆满，浑若天成

才气横溢

《说不尽的李叔同》 让我们走进大师

¥28 彩色图文本（各大书局均有销售）

I is teacher，you is students。（排版时将此句中有错误的地方改正过来）

[1] 弘一法师（1880-1942）又名李息霜、李岸、李良，祖籍浙江，客居天津。

文件名：dzscb3

图 3-7-17　电子手抄报制作 3

模块四　电子报表制作

在现代化办公中，数据统计及处理工作已经成为一项重要的工作内容。Excel 是解决信息汇总及数据分析工作的重要工具。利用该软件，用户不仅可以制作各类精美的电子表格，还可以用来组织、计算和分析各种类型的数据，方便地制作复杂的图表和财务统计表。

本模块通过制作项目实例的方式介绍了 Excel 应用方法，包括 Excel 基本操作、数据录入、表格格式化，数据排序筛选、图表化数据、分类汇总、合并计算、数据透视表等知识技巧。

通过本模块的学习，用户可以根据实际工作需要制作精美的数据表，并能方便地进行数据处理，使数据处理工作变得轻松简单。

能力目标

- 能熟练创建 Excel 电子表格文件
- 能制作精美实用的数据报表
- 能使用公式、函数计算数据
- 能对数据进行图表化操作
- 能运用排序、筛选、合并计算、分类汇总功能对数据表进行综合处理
- 能建立数据透视表查找统计数据
- 能制作数据表模板文件，制作专用性强的 Excel 数据统计工具

制作通讯录——Excel 的基本操作及数据的输出方法

一、项目描述

通讯录是企事业单位日常办公工作中重要的应用文档。在大型企业中管理部门会将单位职员的联络方式及相关信息进行搜集汇总，并结合企业文化编辑成精美的通讯录。企业员工及有关部门可以使用通讯录方便地查询企业部门的电话、邮箱等信息，从而极大地提高工作效率。通讯录的内容要求信息全面而清晰，不要求复杂版面的编辑。Excel 电子表格作为微软公司 Office 办公组件之一，以二维工作表单的形式组织数据，它除了对表中的数据进行版面的设计之外，还可对表中数据进行快捷全面的计算处理。因此，利用 Excel 制作通讯录，可以很好地实现通讯

录的内容要求。

本项目以制作企业通讯录为载体，介绍 Excel 基本操作、数据录入及格式化的系统知识。

文件名为“×××学院通讯录.xls”。制作完成的通讯录电子工作簿，分别如图 4-1-1、图 4-1-2 所示。

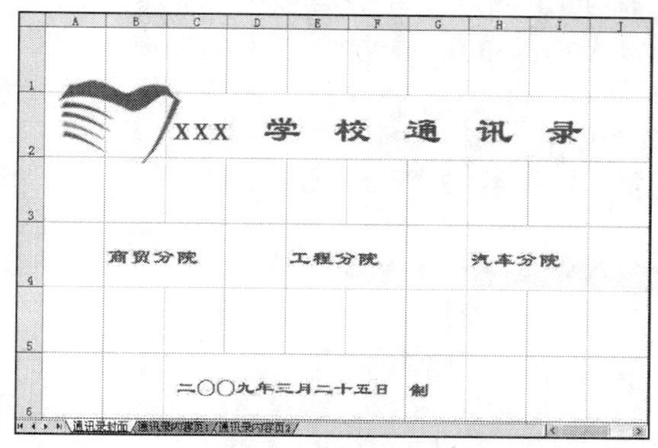

图 4-1-1　工作表一—— 通讯录封面

通 讯 录								
第	1/5	页				日期：	2009年3月25日	
类别 内容 分院名称	编号	姓名	性别	身份证	部门	办公电话	手机	Email地址
商贸	09001	程小丽	女	420708195608041011	学生科	0431869104	24765625	cheng@hotmail.com
	09002	张艳	女	420804196605162022	教务科	0431869108	24592468	zhang@hotmail.com
	09003	卢红	女	420804196805162022	财务科	0431869107	26859756	lu@hotmial.com
	09004	李小蒙	女	420804196905162022	综合科	0431869219	26895326	lixiao@hotmial.com
	09005	杜月	女	420804196605162022	综合科	0431869219	26849752	du@hotmial.com
	09006	张成	男	42080419720516202X	财务科	0431869107	23654789	zhc@hotmial.com
	09007	李云胜	男	420804196605162022	实习科	0431869456	26584965	liyu@hotmail.com
	09008	赵小月	女	420804196605162022	综合科	0431869219	26598785	zhaoyue@hotmail.com
工程	08001	刘大为	男	420804196605162022	教务科	0431869915	24598738	liuwei@hotmail.com
	08003	唐艳霞	女	420804196605162022	学生科	0431869742	26587958	tang@hotmail.com
	08005	张恬	女	420804196605162022	教务科	0431869915	25478965	zhangtian@hotmai.com
	08007	李丽丽	女	420804196605162022	实训中心	0431869758	24698756	lili@hotmail.com
	08009	马小燕	女	420804196605162022	综合科	0431869818	26965496	ma@hotmail.com
汽车	07010	李长青	男	420804196605162022	学生科	0431867999	25986746	chang@hotmail.com
	07009	张锦程	男	420804196605162022	实习科	0431867688	26359875	jin@hotmail.com
	07008	卢晓鸥	女	420804196605162022	教务科	0431868779	23698754	xiao@hotmail.com
	07007	李芳	女	420804196605162022	综合科	0431869956	26579856	lifang@hotmai.com

通讯录封面　通讯录内容页1　通讯录内容页2

图 4-1-2　工作表二——通讯录内容页

二、项目分析

由通讯录的制作样文可知，Excel 工作簿至少利用两张工作表进行制作，第一张工作表制作通讯录封面，从第二张工作表开始组织学校所有人员的通讯及相关信息，工作表的数量则根据信息内容的多少而定。本项目以某学校部分人员通讯信息为例，介绍 Excel 工作簿的多表操作及数据的编辑信息。根据通讯录样文内容组成，对本项目任务分析如下：

（1）工作簿整体设置。工作簿的创建及保存，添加、删除工作表，重命名工作表及更改标签颜色，页面设置。

（2）通讯录封面的制作。单元格区域选择方法，工作表行列设置，文字录入及格式化，插入图片及图片编辑，表格的合并及拆分，日期数据格式设置。

（3）通讯录内容页制作。行列单元格选择及插入方法，行高/列宽调整，表格边框底纹设置，复杂表头的绘制，单元格批注的添加与编辑，数据录入方法及格式化操作，序列填充，超链接

编辑。

三、项目实现方法与步骤

（一）工作簿整体设置

1．创建空白工作簿，保存文件名为“×××学校通讯录.xls”

（1）创建工作簿。启动 Microsoft Excel 2003，系统自动创建工作簿 Book1.xls，并包含三张工作表 Sheet1、Sheet2 和 Sheet3。

（2）保存文件。单击“文件→保存（S）”或“另存为（A）…”菜单命令，在“另存为”对话框中设置文件保存位置，如图 4-1-3 所示。给定文件名称“×××学校通讯录”，单击“保存”按钮。

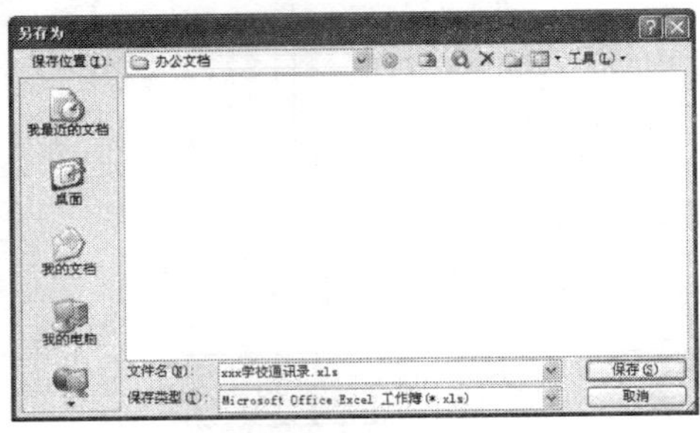

图 4-1-3 “另存为”对话框

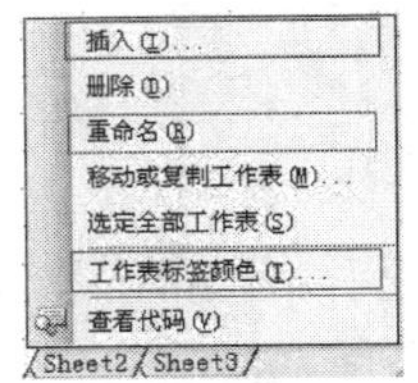

图 4-1-4 工作表右键菜单

2．添加/删除新工作表，编辑工作表名称及标签颜色

（1）鼠标右键单击任意工作表标签，弹出快捷菜单，如图 4-1-4 所示。单击“插入（I）”可以在当前位置添加新的空白工作表 Sheet4；单击“删除（D）”命令，可以删除当前工作表；单击“重命名（R）”命令，“Sheet1”处于文字选中状态，输入“通讯录封面”；单击“工作表标签颜色（T）”命令，出现“设置工作表标签颜色”对话框，如图 4-1-5 所示。选择相应颜色，单击“确定”按钮。

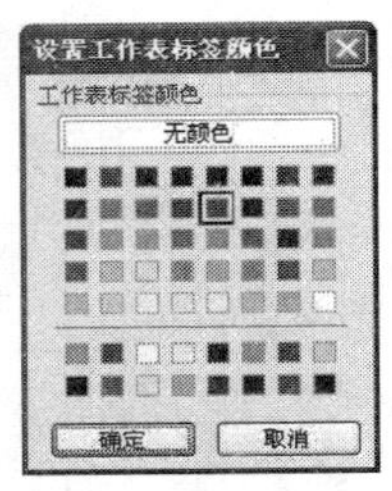

图 4-1-5 “设置工作表标签颜色”对话框

（2）采用同样操作，使工作簿包含三张标签颜色不同的工作表“通讯录封面”、“通讯录内容页 1”和“通讯录内容页 2”，如图 4-1-6 所示。

通讯录封面 / 通讯录内容页1 / 通讯录内容页2

图 4-1-6 工作表标签

3．工作表页面设置

（1）鼠标右键单击工作表“通讯录封面”，在弹出的快捷菜单中，选择“选中全部工作表（S）”命令或按住“Ctrl”键的同时依次点选所有的工作表，即可选中全部工作表。

（2）单击“文件→页面设置”命令。“页面设置”对话框中“页面”选项卡的设置如图 4-1-7 所示。“页边距”选项卡的设置如图 4-1-8 所示。

☞ 设置工作表打印标题行。

当工作表内的数据超过一页时，为了使文档格式完整，方便数据查询，在打印时需要将第一页的标题及表头各列同样应用于其他页。可单击“页面设置→工作表”选项卡，在“打印标题”项中，根据需要分别载入“顶端标题行”和“左侧标题列”。

以上操作完成后，工作簿中所有工作表均应用了相同的页面设置，当前工作表会出现垂直和水平的交叉虚线。则交叉点的左上方区域为一张纸的范围，如图 4-1-9 所示。

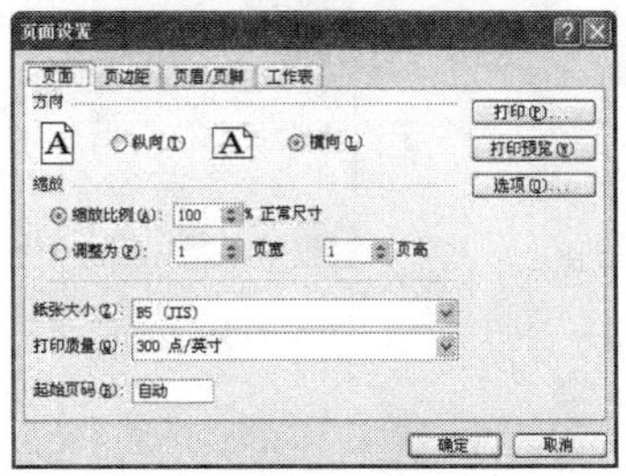

图 4-1-7 “页面”选项卡的设置

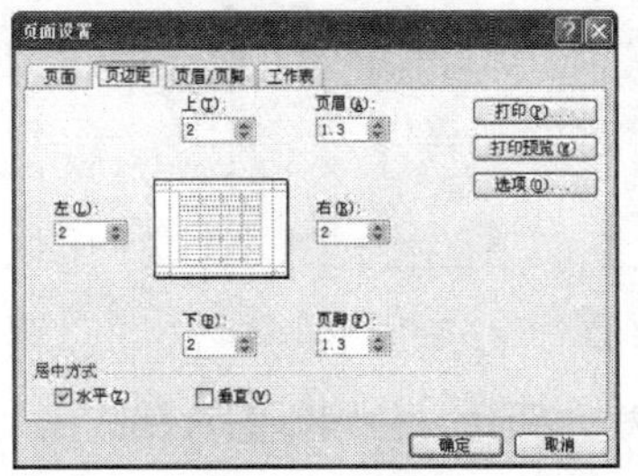

图 4-1-8 “页边距”选项卡的设置

（二）“通讯录封面”工作表制作

1．精确设置行高及列宽

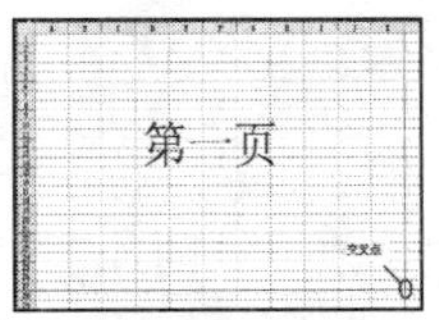

图 4-1-9 页面区域

（1）单击工作表中某行行号，则选中该行。同理，单击列号，则选中整列。

（2）将鼠标移动到“通讯录封面”工作表中第一行的行号位置，按下鼠标左键同时向下滑动直至第 6 行（行号“6”）结束，则选中工作表的 1～6 行单元格。

（3）保持鼠标指针位于行号上方，单击鼠标右键，在弹出的快捷菜单中单击“行高（R）...”命令，在行高对话框中输入“65”，单击“确定”按钮，如图 4-1-10 所示。

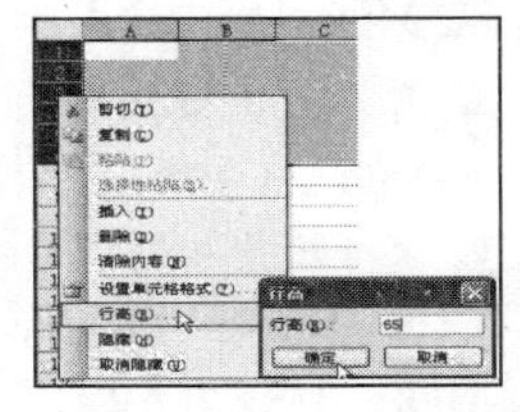

图 4-1-10 精确设置行高列宽

同样操作应用于列，设置 A～J 列列宽为 9。

2．在相应的单元格中录入文字，并进行文字格式化

（1）单元格合并居中设置。利用鼠标点选 C2（C 列 2 行）单元格，输入文字“×××学校通讯录”，选择 C2:I2 单元格区域，单击“格式→单元格”命令，在“单元格格式”对话框中选取“对齐”选项卡，如图 4-1-11 所示。文本对齐方式：水平居中，垂直居中；文本控制：合并单元格。

采用同样的操作，完成所有文字的录入。

（2）文字格式化。选择文字所在单元格，单击“格式→单元格”命令，在“单元格格式”对话框中选中“字体”选项卡，如图 4-1-12 所示。“×××学校通讯录”的字体：隶书，加粗，36 号；其他文字选择隶书，加粗，20 号。

☞ 将同一单元格中的文字进行不同文字格式化设置。双击目标单元格，使单元格进入编辑状态，光标在单元文字间出现。鼠标选中各种不同文字，利用“格式”工具栏上的按钮分别设置文字格式。

（3）设置 D6 单元格中日期数字格式。选择 D6 单元格，单击“格式→单元格”命令，在“单元格格式”对话框中选择“数字”选项卡，并在其中设置日期格式，如图 4-1-13 所示。

☞ 在单元格中实现文字换行操作。双击单元格，使光标在文字间出现，移动光标至换行位置，按住“Alt+Enter”组合键，实现换行。

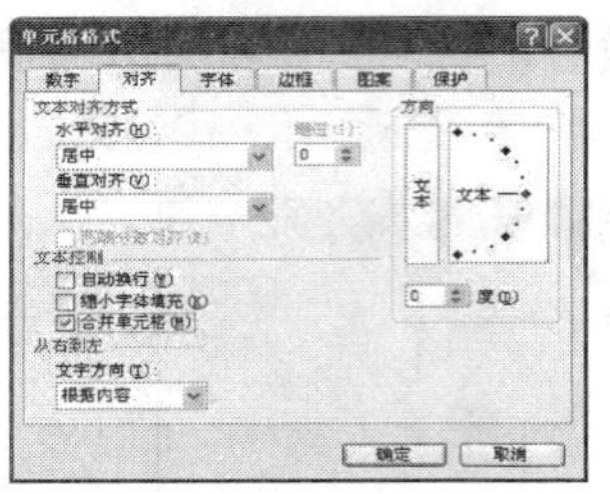
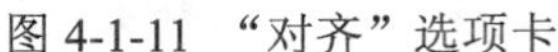

图 4-1-11 “对齐”选项卡

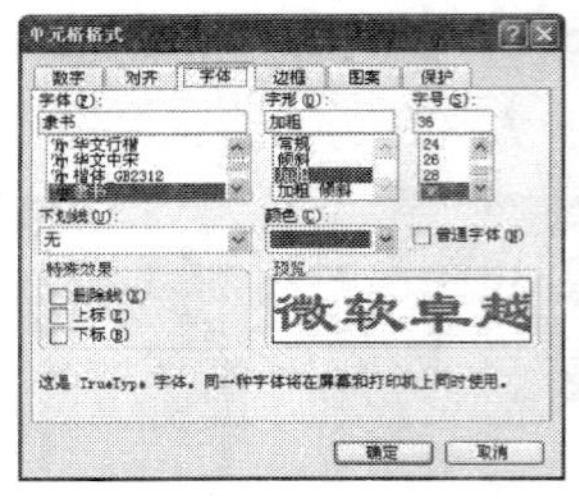

图 4–1–12 “字体”选项卡

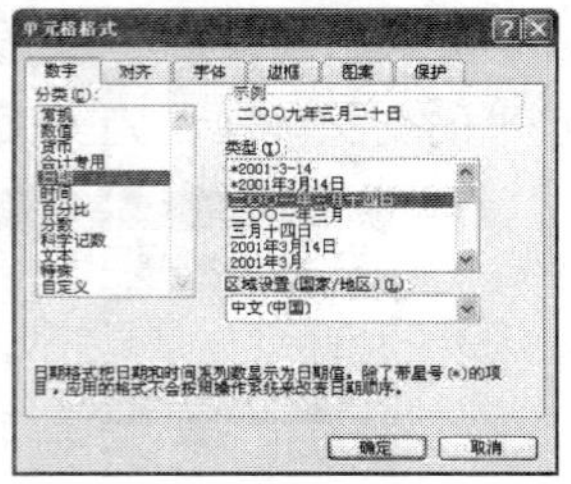

图 4-1-13 “数字”选项卡

3．插入图片，并编辑图片格式

（1）选择 B2 单元格，单击“插入→图片→来自文件”命令。在“插入图片”对话框中选择相应图片，进行插入。

（2）选中目标图片，通过“图片”工具栏（图 4-1-14）或者单击右键，在弹出的快捷菜单中选择“设置图片格式”命令，出现“设置图片格式”对话框，如图 4-1-15 所示。

图 4-1-14 “图片”工具栏

（3）使用“图片”工具栏中设置图片背景为透明效果。

（4）相应拖拽图片边界尺寸控制点，调整图片大小。

（5）拖拽图片，进行位置调整。

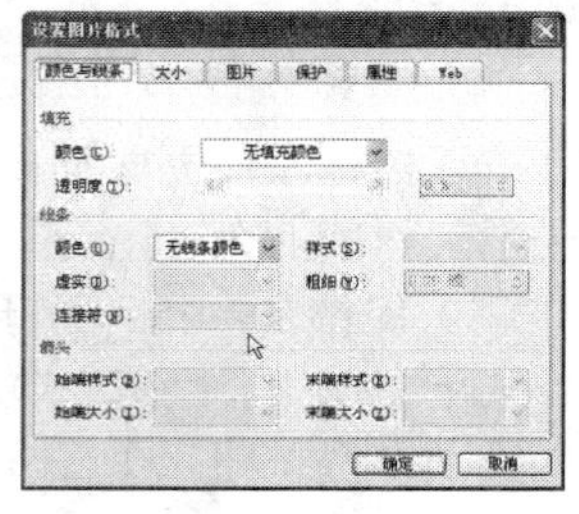

图 4-1-15 “设置图片格式”对话框

（三）通讯录内容页制作

单击“通讯录内容页 1”工作表，使其成为当前工作表。

A1 单元格中的文字作为表格标题，在 A1:I1 单元格区域居中显示，如图 4-1-17 所示。

（1）设置 1～22 行单元格行高为 15，其中第一行行高为 30，第四行行高为 50。

（2）在 A1 单元格中输入“通讯录”，选择 A1:I1 单元格区域，单击“格式→单元格”命令，在“对齐”选项卡中设置水平对齐：跨列居中，单击“确定”按钮，如图 4-1-16 所示。

在 A3 中输入“第”，右对齐；C3 中输入“页”；G3 中输入“日期：”。

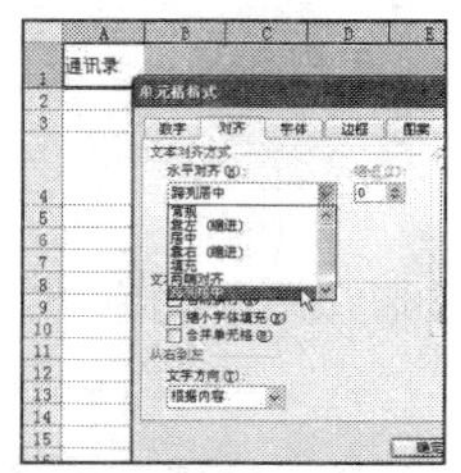

图 4-1-16 “对齐”选项卡

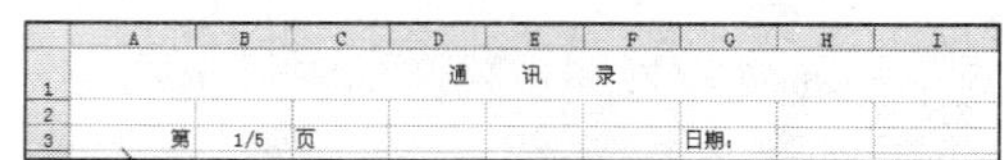

图 4-1-17 表格标题

（3）绘制表结构。根据图 4-1-2，在工作表 A4:I4 单元格中录入表格中各列数据的列头文字，其中 A4 单元格中文字“分院名称”对齐方式为水平：左对齐；垂直：靠下。

（4）根据各列内容，适度调整各列列宽。将鼠标放置在相邻两列 A、B 的列号临界线处，鼠标指针变成“╋”，按下鼠标左键，向右拖拽列临界线至适当位置，对列 A 的列宽进行调整。同样操作粗略调整各列列宽，如图 4-1-18 所示。

（5）在 A4 单元格中绘制复杂表头。单击窗口底部“绘图”工具栏中的“直线”按钮，如

图 4-1-19 所示，鼠标指针变成“+”形，在 A4 单元格中绘制两条直线，滑动鼠标指针至 A4 单元格上边界，使鼠标指针“+”的中心点落在上边界中心位置，按下鼠标左键不放向 A4 单元格右下角位置拖出直线，当鼠标指针“+”中心点与 A4 右下角点重合时，放开鼠标，第一条直线绘制完毕。同样操作，绘制起点为 A4 左边界中心，终点为 A4 右下角点的第二条直线。鼠标调整两条直线至相应位置。单击“绘图”工具栏中“矩形”按钮，采用与直线绘制同样的操作，在工作表空白区绘制两个矩形。单击鼠标右键，在弹出的快捷菜单中单击“添加文字”命令，在两个矩形中分别写入“类别”、“内容”。鼠标单击矩形边界，当鼠标成“✥”状态时，拖拽矩形至 A4 中相应位置。

选中矩形，单击“绘图”工具栏中“线条颜色”按钮，使矩形的边框线条无色设置，可以实现矩形与背景的融合，如图 4-1-20 所示。

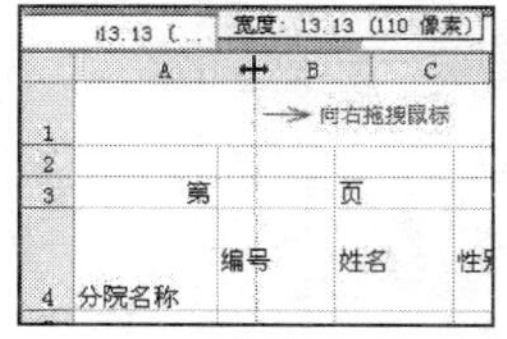

图 4-1-18　鼠标调整列宽

图 4-1-19　“绘图”工具栏

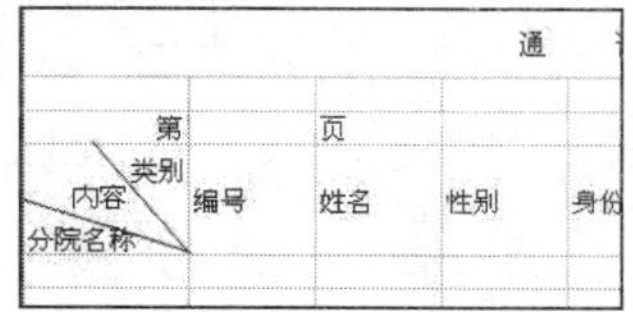

图 4-1-20　表头单元格

（6）表格中数据的填充。选中 B3 单元格，输入“0 1/5”，则在 B3 中的数据以保持“1/5”的分数形式显示，但其值是 0.2，如图 4-1-21 所示。选中 H3：I3 两个单元格，利用窗口上方的“格式”工具栏的“合并及居中”按钮将其合并成一个单元格，如图 4-1-22 所示。

选中 H3 单元格，输入“2009-3-25”，单击“格式→单元格”命令，在“单元格格式”对话框中选取“数字”选项卡，并设置日期格式，则 H3 中的日期以“2009 年 3 月 25 日”形式显示。

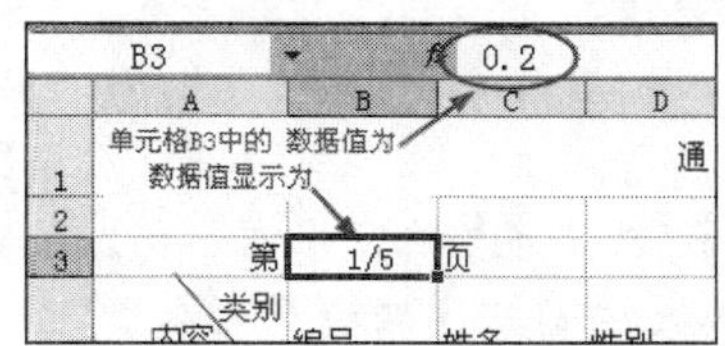

图 4-1-21　分数显示形式

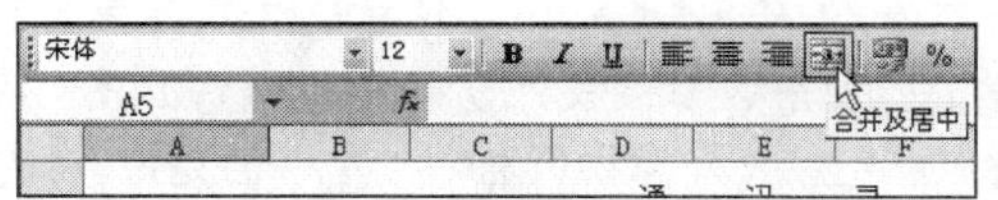

图 4-1-22　“合并及居中”按钮

选中 A5：A12 单元格，将其合并成一个单元格，输入“商贸”。同样的操作，完成本列其余分院的单元格设置及内容填写。

对照图 4-1-2，完成“姓名”、“部门”一列数据的填写，利用键盘的方向键，可实现相邻的单元格逐一选中，使其成为活动单元格进行内容编辑。结果如图 4-1-23 所示。

	内容 / 分院名称	编号	姓名	性别
4				
5	商贸		程小丽	
6			张艳	
7			卢红	
8			李小蒙	
9			杜月	
10			张成	
11			李云胜	
12			赵小月	
13	工程		刘大为	
14			唐艳霞	
15			张恬	
16			李丽丽	
17			马小燕	
18			李长青	

图 4-1-23　录入结果

选中 B5 单元格，输入“09001”数字串。输入完毕后，系统会自动将数字串处理为数值量 9001 去除前置 0，格中显示“9001”，为了将数字串转为文本数字，保证前置 0 正常显示，需要在“09001”输入前输入一个英文单引号“ ' ”，即输入“'09001”，则保留前置 0，如图 4-1-24 所示。

采用同样操作，可完成“办公电话”一列的数据的录入。

选中 B5 单元格，将鼠标置于 B5 单元格的右下角，鼠标指针变成“+”状态，如图 4-1-25a 所示。

按下鼠标左键不放，向下拖拽，直至 B12 单元格，则每向下拖拽一格，单元格内容自动递增 1，如图 4-1-25b 所示。

拖拽鼠标至 B12 单元格，结束操作，完成 B5:B12 区域数据的自增 1 填充操作，如图 4-1-25c 所示。

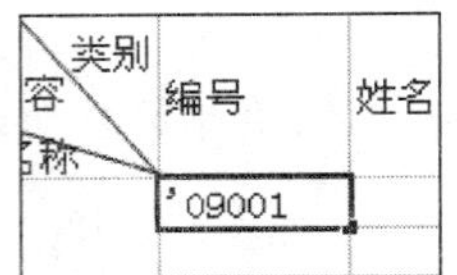

图 4-1-24　单元格选中状态与非选中状态

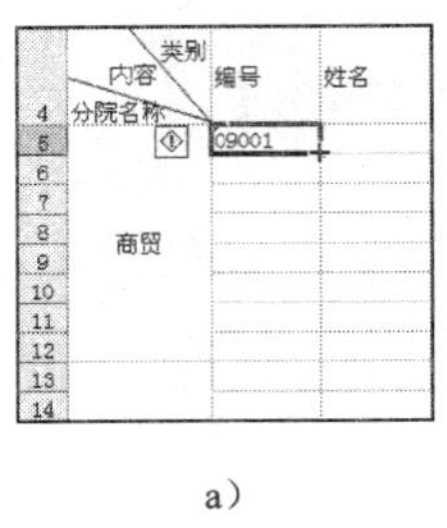

a）

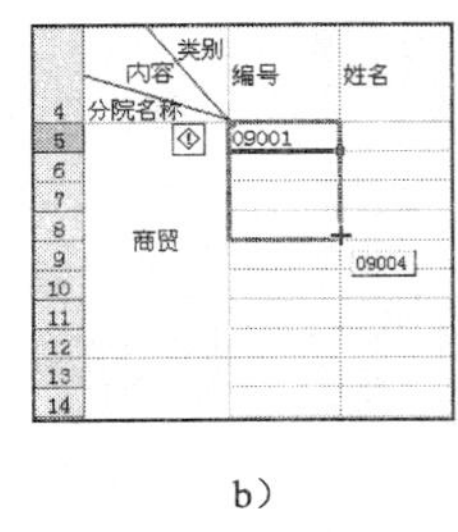

b）

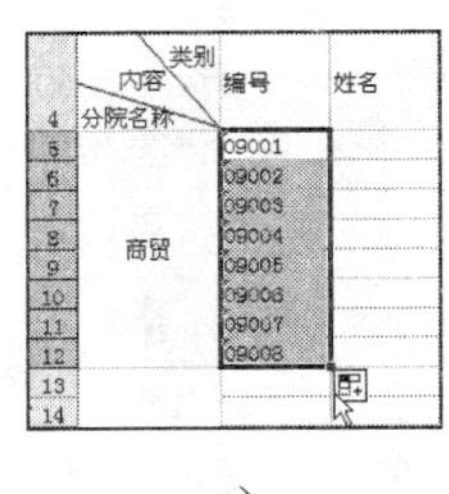

c）

图 4-1-25　编号自动填充

选中 B13 单元格，输入“’08001”，单击“编辑→填充→序列”命令，出现“序列”对话框，如图 4-1-26 所示。修改步长值为 2。

采用鼠标拖拽操作，在 B13:B17 中完成步长为 2 的等差数据填充。

采用相同的操作，完成 B18:B21 区域步长值为–1 的编号填充。

观察发现，“性别”一列的数据只有“男”、“女”两种值，其中有 5 个单元格为“男”，其余均为“女”，因此可采用多个单元格统一录入同一值的快捷方法。

在 D5 单元格中输入“女”，选中 D5 单元格，放置鼠标箭头于 D5 单元格右下角，鼠标变成“+”时，按下鼠标左键并拖拽鼠标至 D21，使 D5：D21 单元格中均自动填充“女”。

参照图 4-1-2，按住“Ctrl”键不放，用鼠标点选 D10、D11、D13、D18、D19 五个单元格，松开“Ctrl”键。在最后点选的 D19 单元格中输入“男”，按下“Ctrl+Enter”组合键，则选中的五个单元格中的数据均改为“男”，如图 4-1-27 所示。

同样的操作也可以应用于“部门”列数据录入。

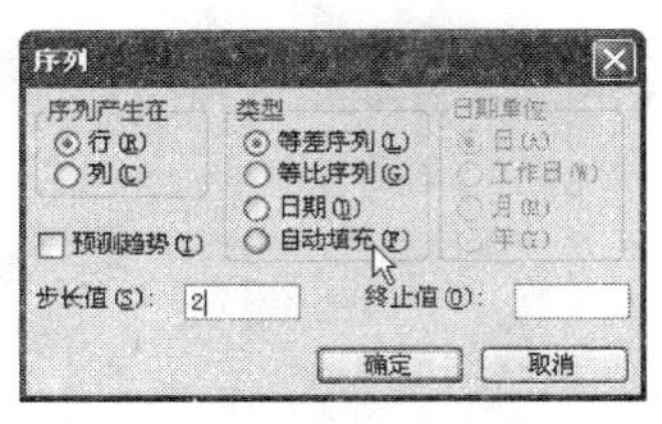

图 4-1-26　“序列”对话框

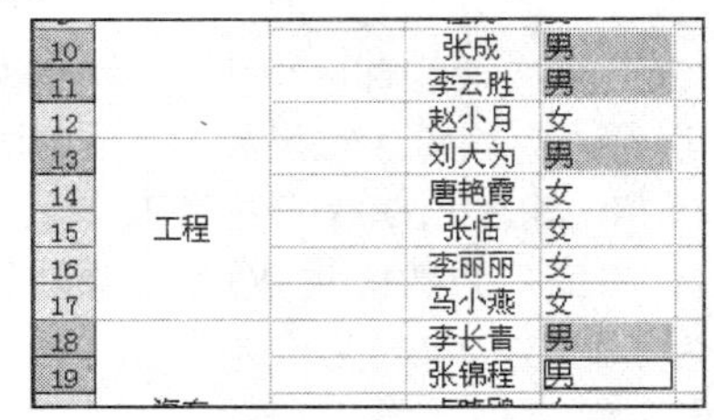

图 4-1-27　按“Ctrl+Enter”键，完成不相邻单元格内容统一填充

身份证号为 15 或 18 位数字串，直接输入单元格中，系统会自动将其转为科学计数法，并将后几位数字转为 0，如图 4-1-28 所示。

当列中的数据以“####”形式显示时，说明列宽太窄而内容太宽，需要适当调整列宽。

为保持身份证号正常显示，必须将身份证号转成文本数字，操作方法下与录入前置 0 数字串操作一样，只需在录入身份证号之前录入一个英文单引号“'”即可。

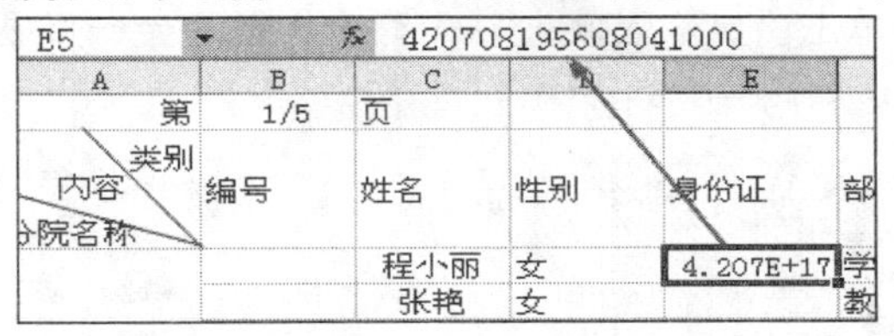

图 4-1-28　身份证号直接输入结果

当在单元格中录入电子邮箱地址时，Excel 会自动将其转换为超链接形式，将鼠标放置到上方时，鼠标指针会变成手的形状，并提示超链接的目标地址，单击则启动相应的程序，如图 4-1-29 所示。

为选定的单元格设置超链接，单击“插入→超链接”命令，出现“插入超链接”对话框，如图 4-1-30 所示。可以链接到工作簿内或文件之外位置，若为工作簿内的单元格区域，需要选择区域所在的工作表名称，并给出单元格区域的引用。

取消超链接的操作：右击单元格，在弹出的快捷菜单中单击“取消超链接”命令。

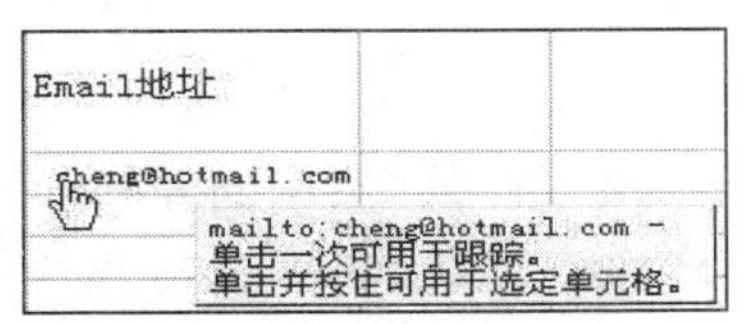

图 4-1-29　超链接文字

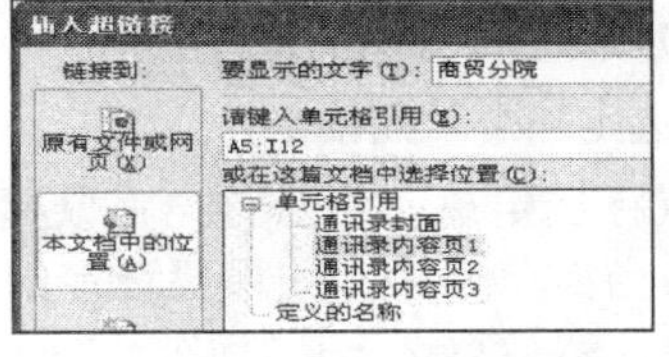

图 4-1-30　“插入超链接”对话框

（7）格式化。参照图 4-1-2，进行格式化操作。

1）文字格式化。选中目标单元格区域，单击“格式→单元格”命令，在“单元格格式”对话框中，利用“字体”、“对齐”选项卡可对选中单元格中的数据进行字体格式及对齐方式的设置。

利用 Excel 窗口上部的格式工具栏，可以实现快速格式化操作。

文字格式化具体要求如图 4-1-31 所示。

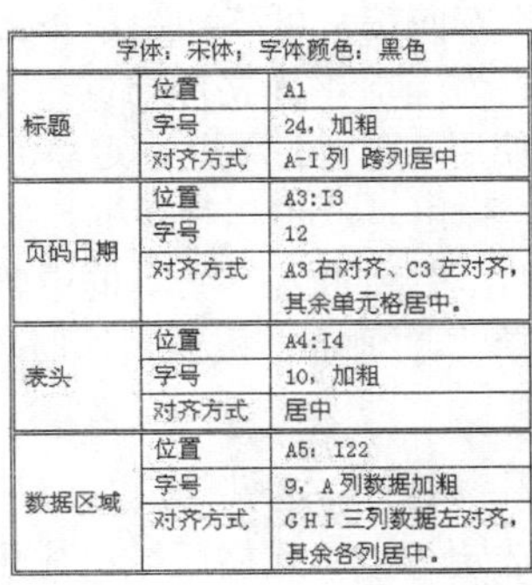

字体：宋体；字体颜色：黑色		
标题	位置	A1
	字号	24，加粗
	对齐方式	A-I 列 跨列居中
页码日期	位置	A3:I3
	字号	12
	对齐方式	A3 右对齐、C3 左对齐，其余单元格居中。
表头	位置	A4:I4
	字号	10，加粗
	对齐方式	居中
数据区域	位置	A5：I22
	字号	9，A 列数据加粗
	对齐方式	G H I 三列数据左对齐，其余各列居中。

图 4-1-31　文字格式化要求

2）表格格式化。参照图 4-1-2，设置数据表的边框及底纹图案。

选择目标单元格区域，单击“格式→单元格”命令，在“单元格格式”对话框中，利用“边框”、“图案”选项卡对选中的单元格区域设置边框和图案。例如，选择单元格区域 A4：I22，单击“格式→单元格”命令，打开“边框”选项卡，设置如图 4-1-32 所示，单击“确定”按钮。

边框的设置要注意选择正确的单元格区域，针对选定的区域设置边框的位置。

利用“Ctrl”键，选中不相邻的单元格区域，统一设置边框和图案，可以提高操作速度。

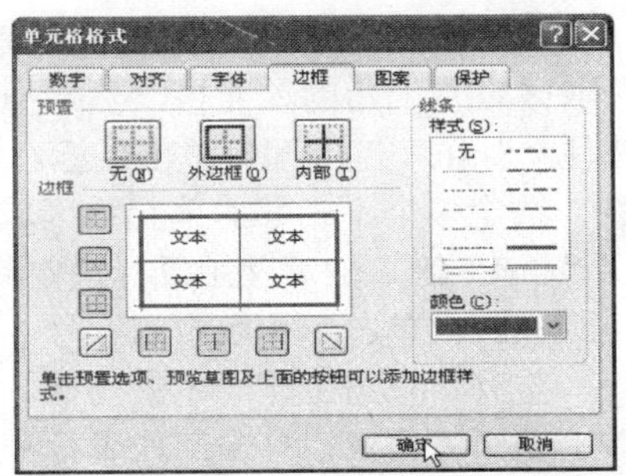

图 4-1-32　单元格边框设置

（8）添加批注。选中 A13 单元格，右击鼠标，在弹出的快捷菜单中单击“插入批注”命令，如图 4-1-33 所示。

在出现的批注区，输入文字“优秀分院”。将鼠标移开，批注自动隐藏

在弹出的快捷菜单中单击“显示/隐藏批注”命令，批注会一直显示在界面内，利用鼠标拖拽可调整批注大小及位置，如图 4-1-34 所示。

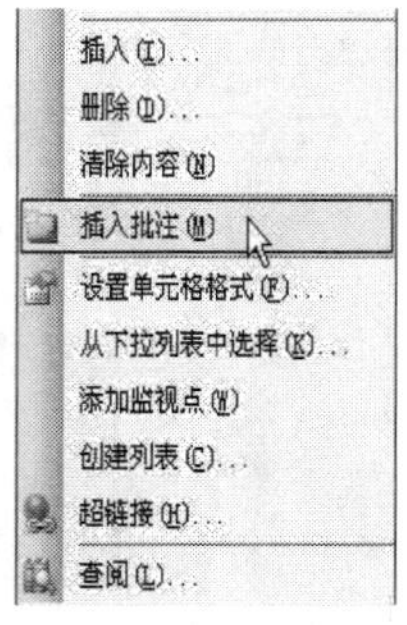

图 4-1-33　单元格右键菜单

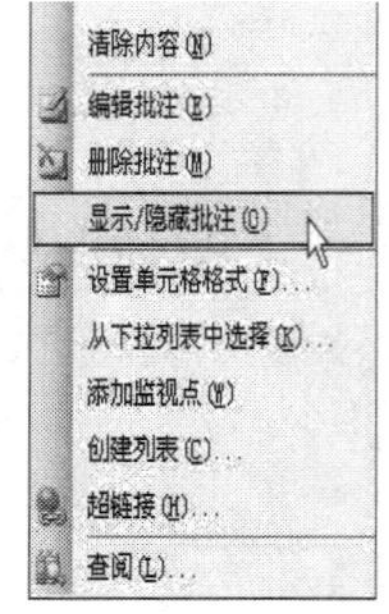

图 4-1-34　显示/隐藏批注

四、相关知识与技能

（一）单元格选择方法

1．选定一个单元格

用鼠标选定单元格：首先将鼠标指针定位到需要选定的单元格上，并单击鼠标左键，该单元格即为当前单元格。如果要选定的单元格没有显示在窗口中，可以通过拖动滚动条使其显示在窗口中，然后再选定单元格。

使用键盘选定单元格：使用“↑”、“↓”、“←”、“→”方向键，可移动当前单元格，直到使所需选定的单元成为当前单元格即可。

使用“定位”命令选定单元格：单击“编辑→定位”命令，弹出“定位”对话框，如图 4-1-35 所示，在该对话框的“引用位置”文本框中输入要选定的单元格，如 A9，单击“确定”按钮，这时单元格 A9 就成为当前单元格。

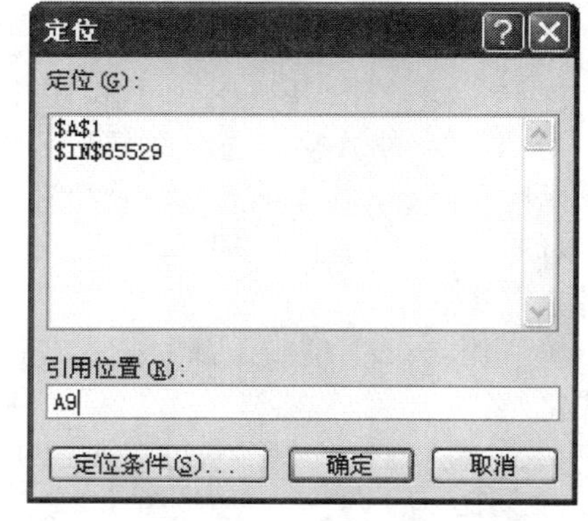

图 4-1-35　“定位”对话框

2．选定单元格区域

选定一个单元格区域：先用鼠标单击该区域左上角的单元格。按住鼠标左键并拖动鼠标．到区域的右下角后释放鼠标左键即可。若想取消选定，只需用鼠标在工作表中单击任意单元格即可。

如果要选定的单元格区域范围较大，可以使用鼠标和键盘相结合的方法：先用鼠标单击要选取区域左上角的单元格，然后拖动滚动条，将鼠标指针指向要选取区域右下角的单元格，在按住“Shift”键的同时单击鼠标左键即选定了两个单元格之间的矩形区域。

选定多个不相邻的单元格区域：按住鼠标左键并拖动鼠标选定第一个单元格区域，接着按住“Ctrl”键，然后使用鼠标选定其他单元格区域。

整行：单击工作表中的行号。

整列：单击工作表中的列标。

整个工作表：单击工作表行号和列标的交叉处，即全选按钮。

相邻的行或列：在工作表行号或列标上按下鼠标左键，并拖动选定要选择的所有行或列。

不相邻的行或列：单击第一个行号或列标，按住“Ctrl”键，再单击其他行号或列标。

（二）单元格区域与地址

1．单元格地址

每个单元格有一个地址，单元格地址也就是单元格在工作表中的位置。单元格地址由单元格所在的列号和行号组成。例如，第 8 行 E 列的单元格的地址是 E8，而 C5 则表示 C 列 5 行的单元格。

2．单元格区域的地址

矩形单元格区域的地址表示方法为“左上角单元格地址：右下角单元格地址”。例如，左上角单元格是 A7，右下角单元格是 E10 的单元格区域，它的地址用“A7：E10”表示。

3．绝对地址

单元格地址的另一种表示方法为“＄列号＄行号”，称为绝对地址。如“＄E＄5”表示 E 列 5 行单元格的绝对地址。

（三）工作表中数据的输入

在单元格中输入数据，首先需要选定单元格，然后再向其中输入数据，所输入的数据将会显示在编辑栏和单元格中。可以用以下三种方法来对单元格输入数据。

方法一：用鼠标选定单元格，直接在其中输入数据，按“Enter”键确认。

方法二：用鼠标选定单元格，在“编辑栏”中单击鼠标左键，并在其中输入数据，然后单击“输入”按钮或按“Enter”键。

方法三：双击单元格，单元格内显示了插入点光标，移动插入点光标，在特定的位置输入数据。此方法主要用于修改工作。

1．文本和数字的输入

选定要输入文本的单元格，直接在其中输入文本内容，按“Enter”键或单击另外一个单元格即可完成输入。

在单元格中输入数字时，不必输入人民币符号、美元符号或者其他符号，可以使 Excel 自动添加相应的符号。下面以输入货币数值为例，介绍在 Excel 中输入数字的方法。

（1）选定需要输入数字的单元格或单元格区域，单击“格式→单元格”命令，在弹出的“单元格格式”对话框中单击“数字”选项卡，如图 4-1-36 所示。

（2）在“分类”列表框中选择“货币”选项，设置“小数位数”为 2，在“货币符号”下拉列表框中选择￥选项，如图 4-1-37 所示。

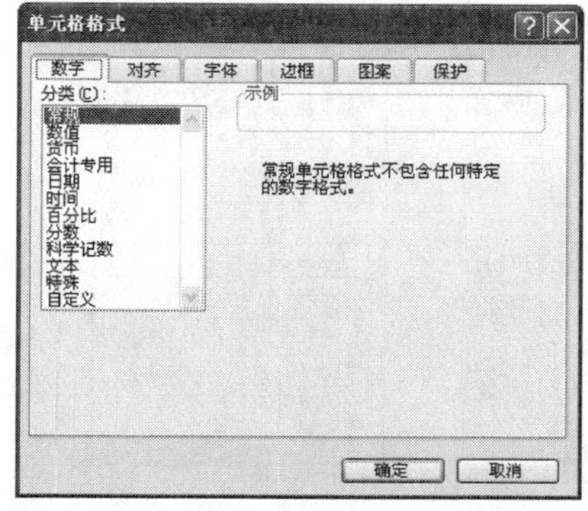

图 4-1-36 “数字”选项卡

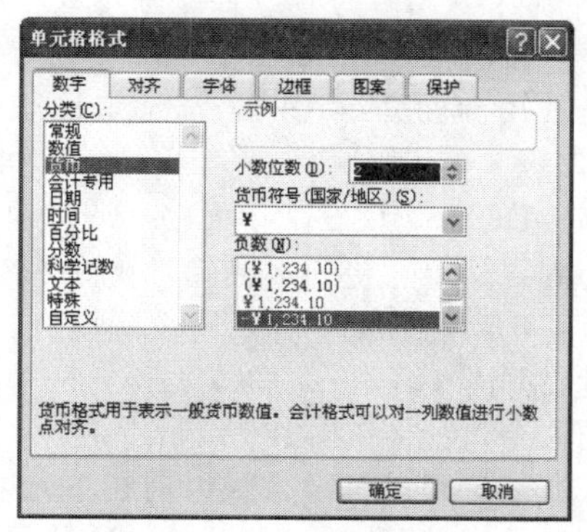

图 4-1-37 设置货币格式

（3）单击“确定”按钮，在当前单元格中输入数字即可自动转换为货币数值。

在单元格中输入数值要求以分数显示时，应当在分数前加上0和空格，例如：输入“1/5”，则应当输入“0 1/5”。如果输入的数值为大于1且要以分数形式显示小数部分，例如“2.2”，则应当输入“2 1/5”。对于分数的显示，Excel会自动进行约分。例如，若在单元格中输入“0 2/4”，单元格会显示为“1/2”。

2．日期和时间的输入

在Excel 2003中，当在单元格中输入系统可识别的时间和日期型数据时，单元格的格式就会自动转换为相应的“时间”或者“日期”格式，而不需要专门设置。如果系统不能识别输入的日期或时间格式，则输入的内容将被视为文本。若要使用其他的日期和时间格式，可在“单元格格式”对话框中进行设置。

（四）编辑工作簿

1．编辑单元格

（1）插入行、列或单元格。

插入行：在需要插入新行的位置单击任意单元格，然后单击“插入→行”命令，即可在当前位置插入一行，原有的行自动下移。

插入列：在需要插入新列的位置单击任意单元格，然后单击“插入→列”命令，即可在当前位置插入一整列，原有的列自动右移。

插入多行/列：选定与需要插入的新行/列下侧或右侧相邻的若干行/列（选定的行/列数应与要插入的行/列数相等），然后单击“插入→行/列”命令，即可插入新行/列，原有的行/列自动下移或右移。

在要插入单元格的位置选定单元格或单元格区域，然后单击“插入→单元格”命令，将弹出“插入”对话框，选中相应的单选按钮，单击“确定”按钮即可。

（2）当工作表的某些数据及其位置不再需要时，可以将它们删除，使用命令与按“Delete”键删除的内容不一样，按“Delete”键仅清除单元格中的内容，其空白单元格仍保留在工作表中；而使用“删除”命令则其内容和单元格将一起从工作表中清除，空出的位置由周围的单元格补充。

使用“删除”命令在当前工作表中删除不需要的行、列或单元格的具体操作步骤如下：

①选定要删除的行、列或单元格。

②单击“编辑→删除”命令，将弹出“删除”对话框。

③选中需要的单选按钮，并单击“确定”按钮。

（3）删除单元格内容。要删除单元格中的内容，可以先选定该单元格再按“Delete”键；要删除多个单元格中的内容，先使用前面介绍过的方法选定这些单元格，然后按“Delete”键。

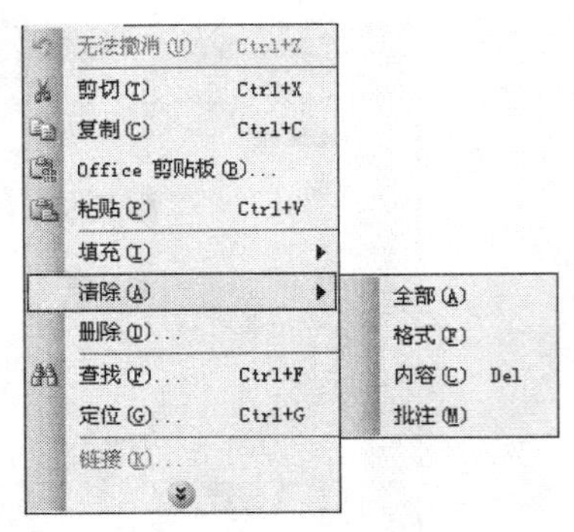

图4-1-38 “清除”子菜单

当按“Delete”键删除单元格（或一组单元格）时，只有输入的内容从单元格中被删除，单元格的其他属性（如格式、注释等）仍然保留。如果想完全地控制对单元格的删除操作，需要单击“编辑→清除”命令，在弹出的子菜单中单击相应的命令，如图4-1-38所示。

在工作中，可能需要替换以前在单元格中输入的内容，只需单击单元格使其成为当前单元格，单元格中的内容将会被自动选取，一旦开始输入，单元格中原来的内容就会被新输入的内容替换。

（4）移动或复制单元格数据。移动单元格数据是指将输入在某些单元格中的数据移至其他单元格中；复制单元格或单元格区域数据是指将某个单元格或单元格区域数据复制到指定的位置，原位置的数据仍然存在。在 Excel 2003 中，不但可以复制整个单元格，还可以复制单元格中的指定内容。例如，可以只复制公式的计算结果而不复制公式，或者只复制公式而不复制计算结果。可通过单击粘贴单元格区域右下角的“粘贴选项”按钮来变换单元格中要粘贴的部分。

移动或复制单元格或单元格区域的方法基本相同，具体操作步骤如下：

①选定要移动或复制数据的单元格或单元格区域，单击“编辑→剪切”或“复制”命令。

②选定数据的目标位置。

③单击“编辑→粘贴”命令，即可将单元格或单元格区域的数据移动或复制到新位置。

2．操作工作表

（1）插入新工作表。

①选定当前工作表。

②单击“插入→工作表”命令，在选定工作表的前面插入新的工作表。

（2）删除工作表。

①单击工作表标签，使要删除的工作表成为当前工作表。

②单击“编辑→删除工作表”命令，此时当前工作表被删除，同时和它相邻的后面的工作表成为当前工作表。

另外，也可以在要删除的工作表的标签上单击鼠标右键，在弹出的快捷菜单中选择“删除”选项来删除工作表。

（3）重命名工作表。更改工作表的名称，双击要更改名称的工作表标签，这时可以看到工作表标签以高亮度显示，在其中输入新的名称并按“Enter”键即可。

也可以使用菜单命令重命名工作表，具体操作步骤如下：

①单击要更改名称的工作表的标签，使其成为当前工作表。

②单击“格式→工作表→重命名”命令，此时选定的工作表标签呈高亮度显示，即处于编辑状态，在其中输入新的工作表名称并按“确定”按钮。

（五）数据格式化

1．设置字符格式

（1）设置字体。可以使用“格式”工具栏或者“格式”菜单中的相应命令来设置字体格式。步骤如下：

①选定要设置字体的单元格或单元格区域，如图 4-1-39 所示。

Book2

	A	B	C	D	E	F
1	商场 2005 年销售表					
2	类别	第一季	第二季	第三季	第四季	总计
3	打印机	515500	82500	340000	479500	
4	复印机	68000	100000	68000	140000	
5	扫描仪	75000	144000	85500	37500	
6	一体机	151500	126600	144900	91500	
7	合计					
8						
9						

Sheet1 / Sheet2 / Sheet3

图 4-1-39 选定单元格区域

②单击“格式→单元格”命令，在弹出的“单元格格式”对话框中单击“字体”选项卡，在“字体”列表框中选择“华文行楷”选项，如图 4-1-40 所示。

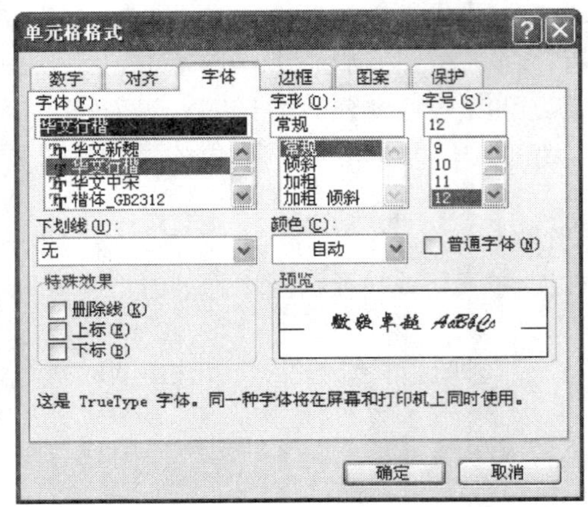

图 4-1-40　选择字体

③单击“确定”按钮，结果如图 4-1-41 所示。

	A	B	C	D	E	F
1	商场 2005 年销售表					
2	类别	第一季	第二季	第三季	第四季	总计
3	打印机	515500	82500	340000	479500	
4	复印机	68000	100000	68000	140000	
5	扫描仪	75000	144000	85500	37500	
6	一体机	151500	126600	144900	91500	
7	合计					

图 4-1-41　字体格式效果

（2）设置字号。

①选定要设置字号的单元格或单元格区域，如图 4-1-42 所示。

②在“格式”工具栏的“字号”下拉列表框中选择“16”选项，如图 4-1-42 所示，效果如图 4-1-43 所示。

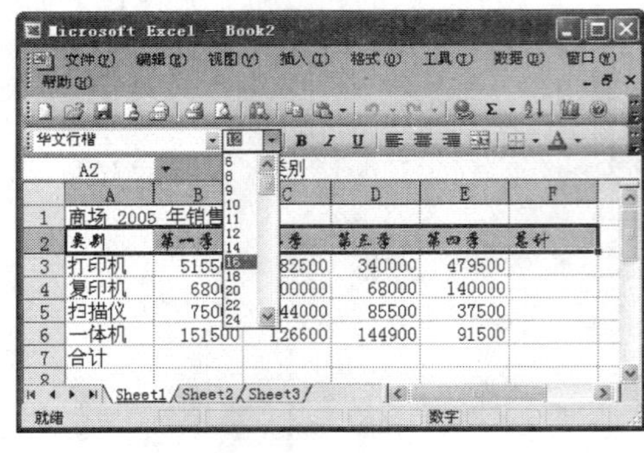

图 4-1-42　选择字号

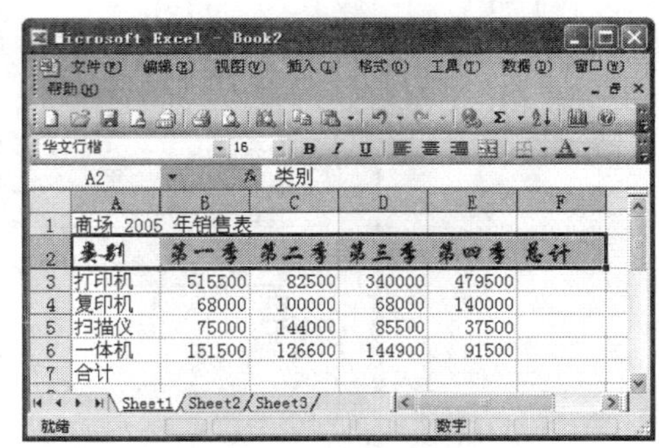

图 4-1-43　效果

（3）设置字形。如果要改变字形，则先选定要改变字形的单元格或单元格区域，然后单击

“格式”工具栏中的“加粗”按钮、“倾斜”按钮或“下划线”按钮。其他类型的设置可用“格式”菜单。

（4）设置文字的颜色。参见以上内容。

2．设置数字格式

Excel 2003 针对常用的数字格式进行了设置并加以分类，它包含常规、数值、货币、会计专用、日期、时间、百分比、分数、科学记数、文本、特殊以及自定义等数字格式。

下面以设置数字的数值格式为例，介绍如何使用菜单命令设置数字格式，具体操作步骤如下：

（1）选定要格式化数字的单元格或单元格区域，如图 4-1-44 所示。

（2）单击“格式→单元格”命令，在弹出的“单元格格式”对话框中单击“数字”选项卡，在“分类”列表框中选择“货币”选项，按照图 4-1-45 所示设置参数。

	A	B	C	D	E	F
1	商场 2005 年销售表					
2	类别	第一季	第二季	第三季	第四季	总计
3	打印机	515500	82500	340000	479500	
4	复印机	68000	100000	68000	140000	
5	扫描仪	75000	144000	85500	37500	
6	一体机	151500	126600	144900	91500	
7	合计					
8						
9						
10						
11						

Sheet1 / Sheet2 / Sheet3

图 4-1-44　选定单元格区域

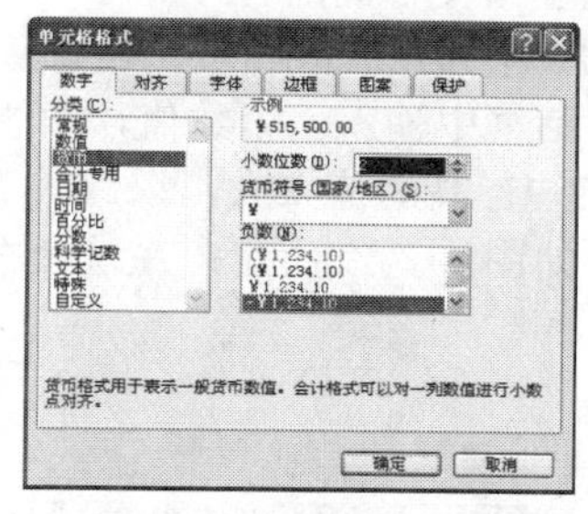

图 4-1-45　“数字”选项卡“货币”选项

（3）设置完毕后，单击“确定”按钮，结果如图 4-1-46 所示。

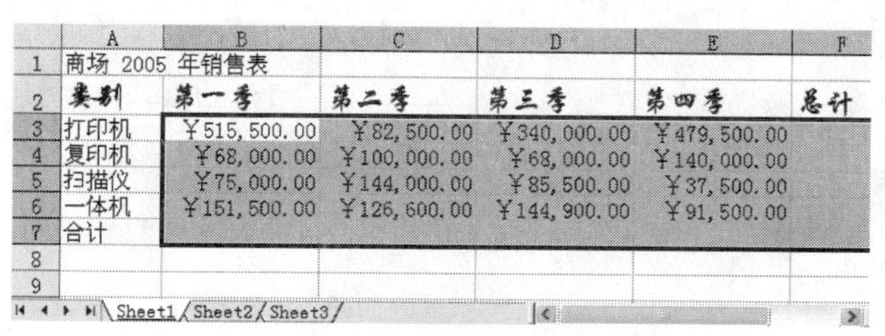

	A	B	C	D	E	F
1	商场 2005 年销售表					
2	类别	第一季	第二季	第三季	第四季	总计
3	打印机	¥515,500.00	¥82,500.00	¥340,000.00	¥479,500.00	
4	复印机	¥68,000.00	¥100,000.00	¥68,000.00	¥140,000.00	
5	扫描仪	¥75,000.00	¥144,000.00	¥85,500.00	¥37,500.00	
6	一体机	¥151,500.00	¥126,600.00	¥144,900.00	¥91,500.00	
7	合计					
8						
9						

Sheet1 / Sheet2 / Sheet3

图 4-1-46　货币格式效果

如果要取消数字的数值格式，可以选定要取消数值格式的单元格，然后在“单元格格式”对话框的“数字”选项卡的“分类”列表框中选择“常规”选项，单击“确定”按钮，即可取消所选单元格数字的数值格式。

使用工具栏可以方便地设置数字的格式，使用菜单则可以设置更多的数字格式，并且还可以设置日期、时间等多类数字的格式。

3．设置数据的对齐格式

（1）按钮操作法。选中要格式化的单元格，单击“格式”工具栏中的“左对齐”、“居中”、“右对齐”、“减少缩进量”、“增加缩进量”、“合并及居中”等按钮进行设置。

（2）菜单操作法。选中要格式化的单元格，选择“格式→单元格”命令，打开“单元格格式”对话框，选择“对齐”选项卡，如图 4-1-47 所示。“文本对齐方式”栏中设置“水平对齐”和“垂直对齐”列表框中的对齐方式。

（六）格式化表格

1．调整行高和列宽

（1）使用鼠标改变行高。若要改变一行的高度，则可将鼠标指针指向行号间的分隔线，按住鼠标左键并拖动。例如，要改变第 2 行的高度，可将鼠标指针指向行号 2 和行号 3 之间的分隔线，这时鼠标指针变成了双向箭头形状，按住鼠标左键并向上或向下拖动，在屏幕提示框中将显示出行的高度，将行高调整到适合的高度后，释放鼠标左键即可。

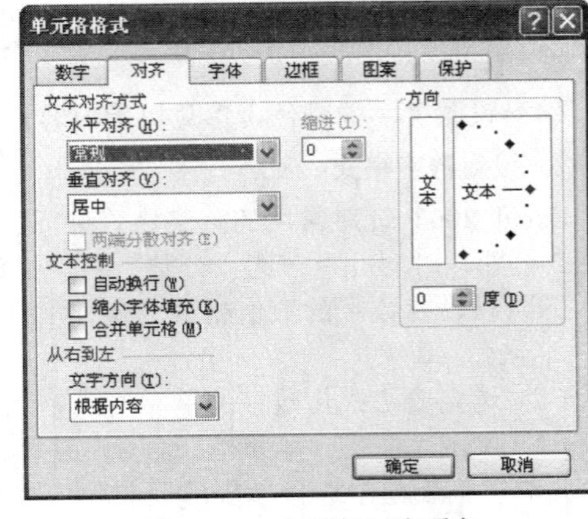

图 4-1-47 “对齐”选项卡

（2）精确改变行高。

①选定要改变行高的行。

②单击“格式→行→行高”命令，在弹出的“行高”对话框中输入一个数值，如图 4-1-48 所示。单击“确定”按钮。

如果某些行高的值太大，以致大于文字所需的高度时，可以单击“格式→行→最适合的行高”命令，如图 4-1-49 所示，系统会根据该行中最大字号的高度来自动改变该行的高度。

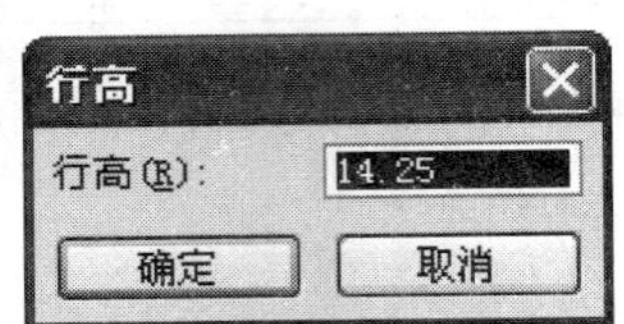

图 4-1-48 设置行高

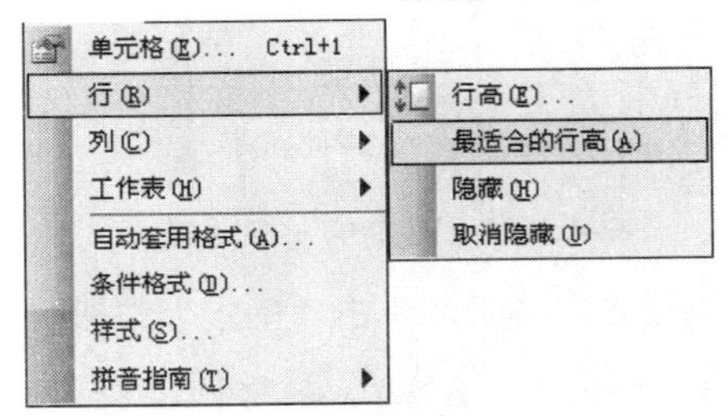

图 4-1-49 最适合的行高

改变列宽的方法与改变行高的方法类似，不再赘述。

2．隐藏行和列

（1）隐藏列。

①选定要隐藏的列，如图 4-1-50 所示。

	A	B	C	D	E	
1	商场 2005 年销售表					
2	类别	第一季	第二季	第三季	第四季	总
3	打印机	￥515,500.00	￥82,500.00	￥340,000.00	￥479,500.00	
4	复印机	￥68,000.00	￥100,000.00	￥68,000.00	￥140,000.00	
5	扫描仪	￥75,000.00	￥144,000.00	￥85,500.00	￥37,500.00	
6	一体机	￥151,500.00	￥126,600.00	￥144,900.00	￥91,500.00	
7	合计					
8						

Sheet1 Sheet2 Sheet3

图 4-1-50 选定需要隐藏的列

②单击“格式→列→隐藏”命令，如图 4-1-51 所示，结果如图 4-1-52 所示。

如果要想重新显示被隐藏的列，则先选定跨越隐藏列的单元格（例如，用户隐藏了 B 列，应选定 A 列和 C 列中的单元格），然后单击“格式→列→取消隐藏”命令即可。

（2）隐藏行的操作类似不再赘述。

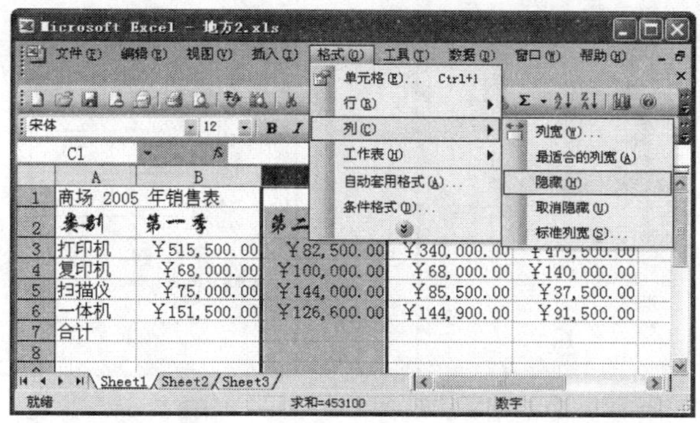

图 4-1-51　单击“隐藏”命令

	A	B	D	E	F	G
1	商场 2005 年销售表					
2	类别	第一季	第三季	第四季	总计	
3	打印机	￥515,500.00	￥340,000.00	￥479,500.00		
4	复印机	￥68,000.00	￥68,000.00	￥140,000.00		
5	扫描仪	￥75,000.00	￥85,500.00	￥37,500.00		
6	一体机	￥151,500.00	￥144,900.00	￥91,500.00		
7	合计					
8						

图 4-1-52　隐藏后的结果

3．添加边框和底纹

（1）选定要添加边框和底纹的单元格区域，如图 4-1-53 所示。

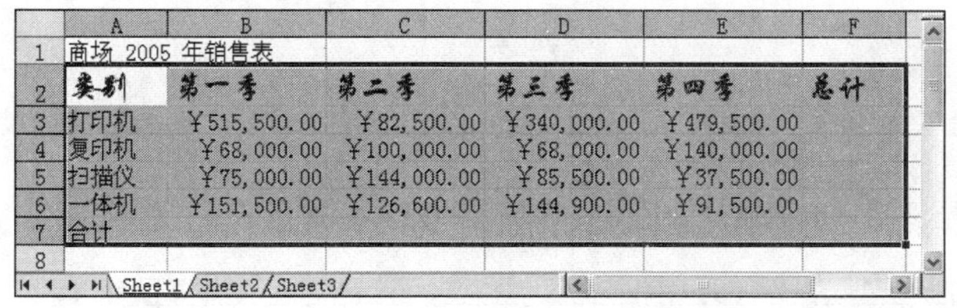

	A	B	C	D	E	F
1	商场 2005 年销售表					
2	类别	第一季	第二季	第三季	第四季	总计
3	打印机	￥515,500.00	￥82,500.00	￥340,000.00	￥479,500.00	
4	复印机	￥68,000.00	￥100,000.00	￥68,000.00	￥140,000.00	
5	扫描仪	￥75,000.00	￥144,000.00	￥85,500.00	￥37,500.00	
6	一体机	￥151,500.00	￥126,600.00	￥144,900.00	￥91,500.00	
7	合计					
8						

图 4-1-53　选定单元格区域

（2）单击“格式→单元格”命令，在弹出的“单元格格式”对话框中单击“图案”选项卡，如图 4-1-54 所示。在“颜色”选项区中选择合适的底纹颜色。

（3）在“图案”下拉列表框中选择底纹的图案及颜色，在“示例”选项区中可以预览所选底纹图案颜色的效果，如图 4-1-55 所示。

（4）切换到“边框”选项卡，如图 4-1-56 所示。在“样式”框中选择线条样式，在“颜色”框中选择线条颜色，在“边框”区选择线条位置。

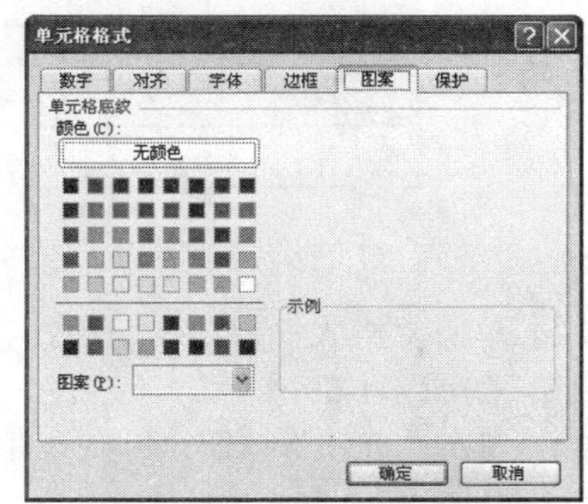

图 4-1-54　“图案”选项卡

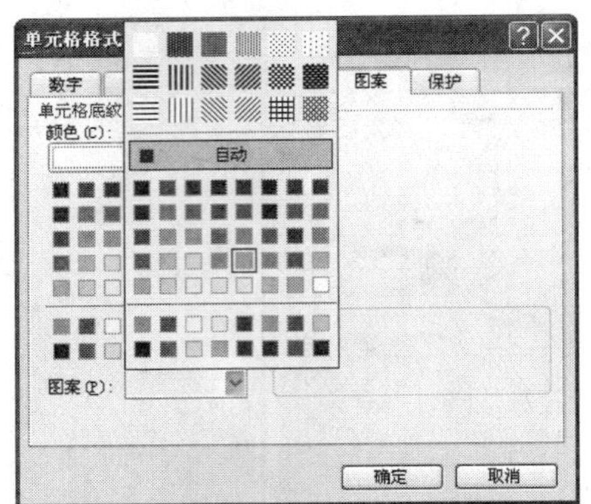

图 4-1-55　选择底纹图案

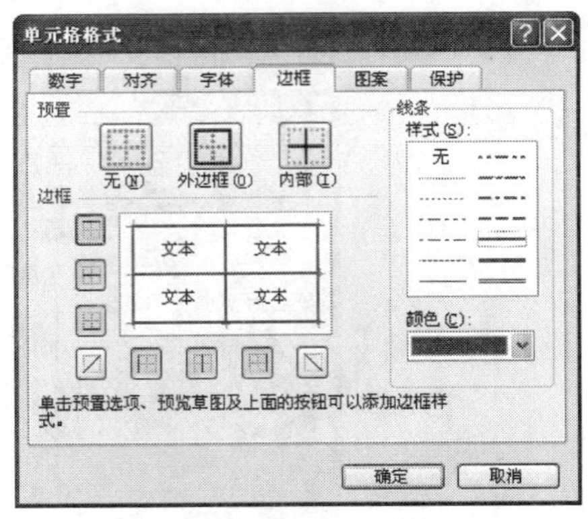

图 4-1-56　“边框”选项卡

（5）单击“确定”按钮，结果如图 4-1-57 所示。

	A	B	C	D	E	F
1	商场 2005 年销售表					
2	类别	第一季	第二季	第三季	第四季	总计
3	打印机	￥515,500.00	￥82,500.00	￥340,000.00	￥479,500.00	
4	复印机	￥68,000.00	￥100,000.00	￥68,000.00	￥140,000.00	
5	扫描仪	￥75,000.00	￥144,000.00	￥85,500.00	￥37,500.00	
6	一体机	￥151,500.00	￥126,600.00	￥144,900.00	￥91,500.00	
7	合计					

Sheet1 / Sheet2 / Sheet3

图 4-1-57　边框和底纹效果

使用格式工具栏设置边框和底纹的步骤是：先选择单元格区域，再单击“格式”工具栏中的相应按钮。

4．自动套用格式

Excel 内置了大量的工作表格式，套用这些格式，既可以美化工作表，又可以大大提高用户的工作效率，具体操作步骤如下：

（1）选定需要自动套用格式的单元格区域，如图 4-1-58 所示。

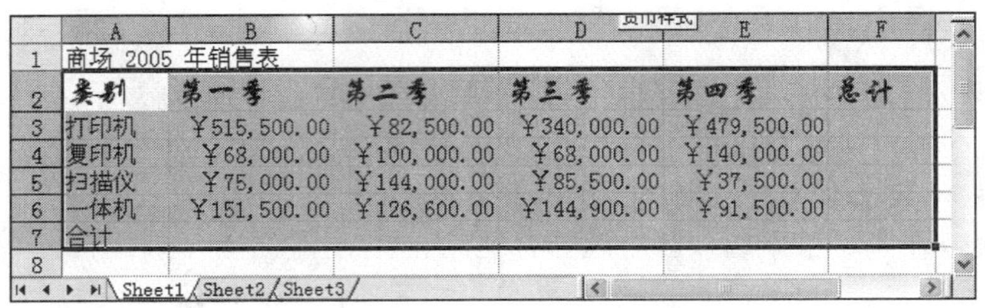

	A	B	C	D	E	F
1	商场 2005 年销售表					
2	类别	第一季	第二季	第三季	第四季	总计
3	打印机	￥515,500.00	￥82,500.00	￥340,000.00	￥479,500.00	
4	复印机	￥68,000.00	￥100,000.00	￥68,000.00	￥140,000.00	
5	扫描仪	￥75,000.00	￥144,000.00	￥85,500.00	￥37,500.00	
6	一体机	￥151,500.00	￥126,600.00	￥144,900.00	￥91,500.00	
7	合计					
8						

Sheet1 / Sheet2 / Sheet3

图 4-1-58　选定单元格区域

（2）单击“格式→自动套用格式”命令，在弹出的“自动套用格式”对话框中单击“古典 1”格式，如图 4-1-59 所示。

（3）单击“选项”按钮，可在该对话框底部显示要应用的格式选项区，从中进行相应设置，如图 4-1-60 所示。

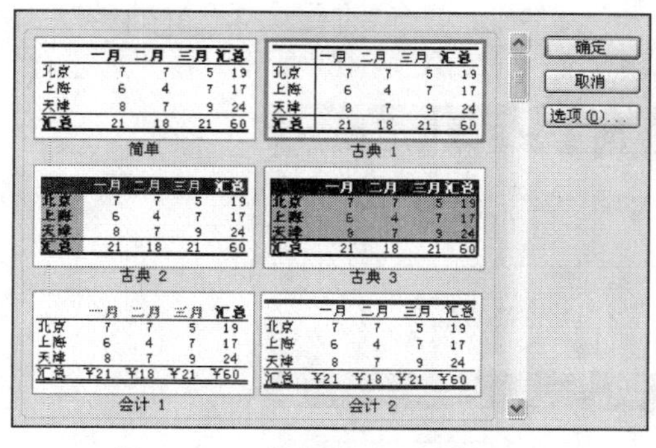

图 4-1-59　设置要应用的格式一

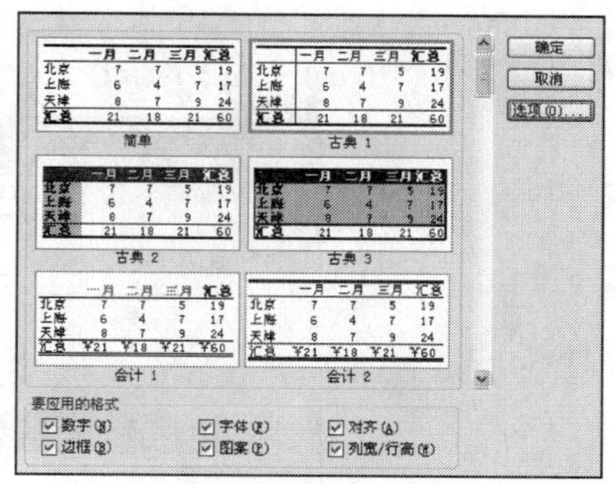

图 4-1-60　设置要应用的格式二

（4）单击“确定”按钮，结果如图 4-1-61 所示。

	A	B	C	D	E	F	G
1	商场 2005 年销售表						
2	类别	第一季	第二季	第三季	第四季	总计	
3	打印机	￥515,500.00	￥82,500.00	￥340,000.00	￥479,500.00		
4	复印机	￥68,000.00	￥100,000.00	￥68,000.00	￥140,000.00		
5	扫描仪	￥75,000.00	￥144,000.00	￥85,500.00	￥37,500.00		
6	一体机	￥151,500.00	￥126,600.00	￥144,900.00	￥91,500.00		
7	合计						
8							

Sheet1 / Sheet2 / Sheet3

图 4-1-61　自动套用格式后的结果

五、技巧与提高

1．以工作表“通讯录内容页 1”中的表结构作为工作表默认样式模板，在工作簿中添加新的工作表

（1）创建新的工作簿 Book1.xls，将工作簿中 Sheet2、Sheet3 工作表删除，只保留“Sheet1”工作表。

（2）打开通讯录工作簿，选中工作表“通讯录内容页 1”中的全部信息，单击“复制”操作，切换至 Book1 工作簿，单击“粘贴”操作，将信息全部粘贴至 Sheet1 工作表中。

（3）删除 Sheet1 工作表中数据表格中的数据信息，保留标题、时间行、表头及表格样式。如图 4-1-62 所示。

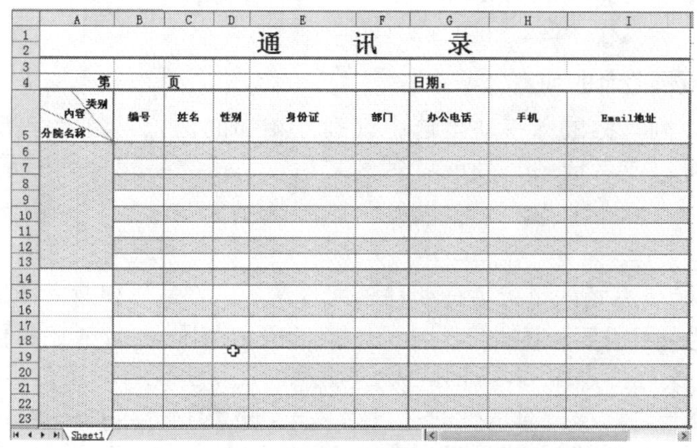

图 4-1-62　“通讯录”表结构

（4）单击“文件→另存为”命令，在“另存为”对话框中修改保存类型为“模板（*.xlt)”，

文件名为“sheet”，当前保存位置默认为“Templates”文件夹，单击“向上一级”按钮（图 4-1-63），使保存位置改为“Excel→XLSTART”文件夹，保存文件，如图 4-1-64 所示。

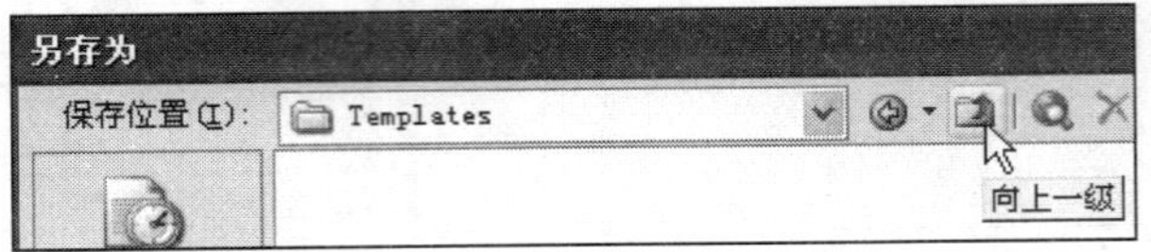

图 4-1-63　修改保存位置对话框

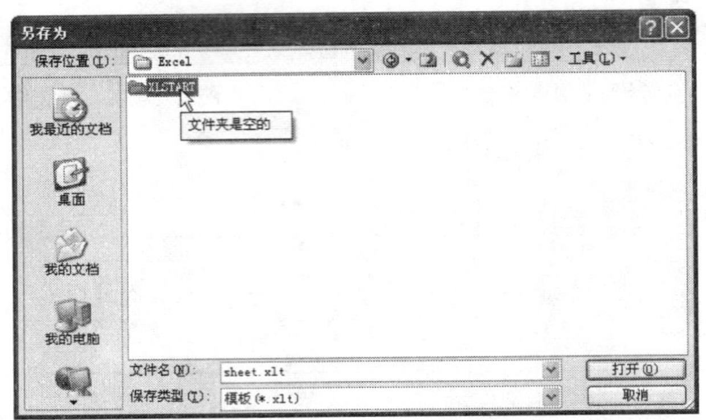

图 4-1-64　保存模板对话框

（5）关闭 sheet.xlt 文件，打开通讯录工作簿，执行插入新工作表操作，则新添加的工作表应用了 sheet.xlt 文件中的工作表格式。

如果想恢复空白工作表默认模板，只需将“Excel→XLSTART”文件夹中的文件删除即可。

2．除掉默认的工作表表格线

单击“工具”菜单中的“选项”按钮，在“视图”选项卡中找到“网格线”复选框，使之失效（将左边的“∨”去掉）。

3．隐藏工作表

单击“格式→工作表→隐藏”命令，可以把当前活动的工作表隐藏起来；如果要取消隐藏，则单击“格式→工作表→取消隐藏”命令，然后在弹出的窗口中选择要取消隐藏的工作表即可。

4．根据内容设置最适合的列宽

选中一列或者多列，将鼠标移动至选中列列号相邻的位置，当鼠标指针变成十字花形状时双击鼠标左键即可；或者选中一列或者多列之后，单击“格式→列→最合适的列宽”命令即可。

5．自定义序列

Excel 的序列自动填充功能可以方便快捷地实现等比、等差数列及日期等信息序列的自动填充。同时，为了满足应用需要，扩大序列填充功能的应用范围，Excel 还提供了自定义序列的功能。用户可以自己定义好信息序列，利用自定义序列功能，实现自动填充。具体操作：单击“工具→选项”命令，打开“选项”对话框的“自定义序列”选项卡，如图 4-1-65 所示。在“输入序列：”下面的文本框中逐行输入信息序列中的各项，项目之间用 Enter 键换行。全部输入完毕后，单击“添加”按钮，最后单击“确定”按钮关闭对话框。

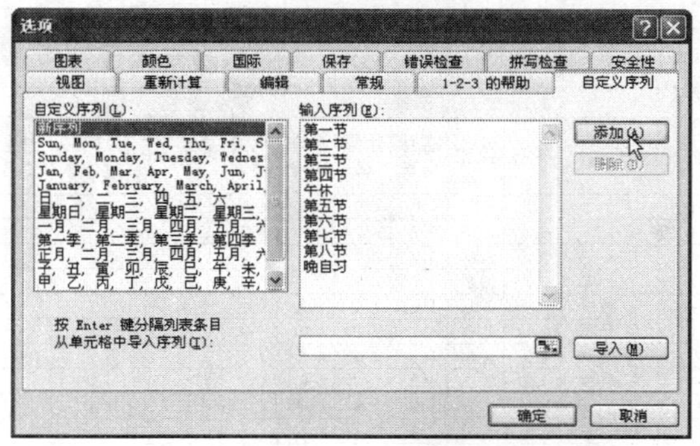

图 4-1-65 “自定义序列”选项卡

六、创新作业

运用本项目知识，制作如图 4-1-66 所示的班级课程表。

	A	B	C	D	E	F	G	H	I	J
1	2008-2009学年上学期课程表									
2	班级编号：		0502191			专业名称：	电子应用技术		教室：	E211
3	课程名称 星期 上课时间				星期一	星期二	星期三	星期四	星期五	星期六
4	第一节	8:00	…	8:45	电子产品结构工艺	数字音视频技术	电子产品结构工艺	传感器与检测技术 E206实验室	汽车电子 E102实验室	公选课1
5	第二节	8:55	…	9:40						
6	第三节	10:00	…	10:45	数字音视频技术	传感器与检测技术	监控与安防	数字音视频技术	法律基础	公选课2
7	第四节	10:55	…	11:40						
8	午间休息	11:40	…	12:50						
9	第五节	13:00	…	13:45	数字音视频技术 E106实验室	汽车电子	数字音视频技术	电子产品结构工艺	体育与健康 E211	公选课3
10	第六节	13:55	…	14:40						
11	第七节	14:50	…	15:35	班会	autocad第二课堂	autocad第二课堂	autocad第二课堂	扫除	
12	第八节	15:35	…	16:10						
13	晚自习	18:20	…	20:20						
14										

图 4-1-66　班级课程表

学生成绩分析——Excel 的数据计算及函数应用

一、项目描述

学生学业成绩分析是对学生学期成绩的数据处理。每学期的期末任课教师都会使用成绩分析模板将学生考试成绩进行统计分析，通过生成的统计表和成绩分布曲线图了解学生学习情况。利用 Excel 对学生成绩进行分析，可以充分发挥 Excel 数据处理的强大功能，方便快捷地对数值型的成绩信息进行计算统计。同时 Excel 提供文件模板制作功能，教师可将 Excel 文件制作成成绩分析模板，在模板中相应位置输入学生原始成绩，则可自动得出各项分析结果。

本项目主要通过对学生成绩分析操作，讲述 Excel 数据计算、排序、筛选的操作方法。

本项目以“电气自动化专业班级的学生成绩”分析过程为例进行讲解。原始数据—— 学生成绩绩点情况，如图 4-2-1 所示；分析结果——学生成绩单，如图 4-2-2 所示。

2008-2009学年上学期电气自动化专业班级学生成绩绩点情况												
		公共基础课				专业课				选修课		
学号	姓名	英语	体育	法律基础	计算机	汽车电子	电源技术	单片机原理	电子电气CAD	网络技术	企业管理	量化
DQ08-02	丁　一	4.1	2.3	4.0	4.0	4.4	4.6	2.7	4.6		4.5	B
DQ08-03	蒋　铭	4.2	3.0	3.9	3.2	3.3	1.5	1.9	3.1		3.8	B
DQ08-06	樊　龙	4.4	2.8	3.0	2.7	3.8	1.0	2.4	2.0		3.4	D
DQ08-07	刘　宇	1.0	3.3	3.5	2.8	3.3	2.7	1.8	3.0		3.5	D
DQ08-08	王琅宁	3.8	-5.0	3.8	4.2	3.6	1.0	-0.4	-5.0	3.4		D
DQ08-09	王远祥	4.1	4.8	4.1	3.5	4.2	1.0	1.4	2.8	3.1		B
DQ08-10	徐鑫远	4.0	3.8	3.5	4.5	4.5	3.6	3.9	4.6		4.5	A
DQ08-11	王俊辉	4.2	3.0	4.3	4.8	5.0	4.3	4.6	4.5	4.4		B
DQ08-12	王　晴	3.9	1.1	3.0	2.8	3.0	2.1	1.1	3.4	3.5		C
DQ08-14	李春子	0.6	-5.0	3.9	3.3	1.0	1.4	1.4	-2.0	2.8		D
DQ08-15	孙　宇	4.5	3.0	2.7	2.0	3.0	1.4	-0.4	-5.0	2.8		D
DQ08-16	房　韬	4.4	4.8	2.3	3.5	4.0	1.4	1.6	-1.0	3.4		A
DQ08-17	姜嘉敏	2.8	3.0	4.0	3.6	3.3	2.2	2.0	3.5	3.0		C
DQ08-18	马小明	1.4	-5.0	1.0	2.3	0.6	-5.0	2.5	2.4	2.0		D
DQ08-19	李雪	4.8	4.3	4.0	4.0	5.0	4.6	4.4	4.6	4.7		A
DQ08-20	张云龙	4.7	2.0	2.7	3.5	4.3	2.1	2.3	3.4		3.5	B
DQ08-21	李悦友	4.1	4.3	4.2	3.5	3.4	2.9	2.7	4.0		4.4	A
DQ08-24	李　强	4.8	1.5	4.2	4.0	4.3	3.2	2.0	3.9	4.3		B
DQ08-25	赵　丽	3.6	3.8	1.9	3.0	2.3	1.7	1.4	3.0	3.4		C
DQ08-26	孟子灵	3.8	2.8	3.0	3.5	2.8	1.5	2.0	3.4	3.7		C
DQ08-27	郑　君	4.5	3.3	3.1	4.0	3.8	2.9	2.7	4.0	3.9		A
DQ08-48	孙　鹏	3.0	-0.4	3.2	2.8	4.0	2.4	2.5	3.3	3.2		D
DQ08-76	赵海阔	4.8	4.0	3.7	3.4	4.5	1.3	2.7	3.1	3.7		A

图 4-2-1　原始数据—— 学生成绩绩点情况

2008-2009学年上学期电气自动化专业班级学生成绩单

名次	学号	姓名	公共基础课				专业课				选修课		量化	总成绩	平均成绩	三好学生资格
			英语	体育	法律基础	计算机	汽车电子	电源技术	单片机原理	电子电气CAD	网络技术	企业管理				
1	DQ0819	李雪	98	93	90	90	100	96	94	96	97		A	854	95	具备
2	DQ0811	王俊辉	92	80	93	98	100	93	96	95	94		B	841	93	
3	DQ0810	徐鑫远	90	88	85	95	95	86	89	96		95	A	819	91	具备
4	DQ0802	丁　一	91	73	90	90	94	96	77	96		95	B	802	89	
5	DQ0821	李悦友	91	93	92	85	84	79	77	90		94	A	785	87	
6	DQ0827	郑　君	95	83	81	90	88	79	77	90	89		A	772	86	
7	DQ0824	李　强	98	65	92	90	93	82	70	89	93		B	772	86	
8	DQ0876	赵海阔	98	90	87	84	95	63	77	81	87		A	762	85	
9	DQ0809	王远祥	91	98	91	85	92	60	64	78	81		B	740	82	
10	DQ0820	张云龙	97	70	77	85	93	71	73	84		85	B	735	82	
11	DQ0803	蒋　铭	92	80	89	82	83	65	69	81		88	B	729	81	
12	DQ0817	姜嘉敏	78	80	90	86	83	72	70	85	80		C	724	80	
13	DQ0826	孟子灵	88	78	80	85	78	65	70	84	87		C	715	79	
14	DQ0806	樊　龙	94	78	80	77	88	60	74	70		84	D	705	78	
15	DQ0807	刘　宇	60	83	85	78	83	77	68	80		85	D	699	78	
16	DQ0816	房　韬	94	98	73	85	90	64	66	40	84		A	694	77	
17	DQ0825	赵　丽	86	88	69	80	73	67	64	80	84		C	691	77	
18	DQ0848	孙　鹏	80	46	82	78	90	74	75	83	82		D	690	77	
19	DQ0812	王　晴	89	61	80	78	80	71	61	84	85		C	689	77	
20	DQ0815	孙　宇	95	80	77	70	80	64	46	0	78		D	590	66	
21	DQ0808	王琅宁	88	0	88	92	86	60	46	0	84		D	544	60	
22	DQ0814	李春子	56	0	89	83	60	64	64	30	78		D	524	58	
23	DQ0818	马小明	64	0	60	73	56	0	75	74	70		D	472	52	
						最高平均分:			95		最低平均分:				52	

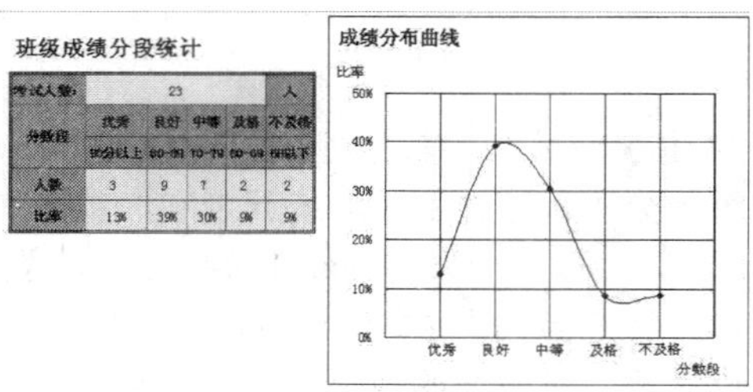

班级成绩分段统计

考试人数:	23				人
分数段	优秀	良好	中等	及格	不及格
	90分以上	80-89	70-79	60-69	60分以下
人数	3	9	7	2	2
比率	13%	39%	30%	9%	9%

图 4-2-2　分析结果—— 学生成绩单

二、项目分析

本项目首先需将“学生成绩绩点情况”表中的绩点信息换算成分数，然后根据“学生成绩单”数据需要将原始数据表中的相关信息填充至“学生成绩单”中。根据图 4-2-2 所示，需要进行的成绩分析任务有：计算总成绩、平均成绩，统计最高最低分，成绩排榜，三好学生资格审核，填充“成绩分段统计”表，生成“成绩分布曲线”。

三、项目制作方法与步骤

1．原始数据处理—— 将绩点数据换算成百分制分数

绩点数据的换算公式：

分数=绩点×10+50

若绩点值为 4.1，则 4.1×10+50=91。

（1）选择“学生成绩绩点情况表”数据表中 N4 单元格，输入“=C4*10+50”，C4 单元格边框变为蓝色，如图 4-2-3 所示。按“Enter”键，在 N4 单元格中显示计算结果，如图 4-2-4 所示。

☞ 在公式中出现单元格的相对地址，叫做对单元格的相对引用，即引用单元格中的值参与公式计算。

C	D	E	F	G	H	I	J	K	L	M	N
年上学期电气自动化专业班级学生成绩绩点情况											
公共基础课				专业课				选修课			
英语	体育	法律基础	计算机	汽车电子	电源技术	单片机原理	电子电气CAD	网络技术	企业管理	量化	
4.1	2.3	4.0	4.0	4.4	4.6	2.7	4.6		4.5	B	=C4*10+50
4.2	3.0	3.9	3.2	3.3	1.5	1.9	3.1		3.8	B	

图 4-2-3　公式编辑

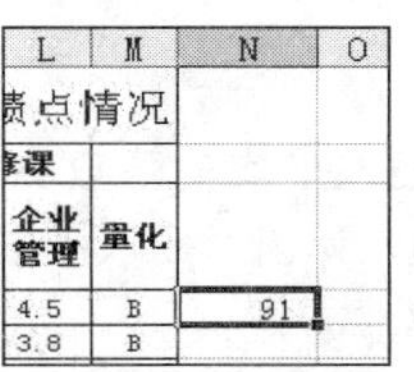

图 4-2-4　公式计算结果

（2）选中 N4 单元格，鼠标置于 N4 单元格的右下角，鼠标变成“+”状态后，分别向下，向右拖拽鼠标，如图 4-2-5 所示，公式自动填充于 N4:W26 区域，完成所有绩点的分数转换。

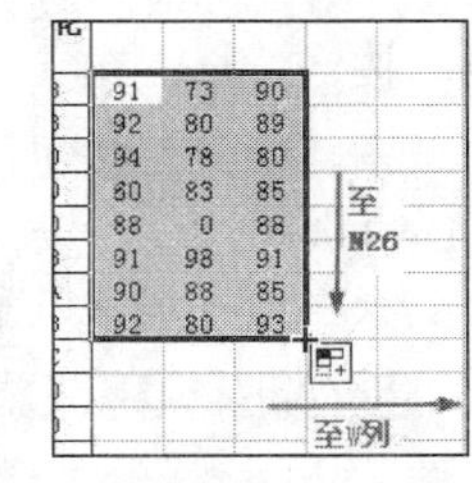

图 4-2-5　公式填充

（3）清除 V、W 列中 50 分单元格。

2．“学生成绩单”信息填充及成绩统计分析

（1）打开“学生成绩单”工作表，参照图 4-2-1，按顺序录入科目名称。选择“学生成绩绩点情况表”中“学号”、“姓名”和“量化”列数据，执行“复制”、“粘贴”操作，将数据粘贴在“学生成绩单”中的对应区域。

（2）选择“学生成绩绩点情况表”中分数信息即 N4:W26 单元格数据区，单击“编辑→复制”命令，切换界面到“学生成绩单”工作表，选择单元格 D4，单击“编辑→选择性粘贴”命令，出现“选择性粘贴”对话框，如图 4-2-6 所示。设置其中各项参数，单击“确定”按钮。

（3）统一修改“学号”列数据。选中“学号”列数据，单击“编辑→查找”命令，出现“查找和替换”对话框，如图 4-2-7 所示。选择“替换”选项卡，设置相应内容后，单击“全部替换”按钮。

（4）自动求和，计算总成绩。选择 O4 单元格，单击“常用”工具栏中“自动求和”按钮，Excel 自动给出求和函数 SUM，鼠标选择求和区域 D4:N4，如图 4-2-8 所示。按“Enter”键，求和结果显示在单元格中。

其余各行总成绩的计算，通过自动填充操作完成。

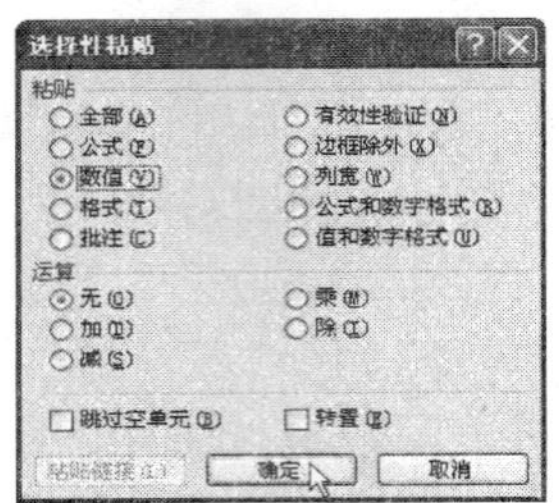

图 4-2-6 “选择性粘贴”对话框

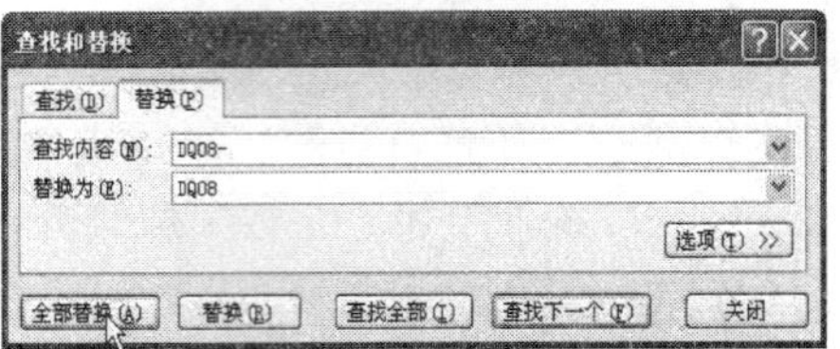

图 4-2-7 “查找和替换”对话框

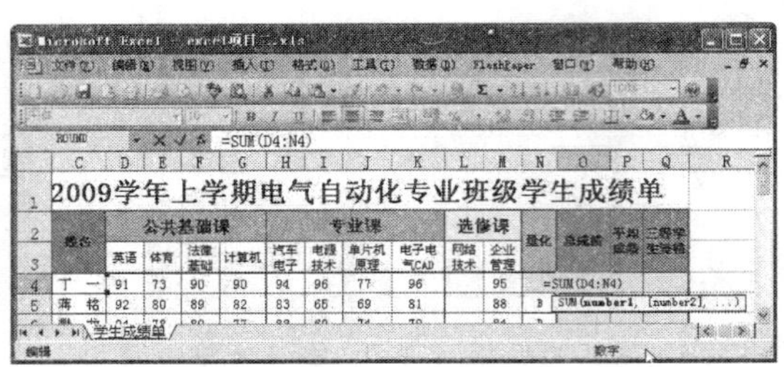

图 4-2-8 鼠标选择 SUM 函数参数区域

（5）插入平均值函数 AVERAGE，计算平均成绩。选择 P4 单元格，单击编辑栏中的“插入函数”按钮，弹出“插入函数”对话框，如图 4-2-9 所示。在“选择函数”列表中选择 AVERAGE 函数。

快速插入求平均值函数。单击“常用”工具栏上的自动求和“Σ·”按钮右侧的列表标志，在展开的列表中选择“平均值”项，则在单元格中插入 AVERAGE 函数，修改计算单元格区域，按“Enter”键。

单击“确定”按钮，弹出“函数参数”对话框，如图 4-2-10 所示。在 Number1 参数框中输入“D4:M4”。单击“确定”按钮，计算平均成绩。

其余各行平均成绩通过自动填充操作完成。

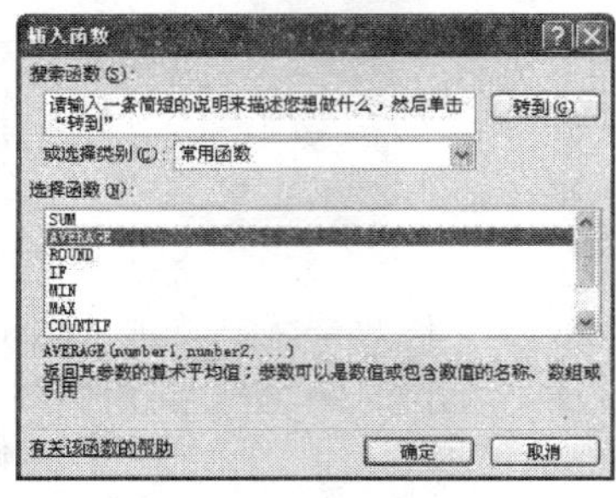

图 4-2-9 “插入函数”对话框

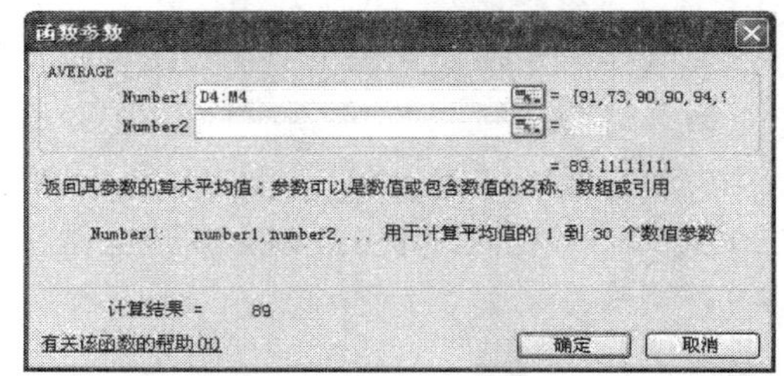

图 4-2-10 “函数参数”对话框

（6）插入 MAX（最大值）/MIN（最小值）函数，计算最高平均分和最低平均分。选择 J27 单元格，单击“插入→函数”命令，弹出“插入函数”对话框，如图 4-2-11 所示。选择 MAX 函数，MAX 函数参数设置为“P4:P26”区域，单击“确定”按钮，计算最高平均分。

按照同样的操作，在 O27 单元格中插入最小值 MIN 函数，计算最低平均分。

（7）按“总成绩”列数据排序，填充“名次”信息。选择 A2：Q26 单元格区域，单击“数据→排序”命令，弹出“排序”对话框，如图 4-2-12 所示。设置完成后，单击“确定”按钮。在“名次”列 A4 单元格中输入“1”，按住“Ctrl”键，同时鼠标至于 A4 单元格右下角，向下拖拽鼠标，执行序列填充操作，录入名次信息。

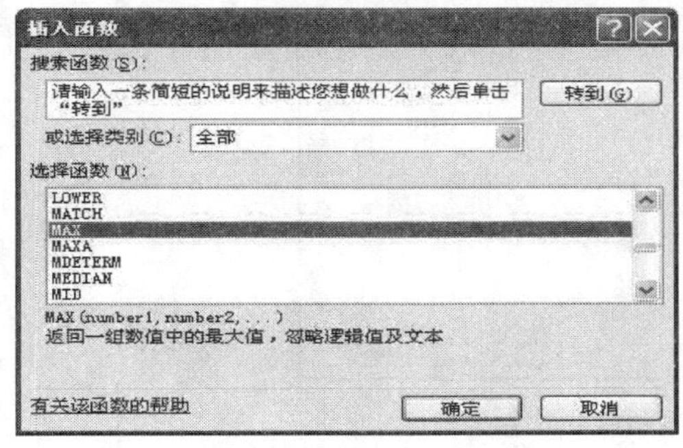

图 4-2-11　插入 MAX（最大值）/MIN（最小值）函数

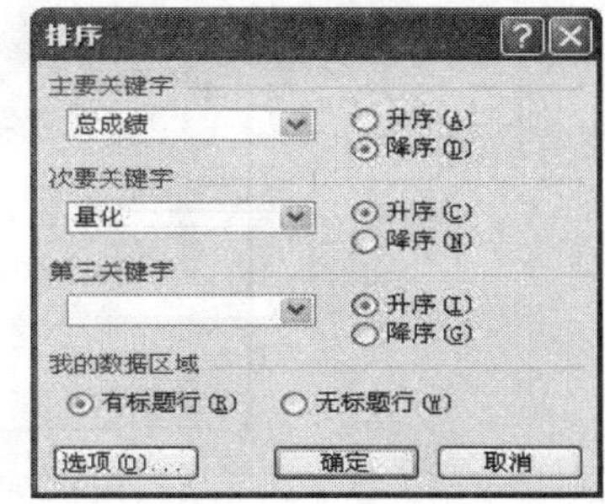

图 4-2-12　“排序”对话框

（8）筛选满足三好学生评定条件的学生。三好学生条件：平均成绩≥90 且量化=“A”。

单击工作表行号“3”，选择第三行单元格，单击“数据→筛选→自动筛选”命令，则数据表表头单元格变成下拉列表框，如图 4-2-13 所示。

单击“平均成绩”下拉列表框，在展开的列表菜单中单击“自定义...”命令，弹出“自定义自动筛选方式”对话框，如图 4-2-14 所示。设置完相应的条件后，单击“确定”按钮。

单击“量化”下拉列表框，选择列表菜单中“A”。

在显示行的“三好学生资格”单元格中录入“具备”。

单击“数据→筛选”命令，去除“自动筛选”勾选标志，则恢复显示全部数据。

	A	B	C	D	E	F	G	H
1	2008-2009学年上学期电气							
2	名次	学号	姓名	公共基础课				
3				英语	体育	法律基	计算机	汽车电
4	1	DQ0819	李雪	98	93	90	90	100
5	2	DQ0811	王俊辉	92	80	93	98	100

图 4-2-13　单击“自动筛选”后的表头单元格

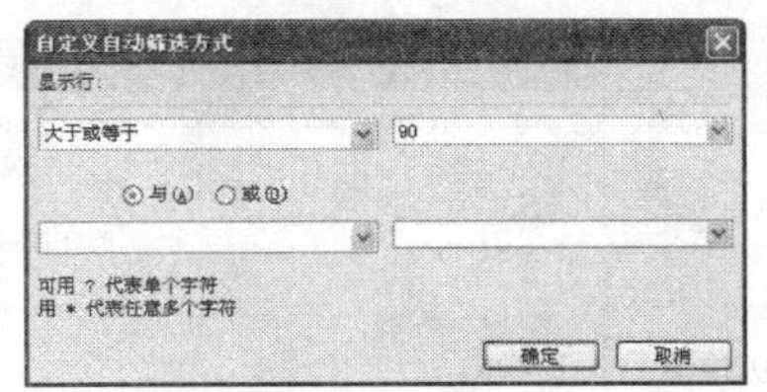

图 4-2-14　“自定义自动筛选方式”对话框

（9）“班级成绩分段统计”表中，选择 C31 单元格，插入 COUNT 函数，参数设置“P4:P26”，计算考试人数，操作结果如图 4-2-15 所示。

提示：COUNT 数值单元格计数函数，只计算参数区间中包含数值的单元格数目。

（10）COUNTIF 条件计数函数，统计各分数段学生数。

选择 C34 单元格，插入 COUNTIF 函数，参数设置如图 4-2-16 所示，单击“确定”按钮，统计平均分 90 分以上的学生人数。

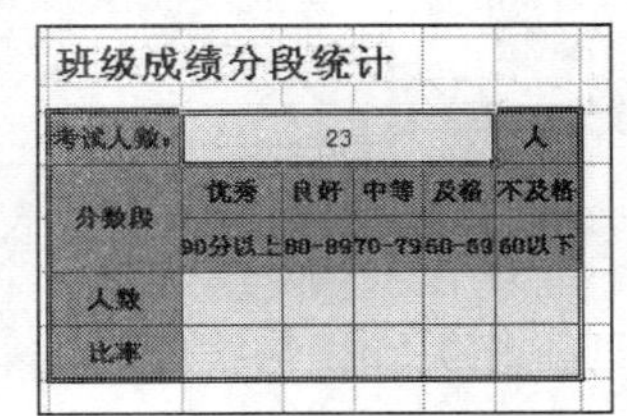

班级成绩分段统计

考试人数	23				人
分数段	优秀	良好	中等	及格	不及格
	90分以上	80-89	70-79	60-69	60以下
人数					
比率					

图 4-2-15　COUNT 函数计算结果

选择 G34 单元格，插入 COUNTIF 函数，参数设置“Range”：P4:P26，“Criteria”："<60"，单击“确定”按钮，统计平均分 60 分以下的学生人数。

选择 D34 单元格，输入公式“=COUNTIF（P4:P26,">=80"）–C34”，如图 4-2-17 所示。单击“Enter”键，统计 80～89 分学生人数。

选择 F34 单元格，输入公式“= COUNTIF（P4:P26, "<70"）–G34”，单击“Enter”键，统计 60～69 分学生人数。

选择 E34 单元格，输入公式“= C31–C34–D34–F34–G34”，单击“Enter”键，统计 70～79 分学生人数。

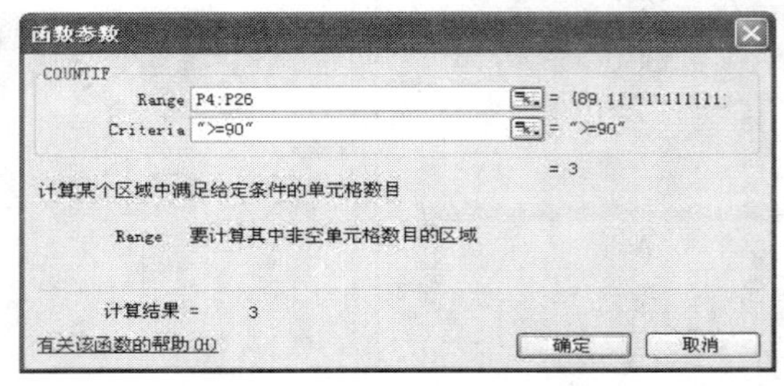

图 4-2-16　COUNTIF 函数参数设置

（11）编辑公式计算各分数段比率，生成成绩分布曲线。

分数段比率=分数段人数/总学生数。

选择 C35 单元格，输入公式“=C34/C31”，单击“Enter”键。

设置 C35 单元格数字格式为“百分比”，如图 4-2-18 所示，单击“确定”按钮。

按照同样的操作，求出各分数段比率数据。

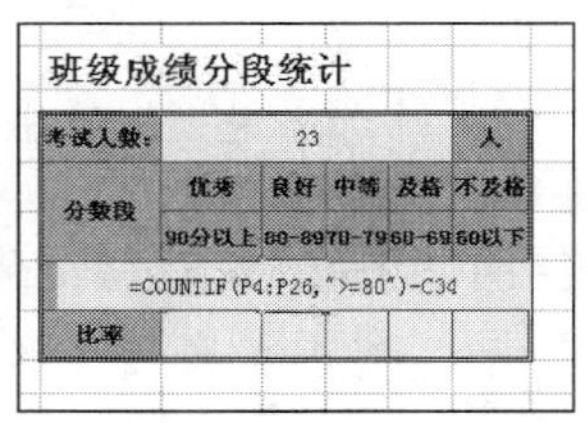

图 4-2-17　D34 单元格中公式

（12）“学生成绩单”中成绩分布曲线如图 4-2-19 所示。成绩分布曲线图是根据“班级成绩分段统计”表中“比率”及“分数段”两行的数据内容制作的 XY 散点型数据图表。图表的制作方法参考 Excel 项目三内容。

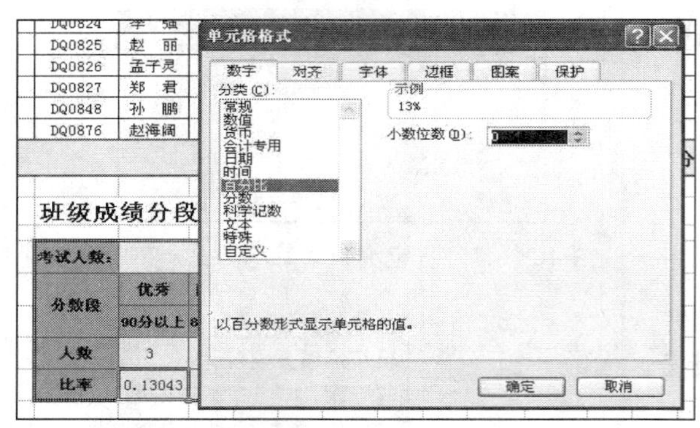

图 4-2-18　C35 单元格数字格式设置

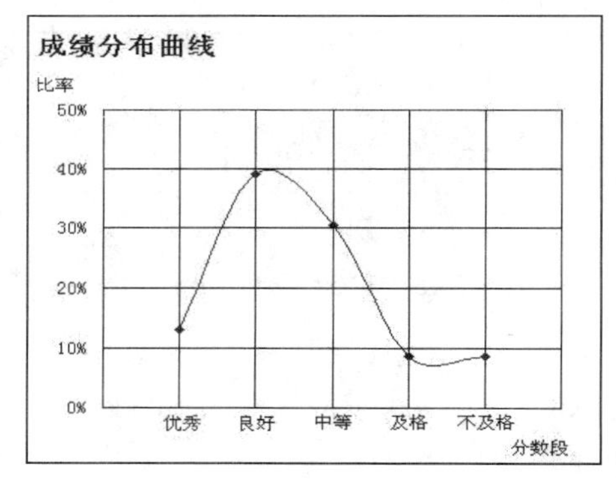

图 4-2-19　成绩分布曲线图

四、相关知识与技能

（一）数据计算

1．自动求和计算

求和计算是一种最常用的公式计算，Excel 2003 提供了快捷的自动求和方法。单击“常用”工具栏中的“自动求和”按钮，Excel 2003 将自动对活动单元格上方或左侧的数据进行求和计算。Excel 2003 把“自动求和”的实用功能扩充为包含了大部分常用函数的下拉菜单。操作步骤如下：

（1）选定存放计算求和结果的单元格，如图 4-2-20 所示。

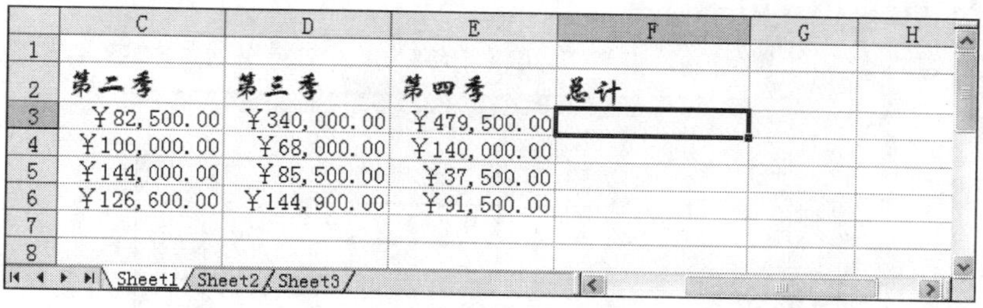

图 4-2-20　选定存放计算求和结果的单元格

（2）单击“常用”工具栏中的“自动求和”按钮，Excel 将自动给出求和函数以及求和数据区域，如图 4-2-21 所示。

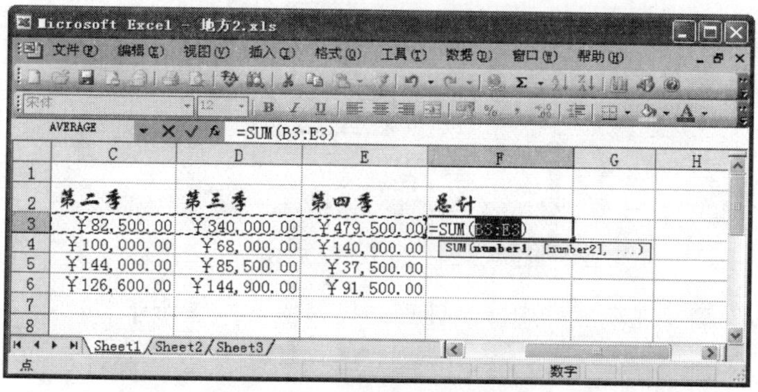

图 4-2-21　自动设置求和区域

（3）单击“Enter”键，计算结果如图 4-2-22 所示。

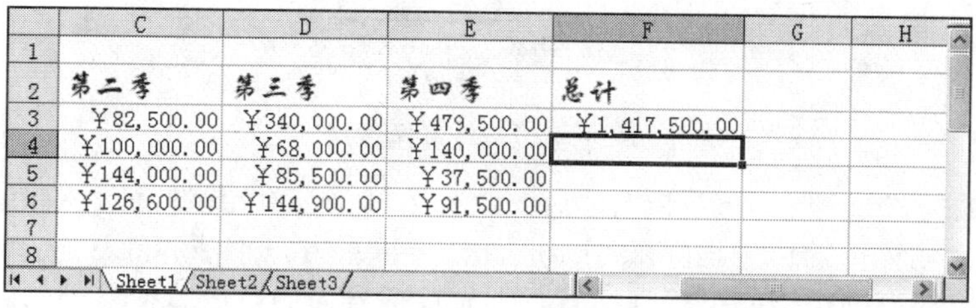

图 4-2-22　计算结果

2．使用公式计算

公式是在工作表中对数据进行分析的等式，它可以对工作表数值进行加、减和乘等运算。公式中的运算符有算术运算符（见表 4-2-1）、比较运算符、文本运算符和引用运算符。

表 4-2-1　算术运算符

算术运算符	含　义
+	加　号
–	减　号
*	乘　号
/	除　号
%	百分比
^	乘　方

输入公式的具体操作步骤如下：

（1）选定要输入公式的单元格，并在单元格中输入一个“=”号，如图 4-2-23 所示。

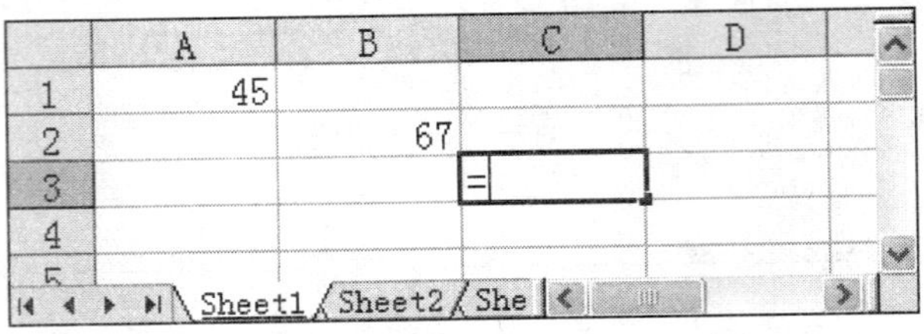

	A	B	C	D
1	45			
2		67		
3			=	
4				

Sheet1 / Sheet2 / She

图 4-2-23　输入“=”号

（2）输入 A1*B2，如图 4-2-24 所示。

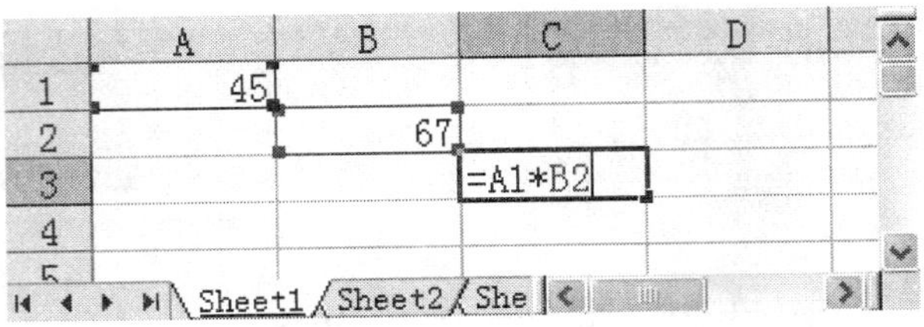

	A	B	C	D
1	45			
2		67		
3			=A1*B2	
4				

Sheet1 / Sheet2 / She

图 4-2-24　输入“A1*B2”

（3）按“Enter”键，在单元格中显示计算结果如图 4-2-25 所示。

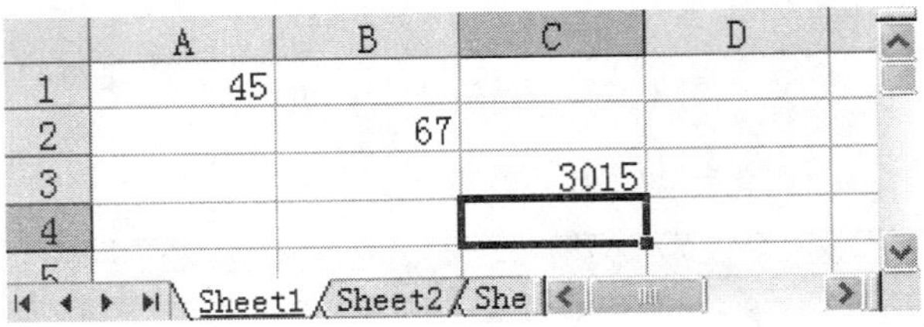

	A	B	C	D
1	45			
2		67		
3			3015	
4				

Sheet1 / Sheet2 / She

图 4-2-25　计算结果

Excel 2003 的公式以等号“=”开头，后面跟有运算符、单元格地址、数值、函数等元素组成的表达式。算术运算符的优先运算顺序为：百分号，乘方，乘法和除法，加法和减法。同级运算按从左到右的顺序进行。如果有圆括号，则先算括号内的，后算括号外的。

3．使用函数计算

Excel 2003 中包含了各种各样的函数，如常用函数、财务函数、日期与时间函数、数学与三角函数、统计函数、查找与引用函数、数据库函数、文本函数、逻辑函数和信息函数等。用户可用这些函数对单元格区域进行计算。

使用函数的具体操作步骤如下：

（1）选定需要插入函数的单元格。

（2）单击编辑栏中的“插入函数”按钮，将弹出“插入函数”对话框，如图 4-2-26 所示。在“或选择类别”下拉列表框中选择要插入的函数类型，在“选择函数”列表框中选择要使用的函数。

（3）单击“确定”按钮，将弹出“函数参数”对话框，如图 4-2-27 所示。其中显示了函数的名称、函数功能、参数、参数的描述、函数的当前结果等。

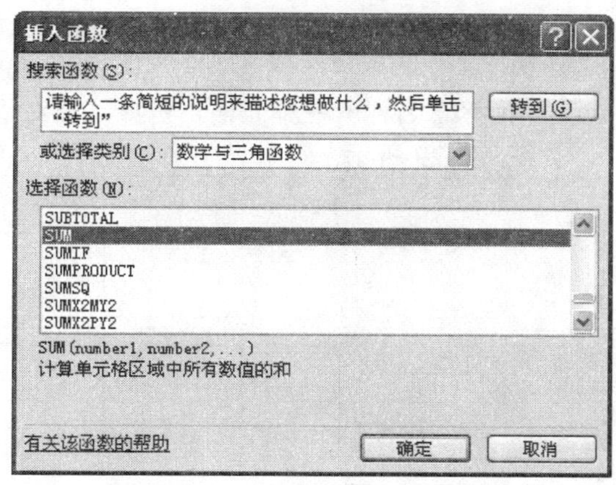

图 4-2-26 “插入函数”对话框

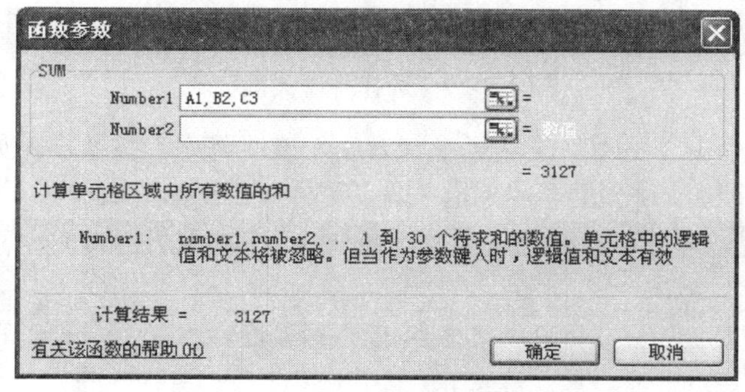

图 4-2-27 “函数参数”对话框

（4）在参数文本框中输入数值、单元格引用区域，或者用鼠标在工作表中选定数据区域，单击“确定”按钮，在单元格中显示出函数计算的结果，如图 4-2-28 所示。

Microsoft Excel - Book2

C4　=SUM(A1,B2,C3)

	A	B	C	D
1	45			
2		67		
3			3015	
4			3127	
5				
6				
7				
8				
9				

Sheet1 / Sheet2 / She　数字

图 4-2-28　函数计算结果

注意：不知道使用什么函数时，可在“搜索函数”框输入简短的说明，然后单击“转到”按钮，Excel2003 将自动给出推荐函数。

（二）数据排序与筛选

1．数据排序

数据排序是指按一定规则对数据进行整理、排列，这样可以为进一步处理数据做好准备。

如果要针对某一列数据进行排序，可以单击“常用”工具栏中的“升序”按钮或“降序”按钮进行操作，具体操作步骤如下：

（1）在数据清单中选定某一列标志名称所在单元格，例如，要对“门市 2”进行排序，则选定“门市 2”所在单元格，如图 4-2-29 所示。

	A	B	C	D	E
1		门市1	门市2	其它	合计
2	电脑	51	19	0	
3	手机	211	86	0	
4	数码相机	46	13	0	
5	MP3	11	0	0	
6	打印机	107	25	0	
7	显示器	77	164	0	
8	音箱	12	3	0	
9	键鼠套装	44	39	0	
10	扫描仪	12	15	0	
11	复印机	14	1	0	
12	交换机	30	1	0	
13	其它	12	0	87	

图 4-2-29　选择排序关键字

（2）根据需要，单击“常用”工具栏中“升序”或“降序”按钮，例如，要按降序排列，单击“降序”按钮，按降序排列的结果如图 4-2-30 所示。

	A	B	C	D	E
1		门市1	门市2	其它	合计
2	显示器	77	164	0	
3	手机	211	86	0	
4	键鼠套装	44	39	0	
5	打印机	107	25	0	
6	电脑	51	19	0	
7	扫描仪	12	15	0	
8	数码相机	46	13	0	
9	音箱	12	3	0	
10	复印机	14	1	0	
11	交换机	30	1	0	
12	MP3	11	0	0	
13	其它	12	0	87	
14					

图 4-2-30　按降序排列的结果

也可以使用“排序”对话框对工作表中的数据进行排序，其功能更强大。

单击“数据→排序”命令，弹出排序对话框，如图 4-2-31 所示。进行相应的设置后单击“确定”按钮即可。

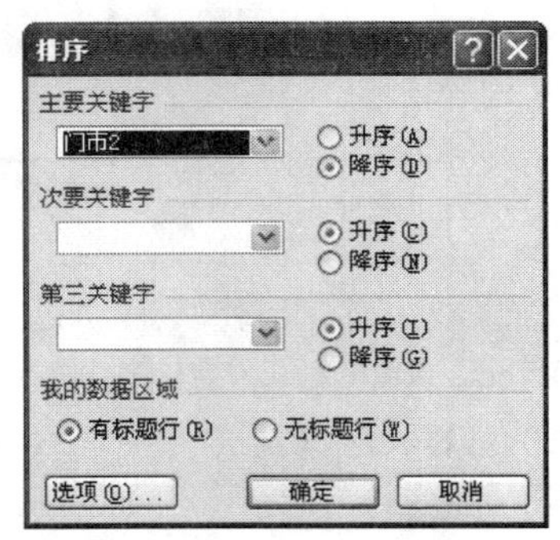

图 4-2-31　“排序”对话框

2. 数据筛选

筛选是从数据清单中查找和分析符合特定条件的记录数据的快捷方法。经过筛选的数据清单只显示满足条件的行。筛选分为自动筛选和高级筛选，下面以图 4-2-32 数据为例说明自动筛选步骤：

	A	B	C	D	E	F	G	H
1		毕业生			在校生			
2	地区	计	本科	专科	计	本科	专科	
3	天津	287	181	106	1057	237	820	
4	江苏	1760	349	1411	2328	376	1952	
5	河北	3404	172	3232	4001	299	3702	
6	上海	659	547	112	1049	355	694	
7	山西	2826	452	2374	3710	1719	1991	
8	内蒙古	1634	14	1620	2418	0	2418	
9	辽宁	2031	702	1329	2674	881	1793	
10	北京	1180	173	1007	1722	45	1677	
11	吉林	370	119	251	588	497	91	
12								

Sheet1 / Sheet2 / Sheet3 / Sheet

图 4-2-32　数据

（1）选定数据清单中的任意一个单元格。

（2）单击“数据→筛选→自动筛选”命令，可以看到数据清单的列标题全部变成了下拉列表框，在“在校本科生”下拉列表框中选择“(自定义 …)”选项，如图 4-2-33 所示。

	A	B	C	D	E	F	G	H
1		毕业生			在校生			
2	地区	计	本科	专科	计	本科	专科	
3	天津	287	181	106			820	
4	江苏	1760	349	1411			1952	
5	河北	3404	172	3232			3702	
6	上海	659	547	112			694	
7	山西	2826	452	2374			1991	
8	内蒙古	1634	14	1620			2418	
9	辽宁	2031	702	1329			1793	
10	北京	1180	173	1007			1677	
11	吉林	370	119	251			91	
12								

升序排列
降序排列
(全部)
(前 10 个...
(自定义...)
0
45
237
299
355
376
497
881
1719

Sheet1 / Sheet2 / Sheet3 / Sheet

图 4-2-33　自动筛选项

（3）弹出“自定义自动筛选方式”对话框，如图 4-2-34 所示。在“本科”下拉列表框中选择“大于”选项，在后面的下拉列表框内输入“376”。

（4）单击“确定”按钮，自动筛选结果如图 4-2-35 所示。

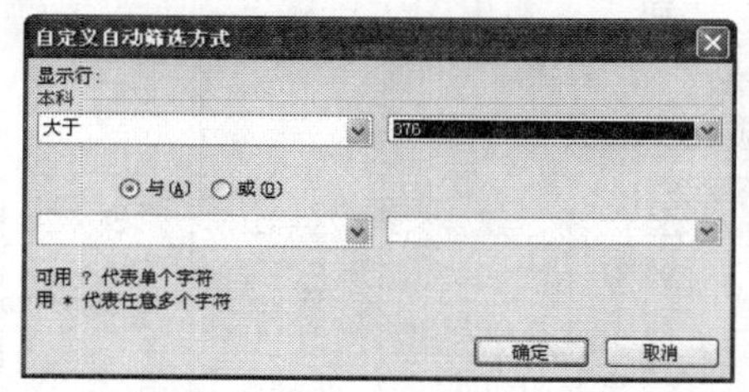

自定义自动筛选方式

显示行:
本科
大于　376
⊙与(A)　○或(O)
可用 ? 代表单个字符
用 * 代表任意多个字符
确定　取消

图 4-2-34　“自定义自动筛选方式”对话框

	A	B	C	D	E	F	G	H
1		毕业生			在校生			
2	地区	计	本科	专科	计	本科	专科	
7	山西	2826	452	2374	3710	1719	1991	
9	辽宁	2031	702	1329	2674	881	1793	
11	吉林	370	119	251	588	497	91	
12								

Sheet1 / Sheet2 / Sheet3 / Sheet

图 4-2-35　自动筛选结果

五、技巧与提高

1. 自定义排序顺序序列

将表 4-2-2 中的成绩信息数据按“优秀、良好、中等、及格、不及格”顺序排序，如有并列则按编号升序排列。

表 4-2-2　成绩信息

编　号	姓　名	评　价
DQ0807	刘　宇	中　等
DQ0808	王琅宁	及　格
DQ0809	王远祥	良　好
DQ0811	王俊辉	优　秀
DQ0814	李春子	不及格
DQ0815	孙　宇	及　格
DQ0816	房　韬	中　等
DQ0819	李　雪	优　秀
DQ0876	赵海阔	良　好

（1）选择“工具→选项”命令，出现“选项”对话框，如图 4-2-36 所示。单击“自定义序列”选项卡，逐行输入“优秀、良好、中等、及格、不及格”序列，单击“添加”按钮，进行序列定义，单击“确定”按钮。

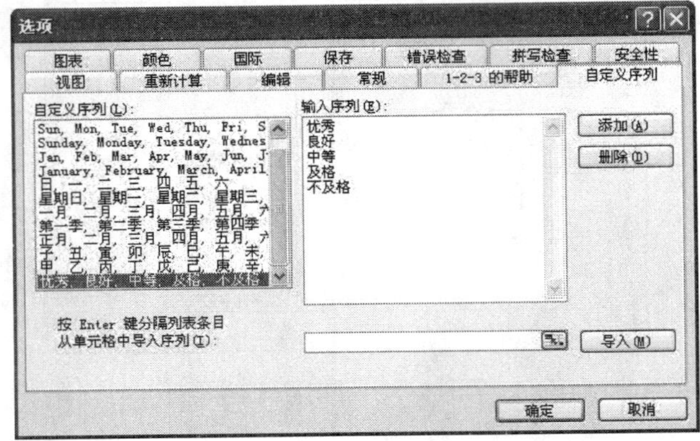

图 4-2-36　“选项”对话框

（2）选择表 4-2-2 中任意单元格，单击“数据→ 排序”命令，出现“排序”对话框，如图 4-2-37 所示。进行相应的设置后单击“选项（O）...”按钮，在弹出的“排序选项”对话框中，设置“自定义排序次序”，如图 4-2-38 所示。

（3）单击“确定”按钮。排序结果如图 4-2-39 所示。

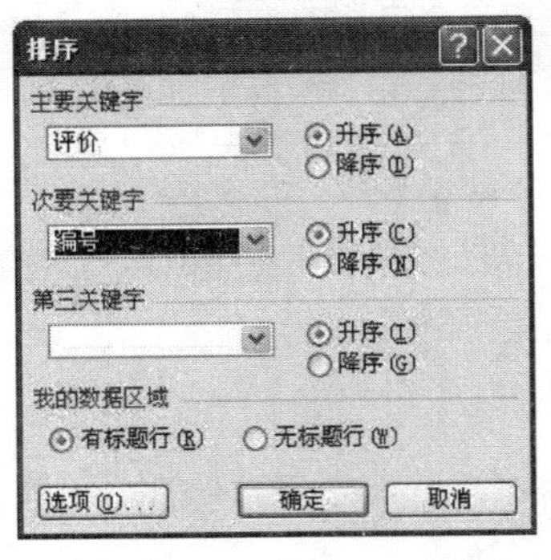

图 4-2-37　“排序”对话框

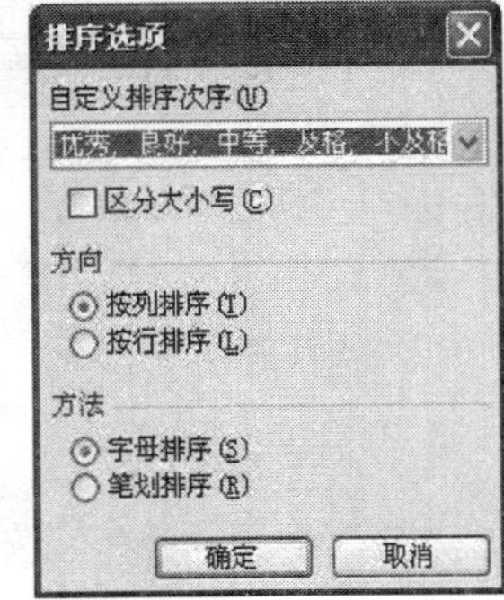

图 4-2-38　“排序选项”对话框

编号	姓名	评价
DQ0811	王俊辉	优秀
DQ0819	李雪	优秀
DQ0809	王远祥	良好
DQ0876	赵海阔	良好
DQ0807	刘　宇	中等
DQ0816	房　韬	中等
DQ0808	王琅宁	及格
DQ0815	孙　宇	及格
DQ0814	李春子	不及格

图 4-2-39　排序结果

2．利用 AND 函数、IF 函数嵌套应用，审核是否具备三好学生资格

（1）AND 函数。

格式：AND（Logical1，Logical2，… ）

功能：当逻辑表达式 Logical1，Logical2，…全部为真时，AND 函数值为真，否则值为假。

（2）IF 函数。

格式：IF（logical_test, value_if_true, value_if_false）

功能：若 logical_test 值为真，则返回 value_if_true；若 logical_test 值为假，则返回 value_if_false。

例如，选择“学生成绩单”中“三好学生资格”列 Q4 数据单元格，插入 IF 函数，编辑函数参数如图 4-2-40 所示。Q4=IF（AND（P4>=90, N4="A"）,"具备",""）即为若 P4>=90，N4="A" 同时满足，AND（P4>=90,N4="A"）函数值为真，则单元格 Q4="具备"，否则 Q4=""。

单击“确定”按钮，结果如图 4-2-41 所示。

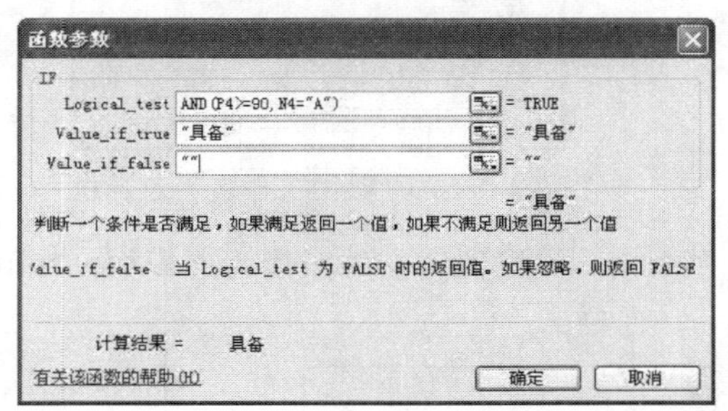

图 4-2-40　IF 函数参数设置对话框

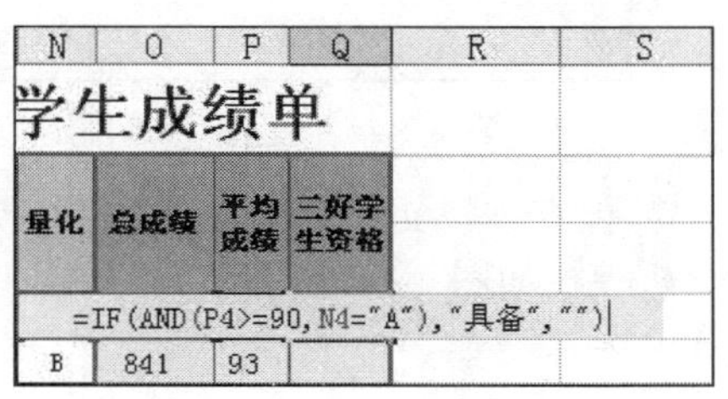

图 4-2-41　IF 函数公式编辑

3．制作成绩分析模板

（1）选择 D3:M3、A4:N26 单元格数据区，按“Delete”键清除单元格内容，则插入公式的单元格区域出现错误提示，如图 4-2-42 所示。

（2）选择“平均成绩”数据区单元格 P4，输入“=IF（D4="","",AVERAGE（D4:M4））”，按“Enter”按钮。其余各行利用自动填充应用公式。

（3）选择“比率”数据区单元格，单击操作如下：

单元格 C35，输入“=IF（C31=0, 0, C34/C31）”，按“Enter”键。

单元格 D35，输入“=IF（C31=0, 0, D34/C31）”，按“Enter”键。

单元格 E35，输入“=IF（C31=0, 0, E34/C31）”，按“Enter”键。

单元格 F35，输入“=IF（C31=0, 0, F34/C31）”，按“Enter”键。

单元格 G35，输入“=IF（C31=0, 0, G34/C31）”，按“Enter”键。

结果如图 4-2-43 所示。

量化	总成绩	平均成绩	三好学生资格
		###	
	0	###	
	0	###	
	0	###	
	0	###	

公式或函数被零或空单元格除。

图 4-2-42　公式缺失错误提示

班级成绩分段统计

考试人数：	0				人
分数段	优秀	良好	中等	及格	不及格
	90分以上	80-89	70-79	60-69	60以下
人数					
比率	0%	0%	0%	0%	0%

图 4-2-43　比率单元格内容修整

（4）限定工作表中可用范围。保护“学生成绩单”工作表中插入公式的单元格区域，使其不可编辑。操作方法：选定所有允许编辑的单元格，单击“格式→单元格”命令，在“单元格格式”对话框“保护”选项卡中，取消勾选“锁定”，单击“确定”按钮，如图 4-2-44 所示。

单击“工具→保护→保护工作表”命令，在“保护工作表”对话框中取消勾选“选定锁定单元格”复选框，并单击“确定”按钮，如图 4-2-45 所示。

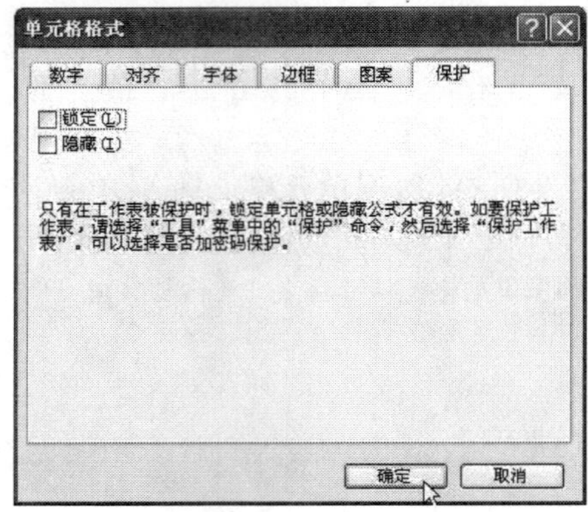

图 4-2-44 “保护”选项卡

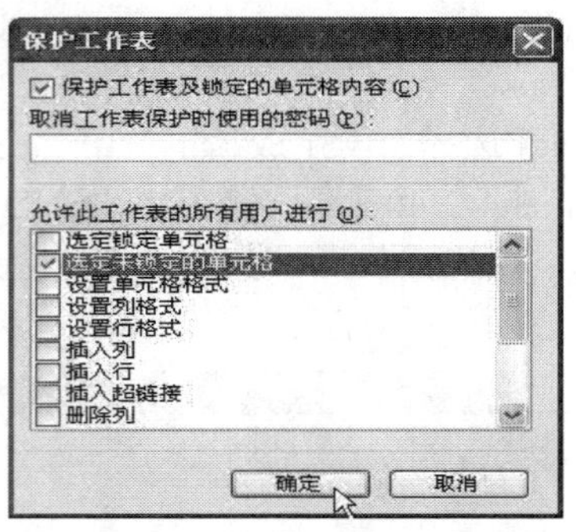

图 4-2-45 “保护工作表”对话框

（5）保存模板文件。单击“文件→另存为”命令，设置保存文件类型为“模板（*.xlt)”。成绩分析模板如图 4-2-46 所示。

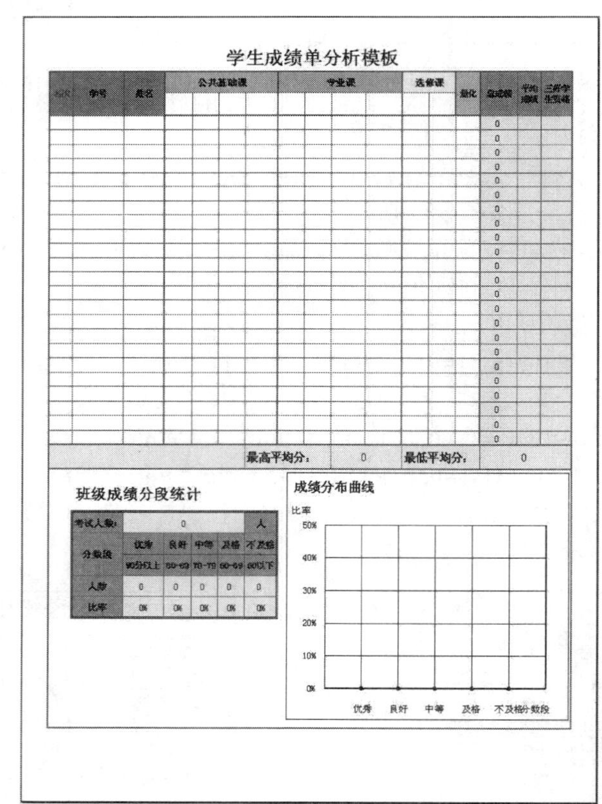

图 4-2-46 成绩分析模板

4．行标题与列标题之间的转换

现在把图 4-2-47 中的数据转换成图 4-2-48 所示数据。

	A	B	C	D
1		1月	2月	3月
2	产品A	11	21	31
3	产品B	12	22	32
4	产品C	13	23	33
5	产品D	14	24	34
6	产品E	15	25	35

图 4-2-47　原始数据

	A	B	C	D	E	F
1		产品A	产品B	产品C	产品D	产品E
2	1月	11	12	13	14	15
3	2月	21	22	23	24	25
4	3月	31	32	33	34	35

图 4-2-48　转换生成数据

（1）复制 A1:D6 单元格区域的内容。

（2）把光标定位到目标区域单元格，选择菜单"编辑→选择性粘贴"命令，弹出"选择性粘贴"对话框，如图 4-2-49 所示。勾选"转置"前面复选框，单击"确定"按钮。

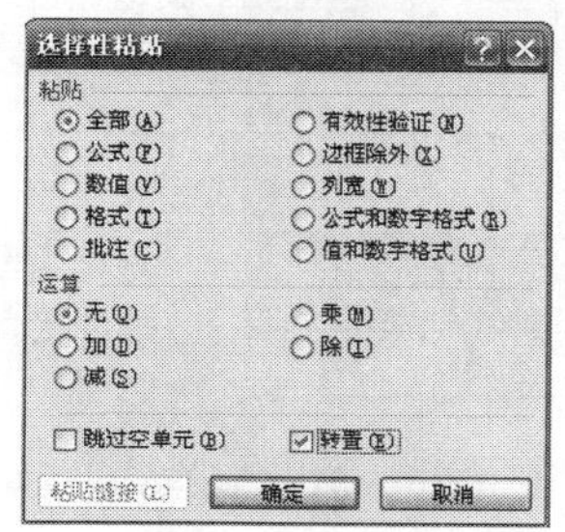

图 4-2-49　"选择性粘贴"对话框

5．冻结窗格功能

选中工作表中的任意单元格，单击"窗口→冻结窗格"命令，则当前单元格所在行上部的各行及所在列左侧的各列，均被作为行标和列标冻结在界面上，即当拖动窗口滚动条时，不参加窗口的滚动。

六、创新作业

运用本项目知识，对图 4-2-50 所示的工资数据利用函数进行处理，结果如图 4-2-51 所示。

津　贴　表

编号	姓　名	岗位工资	职称津贴	工龄津贴	奖励工资	应发工资	缺勤扣款	实发工资	是否全勤
09001	程小丽	471.00	220.00	70.00	244.00		25.00		
09002	张艳	188.00	188.00	50.00	300.00		12.00		
09003	卢红	188.00	180.00	60.00	310.00		0.00		
09004	李小蒙	320.00	200.00	60.00	250.00		0.00		
09005	杜月	188.00	180.00	50.00	280.00		15.00		
09006	张成	157.00		70.00	350.00		18.00		
09007	李云胜	351.00	240.00	60.00	180.00		20.00		
09008	赵小月	280.00	180.00	40.00	246.00		0.00		
08001	刘大为	188.00		40.00	380.00		10.00		
08003	唐艳霞	188.00	180.00	40.00	220.00		18.00		
合计									
比例									

岗位工资统计

岗位	处长	副处	正科	副科	科员	工勤
月标准	471	351	320	280	188	157
人数统计						

职称津贴

职称	高级工程师	工程师	高级技师	技师
月标准	240	220	200	180
津贴总数				

图 4-2-50　原始数据

津 贴 表

编号	姓 名	岗位工资	职称津贴	工龄津贴	奖励工资	应发工资	缺勤扣款	实发工资	是否全勤
09001	程小丽	471.00	220.00	70.00	244.00	1005.00	25.00	980.00	
09007	李云胜	351.00	240.00	60.00	180.00	831.00	20.00	811.00	
09004	李小蒙	320.00	200.00	60.00	250.00	830.00	0.00	830.00	全勤
09008	赵小月	280.00	180.00	40.00	246.00	746.00	0.00	746.00	全勤
09003	卢红	188.00	180.00	60.00	310.00	738.00	0.00	738.00	全勤
09002	张艳	188.00	188.00	50.00	300.00	726.00	12.00	714.00	
09005	杜月	188.00	180.00	50.00	280.00	698.00	15.00	683.00	
08003	唐艳霞	188.00	180.00	40.00	220.00	628.00	18.00	610.00	
08001	刘大为	188.00		40.00	380.00	608.00	10.00	598.00	
09006	张成	157.00		70.00	350.00	577.00	18.00	559.00	
合计		2519.00	1568.00	540.00	2760.00	7387.00	118.00	7269.00	
比例		34%	21%	7%	37%		2%		

岗位工资统计

岗位	处长	副处	正科	副科	科员	工勤
月标准	471	351	320	280	188	157
人数统计	1	1	1	1	5	1

职称津贴

职称	高级工程师	工程师	高级技师	技师
月标准	240	220	200	180
津贴总数	240	220	200	720

图 4-2-51 制作结果

师资结构统计分析——Excel 图表的制作与编辑

一、项目描述

师资队伍结构是评估一个学校、一个专业建设情况的主要信息。为了更直观地显示数据统计结果，往往将统计数据图表化。利用 Excel 图表工具，可以建立多种类型的数据图表，实现数据直观化的目的。

本项目主要通过对教师信息表中数据的统计处理，生成统计数据表，并建立数据图表。

本项目着重讲解图表的制作与编辑方法，提供原始教师信息表，如图 4-3-1 所示；制作结果，如图 4-3-2 所示。

二、项目分析

本项目必须首先利用函数对教师信息进行处理，完成“年龄结构”、“专兼教师比例”、“职称结构”数据表的信息填充。然后根据数据分别建立统计图表，并对照图 4-3-2，修改图表格式。

本项目任务分析如下：

（1）统计年龄结构数据，并创建一个“簇状柱形图”。

（2）统计专兼教师比例，创建一个“分离型三维饼图”。

（3）统计职称结构，创建“XY 散点图”。

三、项目实现方法与步骤

1. 统计年龄结构数据，并创建一个“簇状柱形图”

（1）选中“50 岁以上”的数据单元格 B18，插入函数 COUNTIF 条件计数函数，参数设置如图 4-3-3 所示，单击“确定”按钮，统计“50 岁以上”的教师人数。

选择 E18 单元格，按照同样操作，插入 COUNTIF 函数，Criteria 参数设置为“<30”，单击“确定”按钮，统计年龄在“20～30 岁之间”的教师人数。

选择 C18 单元格，编辑公式“=COUNTIF（E3:E15, ">=40"）–B18”，按“Enter”键，统计“40～50 岁之间”的教师人数，如图 4-3-4 所示。

选择 D18 单元格，编辑公式“=COUNT（E3:E15）–B18–C18–E18”，按“Enter”键，统计“40～30 岁之间”的教师人数。

年龄段统计结果如图 4-3-5 所示。

教 师 信 息 表

序号	编号	姓名	性别	年龄	学位	专业	职称	专业技术职称
1	08100	姜云秀	女	48	硕士	机械制造	副教授	工程师
2	09007	张军	男	35	学士	电子信息技术	讲师	
3	09008	卢祥	男	40	学士	电子信息技术	副教授	
4	09009	刘国玉	女	27	硕士	机械制造	讲师	
5	09010	季周	女	50	博士	机械制造	教授	高级工程师
6	09011	张成	男	52	博士	电气自动化	副教授	
7	09014	李云胜	男	37	中技	电子信息技术	讲师	
8	09016	李丽丽	女	38	学士	电气自动化	讲师	助理工程师
9	09017	曲媛	女	24	大专	电气自动化	助教	
10	09019	李长青	男	34	大专	机械制造	讲师	高级技师
11	09021	张锦程	男	47	硕士	电子信息技术	教授	
12	09023	卢晓鸥	男	42	学士	机械制造	副教授	
13	09027	马骏	女	26	学士	电子信息技术	助教	

年龄结构

50岁以上	40-50岁之间	30-40岁之间	20-30岁之间

专兼教师比例

专职教师	兼职教师

职称结构

教授	
副教授	
讲师	
助教	

图 4-3-1 原始教师信息表

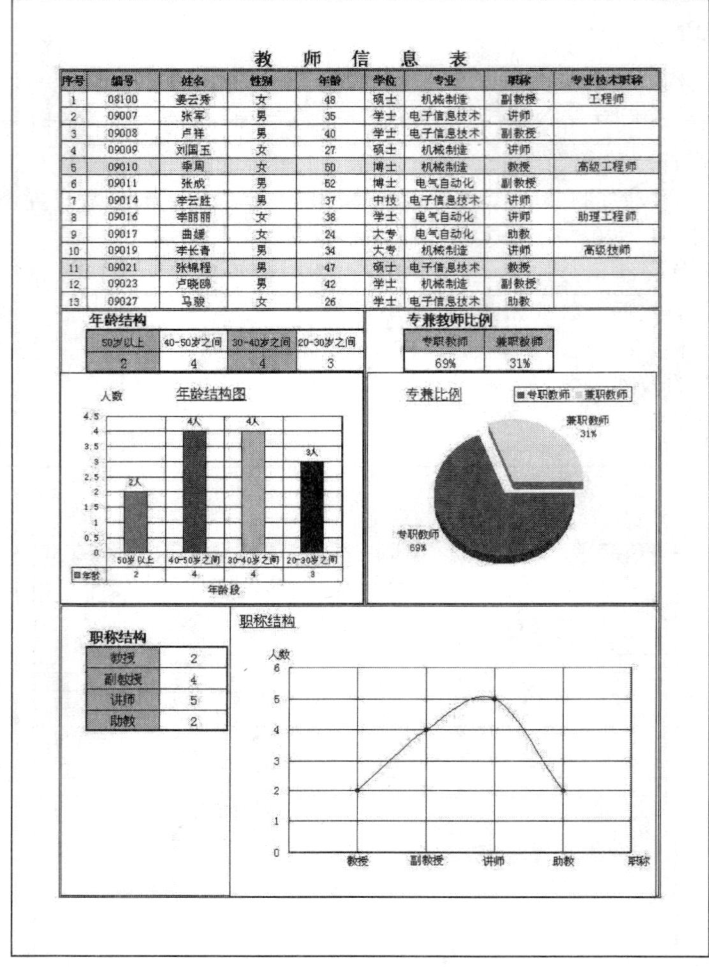

教　师　信　息　表

序号	编号	姓名	性别	年龄	学位	专业	职称	专业技术职称
1	08100	姜云秀	女	48	硕士	机械制造	副教授	工程师
2	09007	张军	男	35	学士	电子信息技术	讲师	
3	09008	卢祥	男	40	学士	电子信息技术	副教授	
4	09009	刘国玉	女	27	硕士	机械制造	讲师	
5	09010	季周	女	50	博士	机械制造	教授	高级工程师
6	09011	张成	男	52	博士	电气自动化	副教授	
7	09014	李云胜	男	37	中技	电子信息技术	讲师	
8	09016	李丽丽	女	38	学士	电气自动化	讲师	助理工程师
9	09017	曲媛	女	24	大专	电气自动化	助教	
10	09019	李长青	男	34	大专	机械制造	讲师	高级技师
11	09021	张锦程	男	47	硕士	电子信息技术	教授	
12	09023	卢晓鸥	男	42	学士	机械制造	副教授	
13	09027	马骏	女	26	学士	电子信息技术	助教	

年龄结构

50岁以上	40-50岁之间	30-40岁之间	20-30岁之间
2	4	4	3

专兼教师比例

专职教师	兼职教师
69%	31%

职称结构

教授	2
副教授	4
讲师	5
助教	2

图 4-3-2　制作结果

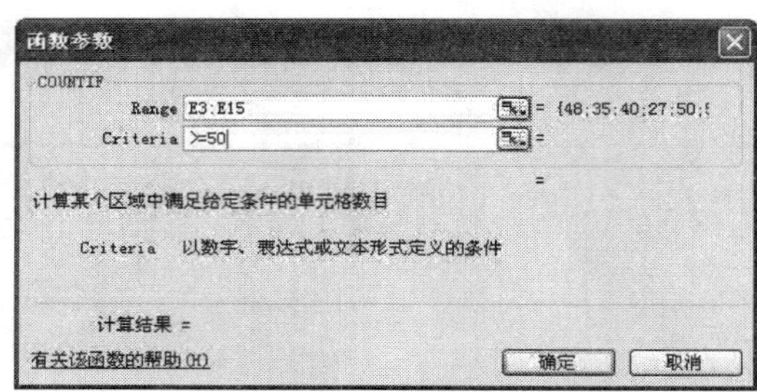

图 4-3-3　“函数参数”对话框

16	年龄结构			
17	50岁以上	40-50岁之间	30-40岁之间	20-30岁之间
18	=COUNTIF(E3:E15, ">=50")	4	4	3
19				

图 4-3-4　公式编辑

年龄结构			
50岁以上	40-50岁之间	30-40岁之间	20-30岁之间
2	4	4	3

图 4-3-5　年龄段统计结果

（2）利用各年龄段人数统计数据，创建一个“簇状柱形图”。选中 B18:E18 单元格区域，单击“插入→图表”命令，启动图表创建向导。

在“图表向导-4 步骤之 1-图表类型”对话框“标准类型”选项卡中，选择所需图表，如图 4-3-6 所示。单击“下一步”按钮。

在“图表向导-4 步骤之 2-图表源数据”对话框“数据区域”选项卡中，出现图表源数据单元格区域。切换到“系列”选项卡，载入“分类（X）轴标志”，即工作表中 B17:E17 单元格区域，如图 4-3-7 所示。单击“下一步”按钮。

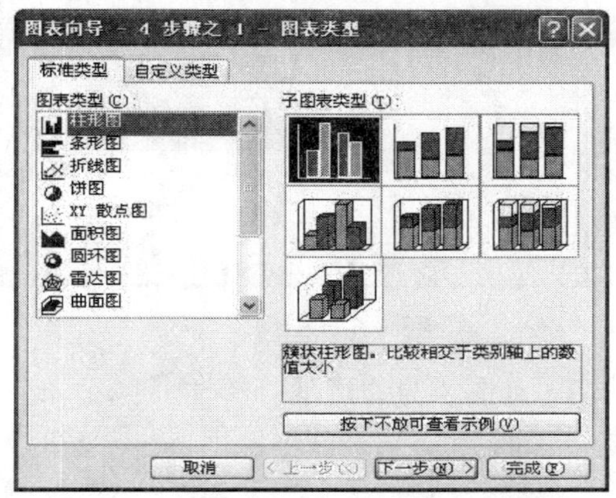

图 4-3-6 选择“簇状柱形图”图表

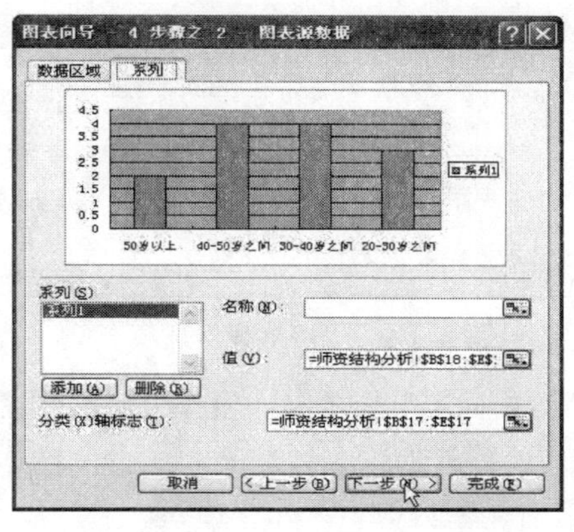

图 4-3-7 “系列”选项卡

☞ 载入单元格区域的方法：方法一，单击“ ”按钮，利用鼠标选择目标区域；方法二，在对话框中直接输入目标单元格区域的绝对地址，如“=师资结构分析！$B$17:$E$17”，即载入区域为工作表“师资结构分析”中 B17:E17 单元格区域。

在“图表向导-4 步骤之 3-图表选项”对话框中，分别切换“标题”、“坐标轴”、“网格线”、“图例”、“数据标志”、“数据表”选项卡，设置柱形图表的相关选项。具体设置如下：

“标题”选项卡：参考图 4-3-2，输入“图表标题”、“数值轴”、“分类轴”标题，如图 4-3-8 所示。

“坐标轴”选项卡：相关设置如图 4-3-9 所示。若改变选项设置，右侧的图表预览图也会随之变化。

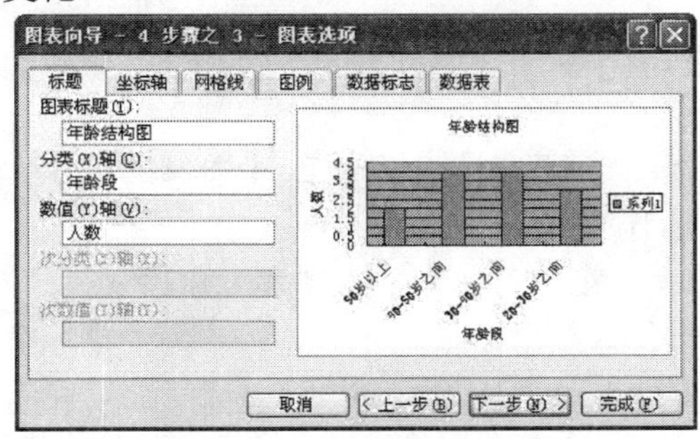

图 4-3-8 “标题”选项卡

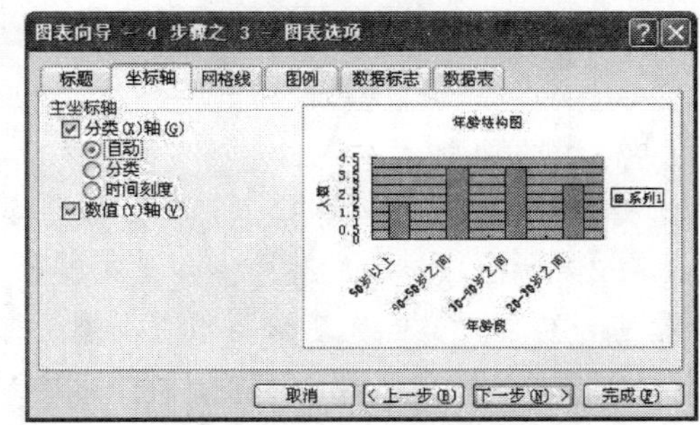

图 4-3-9 “坐标轴”选项卡

☞ 调整坐标轴刻度。鼠标双击图表的坐标轴。在弹出的“坐标轴格式 0”对话框中，切换至“刻度”选项卡，设置刻度单位及数据范围等信息。

“网格线”选项卡：显示坐标轴主要网格线，设置如图 4-3-10 所示。

☞ 调整网格线。鼠标双击图表的网格线。在弹出的“网格线格式”对话框中，设置网格线的颜色及线形。

“图例”选项卡：取消图例显示，如图 4-3-11 所示。

☞ 通过鼠标拖拽图例可以将其移动至图表的任何位置。选中图例，按“Delete”键可快速删除图例。

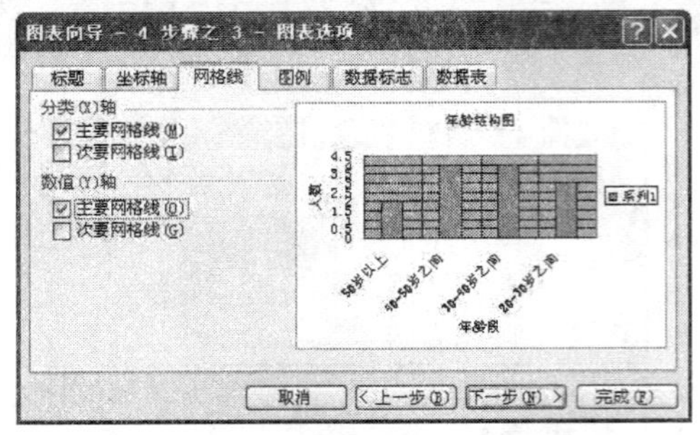

图 4-3-10 “网格线”选项卡

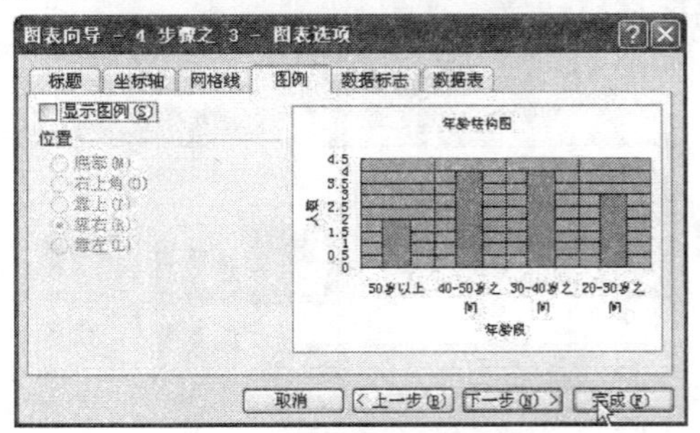

图 4-3-11 “图例”选项卡

“数据标志”选项卡：值作为数据标签显示内容，如图 4-3-12 所示。

☞ 控制数据标志显示位置。双击图表数据标志，在弹出的“数据标志格式”对话框中，切换到“对齐”选项卡。在“标签位置”列表框中，选择相应的列表项，单击“确定”按钮。

“数据表”选项卡：在图表下端显示数据表，并有图例项标示，如图 4-3-13 所示。

☞ 数据表格式化。双击图表中的数据表，在弹出的“数据表格式”对话框里，可以对数据表进行格式化操作。

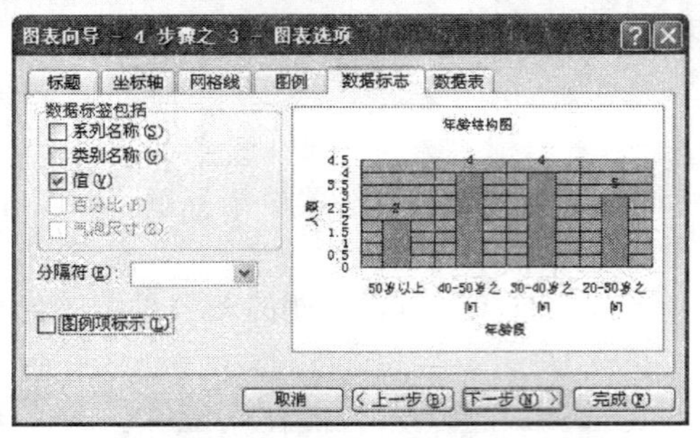

图 4-3-12 “数据标志”选项卡

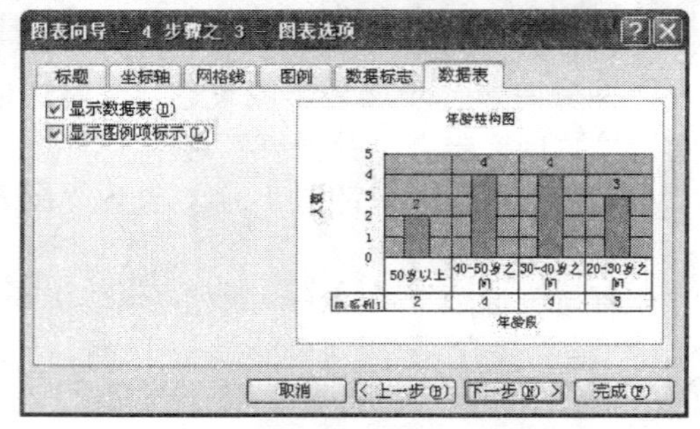

图 4-3-13 “数据表”选项卡

设置完以上选项卡后，单击“下一步”按钮，打开“图表向导-4 步骤之 4-图表位置”对话框，选择“作为其中的对象插入”项，如图 4-3-14 所示。

☞ 图表按创建位置可分为内嵌式图表和独立图表，在“图表向导-4 步骤之 4-图表位置”对话框中，可以对数据图表进行位置类型选择。

（3）图表格式化。选中图表，在“图表”工具栏上单击“图表对象”列表框，则在下拉列表里列出柱形图包含的图表对象，如图 4-3-15 所示。

选择图表对象，单击格式设置按钮“▣”，设置对象格式。对象格式具体设置如下：

①调整图表区。鼠标单击图表，将鼠标指针浮于图表区边界选中尺寸控制点上，待指针变成“↔”后，拖拽图表区边缘线，调整大小。点选图表区拖拽鼠标，移动图表区至目标位置，使图表区适应目标区域。

在“图表”工具栏上选中“图表区”对象，单击“格式设置”按钮，设置图表中文字字号为 8 号，图表插入结果如图 4-3-16 所示。

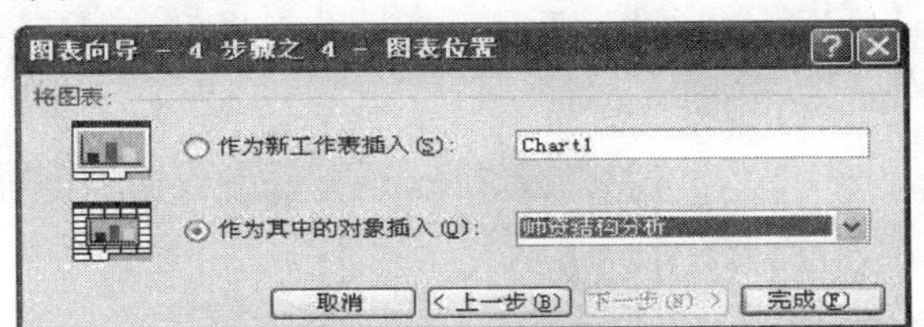

图 4-3-14　图表位置设置

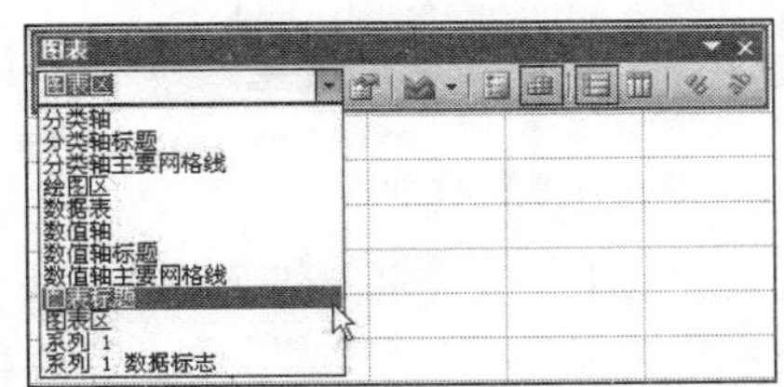

图 4-3-15　“图表对象”列表

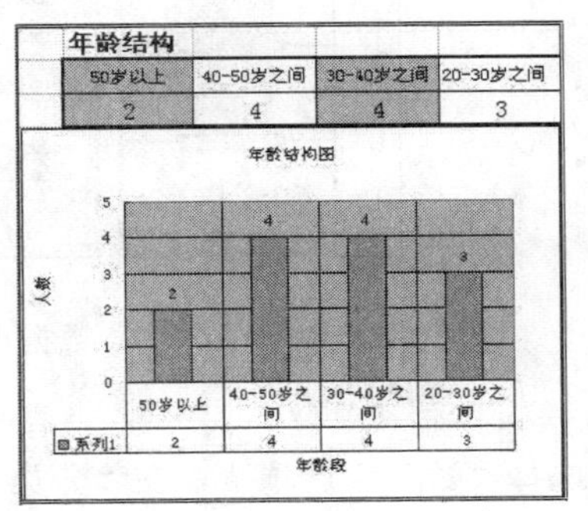

图 4-3-16　图表插入结果

②设置坐标轴标题格式。图表标题：字号 12，单下划线。坐标轴标题：选中对象，设置字号为 10；数值轴（Y 轴）文本方向：水平，如图 4-3-17 所示。

参照图 4-3-2，调整标题位置。

③绘图区格式设置。在“图表”工具栏选中“绘图区”，单击“格式设置”按钮，取消区域颜色，设置如图 4-3-18 所示。在图表中单击“绘图区”，将鼠标置于边缘线选中尺寸控制点上，待鼠标变成“↔”，拖拽边缘线，调整绘图区大小。

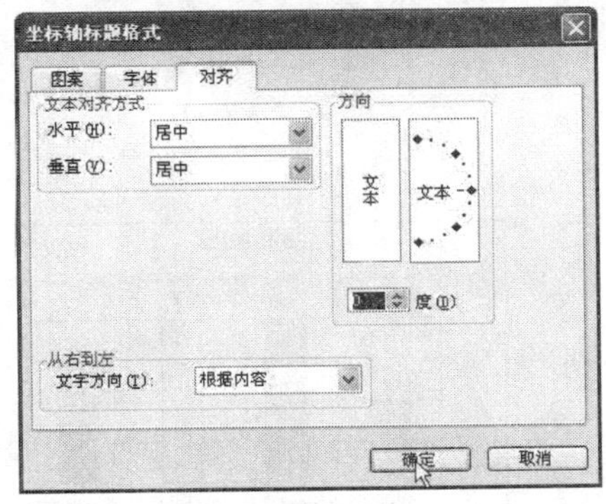

图 4-3-17　“坐标轴标题格式”对话框图

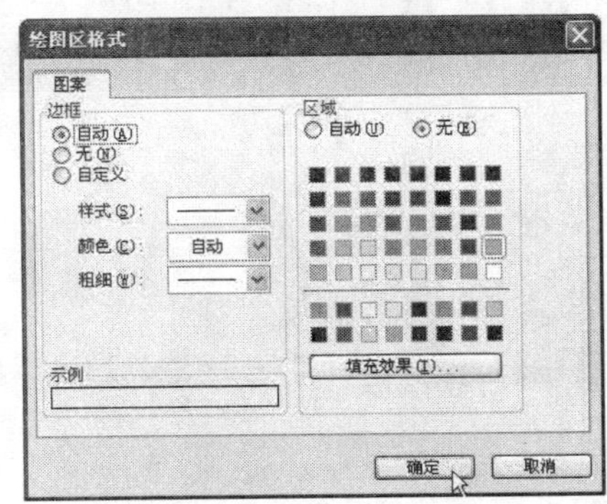

4-3-18　“绘图区格式”对话框

④设置各数据点柱体颜色。在图表中单击“50 岁以上”数据对应的数据点颜色柱，如图 4-3-19 所示。双击鼠标左键，在弹出的“数据点格式”对话框“图案”选项卡中更改内部颜色，如图 4-3-19 所示。

按照同样操作，参照图 4-3-2，设置各数据点柱体颜色。

☟ 设置图表背景为透明色：方法一，选择图表对象“图表区”，双击弹出“图表区格式”对话框，在“图案”选项卡中设置“边框”为无，“区域颜色”为无；方法二，选择图表对象“绘图区”，双击弹出“绘图区格式”对话框，在“图案”选项卡中设置“边框”为无，“区域颜色”为无。

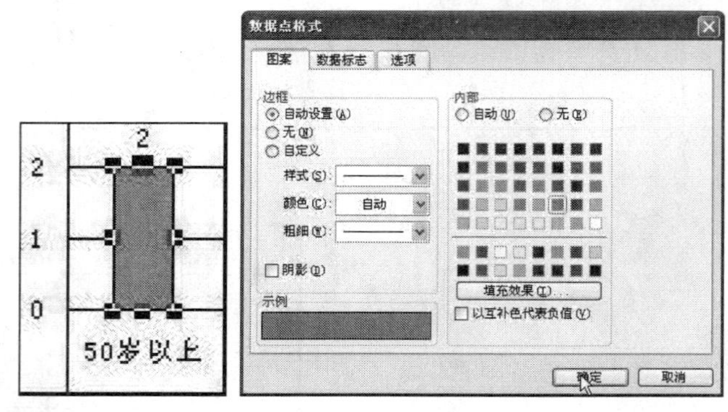

图 4-3-19　数据点柱体选择及柱体颜色设置

⑤使数据标签显示单位“人”。在“图表”工具栏选中“系列 1 数据标志”，单击“格式设置”按钮，选择“数字”选项卡，在“分类”列表框中选择“自定义”，“类型”文本框输入“0"人"”，如图 4-3-20 所示。

☟ 设置随目标单元格内容变化的图表标题。在图表中选择“图表标题”。在公式编辑栏中输入“=”，鼠标单击工作表中目标单元格，按“Enter”键。

⑥修改数据系列 1 的名称。鼠标右键单击图表，单击快捷键菜单中“源数据（S）…”。在“源数据”对话框→“系列”选项卡→“名称（N）”项右侧输入“年龄”，单击“确定”按钮。图表“年龄结构图”的制作效果如图 4-3-21 所示。

☟ 设置数据点柱体间距。双击图表对象“系列”，弹出“数据系列格式”对话框，在“选项”选项卡中，设置“分类间距”项的值。值越小则数据点柱体越宽，间距越小。

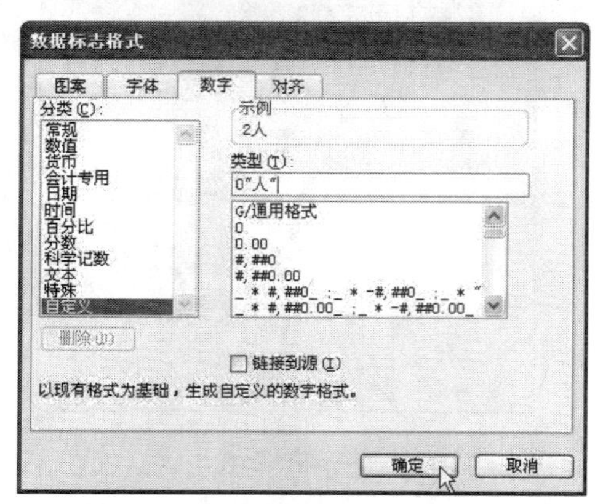

图 4-3-20　“数字”选项卡

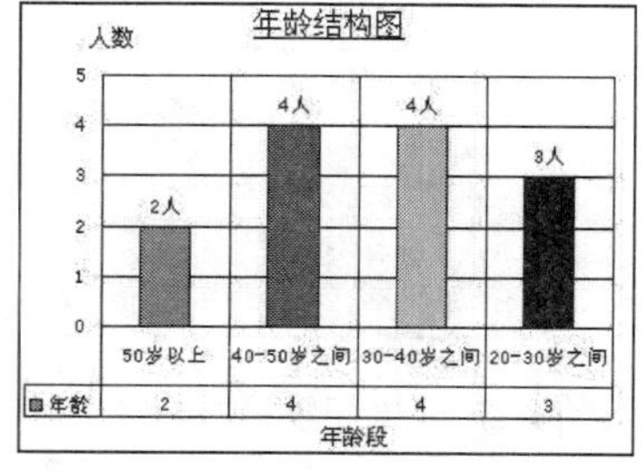

图 4-3-21　图表“年龄结构图”

2．统计专兼教师比例，创建一个“分离型三维饼图”

（1）计算兼职教师比例。选择 G18:H18 单元格，设置单元格数字格式为百分比。单击 H18

单元格，插入函数 COUNTA，设置参数为 I3:I15，统计非空单元格数目，计算兼职教师人数；输入“/”；插入函数 COUNT，设置参数为 A3:A15，统计教师总人数，即在 H18 单元格编辑公式中编辑公式“=COUNTA（I3:I15）/COUNT（A3:A15）”，如图 4-3-22 所示。

选择 G18 单元格，编辑公式“= 1–H18”，按“Enter”键，统计专职教师比例，如图 4-3-23 所示。

专兼教师比例	
专职教师	兼职教师
	=COUNTA(I3:I15)/COUNT(A3:A15)

图 4-3-22　在 H18 单元格中编辑公式，求兼职教师比例

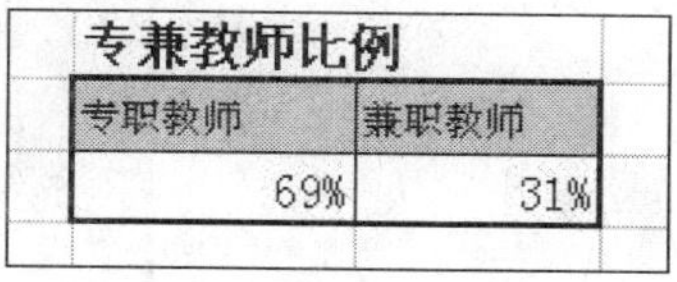

专兼教师比例	
专职教师	兼职教师
69%	31%

图 4-3-23　统计专兼教师比例

（2）利用专兼教师比例数据，创建“分离型三维饼图”。单击“插入→图表”命令，启动图表创建向导。在“图表向导-4 步骤之 1-图表类型”对话框“标准类型”选项卡中，选择所需图表（分离型三维饼图），单击“下一步”按钮，如图 4-3-24 所示，

打开“图表向导-4 步骤之 2-图表源数据”对话框“数据区域”选项卡，在“数据区域”文字框中，用鼠标载入工作表 G18：H18 单元格，则区域地址出现在数据区域文字框内。

切换到“系列”选项卡，在分类标志文本框中，载入工作表 G17:H17 单元格区域，单击“下一步”按钮，如图 4-3-25 所示。

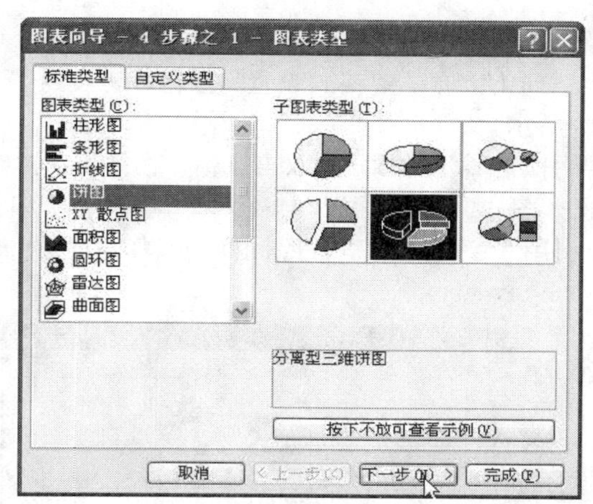

图 4-3-24　图表选择“三维分离饼图”

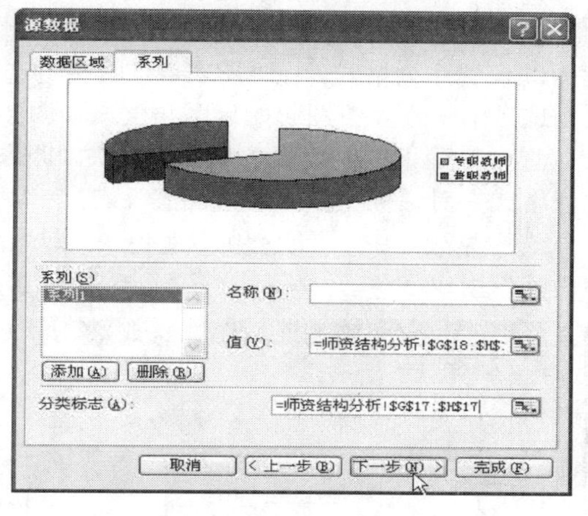

图 4-3-25　“系列”选项卡

在“图表向导-4 步骤之 3-图表选项”对话框中，分别切换“标题”、“图例”、“数据标志”选项卡，设置饼图的图表对象。具体设置如下：

“标题”选项卡：参考图 4-3-2；“图表标题”为“专兼比例”。

“图例”选项卡：图例显示“位置”为“靠上”。

“数据标志”选项卡：值和类别名称作为数据标签显示内容，如图 4-3-26 所示。

单击“下一步”按钮，打开“图表向导-4 步骤之 4-图表位置”对话框，将图表作为对象插入。

（3）图表格式化。选中图表，自动弹出“图表”工具栏，单击“图表”工具栏上“图表对象”列表框，则在下拉列表里列出饼图包含的图表对象，如图 4-3-27 所示。

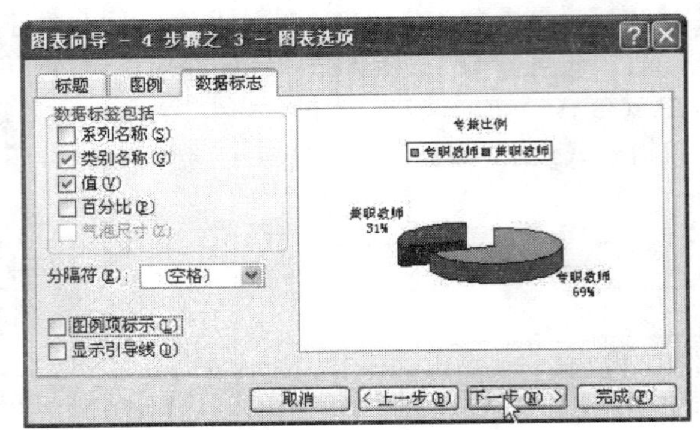

图 4-3-26 “数据标志”选项卡

饼图对象格式具体设置如下：

①拖拽图表区选中尺寸控制点，调整图表大小。点选图表区拖拽鼠标，移动图表区至目标位置，使图区表适应目标区域。

图 4-3-27 饼图“图表对象”列表

在“图表”工具栏上选中“图表区”，单击“格式设置”按钮，设置图表中文字字号为 9 号。

②设置标题文字格式。图表标题：字号 12，单下划线。选中图表标题，拖拽鼠标移动标题位置。

③设置系列格式。在“图表”工具栏上选中“系列 1”，单击“格式设置”按钮，切换到“选项”选项卡，设置饼图起始扇区角度，如图 4-3-28 所示。

选中系列 1 中“兼职教师”颜色块，即系列 1 引用“兼职教师”，双击鼠标，在弹出的“数据点格式”对话框中，单击“图案”选项卡，设置如图 4-3-29 所示。

选中系列 1 中“专职教师”颜色块，即系列 1 引用“专职教师”，按照同样的操作，设置“专职教师”饼块颜色。

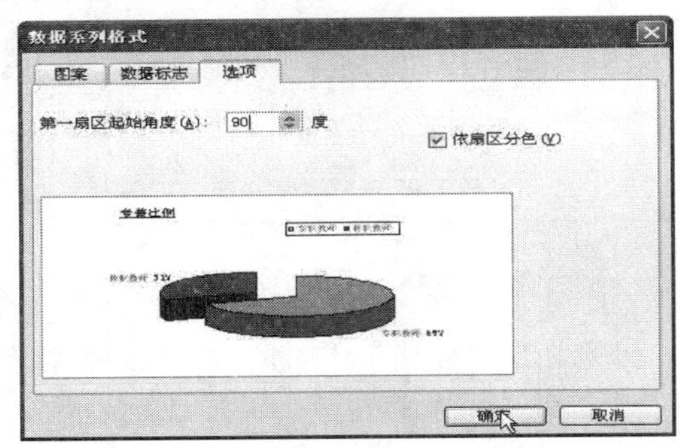

图 4-3-28 设置饼图起始扇区角度

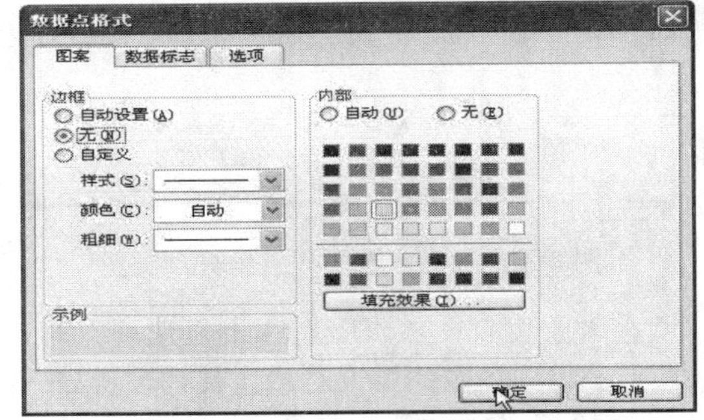

图 4-3-29 “数据点格式”对话框

④鼠标单击“图表区”，单击鼠标右键，在弹出的快捷菜单中，选择“设置三维视图格式”命令，弹出“设置三维视图格式”对话框，单击相应按钮设置三维视图，如图 4-3-30 所示。

⑤绘图格式设置。在“图表”工具栏选中“绘图区”，则图表绘图区被选中，显示边界线，鼠标拖拽绘图区选中尺寸控制点，调整绘图区大小及系列位置，如图 4-3-31 所示。

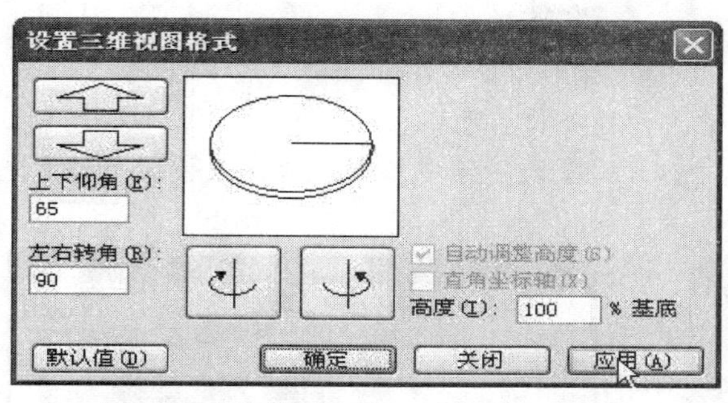

图 4-3-30 “设置三维视图格式”对话框

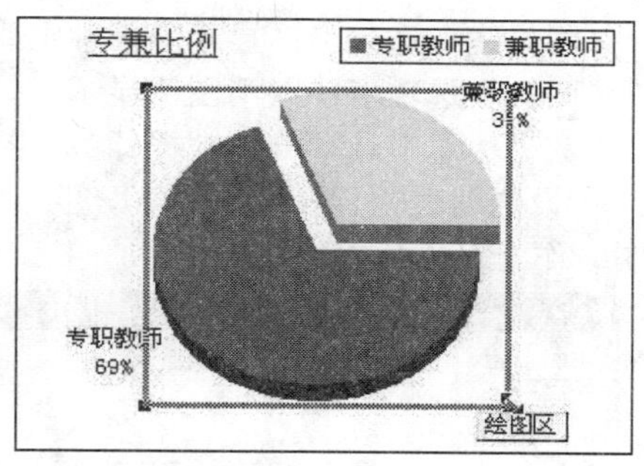

图 4-3-31 调整绘图区大小及系列位置

3．统计职称结构，创建“XY 散点图”

（1）统计各职称人数。单击 C32 单元格，插入函数 COUNTIF，设置统计区域参数为 H3:H15，条件参数为“=教授”，统计“教授”人数；也可以选中 C32 单元格，输入下列公式：=COUNTIF（H3:H15, "=教授"），按“Enter”键。

按照同样的操作，分别统计各职称的人数，如图 4-3-32 所示。

职称结构	
教授	2
副教授	4
讲师	5
助教	2

图 4-3-32 统计职称人数

（2）利用职称数据，创建“XY 散点图”。选择职称人数即 C32:C35 单元格，单击“插入→图表”菜单命令，启动图表创建向导。

①图表选择。在“图表向导-4 步骤之 1-图表类型”对话框“标准类型”选项卡中，选择“XY 散点图”，在“子图表类型”中，选择“平滑线散点图”，如图 4-3-33 所示，单击“下一步”按钮。

②源数据设置。打开“图表向导-4 步骤之 2-图表源数据”对话框“数据区域”选项卡，工作表 C32：C35 单元格地址出现在数据区域文字框内。

切换到“系列”选项卡，单击“X 值（X）”文本框，载入工作表 B32：B35 单元格区域。单击“下一步”按钮，如图 4-3-34 所示。

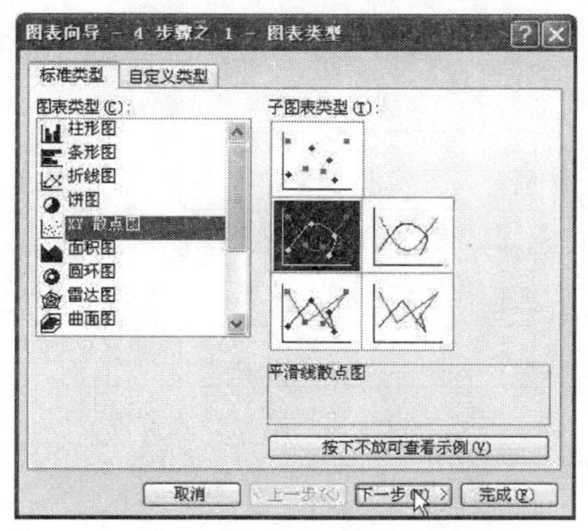

图 4-3-33 图表选择“XY 散点图”

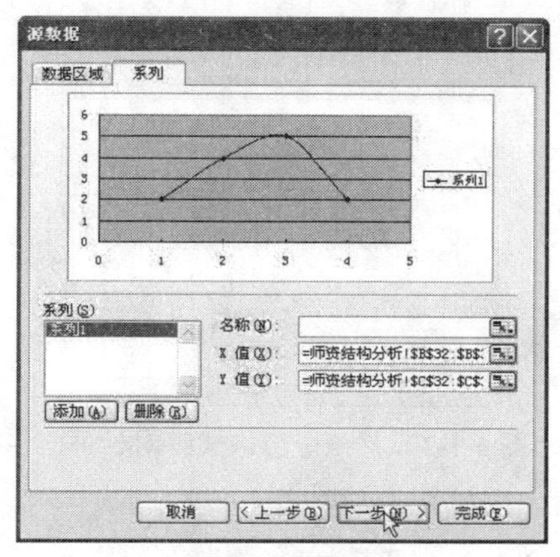

图 4-3-34 “系列”选项卡

③设置图表选项。在“图表向导-4 步骤之 3-图表选项”对话框中，分别切换“标题”、“坐标轴”、“网格线”、“图例”、“数据标志”选项卡，设置图表的相关选项。具体设置如下：

“标题”选项卡：输入“图表标题”、“数值轴”、“分类轴”标题，如图 4-3-35 所示。

“坐标轴”选项卡：取消显示数值（X）轴。

“网格线”选项卡：显示坐标轴主要网格线。

“图例”选项卡：取消图例显示。

“数据标志”选项卡：数据标签包括 X 值，如图 4-3-36 所示。

④设置图表位置。单击“下一步”按钮，打开“图表向导-4 步骤之 4-图表位置”对话框，将图表作为对象插入。

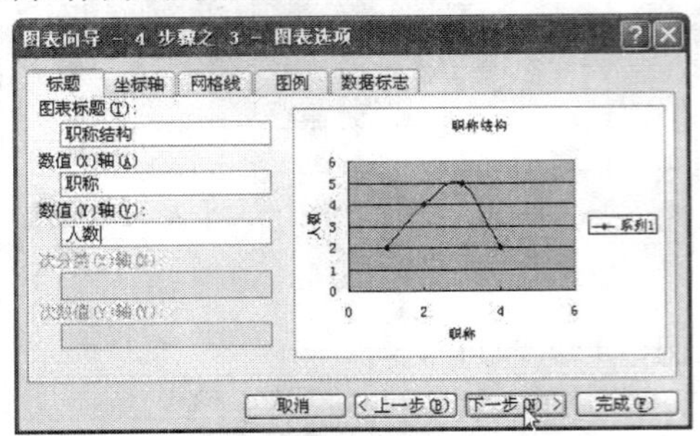

图 4-3-35 “标题”选项卡

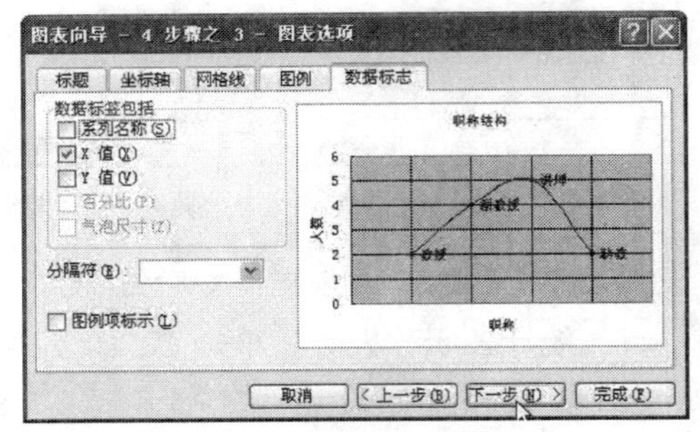

图 4-3-36 “数据标志”选项卡

（3）图表格式化。

①调整图表区。拖拽图表区选中尺寸控制点，调整图表大小。点选图表区拖拽鼠标，移动图表区至目标位置，使图表区适应目标区域。在“图表”工具栏上选中“图表区”，单击“格式设置”按钮，设置图表中文字字号为 10 号。

②设置标题文字格式。

图表标题：字号 12，单下划线。选中图表标题，拖拽鼠标移动标题位置。

坐标轴标题：数值轴（Y 轴）文本方向：水平。参照图 4-3-2，调整坐标轴标题位置。

③绘图区格式设置。在“图表”工具栏选中“绘图区”，单击“图表”工具栏中“格式设置”按钮，设置如图 4-3-37 所示。

选中图表绘图区，显示边界线，鼠标拖拽绘图区选中尺寸控制点，调整绘图区大小及位置。

④设置系列数据。参照图 4-3-2，将各职称的数据标志移动至 X 轴对应位置，如图 4-3-38 所示。

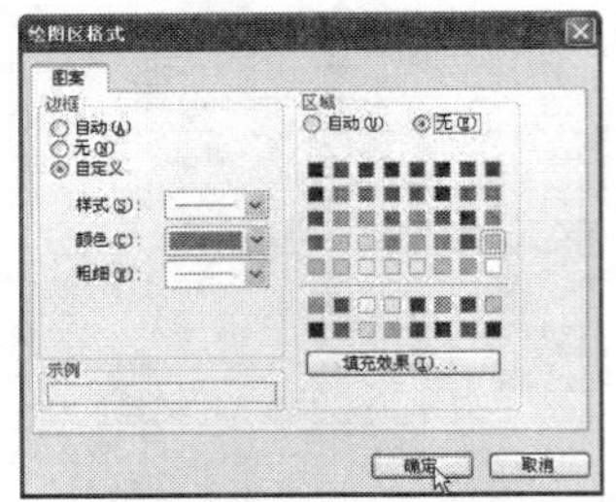

图 4-3-37 “绘图区格式”对话框

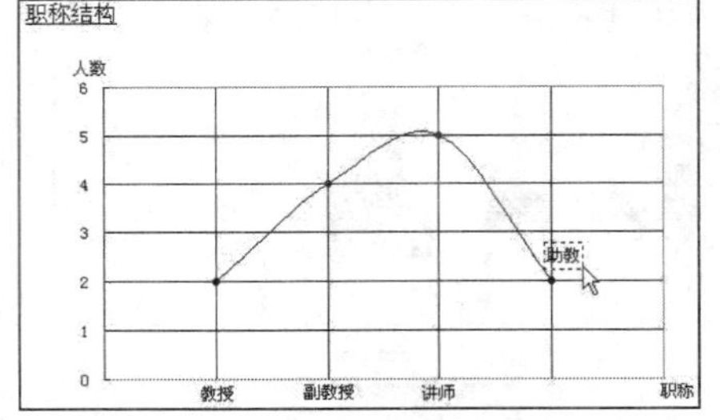

图 4-3-38 设置系列数据标志位置

四、相关知识与技能

（一）Excel 图表类型介绍

Excel 2003 包含了 14 种基本图表类型，每种类型图表中又分别包含子类型图表，用户可以利用图表突出二维数据表的数据，更直观的得到数据的比较结果。有些类型的图表还可以叠放在一起形成组合图表。Excel 图表工具允许对基本类型图表的图表组成对象进行细节设置，可以使用不同的颜色、间距、图例、网格以及其他特征使同一类型的图表在外观上有所差别。下面对一些常用的图表类型及其应用进行简单介绍。

1．柱形图

柱形图显示同类别数据不同时间内的变化情况，或者对比同一时间内不同类别数据之间的差异。柱形图具有下列子图表类型。

（1）簇状柱形图。这种图表类型比较类别间的值。水平方向 X 轴表示类别，垂直方向 Y 轴表示各类别的值，从而强调值的变化差异，具备三维显示效果。

（2）堆积柱形图。这种图表类型显示各个项目与整体之间的关系，从而比较各类别的值在总和中的分布情况，具备三维显示效果。

（3）百分比堆积柱形图。这种图表类型以百分比形式比较各类别的值在总和中的分布情况，具备三维显示效果。

（4）三维柱形图。这种图表类型沿着两个数轴比较数据点。数据点是在图表中绘制的单个值，这些值由条形、柱形、折线、饼图或圆环图的扇面、圆点和其他被称为数据标记的图形表示。相同颜色的数据标记组成一个数据系列。

2．条形图

条形图显示各个不相关项目数据之间的对比，淡化数值项随时间的变化，突出数值项之间的比较。条形图具有以下子图表类型：

（1）簇状条形图。这种图表类型比较类别间的值，具备三维显示效果。

（2）堆积条形图。这种图表类型显示各个项目与整体之间的关系，具备三维显示效果。

（3）百分比堆积条形图。这种图表类型以百分比形式比较各类别的值在总和中的分布情况，具备三维显示效果。

3．折线图

折线图用于显示某个时期内的数据在相等时间间隔内的变化趋势，折线图强调数据变化率，按照相同间隔显示数据的趋势，具有以下子图表类型：

（1）折线图。这种图表类型显示随时间或类别的变化趋势。在每个数据值处还可以显示标记，形成数据点折线图。

（2）堆叠折线图。这种图表类型显示各个值的分布随时间或类别的变化趋势。显示每个数据值处标记，形成堆叠数据点折线图。

（3）百分比堆叠折线图。这种图表类型以百分比方式显示各个值的分布随时间或类别的变化趋势。显示每个数据值处标记，形成百分比堆叠数据点折线图。

（4）三维折线图。折线图子图表类型的三维显示效果。

4．饼图

饼图用于显示同类别数据即数据系列中每一项占该系列数值总和的比例关系，用于强调重要的数据元素。饼图具有下列子图表类型：

（1）饼图。这种图表类型显示各个值在总和中的分布情况，具备三维显示效果。

（2）分离型饼图。这种图表类型显示各个值在总和中的分布情况，同时强调各个值的重要性，具备三维显示效果。

（3）复合饼图/复合条饼图。将用户定义的值提取出来显示在另一个饼图中的饼图。例如，为了看清楚细小的扇区，您可以将它们组合成一个项目，然后在主图表旁的小型饼图或条形图中将该项目的各个成员分别显示出来。

5．XY 散点图

XY 散点图显示若干数据系列（数据系列：在图表中绘制的相关数据点，这些数据源自数据表的行或列。图表中的每个数据系列具有唯一的颜色或图案并且在图表的图例中表示。可以在图表中绘制一个或多个数据系列。饼图只有一个数据系列。）中各数值之间的比较关系，或者将两组数绘制为 XY 坐标的一个系列。散点图通常用于科学数据，具有下列子图表类型：

（1）散点图。比较成对的数值。将 X 值放在一行（一列），并在相邻的行（列）中输入对应的 y 值。

（2）折线散点图。数据点之间可以显示也可以不显示直的或平滑的连接线。显示连接线时可以显示标记，也可以不显示标记。

6．面积图

面积图具有以下几中类型：

（1）面积图。这种图表类型通过曲线（即每一个数据系列所建立的曲线）下面区域的面积来显示数据值，显示数值随时间或类别的变化趋势，强调变化量，具备三维显示效果。

（2）堆叠面积图。显示各个值相对于整体的分布及随时间或类别的变化趋势。具备三维显示效果。

（3）百分比堆叠面积图。以百分比方式显示各个值的分布随时间或类别的变化趋势，具备三维显示效果。

7．圆环图

圆环图与饼图相似，用来显示多个数据系列部分和整体之间的关系。圆环图它具有下列子图表类型：

（1）圆环图。每个环分别代表一个数据系列。

（2）分离型圆环图。分离型圆环图与分离型饼图类似，可以包含多个数据系列。

8．雷达图

雷达图用于比较多个数据系列，显示各数据系列相对于中心点的变化情况。在雷达图中，按数据系列中数值分类设置分类坐标轴，这些坐标轴相交与中心点。数据系列的每个分类值对应分类坐标轴上数据点，用折线将同一系列中的各分裂值连接起来形成数据系列回路，多个系列形成多个数据系列回路，比较各回路的覆盖情况。它具有下列子图表类型：

（1）雷达图。这种图表类型显示时可以为每个数据点显示标记。如图 4-3-39 所示的产品市场份额调查雷达图中，覆盖最大区域的数据系列（公司 3）表示该公司生产的产品占有较大的市场。

名称	产品1	产品2	产品3	产品4	产品5
公司1	23.00%	29.00%	37.00%	16.00%	23.00%
公司2	36.00%	33.00%	40.00%	36.00%	27.00%
公司3	48.00%	39.00%	45.00%	37.00%	38.00%

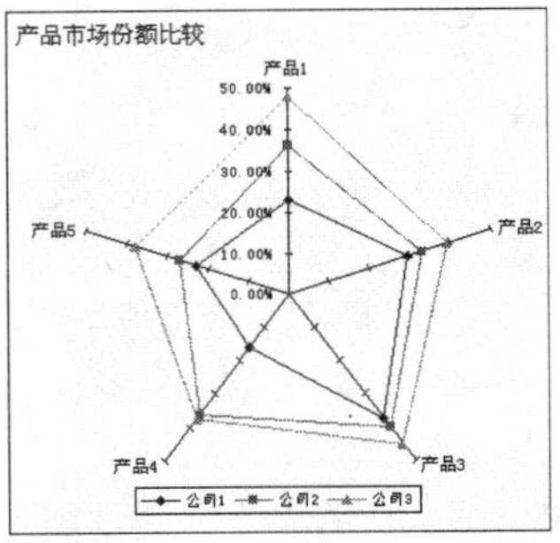

图 4-3-39　产品市场份额调查

（2）填充雷达图。以颜色填充数据系列回路内部区域。

9．曲面图

曲面图应用于寻找两组数据之间的最佳组合时，使用不同的颜色和图案来指示在同一取值范围的区域（即数据之间的组合）。曲面图具有下列子图表类型：

（1）三维曲面图。这种图表类型在连续曲面上跨两维显示数值的变化趋势。图表中的颜色表示特定的数值范围。不带颜色的三维曲面图称为框架式三维曲面图。

（2）曲面图（俯视）。俯视曲面图，其中的颜色代表数值范围。不带颜色的曲面图（俯视）称为框架式曲面图（俯视）。

10．气泡图

气泡图是一种 XY 散点图。它以三个数值为一组对数据进行比较，而且可以三维效果显示。气泡的大小表示第三个变量的值。

11．股价图

股价图通常用于显示股票价格走势，也可以用于科学数据（如表示温度的变化）。为了创建股价图，必须按正确的顺序组织数据。股价图具有下列子图表类型：

（1）盘高-盘低-收盘。经常用于显示股票价格。要求三个数值系列按盘高-盘低-收盘的顺序排列。

（2）开盘-盘高-盘低-收盘。四个数值系列按开盘-盘高-盘低-收盘的顺序排列。

（3）成交量-盘高-盘低-收盘。四个数值系列按成交量-盘高-盘低-收盘的顺序排列。

12．圆柱、圆锥和棱锥图

使用圆锥、圆柱或棱锥数据标记来增强柱形图、条形图和三维柱形图产生生动效果。与柱形图和条形图类似，圆锥图、圆柱图和棱锥图具有下列子图表类型：

（1）柱形图、堆叠柱形图或百分比堆叠柱形图。这些图表类型中的柱形用圆锥、圆柱或棱锥表示。

（2）条形图、堆叠条形图或百分比堆叠条形图。这些图表类型中的条形用圆锥、圆柱或棱锥表示。

（二）图表创建步骤

（1）打开工作表文件。

（2）图表类型选择。单击“插入→图表”命令，启动“图表向导”，打开“图表向导-4 步骤之 1-图表类型”对话框，在“标准类型”选项卡中，鼠标选择所需图表类型，单击“下一步”按钮。

（3）源数据设置。打开“图表向导-4 步骤之 2-图表源数据”对话框，在“数据区域”选项卡中，载入源数据单元格区域。在“系列”选项卡中，载入“分类轴标志”、“数值”、“系列名称”单元格区域。单击“下一步”按钮。

（4）图表选项设置。在“图表向导-4 步骤之 3-图表选项”对话框中，分别切换“标题”、“坐标轴”、“网格线”、“图例”、“数据标志”、“数据表”选项卡，设置柱形图表的相关选项。

（5）图表位置设置。打开“图表向导-4 步骤之 4-图表位置”对话框，鼠标选择内嵌式图表或者独立式图表，单击“完成”按钮。

（三）图表编辑

1．图表选择

嵌入式图表，在图表上单击鼠标左键即可。独立式图表，只需切换至图表所在的工作表即可。

2．图表移动

选中的图表四周会出现黑色的选中边框及尺寸控制点，在图表上按住鼠标左键并拖动，可以移动图表至工作表任意位置。

3. 图表大小调整

鼠标拖动图表尺寸控制点，即可调整图表大小。

4. 图表对象格式化

方法一：利用图表工具栏。

（1）创建好图表后，单击“视图→工具栏→图表”菜单命令，弹出“图表”工具栏，如图4-3-40所示。

（2）鼠标选择需修改的图表。

（3）单击“图表”工具栏中“图表对象”列表框，从展开的列表中选择图表对象。

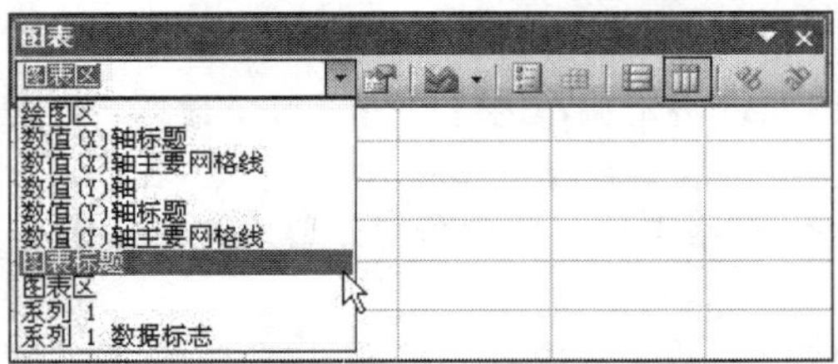

图 4-3-40 “图表”工具栏

（4）单击“格式设置”按钮，通过展开的各图表对象格式设置对话框进行格式化操作。

方法二：鼠标双击图表对象。

用鼠标指针选择图表中各图表对象，双击图表对象，弹出“格式设置”对话框，进行图表对象格式化操作。

5. 更改图表类型

选中要更改类型的图表，然后单击“图表→图表类型”命令，打开“图表类型”对话框，更改图表类型。

五、技巧与提高

1. 三维簇状柱形图的编辑

数据表见表4-3-1：

表 4-3-1 数据表

	A	B	C	D
系列 1	5	12	16	9
系列 2	3	7	10	6
系列 3	7	16	21	14

为数据表4-3-1中系列1数据制作三维柱形图表，如图4-3-41所示。

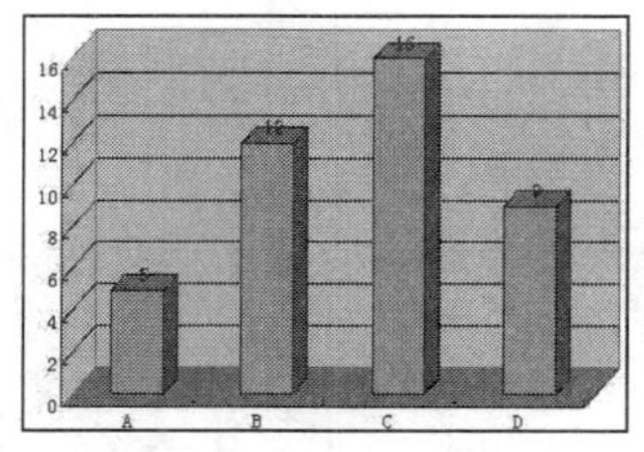

图 4-3-41 系列 1 图表

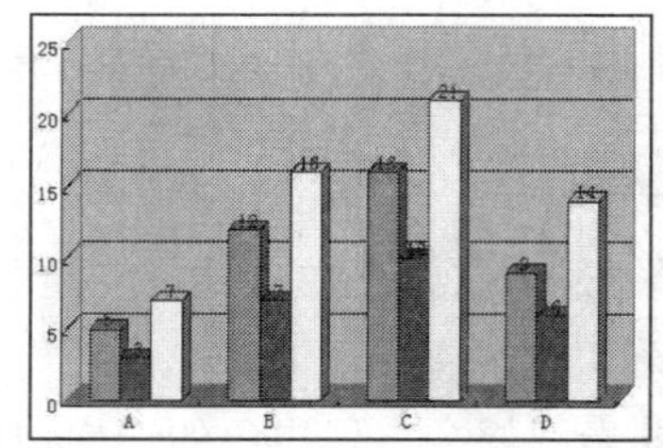

图 4-3-42 添加新的数据系列后的图表

（1）快速添加图表数据序列。选择数据表 4-3-1 中系列 2、系列 3 数据区，单击“编辑→复制”菜单命令，然后单击如图 4-3-41 所示图表，单击“编辑→“粘贴”菜单命令，则在图表中添加新的数据序列，如图 4-3-42。

（2）修改系列柱体形状。选择图 4-3-42 所示图表中系列 2、系列 3 数据系列对应的数据柱，分别设置柱体形状。单击“图表”工具栏上的“格式设置”按钮，在弹出的“数据系列格式”对话框中选择“形状”选项卡，如图 4-3-43 所示。单击柱体形状，单击“确定”按钮，效果如图 4-3-44 所示。

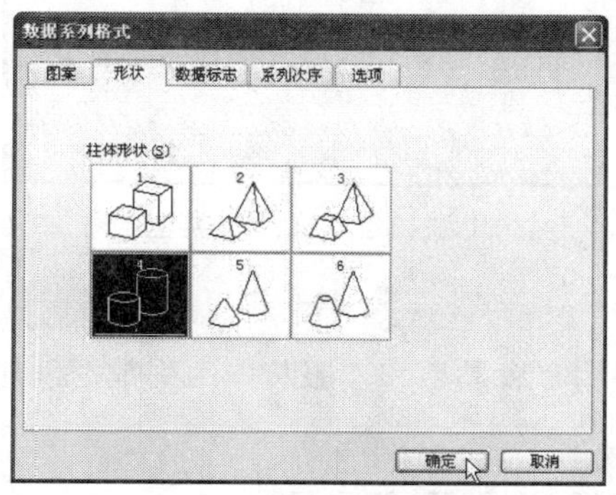

图 4-3-43　“形状”选项卡

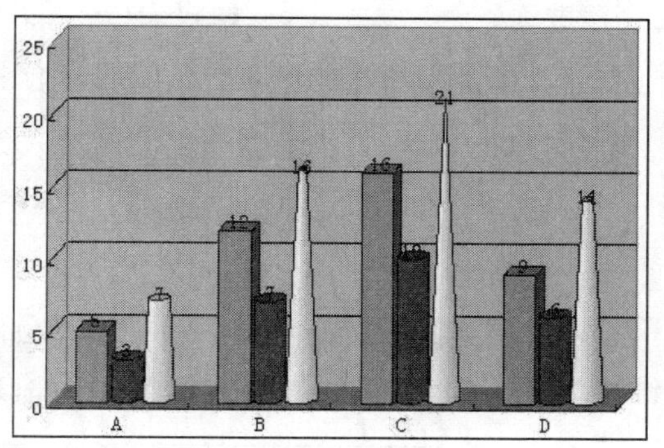

图 4-3-44　柱体形状修改

2．在图标中使用透明填充色

已知图表如图 4-3-45，设置图表中的数据柱为透明色。

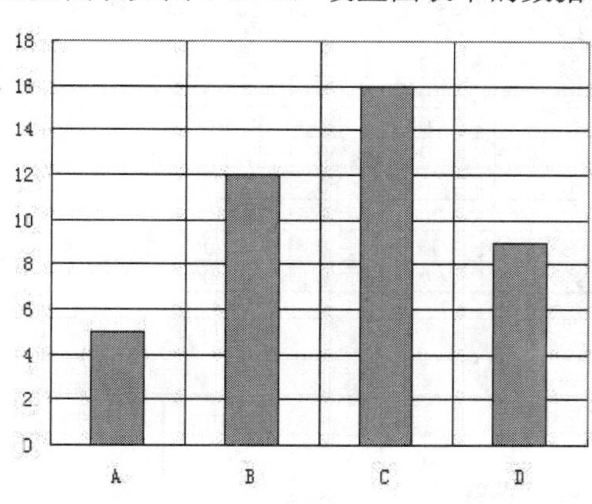

图 4-3-45　非透明色图表

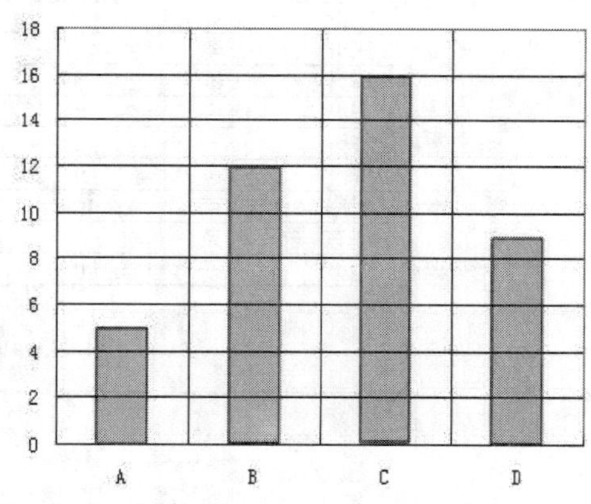

图 4-3-46　透明色图表

单击“绘图”工具栏上的矩形按钮，在工作表任意区域绘制一个矩形，设置填充颜色为透明色。执行“复制”操作，单击图表中的数据系列颜色柱，执行“粘贴”操作，则使选中的颜色柱变为矩形的透明填充颜色，如图 4-3-46 所示。

3．将制作好的图表设置成为自定义图表

（1）选中图表，单击鼠标右键，在弹出的快捷菜单中选择“图表类型”命令，出现“图表类型”对话框，切换到“自定义类型”选项卡，如图 4-3-47 所示。执行“自定义”单选按钮。

（2）单击“添加（A）”按钮，在“添加自定义图表类型”对话框中，输入图表名称及说明信息，如图 4-3-48 所示。单击“确定”按钮。

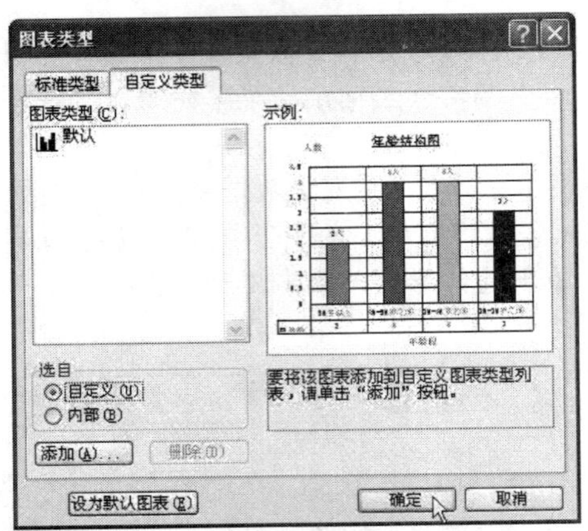

图 4-3-47 “自定义类型”选项卡

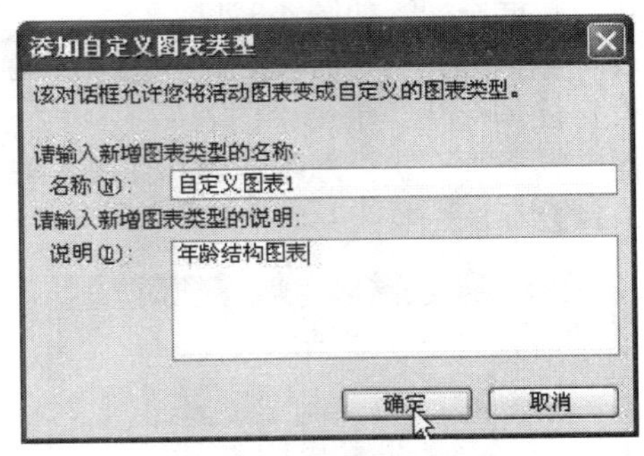

图 4-3-48 “添加自定义图表类型”对话框

六、创新作业

运用本项目知识，根据图 4-3-49 所示数据表，使用“食品”和“服装”两列数据创建一个三维柱型图，制作效果如图 4-3-50 所示。

部分城市消费水平抽样调查

（以京沪两地综合评价指数为100）

地区	城市	常生活用	耐用消费品	食品	服装	应急支出
东北	沈阳	91.00	93.30	89.50	97.70	\
东北	哈尔滨	92.10	95.70	90.20	98.30	99.00
东北	长春	91.40	93.30	85.20	96.70	\
华北	天津	89.30	90.10	84.30	93.30	97.00
华北	唐山	89.20	87.30	82.70	92.30	80.00
华北	郑州	90.90	90.07	84.40	93.00	71.00
华北	石家庄	89.10	89.70	82.90	92.70	\
华东	济南	93.60	90.10	85.00	93.30	85.00
华东	南京	95.50	93.55	87.35	97.00	85.00
西北	西安	88.80	89.90	85.50	89.76	80.00

图 4-3-49 已知数据表

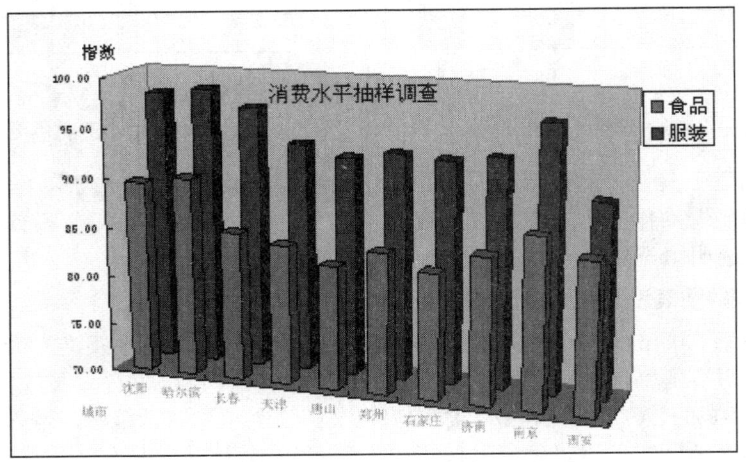

图 4-3-50 图表效果图

商场员工工资明细表

一、项目描述

某商场某月工资明细表已经制作完毕，财务科通知每个部门来领工资。同时，社会经济普查部门还要统计本商场员工工资情况，老板想按职位由高到低的顺序查看工资发放情况，还想直观地了解各部门工资情况。如果使用手工对工资明细表中的数据进行排序、筛选和汇总，不但费时费力，而且还容易出错。现在使用 Excel 2003 可以快速完成以上要求，快速得到数据分析结果。项目原始数据表如图 4-4-1、图 4-4-2 所示。制作完成的电子表格如图 4-4-3 至图 4-4-7 所示。

	A	B	C	D	E	F	G	H	I	J	K	L	M	N
1	基本工资标准			奖 金 记 录					员工考勤记录表					
2	级别	基本工资		编号	部门	姓名	奖金		编号	部门	姓名	请假天数	基数	扣款数
3	总经理	2500		98006	服装	何伟	200		98006	服装	何伟	1	60	60
4	副总经理	2000		98001	副食	史波	500		98001	副食	史波		60	
5	组长	1700		98003	副食	米玉荣	300		98003	副食	米玉荣	0.5	60	30
6	员工	1500		98007	副食	李来孟	500		98007	副食	李来孟		60	
7				98009	副食	陈秀贞	800		98009	副食	陈秀贞	2	60	120
8				98014	副食	陈累	200		98014	副食	陈累	3	60	180
9	补贴标准			98011	化妆	陈荣	800		98011	化妆	陈荣		60	
10				98015	化妆	孙一	500		98015	化妆	孙一		60	
11	级别	补贴金额		98004	家电	张锐	200		98004	家电	张锐	7	60	420
12	总经理	500		98013	家电	张杨	800		98013	家电	张杨		60	
13	副总经理	300		98005	文体	陈磊	500		98005	文体	陈磊	5	60	300
14	组长	100		98012	文体	王微	200		98012	文体	王微		60	
15	员工	50		98016	文体	赵阳	300		98016	文体	赵阳		60	
16				98002	五金	李金花	300		98002	五金	李金花		60	
17				98008	五金	张刚	500		98008	五金	张刚		60	
18				98017	五金	王伟东	500		98017	五金	王伟东		60	
19				98010	鞋帽	王刚	800		98010	鞋帽	王刚		60	

图 4-4-1　源数据 Sheet1 工作表

	A	B	C	D	E	F	G	H	I	J	K
1	工 资 明 细 表										
2	编号	部门	姓名	职务	性别	基本工资	补贴	奖金	应发工资	考勤扣款	实发工资
3	98001	副食	史波	员工	男						
4	98002	五金	李金花	组长	女						
5	98003	副食	米玉荣	组长	女						
6	98004	家电	张锐	总经理	男						
7	98005	文体	陈磊	员工	男						
8	98006	服装	何伟	员工	女						
9	98007	副食	李来孟	副总经理	男						
10	98008	五金	张刚	员工	男						
11	98009	副食	陈秀贞	员工	女						
12	98010	鞋帽	王刚	员工	男						
13	98011	化妆	陈荣	总经理	女						
14	98012	文体	王微	员工	女						
15	98013	家电	张杨	员工	女						
16	98014	副食	陈累	员工	男						
17	98015	化妆	孙一	员工	男						
18	98016	文体	赵阳	副总经理	女						
19	98017	五金	王伟东	员工	男						
20											

图 4-4-2　“工资明细”工作表

工资明细表										
编号	部门	姓名	职务	性别	基本工资	补贴	奖金	应发工资	考勤扣款	实发工资
98004	家电	张锐	总经理	男	2500	500	200	3200	420	2780
98011	化妆	陈荣	总经理	女	2500	500	800	3800	0	3800
98007	副食	李来孟	副总经理	男	2000	300	500	2800	0	2800
98016	文体	赵阳	副总经理	女	2000	300	300	2600	0	2600
98002	五金	李金花	组长	女	1700	100	300	2100	0	2100
98003	副食	米玉荣	组长	女	1700	100	300	2100	30	2070
98001	副食	史波	员工	男	1500	50	500	2050	0	2050
98005	文体	陈磊	员工	男	1500	50	500	2050	300	1750
98008	五金	张刚	员工	男	1500	50	500	2050	0	2050
98010	鞋帽	王刚	员工	男	1500	50	800	2350	0	2350
98014	副食	陈累	员工	男	1500	50	200	1750	180	1570
98015	化妆	孙一	员工	男	1500	50	500	2050	0	2050
98017	五金	王伟东	员工	男	1500	50	500	2050	0	2050
98006	服装	何伟	员工	女	1500	50	200	1750	60	1690
98009	副食	陈秀贞	员工	女	1500	50	800	2350	120	2230
98012	文体	王微	员工	女	1500	50	200	1750	0	1750
98013	家电	张杨	员工	女	1500	50	800	2350	0	2350

图 4-4-3 “工资明细”工作表排序效果图

	A	B	C	D	E	F
1	工资明细表					
2	编号	部门	姓名	职务	性别	实发工资
4					男 平均值	2800
6					女 平均值	2600
7				副总经理 平均值		2700
15					男 平均值	1981.4286
20					女 平均值	2005
21				员工 平均值		1990
23					男 平均值	2780
25					女 平均值	3800
26				总经理 平均值		3290
29					女 平均值	2085
30				组长 平均值		2085
31					总计平均值	2237.6471
32				总计平均值		2237.6471
33						

图 4-4-4 数据分类汇总——“职务工资统计”工作表

部门工资情况	
部门	实发工资
家电	5130
化妆	5850
副食	10720
文体	6100
五金	6200
服装	1690
鞋帽	2350

图 4-4-5 数据合并计算——“部门工资统计”工作表

	A	B	C	D	E	F	G	H
1	部门	副食						
2								
3			编号					
4	姓名	数据	98001	98003	98007	98009	98014	总计
5	陈累	平均值项:奖金					200	200
6		求和项:基本工资					1500	1500
7	陈秀贞	平均值项:奖金				800		800
8		求和项:基本工资				1500		1500
9	李来孟	平均值项:奖金			500			500
10		求和项:基本工资			2000			2000
11	米玉荣	平均值项:奖金		300				300
12		求和项:基本工资		1700				1700
13	史波	平均值项:奖金	500					500
14		求和项:基本工资	1500					1500
15	平均值项:奖金汇总		500	300	500	800	200	460
16	求和项:基本工资汇总		1500	1700	2000	1500	1500	8200

图 4-4-6 数据透视表——“信息透视”工作表

工　资　条

月份	编号	部门	姓名	职务	性别	基本工资	补贴	奖金	应发工资	考勤扣款	实发工资
2009年4月	98001	副食	史波	员工	男	1500	50	500	2050	0	2050
月份	编号	部门	姓名	职务	性别	基本工资	补贴	奖金	应发工资	考勤扣款	实发工资
2009年4月	98002	五金	李金花	组长	女	1700	100	300	2100	0	2100
月份	编号	部门	姓名	职务	性别	基本工资	补贴	奖金	应发工资	考勤扣款	实发工资
2009年4月	98003	副食	米玉荣	组长	女	1700	100	300	2100	30	2070
月份	编号	部门	姓名	职务	性别	基本工资	补贴	奖金	应发工资	考勤扣款	实发工资
2009年4月	98004	家电	张锐	总经理	男	2500	500	200	3200	420	2780
月份	编号	部门	姓名	职务	性别	基本工资	补贴	奖金	应发工资	考勤扣款	实发工资
2009年4月	98005	文体	陈磊	员工	男	1500	50	500	2050	300	1750
月份	编号	部门	姓名	职务	性别	基本工资	补贴	奖金	应发工资	考勤扣款	实发工资
2009年4月	98006	服装	何伟	员工	女	1500	50	200	1750	60	1690
月份	编号	部门	姓名	职务	性别	基本工资	补贴	奖金	应发工资	考勤扣款	实发工资
2009年4月	98007	副食	李来孟	副总经理	男	2000	300	500	2800	0	2800
月份	编号	部门	姓名	职务	性别	基本工资	补贴	奖金	应发工资	考勤扣款	实发工资
2009年4月	98008	五金	张刚	员工	男	1500	50	500	2050	0	2050
月份	编号	部门	姓名	职务	性别	基本工资	补贴	奖金	应发工资	考勤扣款	实发工资
2009年4月	98009	副食	陈秀贞	员工	女	1500	50	800	2350	120	2230
月份	编号	部门	姓名	职务	性别	基本工资	补贴	奖金	应发工资	考勤扣款	实发工资
2009年4月	98010	鞋帽	王刚	员工	男	1500	50	800	2350	0	2350
月份	编号	部门	姓名	职务	性别	基本工资	补贴	奖金	应发工资	考勤扣款	实发工资
2009年4月	98011	化妆	陈荣	总经理	女	2500	500	800	3800	0	3800
月份	编号	部门	姓名	职务	性别	基本工资	补贴	奖金	应发工资	考勤扣款	实发工资
2009年4月	98012	文体	王微	员工	女	1500	50	200	1750	0	1750
月份	编号	部门	姓名	职务	性别	基本工资	补贴	奖金	应发工资	考勤扣款	实发工资
2009年4月	98013	家电	张杨	员工	女	1500	50	800	2350	0	2350
月份	编号	部门	姓名	职务	性别	基本工资	补贴	奖金	应发工资	考勤扣款	实发工资
2009年4月	98014	副食	陈果	员工	男	1500	50	200	1750	180	1570
月份	编号	部门	姓名	职务	性别	基本工资	补贴	奖金	应发工资	考勤扣款	实发工资
2009年4月	98015	化妆	孙一	员工	男	1500	50	500	2050	0	2050
月份	编号	部门	姓名	职务	性别	基本工资	补贴	奖金	应发工资	考勤扣款	实发工资
2009年4月	98016	文体	赵阳	副总经理	女	2000	300	300	2600	0	2600
月份	编号	部门	姓名	职务	性别	基本工资	补贴	奖金	应发工资	考勤扣款	实发工资
2009年4月	98017	五金	王伟东	员工	男	1500	50	500	2050	0	2050

图 4-4-7 “工资条”工作表

二、项目分析

按照社会经济普查部门及商场老板的要求对工资明细表进行整理与分析，利用 Excel 2003 强大功能，可以快速的对数据进行分析。根据二者的要求，本项目任务如下：

（1）公式（函数）应用。使用 Sheet1 工作表（图 4-4-1）中的各数据表信息，运用 Excel 公式（函数）功能完成“工资明细”工作表（图 4-4-2）中各列内容填充，并统计“应发工资”，“实发工资”两列数据，结果分别放在相应的单元格中。

（2）数据排序。处理“工资明细”工作表中的数据，使其按“职务”降序排序（图 4-4-3）。

（3）数据筛选。筛选出“工资明细”工作表中，“基本工资”大于 2000，并且“奖金”大于 300 的记录（图 4-4-16）。

（4）数据合并计算。打开“部门工资统计”工作表，对“工资统计表”的数据进行“求和”合并计算，结果放在“部门工资情况”数据表中（图 4-4-5）。

（5）数据分类汇总。使用“职务工资统计”工作表中的相关数据，以“职务”为第一分类字段，以“性别”为第二分类字段，将“实发工资”进行“均值”分类汇总（图 4-4-4）。

（6）数据透视表。使用“工资明细”工作表中的数据，以“部门”为页字段，以“编号”为列字段，以“姓名”为行字段，以“奖金”为均值项，以“基本工资”为求和项，从“信息透视”工作表的 A1 单元格起，建立数据透视表（图 4-4-6）。

（7）工资条生成及打印设置。使用“工资明细”工作表中的数据，在“工资条”工作表中生成工资发放条，并进行打印（图 4-4-7）。

三、项目实现方法与步骤

1．利用公式（函数），完成“工资明细”工作表内容填充

利用 Sheet1 工作表中的数据来完成此任务。

（1）选定 F3 单元格，单击编辑栏中的“插入函数”按钮，弹出“插入函数”对话框，，如图 4-4-8 所示。在“选择函数”列表框中，选择 VLOOKUP 函数。

还可用另外一种方法：选择菜单“插入→函数”命令，弹出“插入函数”对话框。

☞ 奇数行和偶数行可单独求和，例如要求 A 列第 1 行至 1000 行中奇数行之和，运用公式=SUMPRODUCT（(A1:A1000）*MOD（ROW（A1:A1000），2)），要求这些行中偶数行之和，运用公式=SUMPRODUCT（(A1:A1000）*NOT（MOD（ROW（A1:A1000），2)））。

（2）单击“确定”按钮，弹出“函数参数”对话框，参数设置如图 4-4-9 所示。其中，VLOOKUP 为函数的名称；Lookup_value 为需要在目标数据表首列搜索的值；Table_array 为进行搜索的目标数据表范围；Col_index_num 为函数的值；Range_lookup 为搜索查找匹配方式。对话框下半部分为函数参数的描述。在参数文本框中输入参数。本项目采用单元格区域的绝对引用形式，或者用鼠标选定工作表中数据区域后，再将其改为绝对引用方式。

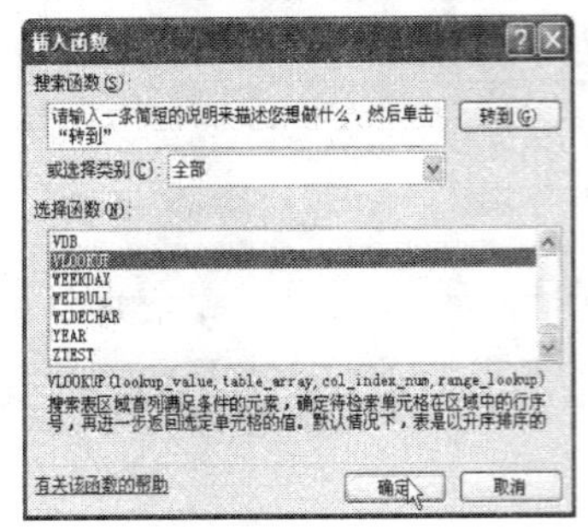

图 4-4-8 “插入函数”对话框

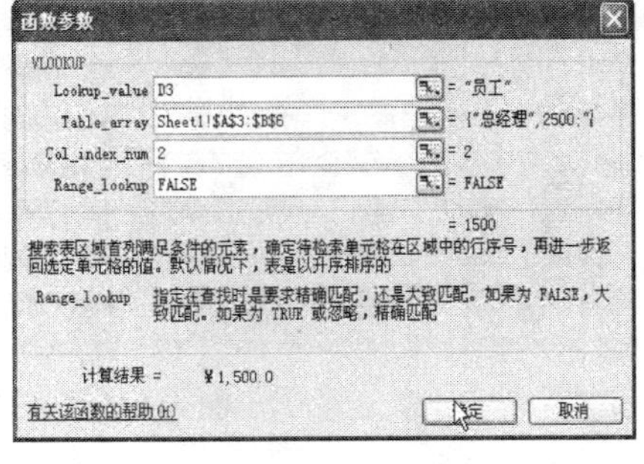

图 4-4-9 “函数参数”对话框

（3）单击“确定”按钮，在单元格中显示出函数计算的结果，如图 4-4-10 所示。

（4）利用鼠标填充功能，填充公式到 F19 单元格。

（5）执行同样操作，分别完成“补贴”、“奖金”、“考勤扣款”列内容的填充。

G3 单元格中公式为：“=VLOOKUP（D3, Sheet1! $A$12:$B$15, 2, FALSE）”。

H3 单元格中公式为：“=VLOOKUP（A3, Sheet1! $D$3:$G$19, 4, FALSE）”。

J3 单元格中公式为：“=VLOOKUP（A3, Sheet1! $I$3:$N$19, 6, FALSE）”。

（6）选定 I3 单元格，插入 SUM 函数，计算 F3:H3 单元格区域的和值。利用鼠标填充功能，填充公式到 I19 单元格。

（7）选定 K3 单元格，编辑公式“=I3–J3”，单击“确定”按钮。利用鼠标填充功能，填充公式到 K19 单元格。

F3 =VLOOKUP(D3, Sheet1!$A$3:$B$6, 2, FALSE)

	C	D	E	F	G	H	I
1				工资明细表			
2	姓名	职务	性别	基本工资	补贴	奖金	应发工资
3	史波	员工	男	1500			
4	李金花	组长	女				

G3 =VLOOKUP(D3, Sheet1!$A$12:$B$15, 2, FALSE)

	A	B	C	D	E	F	G	H
1					工资明细表			
2	编号	部门	姓名	职务	性别	基本工资	补贴	奖金
3	98001	副食	史波	员工	男	1500	50	
4	98002	五金	李金花	组长	女	1700		

H3 =VLOOKUP(A3, Sheet1!$D$3:$G$19, 4, FALSE)

	A	B	C	D	E	F	G	H
1					工资明细表			
2	编号	部门	姓名	职务	性别	基本工资	补贴	奖金
3	98001	副食	史波	员工	男	1500	50	500
4	98002	五金	李金花	组长	女	1700	100	

图 4-4-10 函数计算结果

2．数据排序

处理“工资明细”工作表中的数据，使其按“职务”序列顺序排序。

在对汉字进行排序时，默认的排序方式只能是按汉字拼音的第一个字母进行升序或者降序排列，而此任务要求按“职务”进行排序，这样我们只能自定义一个排序序列来完成任务，方法如下：

（1）选择菜单“工具→选项”命令，弹出“选项”对话框，选择“自定义序列”选项卡，如图 4-4-11 所示。

（2）在“输入序列”下面的文本框中逐行输入序列的内容，即“总经理”、“副总经理”、“组长”、“员工”，并且每输完一个项目按“Enter”键。

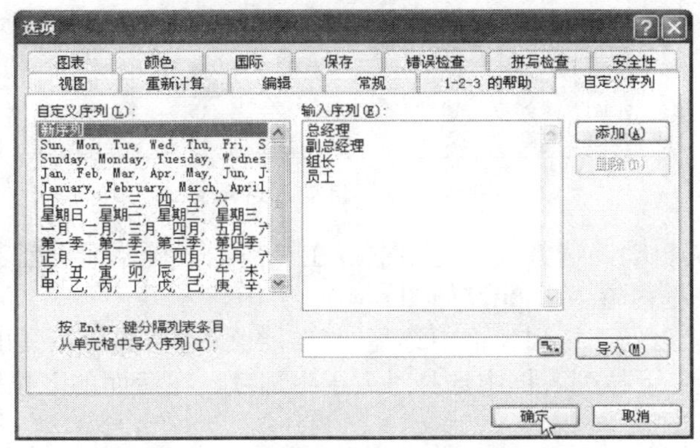

图 4-4-11　“自定义序列”选项卡

（3）输入完成后，单击“添加”按钮。此时，在“自定义序列”下面文本区域内将会出现添加的序列，单击“确定”按钮。

（4）选择数据表中任意单元格，单击“数据→排序”菜单命令，弹出“排序”对话框，如图 4-4-12 所示。在“主要关键字”下拉菜单中选择“职务”。

（5）在“排序”对话框中，单击“选项”按钮，弹出“排序选项”对话框，如图 4-4-13 所示。

（6）在“自定义排序次序”下拉菜单中选择 2、3 步所定义的次序：“总经理，副总经理，组长，员工”，单击“确定”按钮。

（7）在“排序”对话框中，“主要关键字”选择“升序”排序方式，单击“确定”按钮。

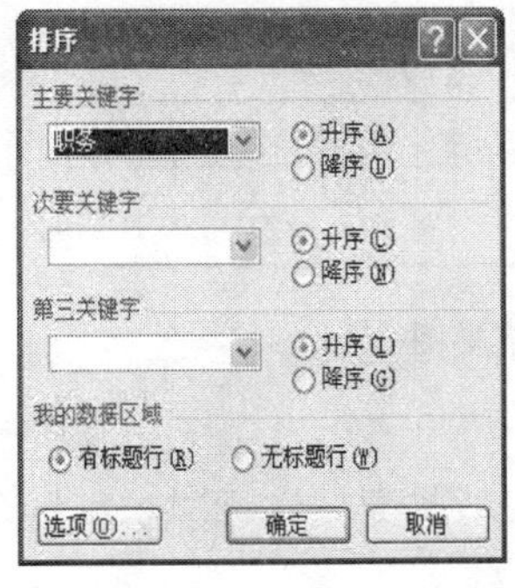

图 4-4-12　“排序”对话框

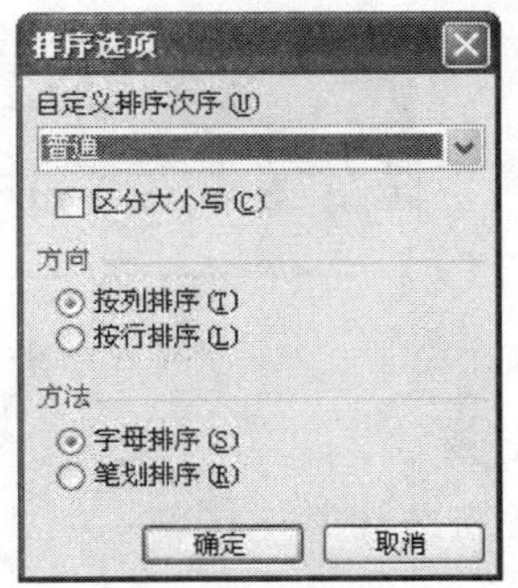

图 4-4-13　“排序选项”对话框

3．数据筛选

筛选出“工资明细”工作表中，“基本工资”大于 2000，并且“奖金”大于 300 的记录。

（1）选定数据单元格中的任意一个单元格。

（2）选择菜单“数据→筛选→自动筛选”命令，可以看到数据清单的列标题全部变成了下拉列表框，在“基本工资”下拉列表框中选择“(自定义…)”选项，如图 4-4-14 所示。

	A	B	C	D	E	F	G
1						工资明	细表
2	编号	部门	姓名	职务	性别	基本工资	补贴
3	98004	家电	张锐	总经理	男	升序排列 降序排列	500
4	98011	化妆	陈荣	总经理	女		500
5	98007	副食	李来孟	副总经理	男	(全部) (前 10 个...)	300
6	98016	文体	赵阳	副总经理	女	(自定义...)	300
7	98002	五金	李金花	组长	女	1500 1700	100
8	98003	副食	米玉荣	组长	女	2000 2500	100
9	98001	副食	史波	员工	男	1500	50
10	98005	文体	陈磊	员工	男	1500	50

图 4-4-14　自动筛选项

（3）弹出“自定义自动筛选方式”对话框，在“基本工资”下拉列表框中选择“大于”选项，在后面的下拉列表框内输入 2000，如图 4-4-15 所示。

（4）同样，在“奖金”下拉列表框中选择“(自定义…)”选项，弹出“自定义自动筛选方式”对话框，在“奖金”下拉列表框中选择“大于”选项，在后面的下拉列表框内输入 300。筛选结果如图 4-4-16 所示。

（5）得到筛选结果后，单击“数据→筛选→自动筛选”命令，去掉“自动筛选”前的勾选符号取消筛选，恢复数据表。

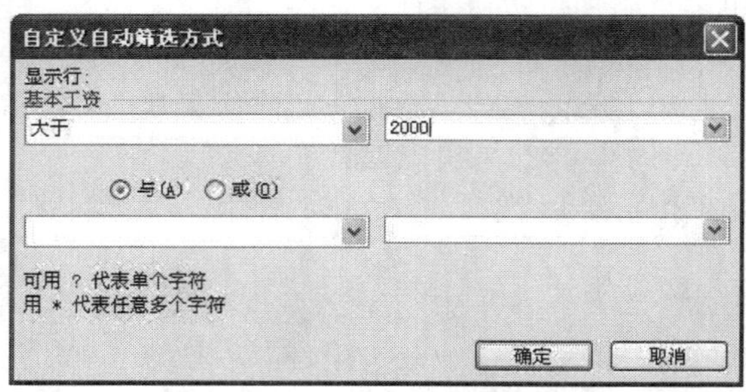

图 4-4-15　“自定义自动筛选方式”对话框

工资明细表									
编号	部门	姓名	职务	性别	基本工资	补贴	奖金	应发工资	考勤
98011	化妆	陈荣	总经理	女	2500	500	800	3800	

图 4-4-16　筛选结果图

4．数据合并计算

打开“部门工资统计”工作表，对“工资统计表”的数据进行“求和”合并计算，结果放在“部门工资情况”数据表中。

（1）选中“部门工资情况”数据表标题行的第一个单元格。

（2）选择菜单“数据→合并计算”命令，弹出“合并计算”对话框。

（3）在“函数”下拉列表中选择“求和”。

（4）单击“引用位置”右侧按钮，折叠起“合并计算”对话框。

（5）在工作区拖动选择 C2：D19 合并计算区域。

（6）单击按钮打开“合并计算”对话框，单击“添加”按钮，最后在“标签位置”下面勾选“首行”、“最左列”，如图 4-4-17 所示。单击“确定”按钮，合并计算结果如图 4-4-5 所示。

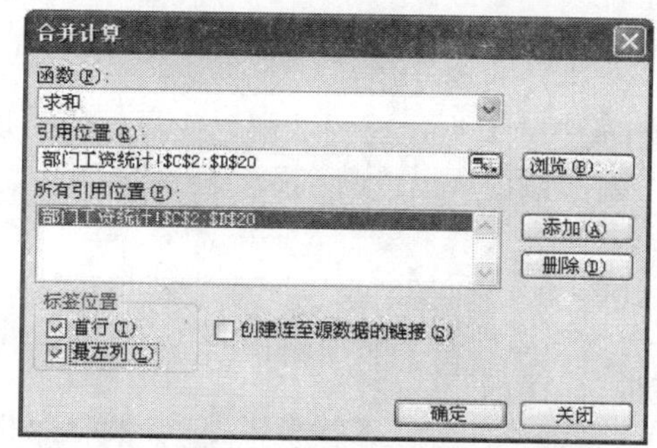

图 4-4-17 “合并计算”对话框

注意：多数据表合并计算的方法，在合并计算过程中，在“合并计算”对话框中，多次添加引用位置，即可实现多区域合并计算。

5．数据分类汇总

使用“职务工资统计”工作表中的相关数据，以“职务”为第一分类字段，以“性别”为第二分类字段，将“实发工资”进行“均值”分类汇总。

（1）将光标定位到 D2 单元格，选择“数据→排序”菜单命令，弹出“排序”对话框。

（2）在“主要关键字”下拉菜单中选择“职务”，选择“升序”排序方式，在“次要关键字”下拉菜单中选择“性别”，选择“升序”排序方式。如图 4-4-18 所示。

（3）单击“确定”按钮。

（4）选择数据表中任意单元格，单击“数据→分类汇总”菜单命令，弹出“分类汇总”对话框，如图 4-4-19 所示。

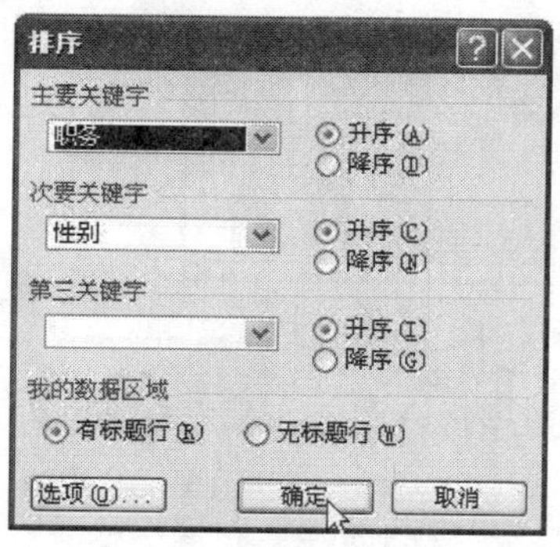

图 4-4-18 “排序”对话框

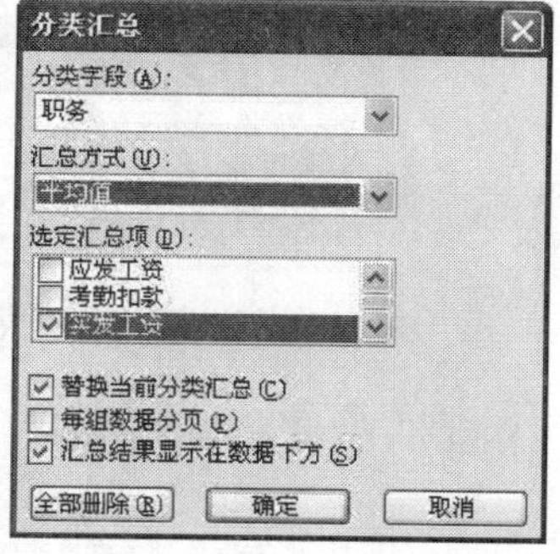

图 4-4-19 “分类汇总”对话框

（5）在“分类字段”下拉菜单中选择“职务”，在“汇总方式”下拉菜单中选择“平均值”，在“选定汇总项”下拉菜单中勾选“实发工资”项，并勾选“替换当前分类汇总”及“汇总结果显示在数据下方”复选框。单击“确定”按钮。

（6）在“分类字段”下拉菜单中选择“性别”，在“汇总方式”下拉菜单中选择“平均值”，在“选定汇总项”下拉菜单中勾选“实发工资”项，并取消勾选“汇总结果显示在数据下方”及“替换当前分类汇总”复选框。单击“确定”按钮。

（7）单击“3”按钮。如图 4-4-20 所示。

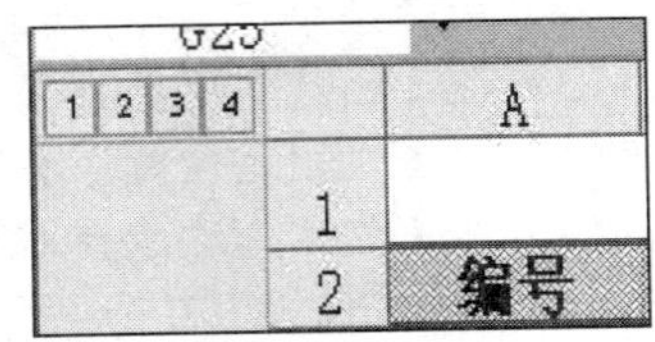

图 4-4-20　分级显示

☞ 分类汇总后恢复方法：单击“数据→组及分级显示→清除分级显示”命令。

6．数据透视表

使用“工资明细”工作表中的数据，以“部门”为页字段，以“编号”为列字段，以“姓名”为行字段，以“奖金”为均值项，以“基本工资”为求和项，从“信息透视”工作表的 A1 单元格起，建立数据透视表。

（1）将光标定位到“信息透视”工作表中的 A1 单元格。

（2）选择菜单“数据→数据透视表和数据透视图”命令，弹出“数据透视表和数据透视图-3 步骤之 1”对话框，如图 4-4-21 所示。

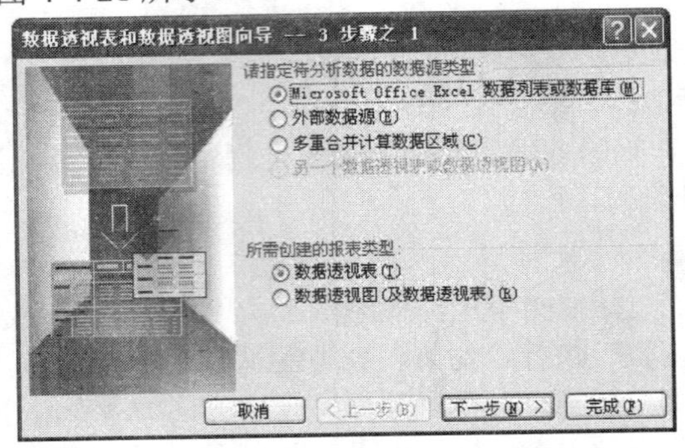

图 4-4-21　“数据透视表和数据透视图-3 步骤之 1”对话框

（3）选取“Microsoft Excel 数据列表或数据库”单选按钮，报表类型选取“数据透视表”，单击“下一步”按钮。

（4）弹出“数据透视表和数据透视图-3 步骤之 2”，如图 4-4-22 所示。选择数据源区域，选择数据源区域为“工资明细”工作表 A2：K19 数据区域。

图 4-4-22　“数据透视表和数据透视图-3 步骤之 2”对话框

（5）单击“下一步”按钮，弹出“数据透视表和数据透视图-3 步骤之 3”对话框，如图 4-4-23 所示。

（6）单击“布局”按钮，弹出“数据透视表和数据透视图向导—布局”对话框，，如图 4-4-24 所示。拖动“部门”到“页”上，“编号”到“列”上，“姓名”到“行”上，“奖金”、“基本工资”到“数据”上。

☞ 调整字段按钮上下顺序：选择已放置好的字段按钮，按下鼠标左键，拖拽鼠标至目标位置即可。

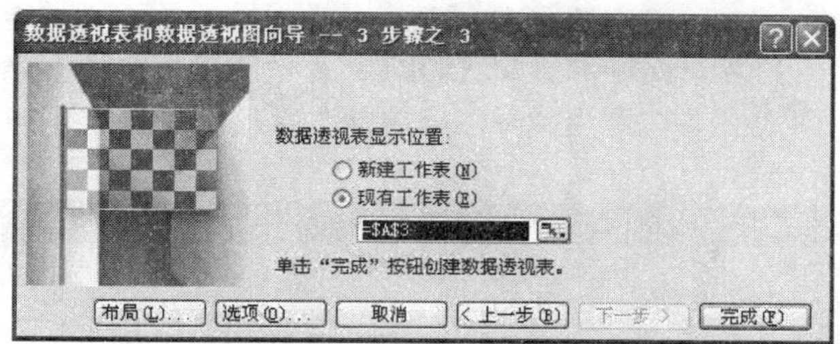

图 4-4-23　“数据透视表和数据透视图-3 步骤之 3”对话框

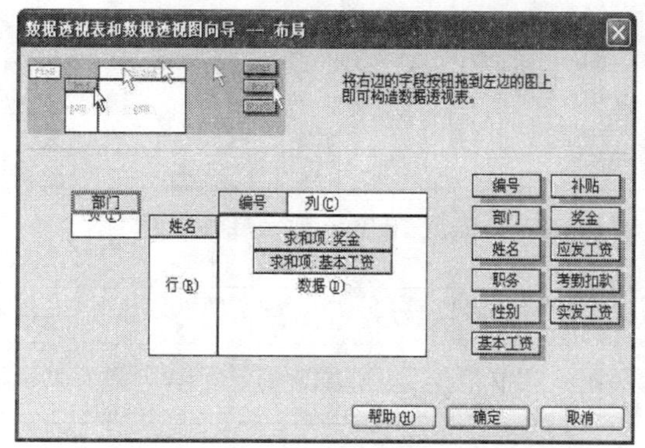

图 4-4-24　“数据透视表和数据透视图向导—布局”对话框

（7）双击“求和项:奖金”按钮，弹出“数据透视表字段”对话框，在“汇总方式”下拉菜单中选择“平均值”，如图 4-4-25 所示。单击“确定”按钮关闭对话框。

（8）在“数据透视表和数据透视图向导—布局”对话框中单击“确定”按钮关闭对话框。

（9）单击“完成”按钮。

（10）在图 4-4-6 中的“部门”下拉列表框中选择“副食”。

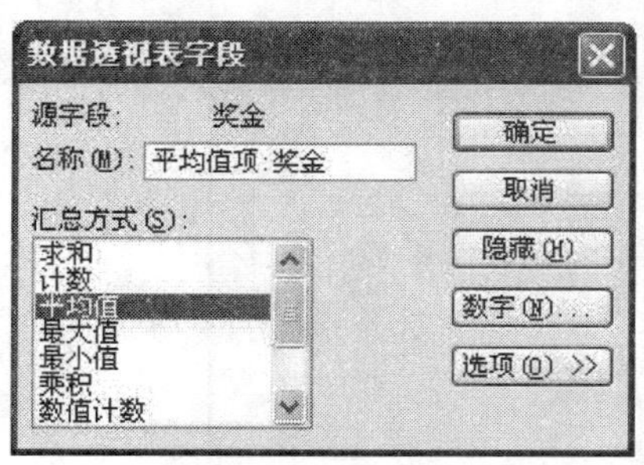

图 4-4-25　“数据透视表字段”对话框

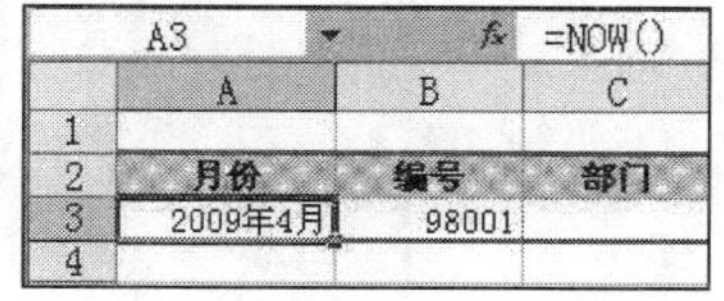

图 4-4-26　工资条

7. 工资条生成及打印设置

使用“工资明细”工作表中的数据，在“工资条”工作表中生成工资发放条，并进行打印。

（1）选择 A3 单元格，插入函数 NOW，填充当前日期；选择 B3 单元格，输入员工编号“98001”，如图 4-4-26 所示。

（2）选择 C3 单元格，插入 VLOOKUP 函数，并对函数参数进行设置，如图 4-4-27 所示。

（3）单击“确定”按钮，函数填充结果如图 4-4-28 所示。

（4）利用鼠标填充功能，填充公式到 L3 单元格。

（5）双击 D3 单元格，将 VLOOKUP 函数第三个参数改成整数 3，其余参数不变，单击“Enter”键。重复操作依次修改 E3:L3 单元格中的 VLOOKUP 函数第三个参数，分别为 4～11。

（6）选择 A2:L3 单元格区域，利用鼠标填充功能，填充到工作表第 35 行，则完成工资条的制作。

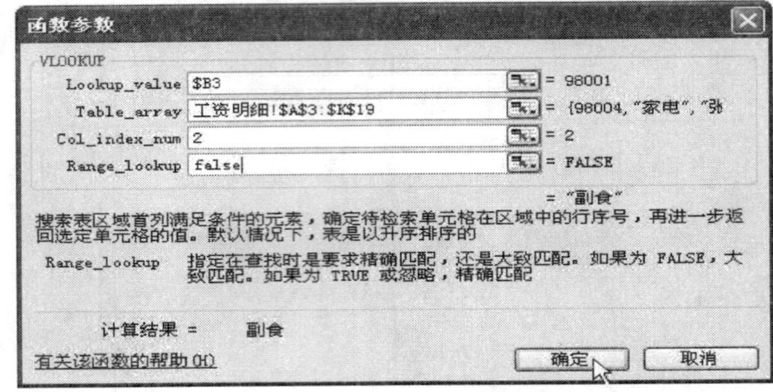

图 4-4-27　VLOOKUP 函数“参数设置”对话框

C3　=VLOOKUP($B3,工资明细!$A$3:$K$19,2,FALSE)

	A	B	C	D	E	F	G
1					工	资	条
2	月份	编号	部门	姓名	职务	性别	基本工
3	2009年4月	98001	副食				

图 4-4-28　VLOOKUP 函数填充结果

（7）选择“文件→页面设置”菜单命令，弹出“页面设置”对话框。设置“页面方向”为横向，适当调整页边距。

（8）打印设置，如图 4-4-29 所示。

> 打印工作表的一部分的内容，可用下列方法：选中要打印的单元格，选择“文件→打印区域→设置打印区域”菜单命令，即可把选中的区域定为需要打印的区域，在打印预览中就可以看到其打印的内容。

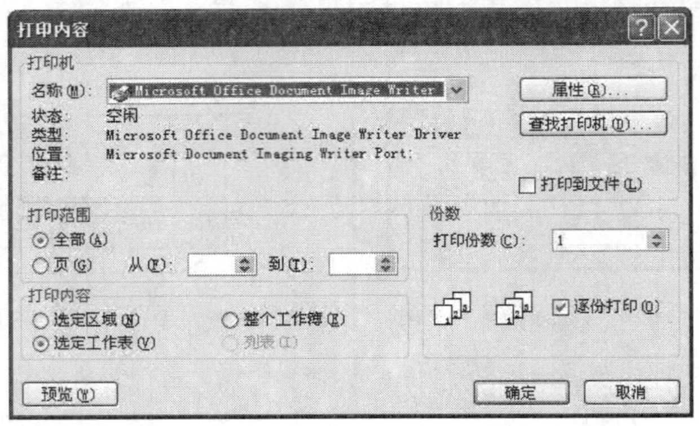

图 4-4-29　打印设置

四、相关知识与技能

1．VLOOKUP 函数

格式：VLOOKUP（lookup_value, table_array, col_index_num, range_lookup）

功能：在表格或数值数组（参数 table_array 指定单元格区域或数值数组）的首列查找指定的数值（参数 lookup_value 指定数值），并由此返回表格或数组当前行中指定列（参数 col_index_num 指定列号）处的数值。

参数：

lookup_value 为需要在数据单元格区域第一列中查找的数值。Lookup_value 可以为数值、引用或文本字符串。

table_array 为需要在其中查找数据的数据表。可以使用对区域或区域名称的引用。

col_index_num 为 table_array 中待返回的匹配值的列序号。col_index_num 为 1 时，返回 table_array 第一列中的数值；col_index_num 为 2，返回 table_array 第二列中的数值，以此类推。如果 col_index_num 小于 1，函数 VLOOKUP 返回错误值#VALUE!；如果 col_index_num 大于 table_array 的列数，函数 VLOOKUP 返回错误值#REF!。

Range_lookup 为逻辑值 TRUE 或 FALSE，指明函数 VLOOKUP 返回时是精确匹配还是近似匹配。如果为 TRUE 或省略，则返回近似匹配值，也就是说，如果找不到精确匹配值，则返回小于 lookup_value 的最大数值；如果 range_value 为 FALSE，函数 VLOOKUP 将返回精确匹配值。如果找不到，则返回错误值#N/A。

说明：

（1）如果函数 VLOOKUP 找不到 lookup_value，且 range_lookup 为 TRUE，则使用小于等于 lookup_value 的最大值。

（2）如果 lookup_value 小于 table_array 第一列中的最小数值，函数 VLOOKUP 返回错误值#N/A。

（3）如果函数 VLOOKUP 找不到 lookup_value 且 range_lookup 为 FALSE，函数 VLOOKUP 返回错误值#N/A。

（4）如果 range_lookup 为 TRUE，则 table_array 的第一列中的数值必须按升序排列：…、–2、–1、0、1、2、…、–Z、FALSE、TRUE；否则函数 VLOOKUP 不能返回正确的数值。

（5）如果 range_lookup 为 FALSE，table_array 不必进行排序。通过在“数据”菜单中的“排序”中选择“升序”命令，可将数值按升序排列。

（6）Table_array 的第一列中的数值可以为文本、数字或逻辑值。文本不区分大小写。

2．数据分类汇总

分类汇总功能可以自动对所选数据进行汇总，并插入汇总行。汇总方式灵活多样，如求和、平均值、最大值、标准方差等，可以满足用户多方面的需要。

一般步骤如下：

(1)选定工作表数据区的任意单元格，数据区如图 4-4-31 所示。

（2）单击“数据”→“分类汇总”命令，将弹出“分类汇总”对话框，如图 4-4-30 所示。

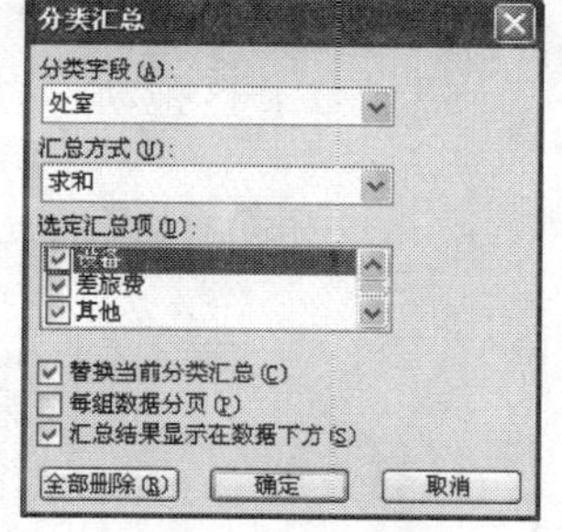

图 4-4-30　“分类汇总”对话框

（3）在“分类字段”和“汇总方式”下拉列表框中选择分类字段和汇总方式，在“选定汇总项”列表框中勾选汇总的字段。

（4）单击“确定”按钮。

注意：在分类汇总前要按分类字段对数据排序，否则分类汇总将出现错误的结果。

3．数据合并计算

通过合并计算可以对来自一个或多个源区域的数据进行汇总，并建立合并计算表。这些源

区域与合并计算表可以在同一工作表中，也可以在同一个工作簿的不同工作表中，还可以在不同的工作簿中。

下面以一个具体的实例来说明合并计算一般步骤，源区域的数据如图 4-4-31 所示。

	A	B	C	D	E	F	G	H	I	J	K	L
1		费用支出情况（万元）										
2		处室	支出情况	交通	技术投入	书籍	翻译	设备	差旅费	其他		
3		广告部	预算	1.8	20	8	1	20	10	5		
4		广告部	实际	2	20	7.8	0.9	18	12	6		
5		维修部	预算	1.8	6	5	0	5	5	4		
6		维修部	实际	2.3	6	3	0	5	4.3	4.5		
7		软件部	预算	1	4	6	2	3	2	2		
8		软件部	实际	0.8	4.1	3.5	1.6	2.9	3.2	2.9		
9		硬件部	预算	1	3	3	1	10	5	2		
10		硬件部	实际	1.5	3.6	3	0.6	11	4.7	2.5		
11		企化	预算	3	0	3	2	10	5	5		

图 4-4-31　源区域的数据

（1）单击选择存放结果的左上方第一个单元格，如图 4-4-32 所示。

费用支出汇总（万元）							
支出情况	交通	技术投入	书籍	翻译	设备	差旅费	其他

图 4-4-32　选定目标单元格

（2）单击"数据→合并计算"菜单命令，弹出"合并计算"对话框，如图 4-4-33 所示。

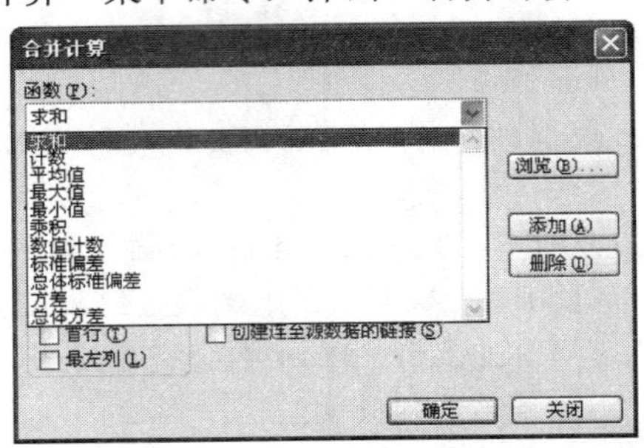

图 4-4-33　"合并计算"对话框

（3）在"函数"下拉列表框选择函数类型。

（4）单击"引用位置"右侧按钮，折叠起"合并计算"对话框。

（5）在工作区拖动，选择图 4-4-34 所示合并计算区域。

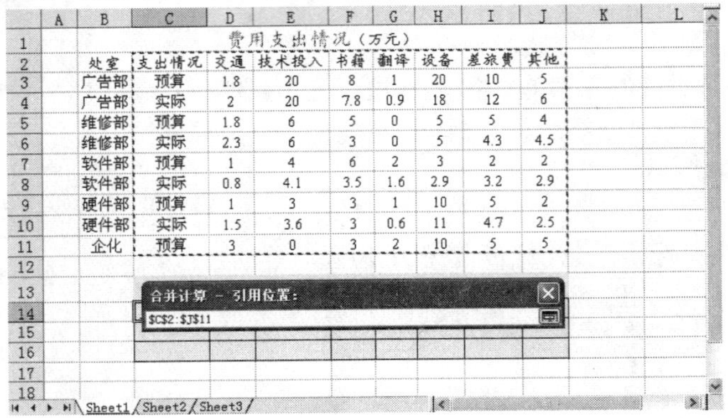

	A	B	C	D	E	F	G	H	I	J	K	L
1		费用支出情况（万元）										
2		处室	支出情况	交通	技术投入	书籍	翻译	设备	差旅费	其他		
3		广告部	预算	1.8	20	8	1	20	10	5		
4		广告部	实际	2	20	7.8	0.9	18	12	6		
5		维修部	预算	1.8	6	5	0	5	5	4		
6		维修部	实际	2.3	6	3	0	5	4.3	4.5		
7		软件部	预算	1	4	6	2	3	2	2		
8		软件部	实际	0.8	4.1	3.5	1.6	2.9	3.2	2.9		
9		硬件部	预算	1	3	3	1	10	5	2		
10		硬件部	实际	1.5	3.6	3	0.6	11	4.7	2.5		
11		企化	预算	3	0	3	2	10	5	5		

图 4-4-34　选择合并计算区域

（6）单击按钮，展开“合并计算”对话框，单击“添加”按钮，勾选“首行”、“最左列”，如图 4-4-35。

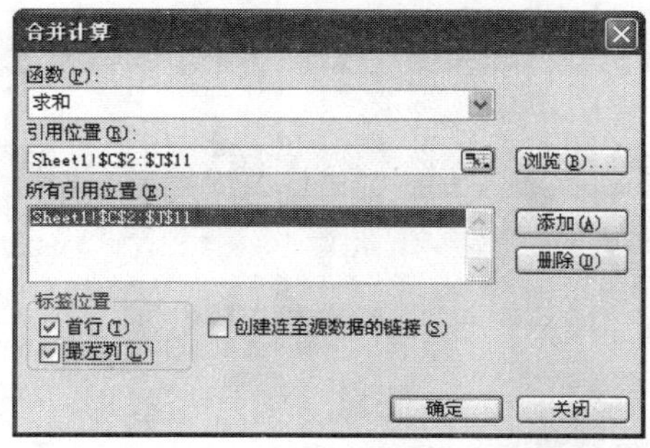

图 4-4-35　“合并计算”对话框

（7）单击“确定”，合并计算结果如图 4-4-36 所示。

费用支出汇总（万元）

支出情况	交通	技术投入	书籍	翻译	设备	差旅费	其他
预算	8.6	33	25	6	48	27	18
实际	6.6	33.7	17.3	3.1	36.9	24.2	15.9

图 4-4-36　合并计算结果

注意，合并计算数据的方式有以下四种：使用三维公式进行合并计算；按位置进行合并计算；按分类进行合并计算；通过生成数据透视表进行合并计算。各种方式都有自己的适用范围，限于篇幅这里不加详细介绍，有兴趣的读者可以查阅相关的书籍。

4．数据透视表

数据透视表是一种对大量数据进行快速汇总和建立交叉列表的交互式表格，它不仅可以转换行和列以显示源数据的不同汇总结果，也可以显示不同页面以筛选数据，还可根据用户的需要显示区域中的细节数据。

下面以图 4-4-37 所示数据介绍建立数据透视表的一般步骤。

专业代	总号	工作站	专业	CJ1	CJ2	CJ3	CJ4	CJ5	CJ6	CJ7	CJ8	CJ9	CJ1	CJ1
900302	903940	唐山一运	汽管	97	94	93	93	73	74	81	93	90	65	68
900302	903951	唐山一运	汽管	80	333	69	87	64	88	83	88	80	64	333
900302	903961	沧州市	汽管	85	71	67	77	68	76	75	71	88	70	333
900302	903973	沧州市	汽管	88	81	73	81	83	72	84	88	90	80	72
900402	903886	沧州市	汽财	89	62	77	85	80	86	80	62	92	92	87
900402	903896	沧州市	汽财	91	68	76	82	76	78	80	63	86	87	75
900402	903907	沧州市	汽财	86	79	80	93	73	81	67	60	80	87	79
900402	903920	沧州市	汽财	93	73	78	88	79	84	78	75	81	98	86
900402	903930	唐山一运	汽财	94	84	333	86	74	87	76	84	82	83	89
900402	900026	沧州	汽财	74	77	84	77	86	81	94	85	90	91	86
900402	900068	沧州	汽财	56	78	89	76	66	54	67	77	88	99	100
900601	904087	张家口市	汽修	85	85	83	83	60	74	67	60	61	60	93
900601	904097	张家口市	汽修	74	74	76	76	60	72	80	73	85	333	86
900601	904107	张家口市	汽修	92	92	78	78	64	78	69	72	75	71	96
900601	904117	张家口市	汽修	80	80	83	83	64	80	84	82	83	60	88
900601	904127	张家口市	汽修	72	72	77	77	64	72	63	74	88	72	87
900602	904139	秦皇岛	汽修	93	83	88	87	73	95	80	67	68	72	74
900602	904155	唐山一运	汽修	66	60	73	65	78	65	71	55	76	74	77

图 4-4-37　数据

（1）单击数据清单中的任一单元格。

（2）单击“数据→数据透视表和数据透视图”命令，弹出“数据透视表和数据透视图—3 步骤之 1”对话框。

（3）“请指定待分析数据的数据源类型”选择“Microsoft Excel 数据列表或数据库”，“报表类型选”选择“数据透视表”，如图 4-4-38 所示。

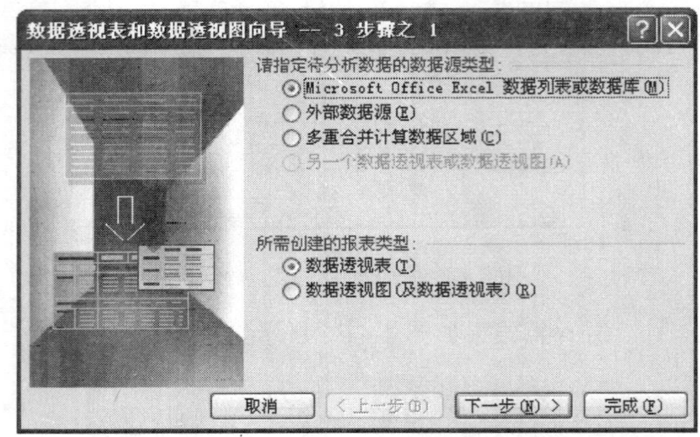

图 4-4-38 “数据透视表和数据透视图—3 步骤之 1”对话框

（4）单击“下一步”按钮，弹出“数据透视表和数据透视图—3 步骤之 2”对话框，选择数据源区域，如图 4-4-39 所示。

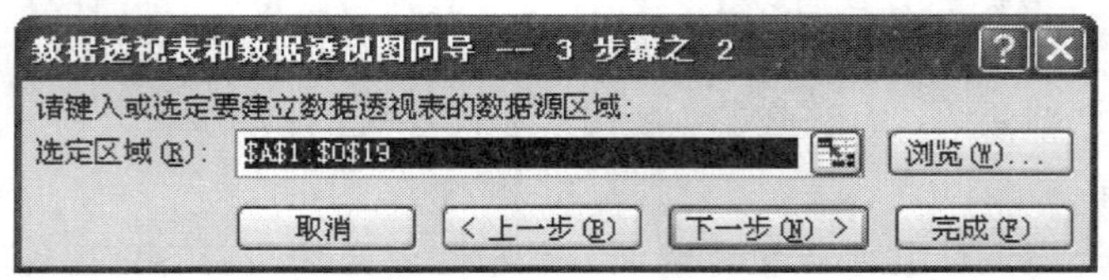

图 4-4-39 数据透视表和数据透视图—3 步骤之 2

（5）单击“下一步”按钮，弹出“数据透视表和数据透视图—3 步骤之 3”对话框，如图 4-4-40 所示。

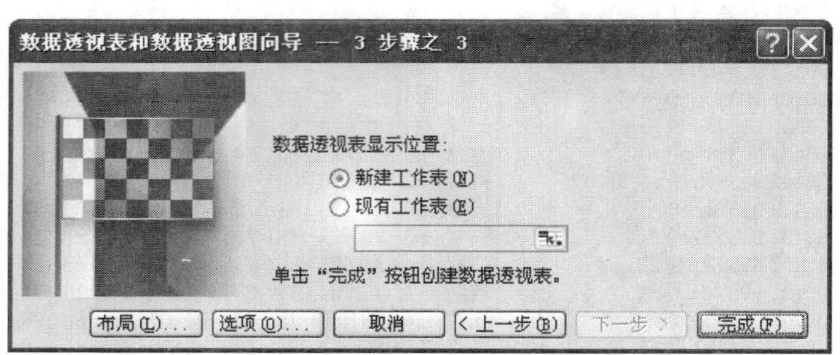

图 4-4-40 “数据透视表和数据透视图—3 步骤之 3”对话框

（6）单击“布局”按钮，弹出“数据透视表和数据透视图向导—布局”对话框，如图 4-4-41 所示。拖动“工作站”到“页”上，“专业”到“行”上，“总号”到“列”上，“CJ1”、“CJ2”、“CJ3”、“CJ4”、“CJ5”、“CJ6”到“数据”上。

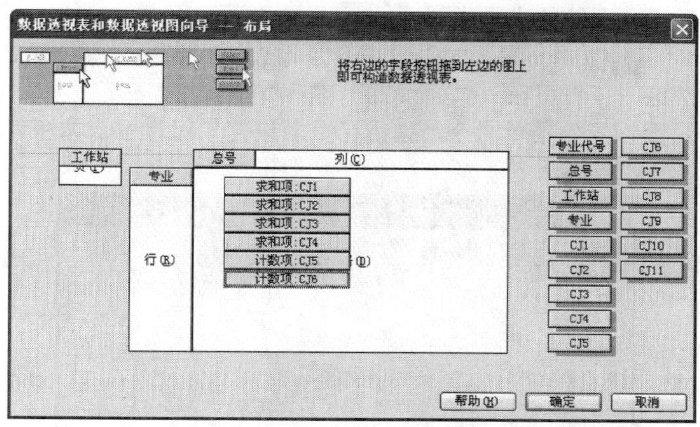

图 4-4-41 “数据透视表和数据透视图向导—布局”对话框

（7）把“CJ5”改为求和项，只需在“计数项：CJ5”上双击鼠标，弹出“数据透视表字段”对话框，如图 4-4-42 所示。选择“汇总方式”，单击“确定”按钮。

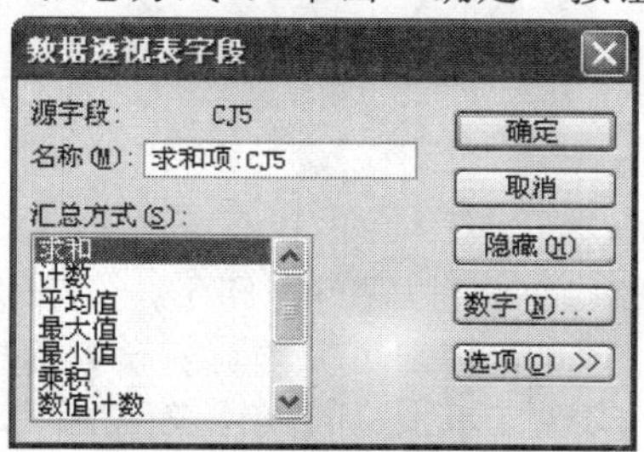

图 4-4-42 “数据透视表字段”对话框

（8）回到“数据透视表和数据透视图向导—布局”对话框，用相同的方法设置其他求和项。

（9）单击“确定”→“完成”。

（10）“工作站”选择“秦皇岛”，结果如图 4-4-43。

	A	B	C	D	E	F	G
1	工作站	秦皇岛					
2							
3			总号				
4	专业	数据	904139	总计			
5	汽修	求和项:CJ1	93	93			
6		求和项:CJ2	83	83			
7		求和项:CJ3	88	88			
8		求和项:CJ4	87	87			
9		求和项:CJ5	73	73			
10		求和项:CJ6	95	95			
11	求和项:CJ1汇总		93	93			
12	求和项:CJ2汇总		83	83			
13	求和项:CJ3汇总		88	88			
14	求和项:CJ4汇总		87	87			
15	求和项:CJ5汇总		73	73			
16	求和项:CJ6汇总		95	95			

Sheet4 / Sheet1 / Sheet2 / Sheet3

图 4-4-43 数据透视表

5．页面设置

（1）设置打印区域。选定要打印的区域。单击“文件→打印区域→设置打印区域”命令。此时，选定的区域周围将出现虚线。

（2）分页。插入水平分页符的步骤如下：单击新一页中第一行的行号。单击“插入”→“分页符”命令。插入垂直分页符的步骤类似。

（3）页面设置对话框。页面设置的主要内容是设置纸张大小、页边距、打印标题、打印区域、页眉、页脚等，这些工作可在“页面设置”对话框完成。

单击“文件→页面设置”菜单命令，弹出“页面设置”对话框，如图 4-4-44 所示。进行相应的设置即可。

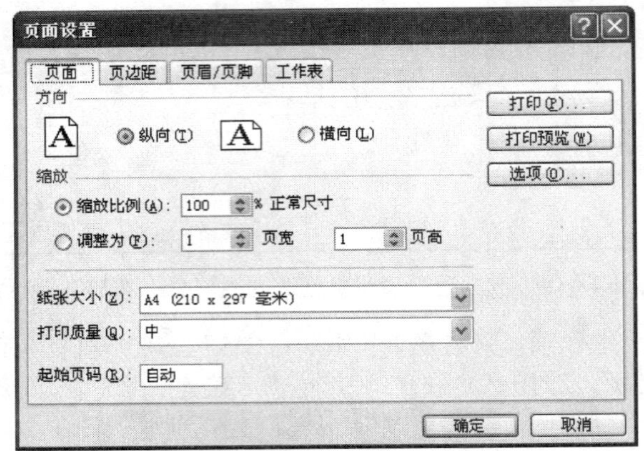

图 4-4-44 “页面设置”对话框

6. 预览与打印工作表

在设置完成所有的打印选项后就可以进行打印了，在打印前用户还可以预览一下打印效果。

（1）打印预览。通过打印预览，用户可以预览所设置的打印选项的实际打印效果，对打印选项进行最后的修改和调整。实现打印预览的具体操作步骤如下：打开要进行打印预览的工作表。单击“文件→打印预览”命令，即可实现打印预览。也可以通过单击“常用工具栏”中的“打印预览”按钮实现打印预览。

（2）打印工作表。用户对打印预览中显示的效果满意后就可进行打印输出了，单击“文件→打印”命令，弹出“打印内容”对话框，如图 4-4-45 所示。下面将对各选项区内容分别进行介绍。

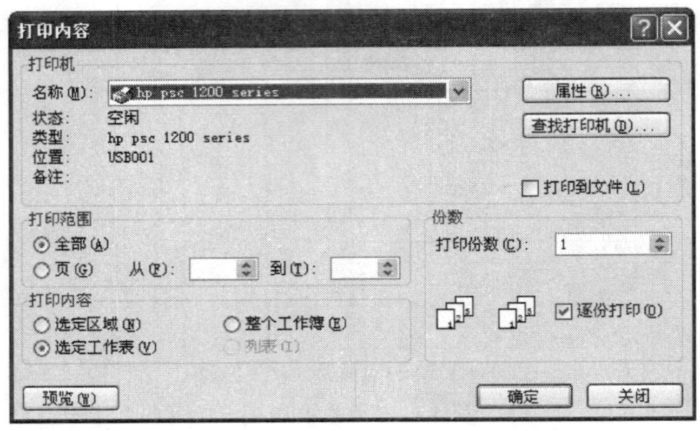

图 4-4-45 “打印内容”对话框

在“打印范围”选项区中，可选中“全部”或“页”单选按钮。

在“打印内容”选项区中选中“选定区域”单选按钮，则只打印工作表中选定的区域；选中“整个工作薄”单选按钮，则打印工作簿中有数据的所有工作表；选中“选定工作表”单选按钮，则打印选定的工作表。

在“份数”选项区中可指定要打印的份数和打印方式。在“打印份数”数值框中输入要打印的份数或使用微调按钮设置打印份数；选中“逐份打印”复选框，则在打印完一份完整的文档后，再开始打印下一份文档。

单击“预览”按钮，可切换到“打印预览”窗口进行打印预览。根据实际需要设置完毕后，单击“确定”按钮即可开始打印。

用户也可单击“常用工具栏”中的“打印”按钮进行打印，但使用该按钮不允许用户设置打印方式，而是按系统默认的方式一次性打印所选的内容并且只打印一份。

五、技巧与提高

1．按行进行排序

许多人都认为 Excel 只能按列进行排序，而实际上，Excel 不但能按列进行排序，也能够按行来排序。下面通过一个列子来介绍如何按行进行排序。在如图 4-4-46 所示的表格中，现在需要依次按“类别”、“项目”来进行“升序”排序。对于这样的表格，按列来排序是没有意义的，必须按行来排序。方法如下：

	A	B	C	D	E	F	G
1	类别	101	104	203	101	108	102
2	项目	B11	B23	A24	A12	C18	A104
3	开始日期	2008-2-4	2008-2-18	2008-2-1	2008-2-23	2008-2-14	2008-2-8
4	完成日期	2009-5-22	2009-7-3	2009-6-28	2009-6-23	2009-7-14	2009-6-1
5	责任人	宋娜	赵丽	陈玲	王雅	李峰	于权
6							

图 4-4-46　数据

（1）选择 B2:G2 单元格区域。

（2）选择“数据→排序”菜单命令，在弹出的“排序”对话框中单击“选项”按钮，弹出“排序选项”对话框，如图 4-4-47 所示。在“方向”下面勾选“按行排序”复选框。

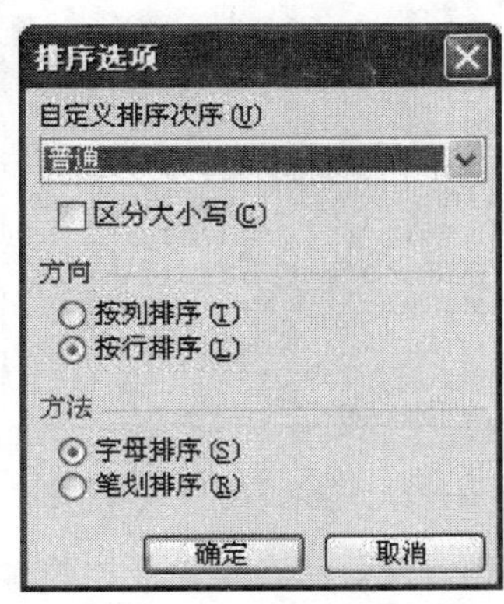

图 4-4-47　“排序选项”对话框

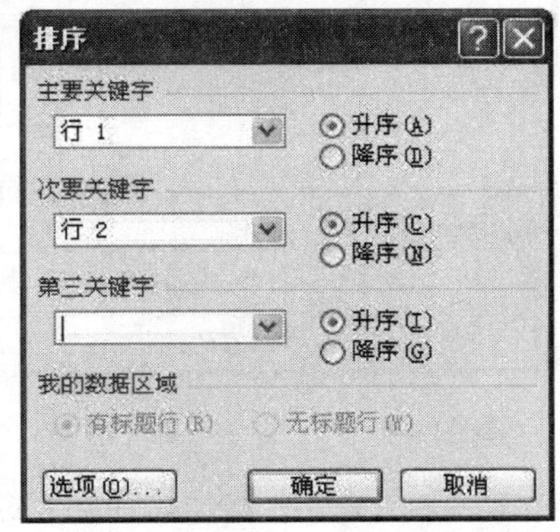

图 4-4-48　“排序”对话框

（3）单击“确定”按钮，关闭“排序选项”对话框。

（4）在“排序”对话框中，设置关键字如图 4-4-48 所示，单击“确定”按钮，关闭“排序”对话框。排序结果如图 4-4-49 所示。

	A	B	C	D	E	F	G
1	类别	101	101	102	104	108	203
2	项目	A12	B11	A104	B23	C18	A24
3	开始日期	2008-2-23	2008-2-4	2008-2-8	2008-2-18	2008-2-14	2008-2-1
4	完成日期	2009-6-23	2009-5-22	2009-6-1	2009-7-3	2009-7-14	2009-6-28
5	责任人	王雅	宋娜	于权	赵丽	李峰	陈玲
6							

图 4-4-49　排序结果

2．分类汇总结果的复制

许多用户在使用分类汇总以后，希望能够把汇总结果复制到其他工作表中去，但是对于图 4-4-50 的数据列表进行复制，并粘贴到其他工作表时，发现明细数据也被复制了，没有达到理想的要求，我们可以采用如下方法进行复制并且粘贴。

	A	B	C	D	E	F
1	工 资 明 细 表					
2	编号	部门	姓名	职务	性别	实发工资
7				副总经理 平均值		2700
21				员工 平均值		1990
26				总经理 平均值		3290
30				组长 平均值		2085
31					总计平均值	2237.6471
32				总计平均值		2237.6471
33						

图 4-4-50　显示汇总项

（1）在“职务工资统计”工作表中，在分组显示栏单击“2”按钮，数据表只显示分级结果，如图 4-4-50 所示，选定 A1:F33 单元格区域。

（2）选择“编辑→定位”菜单命令，弹出“定位”对话框，如图 4-4-51 所示。

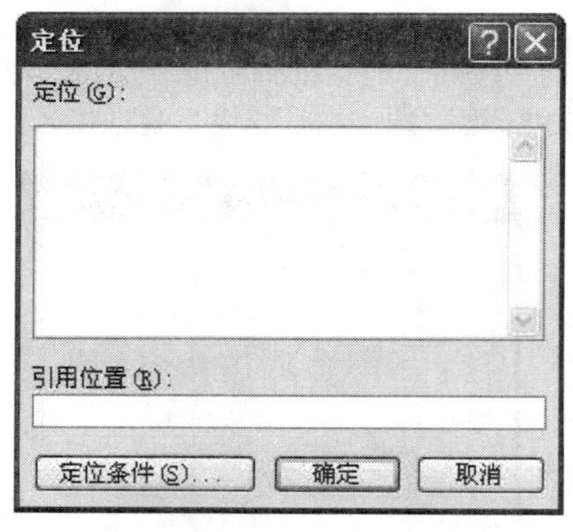

图 4-4-51　“定位”对话框

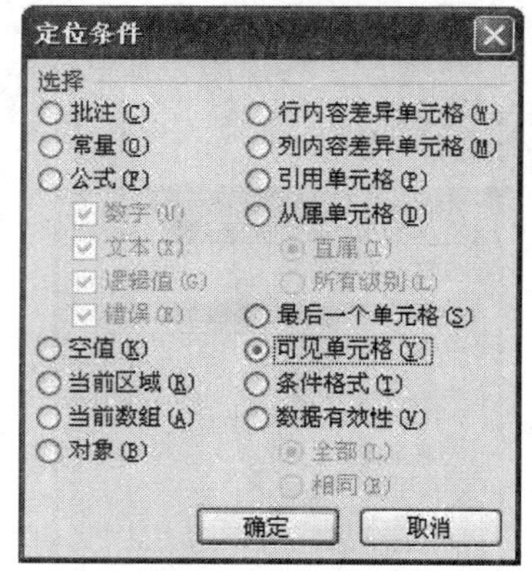

图 4-4-52　“定位条件”对话框

（3）单击“定位条件”按钮，弹出“定位条件”对话框，选择“可见单元格”单选按钮，如图 4-4-52 所示。

（4）单击“确定”按钮，关闭对话框。

（5）选择“编辑→复制”菜单命令，单击其他空白工作表（如新插入 Sheet2 工作表）的标签，再单击该工作表的 A1 单元格，选择“编辑→粘贴”菜单命令，粘贴结果如图 4-4-53

所示。

	A	B	C	D	E	F
1	工 资 明 细 表					
2	编号	部门	姓名	职务	性别	实发工资
3				副总经理 平均值		2700
4				员工 平均值		1990
5				总经理 平均值		3290
6				组长 平均值		2085
7					总计平均值	2237.6471
8				总计平均值		2237.6471
9						

图 4-4-53　粘贴结果

3．根据“基本工资标准”表信息，运用工作表单元格有效性设置，填充“工资明细表”工作表中员工“基本工资”数据

（1）打开“工资明细”工作表，在空白单元格区域，逐格输入四档基本工资金额“2500，2000，1700，1500”，如图 4-4-54 所示。

18	98016	文体	赵阳	副总经理	女	
19	98017	五金	王伟东	员工	男	
20						
21						
22	2500	2000	1700	1500		
23						
24						

图 4-4-54　输入四档基本工资金额

（2）选择“基本工资”数据单元格区域，即 F3:F20，单击“数据→有效性”菜单命令，弹出“数据有效性”对话框，如图 4-4-55 所示。在“设置”选项卡设置“允许”项为“序列”，“来源”项载入四档基本工资金额所在单元格区域，勾选“忽略空值”、“提供下拉箭头”复选框，单击“确定”按钮。

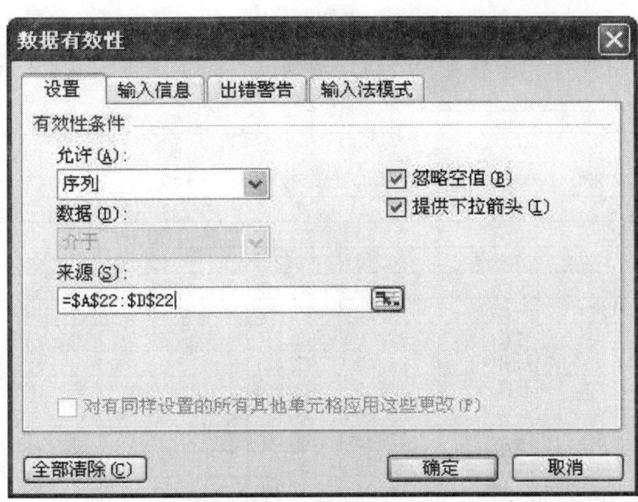

图 4-4-55　“数据有效性”对话框

（3）单击 F3 单元格，则在单元格右侧出现列表按钮，单击展开下拉列表，根据对应“职务”

列数据内容，在下拉列表中选择对应档次的基本工资，如图 4-4-56 所示。

1	工 资 明 细 表								
2	编号	部门	姓名	职务	性别	基本工资	补贴	奖金	应发工资
3	98001	副食	史波	员工	男				
4	98002	五金	李金花	组长	女	2500 2000			
5	98003	副食	米玉荣	组长	女	1700			
6	98004	家电	张锐	总经理	男	1500			
7	98005	文体	陈磊	员工	男				
8	98006	服装	何伟	员工	女				
9	98007	副食	李来孟	副总经理	男				
10	98008	五金	张刚	员工	男				

图 4-4-56　单元格中的下拉列表

六、创新作业

利用给定工作薄中的数据，按照要求进行操作，操作结果如图 4-4-57～图 4-4-62 所示。要求如下：

1）公式（函数）应用。使用 Sheet1 工作表中的数据，统计“平均消费”，结果分别放在相应的单元格中。

2）数据排序。使用 Sheet2 工作表中的数据，以“日常生活用品”为关键字，以升序方式排序。

3）数据筛选。使用 Sheet3 工作表中的数据，筛选出“食品”小于“87.35”，并且“日常生活用品”小于“89.3”的记录。

4）数据合并计算。使用 Sheet4 工作表中的相关数据，在“地区消费水平平均值”中进行“均值”合并计算。

5）数据分类汇总。使用 Sheet5 工作表中的数据，以“地区”为分类字段，将“食品”、“服装”“日常生活用品”和“耐用消费品”进行“最大值”分类汇总。

6）数据透视表。使用 Sheet6 工作表中的数据，以“地区”为页字段，以“城市”为列字段，以“食品”、“服装”“日常生活用品”和“耐用消费品”为求和项，从 Sheet7 工作表的 A1 单元格起，建立数据透视表。

	A	B	C	D	E	F
1	部分城市消费水平抽样调查					
2	地区	城市	食品	服装	日常生活用品	耐用消费品
3	东北	沈阳	89.50	97.70	91.00	93.30
4	东北	哈尔滨	90.20	98.30	92.10	95.70
5	东北	长春	85.20	96.70	91.40	93.30
6	华北	天津	84.30	93.30	89.30	90.10
7	华北	唐山	82.70	92.30	89.20	87.30
8	华北	郑州	84.40	93.00	90.90	90.07
9	华北	石家庄	82.90	92.70	89.10	89.70
10	华东	济南	85.00	93.30	93.60	90.10
11	华东	南京	87.35	97.00	95.50	93.55
12	西北	西安	85.50	89.76	88.80	89.90
13	西北	兰州	83.00	87.70	87.60	85.00
14	平均消费		85.46	93.80	90.77	90.73

图 4-4-57　公式（函数）应用

	A	B	C	D	E	F
1	部分城市消费水平抽样调查					
2	地区	城市	食品	服装	日常生活用品	耐用消费品
3	西北	兰州	83.00	87.70	87.60	85.00
4	西北	西安	85.50	89.76	88.80	89.90
5	华北	石家庄	82.90	92.70	89.10	89.70
6	华北	唐山	82.70	92.30	89.20	87.30
7	华北	天津	84.30	93.30	89.30	90.10
8	华北	郑州	84.40	93.00	90.90	90.07
9	东北	沈阳	89.50	97.70	91.00	93.30
10	东北	长春	85.20	96.70	91.40	93.30
11	东北	哈尔滨	90.20	98.30	92.10	95.70
12	华东	济南	85.00	93.30	93.60	90.10
13	华东	南京	87.35	97.00	95.50	93.55

图 4-4-58 数据排序

	A	B	C	D	E	F
1	部分城市消费水平抽样调查					
2	地区	城市	食品	服装	日常生活用品	耐用消费品
7	华北	唐山	82.70	92.30	89.20	87.30
9	华北	石家庄	82.90	92.70	89.10	89.70
12	西北	西安	85.50	89.76	88.80	89.90
13	西北	兰州	83.00	87.70	87.60	85.00

图 4-4-59 数据筛选

23	地区消费水平平均值				
24	地区	食品	服装	日常生活用品	耐用消费品
25	东北	88.30	97.57	91.50	94.10
26	华北	83.58	92.83	89.63	89.29
27	华东	86.18	95.15	94.55	91.83
28	西北	84.25	88.73	88.20	87.45
29	华中	88.50	86.40	87.50	90.10
30	西南	90.30	95.60	89.60	95.40

图 4-4-60 数据合并计算

	A	B	C	D	E	F
1	部分城市消费水平抽样调查					
2	地区	城市	食品	服装	日常生活用品	耐用消费品
6	**东北 最大值**		90.20	98.30	92.10	95.70
11	**华北 最大值**		84.40	93.30	90.90	90.10
14	**华东 最大值**		87.35	97.00	95.50	93.55
17	**西北 最大值**		85.50	89.76	88.80	89.90
18	**总计最大值**		90.20	98.30	95.50	95.70

图 4-4-61 数据分类汇总

	A	B	C	D	E	F
1	地区	华北				
2						
3		城市				
4	数据	石家庄	唐山	天津	郑州	总计
5	求和项:食品	82.9	82.7	84.3	84.4	334.3
6	求和项:服装	92.7	92.3	93.3	93	371.3
7	求和项:日常生活用品	89.1	89.2	89.3	90.9	358.5
8	求和项:耐用消费品	89.7	87.3	90.1	90.07	357.17

图 4-4-62 数据透视表

项目五

公司年度经营分析表综合制作

一、项目描述

每年的年终，公司地区销售部都要对本年度本地区商品销售情况进行上报，将销售统计数据呈交给公司市场部。公司市场部对各地区销售数据进行汇总，通过对地区销售数据统计，形成公司年度经营分析表，呈交公司管理层。公司管理层可以通过经营分析表了解一年来公司各地区市场的商品销售状况，公司整体盈亏情况，从而制定下一年的销售计划。现公司市场部需要进行地区销售表汇总分析工作，制作公司年度经营分析表。商品成本及地区销售表作为原始数据表，如图 4-5-1 所示。通过综合处理制作完成的经营分析表如图 4-5-2 所示。

商品成本

商品名称	液晶电视	通讯设备	数码相机	计算机	打印设备
进货数量	350	480	430	450	490
成本价格	7500	1100	1200	6300	1100

东北地区销售表

商品名称	时间	售价（元）	销售数量	销售金额
液晶电视	上半年	8900	30	267000
通讯设备	上半年	1800	30	54000
液晶电视	下半年	8000	50	400000
计算机	上半年	8000	50	400000
打印设备	上半年	1600	54	86400
数码相机	上半年	1900	55	104500
通讯设备	下半年	1300	60	78000
打印设备	下半年	1300	60	78000
计算机	下半年	7000	62	434000
数码相机	下半年	1400	84	117600

东南地区销售表

商品名称	时间	价（元	销售数量	销售金额
数码相机	上半年	1900	39	74100
液晶电视	上半年	8900	40	356000
通讯设备	上半年	1800	40	72000
液晶电视	下半年	8000	52	416000
数码相机	下半年	1400	58	81200
打印设备	上半年	1600	63	100800
计算机	上半年	8000	66	528000
打印设备	下半年	1300	68	88400
计算机	下半年	7000	70	490000
通讯设备	下半年	1300	75	97500

华中地区销售表

商品名称	时间	售价（元）	销售数量	销售金额
液晶电视	上半年	8900	25	222500
液晶电视	下半年	8000	35	280000
通讯设备	上半年	1800	40	72000
数码相机	上半年	1900	45	85500
计算机	上半年	8000	45	360000
计算机	下半年	7000	54	378000
打印设备	上半年	1600	55	88000
数码相机	下半年	1400	56	78400
打印设备	下半年	1300	65	84500
通讯设备	下半年	1300	84	109200

西北地区销售表

商品名称	时间	价（元	销售数量	销售金额
液晶电视	上半年	8900	32	284800
数码相机	上半年	1900	32	60800
液晶电视	下半年	8000	42	336000
计算机	上半年	8000	45	360000
数码相机	下半年	1400	50	70000
打印设备	上半年	1600	52	83200
计算机	下半年	7000	53	371000
通讯设备	上半年	1800	54	97200
打印设备	下半年	1300	70	91000
通讯设备	下半年	1300	80	104000

图 4-5-1 sheet3 工作表原始数据—成本数据及地区销售表

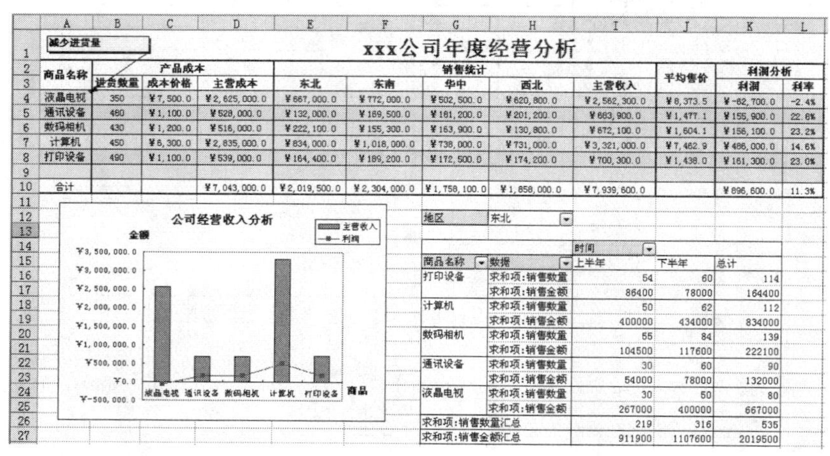

xxx公司年度经营分析

商品名称	产品成本			销售统计					平均售价	利润分析	
	进货数量	成本价格	主营成本	东北	东南	华中	西北	主营收入		利润	利率
液晶电视	350	¥7,500.0	¥2,625,000.0	¥667,000.0	¥772,000.0	¥502,500.0	¥620,800.0	¥2,562,300.0	¥8,373.5	¥-62,700.0	-2.4%
通讯设备	480	¥1,100.0	¥528,000.0	¥132,000.0	¥169,500.0	¥161,200.0	¥201,200.0	¥683,900.0	¥1,477.1	¥155,900.0	22.8%
数码相机	430	¥1,200.0	¥516,000.0	¥222,100.0	¥155,300.0	¥163,900.0	¥130,800.0	¥672,100.0	¥1,604.1	¥156,100.0	23.2%
计算机	450	¥6,300.0	¥2,835,000.0	¥834,000.0	¥1,018,000.0	¥738,000.0	¥731,000.0	¥3,321,000.0	¥7,462.9	¥486,000.0	14.6%
打印设备	490	¥1,100.0	¥539,000.0	¥164,400.0	¥189,200.0	¥172,500.0	¥174,200.0	¥700,300.0	¥1,438.0	¥161,300.0	23.0%
合计			¥7,043,000.0	¥2,019,500.0	¥2,304,000.0	¥1,758,100.0	¥1,858,000.0	¥7,939,600.0		¥896,600.0	11.3%

地区：东北

商品名称	数据	上半年	下半年	总计
打印设备	求和项:销售数量	54	60	114
	求和项:销售金额	86400	78000	164400
计算机	求和项:销售数量	50	62	112
	求和项:销售金额	400000	434000	834000
数码相机	求和项:销售数量	55	84	139
	求和项:销售金额	104500	117600	222100
通讯设备	求和项:销售数量	30	60	90
	求和项:销售金额	54000	78000	132000
液晶电视	求和项:销售数量	30	50	80
	求和项:销售金额	267000	400000	667000
求和项:销售数量汇总		219	316	535
求和项:销售金额汇总		911900	1107600	2019500

图 4-5-2 sheet1 工作表制作结果—经营分析表

二、项目分析

按照公司经营分析表制作的总体要求，市场部需要对各地区销售部呈交的销售表进行分析处理，使各项分析结果清晰明了，从中筛选相关信息完成年度经营分析表的制作。运用 Excel 2003 强大功能，可以对数据进行综合处理。根据公司总体的要求，公司经营数据分析项目内容设计如下：

1．将工作表 Sheet3 中各地区销售表，汇总在工作表 Sheet2“商品销售统计”表中。

（1）在“地区销售表”中添加“地区”列，并填充相应的地区信息。

（2）在工作表 Sheet2“商品销售统计”报表中汇总四个“地区销售表”。

2．参考图 4-5-2，在工作表 Sheet1 中制作“×××公司年度经营分析”表。

3．利用“商品销售统计”表和“商品成本”表中数据，完成工作表 Sheet1“×××公司年度经营分析”表中相应数据区域填充。

4．运用 Excel 公式及函数功能计算“×××公司年度经营分析”表中“利润分析”数据及各列“合计”数据。

5．筛选出“×××公司年度经营分析”表中“利润”为负值的商品，并为该商品名称单元格添加批注“减少进货量”。

6．建立组合图表

使用“×××公司年度经营分析”表中“主营收入”一列数据，创建一个簇状柱形图，使用“利润”列数据创建一个数据点折线图。

7．建立数据透视表

使用 Sheet2 工作表中的数据，以“地区”为页字段，以“商品名称”为行字段，以“时间”为列字段，以“销售数量”、“销售金额”为求和项，从 Sheet1 工作表的 G14 单元格起，建立数据透视表。

三、项目实现方法与步骤

1．将工作表 Sheet3 中各地区销售表，汇总在工作表 Sheet2“商品销售统计”报表中

（1）在“地区销售表”中添加“地区”列，并填充相应的地区信息。在工作表 Sheet3 中，选择 B8:B18 单元格区域，右击鼠标，在弹出的快捷菜单中选择“插入”命令，在“插入”对话框中选中“活动单元格右移”，如图 4-5-3 所示。单击“确定”按钮。在 B8 单元格中输入“地区”。单击 B9 单元格，输入“东北”，执行自动填充操作至 B18 单元格，完成“东北地区销售表”中“地区”列添加操作。结果如图 4-5-4 所示。按照同样操作，对各“地区销售表”添加“地区”列。

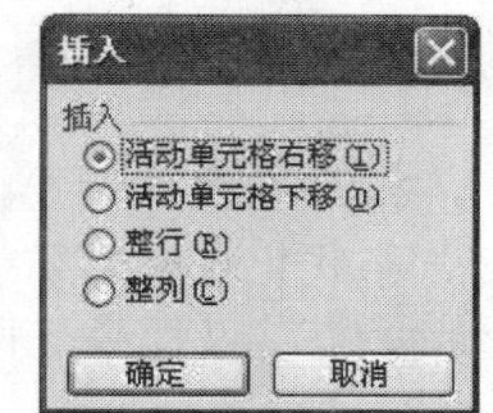

图 4-5-3　“插入”对话框

鼠标拖拽法实现单元格区域移动及插入操作。选择需要移动的单元格区域，鼠标指针移动至区域边界，待指针变化后，拖拽区域至目标位置，可实现单元格区域快速移位。若指针变化后，在拖拽单元格区域同时按住“Shift”键，则可实现单元格区域的快速插入操作。

（2）选择各“地区销售表”的数据单元格区域，单击“复制”命令。打开工作表 Sheet2，单击“粘贴”命令，将四地区销售表数据依次粘贴在“商品销售统计”表中。

东北地区销售表					
商品名称	地区	时间	售价（元）	销售数量	销售金额
液晶电视	东北	上半年	8900	30	267000
通讯设备	东北	上半年	1800	30	54000
液晶电视	东北	下半年	8000	50	400000
计算机	东北	上半年	8000	50	400000
打印设备	东北	上半年	1600	54	86400
数码相机	东北	上半年	1900	55	104500
通讯设备	东北	下半年	1300	60	78000
打印设备	东北	下半年	1300	60	78000
计算机	东北	下半年	7000	62	434000
数码相机	东北	下半年	1400	84	117600

图 4-5-4　添加“地区”列

2．参考图 4-5-2，在工作表 Sheet1 中制作“×××公司年度经营分析”表

（1）标题设置。选择 A1 单元格输入“×××公司年度经营分析”。选择 A1:L1 单元格区域，单击“格式→单元格”命令，进行格式化操作。“字体”选项卡：字号 20，加粗；“对齐”选项卡：“水平对齐”→跨列居中，如图 4-5-5 所示。单击“确定”按钮。单击标题所在行行号 1，鼠标指针置于行号上方，单击右键，在弹出的快捷菜单中选择“行高”命令，设置行高为 30。

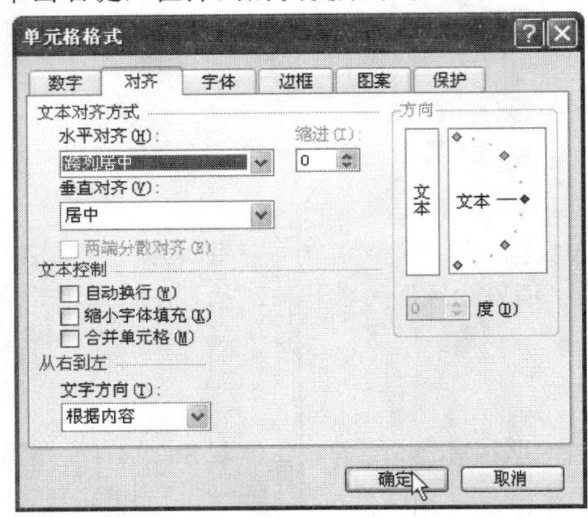

图 4-5-5　“对齐”选项卡

（2）表头格式设置。选择表头单元格，参考图 4-5-2，依次输入文字。单击“格式→单元格”命令，格式化表头文字：字号 10，加粗，水平居中。选择 A2:A3 单元格区域，单击“格式工具栏”中“合并及居中”按钮。按照同样的操作，依次选择 B2:D2、E2:I2，J2:J3、K2:L2 单元格区域。

（3）数据区域格式设置。参考图 4-5-2，选择数据单元格区域 A4:L10，单击“格式→单元格”命令，设置字号：9，居中。选择“成本价格”至“利润”多列的数据单元格区域 C4:K10，单击“格式→单元格”命令，在弹出的“单元格格式”对话框中，选择“数学”选项卡，并设置数字格式，如图 4-5-6 所示。“利率”列的数据单元格区域 L4:L10，设置格式为“百分比”，1 位小数。

（4）表格格式化。参考图 4-5-2，选择目标区域，单击“格式”→“单元格”命令，利用“边框”、“图案”选项卡，设置表格边框线。制作结果如图 4-5-7 所示。

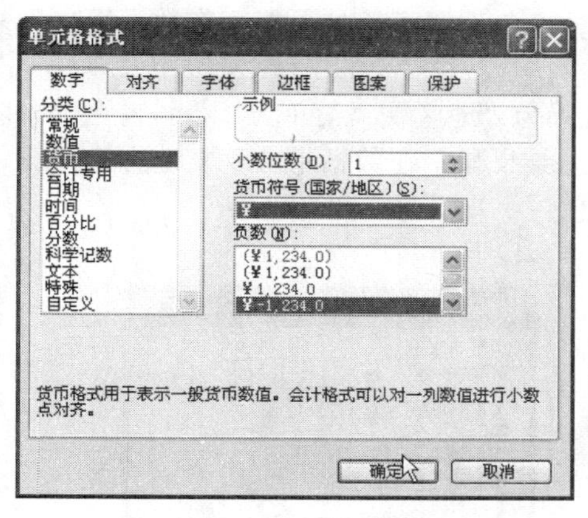

图 4-5-6 “数字”选项卡

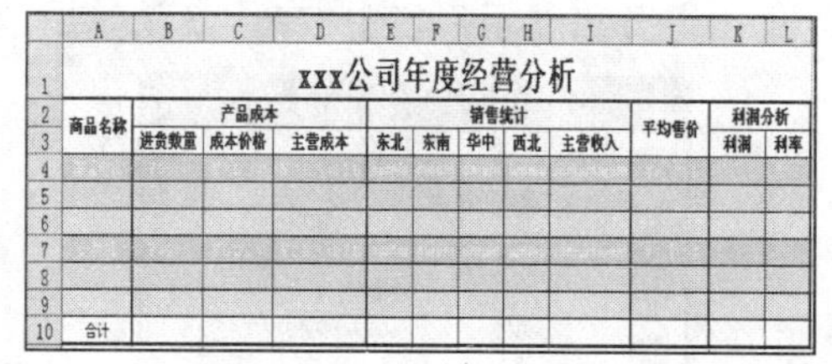

商品名称	产品成本			销售统计					平均售价	利润分析	
	进货数量	成本价格	主营成本	东北	东南	华中	西北	主营收入		利润	利率
合计											

图 4-5-7 “×××公司年度经营分析”表结构图

3．利用“商品销售统计”表和“商品成本”表中数据，完成工作表 Sheet1“×××公司年度经营分析”表中相应数据区域填充

（1）商品名称、产品成本信息的填充。

①单击 Sheet3 工作表，选择 A5 单元格，输入“主营成本”。在 B5 单元格中编辑公式“=B3*B4”，按“Enter”键进行计算。

②执行公式自动填充操作至 F5 单元格，添加“主营成本”行。如图 4-5-8 所示。

③选中 B2:F5 数据单元格区域，单击“编辑→复制”命令。

④打开 Sheet1 工作表，单击 A4 单元格，单击鼠标右键，在弹出的快捷菜单中单击“选择性粘贴”命令，在弹出的对话框中设置选中“数值”和“无”，并勾选“转置”复选框，如图 4-5-9 所示，单击“确定”按钮。

适当调整列宽，使数据完整显示。

	A	B	C	D	E	F
1	商品成本					
2	商品名称	液晶电视	通讯设备	数码相机	计算机	打印设备
3	进货数量	350	480	430	450	490
4	成本价格	7500	1100	1200	6300	1100
5	主营成本	2625000	528000	516000	2835000	539000
6						

图 4-5-8 “商品成本”表

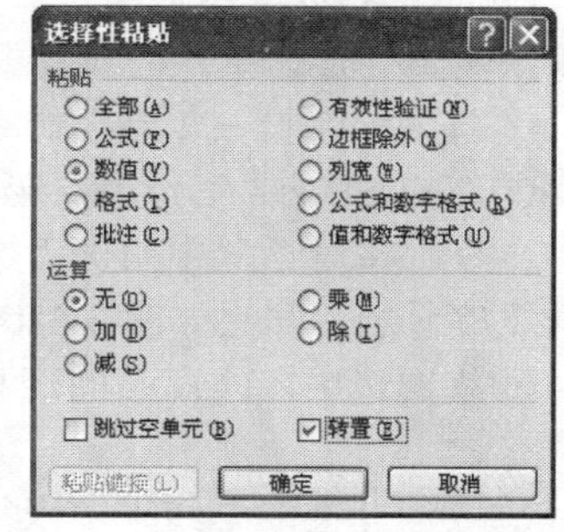

图 4-5-9 “选择性粘贴”对话框

（2）销售统计信息的填充。

①单击 sheet2 工作表，将光标定位到 A2 单元格，选择“数据→排序”菜单命令，弹出“排序”对话框，如图 4-5-10 所示。

②在“主要关键字”下拉菜单中选择“商品名称”；勾选“降序”排序方式；在“次要关键字”下拉菜单中选择“地区”；选择“升序”排序方式；在“第三关键字”下拉菜单中选择“时间”，选择“升序”排序方式，单击“确定”按钮。

③选择“数据→分类汇总”菜单命令，弹出“分类汇总”对话框中，如图 4-5-11 所示。设置如下：“分类字段”设置为“商品名称”；“汇总方式”设置为“求和”；“选定汇总项”中勾选

“销售金额”项；勾选“替换当前分类汇总”复选框；勾选“汇总结果显示在数据下方”复选框，单击“确定”按钮。

④重复执行步骤③，设置如下：“分类字段”设置为“地区”；“汇总方式”设置为“求和”；“选定汇总项”中勾选“销售金额”项；勾选“汇总结果显示在数据下方”复选框，单击“确定”按钮。

⑤单击“分级显示”栏中按钮“3”，结果如图 4-5-12 所示。

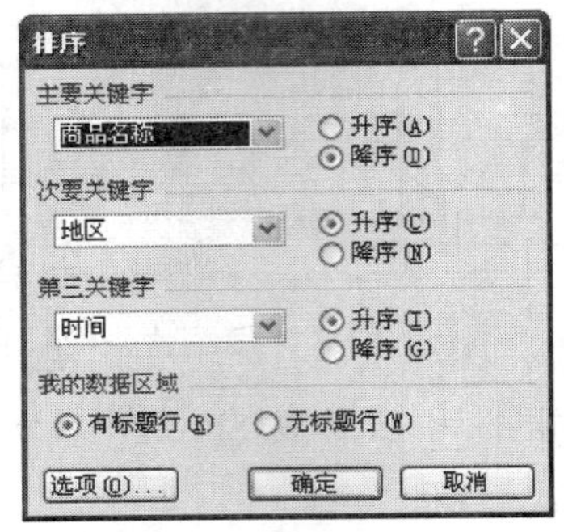

图 4-5-10 “排序”对话框

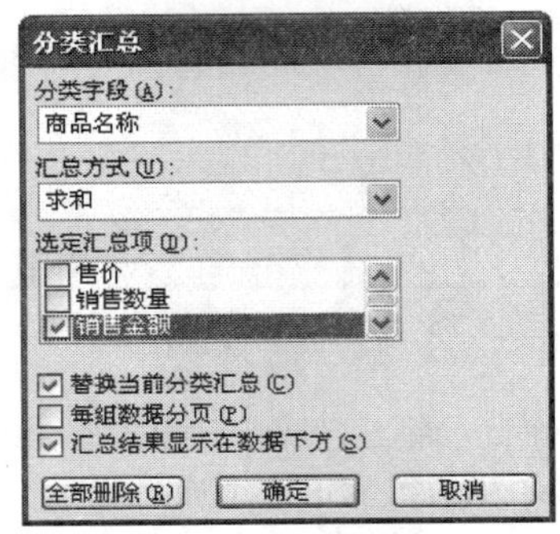

图 4-5-11 “分类汇总”对话框

	A	B	C	D	E	F
1	产品销售情况统计					
2	商品名称	地区	时间	售价	销售数量	销售金额
5		东北 汇总				667000
8		东南 汇总				772000
11		华中 汇总				502500
14		西北 汇总				620800
15	液晶电视 汇总					2562300
18		东北 汇总				132000

图 4-5-12 分级显示结果

⑥选择 F5:F15 单元格，单击“编辑→定位”命令，在“定位”对话框中单击“定位条件”按钮，弹出“定为条件”对话框，如图 4-5-13 所示。选择“可见单元格”，单击“确定”按钮。

⑦单击“编辑→复制”命令。

⑧切换 Sheet1 工作表，选择 E4 单元格，右键单击，在弹出的快捷菜单中单击“选择性粘贴”命令，在对话框中勾选“数值”项及“转置”项，单击“确定”按钮。适当调整列宽，使数据完整显示。结果如图 4-5-14 所示。

⑨依次选中各类商品的汇总值，重复⑥、⑦、⑧步骤的操作，完成其他商品销售统计数据的填充。

⑩取消分类汇总结果，恢复 sheet2 数据表原始状态。选择“产品销售情况统计”表中任意单元格，单击“数据→分类汇总”命令，弹出“分类汇总”对话框。单击“全部删除”按钮。

（3）计算产品平均售价。

①将光标定位到 sheet2 工作表中 H2 单元格。

②选择“数据→合并计算”菜单命令，弹出“合并计算”对话框，如图 4-5-15 所示。

③在“函数”下拉列表中选择“求和”。

④单击“引用位置”右侧按钮，折叠起“合并计算”对话框，在工作区拖动选择 A2：F42 合并计算区域，单击按钮展开“合并计算”对话框，单击“添加”按钮。

⑤在“标签位置”下面钩选“首行”、“最左列”，单击“确定”按钮。合并计算结果表如图 4-5-16 所示。

⑥在 N2 单元格中插入公式“=M2/L2”计算得到“液晶电视”平均售价，应用公式自动填充功能完成其他商品的“平均售价”。

（4）复制计算结果，选择粘贴数据值至 Sheet1 工作表 J4:J8 单元格区域中。

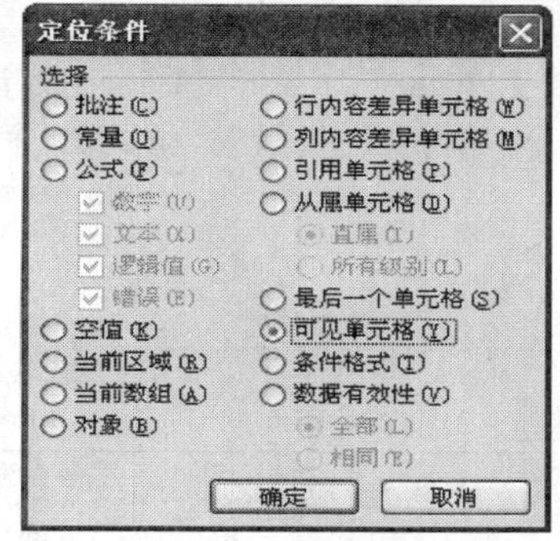

图 4-5-13　“定位条件”对话框

销售统计				
东北	东南	华中	西北	主营收入
¥667,000.0	¥772,000.0	¥502,500.0	¥620,800.0	¥2,562,300.0

图 4-5-14　选择粘贴结果

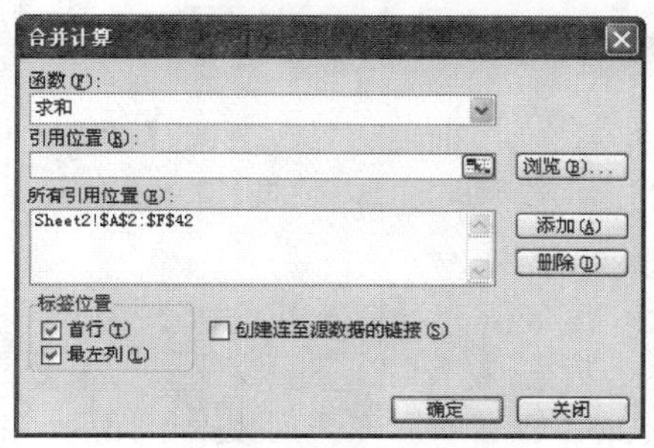

图 4-5-15　“合并计算”对话框

H	I	J	K	L	M
	地区	时间	售价	销售数量	销售金额
液晶电视			67600	306	2562300
通讯设备			12400	463	683900
数码相机			13200	419	672100
计算机			60000	445	3321000
打印设备			11600	487	700300

图 4-5-16　合并计算结果

利润分析	
利润	利率
¥-62,700.0	-2.4%
¥155,900.0	22.8%
¥156,100.0	23.2%
¥486,000.0	14.6%
¥161,300.0	23.0%

图 4-5-17　利润分析结果

4．运用 Excel 公式及函数功能计算“×××公司年度经营分析”表中“利润分析”数据及各列“合计”数据

（1）选择 K4 单元格，编辑公式“=I4–D4”，单击“Enter”键，公式自动填充至 K8 单元格，计算“利润”列数据。

（2）选择 L4 单元格，编辑公式“=K4/I4”，单击“Enter”键，公式自动填充至 L8 单元格，计算“利率”列数据，如图 4-5-17 所示。

（3）选择 D10 单元格，插入函数 SUM，选择求和区域为 D4:C9，单击“Enter”键，公式自动填充至 I8 单元格。在 K10 单元格中插入函数 SUM，计算总利润。

5．筛选出“×××公司年度经营分析”表中，“利润”为负值的商品，并为该商品名称单元格添加批注“减少进货量”

（1）单击 Sheet1 表第三行行号，选定第三行单元格区域。

（2）单击“数据→筛选→自动筛选”菜单命令，可以看到数据清单的列标题全部变成了下拉列表框。在“利润”下拉列表框中选择“（自定义…）”选项，如图 4-5-18 所示。

（3）在“自定义自动筛选方式”对话框的“利润”下拉列表框中选择“小于”选项，在后面的下拉列表框内输入 0。单击“确定”按钮。

（4）在筛选结果中，选择结果记录的“商品名称”列数据单元格，右击鼠标，在弹出的快捷菜单中单击“插入批注”命令，在弹出的批注文本框中输入“减少进货量”。结果如图 4-5-19 所示。

入	平均售价	利润分析	
		利润	利率
00.0	¥8,373.5	升序排列	-2.4%
.0	¥1,477.1	降序排列	22.8%
.0	¥1,604.1	(全部)	23.2%
00.0	¥7,462.9	(前 10 个...)	14.6%
.0	¥1,438.0	(自定义...)	23.0%
		¥-62,700.0	
		¥155,900.0	
		¥156,100.0	
		¥161,300.0	
00.0		¥486,000.0	

图 4-5-18　自动筛选项

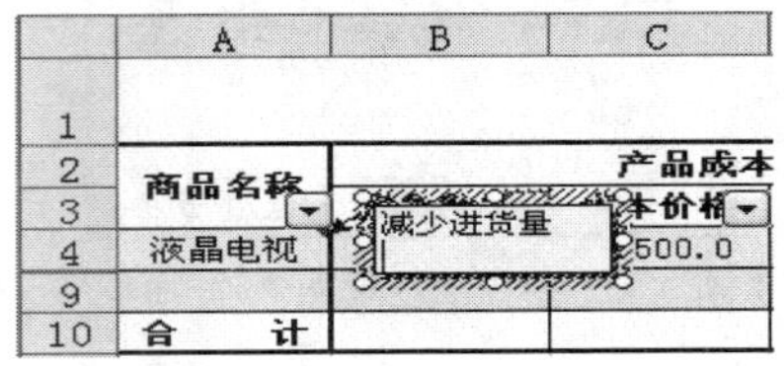

图 4-5-19　添加批注

（5）鼠标移动至批注边界，拖拽批注边界线，调整批注大小及位置。再次选择插入批注的单元格，右击鼠标，单击“显示/隐藏批注”，使批注始终显示。

6．建立组合图表

（1）使用“×××公司年度经营分析”表中“主营收入”一列数据，创建一个簇状柱形图，使用“利润”列数据创建一个数据点折线图。

①选择 Sheet1 工作表中的“主营收入”一列数据单元区域 I4:I8，单击“插入→图表”菜单命令，启动图表创建向导。在“图表向导—4 步骤之 1—图表类型”对话框的“标准类型”选项卡中，选择簇状柱形图。

②单击“下一步”按钮，打开“图表向导—4 步骤之 2—图表源数据”对话框，选取“数据区域”选项卡，图表源数据单元格区域出现在数据区域文字框内。切换“系列”选项卡，载入“分类（X）轴标志”为工作表中 A4:A8 单元格区域。载入系列 1 名称为 I3 单元格，如图 4-5-20 所示。单击“下一步”按钮。

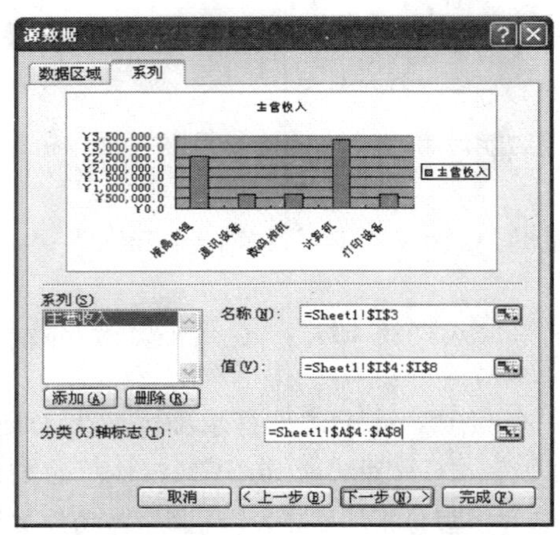

图 4-5-20　源数据系列设置

③在“图表向导—4 步骤之 3—图表选项”对话框中，切换至“标题”选项卡，设置如图 4-5-21 所示。在“网格线”选项卡中取消数值（Y）轴“主要网格线”右侧勾选标志。在“图例”选项卡中将图例显示位置设置为“右上角”。单击“下一步”按钮。

④在打开的“图表向导—4 步骤之 4—图表位置”对话框中，选择“作为其中的对象插入”项，如图 4-5-22 所示。单击“完成”按钮完成设置。

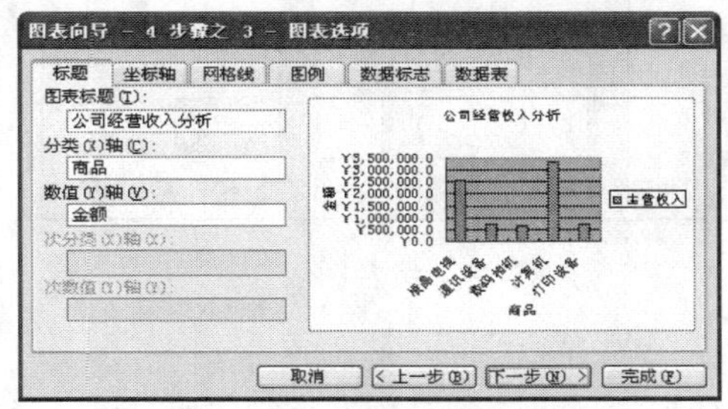

图 4-5-21 标题设置

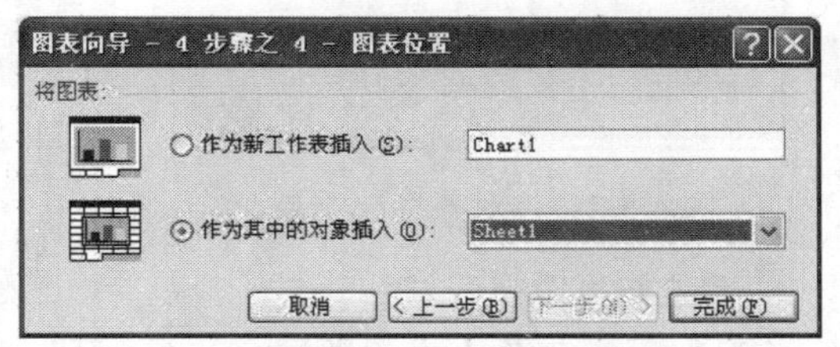

图 4-5-22 位置设置

（2）图表格式化。单击图表，在“图表”工具栏上单击“图表对象”列表框，则在下拉列表里列出柱形图包含的图表对象，如图 4-5-23 所示。选择图表对象，单击工具栏“格式设置”按钮，设置对象格式。对象格式具体设置如下：

①图表区。鼠标单击图表，拖拽图表区边缘线，调整大小，移动图表区至目标位置。在“图表”工具栏上选中“图表区”对象，单击“格式设置”按钮，设置图表中文字字号为 9 号，图表插入结果如图 4-5-24 所示。

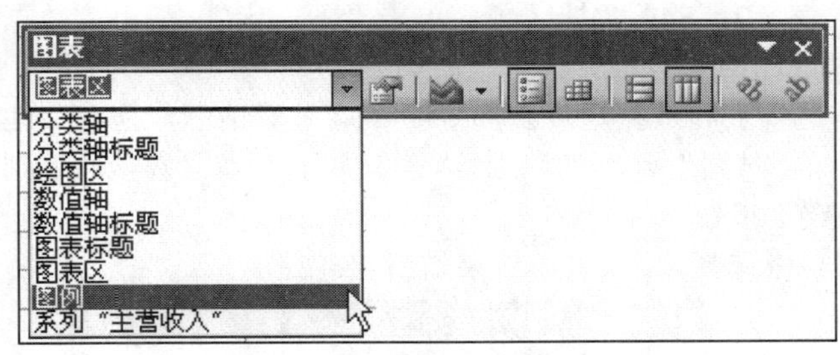

图 4-5-23 “图表”工具栏“图表对象”列表

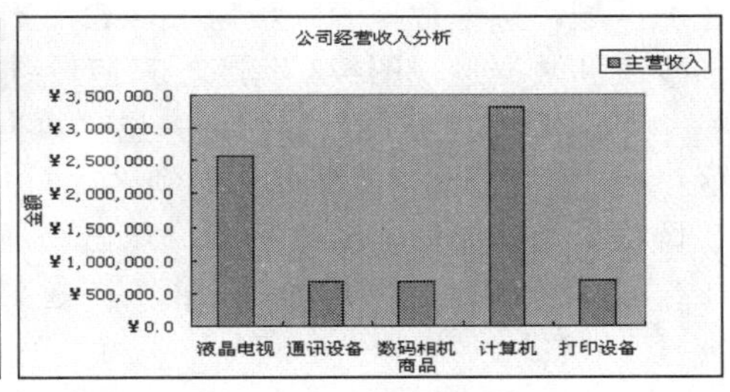

图 4-5-24 簇状柱形图

②设置标题文字格式。图表标题：字号 12，加粗；坐标轴标题：字号 10，加粗；Y 轴标题文字方向为水平，如图 4-5-25 所示。鼠标拖拽标题对象，调整标题位置。

③绘图区格式设置。在“图表”工具栏选中“绘图区”，单击“格式设置”按钮，取消区域颜色。单击图表“绘图区”，鼠标拖拽“绘图区”边缘线，调整绘图区大小。

（3）添加“利润”列数据至图表中，创建数据点折线图。

①选择 Sheet1 工作表中的“利润”一列数据单元区域 K4:K8，执行“复制”命令。选中图表，单击“粘贴”，则原图表中增加新的系列。

②单击图表中系列 2 数据柱，右键单击鼠标，在弹出的快捷菜单中选择“图表类型”命令。在“图表向导—4 步骤之 1—图表类型”对话框“标准类型”选项卡中，选择“数据点折线图”。单击“确定”按钮。

选中系列 2 数据柱，右键单击鼠标，在弹出的快捷菜单中选择“源数据”命令。在“源数据”对话框“系列”选项卡中，设置系列 2 的名称为 K3 单元格。结果如图 4-5-26 所示。

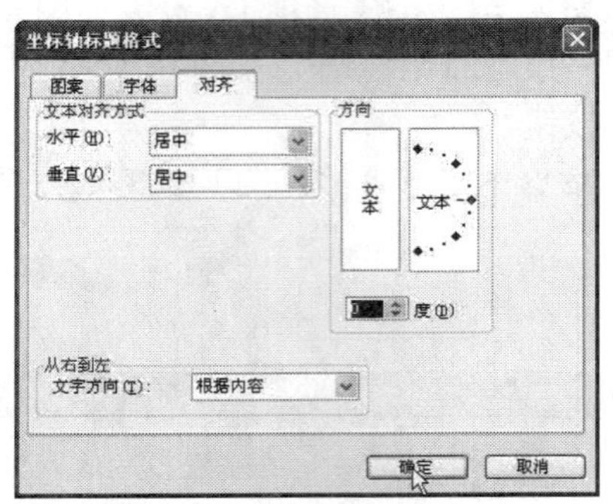

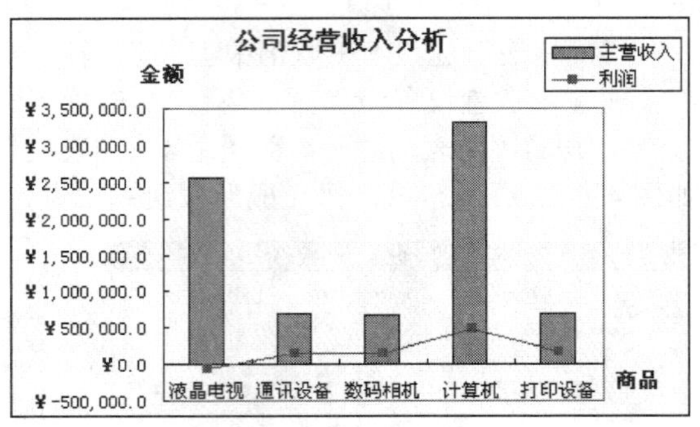

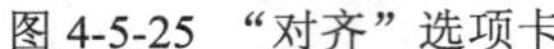

图 4-5-25 “对齐”选项卡　　　　图 4-5-26 组合图表

7. 建立数据透视表

使用 Sheet2 工作表中的数据，以“地区”为页字段，以“商品名称”为行字段，以“时间”为列字段，以“销售数量”、“销售金额”为求和项，从 Sheet1 工作表的 G14 单元格起，建立数据透视表。

（1）将光标定位到 Sheet1 工作表中的 G14 单元格，选择菜单“数据→数据透视表和数据透视图”命令，弹出“数据透视表和数据透视图—3 步骤之 1”对话框。

（2）勾选“Microsoft Excel 数据列表或数据库”复选框，报表类型勾选“数据透视表”复选框。

（3）单击“下一步”按钮，弹出“数据透视表和数据透视图—3 步骤之 2”对话框。选择数据源区域，选择数据源区域为 Sheet2 工作表 A2：F42 数据区域，单击“下一步”，弹出“数据透视表和数据透视图—3 步骤之 3”对话框，如图 4-5-27 所示。

（4）单击“布局”按钮，弹出“数据透视表和数据透视图向导—布局”对话框，拖动“地区”到“页”上，“商品名称”到“行”上，“时间”到“列”上，“销售数量”、“销售金额”到“数据”上，如图 4-5-28 所示。单击“确定”按钮。

（5）在“地区”后面“全部”下拉菜单中选择“东北”，结果如图 4-5-2 所示。

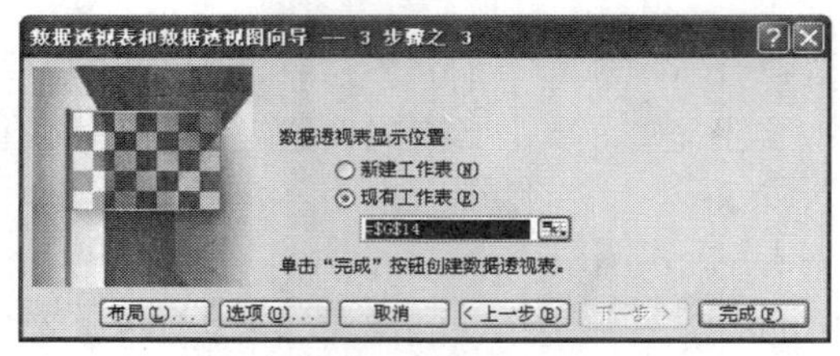

图 4-5-27 “数据透视表和数据透视图向导—3 步骤之 3”对话框

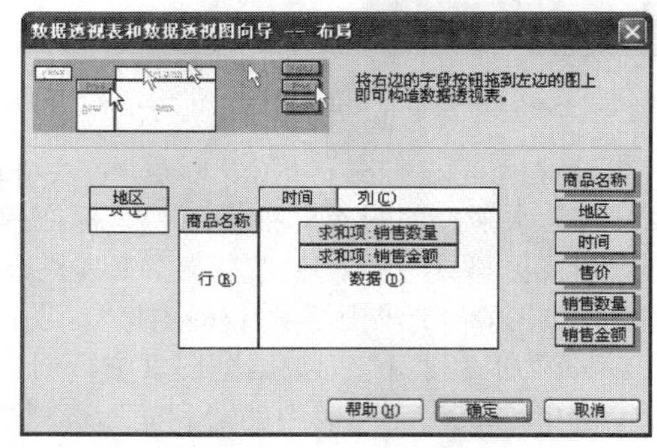

图 4-5-28 数据透视表

四、创新作业

利用给定工作薄中的数据，按照要求进行操作，操作结果如图 4-5-29～图 4-5-36 所示。要求如下：

1）设置工作表表格格式。使用 Sheet1 工作表中的数据，按如下要求进行操作。

①在标题行之前插入一空行，设置 C 列至 G 列的列宽为 14。

②将标题行和日期行所在单元格向右移一个单元格；标题格式：字体：黑体，字号：16，合并 B2:G2；日期行格式：字体：Arial，字号：8；合并 B3:G3 单元格，内容右对齐。

③表格中的数据单元格区域设置为会计专用格式，保留 4 位小数，右对齐，字号：11；其他各单元格内容居中；设置“预计高位”和“预计低位”2 行的字体颜色：红色；

④底纹设置：标题和日期行：浅黄色，表头行：浅绿色，“…阻力位”和“…支撑位”6 行：水绿色，“预计…”2 行：灰–25%。

⑤设置表格边框线按样文为表格设置相应的边框格式。

⑥添加批注：为“英镑”单元格添加批注“持有”。

⑦重命名工作表将 Sheet1 工作表重命名为“汇市预测”。

2）公式（函数）应用。使用 Sheet2 工作表中的数据，计算“预计高位”和“预计低位”（即最大值和最小值），结果分别放在相应的单元格中。

3）建立图表。使用 Sheet3 工作表中“…阻力位“和对应的英镑数据创建一个三维簇状条形图。

4）数据排序。使用 Sheet4 工作表中的数据，以“英镑”为关键字，以递增方式排序。

5）数据筛选。使用 Sheet5 工作表中的数据，筛选出“价位”中等于“支撑位”的记录。

6）数据合并计算。使用 Sheet6 工作表中的两个表格的数据，在“纽约汇市开盘预测平均值”中进行“平均值”合并计算。

7）数据分类汇总。使用 Sheet7 工作表中的数据，以“价位”为分类字段，将“英镑”、“马克”、“日元”、“瑞朗”、“加元”进行“均值”分类汇总。

8）数据透视表。使用“数据源”工作表中的数据，以“文化程度”为分页，以“单位”为行字段，以“职务”为列字段，以“姓名”为计数项，从 Sheet8 工作表的 A1 单元格起，建立数据透视表。

纽约汇市开盘预测

持有

1996-3-25

预测项目	英镑	马克	日元	瑞朗	加元
第三阻力位	￥ 1.4960	￥ 1.6828	￥ 105.0500	￥ 1.4330	￥ 1.3840
第二阻力位	￥ 1.4920	￥ 1.6760	￥ 104.6000	￥ 1.4291	￥ 1.3819
第一阻力位	￥ 1.4860	￥ 1.6710	￥ 104.2500	￥ 1.4255	￥ 1.3759
第一支撑位	￥ 1.4730	￥ 1.6635	￥ 103.8500	￥ 1.4127	￥ 1.3719
第二支撑位	￥ 1.4680	￥ 1.6590	￥ 103.1500	￥ 1.4080	￥ 1.3680
第三支撑位	￥ 1.4650	￥ 1.6545	￥ 102.5000	￥ 1.4040	￥ 1.3650
预计高位	￥ 1.4890	￥ 1.6828	￥ 104.1500	￥ 1.4305	￥ 1.3815
预计低位	￥ 1.4700	￥ 1.6700	￥ 102.5000	￥ 1.4140	￥ 1.3760

图 4-5-29　设置工作表表格格式

	A	B	C	D	E	F	G
1	纽约汇市开盘预测　（3/25/96）						
2	顺序	价位	英镑	马克	日元	瑞朗	加元
3	第一阻力位	阻力位	1.486	1.671	104.25	1.4255	1.3759
4	第二阻力位	阻力位	1.492	1.676	104.6	1.4291	1.3819
5	第三阻力位	阻力位	1.496	1.683	105.05	1.433	1.384
6	第一支撑位	支撑位	1.473	1.664	103.85	1.4127	1.3719
7	第二支撑位	支撑位	1.468	1.659	103.15	1.408	1.368
8	第三支撑位	支撑位	1.465	1.655	102.5	1.404	1.365
9	**预计高位**		**1.496**	**1.683**	**105.05**	**1.433**	**1.384**
10	**预计低位**		**1.465**	**1.655**	**102.5**	**1.404**	**1.365**

图 4-5-30　公式（函数）应用

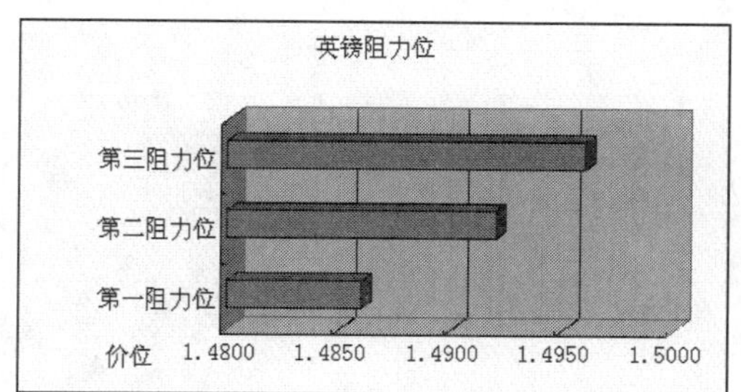

图 4-5-31　建立图表

	A	B	C	D	E	F	G
1	纽约汇市开盘预测 (3/25/96)						
2	顺序	价位	英镑	马克	日元	瑞朗	加元
3	第三支撑位	支撑位	1.465	1.6545	102.5	1.404	1.365
4	第二支撑位	支撑位	1.468	1.659	103.15	1.408	1.368
5	第一支撑位	支撑位	1.473	1.6635	103.85	1.4127	1.3719
6	第一阻力位	阻力位	1.486	1.671	104.25	1.4255	1.3759
7	第二阻力位	阻力位	1.492	1.676	104.6	1.4291	1.3819
8	第三阻力位	阻力位	1.496	1.6828	105.05	1.433	1.384

图 4-5-32 数据排序

	A	B	C	D	E	F	G
1	纽约汇市开盘预测 (3/25/96)						
2	顺序	价位	英镑	马克	日元	瑞朗	加元
6	第一支撑位	支撑位	1.473	1.6635	103.9	1.4127	1.3719
7	第二支撑位	支撑位	1.468	1.659	103.2	1.408	1.368
8	第三支撑位	支撑位	1.465	1.6545	102.5	1.404	1.365

图 4-5-33 数据筛选

纽约汇市开盘预测平均值 (3/25/96)					
价位	英镑	马克	日元	瑞朗	加元
阻力位	1.4913	1.677	104.63	1.4292	1.3806
支撑位	1.4687	1.659	103.17	1.4082	1.3683

图 4-5-34 数据合并计算

	A	B	C	D	E	F	G
1	纽约汇市开盘预测 (3/25/96)						
2	顺序	价位	英镑	马克	日元	瑞朗	加元
6		支撑位 平均值	1.469	1.659	103.17	1.408	1.3683
10		阻力位 平均值	1.491	1.6766	104.63	1.429	1.3806
11		总计平均值	1.48	1.6678	103.9	1.419	1.3745

图 4-5-35 数据分类汇总

	A	B	C	D	E	F
1	文化程度	大学				
2						
3	计数项:姓名	职务				
4	单位	处长	工程师	经理	医师	总计
5	机加工		1	1		2
6	民政局	1				1
7	医院				1	1
8	总计	1	1	1	1	4

图 4-5-36 数据透视表

模块五　演示文稿制作

本篇介绍办公软件 PowerPoint 2003 演示文稿的六个综合项目实例，通过这些项目的学习，可以使用户轻松熟练地制作带有图片、文字、表格、多媒体文件和动画效果的 PPT 演示文稿。内容包括贺卡制作、新产品发布介绍、专门行业现状简介、新闻发布等应用范围的演示文稿制作。

能力目标

能对幻灯片版式、母版样式、文字格式、表格格式、图片格式和多媒体因素等基本元素进行设置。

能灵活设计演示文稿中不同对象的动画效果和幻灯片切换效果。

能灵活设计演示文稿中幻灯片的预览和幻灯片放映效果。

能熟练运用幻灯片基本编辑功能制作各种不同效果的演示文稿。

能熟练运用 PowerPoint 中的图表、自选图形、组织结构图、声音文件和动画文件等多媒体元素综合制作演示文稿。

能熟练运用 PowerPoint 中的自定义动画效果、幻灯片切换效果和动作按钮功能制作变化丰富的演示文稿。

能熟练运用 PowerPoint 中的基本元素和多媒体元素制作带有动画效果、超链接、声音文件、版面安排合理、创意新颖的演示文稿。

项目一　北京奥运场馆介绍——创建演示文稿

一、项目描述

在某学校的社会文化教育中，要求介绍 2008 年北京举办奥运会期间奥运场馆的亮点，且通过介绍北京奥运场馆中几个有特色的场馆，使学生基本知道北京 2008 年奥运场馆的特点，进一步对学生进行爱国主义教育。由制作者自由收集素材，制作一个简约清晰的演示文稿，文件名为“北京奥运场馆.ppt”。制作完成的演示文稿如图 5-1-1～图 5-1-10 所示。

图 5-1-1　第 1 张幻灯片

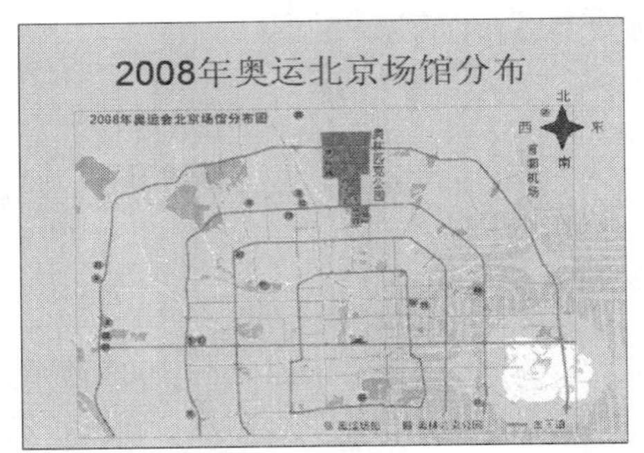

图 5-1-2　第 2 张幻灯片

图 5-1-3　第 3 张幻灯片

图 5-1-4　第 4 张幻灯片

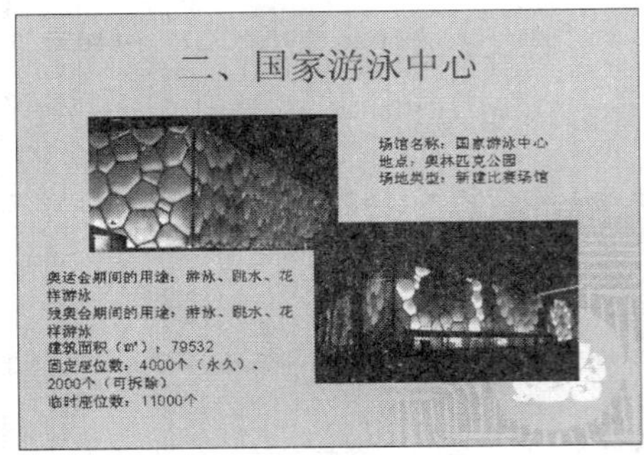

图 5-1-5　第 5 张幻灯片

图 5-1-6　第 6 张幻灯片

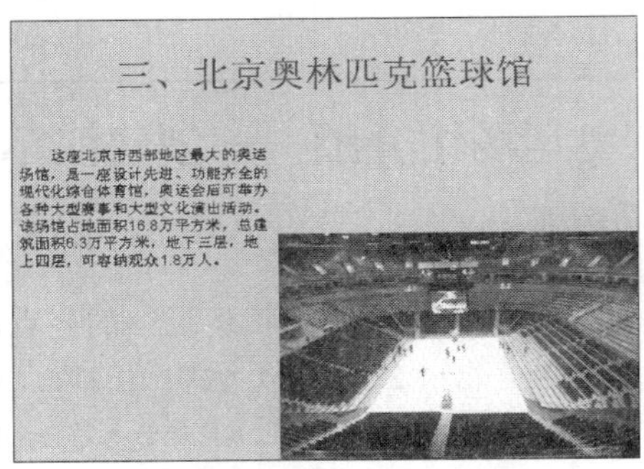

图 5-1-7　第 7 张幻灯片

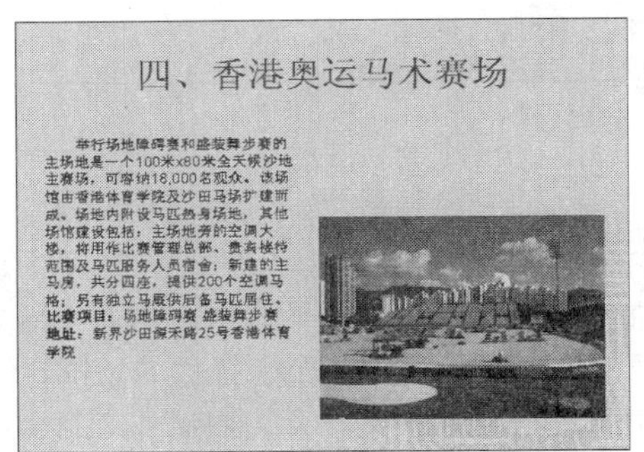

图 5-1-8　第 8 张幻灯片

图 5-1-9　第 9 张幻灯片

图 5-1-10　第 10 张幻灯片

二、项目分析

按照学校要求展示北京奥运场馆独特特点的主题，配合学校提供的各种资源（可在网上下载相关素材）与设计者的独特创意，通过演示文稿的设计充分展示出北京奥运会的风采。根据设计者的整体思路将演示文稿内容设计如下：

（1）第 1 张幻灯片：创建空白演示文稿，加入合适的背景图片，突出北京奥运氛围。演示文稿名为“北京奥运场馆.ppt”。此演示文稿也可以根据模板、内容提示和现有的演示文稿来制作，这些内容将在项目相关知识中介绍。

（2）第 2 张幻灯片：加入北京奥运场馆分布图使学生从宏观上了解奥运场馆的数目和分布。

（3）第 3 张幻灯片：通过文字和图片展示北京国家体育馆即北京奥运会的主场馆。

（4）第 4 张幻灯片：进一步展示北京国家体育馆内景，使没去过奥运主场馆的学生有身临其境的感觉。

（5）第 5 张幻灯片：通过文字和图片介绍国家游泳中心——水立方的外景。

（6）第 6 张幻灯片：进一步展示水立方内部的场馆设施。

（7）第 7～10 张幻灯片：通过文字和图片展示国家奥林匹克篮球馆、香港奥运马术赛场、青岛奥林匹克帆船中心和丰台体育中心垒球场。

三、项目实现方法与步骤

1．制作第 1 张幻灯片

通过创建空白演示文稿来创建此任务。

（1）启动 PowerPoint 2003，单击“文件→新建”命令，在“新建演示文稿”任务窗格中选择“空演示文稿”，新的空演示文稿出现在幻灯片窗格中，如图 5-1-11 所示。在右侧弹出的“幻灯片版式”任务窗格中选择“空白”版式。

（2）选择“文件→保存”命令，在弹出的对话框中输入“北京奥运场馆”，并单击“确定”按钮。

（3）选择“格式→背景→填充效果→图片”→选择图片”命令，在出现的“选择图片”对话框中选择“背景图片 1”，单击“应用”按钮。

（4）选择“插入→图片→艺术字”命令，弹出的“艺术字库”对话框，如图 5-1-12 所示。

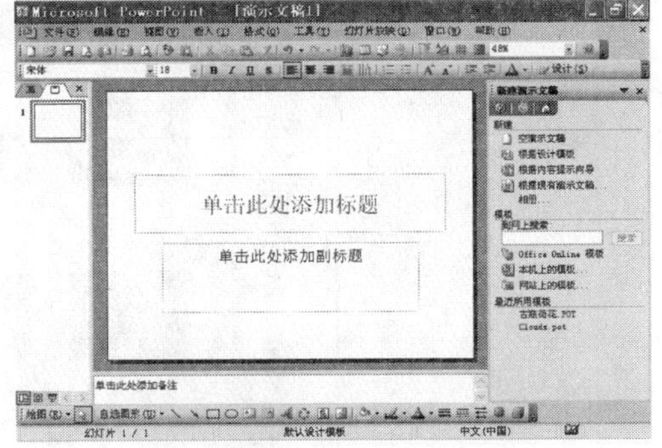

图 5-1-11　创建的新演示文稿

从中选择第三行第四个艺术字样式，出现“编辑艺术字”对话框。在其中输入文字“北京奥运场馆”，单击“确定”按钮。调整艺术字形状和位置。

（5）选择“插入→图片→来自文件”命令，在出现的“插入图片”对话框中选择入“五环图片”，调整设置好后，得到如图 5-1-1 所示的第 1 张幻灯片。

图 5-1-12 “艺术字库”对话框

2. 制作第 2 张幻灯片

（1）将光标确定在左侧“幻灯片”窗格中第 1 张幻灯片后，按回车键，即可新插入第 2 张幻灯片。

（2）选择“格式→背景→填充效果→图片→选择图片”命令，出现的“选择图片”对话框，如图 5-1-13 所示。选择“背景图片 2”，单击“插入”按钮。

（3）选择“插入→图片→艺术字”命令，在弹出的“艺术字库”对话框中选择第三行第四个艺术字样式，插入艺术字“2008 年奥运北京场馆分布”，调整艺术字形状和位置。

（4）选择“插入”→“图片”→“来自文件”命令，在弹出的“插入图片”对话框中选择“北京奥运场馆分布图片”，并使用图片工具栏的“设置透明色”按钮，将“北京奥运场馆分布图片”设置为透明色，如图 5-1-14 所示。

（5）选择“插入→图片→自选图形”命令，在出现的自选图形中选择“十字星”，此时光标变为十字形，在当前幻灯片中拉出适合的十字星形状。再用上步的方法插入四个艺术字“东”、“西”、“南”和“北”。按住“Ctrl”键的同时，选中十字星图形和四个艺术字，选择“绘图工具栏→绘图→组合”，如图 5-1-15 所示。调整好后的幻灯片，如图 5-1-2 第 2 张幻灯片所示。

图 5-1-13 “选择图片”对话框

图 5-1-14　“图片工具栏”

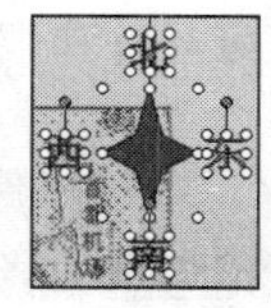

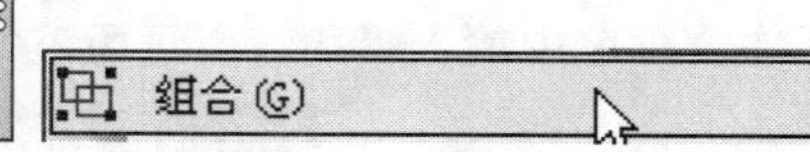

图 5-1-15　图片与艺术字组合

3．制作第 3 张幻灯片

（1）按上面的方法插入艺术字、“背景图片 2”、“北京国家体育馆图片 1”和“北京国家体育馆图片 2”，调好艺术字和图片的具体位置。

（2）选择“插入→文本框→水平”命令，此时鼠标变为十字形，在当前幻灯片处按鼠标左键拉出文本框的大小，并在其中输入有关北京国家体育馆的相关文字。

（3）在“自选图形”工具栏中，选择“自选图形→标注→椭圆形标注”命令，如图 5-1-16 所示。此时鼠标变为十字形，在当前幻灯片处拉出合适的椭圆形标注。

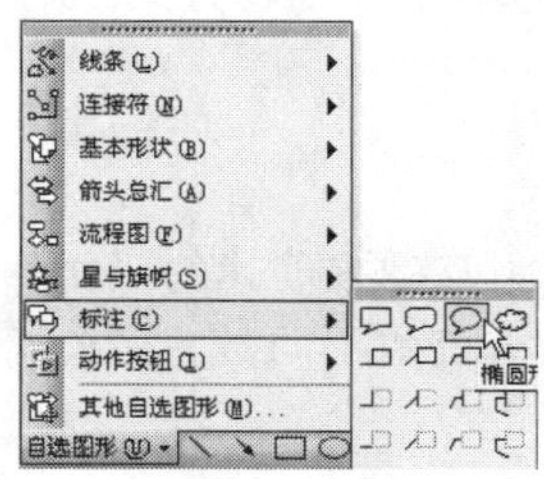

图 5-1-16　“椭圆形标注”命令按扭

（4）选中椭圆形标注，单击右键从弹出的快捷菜单中选择“编辑文本”项，在标注中输入“鸟巢形状特点突出”。

（5）选中椭圆形标注，单击右键从弹出的快捷菜单中选择“设置自选图形格式”项，出现“设置自选图形格式”对话框，如图 5-1-17 所示。

（6）在“颜色和线条”选项卡中选择“粉红”颜色，单击“确定”按钮。

同时选中幻灯片中多个图片对象的方法是，按住“Ctrl”键不松开，此时鼠标上方出现小加号，再点击所要选择的图片对象即可实现一次全部选择。

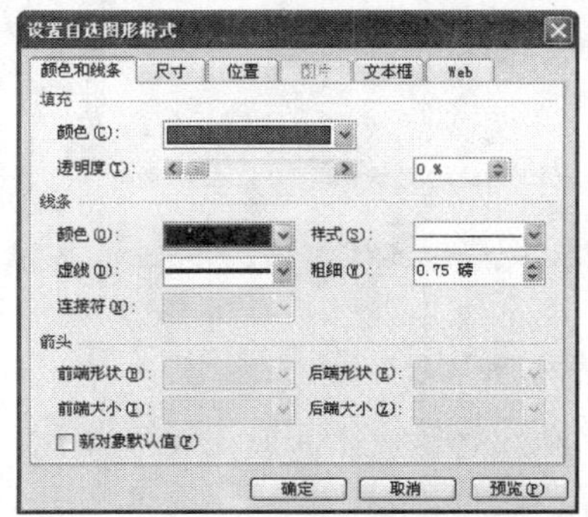

图 5-1-17　“设置自选图形格式”对话框

4．制作第 4～10 张幻灯片

（1）用上面的方法依据图 5-1-4～图 5-1-10 所示，在第 4～10 张幻灯片中分别插入 7 个艺术字、14个图片和8个文本框，分别调整好尺寸和位置。

（2）单击“文件→保存”命令，弹出“另存为”对话框，如图5-1-18所示。选择相应的文件夹，在文件名中输入“北京奥运场馆”，单击“保存”按钮。

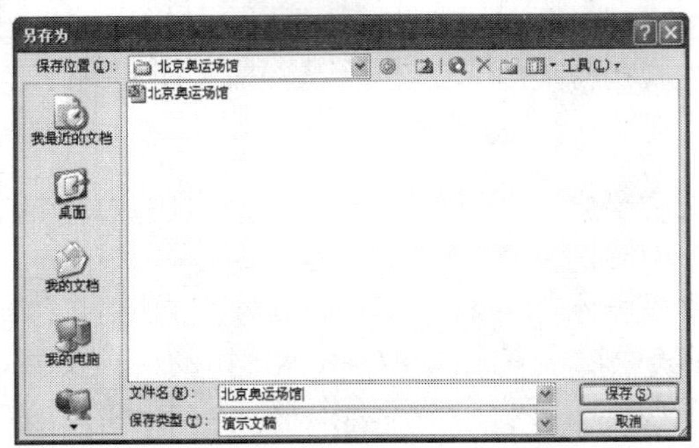

图5-1-18 “另存为”对话框

四、相关知识与技能

（一）创建演示文稿

一个新的演示文稿是以设计模板为基础来创建的，文件类型为PowerPoint演示文稿，默认的设计模板是空演示文稿，每个演示文稿由不同数目的幻灯片组成。通常创建演示文稿的方法有三种：

1. 创建空演示文稿

（1）单击“文件→新建”命令，在右侧的任务窗格中选择“空演示文稿”，如图5-1-19所示。在“应用幻灯片版式”中选择一种“文字版式”，新的空演示文稿出现在幻灯片窗格中。

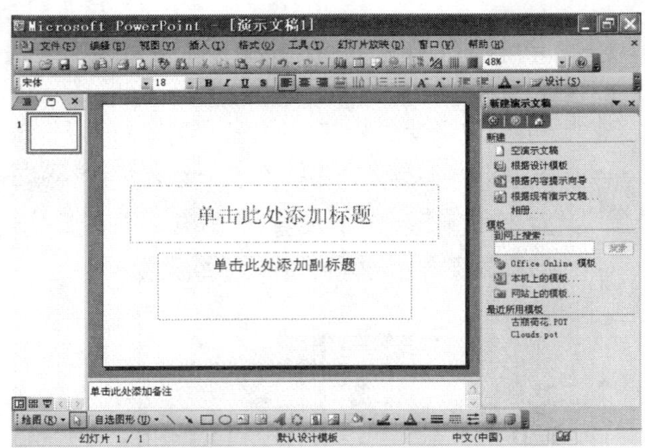

图5-1-19 创建空演示文稿

（2）单击常用工具栏中的“新建”按钮，其他步骤同上。

2. 使用模板创建演示文稿

模板控制演示文稿的外观，PowerPoint 2003提供了许多模板，根据实际情况可以选择不同的模板。基本的模板称为设计模板，为演示文稿提供对应的格式信息。基本上包括背景图片、字体格式、配色方案和文本占位符等。

（1）创建过程：单击右侧的任务窗格中的“新建演示文稿→根据设计模板”命令，如图5-1-20

所示，在任务窗格中选择需要的模板。

需要注意的是，PowerPoint2003 的应用模板功能，可以使当前演示文稿中的不同幻灯片应用不同的设计模板。只要选中相应的幻灯片，在“应用设计模板”窗格中单击所需要的模板右侧的下拉按钮，从弹出的快捷菜单中选择“应用于所选模板”即可。

（2）模板的配色方案：为了使演示文稿达到更好的效果，PowerPoint 2003 提供了模板的配色方案，即可以通过配色方案改变模板的颜色搭配，以使演示文稿有更合适的对比度和搭配。在当前演示文稿窗口右侧的的任务窗格中直接单击“配色方案”按钮即可选择。

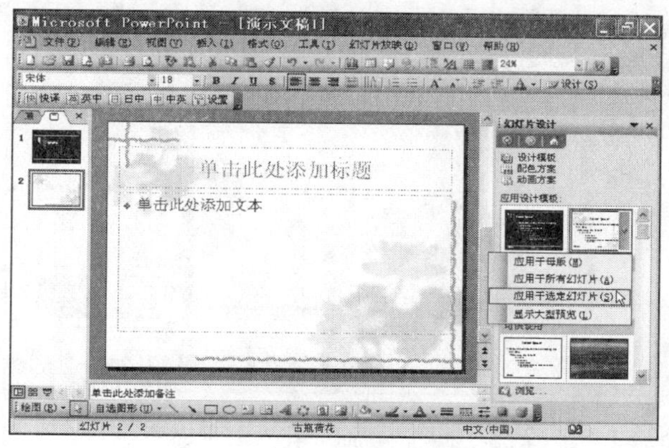

图 5-1-20 使用模板创建演示文稿

3．使用内容提示向导创建演示文稿

PowerPoint 2003 中的“内容提示向导”使用有样文内容的演示文稿创建新的文稿，既提供格式信息，又提供对应的样文内容。如图 5-1-21 所示。

操作过程：单击右侧的任务窗格中的“新建演示文稿→根据内容提示向导”命令，出现“内容提示向导”对话框，单击“开始→下一步（根据具体内容选择不同的演示文稿类型）→下一步（选择输出类型）→下一步（输入演示文稿选顶，包括标题和每张幻灯片都包含的对象）→下一步→完成”按钮。

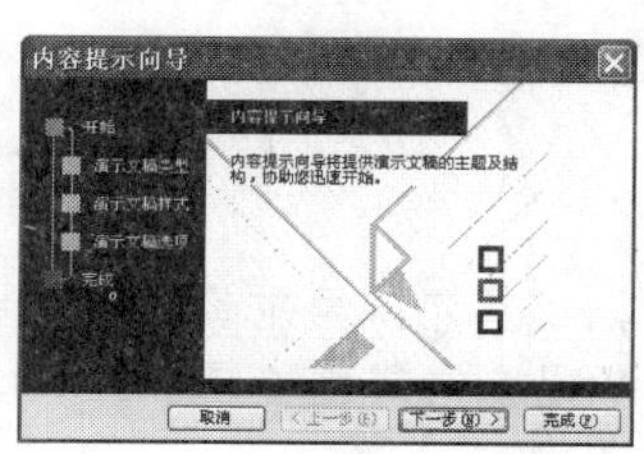

图 5-1-21 “内容提示向导”对话框

（二）保存演示文稿

操作过程：单击“常用”工具栏上的“保存”按钮，或单击“文件→保存”命令。如果要把演示文稿以不同的名称保存和更改保存位置，或保存为不同的文件类型，则可选择“文件→另存为”命令。

例 5-1-1 使用设计模板“古瓶荷花”创建一个新演示文稿，保存到 e 盘下，文件名为“古诗欣赏”。

①单击“开始→程序→Microsoft PowerPoint 2003”命令，出现演示文稿窗口。

②单击右侧的任务窗格中的“新建演示文稿→根据设计模板”命令，从中选择设计模板“古瓶荷花”，则在左侧幻灯片窗格中对应的幻灯片背景变成相应的图片，如图 5-1-22 所示。

③根据需要对演示文稿内容进行编辑之后，保存文件。单击“文件→保存→保存位置”，选择 e 盘，在“文件名”中输入“古诗欣赏”，单击“确定”即可。

④单击“文件→退出”命令，退出 Microsoft PowerPoint 2003 软件。

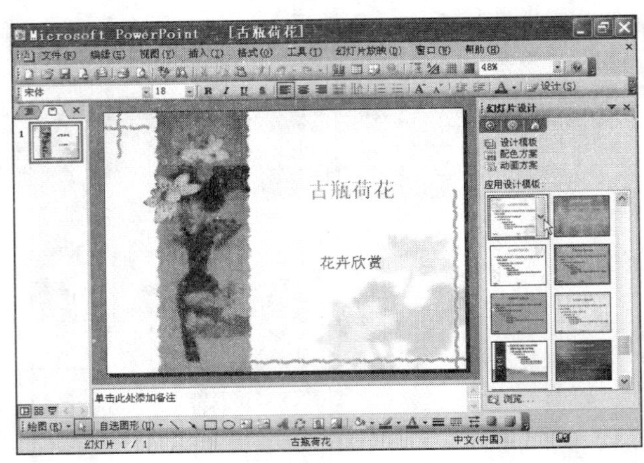

图 5-1-22 “古瓶荷花”演示文稿

（三）幻灯片版式和母版

1．幻灯片版式

组成演示文稿的基本元素都是基于版式的。幻灯片版式就是文本和图形占位符的组织安排，选择不同的版式就是提示输入文本或其他内容的位置。

（1）默认版式：第一张幻灯片的默认版式是“标题幻灯片”，其中有两个占位符：一个是标题占位符，另一个是副标题占位符；其余的幻灯片默认的版式是“标题和文本”，其中也有两个占位符：一个是顶部标题占位符，另一个是下部文本内容占位符。

（2）选择不同的幻灯片版式：先选中此张幻灯片，再选择“格式→幻灯片版式”（此时“幻灯片版式”任务窗格出现在右侧），不同的幻灯片版式其中的各种占位符的类型和位置各不相同，根据实际需要单击相应的版式即可。

2．幻灯片母版

前面介绍了设计模板的使用方法。其实，当在演示文稿上应用不同的设计模板时，实际上是修改了演示文稿母版的格式。母版是在格式化和显示文本时的一套规则。通过修改幻灯片母版的格式可以直接改变幻灯片的风格。

（1）设置标题母版：此母版可以控制所有应用此母版的标题幻灯片的格式和设置。

例 5-1-2 重新设置当前演示文稿的标题母版。

①建立一个新的空白演示文稿。

②单击“视图→母版→幻灯片母版”命令。

③在此视图中，选择“插入→新标题母版”命令，进入如图 5-1-23 所示的“标题母版”。

④单击“自动版式的标题区→格式→字体”命令，在“字体”窗口中对标题的字体、字型、字号、字符修饰等项目进行修改。

⑤根据实际要求，对母版的背景进行进一步修改。

（2）设置幻灯片母版：此母版可以控制所有应用此母版的幻灯片的格式和设置，“标题幻灯片母版”除外。

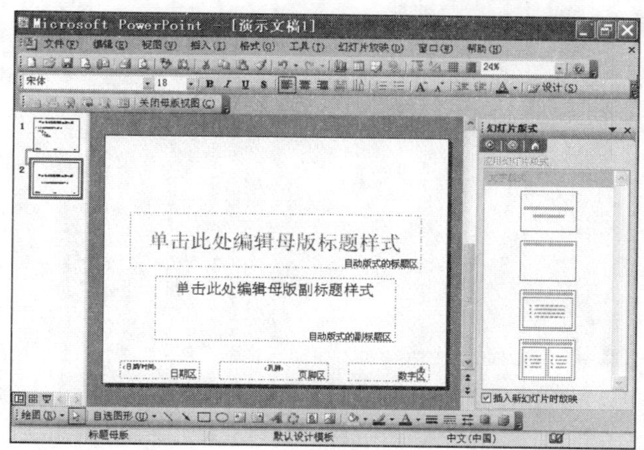

图 5-1-23　标题母版

例 5-1-3　重新设置当前演示文稿的幻灯片母版。

①建立一个新的空白演示文稿。

②单击“视图→母版→幻灯片母版”命令，出现幻灯片母版，如图 5-1-24 所示。

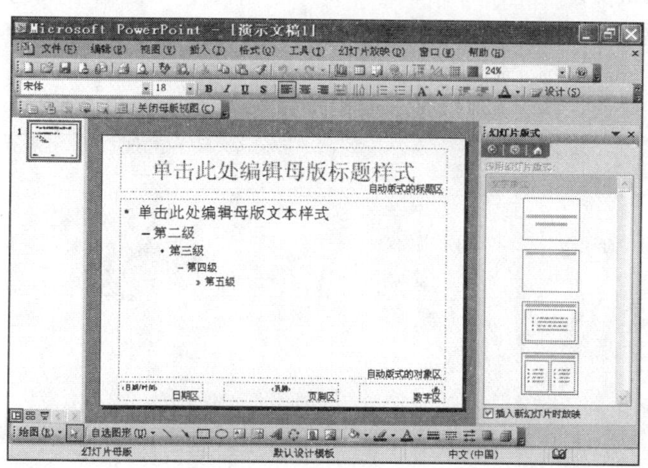

图 5-1-24　幻灯片母版

③单击“自动版式的标题区→格式→字体”命令，在“字体”窗口中对标题的字体、字型、字号、字符修饰等项目进行修改。

④单击“自动版式的对象区”，可对此中的文本属性进行设置，对项目符号和编号、页眉和页脚进行重新设置。

⑤设置完成后可以切换回幻灯片视图，即可观察到修改之后的效果。

（3）设置讲义母版：此母版可以控制所有打印出来的讲义的版式。

例 5-1-4 重新设置当前演示文稿的讲义母版。

①建立一个新的空白演示文稿。

②单击“视图→母版→讲义母版”命令，出现讲义母版，如图 5-1-25 所示。

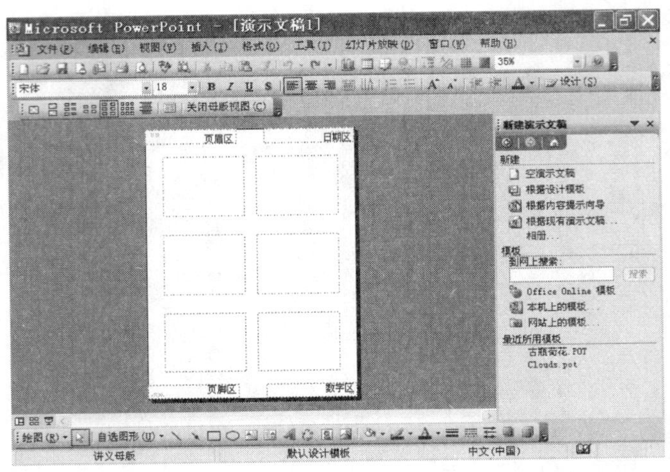

图 5-1-25　讲义母版

③在“讲义母版”工具栏中选择实际需要的功能按钮进行相应设置。根据实际要求，可以对页眉页脚进行修改。单击“视图→页眉和页脚”命令，在弹出的对话框中选择“备注和讲义”选项卡，即可进行页眉和页脚和修改。

（4）设置备注页母版：此母版控制“备注页”视图以及打印输出的版式。

例 5-1-5　重新设置当前演示文稿的备注页母版。

①建立一个新的空白演示文稿。

②单击“视图→母版→备注母版”命令，出现备注母版，如图 5-1-26 所示。

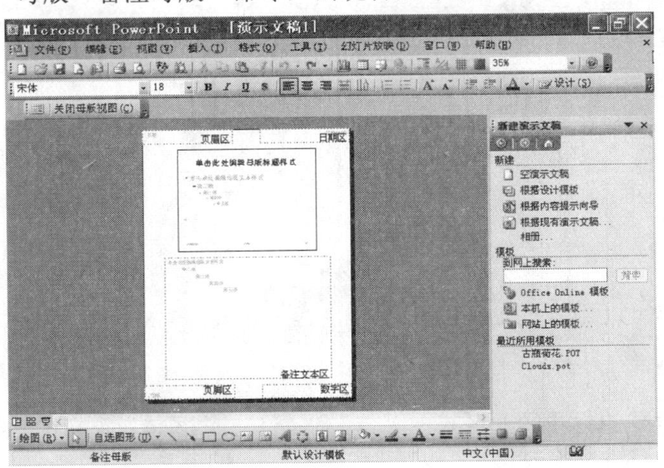

图 5-1-26　备注母版

③单击“备注文本区”，用户可以对相应的文本框位置和大小进行重新设置。分别选中各级文本，可以对字符格式进行重新设置。

④根据实际要求，对备注母版的背景进行进一步修改。完成后，单击“关闭母版视图”命令。

（四）幻灯片的基本操作

一个演示文稿是由一定数目的幻灯片组成，对幻灯片的编辑也就是对演示文稿的修改。幻灯片的基本操作包括幻灯片的插入、复制、删除和隐藏，这几种幻灯片的基本操作可以在除幻灯片放映视图之外的其他视图下操作。

1. 插入幻灯片

每张新幻灯片的尺寸大小都相同，插入的位置在当前光标的后面或在选定幻灯片的下方。每次只能插入一张幻灯片。

（1）插入新幻灯片。操作方法如下：

①单击“插入→新幻灯片”命令。

②同时在右侧自动弹出“幻灯片版式”任务窗格，选中某一种版式之后，单击该幻灯片版式的右侧下三角箭头即可出现对应的快捷菜单（对已经存在的幻灯片的版式可以在此修改），选择“插入新幻灯片”命令，如图 5-1-27 所示。

（2）插入已有的幻灯片。如果需要在当前演示文稿中插入已经在其他演示文稿中存在的幻灯片，即可使用此项功能，以减少重复工作，提高效率。操作方法如下：

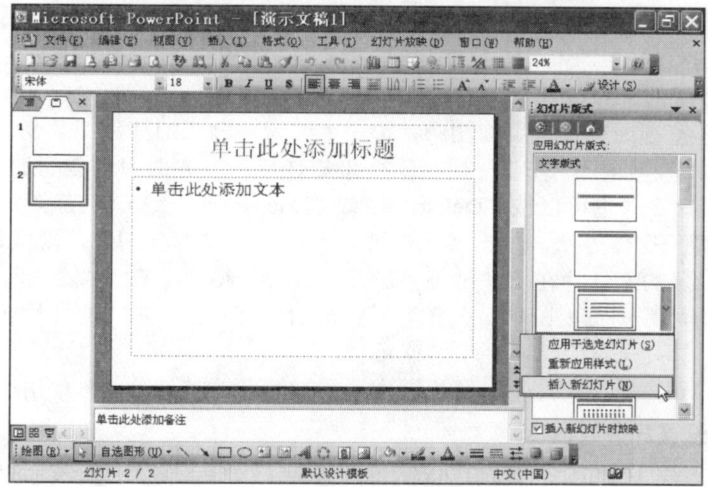

图 5-1-27　插入新幻灯片

①在当前幻灯片中，单击“插入→幻灯片（从文件）”命令，出现“幻灯片搜索器”对话框，如图 5-1-28 所示。在“文件”框中输入需要的幻灯片位置，也可单击“浏览”按钮，打开对应的对话框。选择所需要的幻灯片，单击“打开”按钮，此时选中的幻灯片出现在下方的“选定幻灯片”列表中。

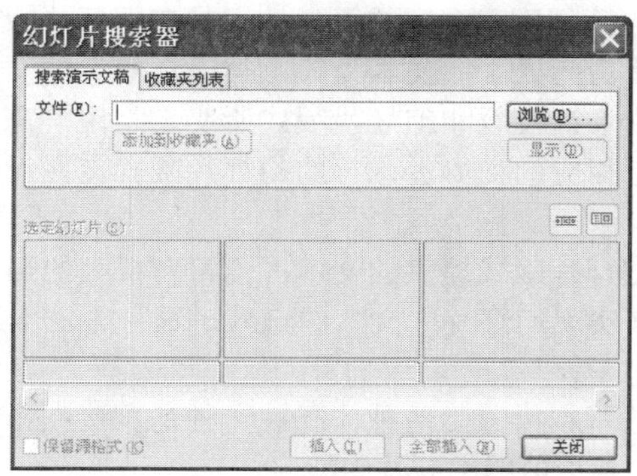

图 5-1-28　“幻灯片搜索器”对话框

②选取一张或多张幻灯片，单击“插入”按钮，即将选中的幻灯片放在当前演示文稿的插入点之后（还可能根据实际需要来选择“添至收藏夹”和“保留源格式”两个选项，“添至收藏夹”可以创建对应的快捷方式并将其添加到收藏夹中，不改变原文件的位置；“保留源格式”可以保留插入的幻灯片的原有格式）。

2．复制、删除、隐藏幻灯片

（1）复制幻灯片操作方法。

①选中需要复制的幻灯片（按住“Shift”键，可以实现连续多张的选择；按住“Ctrl”键，可以实现不连续多张的选择）。

②单击“编辑→复制”命令或“常用”工具栏中复制按钮，将光标移动到目标位置。

③单击“编辑→粘贴”命令或按“常用”工具栏中的粘贴按钮，此时选中的幻灯片复制到当前幻灯片之后。

（2）删除幻灯片操作方法。如果当前演示文稿只有一张幻灯片，也可以在除了幻灯片放映视图之外的任何视图中进行删除操作。

①选中需要删除的幻灯片（按住“Shift”键，可以实现连续多张的选择；按住“Ctrl”键，可以实现不连续多张的选择）。

②在幻灯片浏览视图或备注页视图中，单击“编辑→删除幻灯片”命令，删除当前幻灯片。

③在幻灯片浏览视图中，若要一次删除多张幻灯片，应先选中相应的幻灯片，再单击“编辑→删除幻灯片”命令（也可以按“Delete”键或“Backspace”键），可删除选定的多张幻灯片。

（3）隐藏幻灯片操作方法。根据实际需要，有时需要将部分幻灯片隐藏起来，不必将这些幻灯片删除。被隐藏的幻灯片在放映时不播放，幻灯片的编号上有“＼”标记。

①先切换到幻灯片浏览视图中，选择需要隐藏的幻灯片，单击“幻灯片放映→隐藏幻灯片”命令，或单击“幻灯片浏览”工具栏中的隐藏按钮。

②若要取消隐藏，应在幻灯片浏览视图中选择被隐藏的幻灯片，再单击按钮即可取消隐藏。

3．为幻灯片设置背景

在这里可以对不同幻灯片的背景进行简单的修饰，也可以使用 “配色方案”对幻灯片的颜色搭配重新修改。

选中一个或多个幻灯片，单击“格式→背景”命令，出现的“背景”对话框，如图 5-1-29 所示。对相应的幻灯片的背景进行颜色和填充效果的设置。

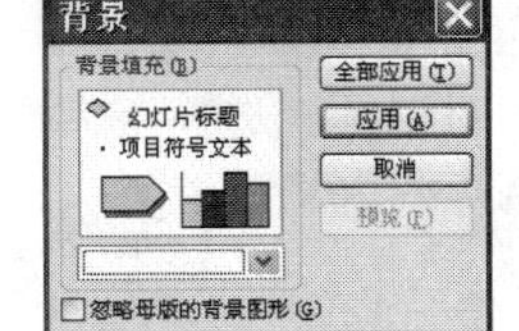

图 5-1-29 “背景”对话框

（五）插入对象

1．添加文本

在幻灯片中的文本占位符是盛载文本的工具，它是在幻灯片上显示的、内部有一些如“单击此处添加文本”等此类提示信息的文本框，它的大小和位置由幻灯片母版和幻灯片版式所决定。用户需要根据实际情况选择好具有相应的文本占位符的幻灯片版式，在对应的文本占位符中输入文本。

其实，在很多情况下幻灯片版式提供的文本占位符有很大的局限性，用户可以直接在幻灯片中插入不同的文本框，来实现幻灯片中文本的输入。这种方法实用性较强，对文本框的修改可以根据情况随意变化。

在幻灯片中输入文本，基本上分为两种情况：一种是直接在当前幻灯片中输入，另一种是从其他类型文件中导入文本到当前的幻灯片中。

文本是幻灯片中一个重要的组成元素，几乎每一张幻灯片都有文本来表达用户的观点和感受。文本的输入和处理可以在普通视图和备注页视图中进行，但分两种情况：一种是在普通视图中的幻灯片选项卡窗格中进行（与在备注页视图中方法相同），另一种是在普通视图中的大纲选项卡窗格中进行。两种情况用户可以根据实际情况进行选择。

（1）在幻灯片选项卡窗格中输入文本。在此种环境下输入文本是最基本的输入文本的方法，在这样的工作环境下，幻灯片中所有的对象与放映时在屏幕上展示的效果一致。

在普通视图中的幻灯片选项卡窗格中输入文本，用鼠标单击文本占位符区域，该区域的虚线边框被粗的斜线框取代，此时提示文本消失，在斜线框内部左上角有一个闪烁的插入点，这样就可以输入文本了。如果一行文本宽度超过了占位符的宽度，光标会自动跳到下一行的行首。文本占位符的大小和位置可以通过边框上的控制点进行调整。对已输入的文本可以对其进行各种编辑，包括文本的格式化操作、段落格式化操作，文本的移动、复制和删除等操作，与在 Word 中操作方法相同。

输入文本后，可以根据用户要求对文本占位符的格式进行进一步设置。用鼠标选中某个文本占位符，单击“格式→占位符”命令，在出现的窗口中对占位符格式进行设定。

（2）在大纲选项卡窗格中输入文本。在此环境下输入文本主要用在对当前演示文稿中所有的幻灯片的文本进行编辑，只显示幻灯片的标题和主要文本信息。文本处理完毕后，可回到幻灯片选项卡窗格中对插入幻灯片中的其他对象进行操作和调整。在此环境下，可利用“视图→工具栏→大纲”工具栏对文本的位置和级别进行调整，如图 5-1-30 所示。

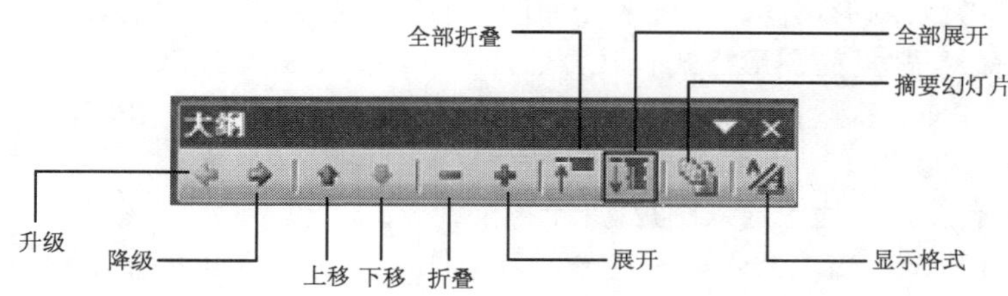

图 5-1-30 “大纲”工具栏

在大纲选项卡窗格中输入文本，先确定好插入点，再输入文本即可。可以随时利用大纲工具栏对文本进行升降级、展开与折叠和格式的设置。每张幻灯片中的文本级别还可以通过“Enter”键或“Ctrl+Enter”组合键来进行调整。

2．添加剪贴画

PowerPoint 2003 提供的剪贴画都是矢量图，可以随意调整它们的大小而不会降低其图像品质。其中的剪贴画有好多种，为了方便管理，PowerPoint 2003 提供了剪辑管理器，它是用户用来管理大量剪贴画的工具程序。通过这还可以导入用户自己的剪辑，可以管理整个收藏集，包括照片、剪贴画、音频和视频剪辑。剪辑管理器如图 5-1-31 所示，在左侧的收藏集列表中有“我的收藏集”、“Office 收藏集”和“Web 收藏集”，单击每个收藏集左侧的加号时，都会相应的变成减号，若收藏集左侧是加号则表示此收藏集现在是折叠的状态，反之表示此收藏集现在是展开的状态。在不同收藏集内部也有类似的加减号，功能与每个收藏集左侧的加减号相同。

（1）插入剪贴画。单击“插入→图片→剪贴画”命令，在右侧的其他任务窗格中显示剪贴画窗格，用户可以在此窗格中进行搜索。可以在“搜索文字”框中输入相应的关键字进行查找，或在收藏集中进行选择，也可以直接在下方的滚动框中直接拖动鼠标来进行选择。

可以利用图 5-1-31 所示的剪辑管理器来插入剪贴画。先选择好指定的收藏集列表，双击打开后在右侧的窗口中相应的剪贴画上单击，在出现的快捷菜单中进行相应的操作即可。

（2）修整剪贴画。在幻灯片中对剪贴画的调整与在 Word 中操作方法基本相同，包括位置、角度和大小的调整。选中对应的剪贴画后，直接利用鼠标拖动操作，或单击右键在出现的快捷菜单中进行操作选择。

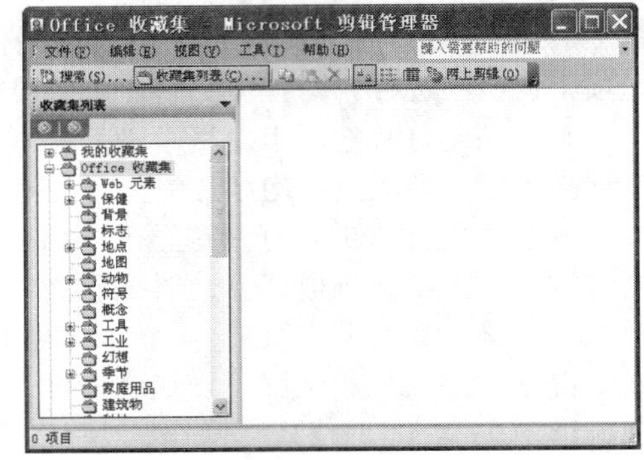

图 5-1-31 剪辑管理器

3．添加自选图形和艺术字

PowerPoint 2003 有一套绘图工具，用于在幻灯片上创建简单的线条和图形，把这些线条和图形称为自选图形，并提供了许多相关的操作命令，使幻灯片效果更加丰富。操作方法如下：

（1）单击“插入→图片→自选图形”命令，在出现的“自选图形”工具栏中单击某个图形后，在当前幻灯片中拖动出相应的图形即可。

（2）单击“插入→图片→艺术字”命令，在出现的“艺术字”工具栏中单击某个艺术字形状并进行编辑，单击“确定”按钮后在当前幻灯片中拖动出相应的艺术字即可。

4．导入图片

在 PowerPoint 2003 中可以利用多种方法来获取外部图形文件，可以直接链接到下载或复制的图像文件，可以直接用扫描仪获取图像文件，也可以从数码相机中获取图像文件。这些图像都属于光栅图，与矢量图形不同。不同的光栅图形有不同文件格式，格式不同的图形其大小和品质也可能差别很大。常见的图形格式有联合照片专家组（.JPG 或.JPEG）、图形交换格式（.GIF）、便携的网络图像（.PNG）、默认格式即位图（.BMP）、ZSoft 画笔格式（.PCX）、标志图像文件格式（.TIF 或.TIFF）。

例 5-1-6 在当前幻灯片中导入图片。

①在当前幻灯片中单击“插入→图片→来自文件”命令，弹出“插入图片”对话框，如图 5-1-32 所示。

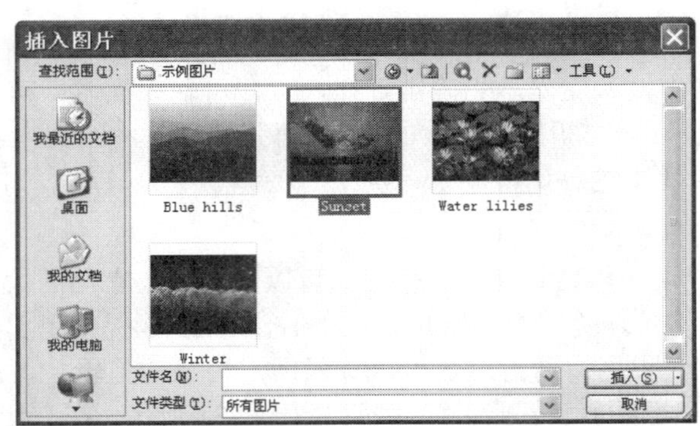

图 5-1-32 “插入图片”对话框

②单击选中“样品”图片文件名，再单击“插入”按钮，完成图片的插入操作。

③根据当前幻灯片情况来调整此图片的位置和大小，利用“图片”工具栏对图片的其他一些选项进行调整。

五、技巧与提高

1．可以在同一个演示文稿中应用不同的幻灯片模式

选中一个幻灯片，在右侧的“幻灯片设计”任务窗格中选择“背景图片 1”模板，单击其右

侧的向下箭头，从出现的快捷菜单中选择“应用于选定幻灯片”项，即可实现将选中模板只应用于当前幻灯片。

2．演示文稿设置默认视图

在默认情况下，PowerPoint 显示普通视图，并保持“大纲”选项卡打开。但用户可以在 PowerPoint 的三种视图中选择一种视图作为演示文稿的默认视图。选择了默认视图后，演示文稿在此视图中一直为打开状态。选择菜单“工具→选项”命令，出现“选项”对话框，如图 5-1-33 所示。选择“视图”选项卡，在“默认视图”中选择用户所需要的视图即可。

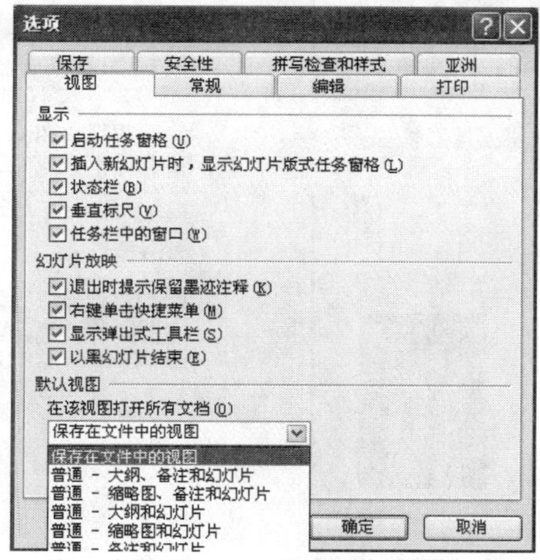

图 5-1-33　“选项”对话框

3．禁止删除幻灯片母版

当删除所有应用同一个幻灯片母版的幻灯片时，PowerPoint 会自动删除该母版。通过“保护”母版，以防止将其自动删除。选择菜单“视图→母版→幻灯片母版”命令，出现“幻灯片母版”视图，如图 5-1-34 所示。在左侧的缩略图上选择要保护的幻灯片母版，单击“幻灯片母版视图”工具栏上的“保护母版”按钮即可。若不想再“保护”该母版了，则只需要再次单击此按钮即可。

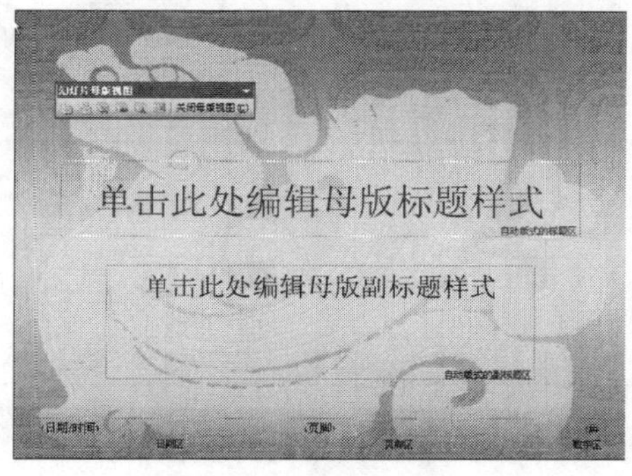

图 5-1-34　“幻灯片母版”视图

六、创新作业

（1）根据系统模板“Network”建立一个名称为“世界八大奇迹”的演示文稿，要求由六张幻灯片组成，如图 5-1-35～图 5-1-40 所示。

（2）按照样文输入文本、艺术字、自选图形、剪贴画和图片。

图 5-1-35　第 1 张幻灯片

图 5-1-36　第 2 张幻灯片

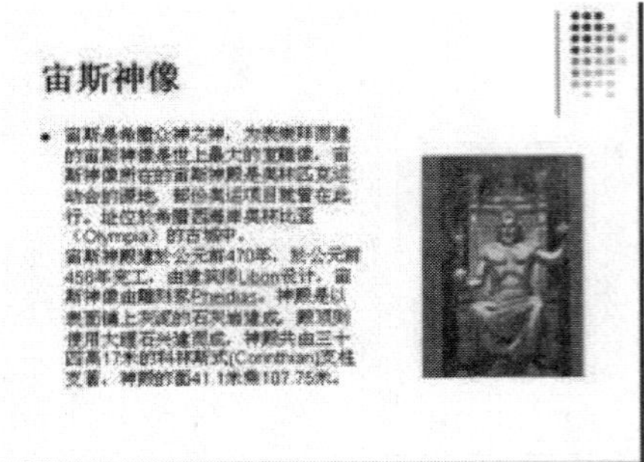

图 5-1-37　第 3 张幻灯片

图 5-1-38　第 4 张幻灯片

图 5-1-39　第 5 张幻灯片

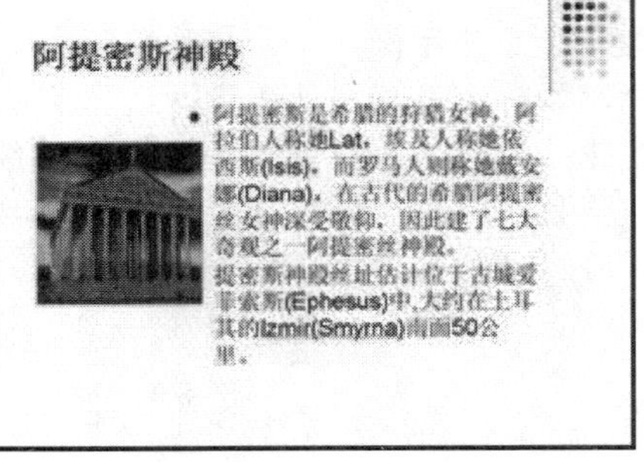

图 5-1-40　第 6 张幻灯片

项目二

2008 年中国机械行业发展分析——编辑演示文稿

一、项目描述

在某公司做本公司机械行业相关业务报告时，必定会先分析今年中国机械行业的发展现状，即在大环境的影响下本公司的业务开展的现状。制作 2008 年中国机械行业现状部分的演示文稿需要很多行业材料和图片，所以公司聘请人员制作 2008 年中国机械行业现状的演示文稿。

演示文稿制作要求由设计者来收集机械行业的真实相关数据和图片，添加对应的表格或图表来说明今年机械行业现状，有必要再配以相应的文字说明。制作一个简约清晰的演示文稿，文件名为“2008 年中国机械行业现状.ppt”。制作完成的演示文稿如图 5-2-1～图 5-2-10 所示。

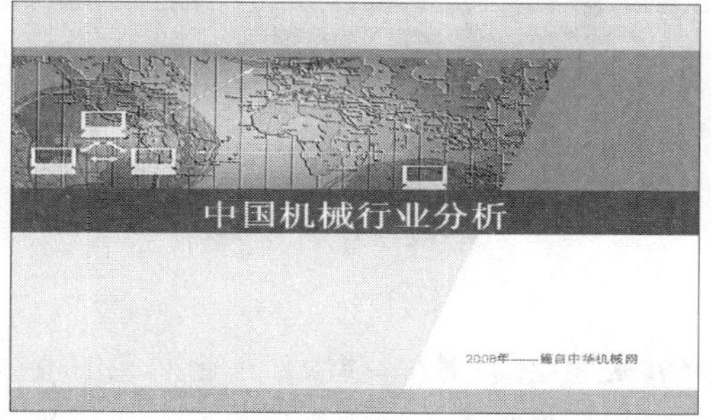

图 5-2-1　第 1 张幻灯片

图 5-2-2　第 2 张幻灯片

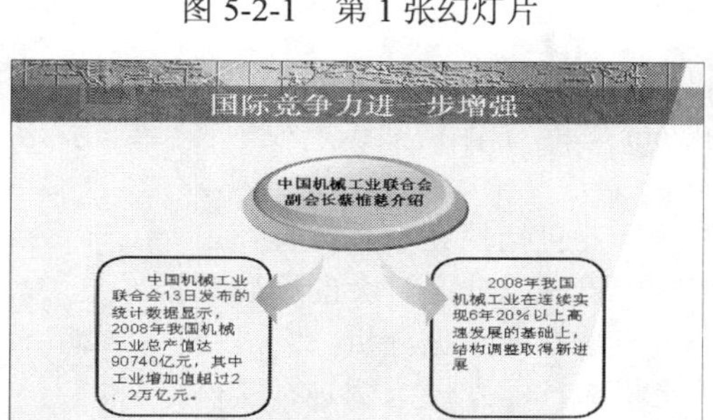

图 5-2-3　第 3 张幻灯片

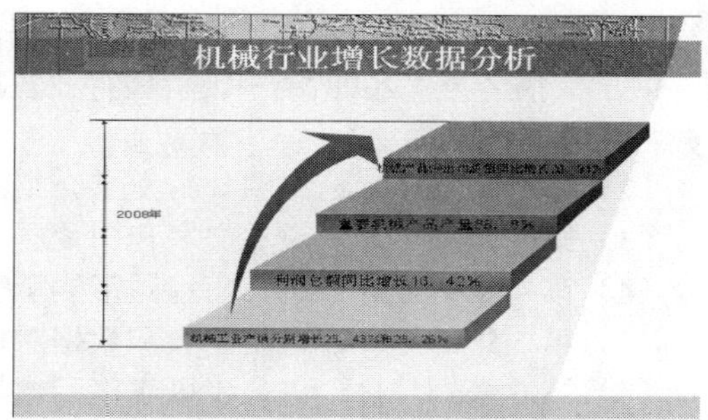

图 5-2-4　第 4 张幻灯片

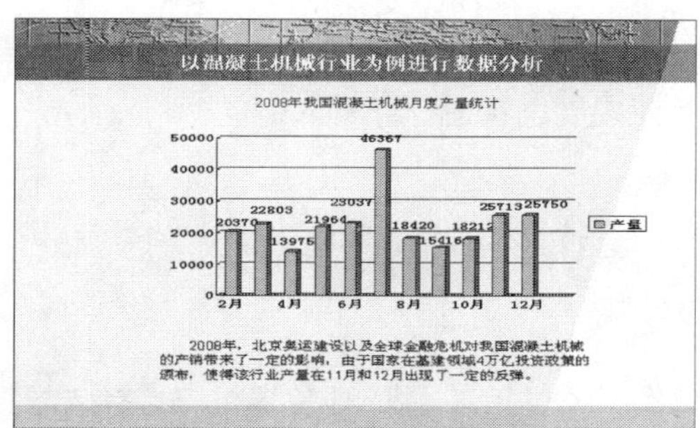

图 5-2-5　第 5 张幻灯片

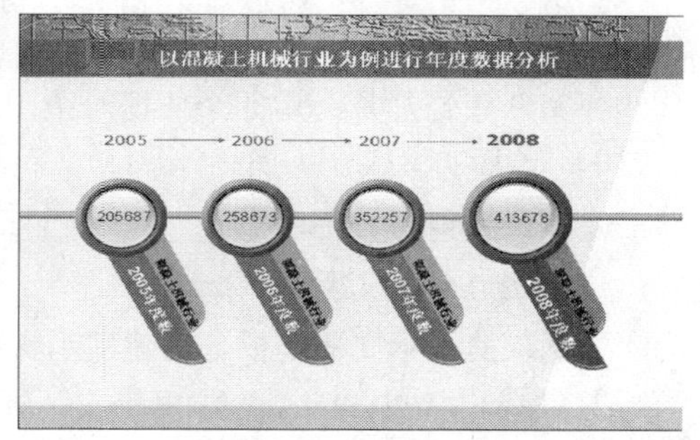

图 5-2-6　第 6 张幻灯片

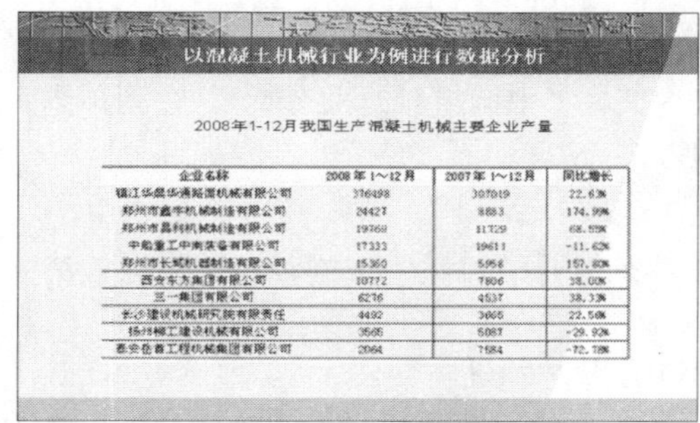

2008年1-12月我国生产混凝土机械主要企业产量

企业名称	2008 年 1～12 月	2007 年 1～12 月	同比增长
镇江华晨华通路面机械有限公司	316498	307019	22.63%
郑州市鑫宇机械制造有限公司	24427	8883	174.99%
郑州市晶科机械制造有限公司	19769	11729	68.55%
中船重工中南装备有限公司	17333	19611	-11.62%
郑州市长城机器制造有限公司	15360	5956	157.80%
西安东方集团有限公司	10772	7806	38.00%
三一集团有限公司	6276	4537	38.33%
长沙建设机械研究院有限责任	4492	3665	22.56%
扬州柳工建设机械有限公司	3565	5087	-29.92%
泰安岳首工程机械集团有限公司	2064	7584	-72.78%

图 5-2-7　第 7 张幻灯片

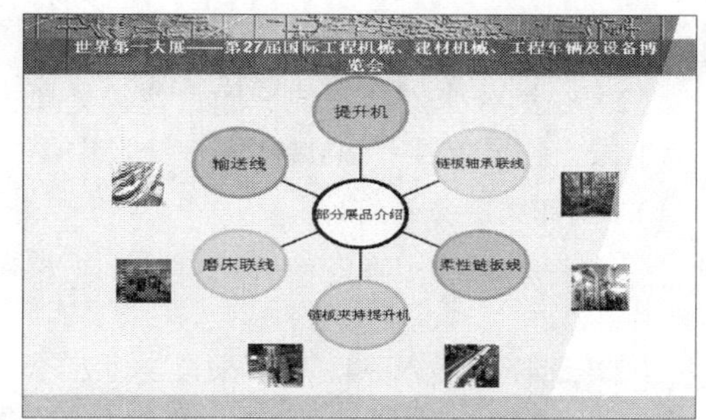

图 5-2-8　第 8 张幻灯片

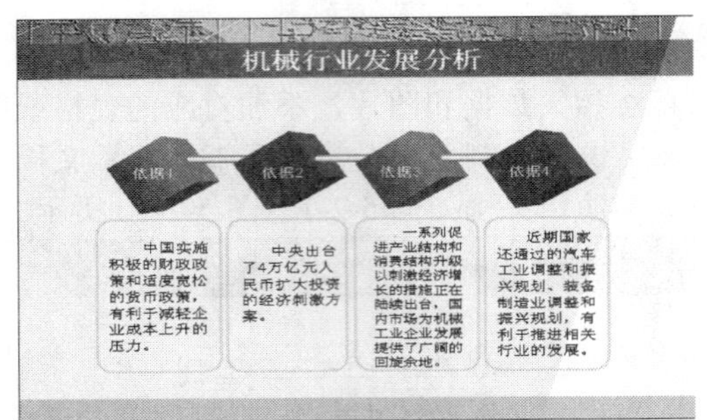

图 5-2-9　第 9 张幻灯片

图 5-2-10　第 10 张幻灯片

二、项目分析

根据此演示文稿内容的特殊性，选择一个适合机械行业的幻灯片模版，配合对应的数据表格和图表，来准确的展示 2008 年机械行业发展现状。根据设计者的整体思路将演示文稿内容设计如下：

（1）第 1 张幻灯片：创建空白演示文稿，配以合适的幻灯片模版，显示出此演示文稿的主题。演示文稿名为“2008 年中国机械行业发展现状.ppt”。为了保护知识产权，在当前幻灯片右下角插入资料的来源。

（2）第 2 张幻灯片：用图片与文字介绍中国机械行业包括的几个具体行业。

（3）第 3 张幻灯片：通过文字和图片展示今年中国机械工业联合会的准确数据。

（4）第 4 张幻灯片：进一步用图形展示今年中国机械行业数据分析。

（5）第 5 张幻灯片：运用图表和数据对以混凝土机械行业发展为例进行实例分析。

（6）第 6 张幻灯片：进一步以表格和数据对混凝土机械行业发展进行细致分析。

（7）第 7 张幻灯片：以混凝土机械行业为例进行数据分析。

（8）第 8 张幻灯片：通过对第 27 届国际工程机械、建材机械、工程车辆及设备博览会现状的展示，进一步说明今年中国机械行业发展现状。

（9）第 9 张幻灯片：用四个依据对中国机械行业发展现状进行分析。

（10）第 10 张幻灯片：结束幻灯片。

三、项目实现方法与步骤

1．制作第 1 张幻灯片

使用下载的演示文稿模板来创建演示文稿。

（1）启动 PowerPoint，单击菜单“文件→新建”命令，在右侧的任务窗格中选择“根据设计模板”，在右侧出现的“幻灯片设计”任务窗格中选择最下方的“浏览”按钮，出现如图 5-2-11 所示的“应用幻灯片模板”对话框。从该对话框中选择“2008 年中国机械行业”模板，单击“应用”按钮。

（2）在第一张幻灯片的标题占位符处单击，输入文字“中国机械行业分析”。在副标题占位符处单击，输入文字“2008 年——摘自中华机械网”。

2．制作第 2 张幻灯片

（1）将光标确定在左侧“幻灯片”窗格中第 1 张幻灯片后，按回车键，即可新插入第 2 张幻灯片。

（2）选择“插入→图片→来自文件”命令，选中图片“按钮 1”。

（3）选择“绘图”工具栏，单击“自选图形→基本形状→圆角矩形”命令。当鼠标变为十字形时，在当前幻灯片拉出适合大小的形状。选中此圆角矩形，单击右键，在弹出的快捷菜单中，选择“设置自选图形格式”项，出现“设置自选图形格式”对话框，如图 5-2-12 所示。按其中格式设置即可。再用以前的方法添加文字“通用设备行业”。

（4）按“Ctrl”键，分别单击图片“按钮 1”和圆角矩形，此时同时选中这两个图形。单击“绘图”工具栏中的“绘图→组合”命令，构成一个整体的图形。

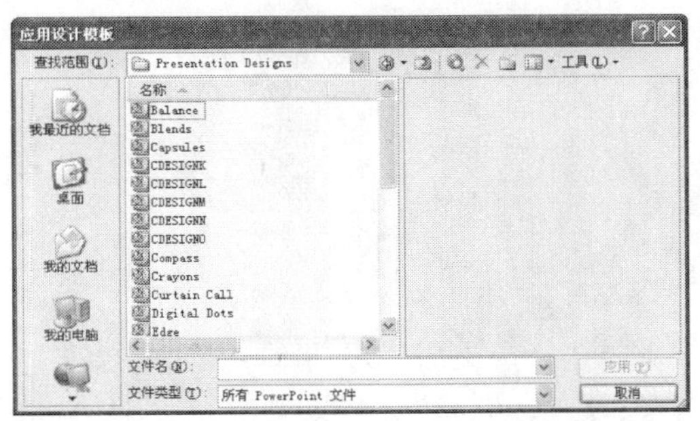

图 5-2-11　“应用设计模板”对话框

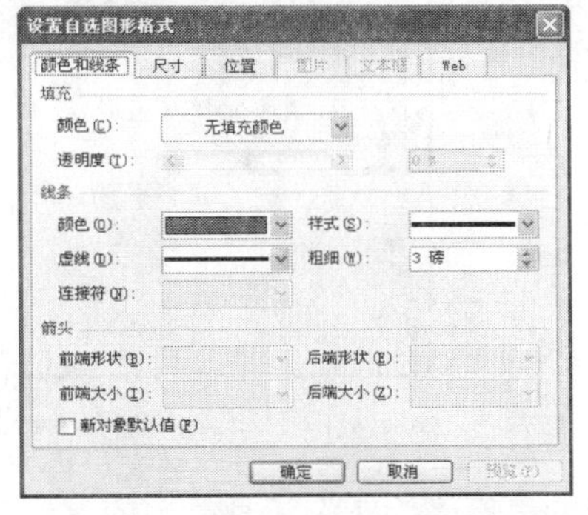

图 5-2-12　“设置自选图形格式”对话框

（5）分别插入图片“按钮 2”、“按钮 3”、“按钮 4”、“按钮 5”、“按钮 6”，用同样的方法，按图 5-2-2 所示将幻灯片中的文本框内容和图片位置调整好。

（6）在当前幻灯片标题占位符处单击输入文字“中国机械行业范围”。在标题占位符左侧会出现如图 5-2-13 所示的模板“占位符”按钮，可以根据实际情况，选择是否还要继续使用占位符。

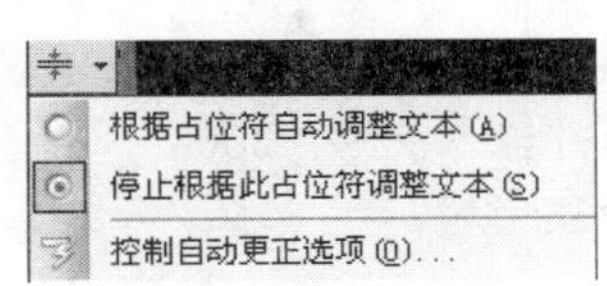

图 5-2-13　模板“占位符”按钮

3．制作第 3 张幻灯片

（1）用上面的方法输入标题文字“国际竞争力进一步增强”。

（2）单击“插入→图片→来自文件”命令，在出现的对话框中选择“大按钮”图片，并设置为透明色，在按钮上添加文本“中国机械工业联合会副会长蔡惟慈介绍”。

（3）单击“插入→图片→来自文件”命令，在出现的对话框中选择“箭头 1”图片，在“绘图”工具栏中单击“绘图→旋转和翻转→自由旋转”命令，按图 5-2-3 幻灯片中箭头位置旋转到合适的位置。用同样的方法插入图片“箭头 2”并设置好格式。

（4）选择“绘图”工具栏，单击“自选图形→基本形状→圆角矩形”命令，在此图形左上角处出现一个黄色菱形的图形调整钮，调整圆角矩形的形状，如图 5-2-14 所示。

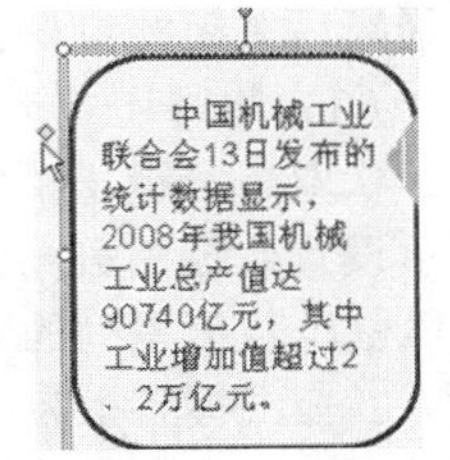

图 5-2-14　调整好形状的圆角矩形

（5）用快捷菜单在圆角矩形上添加相应的文本，用同样的方法绘制另一个圆角矩形。

4．制作第 4 张幻灯片

（1）用上面的方法输入标题文字“机械行业增长数据分析”。

（2）选择“绘图”工具栏，单击“自选图形→基本形状→矩形”命令，在当前幻灯片中拉出合适大小的矩形。单击右键，在快捷菜单中选择“设置自选图形格式”项，选择如图 5-2-15 所示的自定义颜色。

（3）选中此图形，单击“绘图”工具栏中的“三维效果样式”按钮，从下拉菜单中选择“三维设置”项，再单击其中的“深度”按钮，出现如图 5-2-16 所示的对话框，从中选择“144

磅”。设好后单击右键，从快捷菜单中选择命令添加文本。

（4）用同样的方法制作第 4 张幻灯片中的其他三个立体矩形，只是添加不同的颜色和文字，再用以前的方法将这四个矩形组合起来。

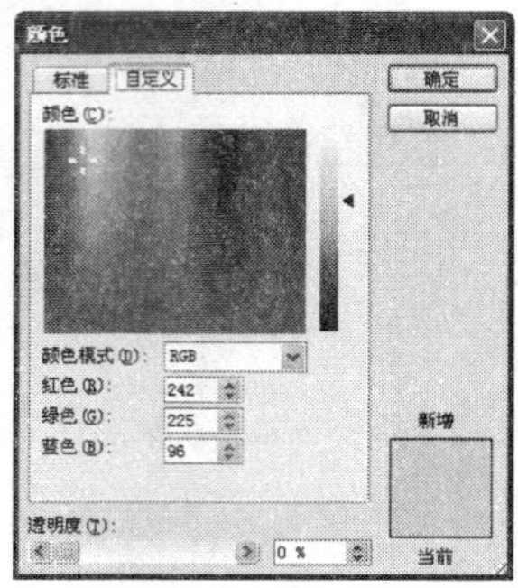

图 5-2-15 “颜色”对话框

图 5-2-16 设置三维效果的“深度”按钮

（5）单击“绘图”工具栏中的箭头按钮，在当前幻灯片拉出合适长度的箭头形状。双击从快捷菜单中选择“设置自选图形格式”，按图 5-2-17 对话框设置格式。用同样的方法再绘制其余的箭头，再把它们组合在一起。

（6）单击“绘图”工具栏中的直线按钮，按第 4 张幻灯片所示的位置调整好。添加文本框并输入文字“2008”，插入图片“箭头 3”。调整好位置后把当前幻灯片中所有的图形形状都组合在一起。

5．制作第 5 张幻灯片

（1）用上面的方法输入标题文字“以混凝土机械行业为例进行数据分析”。

（2）选择“插入→图表”命令，出现如图 5-2-18 所示的“数据表”窗口，按图所示的数据输入不同月的产量数据，设置好后关闭此窗口。

（3）此时还处于图表格式修改状态，鼠标指向图表中的柱形状双击，调出“数据系列格式”对话框，按如图 5-2-19 所示设置数据系列格式，其他值使用默认值。在此状态下，可以修改数据系列的图案、形状、数据标签和数据系列间距，还可以拖动标签上方的数据值到合适的位置。

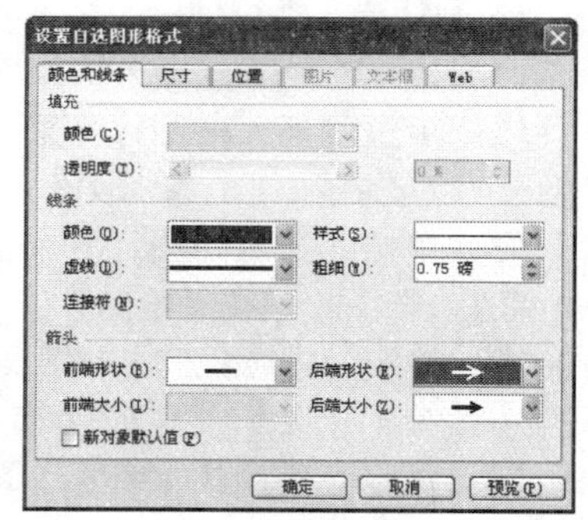

图 5-2-17 “设置自选图形格式”对话框

演示文稿2 － 数据表

		D	E	F	G	H	I	J	K
		5月	6月	7月	8月	9月	10月	11月	12月
1	产量	21964	23037	46367	18420	15416	18212	25713	25750
2									
3									
4									

图 5-2-18 “数据表”窗口

（4）还处于图表格式修改状态，鼠标指向图表中左侧数据轴处双击鼠标，出现“坐标轴格式”对话框，按如图 5-2-20 设置坐标轴格式。包括的五个选择项卡即图案、刻度、字体、数字和对齐都可以根据菜单提示进行修改。

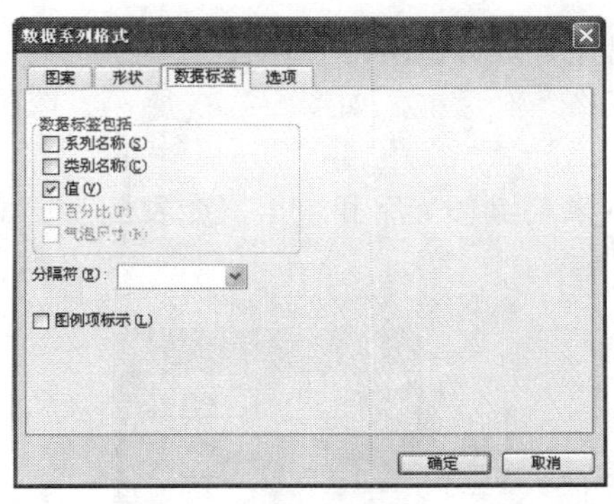

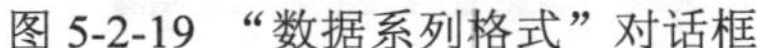
图 5-2-19 “数据系列格式”对话框

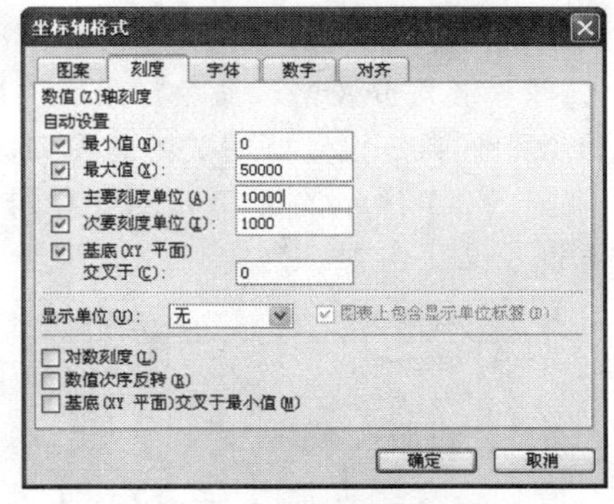

图 5-2-20 “坐标轴格式”对话框

（5）双击横轴即分类轴，出现“坐标轴格式”对话框，同样有图案、刻度、字体、数字和对齐五个选项卡，按照上步的方法可以进一步设置横轴的格式。

6．制作第 6 张幻灯片

（1）用上面的方法输入标题文字“以混凝土机械行业为例进行年度数据分析”。

（2）选择“插入→文本框”，输入文字“2005”。单击“绘图”工具栏中的按钮，在文本框右侧拖出合适长度的箭头形状，单击右键在出现的快捷菜单中选择“设置自选图形格式”，按图 5-2-21 所示设置箭头格式。用同样的方法分别插入带文字“2006”、“2007”、“2008”的文本框和二个相同的箭头形状，按图 5-2-6 调整好位置。使用上步的操作方法将这四个文本框和三个箭头组合成一张图片。

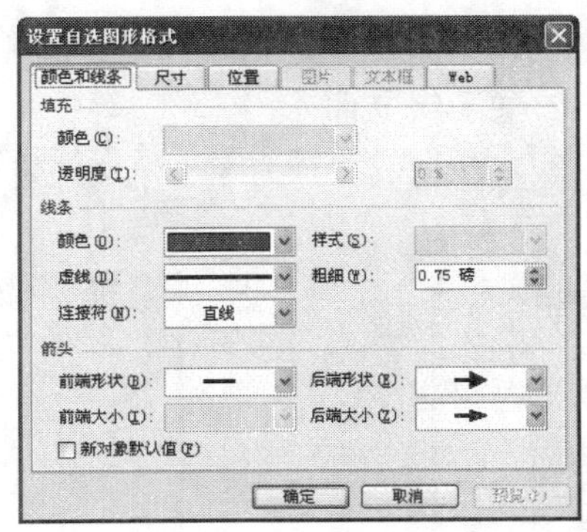

图 5-2-21 箭头形状的“设置自选图形格式”窗口

（3）单击“插入→图片→来自文件”命令，在出现的对话框中选择图片“连续按钮”并调整好位置。插入带文字“混凝土机械待业”、“2005 年度数据”和“205687”的三个文本框，并调整好相应的位置。选中“2005 年度数据”文本框，单击“绘图”工具栏中的“绘图”按钮，选择“旋转或翻转”中的“自由旋转”，旋转后如图 5-2-6 所示。用相同的方法旋转文本框“混凝土机械待业”，同时选中“混凝土机械待业”、“2005 年度数据”和“205687”的三个文本框，将其组合成一个整体。

（4）用与上步相同的方法输入图 5-2-6 所示的另外 9 个文本框，设置成相同格式后组合成一个整体。选择图片“连续按钮”，单击“绘图”工具栏中的“绘图”按钮，选择“叠放层次”中的“置于底层”，如图 5-2-22 所示。

7．制作第 7 张幻灯片

（1）用上面的方法输入标题文字“以混凝土机械行业为例进行数据分析”。

（2）选择“插入→表格”命令，出现“插入表格”对话框，如图 5-2-23 所示。按图所示的数据输入行数和列数，设置好后关闭此窗口。

（3）按图 5-2-7 所示的第 7 张幻灯片内容输入表格具体文字和数据，在表格上方输入如图所示的文本框及文字内容。

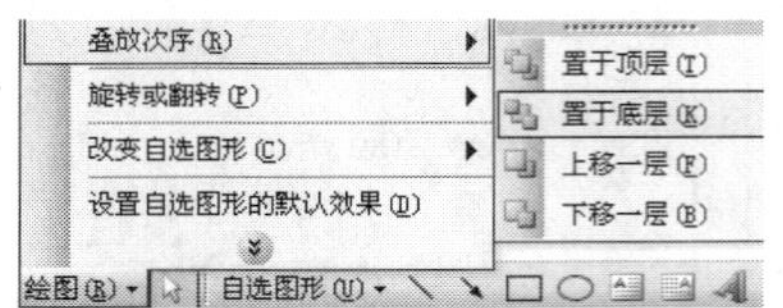

图 5-2-22　设置图片叠放层次

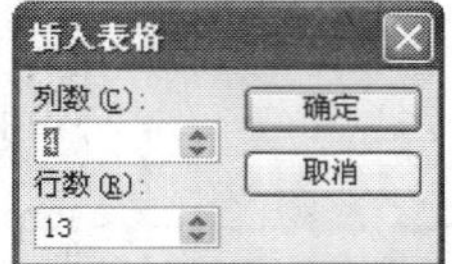

图 5-2-23　“插入表格”对话框

（4）此时表格还处于修改状态，鼠标指向表格框的四边，鼠标变为十字形时双击，出现“设置表格格式”对话框。选择边框选项卡，如图 5-2-24 所示。选择合适的边框样式，在右侧的预览图中点击对应的表格边框。

（5）选中第二行至最后一行内容，选择“设置表格格式”对话框中的“填充”选项卡，如图 5-2-25 所示。在填充颜色的下拉框中选择当前幻灯片图片所示的填充颜色。此时第一行仍无填充色，即还是白色。

（6）表格格式设置好后，在当前幻灯片任意空白处单击，即可退出编辑表格状态而回到编辑幻灯片状态。

（7）在制作好的表格中输入图 5-2-7 所示的文字。

给幻灯片中的图片加上文字说明。只要在幻灯片中添加了图片，就可以直接单击屏幕左下方的“自选图形”按钮，在弹出的菜单中选择“标注”选项，同时在标注列表中选择一种合适的标注框类型，然后把鼠标移到需添加文字说明的区域，按下鼠标左键拖动出标注框，并在其中输入文字说明。

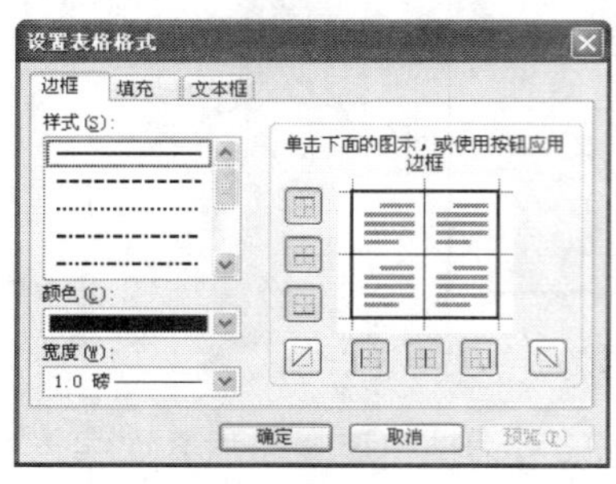

图 5-2-24　“边框”选项卡

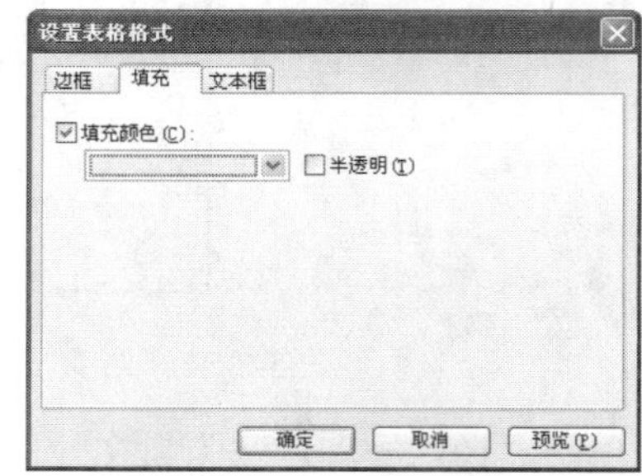

图 5-2-25　“填充”选项

8．制作第 8 张幻灯片

（1）用上面的方法输入标题文字“世界第一大展——第 27 届国际工程机械、建材机械、工程车辆及设备博览会”。

（2）制作圆轮效果。单击“插入→图示”命令，出现“图示库”对话框，如图 5-2-26 所示。从中选择“射线图”后单击“确定”按钮。在此对话框中还有“组织结构图”、“循环图”、“棱锥图”、“维恩图”和“目标图”，设计者还可以根据实际情况选择其他样示的图示类型。

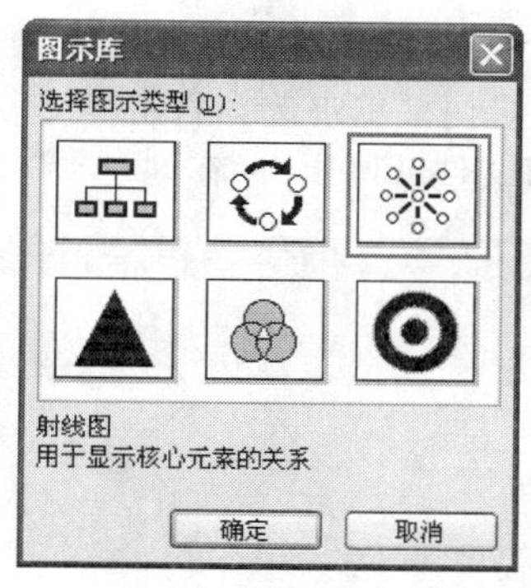

图 5-2-26 “图示库”对话框

（3）确定后，出现如图 5-2-27 所示的“图示”工具栏和对应的射线型图示，根据幻灯片要求，单击三次插入形状(N)按钮，图示变成当前幻灯片所示样式。单击按钮，调出如图 5-2-28 所示的“图示样式库”窗口，从中选择“粗边框”样式，单击“确定”按钮。分别将鼠标定位在各个圆形并单击，输入对应的文字即可。

（4）单击按钮，可根据实际情况调各个圆形图示的位置。可以根据更改为(C)按钮，随时更改图示的类型。

（5）按当前幻灯片所示的图片在对应位置上插入图片“输送线”、“磨床联线”、“链板夹持提升机”、“柔性链板线”、“链板轴承联线”和“提升机”。

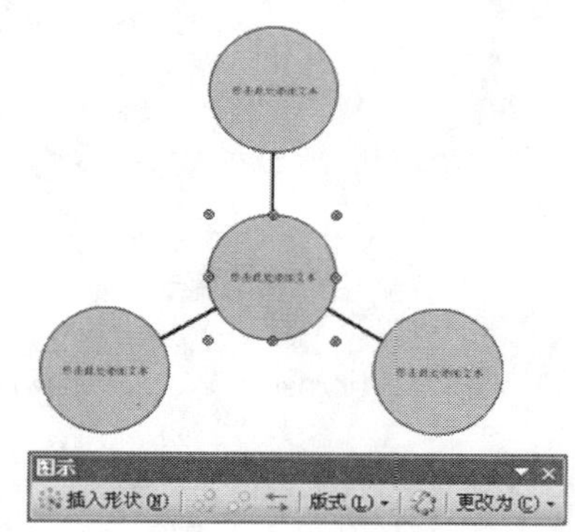

图 5-2-27 “图示”工具栏和射形图

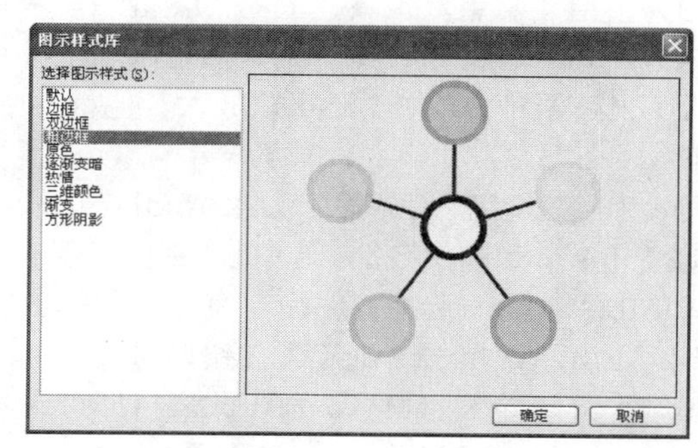

图 5-2-28 “图示样式库”窗口

9. 制作第 9 张幻灯片

（1）用上面的方法输入标题文字“机械行业发展分析”。

（2）插入“依据”图片，插入四个文本框，输入当前幻灯片所示的文本。

（3）插入如幻灯片所示的四个圆角矩形，添加入相应的文字。选中所有的圆角矩形，选择“格式→字体对齐方式→罗马方式对齐”命令，如图 5-2-29 所示。

10. 制作第 10 张幻灯片

（1）选中当前幻灯片，单击右键，从弹出的快捷菜单中选择“幻灯片设计”，在右侧出现的“幻灯片设计”任务窗格中选择“机械模板”，再从下拉菜单中选择“应用于当前幻灯片”。即将当前幻灯片模板改为当前演示文稿第一张幻灯片的模板样式。用上面的方法输入标题文字“机械行业继续发展”。

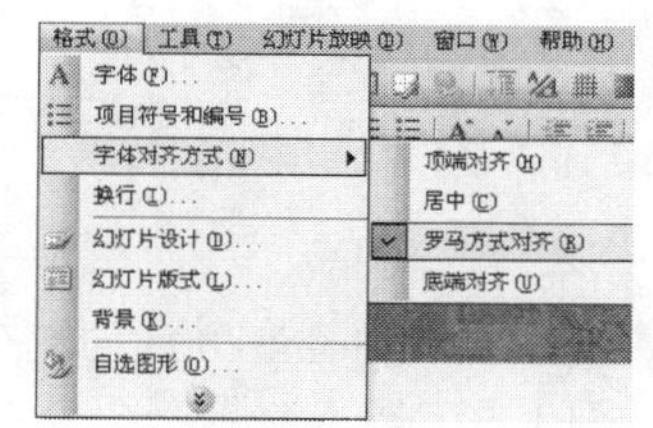

图 5-2-29 “字体对齐方式”菜单

（2）插入“机械图片 1”、“机械图片 2”和“机械图片 3”图片，调整到合适的位置。选中中间的图片，单击右键，从弹出的快捷菜单中选择“超链接”，出现“插入超链接”对话框，如图 5-2-30 所示。选择链接到“原有文件或网页”，在地址框中输入机械行业的常用网址。

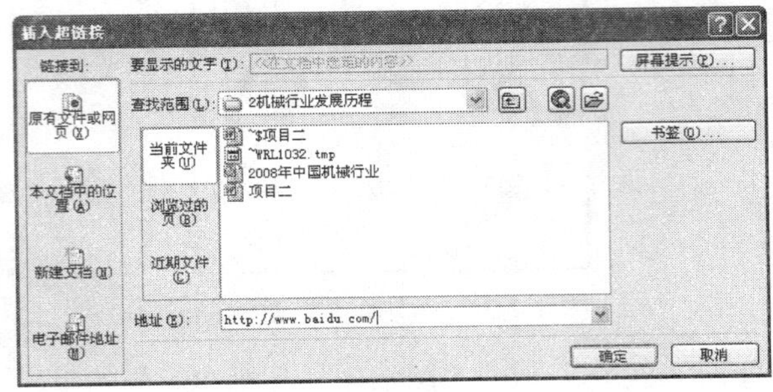

图 5-2-30 “插入超链接”菜单

四、相关知识与技能

（一）创建数据图表

1．创建表格

在 PowerPoint 2003 中创建表格有四种方法，分别是：

（1）选择一个带有表格占位符的幻灯片版式。

（2）使用“插入→表格”命令。

（3）使用“常用”工具栏上的“表格”按钮。

（4）使用“表格和边框”工具栏绘制表格。

除了上述四种方法外，还可以导入其他程序中的表格。这样的表格类型有 Word 表格、Excel 表格和 Access 表格。

例 5-2-1　在当前幻灯片中导入 Word 中的表格。

①打开 Word 中的表格，选中表格进行复制。

②单击“编辑→选择性粘贴”命令，在弹出的对话框中选择“Microsoft Word 文档对象”，如图 5-2-31 所示，单击“确定”按钮即可。

③这种方法导入的表格，双击此表格即可进入 Word 表格编辑状态，对其进行修改。

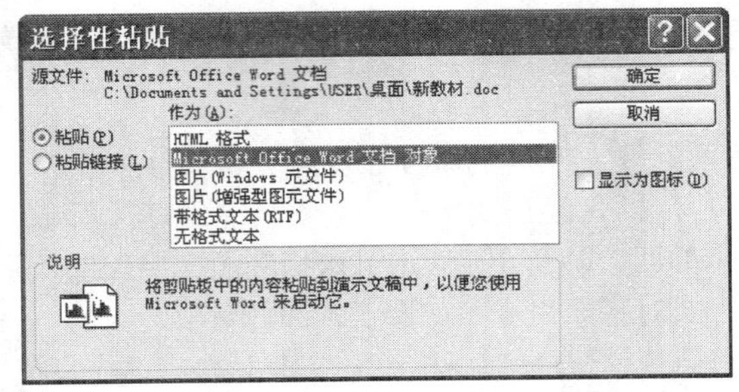

图 5-2-31 “选择性粘贴”对话框

2．创建图表

在 PowerPoint 2003 中创建图有四种方法，分别是：

（1）选择一个带有图表占位符的幻灯片版式。

（2）使用“插入→图表”命令。

（3）使用“常用”工具栏上的“图表”按钮。

（4）使用“插入→对象→新建”命令。

除上述四种方法外，还可以导入其他程序图表，可利用“插入→对象→由文件创建”来实现。

例 5-2-2　在当前幻灯片中导入相应的 Excel 图表。

①单击“插入→对象”命令，在弹出的“插入对象”对话框中单击“由文件创建”单选按钮，如图 5-2-32 所示。

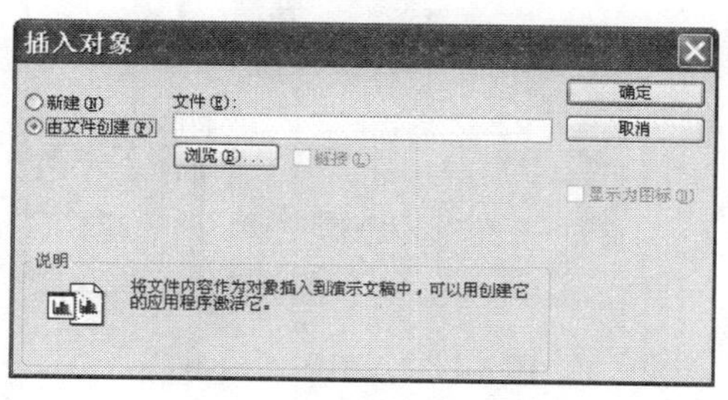

图 5-2-32　“插入对象”对话框

②在“插入对象”对话框中输入文件所在位置，或单击“浏览”按钮选择 Excel 文件。

③单击“确定”按钮即可。

（二）绘制图示和组织结构图

1．插入图示

PowerPoint 2003 中的图示是一种处于表格和图形之间的形式。它有图形的表面，但其表达的却是文字信息。常用的有五种类型，分别是循环图、射线图、棱椎图、维恩图和目标图。

例 5-2-3　在当前幻灯片中插入一个维恩图图示。

①单击“插入→图示”命令，弹出“图示库”对话框，如图 5-2-33 所示。

②选择其中“维恩图”类型，单击“确定”按钮。

③弹出“图示”工具栏，如图 5-2-34 所示。在此工具栏中可对图示的版式、文字、形状和类型进行调整。

④调整后输入相应的文本即可，如图 5-2-35 所示。

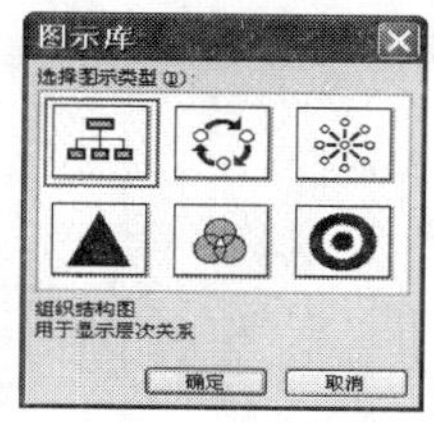

图 5-2-33　“图示库”对话框

图 5-2-34　“图示”工具栏

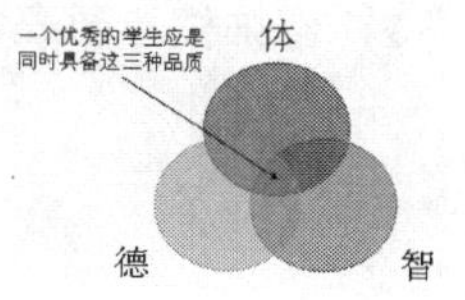

图 5-2-35　维恩图图示

2．插入组织结构图

PowerPoint 2003 中的组织结构图展示的是公司人事层级之间的关系，它用于说明一个组织的结构以及职责关系。它和其他几种类型图示有本质的区别：在多重级别中一个框附属于另一个框。

例 5-2-4　在当前幻灯片中插入一个组织结构图。

①单击“插入→图片→组织结构图”命令，弹出“组织结构图”工具栏，如图 5-2-36 所示。

同时出现相应的组织结构图，如图 5-2-37 所示。

图 5-2-36 “组织结构图”工具栏

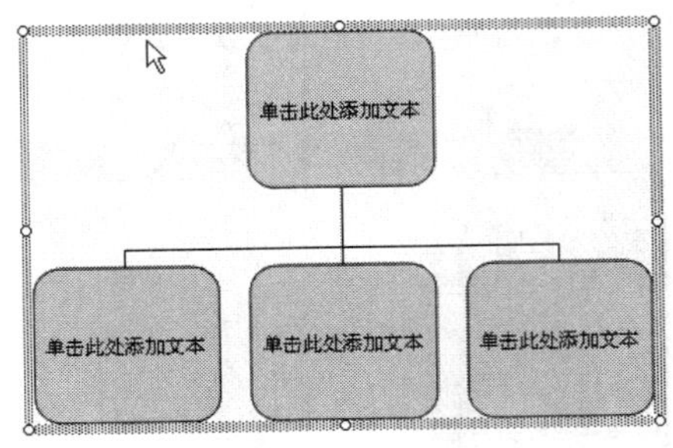

图 5-2-37 组织结构图

②利用图 5-2-36“组织结构图”工具栏中的按钮对图 5-2-37 的文字、形状和版式进行相应的修改即可。

五、技巧与提高

1．根据图 5-2-38 给出的数据，生成图 5-2-39 所示的簇状柱形图

年份	1970	1980	1990	2000	
产量	50	70	150	300	

图 5-2-38 数据表

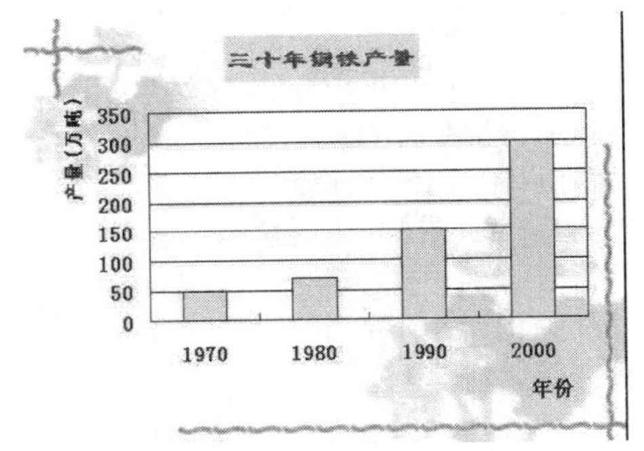

图 5-2-39 簇状柱形图

2．修饰柱形图表（图 5-2-40）

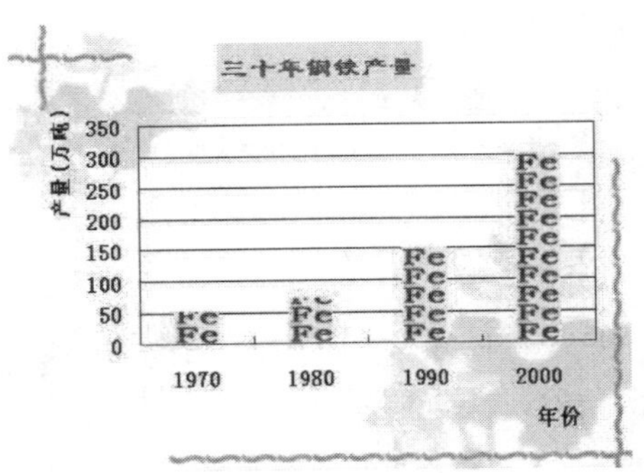

图 5-2-40 修饰柱形图表

（1）准备一张合适大小（推荐使用 50×50）的、且与图表内容相适应的小图片。

（2）在幻灯片的图表区中双击鼠标，再次进入图表编辑状态（先返回到让图表动起来之前）。

（3）在其中任意一个“柱形”上单击一下，使得每个“柱形”中间出现一个控制按钮和一个小黑点，如图 5-2-41 所示。

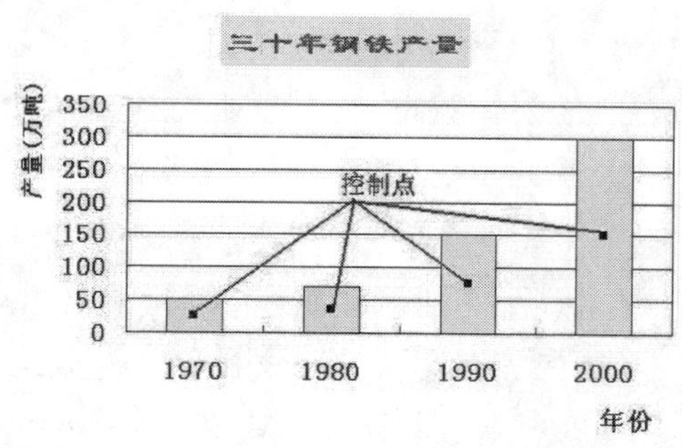

图 5-2-41　柱形控制按钮

然后右击鼠标，在弹出的快捷菜单中，选择“数据系列格式”，打开“数据系列格式”对话框，如图 5-2-42 所示。

（4）切换到“图案”标签下（通常是默认标签），单击其中的“填充效果”按钮，打开“填充效果”对话框，如图 5-2-43 所示。

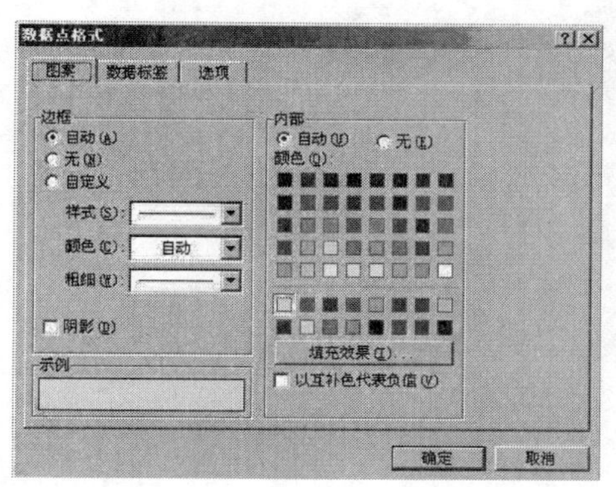

图 5-2-42　“数据系列格式”对话框

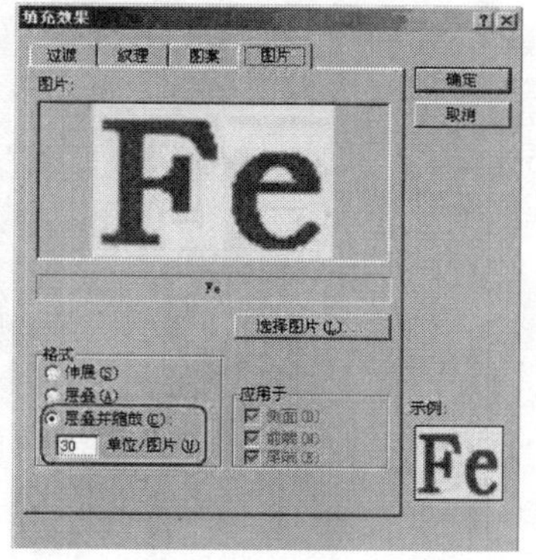

图 5-2-43　“填充效果”对话框

（5）切换到“图片”标签中，单击其中的“选择图片”按钮，打开“选择图片”对话框，定位到图片所在的文件夹，并选中相应的图片，单击“插入”按钮后返回到“填充效果”对话框，再选中“层叠并缩放”选项，并设置好相应的数值（参见图 5-2-43），确定返回到“数据系列格式”对话框。

（6）再次按“确定”按钮后退出，一个极具个性化的图表制作完成。

六、创新作业

（1）以“维也纳”为名称建立演示文稿，应用设计模板“Firework”并由五张幻灯片组成，分别如图 5-2-44～图 5-2-48 所示。

（2）按样文输入文本、组织结构图、自选图形和图片，对组织结构图按样文进一步修改。

图 5-2-44　幻灯片 1

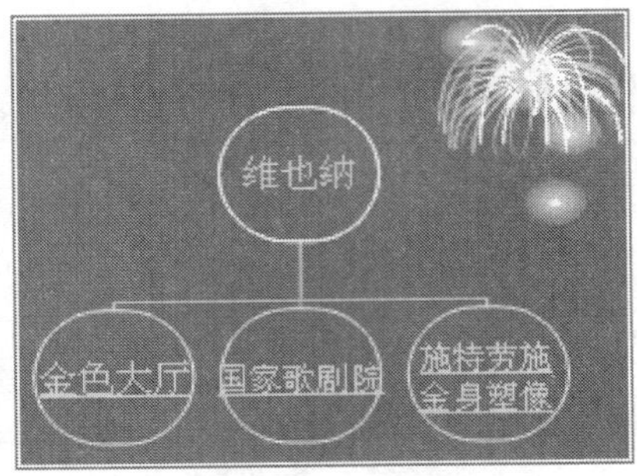

图 5-2-45　幻灯片 2

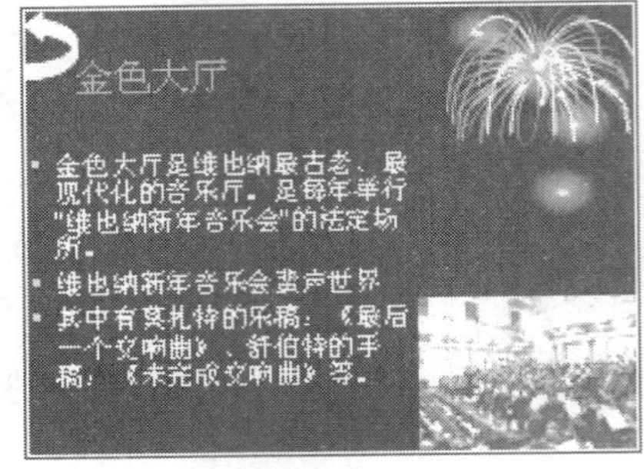

图 5-2-46　幻灯片 3

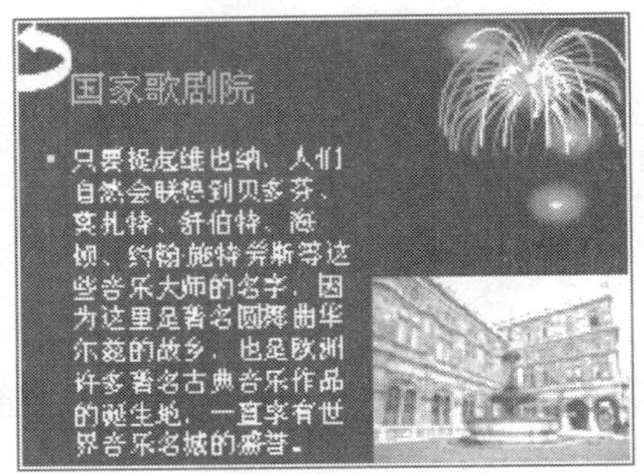

图 5-2-47　幻灯片 4

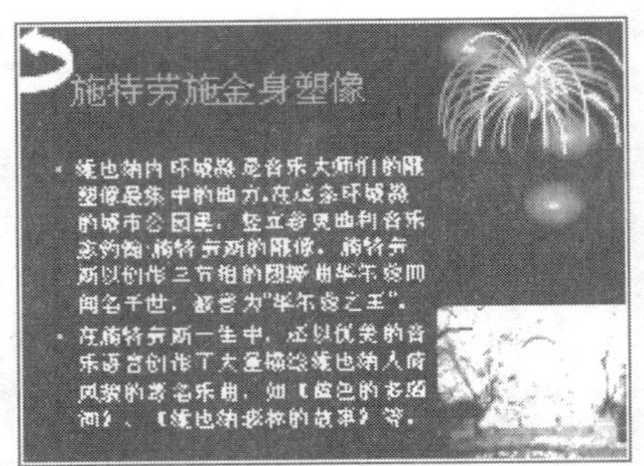

图 5-2-48　幻灯片 5

春之声圆舞曲——设置动画效果和多媒体元素

一、项目描述

人们经常用添加温馨图片和浪漫动画效果的贺卡表示对亲人和朋友的祝福，充满了对被祝福者的真诚与感激。春节到了，学校要求每位学生都给自己的亲人或朋友发一份用演示文稿制作的贺卡，用以表示对春天的盼望和对未来的向往。演示文稿制作要求由设计者自己来收集相关图片资料，添加眩目的动画效果，再配以相应的文字说明。文件名为“春之声圆舞曲.ppt”。制作完成的演示文稿如图 5-3-1～图 5-3-12 所示。

图 5-3-1 第 1 张幻灯片

图 5-3-2 第 2 张幻灯片

图 5-3-3 第 3 张幻灯片

图 5-3-4 第 4 张幻灯片

图 5-3-5 第 5 张幻灯片

图 5-3-6 第 6 张幻灯片

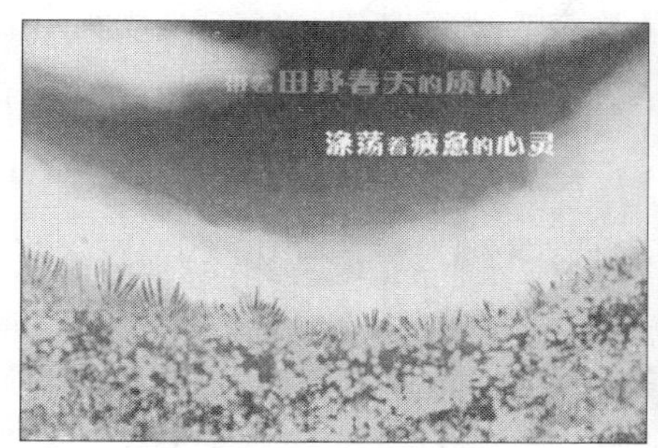

图 5-3-7 第 7 张幻灯片

图 5-3-8 第 8 张幻灯片

图 5-3-9　第 9 张幻灯片

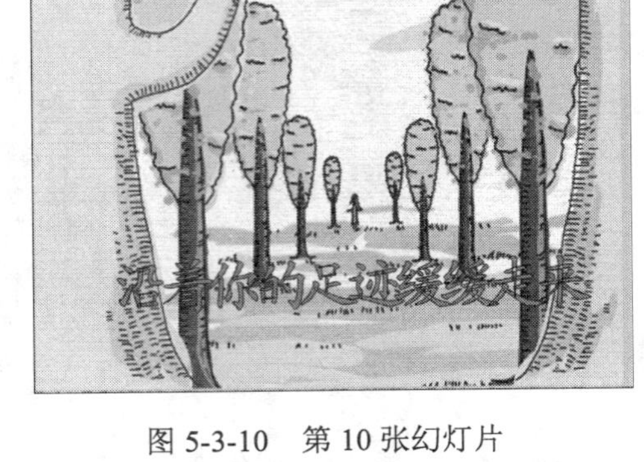

图 5-3-10　第 10 张幻灯片

图 5-3-11　第 11 张幻灯片

图 5-3-12　第 12 张幻灯片

二、项目分析

根据此演示文稿内容的要求，采用符合春天气息的图片、文字和背景音乐来表达春天的景色，并加以多样的动画效果，使整个贺卡动起来。根据设计者的整体思路将演示文稿内容设计如下。

（1）第 1 张幻灯片：创建空白演示文稿，用初开的春花图案作为封面的背景，用跳动的文字来表达春天的跃动，配合背景音乐来映衬主题。演示文稿名为“春之声圆舞曲.ppt”。

（2）第 2 张幻灯片：用艺术字和动画配合当前幻灯片的意境。

（3）第 3～5 张幻灯片：通过文字、图片和动画来展现春天迷人的姿态。

（4）第 6～9 张幻灯片：用浮动的树叶、树枝和绽放的花朵，给当前幻灯片的画面增加动感效果。

（5）第 10 张幻灯片：配合动画效果进一步明确主题。

（6）第 11、12 张幻灯片：用艺术字和动画再次表达对亲人和朋友春天的祝福。

三、项目实现方法与步骤

1．制作第 1 张幻灯片

主要制作跳动效果的艺术字。

（1）创建空白演示文稿，保存文件名为“春之声圆舞曲.ppt”。在当前空白幻灯片处单击右键，在出现的快捷菜单中选择“背景”，进一步选择“春天背景图片”作为整个演示文稿的背景，单击“全部应用”，使演示文稿中所有的幻灯片都使用同一背景图片。再插入图片“封皮”，调整到如图所示的大小和位置。

（2）分别单独插入艺术字“春”、“之”、“声”、“圆”、“舞”和“曲”。选中“春”艺术字，单击右键，选择“自定义动画→添加效果→动作路径→绘制自定义路径→自由曲线”，在当前幻灯片处拖动实现艺术字跳动效果的曲线，确定好艺术字的最后落点。用同样的方法分别设置“之”艺术字的动画效果为“向内深解”；“声”艺术字的动画效果为“自定义路径”和“混色”；“圆”艺术字动画效果为“自定义路径”并拖动出圆形孤线；“舞”艺术字按背景图片中树条的曲线拖动出动画效果为“自定义路径”；“曲”艺术字的动画效果为类似声音传送曲线的“自定义路径”。

（3）设置好后，在当前幻灯片调整各个艺术字动画效果路径的终点，使它们的排列合理。

（4）在当前幻灯片下方插入文本框，输入文字“新春贺卡”。选中此文本框，单击右键，选择“自定义动画→添加效果→进入→向内溶解”命令，在右侧“自定义动画”窗格中选中此文本框，单击右侧并选中“效果选项”，在图 5-3-13 所示的“计时”选项卡中，单击“触发器→单击下列对象时启动效果→文本 2：新春贺卡”。当前幻灯片所有动画效果设置完成后，如图 5-3-14 所示。

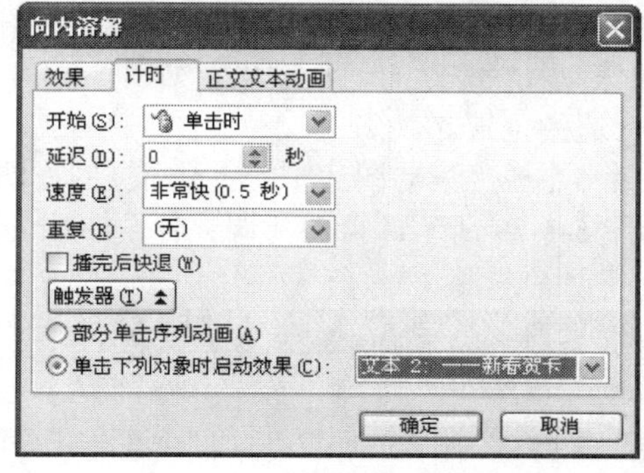

图 5-3-13　“计时”选项卡

2．制作第 2 张幻灯片

主要制作从无到有，从下至上的文字浮动效果。

（1）插入第二张幻灯片，插入艺术字“当片片柳絮”，选择第四行第四个艺术字样式。选中此艺术字，在右侧“自定义动画”窗格中选择“添加效果→进入→向内溶解”命令；再选择“更改→强调→更改填充颜色”命令；再选择“更改→强调→放大和缩小”命令；再选择“更改→退出→线形”命令。对同一个艺术字设置多个如图 5-3-15 所示的动画效果，可以制造出艺术字从出现、运动到消失的整个动画过程。

（2）为了进一步体现动画的连贯效果，选中当前幻灯片的所有动画效果，在“开始”列表框中选择“之后”，在“速度”列表框中选择“中速”，如图 5-3-16 所示。

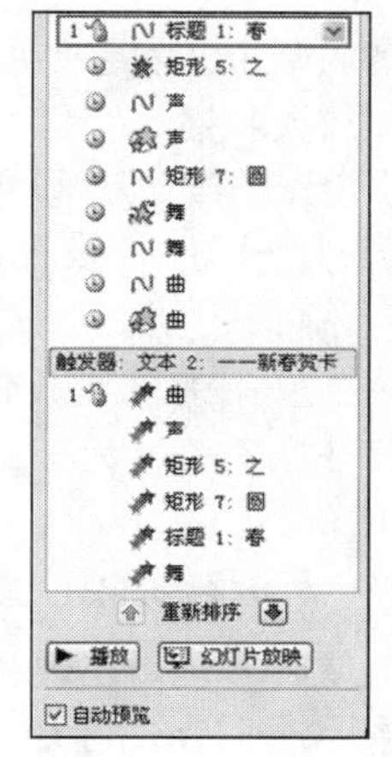

图 5-3-14　设置动画效果后的“自定义动画”窗格一

（3）再插入同样样式的艺术字“轻轻飘过天空”，用同样的方法设置它的动画效果为“自由曲线”。为了制造出艺术字从无到有，从下至上的浮动效果，将路径的起点确定在当前幻灯片下边界外。在当前幻灯片中拉出慢慢左右上升的路径，确定好艺术字的终点位置。再选择“更改→退出→上升”命令，形成如图 5-3-17 所示的动画效果窗格。

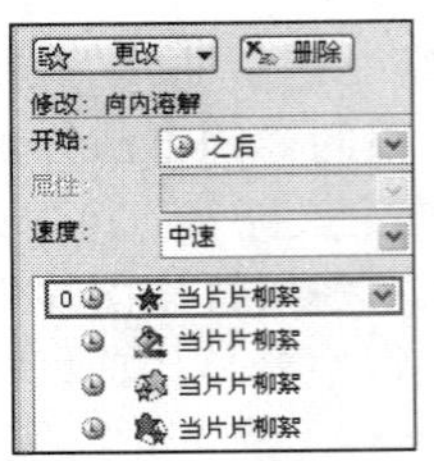

图 5-3-15　设置动画效果后的“自定义动画”窗格三

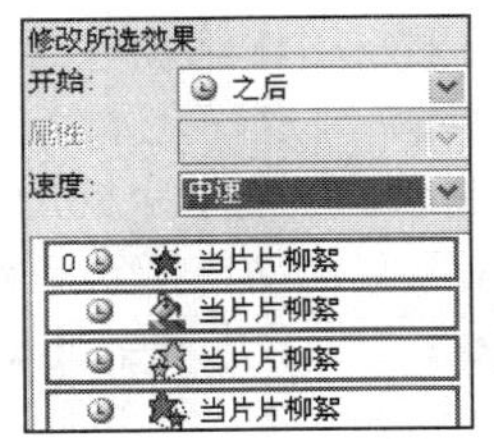

图 5-3-16　设置“开始”和“速度”

图 5-3-17　当前幻灯片的“自定义动画效果”窗格

3．制作第 3 张幻灯片

主要制作图片滚动效果。

（1）插入图片“滚动图片 1”～“滚动图片 5”，依次排列在当前幻灯片右上角边界的外侧。

（2）选中“滚动图片 1”，单击右侧“自定义动画”任务窗格，单击“添加效果→动作路径→向左”命令，鼠标变为十字形，从左至右拖动出一条直线路径，确定好终点位置。用同样的方法设置“滚动图片 2”～“滚动图片 5”的动画效果，如图 5-3-18 所示。再重新调整各个图片的终点位置，确保最后图片合适的位置。

（3）插入图片“滚动图片 6”～“滚动图片 10”，用同样的方法设置“滚动图片 6”～“滚动图片 10”的动画效果，如图 5-3-19 所示。再重新调整各个图片的终点位置，确保最后图片位于合适的位置。

图 5-3-18　设置前五个图片动画的“向左”动作路径

图 5-3-19　设置后五个图片动画的“向右”动作路径

（4）插入两个艺术字“纵横交错的思绪”和“翻阅着走逝的流年”。分别设置动画效果为“向内溶解”、“放大和缩小”和“向右”、“下沉”。

（5）用上一张幻灯片设置动画效果的方法，在“开始”列表框中选择“之后”，在“速度”列表框中选择“中速”，设置好动画效果后的“自定义动画”任务窗格如图 5-3-20 所示。

动画时间（速度）控制。XP 版对象动画过程的时间功能有多种灵活的选择，设有“非常慢（5 秒）”、“慢速（3 秒）”、“中速（2 秒）”、“快速（1 秒）”和“非常快（0.5 秒）”等各种选择。如果还觉得不够的话，还可直接在“速度”栏中输入所需的时间，多的可以是几小时，最少为 0.01 秒。

4．制作第 4 张幻灯片

主要设置图片同时出现相同的动画效果。

（1）插入一张新幻灯片，在当前幻灯片插入图片“花卉 1”～“花卉 5”，按第 4 张幻灯片所示调整好图片位置。同时选中这五张图片，单击右侧“自定义动画”窗格中“添加效果→向内溶解”命令，再选择“添加效果→强调→放大和缩小”命令，如图 5-3-21 所示，放映时这五张图片的动画效果同时出现。

如何使两幅图片同时动作。如果你有两幅图片要一左一右或一上一下地向中间同时动作，应先安置好两幅图片的位置，选中它们，将之组合起来，成为“一张图片”。接下来将之动画效果设置为“左右向中间收缩”，此时两幅图片可以实现同时动作了。

图 5-3-20 设置动画效果后的“自定义动画”窗格三

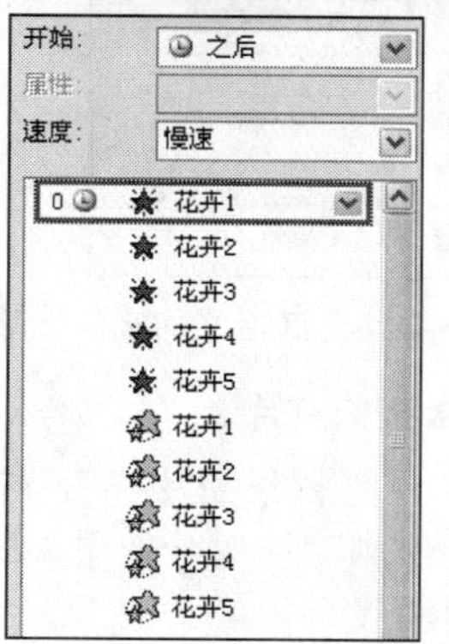

图 5-3-21 设置图片动画的“自定义动画”窗格

（2）在右侧的“自定义动画”任务窗格中设置艺术字“阳光在指缝间游走”和“如果你张开双臂微闭双眼”的动画效果为“向内溶解”和“更改填充颜色”。

（3）按照以前的方法设置艺术字“总有温暖”和“把希望点燃”的动画效果为“浮动”、“透明”和“向内溶解”、“放大和缩小”、“更改填充颜色”，如图 5-3-22 所示。

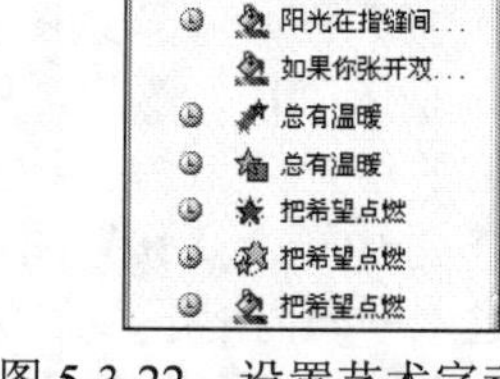

图 5-3-22 设置艺术字动画的“自定义动画”窗格

5．制作第 5 张幻灯片

（1）插入艺术字“有些事情”、“随着幼苗抽芽的声音”和“浮现”，插入图片“幼苗 1”和“幼苗 2”。分别选中这五个对象，按图 5-3-23 所示设置当前幻灯片的动画效果。“有些事情”的动画效果是“缓慢进入”和“补色”；“随着幼苗抽芽的声音”、图片“幼苗 1”和“幼苗 2”的动画效果是“线形”和“补色 2”；“浮现”的动画效果是“浮动”、“放大和缩小”和“补色”。

（2）为了得到更好的动画效果，每个动画中的“开始”和“速度”选项要根据实际情况进行修改。

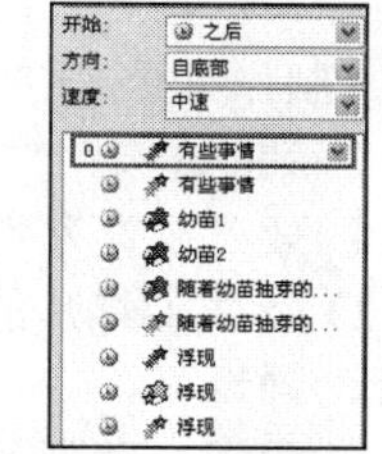

图 5-3-23 设置动画效果后的“自定义动画”窗格四

6．制作第 6 张幻灯片

主要制作同时浮动的树叶和树枝。

（1）选择图片“背景图片 2”，作为本张幻灯片的背景。

（2）插入图片“单片树叶”，复制成三片。选中其中一片树叶，将其开始位置确定在幻灯片边界外左上角处。单击右侧“自定义动画”窗格中“添加效果→进入→向内溶解”命令，再单击“添加效果→动作路径→绘制自定义路径→自由曲线”命令，在当前幻灯片中拉出树叶飘落的路径。用相同的方法设置添加二个相同的“单片树叶”图片和“树枝”图片的自定义路径，确保各个对象的动画路径要自然。设置好动画效果的“自定义动画”窗格，如图 5-3-24 所示。

（3）单击右侧“自定义动画”任务窗格中一个自定义路径，单击“路径→编辑顶点”命令，如图 5-3-25 所示。此时路径上方出现多个可以调节位置的节点，可以对已设置完毕的动画路径进行实时修改。

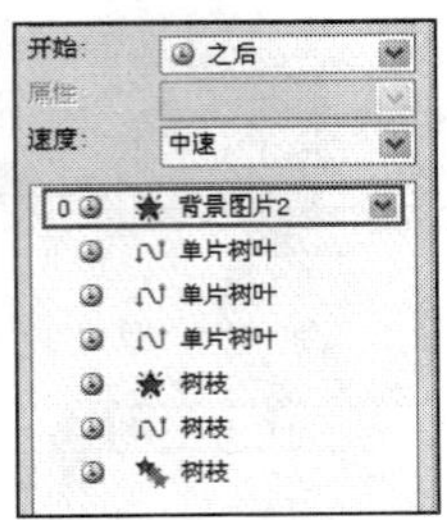

图 5-3-24 “自定义动画”窗格

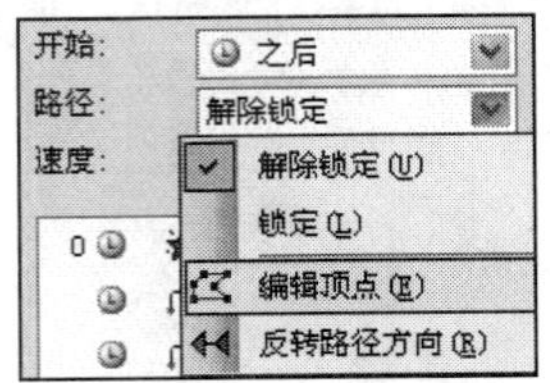

图 5-3-25 “编辑顶点”选项

7．制作第 7 张幻灯片

（1）插入图片“背景图片 3”，作为当前幻灯片的背景图片。用前面的方法制作飘动的树叶效果，树叶的动画效果设置为“内向溶解”和“自由曲线”。

（2）此张幻灯片的文字与带背景图片的当前幻灯片同时出现，不进行动画设置。

（3）设置好动画效果的“自定义动画”任务窗格如图 5-3-26 所示。

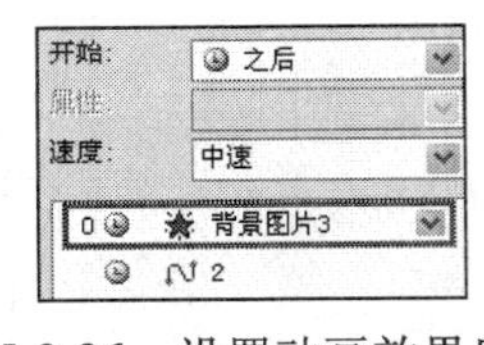

图 5-3-26 设置动画效果后的“自定义动画”窗格五

8．制作第 8 张幻灯片

主要制作绽开花瓣的动画效果。

（1）插入图片“背景图片 4”，作为当前幻灯片的背景图片。

（2）插入“10”图片，复制成五片，按幻灯片所示位置调整好各个花瓣的位置。

（3）选中一个“10”图片，单击右侧“自定义动画”任务窗格中的“进入→向内溶解”命令，在“开始”列表框中选择“之后”，在“速度”列表框中选择“非常快”。再用相同的方法把其余四个花瓣设置成相同的自定义动画效果。

（4）同时选中这五个花瓣，单击“添加效果→强调→放大和缩小”命令。设置后的任务窗格如图 5-3-27 所示。

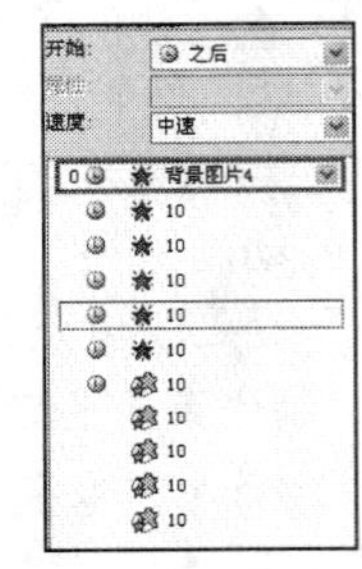

图 5-3-27 设置动画效果后的“自定义动画”窗格六

9．制作第 9 张幻灯片

（1）插入图片“7”，用前面的方法制作飘动的花瓣效果，花瓣的动画效果设置为“自由曲线”。

（2）此张幻灯片的文字与带背景图片的当前幻灯片同时出现，不进行动画设置。

（3）设置好动画效果后的“自定义动画”任务窗格如图 5-3-28 所示。

图 5-3-28 设置动画效果后的“自定义动画”窗格七

10．制作第 10 张幻灯片

（1）插入“背景图片 5”，作为当前幻灯片的背景图片，动画效果设置为“向内溶解”。

（2）此张幻灯片的文字与带背景图片的当前幻灯片同时出现，不进行动画设置。

（3）设置好动画效果的“自定义动画”任务窗格如图 5-3-29 所示。

11．制作第 11 张幻灯片

主要进行幻灯片切换效果设置。

（1）插入图片“背景图片 5”作为当前幻灯片的背景图片。插入艺术字“送给你春天的祝福”；插入“花卉 6”～“花卉 10”，排列对齐放在当前幻灯片下方。

（2）设置“送给你春天的祝福”图片的动画效果为“向内溶解”；艺术字“送给你春天的祝福”的动画效果为“缓慢进入”、“补色 2”和“补色”；同时选中“花卉 6”～“花卉 10”，动画效果设置为“向内溶解”，如图 5-3-30 所示。

（3）选中当前幻灯片，单击“幻灯片放映→幻灯片切换→应用于所选幻灯片→随机垂直线条”命令，只应用于当前幻灯片。

（4）“速度”列表框中选择“慢速”，“声音”列表框中选择“微风”，如图 5-3-31 所示。

☝ 如何设置随动画效果出现的声音。这项操作适用于增强动画的效果，以营造生动的场景。在该对象上右击，选择“自定义动画”，在“效果”一项的“动画和声音”中选择相应的效果（或其他效果），单击“声音”下拉菜单，选择一已有声音或其他声音（来自文件）。

图 5-3-29 设置动画效果后的“自定义动画”窗格八

图 5-3-30 设置动画效果后的“自定义动画”窗格九

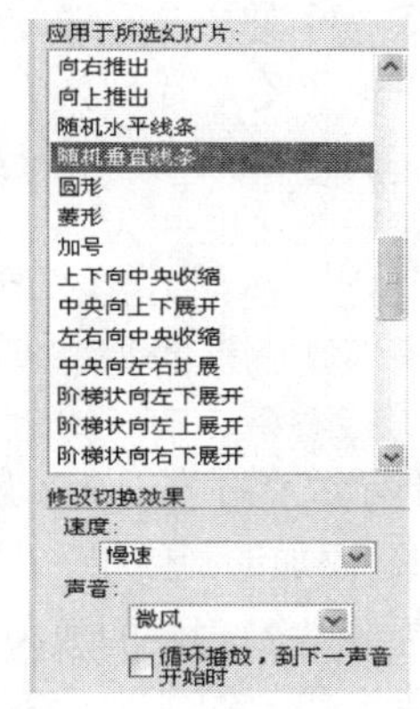

图 5-3-31 “幻灯片切换”窗格

12．**制作第 12 张幻灯片**

主要进行整个演示文稿的排练计时设置。

（1）插入与第一张幻灯片相同的图片“封皮”，调整到合适的大小和位置。插入艺术字“幸福像花一样”，调整到当前幻灯片合适的位置。

（2）选中艺术字，设置其动画效果为“向内溶解”、“放大和缩小”、“补色”和“补色 2”。设置好动画效果的“自定义动画”任务窗格，如图 5-3-32 所示。

（3）单击“幻灯片放映→排练计时”命令，进入幻灯片放映窗口，出现如图 5-3-33 所示的“预演”对话框。在放映幻灯片时，此对话框记录每张幻灯片不同的放映时间。

（4）整个演示文稿放映完毕后，弹出如图 5-3-34 所示的对话框，选择“是”按钮，将排练计时的时间应用于以后演示文稿的放映。

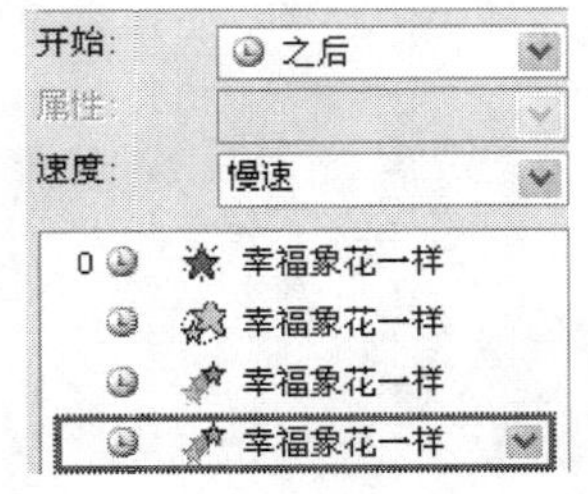

图 5-3-32 设置动画效果后的“自定义动画”窗格十

图 5-3-33 “预演”对话框

图 5-3-34 应用排练计时对话框

四、相关知识与技巧

（一）设置幻灯片的动态效果

切换是演示文稿从一张幻灯片转到另一张幻灯片。在切换过程中，可以设置幻灯片的切换效果，还可以设置切换的方式。

1．添加切换效果

系统默认的是手动切换方式，如果需要自动切换则必须设置幻灯片的切换时间。设置幻灯片切换功能可以为所有幻灯片同时设定切换效果，也可为单张幻灯片设定单独的切换效果。幻灯片切换可以在普通视图和幻灯片浏览视图下操作。

例 5-3-1　为当前演示文稿中所有幻灯片设置切换效果。

①选中要设置切换效果的幻灯片，单击“幻灯片放映→幻灯片切换”命令，在右侧任务窗格中出现“幻灯片切换”窗格，如图 5-3-35 所示。

②在“应用于所选幻灯片”的下拉框中单击相应的效果，在“修改切换效果”项目中可以改变效果的速度并为其添加声音。

③在“换片方式”项目中有两个复选框，若选“单击鼠标时”则进行的是手动切换；若选“每隔”则进行的是每隔多少秒自动切换。

④接着下方有一个“应用于所有幻灯片”按钮，若单击则刚设定好的切换效果可以应用于当前演示文稿中的所有幻灯片。

2．添加动画效果

为了达到更好的放映效果，PowerPoint 2003 提供了 30 种可以应用到幻灯片上的动画方案。其功能主要为幻灯片内容设置进入和退出的动画效果组合，它是使用动画效果的一个简易的方法。但固定的动画组合有些呆板，为了有进一步的自由效果，也可以使用自定义动画，这种方法常用而且效果更好。

（1）使用动画方案。使用动画方案在普通视图和幻灯片浏览视图中都可操作。PowerPoint 2003 的动画方案分为三类：细微型、温和型和华丽型。

例 5-3-2　为当前演示文稿中的幻灯片设置不同的动画方案。

①选择第一张幻灯片，单击“幻灯片放映→动画方案”命令，在右侧出现“幻灯片设计”窗格，在此窗格中进行动画方案的设置，如图 5-3-36 所示。

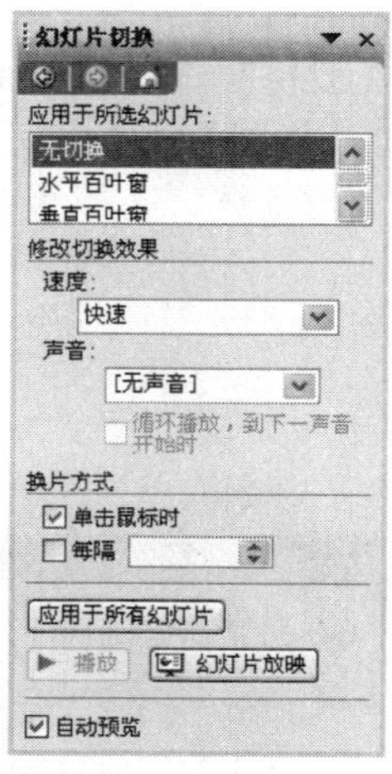

图 5-3-35　“幻灯片切换”窗格

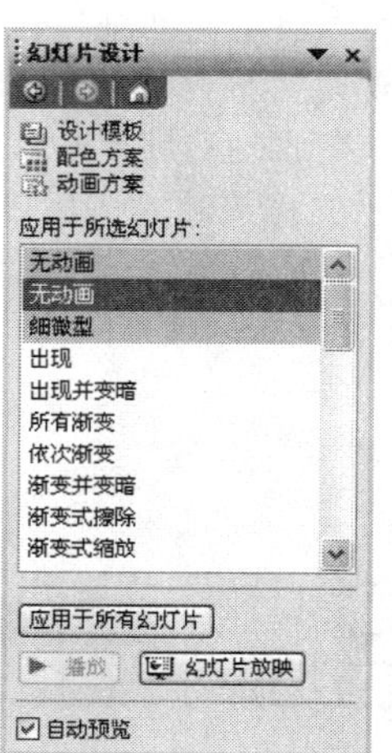

图 5-3-36　设置“动画方案”

②选择“华丽型”中的“椭圆动作”方案，可单击“播放”按钮观察一下动画效果。

③接着，依次选择不同的幻灯片，重复①和②的操作步骤即可。

④如果所有的幻灯片都应用一种动画方案，则可单击“应用于所有幻灯片”按钮即可。

（2）使用自定义动画。使用自定义动画只能在普通视图下操作。

例 5-3-3　为当前幻灯片中的文本设置自定义动画效果。

①切换到普通视图下，选中文本“自定义动画”作为动画效果的对象。

②单击“幻灯片放映→自定义动画”命令，在右侧任务窗格中出现“自定义动画”窗格，如图 5-3-37 所示。单击“添加效果”按钮，出现“进入”、“强调”、“退出”和“动作路径”四个选项的菜单。

③首先设置文本的进入效果。单击“进入→其他效果→细微型→渐变式回旋”命令，弹出如图 5-3-38 所示窗口。再设置文本的强调效果，单击“强调→其他效果→陀螺旋”，如图 5-3-39 所示。对其中的“开始”、“速度”、“属性”进行进一步设置会得到意想不到的效果。

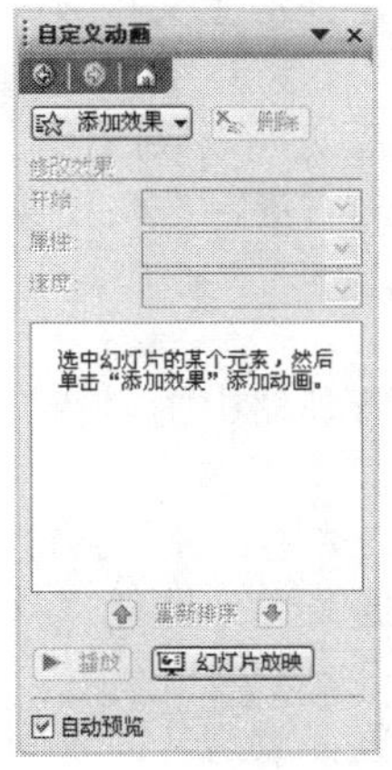

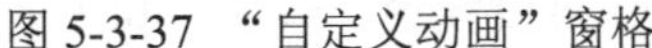

图 5-3-37　“自定义动画”窗格

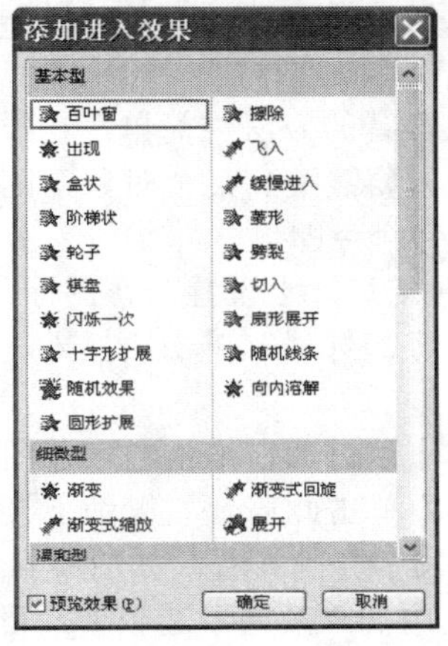

图 5-3-38　“添加进入效果”对话框

④接着设置文本的“动作路径”效果。单击“动作路径→其他效果→直线和曲线→漏斗”命令。再设置文本的“退出”效果。单击“退出→其他效果→细微型→渐变式回旋”命令，对其中的“开始”、“速度”、“属性”进行进一步设置会得到更好的效果，如图 5-3-40 所示。

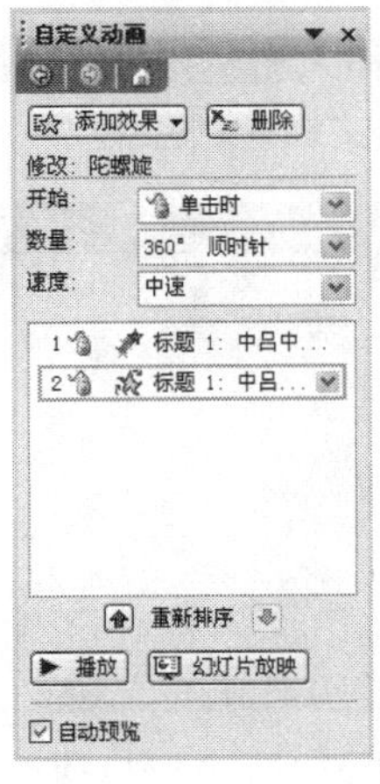

图 5-3-39　添加“进入”和“强调”效果

图 5-3-40　添加“退出”和“动作路径”效果

⑤在进行③、④步骤的同时，可以随时使用“重新排序”按钮，对文本的不同动画效果的顺序进行调整。也可以随时选中一种效果，单击右键在出现的快捷菜单中选择“效果选项”，对其中的声音和时间进行进一步的设置。

⑥使用“添加效果”按钮中的四个选项时，可根据需要任意选择其中的几个或一个，不必每次都完成四个动画效果的设置。

⑦所有的动画设置完毕后或在动画设置过程中，可随时单击“播放”按钮观察相应的动画效果，如果不满意可以随时进行修改。

（二）添加声音效果

在 PowerPoint 2003 添加声音效果只可在普通视图下操作。插入声音的方法有多种，常见的有三种：

（1）把声音链接到动画效果和幻灯片切换上。

（2）把声音链接到一个图片或其他对象上。

（3）在幻灯片中放置声音图标，随时单击可以随时播放，在演示文稿放映过程中放置声音做为背景音乐。

前两种插入声音的方法很简单，在设置动画效果和幻灯片切换效果的同时，可以根据菜单项进行设置；如果要链接到某个对象，则选中该对象同时单击右键，在快捷菜单中选择“动作设置→播放声音”命令即可。

例 5-3-4　在幻灯片上设置声音图标。

①选中某一张幻灯片，单击“插入→影片的声音→剪辑管理器中的声音”命令，选择其中一种声音。

②用右键单击幻灯片窗格内的声音图标，从弹出的快捷菜单中选择“自定义动画”，在“自定义动画”窗格中单击此声音右侧的下拉按钮，从弹出的快捷菜单中选择“播放声音”命令，对其中的三个选项卡分别设置。如图 5-3-41 所示。

③图 5-3-41 中的“效果”选项卡，可以进一步精确地设置播放声音的时间和效果；“计时”选项卡可以实现声音的延迟播放和重复播放；“声音设置”可以重设声音质量和声音图标。

（三）设置超链接

在 PowerPoint 2003 中设置超链接只能在普通视图下操作，可以为幻灯片、文本、图片等对象设置超链接，从而实现从这一个对象到另一个文件的转换。

例 5-3-5　为当前幻灯片中的文本对象设置超链接。

①选定此文本对象，单击“插入→超链接”命令，打开“插入超链接”对话框，如图 5-3-42 所示。在“链接到”中选择相应的文件位置，在这里选择“本文档中的位置”。

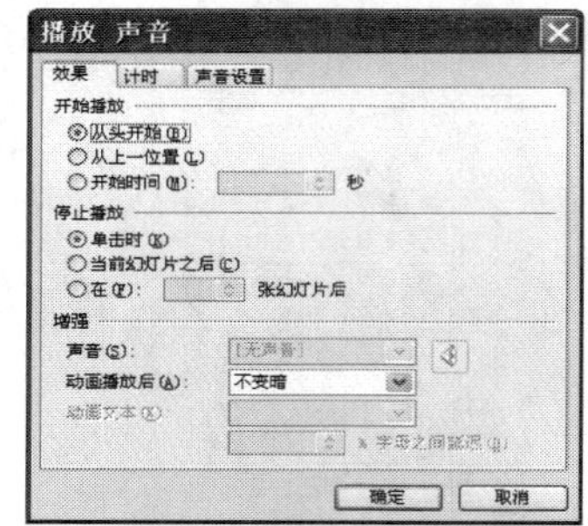

图 5-3-41　“播放声音”对话框

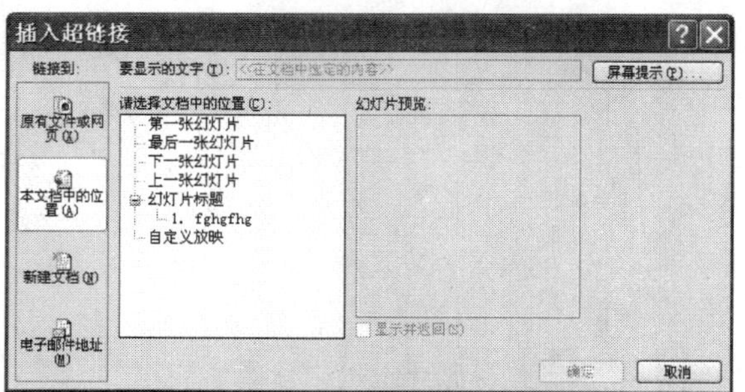

图 5-3-42　“插入超链接”对话框

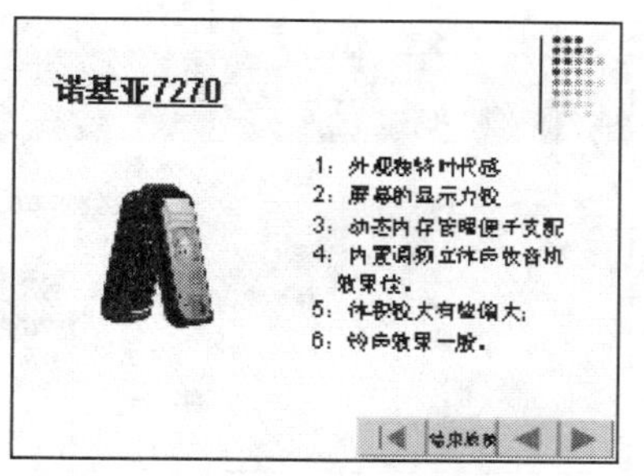

图 5-4-38　3 号幻灯片

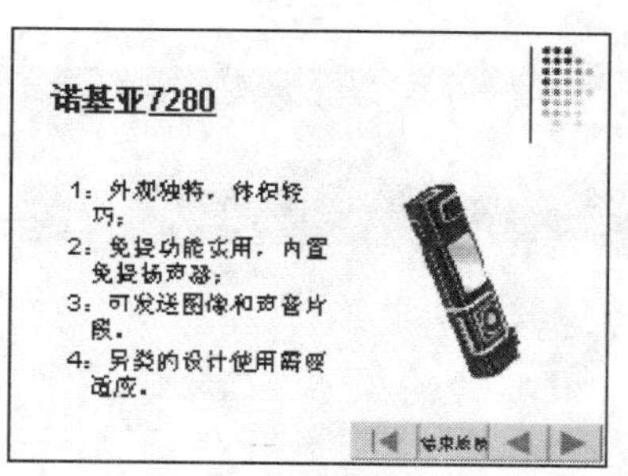

图 5-4-39　4 号幻灯片

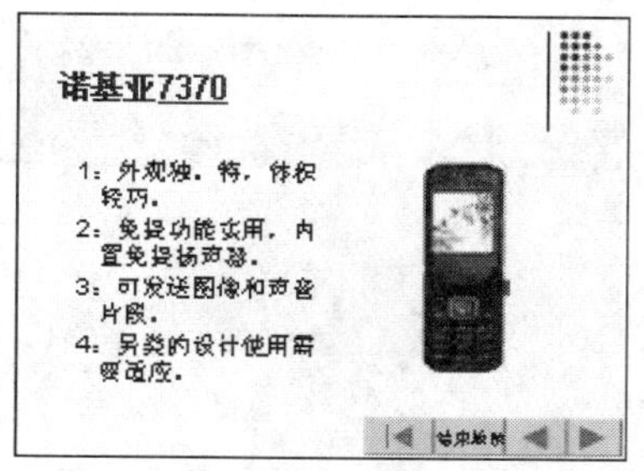

图 5-4-40　5 号幻灯片

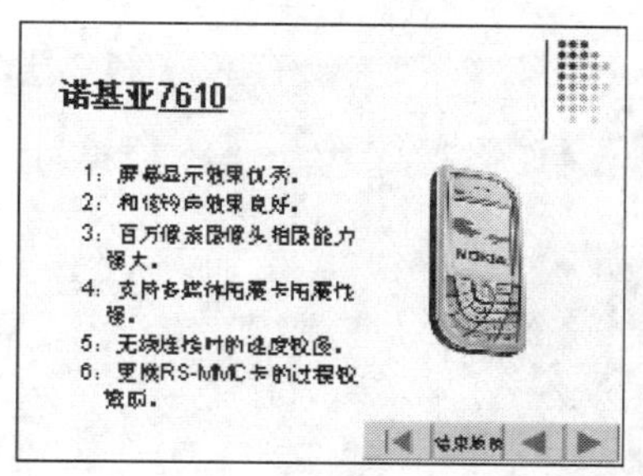

图 5-4-41　6 号幻灯片

（2）从校园网和因特网上收集以“大学生职业生涯规划”为主题的文字、图片、音乐、动画、影片素材，制作“大学生职业生涯规划”主题班会演示文稿，要求内容新颖，图、文、表、声音、动画并茂，并设计自动播放效果。

新产品发布综合制作

一、项目描述

一汽公司需要在新产品发布会上介绍一款新上线豪华型轿车——迈腾，公司要求通过新产品发布会使该品牌汽车经销商和用户能够充分感受到迈腾外型设计的流畅和内饰设计的个性化特点。由一汽公司提供给设计者宣传广告素材，由 Flash 制作成的产品动画，必要的产品功能说明，通过新产品发布的演示文稿展示，全方面介绍新型汽车—迈腾的全新个性化科技设计，文件名为“一汽新产品发布——迈腾.ppt”。制作完成的演示文稿如图 5-5-1～图 5-5-14 所示。

图 5-5-1　第 1 张幻灯片

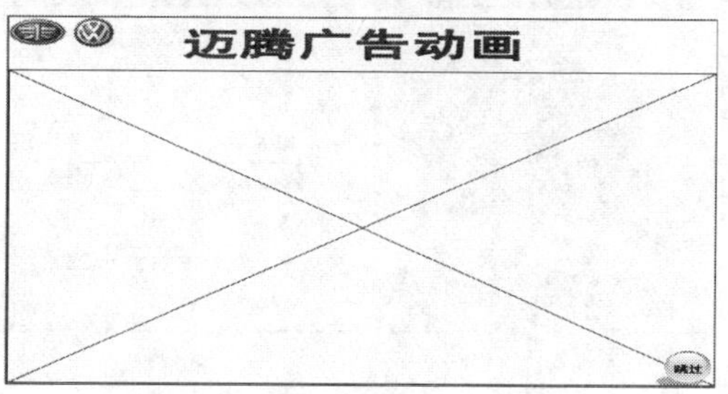

图 5-5-2　第 2 张幻灯片

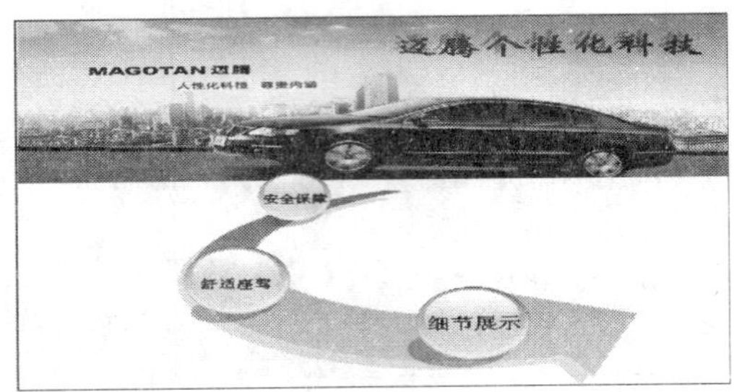

图 5-5-3　第 3 张幻灯片

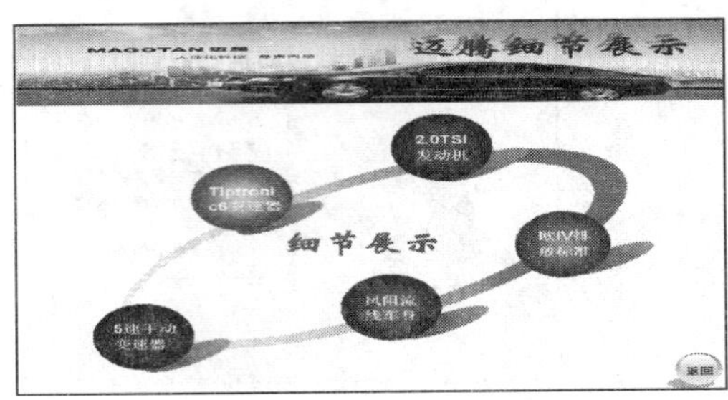

图 5-5-4　第 4 张幻灯片

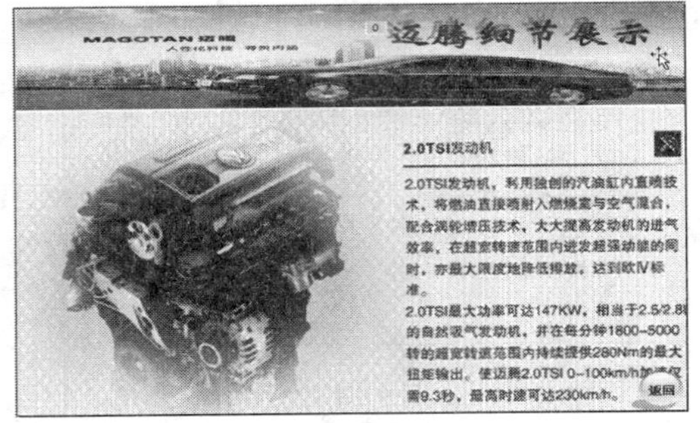

图 5-5-5　第 5 张幻灯片

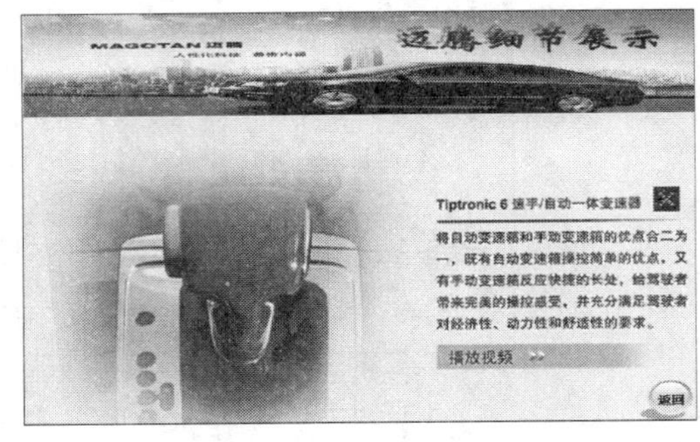

图 5-5-6　第 6 张幻灯片

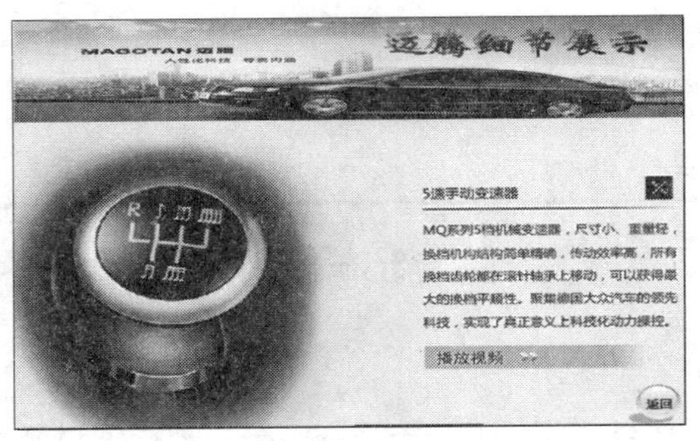

图 5-5-7　第 7 张幻灯片

图 5-5-8　第 8 张幻灯片

图 5-5-9　第 9 张幻灯片

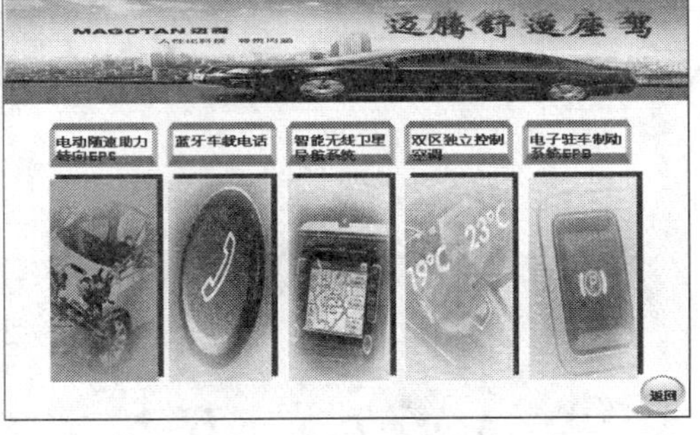

图 5-5-10　第 10 张幻灯片

图 5-5-11 第 11 张幻灯片

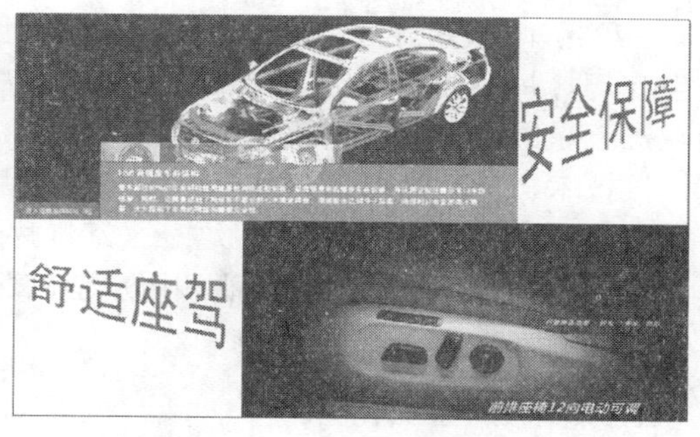

图 5-5-12 第 12 张幻灯片

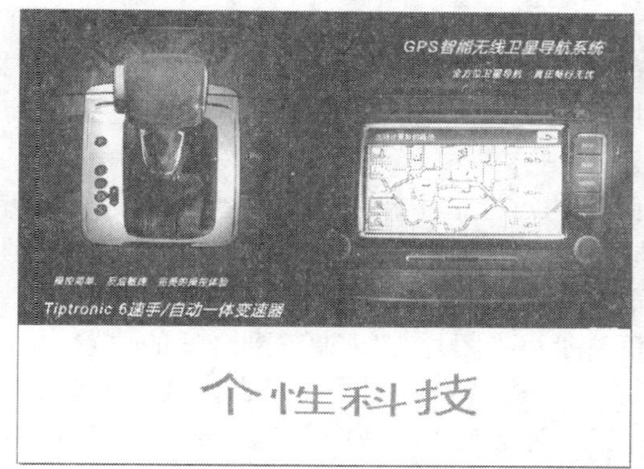

图 5-5-13 第 13 张幻灯片

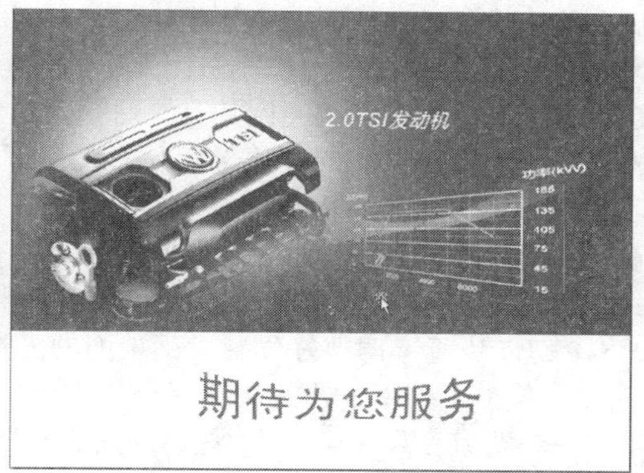

图 5-5-14 第 14 张幻灯片

二、项目分析

按照公司要求展示新车型的主题，配合公司提供的各种资源加上设计者的独特创意，通过演示文稿的设计充分展示出迈腾的个性化设计科技。根据设计者的整体思路将演示文稿内容设计如下：

（1）第 1 张幻灯片：通过艺术字展示并配合动画，给用户视觉强烈的刺激，在背景音乐的渲染下清楚了解本次新产品发布会的主题。演示文稿名为“一汽新产品发布——迈腾.ppt”。

（2）第 2 张幻灯片：插入迈腾的广告动画宣传片，在上一张幻灯片的基础上进一步引领观众进入迈腾外观和设计的创新境界。

（3）第 3 张幻灯片：展示迈腾的细节设计、舒适座驾和安全保障三方面的个性化设计科技，使观众很快清楚新产品与众不同的设计特点。

（4）第 4 张幻灯片：展示迈腾个性化设计第一方面的特点即 2.0TSI 发动机、Tiptronic6 变速器、5 速手动变速器、风阻流线车身、欧 IV 排放标准，此张幻灯片是此方面的的操作界面。通过动画、超链接和动作设置形象的展现这五个设计细节，右下角设有返回首界面的动作按钮，可以灵活进行页面操作。

（5）第 5～9 张幻灯片：由上一张幻灯片链接到这五张幻灯片，分别用图片的文字形象详细的介绍这五个细节。每张幻灯片都设有返回按钮，可以随时返回第三张幻灯片来重新选择另外两方面的设计展示。

（6）第 10 张幻灯片：展示迈腾个性化设计第二方面的特点即舒适座驾。此张幻灯片采用类似菜单的方式展示五个舒适设计即电动随速助力转向 EPS、蓝牙车载电话、智能无线卫星导航系统、双区独立控制空调、电子驻车制动系统 EPB。

（7）第 11 张幻灯片：展示迈腾个性化设计第三方面的特点即用户非常重视的特殊安全保障。在当前幻灯片中插入表格，在表格中赋以图片和文字说明安全保障的八个个性化设计科技，包括欧洲五星级安全标准、超高强度车身结构、轮胎压力检测系统、电子稳定程序系统、车身激光焊接技术、自动除水刹车系统、10 安全气囊/气帘、多功能智能钥匙。

（8）第 12～14 张幻灯片：这三张幻灯片再次以广告图片、艺术字和背景音乐强调本次新产品发布会的主题，给产品经销商和用户留以深刻美好的印象。

三、项目实现方法与步骤

1．制作第 1 张幻灯片

此张幻灯片要切入新产品发布会的主题，选择一个有代表性的产品图片和艺术字来制作，并配合独特的背景音乐来渲染气氛。

（1）启动 PowerPoint，在右侧弹出的任务窗格中选择“空白”版式。单击“视图→母版→幻灯片母版”命令，复制“图片 1”贴粘到幻灯片母版的左上角处，再切换回“普通视图”，即完成了当前演示文稿的幻灯片母版制作。

（2）单击“插入→图片→艺术字”命令，在弹出的对话框中输入“一汽新产品发布”，单击“确定”按钮。单击“绘图”工具栏中的“阴影与样式”按钮，在弹出的对话框中选择“阴影样式 1”，并在“阴影设置”中设为浅灰色。用同样的方法插入艺术字“MAGOTAN 迈腾”，按图 5-5-1 幻灯片所示调整好位置。用上面的方法插入图片“图片 2”，调整到合适的位置。

（3）单击“插入→影片和声音→文件中的声音”命令，在弹出的对话框中选择适合的背景音乐文件“背景音乐 1.wma”，弹出如图 5-5-15 所示的对话框。在其中单击“自动”按钮，即在打开幻灯片时播放背影音乐。

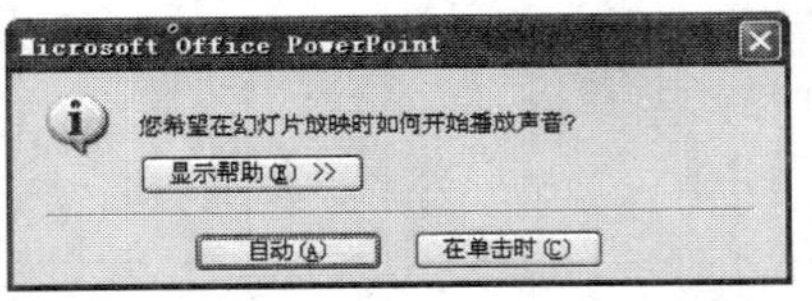

图 5-5-15　插入声音后出现的对话框

（4）单击“幻灯片放映→自定义动画”命令，选中艺术字并在右侧弹出的“自定义动画”任务窗格中单击“添加效果→进入”命令，选择“光速”和“弹跳”。再选中“图片 2”并用同样的方法设置其动画为“向内溶解”和“跷跷板”。设置好动画的任务窗格如图 5-5-16 所示。

（5）在任务窗格中选中声音文件，单击右键，在出现的对话框中选择“效果”，在其中选择“效果选项”，同时弹出“播放声音”对话框，如图 5-5-17 所示。设置停止播放在 1 张幻灯片后。

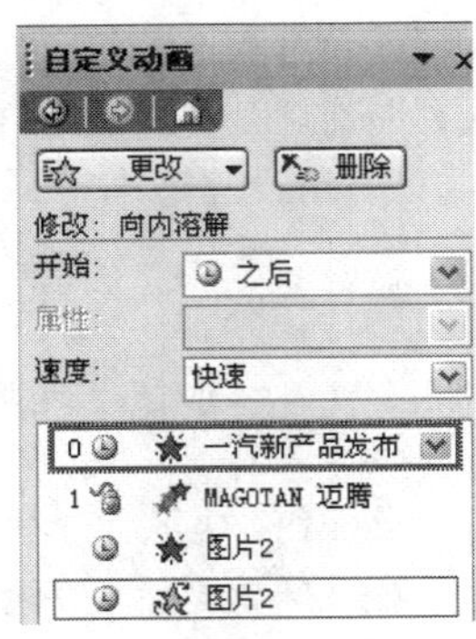

图 5-5-16　设置完动画效果的“自定义动画”窗格

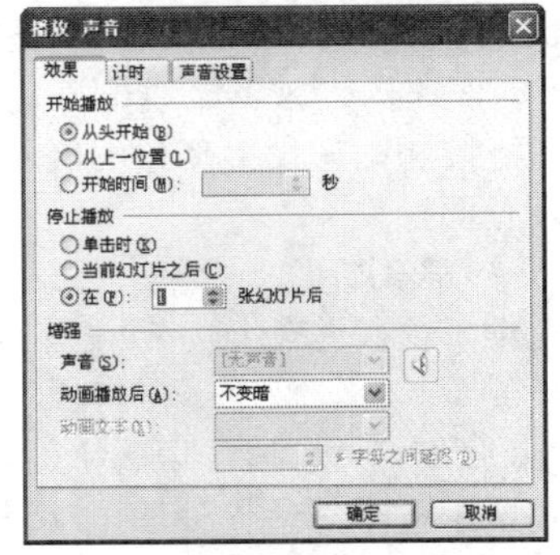

图 5-5-17　“播放声音”对话框

2．制作第 2 张幻灯片

在此张幻灯片制作中熟练插入控件的操作。

（1）单击“插入→图片→艺术字”命令，在弹出的对话框中输入“迈腾广告动画”后，单击“确定”按钮。

（2）单击“视图→工具栏→控件工具箱”命令，在弹出的对话框中单击“其他控件”按钮，出现如图 5-5-18 所示的对话框并选择“Shochwave Flash Object”选项。此时鼠标变为十字形，在当前幻灯片适当的位置拉出形状。

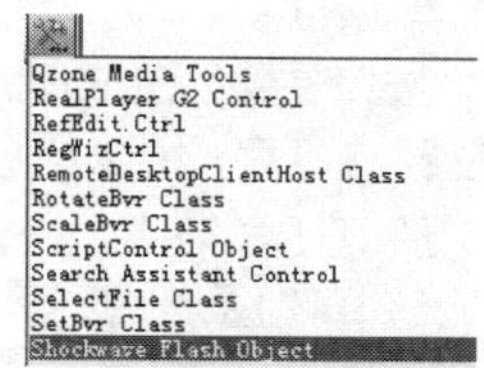

图 5-5-18　选择“Shochwave Flash Object”选项

（3）单击“幻灯片放映→自定义动画”命令，在“自定义动画”任务窗格中选中艺术字并在右侧弹出的“自定义动画”任务窗格中单击“添加效果→进入”，选择“渐入”。

（4）单击“插入→图片→“来自文件”命令，在弹出的对话框中选择“图片 3”，调到右下角的位置。插入一个文本框并将其边框和填充颜色设置为“无颜色填充”，再输入文字“跳过”。将此文本框与“图片 3”组合成一个整体。选中这个组合后的整体，再单击右键从中选择“动作设置”，弹出“动作设置”对话框，超链接到“幻灯片 3”，如图 5-5-19 所示。

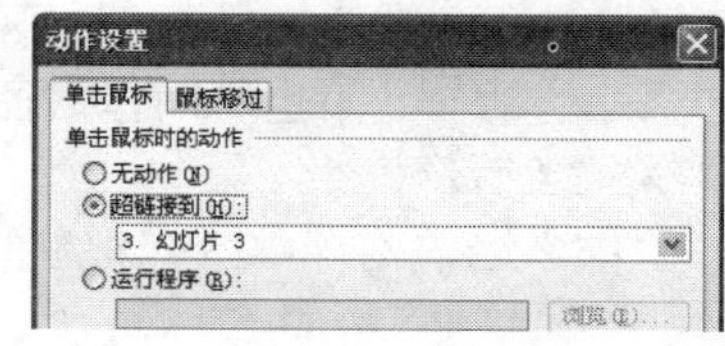

图 5-5-19　“动作设置”对话框

3．制作第 3 张幻灯片

这张幻灯片是介绍新产品个性化科技的三个方面的操作界面，主要通过形象的动画特效来突出新产品的三个个性化科技设计。

（1）按上面的方法插入艺术字、“图片 2”和“图片 3”，并将“图片 3”复制成三份。分别选中这三个“图片 3”，用上步的方法在这三个图片上方放置文本框“细节展示”、“舒适座驾”和“安全保障”。再用上步的方法将这三个文本框分别与对应的图片组合在一起，形成“组合 19”、“组合 11”和“组合 4”，并调整好各图片的具体位置。继续插入“图片 4”的箭头形状，单击“绘图”工具栏中的“绘图”按钮，在弹出的菜单中选择“叠放层次”为“置于底层”。

（2）选中汽车图片并选择“幻灯片放映”→“自定义动画”，单击“添加效果→进入”命令，选择“向内溶解”，再选中艺术字，用相同的方法设置其动画效果为“渐入”，再选中设置三个立体球体的动画效果为“弹跳”。如图 5-5-20 所示。

（3）选择“细节展示”，单击右键，在出现的菜单中选择“动作设置”，出现“动作设置”对话框。选择超链接到“幻灯片 4”。按同样的方法为“舒适座驾”和“安全保障”的动作设置，链接对应的幻灯片处，如图 5-5-21 所示。

图 5-5-20　设置好动画效果的任务窗格

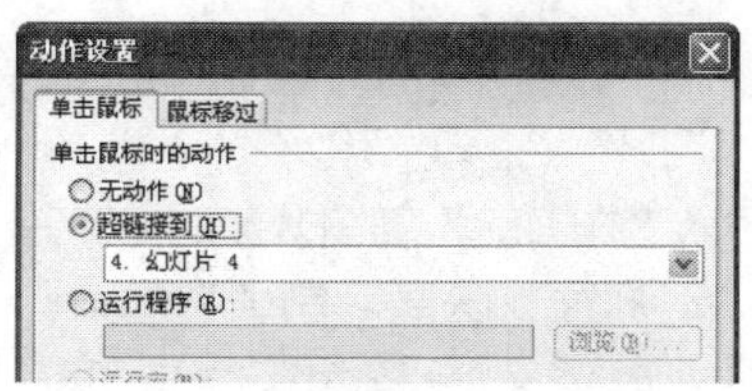

图 5-5-21　“动作设置”对话框

4．制作第 4 张幻灯片

在此幻灯片中主要使用绘制动作曲线的动画效果方法来突出细节的五个个性化科技设计。

（1）按上面的方法插入艺术字“迈腾细节展示”和“细节展示”，再插入图片“图片 2”、“图片 5”、“立体球 1”、“立体球 2”、“立体球 3”、“立体球 4”、“立体球 5”。按图 5-5-4 所示调整好各图片的具体位置。

（2）按照在第二张幻灯片中制作“跳过”按钮的方法来制作当前幻灯片右下角处的“返回”按钮，设置其“叠放层次”为“置于顶层”。在其右键的快捷菜单中将“动作设置”设置为链接到“第 3 张幻灯片”。

（3）选择“图片 2”设置其“自定义动画”的效果为“向内溶解”；选择艺术字“迈腾细节展示”，设置其“自定义动画”的效果为“向内溶解”；选择艺术字“细节展示”，设置其“自定义动画”的效果为“向内溶解”；选择图片“图片 5”，设置其“自定义动画”的效果为“渐变式回旋”。

（4）选中“立体球 1”，单击“自定义动画”窗格中的“添加效果→动作路径→绘制自定义路径→自由曲线”命令。此时鼠标变为十字形，在幻灯片绘制出动作曲线的路径。其余四个球体图片的动作效果也为动作路径，其设置方法与“立体球 1”的设置方法相同，制作好的路径如图 5-5-22 所示。

（5）当前幻灯中所有对象的动画效果设置好后，如图 5-5-23 所示。

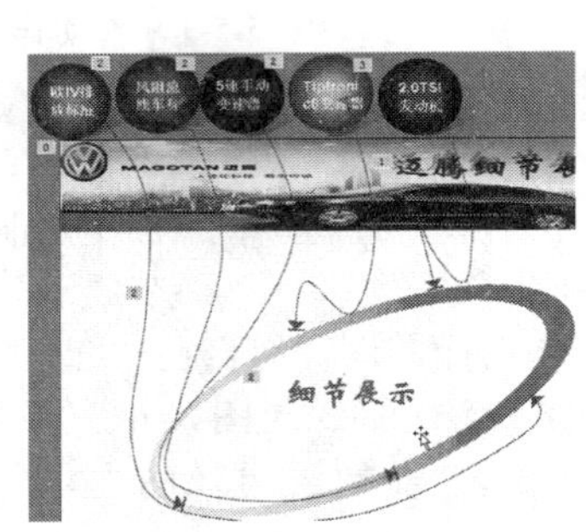

图 5-5-22　绘制自定义路径菜单

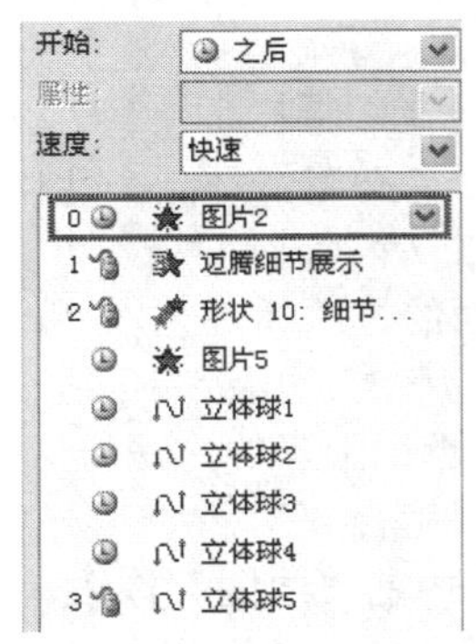

图 5-5-23　设置好动画效果的任务窗格

5．制作第 5～9 张幻灯片

此五张幻灯片编辑都类似，都使用同样的方法制作。同时，给这五张幻灯片配以不同的声音说明。

（1）复制第 4 张幻灯片中的“图片 2”和艺术字“迈腾细节展示”，并制作成与第 4 张幻灯片相同的动画效果。

（2）按照在第二张幻灯片中制作“跳过”按钮的方法来制作当前幻灯片右下角处的“返回”按钮，设置其“叠放层次”为“置于顶层”。在其右键的快捷菜单中将“动作设置”设置为链接到“第 4 张幻灯片”。用相同的方法制作 6～9 幻灯片中的“返回”按钮。

（3）插入“图片 7”，设置其“自定义动画”的效果为“向内深解”。用相同的方法在 6～9 幻灯片中分别插入“图片 8”、“图片 9”、“图片 10”、“图片 11”，设置成相同的自定义动画效果。

（4）单击“幻灯片放映→录制旁白”命令，弹出“录制旁白”对话框，如图 5-5-24 所示。单击“设置话筒级别”按钮，弹出“话筒检查”对话框。在对话框中按照提示朗读一段文字，以测试话筒音量保证话筒正常工作。若能够正常使用，关闭对话框。此时弹出“录制旁白”提示对话框，选定相应的幻灯片，此时进入幻灯片放映状态。在放映的同时对着话筒录制旁白，录制完毕后可按“Esc”键，在弹出的对话框中单击“保存”按钮，结束录制旁白操作。

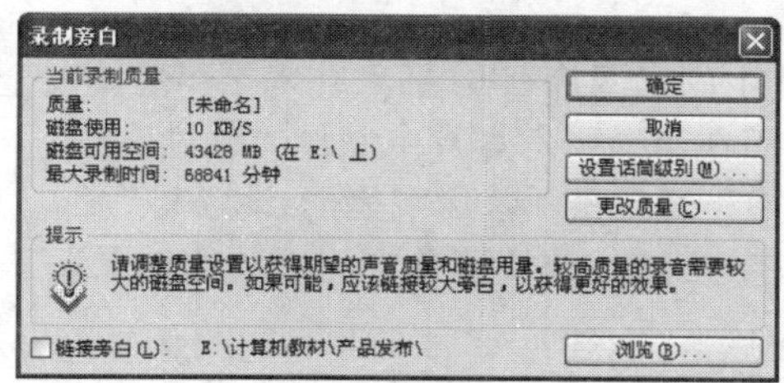

图 5-5-24 “录制旁白”对话框

6．**制作第 10 张幻灯片**

此幻灯片展示迈腾第二个个性化科技设计，主要特点是通过动画效果设置类似菜单的制作。

（1）复制第 4 张幻灯片中的“图片 2”，插入艺术字“迈腾舒适座驾”，并制作成与第 4 张幻灯片相同的动画效果。按照在第二张幻灯片中制作“跳过”按钮的方法来制作当前幻灯片右下角处的“返回”按钮，设置其“叠放层次”为“置于顶层”。在其右键的快捷菜单中将“动作设置”设置为链接到“第 3 张幻灯片”。

（2）单击“插入→图片→来自文件”命令，在弹出的对话框中选择菜单框图片“形状”。，输入文本框并输入文“电动随速助力转向 EPS”，与图片“形状”组合在一起并调整到合理的位置。单击“绘图”工具栏中的“三维效果样式”按钮，选择“三维样式 12”，如图 5-5-25 所示。再用相同的方法插入四个文本框并输入文本“蓝牙车载电话”、“智能无线卫星导航系统”、“双区独立控制空调”、“电子驻车制动系统 EPB”，复制图片“形状”成四份，分别与对应的文框组合并调整到合理的位置。

（3）单击“插入→图片→来自文件”命令，在弹出的对话框中选择图片“图片 12”。用相同的方法插入图片“图片 13”、“图片 14”、“图片 15”和“图片 16”，调整到合理的位置。

（4）选择“形状 15”，单击“幻灯片放映→自定义动画”命令，在“自定义动画”任务窗格中单击“添加效果→进入”命令，选择“下降”，用相同的方法依次设置“形状 10”、“形状 11”、“形状 12”和“形状 13”四个图片的动画效果。再选中“图片 12”下拉图片，在任务窗格中单击“添加效果→进入”，选择“下降”。再在“开始”选项中选择“之后”，即前面的动画播放后这个动画连续播放。用相同的方法设置“图片 13”、“图片 14”、“图片 15”和“图片 16”四个图片的动画效果，在“自定义动画”窗格中用鼠标拖动的方法来调整各个动画效果的先后顺序，最后的任务窗格如图 5-5-26 所示。

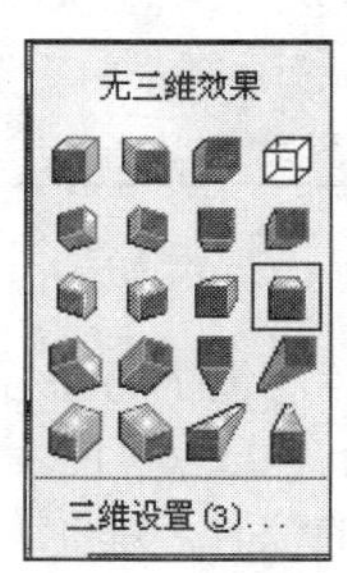

图 5-5-25 “三维设置”菜单

图 5-5-26 设置动画效果后的任务窗格

7. 制作第 11 张幻灯片

此幻灯片介绍迈腾的第三个个性化科技设计，在当前幻灯片中使用表格和表格的格式设置方法。

（1）复制第 4 张幻灯片中的“图片 2”，插入艺术字“迈腾安全保障”，并制作成与第 4 张幻灯片相同的动画效果。按照在第二张幻灯片中制作“跳过”按钮的方法来制作当前幻灯片右下角处的“返回”按钮，设置其“叠放层次”为“置于顶层”。在其右键的快捷菜单中将“动作设置”设置为链接到“第 3 张幻灯片”。

（2）单击“插入→表格”命令，出现“插入表格”对话框，如图 5-5-27 所示。在其中输入 4 行 4 列，此时鼠标变成十字形，在适当位置确定出表格的位置和尺寸。

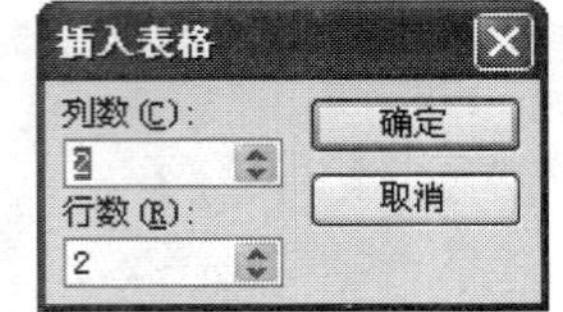

图 5-5-27 “插入表格”对话框

（3）选中表格单击右键，从下拉菜单中选择“边框和填充”项，出现“设置表格格式”对话框，如图 5-5-28 所示。在“边框”选项卡的“样式”列表中选择第二个样式。在表格的第一行和第三行插入相应的文字。

快速为多张幻灯片着色。首先选中已经着色的一张幻灯片，然后用鼠标左键双击工具栏上的“格式刷”按钮，当鼠标指针右边出先一把刷子的时候，单击需要运用同一着色方案的各张幻灯片即可。如果想把某一文件中的着色方案运用于另一文件，可以在打开两个文档之后单击“窗口”菜单栏的“全部重排”选项，然后像在同一文件中一样，利用格式刷操作即可。

（4）选中表格中的第一和第三行，单击右键，在弹出的快捷菜单中选择“设置表格格式”项；在如图 5-5-29 所示的“填充”对话框中，选择淡蓝色的填充颜色。

（5）鼠标定位在表格的第二行，插入与第一行文字相对应的图片。在剩余的空中插入相应的图片。

（6）用以前的方法添加“返回”按钮。

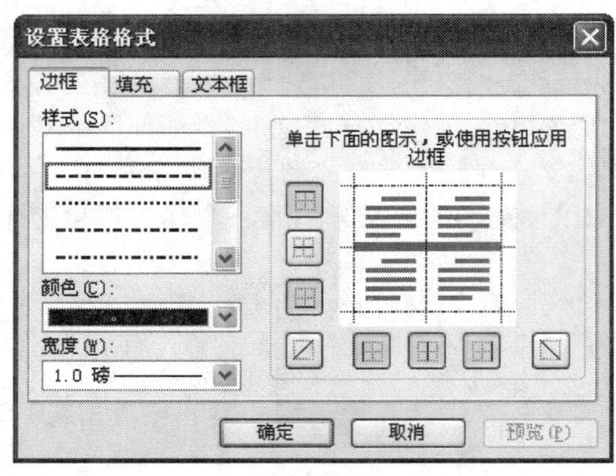

图 5-5-28 “设置表格格式”对话框

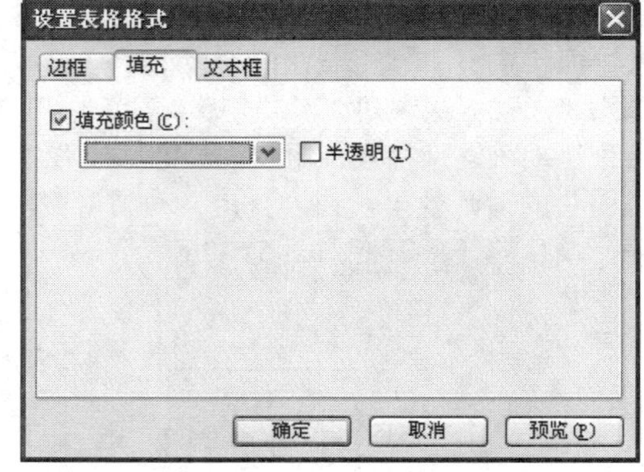

图 5-5-29 “填充”对话框

（7）在表格的第一行第一列中插入图片“图片 17”，用相同的方法在表格中顺次插入“图片 18”、“图片 19”、“图片 20”、“图片 21”、“图片 22”、“图片 23”、“图片 24”、“图片 25”、“图片 26”、“图片 27”和“图片 28”，调整好各个图片在表格中的位置，并将这 12 个图片组合成“组合 37”。

（8）按以前的操作方法，设置如图 5-5-30 所示的自定义动画窗格。

8．制作第 12～14 张幻灯片

这三张幻灯片制作过程基本相同，主要通过图片、艺术字特效和背景音乐加深用户对新产品的印象。

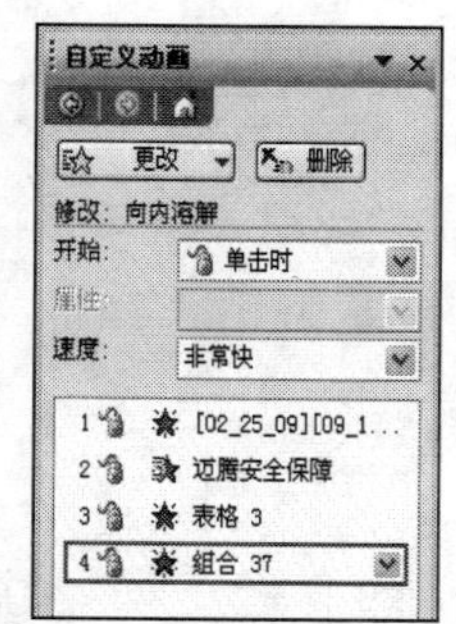

图 5-5-30 设置动画后的窗格

（1）在第 12 张幻灯片中使用上面的方法插入图片“图片 25”、“图片 26”和艺术字“安全保障”、“舒适驾座”，分别按图 5-5-31 所示的顺序设置这四个对象的动画效果为“向内溶解”。

（2）在第 13 张幻灯片中使用上面的方法插入图片“图片 27”和艺术字“个性科技”，分别按图 5-5-32 中左侧图所示的顺序设置这二个对象的动画效果为“向内溶解”和“放大/缩小”。

（3）在第 14 张幻灯片中使用上面的方法插入图片“图片 28”和艺术字“期待为您服务”，分别按图 5-5-32 中右侧图所示的顺序设置这二个对象的动画效果为“压缩”和“更改添充颜色”、“闪动”、“补色”。

（4）使用上面的方法插入背景音乐。

（5）保存当前演示文稿。

图 5-5-31 第 12 张幻灯片的“自定义动画”窗格

图 5-5-32 第 13、14 张幻灯片的“自定义动画”窗格

四、技巧与提高

1．第 1～11 张幻灯片应用自定义的幻灯片母版，第 12～14 张幻灯片应用“空白版式”

选中第 12～14 张幻灯片，单击右键出现如图 5-5-33 所示的快捷菜单，从中选择“幻灯片版式”，在右侧出现的“幻灯片版式”任务窗格中选择“空白版式”。

2．制作第 4 张幻灯片中球体按固定路线滚动的效果

选中一个球体，单击右侧“自定义动画”窗格中的“动作效果→动作路径→绘制自定义路径→自由曲线”命令，将起点确定在当前幻灯片边界的上方，终点确定在椭圆形状附后。若想出现弹跳的动画效果，则可将自由曲线多加几个弯度。注意调各个不同球体下落的路径和位置，调整到合理的状态。

3．制作第 14 张幻灯片中艺术字的眩目效果。

选中第 14 张幻灯片中的艺术字，在右侧“自定义动画”任务窗格中单击“添加效果→强调→其他效果”命令，出现如图 5-5-34 所示的“更改强调效果”对话框，从中选择“更改填充颜色”，回到任务窗格。再次选择“自定义动画”任务窗格中的艺术字，再次设置强调效果为“补色”，第三次设置强调效果为“闪动”。同一个艺术字设置三个动画效果，在幻灯片放映时会出现艺术字闪耀变色的炫目效果。

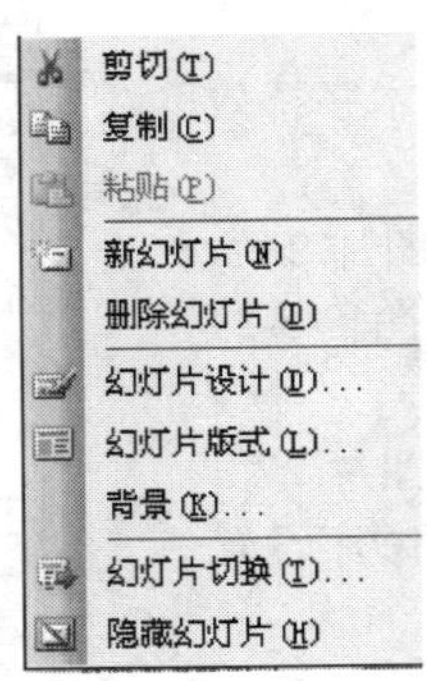

图 5-5-33　幻灯片的快捷菜单

图 5-5-34　“更改强调效果”对话框

4．在窗口模式中播放演示文稿。

不使用“幻灯片放映”菜单中的“观看放映”命令，也不要单击左侧工具栏中的“幻灯片放映”按钮，否则此时就只能使用“Alt+Tab”或“Alt+Esc”组合键切换到其他程序窗口了。应该先按住“Alt”键，再按下“D”和“V”两个键，这样就可以激活窗口播放模式了。此时看到的是包括标题栏和菜单栏的窗口，也可以任意更改窗口的大小和拖动窗口。

五、创新作业

（1）按下列要求制作演示文稿。

1）应用设计模板“诗情画意”，以“中国名楼”为名称建立演示文稿。文稿由四张幻灯片组成，分别如图 5-5-35～图 5-5-38 所示。

2）按样文输入文本、自选图形和图片。

3）为每张幻灯片设置一种相同的切换效果。

4）设置自定义动画效果：为 1 号幻灯片标题添加“进入”效果，图片添加相同的“强调”效果，几个图片的动画同时发生；为 2 号幻灯片标题添加“进入”效果，文本添加“强调”效果，图片添加“强调”效果；为 3 号幻灯片标题添加“进入”效果，文本添加“强调”效果，图片添加“动作路径”；为 4 号幻灯片标题添加“进入”效果，文本添加“强调”效果。

5）动作设置。在第一张幻灯片中，为四个图片添加“动作设置”，实现分别链接到对应的幻灯片上；在相应的幻灯片中插入一个自选图形，实现链接到第一张幻灯片的功能。

6）使用自定义放映功能，实现后四张幻灯片顺序变化的放映。

7）将此演示文稿打包。

图 5-5-35　1 号幻灯片

图 5-5-36　2 号幻灯片

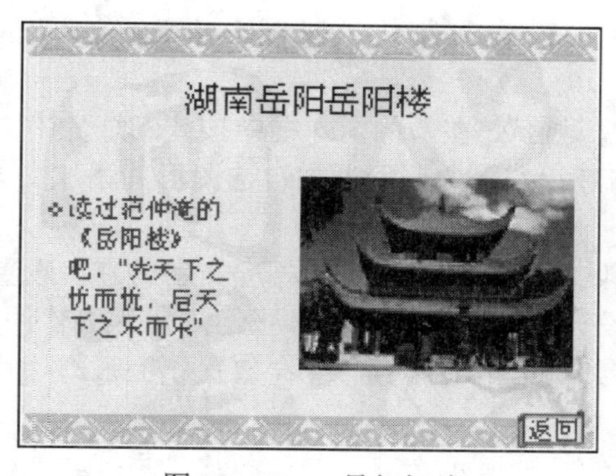

图 5-5-37 3 号幻灯片

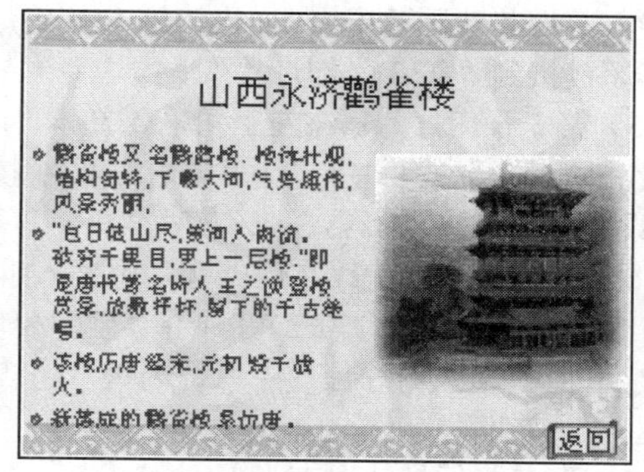

图 5-5-38 4 号幻灯片

（2）自己选择一门所学课程，制作一个教学演示文稿。要求演示文稿中要含有文字、表格、图片、组织结构图、超级链接；含有动画效果、动作按钮、背景等元素；含有自定义动画路径、能循环播放；设置幻灯片切换方式；要求幻灯片数量在 10 张以上。

毕业论文（设计）答辩演示文稿综合制作

一、项目描述

高等院校的专业毕业论文答辩演示文稿内容一般包括以下几个方面：

（1）一般概括性内容：包括论文标题、答辩人、论文执行时间、论文指导教师、论文的归属及致谢等。

（2）论文研究内容：包括研究目的、方案设计（流程图）、运行过程、研究结果、创新性、应用价值以及有关论文延续的新看法等。

此项目要求完成长春职业技术学院工程技术分院的应用电子技术专业学生毕业论文答辩演示文稿，通过该文稿清楚展示学生毕业论文（设计）的研究背景、研究意义和论文整体结构。

二、项目要求

根据前五个项目的综合知识和本项目素材中给出的文字和图片，制作题目为“正弦波信号发生器设计”的毕业论文答辩演示文稿。

（1）第 1 张幻灯片：按幻灯片模板“毕业论文答辩”建立此张幻灯片，在文本框中输入相应文本“2008 年度毕业论文答辩”并设置成幻灯片中所示格式；设置“2008 年度毕业论文答辩”文本框的动画效果的“进入”为“向内溶解”。

（2）第 2 张幻灯片：在文本框中输入“题目：正弦波信号发生器设计”并设置其动画效果为“向内溶解”和“放大和缩小”；在新的文本框中输入此幻灯片下方所示文本，并设置其动画效果的“进入”为“向内溶解”。

（3）第 3 张幻灯片：在模板左上角输入文本“答辩目录”，在幻灯片中输入“研究背景及意义”并设其超链接到“第 4 张幻灯片”；再在幻灯片中输入“研究要求”并设其超链接到“第 5 张幻灯片”；再在幻灯片中输入“论文内容”并设其超链接到“第 6 张幻灯片”；再在幻灯片中输入“研究结论”并设其超链接到“第 9 张幻灯片”。

（4）第 4 张幻灯片：在左上角输入文本“研究背景及意义”，在新的文本框中按此幻灯片中文本输入并设其动画效果为“向内溶解”；按幻灯片左下角所示添加自选图形并添加文本“返回”，设置其超链接到“第 3 张幻灯片”。

（5）第 5 张幻灯片：在左上角输入文本“研究要求”，在新的文本框中按此幻灯片中文本输入并设其动画效果的“进入”为“向内溶解”；按幻灯片左下角所示添加自选图形并添加文本“返回”，设置其超链接到“第 3 张幻灯片”。

（6）第 6 张幻灯片：在此幻灯片中插入组织结构图，按要求输入相应文字内容，设置“总体设计”超链接到“第 7 张幻灯片”；“硬件模块设计”超链接到“第 8 张幻灯片”；“软件设计”超链接到“第 13 张幻灯片”；“系统调试”超链接到“第 14 张幻灯片”；放置如上张幻灯片所示的“返回”按钮。

（7）第 7 张幻灯片：在当前幻灯片中输入如幻灯片所示文本，添加图片“系统功能框图”并设置其动画效果的“进入”为“向内溶解”。

（8）第 8 张幻灯片：在左上角输入文本“硬件模块设计”，设置文本“1．主控制器 TMS320LF240 数字信号处理器”超链接到“第 9 张幻灯片”；设文本“2．后级放大部分电路的设计”超链接到“第 10 张幻灯片”；设文本“3．1kHz 正弦信号产生的电路设计”超链接到“第 11 张幻灯片”；设文本“4．键盘输入及显示功能的实现”超链接到“第 12 张幻灯片”；添加图片“1”并调整到合适位置。

（9）第 9～12 张幻灯片：分别在第 9～12 张幻灯片中的左上角输入文本“1．主控制器 TMS320LF240 数字信号处理器”、“2．后级放大部分电路的设计”、“3．1kHz 正弦信号产生的电路设计”、“4．键盘输入及显示功能的实现”，再分别插入图片“主控制器”、“AD811 应用电路图”、“DAC8562 接口应用图”、“HD7279A 引脚图”，并设置其动画效果的“进入”都为“向内溶解”；分别在第 9～12 张幻灯片左下角添加自选图形并添加文本“返回”，设置其超链接到“第 8 张幻灯片”。

（10）第 13 张幻灯片：在幻灯片中的左上角输入文本“软件设计”，按幻灯片所示插入两个文本框和图片“系统主程序流程图”、“频率设定子程序流程图”，设置它们的动画效果的“进入”都为“向内溶解”；左下角添加自选图形并添加文本“返回”，设置其超链接到“第 8 张幻灯片”。

（11）第 14 张幻灯片：在幻灯片中的左上角输入文本“系统调试”，按幻灯片所示插入文本并设置其动画效果都为“向内溶解”；左下角添加自选图形并添加文本“返回”，设置其超链接到“第 8 张幻灯片”。

（12）第 15 张幻灯片：在幻灯片中的左上角输入文本“系统调试”，插入图片“2”、“3”和“4”，设置其动画效果的“进入”为“向内溶解”，“动作路径”为“向左”。

（13）第 16 张幻灯片：选中当前幻灯中的艺术字，设置其动画效果的“进入”为“飞入”，“强调”为“补色 2”。

（14）将制作完成的演示文稿打包，然后发送到老师的电子邮箱中。

三、项目完成结果

图 5-6-1　第 1 张幻灯片

图 5-6-2　第 2 张幻灯片

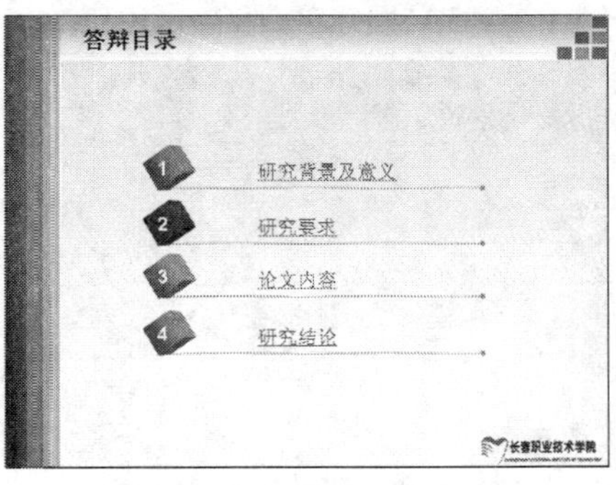

图 5-6-3　第 3 张幻灯片

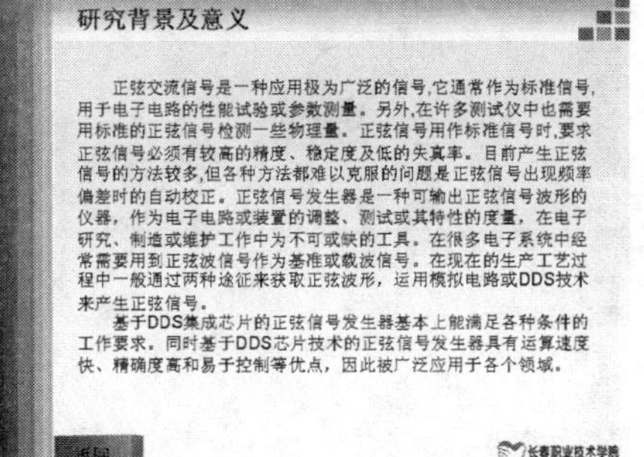

图 5-6-4　第 4 张幻灯片

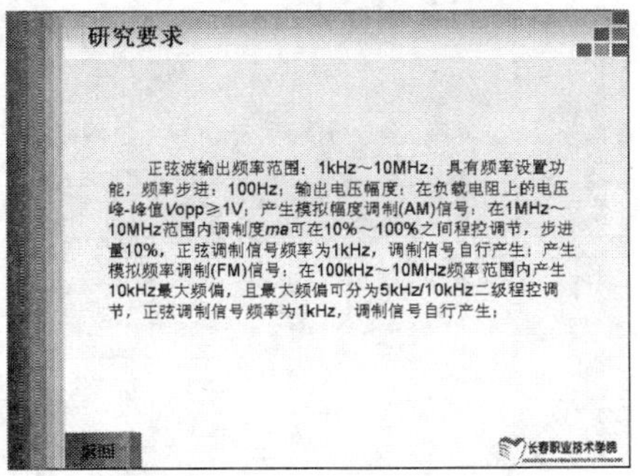

图 5-6-5　第 5 张幻灯片

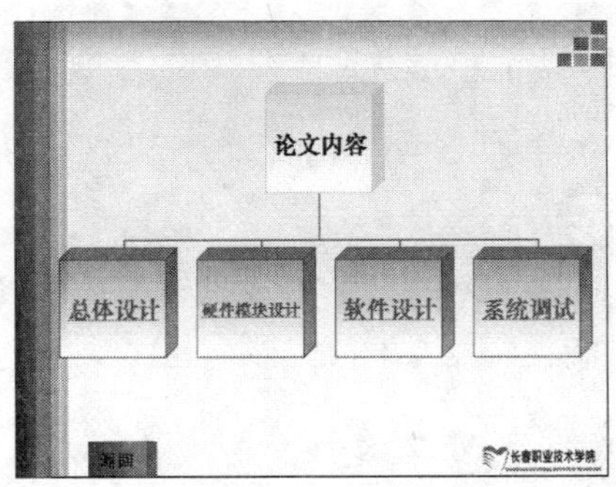

图 5-6-6　第 6 张幻灯片

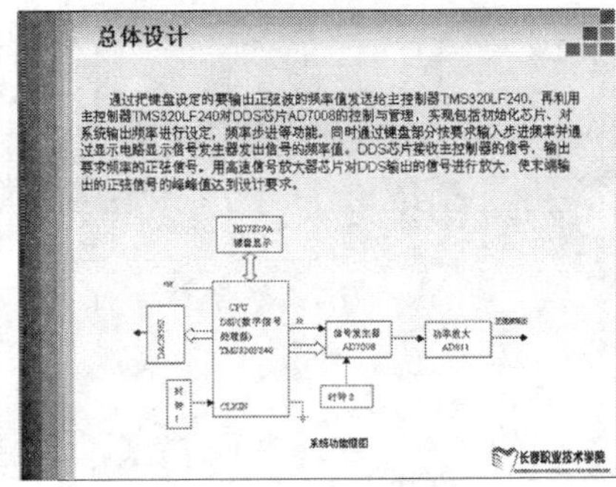

图 5-6-7　第 7 张幻灯片

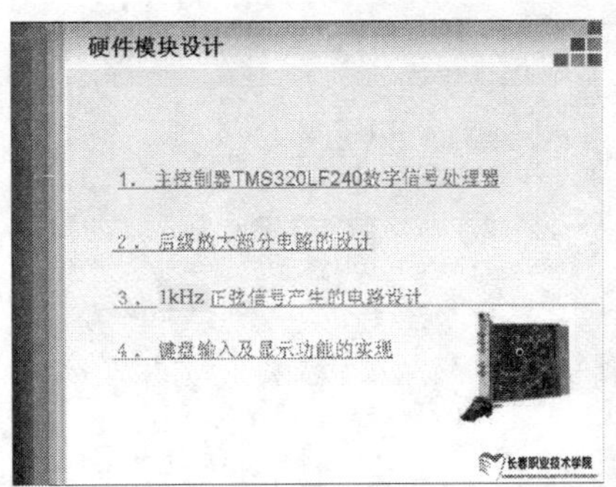

图 5-6-8　第 8 张幻灯片

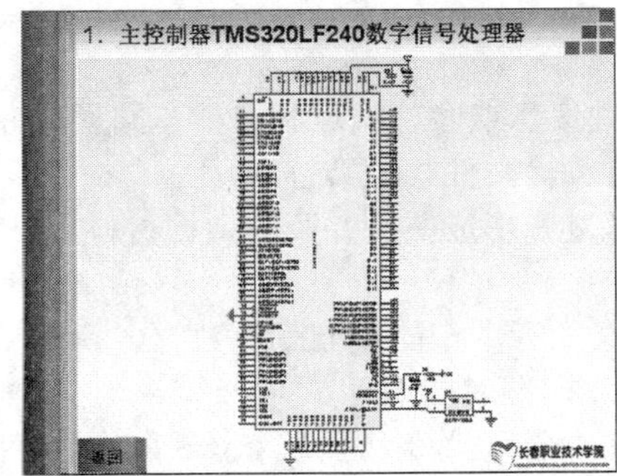

图 5-6-9　第 9 张幻灯片

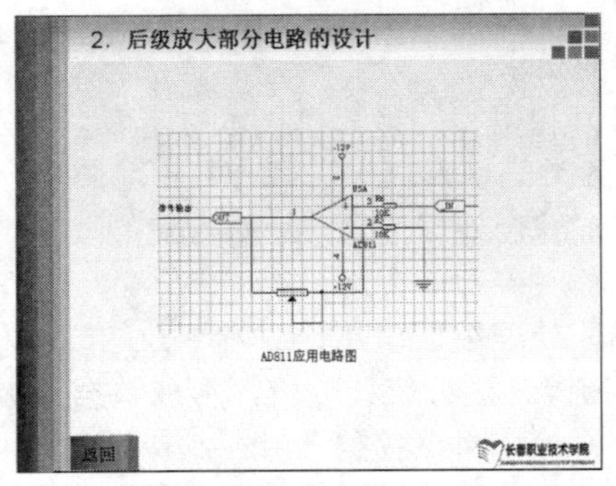

图 5-6-10　第 10 张幻灯片

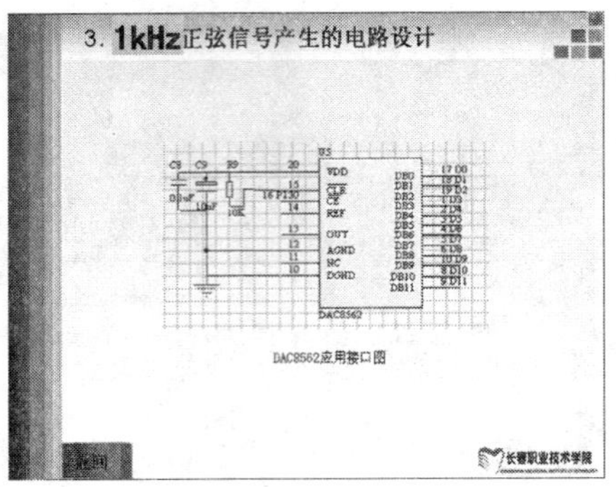

图 5-6-11　第 11 张幻灯片

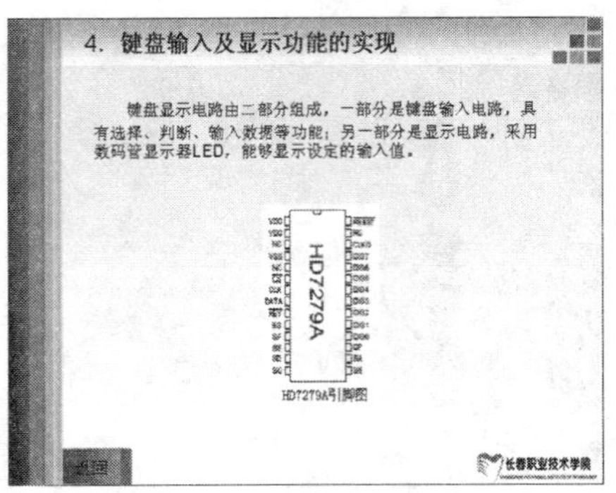

图 5-6-12　第 12 张幻灯片

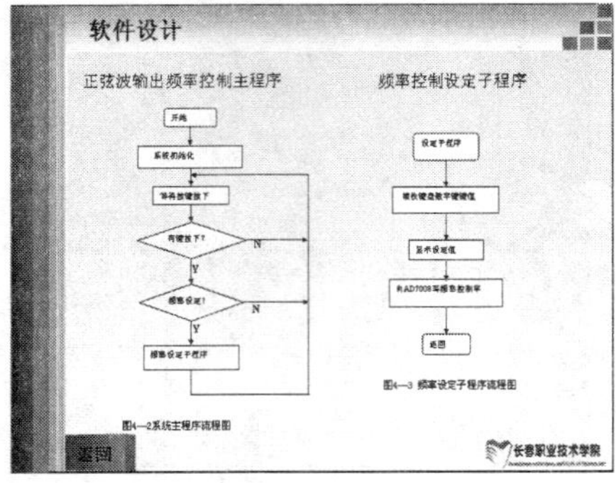

图 5-6-13　第 13 张幻灯片

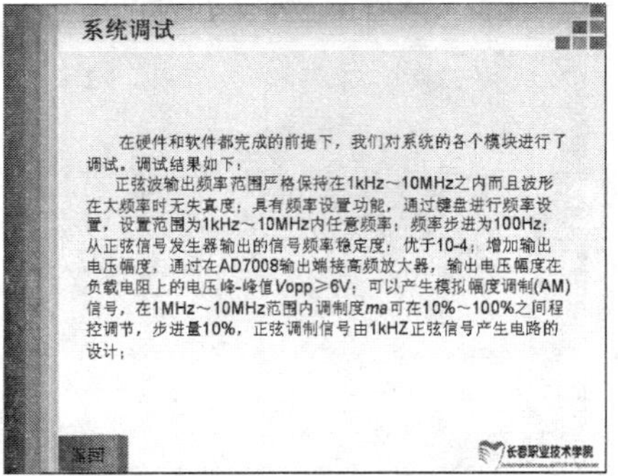

图 5-6-14　第 14 张幻灯片

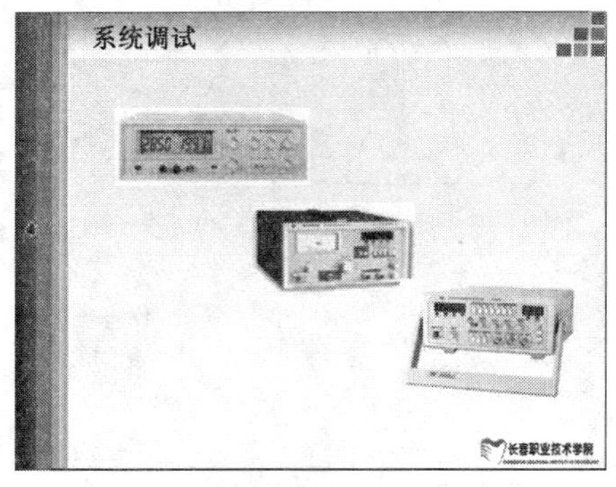

图 5-6-15　第 15 张幻灯片

图 5-6-16　第 16 张幻灯片

四、创新作业

作业要求：

（1）利用相关计算机技术对本专业的发展情况做信息搜索、整理和分析，并形成专业信息库，将各类信息素材（文字、数据、图片、视频、音频等文件）分类整理。

（2）综合处理信息，针对专业的发展现状进行阐述，形成图文并茂的文档材料，要求 Word 文件形式。

（3）处理数据信息，对本专业的一项相关数据（如近十年的专业就业数据、新产品研发情况等数据等）进行统计分析，形成数据分析文件，要求 Excel 文件形式。

（4）综合组织各类素材，制作行业专业的调研汇报演示文稿，要求 PowerPoint 文件形式。

（5）将此作业以附件的形式发送到老师的电子邮箱中。

参 考 文 献

[1] 崔霞．计算机基础简明教程[M]．北京：清华大学出版社，2005.

[2] 张波．PowerPoint2003 文稿演示技巧（中文版）[M]．北京：电子工业出版社，2005.

[3] 杨飞宇．计算机应用基础[M]．北京：机械工业出版社，2006.

[4] 肖诩．办公自动化应用[M]．北京：中国铁道出版社，2007.

[5] 华师傅资讯．电脑办公实用宝典[M]．北京：中国铁道出版社，2007.

[6] 张彩霞，崔雪炜．计算机应用基础与案例教程[M]．北京：北京师范大学出版社，2008.